PROBLEMAS Y CUESTIONES DE FÍSICA
DE LA PEBAU DE ANDALUCÍA

Jaime Ruiz-Mateos

ÍNDICE

- Prólogo — 1
- Análisis del examen de Física de la PEBAU — 1
- Cómo hacer el examen de Física de la PEBAU — 1
- Errores frecuentes de los alumnos — 2
- Estructura de este libro — 4
- Cómo estudiar Física — 4
- Contacto — 4
- Formulario — 5
    - Dinámica y energía — 5
    - Gravitación — 7
    - Campo eléctrico — 8
    - Campo magnético — 9
    - Ondas — 10
    - Óptica — 11
    - Física nuclear — 13
    - Física cuántica — 14
- Problemas — 15
    - Dinámica y energía — 15
    - Gravitación — 48
    - Campo eléctrico — 87
    - Campo magnético — 125
    - Ondas — 165
    - Óptica — 211
    - Física nuclear — 244
    - Física cuántica — 280
- Cuestiones — 316
    - Dinámica y energía — 316
    - Gravitación — 330
    - Campo eléctrico — 349
    - Campo magnético — 371
    - Ondas — 396
    - Óptica — 417
    - Física nuclear — 433
    - Física cuántica — 449

PRÓLOGO

Esta es la guía definitiva para la preparación del examen de Física de la PEBAU (antigua Selectividad) y para los exámenes de Física de 2º de Bachillerato de Andalucía. Este libro es fruto de más de 30 años de experiencia y de año y medio de duro trabajo. Esta es una extensa recopilación de problemas y cuestiones de Física de la PEBAU de Andalucía. Contiene 480 ejercicios (problemas y cuestiones) de los últimos años, 60 de cada tema. Los problemas y las cuestiones están resueltos con rigor científico y siguiendo las recomendaciones de la Ponencia de Física de Andalucía, que es la que realiza estas pruebas.

ANÁLISIS DEL EXAMEN DE FÍSICA DE LA PEBAU

- Consta de cuatro preguntas.
- Cada pregunta tiene dos apartados: a) y b).
- Cada apartado vale 1'25 puntos.
- El apartado a) es una cuestión teórica y el apartado b) es un problema.
- Cada pregunta corresponde con el bloque del mismo número. Es decir, la pregunta 1 corresponde al bloque 1; la pregunta 2 corresponde al bloque 2; la tres, al tres y la cuatro, al cuatro.
- Con más detalle:
    - Pregunta 1) Dinámica y energía / Gravitación
    - Pregunta 2) Campo eléctrico / Campo magnético
    - Pregunta 3) Ondas / Óptica
    - Pregunta 4) Física nuclear / Física cuántica
- Los apartados a) y b) pueden ser del mismo tema o de temas distintos.
- Las unidades se deben poner en el resultado final. El no ponerlas supone una penalización del 25 % en el valor del ejercicio.

CÓMO HACER EL EXAMEN DE FÍSICA DE LA PEBAU

- Las cuestiones teóricas hay que escribirlas como las cuestiones resueltas que suministrará el profesor. Es decir, es teoría y memorización pura y dura.
- Los problemas tienen que tener obligatoriamente las siguientes partes y debéis escribir el nombre de cada parte en el examen:

a) Datos: todos los datos del enunciado de forma abreviada, con sus magnitudes correspondientes.
b) Dibujo: un dibujo esquemático de lo que está ocurriendo en el problema y donde aparezcan las magnitudes físicas implicadas.
c) Principio físico: enunciar el principio físico o la ley física que rige el fenómeno. Es la explicación física de lo que está ocurriendo en el problema.
d) Método de resolución: debe indicarse brevemente cómo se va a resolver el problema.
e) Resolución: operaciones con fórmulas y cálculos numéricos.
f) Comentario: algún comentario sobre el resultado obtenido o sobre algún razonamiento que nos pidan.

- Cuando tengamos una fórmula, no se deben sustituir los datos hasta que la incógnita esté totalmente despejada y en función de los datos que tenemos. A estas alturas, el alumno debe despejar y después sustituir y no al contrario.
- Los datos se escribirán siempre en unidades internacionales, para evitar el error frecuente de sustituir en la fórmula en unidades no internacionales.

ERRORES FRECUENTES DE LOS ALUMNOS

* Generales:
  - Limitarse a hacer cálculos, sin explicar nada. Lo correcto es incluir varios apartados: datos, dibujo, principio físico (leyes y teorías), método de resolución, resolución y comentario.
  - Sumar los módulos de las magnitudes vectoriales. Lo correcto es: calcular los módulos de las magnitudes vectoriales (siempre positivos), transformar los módulos en vectores y sumar la $\vec{i}$ con la $\vec{i}$ y la $\vec{j}$ con la $\vec{j}$.
  - No escribir las unidades. Lo correcto es: escribir las unidades de todas las magnitudes que se calculen al final de cada cálculo y no mientras se sustituye en la fórmula.
  - No utilizar unidades internacionales. Lo correcto es: saberse las unidades internacionales y sustituirlas en las fórmulas.
  - Expresarse mal, sobre todo en las cuestiones. Lo correcto es: expresarse correctamente, con frases sencillas (sujeto + verbo + complementos) y usando tecnicismos. Ejemplo: la ley de conservación de la energía dice que la energía total de un sistema permanece constante.
  - Escribir la teoría con tus propias palabras. Lo correcto es: escribir las cuestiones de la manera más parecida a como aparecen en este libro. Pueden utilizarse otras expresiones, pero sin caer en expresiones coloquiales, sin usar la mediocridad y sin perder rigor científico.

* Del tema 1. Dinámica y energía:
  - No escribir el trabajo de rozamiento con signo negativo. Lo correcto es: escribirlo con signo negativo.
  - Al calcular el trabajo de una fuerza en un plano inclinado, confundir el ángulo del plano inclinado con el ángulo que forma la fuerza correspondiente con la dirección y el sentido del desplazamiento. Lo correcto es: hacer el dibujo y averiguar esos dos ángulos, que pueden ser iguales o distintos.
  - Confundir el principio de conservación de la energía con el principio de conservación de la energía mecánica. Lo correcto es: la energía se conserva siempre; la energía mecánica, se conserva cuando en el sistema sólo existen fuerzas conservativas.

* Del tema 2. Gravitación:
  - En los satélites, confundir altura del satélite con radio de la órbita del satélite. Lo correcto es: saber que la altura es la distancia del satélite a la superficie del planeta y el radio de la órbita es la distancia del satélite al centro del planeta.
  - Confundir el radio de la órbita de un satélite (r) con el radio de la Tierra (R_T). Lo correcto es: saber que el radio de la órbita es: $r = R_T + h$.
  - Confundir masa con peso. Lo correcto es: la masa de un cuerpo es constante en todos los planetas. El peso del cuerpo depende del planeta.
  - Pensar que g es constante con la altura. Lo correcto es: saber que g cambia con la altura de esta forma: $g = g_0 \cdot \left(\dfrac{R_T}{R_T + h}\right)^2$
  - En los movimientos circulares, hablar de fuerza centrífuga y no de fuerza centrípeta. Lo correcto es: no hablar nunca de fuerza centrípeta, sólo de fuerza centrípeta, cuya expresión es:
  $$F_C = \frac{m \cdot v^2}{r}$$

- Confundir magnitudes escalares con magnitudes vectoriales. Lo correcto es: saber que: F, g, v y a son vectoriales: primero se calculan sus módulos en positivo y después se pasan a vectores; W, Ec, Ep, E_M y V son escalares y pueden tomar valores positivos o negativos.
- Hacer el problema más largo cuando te piden calcular $\vec{g}$ y despúes calcular $\vec{F}$ o al contrario. Lo correcto es: calcular $\vec{g}$ por el principio de superposición y luego calcular $\vec{F}$ mediante la relación: $\vec{F} = m \cdot \vec{g}$

* Del tema 3. Campo eléctrico:
- Sustituir la carga con signo negativo para calcular magnitudes vectoriales como la fuerza $\vec{F}$ o el campo $\vec{E}$. Lo correcto es: los módulos de las magnitudes vectoriales son siempre positivos. El vector puede tener signo negativo o alguna componente negativa, pero el módulo es siempre positivo. Ejemplo: F = 3 N ; $\vec{F} = -3 \cdot \vec{i}$ N

* Del tema 4. Campo magnético:
- No dibujar correctamente los vectores. Lo correcto es: saber que $\vec{v}, \vec{B}$ y $\vec{F}$ son perpendiculares. $\vec{v}$ se obtiene por la regla del tornillo.
- No dibujar correctamente la f.e.m. inducida. Lo correcto es: aplicar la regla de la mano derecha a la $\vec{B}_{ind}$: el pulgar apunta a la $\vec{B}_{ind}$ y los demás dedos apuntan a la dirección y sentido de la f.e.m. Inducida.

* Del tema 5. Ondas:
- Confundir el M.A.S. Con una onda. Lo correcto es: que sus expresiones son distintas:
M.A.S.: $y = A \cdot sen(\omega \cdot t + \varphi_0)$; onda: $y = A \cdot sen(\pm \omega \cdot t \pm k \cdot x \pm \varphi_0)$
- Confundir una onda con una onda estacionaria. Lo correcto es: que sus expresiones son distintas:
Onda: $y = A \cdot sen(\pm \omega \cdot t \pm k \cdot x \pm \varphi_0)$
Onda estacionaria: $y = 2 \cdot A \cdot sen(k \cdot x) \cdot sen(\omega \cdot t)$ o bien: $y = 2 \cdot A \cdot sen(k \cdot x) \cdot cos(\omega \cdot t)$ o bien: $y = 2 \cdot A \cdot cos(k \cdot x) \cdot sen(\omega \cdot t)$
- No cambiar la calculadora a radianes. Lo correcto es: cambiarla a radianes para calcular senos y cosenos de ángulos. Suele hacerse pulsando la tecla MODE y algún numero.
- No poner el signo correcto del término en x. Lo correcto es: que el signo es negativo si la onda va a la derecha y positivo si va a la izquierda.
- No saber definir lo que son puntos en fase. Lo correcto es: que dos puntos de una onda están en fase cuando están en el mismo estado de vibración.

* Del tema 6: Óptica:
- En las lentes, confundir la distancia objeto con la distancia imagen y con la distancia imagen-objeto. Lo correcto es: que la distancia objeto es s, que la distancia imagen es s' y la distancia imagen objeto es − s + s', según las normas DIN.
- En las lentes, confundir los signos de las distancias. Lo correcto es: que las distancias hacia la derecha y hacia arriba son positivas y que las distancias hacia la izquierda y hacia abajo son negativas, según las normas DIN.
- En las lentes, no hacer el trazado de rayos. Lo correcto es: dibujar los rayos para la formación de la imagen.
- En la refracción, no dibujar bien hacia dónde se desvía el rayo. Lo correcto es: que el rayo se desvía hacia el medio con mayor índice de refracción.

* Del tema 7: Física nuclear:
    - Utilizar el número de Avogadro cuando no te lo dan. Lo correcto es: usar el dato que te den, normalmente la equivalencia entre umas (u) y kilogramos (kg).

* Del tema 8: Física cuántica:
    - No saber transformar electronvoltios en julios. Lo correcto es: que un electronvoltio es la energía que adquiere una partícula con la carga elemental (la de un electrón) cuando se le somete a una d.d.p. de un voltio. La transformación es:

$$1 \text{ eV} = 1 \text{ eV} \cdot \frac{1'6 \cdot 10^{-19} C \cdot 1 V}{1 eV} \cdot \frac{1 J}{1 C \cdot 1 V} = 1'6 \cdot 10^{-19} \text{ J}$$

ESTRUCTURA DE ESTE LIBRO

Tiene tres grandes secciones: formulario, problemas y cuestiones. Las tres están ordenadas por temas. Excepto en el primero de ellos, se recogen 30 problemas resueltos por tema, ordenados anticronológicamente, es decir, los primeros son los más recientes. Se ha prescindido de los problemas repetidos o de las cuestiones repetidas en distintos años, para tener mayor variedad. Cuando no han habido suficientes ejercicios para llegar a 30, se han completado con ejercicios de la ponencia de Física.

CÓMO ESTUDIAR FÍSICA

a) Las cuestiones: hay que memorizarlas. Hay que escribirlas de la manera más parecida a como aparecen en este libro. La mejor forma de memorizar es leer varias veces e intentar repetir lo que se ha leído sin leer el texto.

b) Los problemas: hay que leer el enunciado dos veces por lo menos. Leemos y entendemos la resolución. Una vez hecho esto, con un folio tapamos la resolución e intentamos hacer el problema con bolígrafo y papel. La Física se aprende haciendo un número enorme de problemas. Una vez que los hayamos hecho, le damos varias vueltas, haciéndolos otra vez por el mismo procedimiento.

CONTACTO

Correo electrónico de contacto: librosdefq@gmail.com

FORMULARIO

Formulario de dinámica y energía

* Ecuaciones del MRU:

    - Velocidad: $v = \dfrac{e}{t}$ $\left(\dfrac{m}{s}\right)$

    - Espacio: $e = v \cdot t$ (m)

    - Tiempo: $t = \dfrac{e}{v}$ (s)

* Ecuaciones del MRUA y del MRUR:

    - Velocidad en función del tiempo: $v = v_0 \pm a \cdot t$ $\left(\dfrac{m}{s}\right)$

    - Velocidad en función del espacio: $v^2 = v_0^2 \pm 2 \cdot a \cdot e$ $\left(\dfrac{m}{s}\right)$

    - Espacio: $e = v_0 \cdot t \pm \dfrac{1}{2} a \cdot t^2$ (m)

* Plano inclinado:

    - $P_x = m \cdot g \cdot \operatorname{sen} \alpha$ (N)

    - $P_y = m \cdot g \cdot \cos \alpha$ (N)

    - $F_R = \mu \cdot N = \mu \cdot m \cdot g \cdot \cos \alpha$ (N)

    - $\operatorname{sen} \alpha = \dfrac{h}{e}$ (sin unidades)

* Conservación de la energía mecánica: $Ec_A + Ep_A = Ec_B + Ep_B$

* Conservación de la energía en sistemas con rozamiento: $Ec_A + Ep_A + W_{FNC} = Ec_B + Ep_B$

* Otras fórmulas:

- Fuerza de rozamiento: $F_R = \mu \cdot N$ (N)

- Aceleración normal o centrípeta: $a_C = \dfrac{v^2}{R}$ $\left(\dfrac{m}{s^2}\right)$

- Fuerza centrípeta: $F_C = \dfrac{m \cdot v^2}{R}$ (N)

- Trabajo : $W = F \cdot e \cdot \cos \alpha$ (J)

- Energía cinética: $Ec = \dfrac{1}{2} m \cdot v^2$ (J)

- Energía potencial gravitatoria: $Ep = m \cdot g \cdot h$ (J)

- Energía potencial elástica: $Ep = \dfrac{1}{2} k \cdot x^2$ (J)

- Trabajo de rozamiento: $W_R = - F_R \cdot e$ (J)

- Movimientos circulares: $\sum F = \dfrac{m \cdot v^2}{r}$

- Trabajo total: $W_T = W_{FC} + W_{FNC} = -\Delta Ep + W_{FNC} = \Delta Ec$ (J)

- Trabajo de las fuerzas no conservativas: $W_{FNC} = \Delta E_M$ (J)

Formulario de gravitación

* Tercera ley de Kepler: $\dfrac{T^2}{r^3}$ = constante

* Ley de Newton de la gravitación universal: $F_G = G \cdot \dfrac{M \cdot m}{r^2}$ (N)

* Campo gravitatorio, g: $g = \dfrac{F_G}{m} = \dfrac{\frac{G \cdot M \cdot m}{r^2}}{m} = \dfrac{G \cdot M}{r^2}$ $\left(\dfrac{m}{s^2}\right)$

* Energía potencial gravitatoria, Ep_G: $Ep_G = -\dfrac{G \cdot M \cdot m}{r}$ (J)

* Potencial gravitatorio en un punto, V: $V = \dfrac{Ep_G}{m} = \dfrac{\frac{-G \cdot M \cdot m}{r}}{m} = -\dfrac{G \cdot M}{r}$ $\left(\dfrac{J}{kg}\right)$

* Principio de superposición:

    - Para la fuerza: $\vec{F} = \vec{F}_1 + \vec{F}_2 + \vec{F}_3 + \ldots$ (N)

    - Para el campo: $\vec{g} = \vec{g}_1 + \vec{g}_2 + \vec{g}_3 + \ldots$ $\left(\dfrac{m}{s^2}\right)$

    - Para la energía potencial: $Ep = Ep_1 + Ep_2 + Ep_3 + \ldots$ (J)

    - Para el potencial: $V = V_1 + V_2 + V_3 + \ldots$ (J)

* Energía mecánica de un satélite o planeta, E: $E_M = Ec + Ep = \dfrac{1}{2} m v^2 - \dfrac{G \cdot M \cdot m}{r}$ (J)

* Fuerza centrípeta, F_C: $F_C = \dfrac{m \cdot v^2}{r}$ (N)

* Velocidad orbital, $v_{orb.}$: $F_G = F_C$; $\dfrac{G \cdot M \cdot m}{r^2} = \dfrac{m \cdot v^2}{r}$ $\rightarrow$ $v_{orb.} = \sqrt{\dfrac{G \cdot M}{r}}$ $\left(\dfrac{m}{s}\right)$

* Velocidad de escape, v_e: $Ec_A + Ep_A = Ec_B + Ep_B$ $\rightarrow$ $\dfrac{1}{2} m v_e^2 - \dfrac{G \cdot M \cdot m}{R_T} = 0 + 0$ $\rightarrow$

$\rightarrow$ $v_e = \sqrt{\dfrac{2 \cdot G \cdot M_T}{R_T}}$ $\left(\dfrac{m}{s}\right)$

Formulario de campo eléctrico

* Fuerza eléctrica (ley de Coulomb): $F = \dfrac{K \cdot Q_1 \cdot Q_2}{r^2}$ (N)

* Campo eléctrico, E: $E = \dfrac{F_E}{q} = \dfrac{\frac{K \cdot Q \cdot q}{r^2}}{q} = \dfrac{K \cdot Q}{r^2}$ $\left(\dfrac{N}{C}\right)$ o $\left(\dfrac{V}{m}\right)$

* Fuerza y campo eléctrico: $\vec{F} = Q \cdot \vec{E}$ (N)

* Energía potencial eléctrica, Ep_E: $Ep_E = \dfrac{K \cdot Q \cdot q}{r}$ (J)

* Potencial eléctrico en un punto, V: $V = \dfrac{Ep_E}{q} = \dfrac{\frac{K \cdot Q \cdot q}{r}}{q} = \dfrac{K \cdot Q}{r}$ (V)

* Principio de superposición:

  – Para la fuerza: $\vec{F} = \vec{F}_1 + \vec{F}_2 + \vec{F}_3 + \ldots$ (N)

  – Para el campo: $\vec{g} = \vec{g}_1 + \vec{g}_2 + \vec{g}_3 + \ldots$ $\left(\dfrac{m}{s^2}\right)$

  – Para la energía potencial: $Ep = Ep_1 + Ep_2 + Ep_3 + \ldots$ (J)

  – Para el potencial: $V = V_1 + V_2 + V_3 + \ldots$ (V)

Formulario de campo magnético

* Campo magnético producido por un hilo recto: $B = \dfrac{\mu_0 \cdot I}{2 \cdot \pi \cdot r}$ (T)

* Campo producido por varios campos magnéticos: $\vec{B} = \vec{B}_1 + \vec{B}_2 + \vec{B}_3 + \ldots$ (T)

* Fuerza que actúa sobre una carga en un campo magnético (ley de Lorentz): $\vec{F} = Q \cdot \vec{v} \times \vec{B}$ (N)

* Fuerza sobre un hilo conductor dentro de un campo magnético (ley de Laplace): $\vec{F} = I \cdot \vec{L} \times \vec{B}$ (N)

* Radio de giro de una carga que se mueve perpendicularmente a un campo magnético:

$$F_M = F_C \rightarrow Q \cdot v \cdot B = \dfrac{m \cdot v^2}{r} \rightarrow r = \dfrac{m \cdot v}{Q \cdot B} \quad (m)$$

* Fuerza de atracción o de repulsión entre dos hilos conductores paralelos:

$$\dfrac{F_{12}}{L} = \dfrac{F_{21}}{L} = \dfrac{\mu_0 \cdot I_1 \cdot I_2}{2 \cdot \pi \cdot d} \quad \left(\dfrac{N}{m}\right)$$

* Flujo magnético:

$$\Phi = \vec{B} \cdot \vec{S} = B \cdot S \cdot \cos \alpha \quad (Wb)$$

* Fuerza electromotriz inducida (f.e.m.), ley de Faraday-Lenz:

$$\varepsilon = -\dfrac{d\Phi}{dt} \quad (V)$$

Formulario de ondas

* Fórmulas del M.A.S.:
  - Ecuación del movimiento o elongación:
    $y = A \cdot \text{sen}(\omega \cdot t + \varphi_0)$ o bien: $y = A \cdot \cos(\omega \cdot t + \varphi_0)$ (m)
  - Período, T: $T = \dfrac{2 \cdot \pi}{\omega}$ (s)
  - Frecuencia, f (o ν): $f = \dfrac{1}{T} = \dfrac{\omega}{2 \cdot \pi}$ (Hz o s^{-1})
  - Fase, φ: $\varphi = \omega \cdot t + \varphi_0$ (rad)
  - Velocidad, v: $v = \dfrac{dy}{dt} = A \cdot \omega \cdot \cos(\omega \cdot t + \varphi_0)$ $\left(\dfrac{m}{s}\right)$
  - Velocidad máxima, $v_{máx}$: $v_{max} = A \cdot \omega$ $\left(\dfrac{m}{s}\right)$
  - Aceleración, a: $a = \dfrac{dv}{dt} = -A \cdot \omega^2 \cdot \text{sen}(\omega \cdot t + \varphi_0)$ $\left(\dfrac{m}{s^2}\right)$
  - Aceleración máxima, a_{max}: $a_{max} = -A \cdot \omega^2$ $\left(\dfrac{m}{s^2}\right)$
  - Energía mecánica, E_M: $E_M = \dfrac{1}{2} K \cdot A^2$ (J)

* Fórmulas de las ondas u ondas armónicas:
  - Expresión de la onda o elongación: $y = A \cdot \text{sen}(\pm \omega \cdot t \pm k \cdot x \pm \varphi_0)$ (m)
  - Número de onda, k: $k = \dfrac{2 \cdot \pi}{\lambda}$ $\left(\dfrac{rad}{m}\right)$
  - Velocidad de propagación, v: $v = \lambda \cdot f$ (m)
  - Frecuencia, f: $f = \dfrac{1}{T}$ (Hz o s^{-1})
  - Velocidad de un punto de la onda, v: $v = \dfrac{dy}{dt} = A \cdot \omega \cdot \cos(\pm \omega \cdot t \pm k \cdot x \pm \varphi_0)$ $\left(\dfrac{m}{s}\right)$
  - Velocidad máxima de un punto, $v_{máx}$: $v_{max} = A \cdot \omega$ $\left(\dfrac{m}{s}\right)$
  - Aceleración, a: $a = \dfrac{dv}{dt} = -A \cdot \omega^2 \cdot \text{sen}(\pm \omega \cdot t \pm k \cdot x \pm \varphi_0)$ $\left(\dfrac{m}{s^2}\right)$
  - Aceleración máxima, a_{max}: $a_{max} = -A \cdot \omega^2$ $\left(\dfrac{m}{s^2}\right)$
  - Frecuencia angular, ω: $\omega = \dfrac{2 \cdot \pi}{T} = 2 \cdot \pi \cdot f$ $\left(\dfrac{rad}{s}\right)$

* Onda estacionaria con extremos libres: $y = 2 \cdot A \cdot \cos(k \cdot x) \cdot \text{sen}(\omega \cdot t)$ (m)
$y = 2 \cdot A \cdot \text{sen}(k \cdot x) \cdot \cos(\omega \cdot t)$ (m)

* Onda estacionaria con extremos fijos: $y = 2 \cdot A \cdot \text{sen}(k \cdot x) \cdot \text{sen}(\omega \cdot t)$ (m)

Formulario de óptica

* Índice de refracción de un medio, n: $n = \dfrac{c}{v}$ (sin unidades)

* Ley de Snell de la refracción: $n_1 \cdot \operatorname{sen} \alpha_1 = n_2 \cdot \operatorname{sen} \alpha_2$

* Ángulo límite, α_L: $\operatorname{sen} \alpha_L = \dfrac{n_2}{n_1}$ (sin unidades)

* Profundidad aparente: $d_{ap} = d_{real} \cdot \dfrac{n_{observador}}{n_{objeto}}$ (m)

* Fórmula de Gauss de las lentes delgadas:

$$\dfrac{1}{s'} - \dfrac{1}{s} = \dfrac{1}{f'}$$

* Aumento lateral:

$$A_L = \dfrac{y'}{y} = \dfrac{s'}{s} \quad \text{(sin unidades)}$$

* Potencia de una lente:

$$P = \dfrac{1}{f'} \quad \text{(D, dioptrías)}$$

* Relación entre los focos:

$$f = -f' \quad \text{(m)}$$

* Criterios de signos, normas DIN: las distancias hacia la derecha y hacia arriba son positivas. Las distancias hacia la izquierda y hacia abajo son negativas.

Magnitud	Signo	
	+	−
s	-	Objeto derecho
s'	Imagen real	Imagen virtual
f'	Lente convergente	Lente divergente
y	Objeto derecho	-
y'	Imagen derecha	Imagen invertida
A_L	Imagen derecha	Imagen invertida

* Formación de imágenes en lentes:

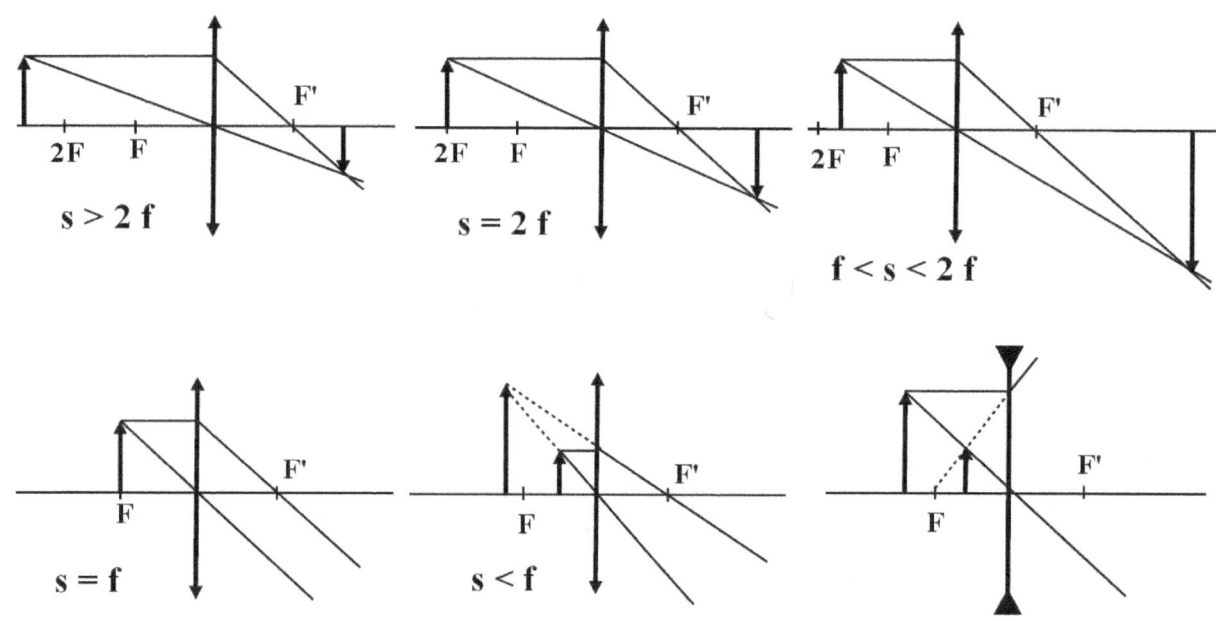

* Características de la imagen formada:

Tipo de lente	Distancia objeto	Características de la imagen
Convergente	s > 2f	Invertida, menor y real
Convergente	s = 2f	Invertida, igual y real
Convergente	2f > s > f	Invertida, mayor y real
Convergente	s = f	No se forma imagen
Convergente	s < f	Derecha, mayor y virtual
Divergente	Cualquiera	Derecha, menor y virtual

Formulario de física nuclear

* Energía emitida en las reacciones nucleares: $E = m \cdot c^2$ (J o MeV, megaelectronvoltio)

* Equivalencia de energías: $1 \text{ MeV} = 1'602 \cdot 10^{-13}$ J

* Defecto másico: $\Delta m = \sum m_{productos} - \sum m_{reactivos}$ (kg)

* Energía de enlace por nucleón: $E_n = \dfrac{E_e}{A}$ (J o MeV)

* Actividad: $A = -\dfrac{dN}{dt} = \lambda \cdot N$ (Bq)

* Número de átomos que hay en un momento dado: $N = N_0 \cdot e^{-\lambda \cdot t}$ (núcleos)

* Período de semidesintegración: $T_{1/2} = \dfrac{\ln 2}{\lambda}$ (s)

Formulario de física cuántica

* Efecto fotoeléctrico:

- Expresión general 1: $E_f = W_{extr} + Ec_e$ (J)

- Expresión general 2: $h \cdot f = h \cdot f_0 + \dfrac{1}{2} m v^2$ (J)

- Energía cinética de los electrones: $Ec = e \cdot V_0 = \dfrac{1}{2} m v^2$ (J)

* Principio de incertidumbre de Heisenberg: $\Delta x \cdot \Delta p \geq \dfrac{h}{4 \cdot \pi}$

* Longitud de onda de de Broglie: $\lambda = \dfrac{h}{m \cdot v}$ (m)

PROBLEMAS

PROBLEMAS DE DINÁMICA Y ENERGÍA

2018

1) Un objeto de 2 kg con una velocidad inicial de 5 m s^{-1} se desplaza 20 cm por una superficie horizontal para, a continuación, comenzar a ascender por un plano inclinado 30°. El coeficiente de rozamiento entre el objeto y ambas superficies es 0,1. Dibuje en un esquema las fuerzas que actúan sobre el objeto en ambas superficies y calcule la altura máxima que alcanza el objeto mediante consideraciones energéticas. g = 9,8 m s^{-2}.

Datos: Dibujo:

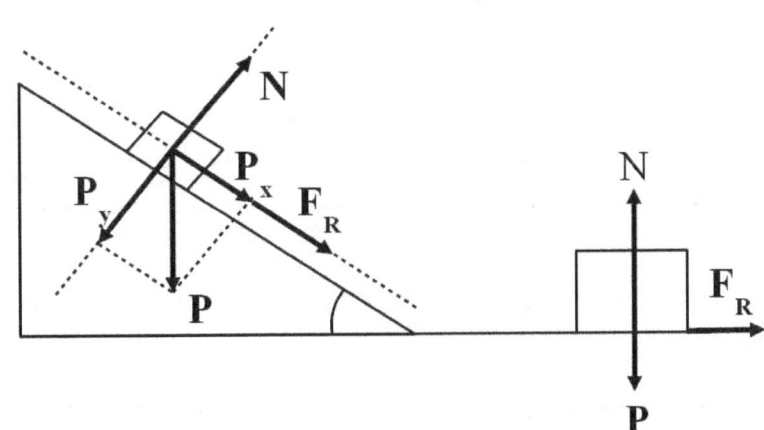

m = 2 kg
v_0 = 5 m/s
e_1 = 0'20 m
α = 30°
μ = 0'1
¿$h_{máx}$?
g = 9'8 m/s^2

Principio físico: principio de conservación de la energía: la energía total de un sistema aislado permanece constante.

Método de resolución: usaremos el principio de conservación de la energía.

Resolución: $Ec_A + Ep_A + W_{FNC} = Ec_B + Ep_B$; $\frac{1}{2} m v^2 + 0 + F_R \cdot e_1 \cdot \cos\beta + F_R \cdot e_2 \cdot \cos\beta = m \cdot g \cdot h$

$\frac{1}{2} m \cdot v^2 - \mu \cdot m \cdot g \cdot e_1 - \mu \cdot m \cdot g \cdot \cos\alpha \cdot e_2 = m \cdot g \cdot h$; $\sen\alpha = \frac{h}{e_2} \rightarrow e_2 = \frac{h}{\sen\alpha}$

$\frac{1}{2} v^2 - \mu \cdot g \cdot e_1 - \mu \cdot g \cdot \cos\alpha \cdot \frac{h}{\sen\alpha} = g \cdot h$; $\frac{1}{2} v^2 - \mu \cdot g \cdot e_1 = \mu \cdot g \cdot \cos\alpha \cdot \frac{h}{\sen\alpha} + g \cdot h$

$h = \dfrac{\frac{1}{2} \cdot v^2 - \mu \cdot g \cdot e_1}{g \cdot \left(1 + \mu \cdot \frac{\cos\alpha}{\sen\alpha}\right)} = \dfrac{\frac{1}{2} \cdot 5^2 - 0'1 \cdot 9'8 \cdot 0'20}{9'8 \cdot \left(1 + 0'1 \cdot \frac{\cos 30°}{\sen 30°}\right)} = \boxed{1'07 \text{ m}}$

Comentario: sin no hubiera rozamiento, la altura máxima alcanzada sería mayor.

2) Un cuerpo de 20 kg de masa se encuentra inicialmente en reposo en la parte más alta de una rampa que forma un ángulo de 30° con la horizontal. El cuerpo desciende por la rampa recorriendo 15 m, sin rozamiento, y cuando llega al final de la misma recorre 20 m por una superficie horizontal rugosa hasta que se detiene. Calcule el coeficiente de rozamiento entre el cuerpo y la superficie horizontal haciendo uso de consideraciones energéticas. g = 9,8 m s^{-2}.

Datos: Dibujo:

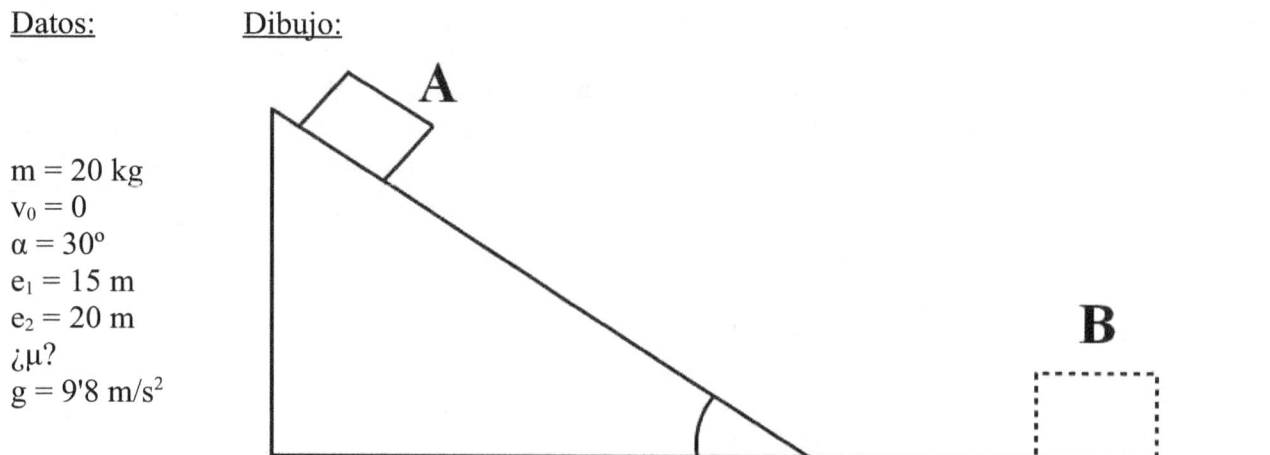

m = 20 kg
v_0 = 0
α = 30°
e_1 = 15 m
e_2 = 20 m
¿μ?
g = 9'8 m/s^2

Principio físico: principio de conservación de la energía: la energía total de un sistema aislado permanece constante.

Método de resolución: usaremos el principio de conservación de la energía.

Resolución: $Ec_A + Ep_A + W_{FNC} = Ec_B + Ep_B$; $0 + m \cdot g \cdot h + F_R \cdot e_2 \cdot \cos \beta = 0$

$m \cdot g \cdot h - \mu \cdot m \cdot g \cdot e_2 = 0$; $m \cdot g \cdot h = \mu \cdot m \cdot g \cdot e_2$; $h = \mu \cdot e_2$; $\operatorname{sen} \alpha = \dfrac{h}{e_1}$ → $h = e_1 \cdot \operatorname{sen} \alpha$

$e_1 \cdot \operatorname{sen} \alpha = \mu \cdot e_2$; $\mu = \dfrac{e_1 \cdot sen\, \alpha}{e_2} = \dfrac{15 \cdot sen\,30°}{20} = \boxed{0'375}$

Comentario: β es el ángulo que forma la fuerza de rozamiento con el sentido del movimiento y vale 180°. La fuerza de rozamiento siempre se opone al movimiento y el trabajo de rozamiento es siempre negativo, pues es energía que se le sustrae al sistema.

3) Sobre un bloque de 10 kg, inicialmente en reposo sobre una superficie horizontal rugosa, se aplica una fuerza de 40 N que forma un ángulo de 60° con la horizontal. El coeficiente de rozamiento entre el bloque y la superficie vale 0,2. Realice un esquema indicando las fuerzas que actúan sobre el bloque y calcule la variación de energía cinética del bloque cuando éste se desplaza 0,5 m. g = 9,8 m s^{-2} .

Datos: Dibujo:

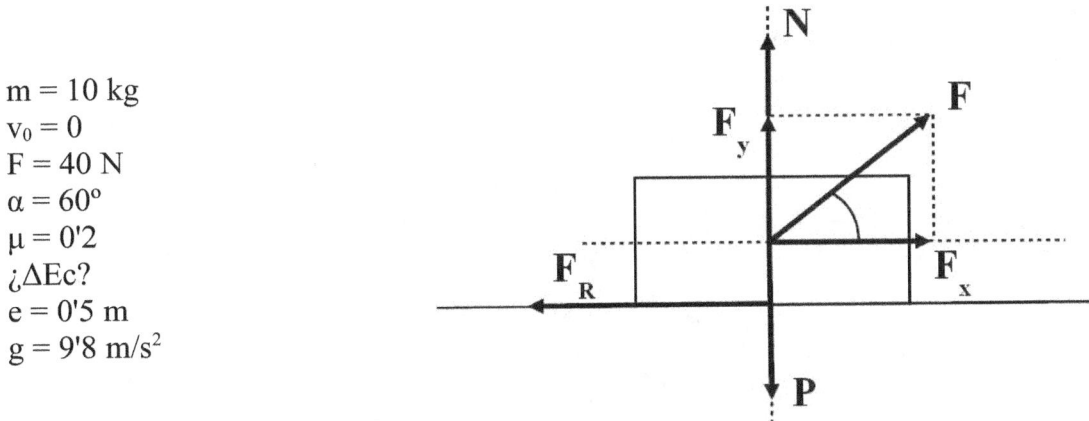

m = 10 kg
v_0 = 0
F = 40 N
α = 60°
μ = 0'2
¿ΔEc?
e = 0'5 m
g = 9'8 m/s²

Principio físico: segunda ley de Newton: cuando a un cuerpo se le aplica una fuerza resultante distinta de cero, se le aplica una aceleración en la misma dirección y sentido que la resultante.

Método de resolución: aplicaremos la segunda ley de Newton y calcularemos la velocidad final por Cinemática.

Resolución: $F_x - F_R = m \cdot a$; $N + F_y = P$ → $N = P - F_y = m \cdot g - F \cdot \text{sen } \alpha$

$F_R = \mu \cdot N = \mu \cdot m \cdot g - \mu \cdot F \cdot \text{sen } \alpha$; $F \cdot \cos \alpha - \mu \cdot m \cdot g + \mu \cdot F \cdot \text{sen } \alpha = m \cdot a$

$$a = \frac{F\cos\alpha - \mu m g + \mu F sen\alpha}{m} = \frac{40 \cdot \cos 60° - 0'2 \cdot 10 \cdot 9'8 + 0'2 \cdot 40 \cdot sen 60°}{10} = 0'733 \ \frac{m}{s^2}$$

$v^2 = v_0^2 + 2 \cdot a \cdot e = 0 + 2 \cdot 0'733 \cdot 0'5 = 0'733 \ \frac{m^2}{s^2}$

$\Delta Ec = \frac{1}{2} m \cdot (v^2 - v_0^2) = \frac{1}{2} \cdot 10 \cdot (0'733 - 0) = \boxed{3'67 \text{ J}}$

Comentario: cuando la fuerza de avance forma un ángulo por encima de la horizontal, la normal no es igual al peso, sino que es menor, pues hay que restarle la componente F_y de la fuerza.

4) Un bloque de 1 kg de masa asciende por un plano inclinado que forma un ángulo de 30° con la horizontal. La velocidad inicial del bloque es de 10 m s⁻¹ y el coeficiente de rozamiento entre las superficies del bloque y el plano inclinado es 0,3. Determine mediante consideraciones energéticas: (i) La altura máxima a la que llega el bloque; (ii) el trabajo realizado por la fuerza de rozamiento. g = 9,8 m s⁻².

Datos: Dibujo:

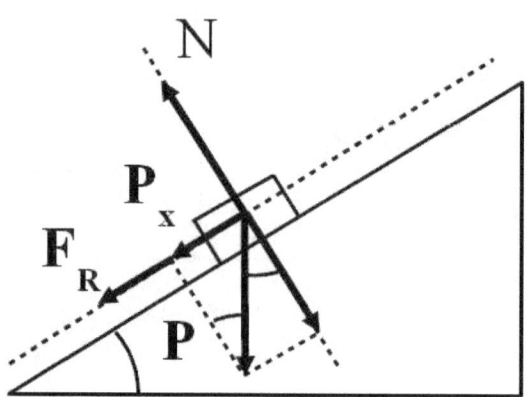

m = 1 kg
α = 30°
v_0 = 10 m/s
µ = 0'3
¿$h_{máx.}$?
¿W_R?
g = 9,8 m/s²

Principio físico: al darle un impulso inicial, el bloque se mueve por inercia. La energía se conserva.

Método de resolución: aplicaremos el principio de conservación de la energía.

Resolución: $Ec_A + Ep_A + W_{FNC} = Ec_B + Ep_B$; $\frac{1}{2} m \cdot v_0^2 + 0 - F_R \cdot e = 0 + m \cdot g \cdot h$;

$\sin \alpha = \dfrac{h}{e}$ → $e = \dfrac{h}{\sin \alpha}$; $\dfrac{1}{2} m \cdot v_0^2 - \mu \cdot m \cdot g \cdot \cos \alpha \cdot \dfrac{h}{\sin \alpha} = m \cdot g \cdot h$;

$\dfrac{1}{2} v_0^2 = g \cdot h + \mu \cdot g \cdot \cos \alpha \cdot \dfrac{h}{\sin \alpha}$

$h = \dfrac{\frac{1}{2} v_0^2}{g + \mu g \cdot \dfrac{\cos \alpha}{\sin \alpha}} = \dfrac{\frac{1}{2} \cdot 10^2}{9'8 + 0'3 \cdot 9'8 \cdot \dfrac{\cos 30°}{\sin 30°}} = \boxed{3'36 \text{ m}}$

$W_R = F_R \cdot e \cdot \cos \beta = \mu \cdot m \cdot g \cdot \cos \alpha \cdot \cos \beta = 0'3 \cdot 1 \cdot 9'8 \cdot \cos 30° \cdot \cos 180° = -2'55 \text{ J}$

Comentario: el signo negativo del trabajo de rozamiento es debido a que la fuerza de rozamiento se opone al movimiento. Significa que ese trabajo va a consumir en parte la energía del cuerpo.

2017

5) Un bloque de 2 kg se lanza hacia arriba por una rampa rugosa (μ = 0,3), que forma un ángulo de 30° con la horizontal, con una velocidad inicial de 6 m s^{-1}. Calcule la altura máxima que alcanza el bloque respecto del suelo. g = 9,8 m s^{-2}

Datos: Dibujo:

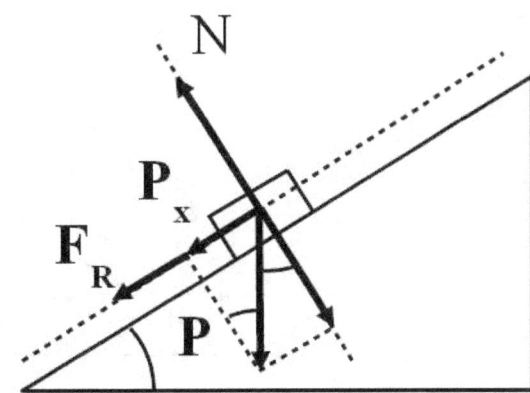

m = 2 kg
μ = 0,3
α = 30°
v$_0$ = 6 m/s
¿h?
g = 9,8 m s^{-2}

Principio físico: el cuerpo se mueve por inercia. Tiene un movimiento rectilíneo uniformemente acelerado de velocidad decreciente, pues hay una resultante en sentido contrario a su movimiento.
Principio de conservación de la energía: la energía total de un sistema aislado permanece constante.

Método de resolución: aplicaremos el principio de conservación de la energía.

Resolución: Ec$_A$ + Ep$_A$ + W$_{FNC}$ = Ec$_B$ + Ep$_B$; $\frac{1}{2}$ m·v$_0^2$ + 0 − F$_R$·e = 0 + m·g·h   ;

sen α = $\frac{h}{e}$ → e = $\frac{h}{sen\,\alpha}$; $\frac{1}{2}$ m·v$_0^2$ − μ·m·g·cos α · $\frac{h}{sen\,\alpha}$ = m·g·h   ;

$\frac{1}{2}$ v$_0^2$ = g·h + μ·g·cos α · $\frac{h}{sen\,\alpha}$

h = $\dfrac{\frac{1}{2}v_0^2}{g+\mu g \cdot \dfrac{\cos\alpha}{sen\,\alpha}}$ = $\dfrac{\frac{1}{2}6^2}{9'8+0'3\cdot 9'8 \cdot \dfrac{\cos 30°}{sen\,30°}}$ = $\boxed{1'21\ m}$

Comentario: como la energía se conserva, la energía cinética inicial se transforma en energía potencial y en trabajo de rozamiento.

6) Un cuerpo de 3 kg se lanza hacia arriba con una velocidad de 20 m s^{-1} por un plano inclinado 60° con la horizontal. Si el coeficiente de rozamiento entre el bloque y el plano es 0,3, calcule la distancia que recorre el cuerpo sobre el plano durante su ascenso y el trabajo realizado por la fuerza de rozamiento, comentando su signo. g = 9,8 m s^{-2}.

Datos: Dibujo:

m = 3 kg
v_0 = 20 m/s
α = 60°
μ = 0'3
¿e?
¿W_R?
g = 9'8 m/s^2

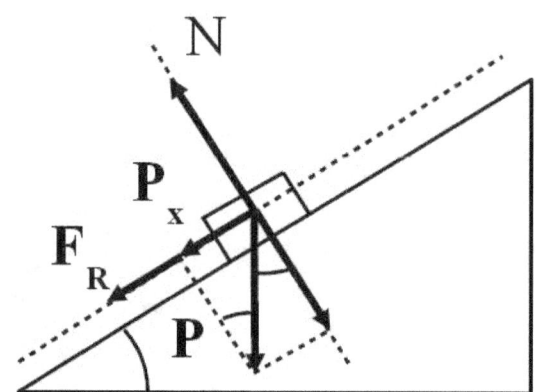

Principio físico: al darle un impulso inicial, el bloque se mueve por inercia. La energía se conserva.

Método de resolución: aplicaremos el principio de conservación de la energía.

Resolución: $Ec_A + Ep_A + W_{FNC} = Ec_B + Ep_B$; $\frac{1}{2} m \cdot v_0^2 + 0 - F_R \cdot e = 0 + m \cdot g \cdot h$;

sen α = $\frac{h}{e}$ → h = e·sen α ; $\frac{1}{2} m \cdot v_0^2 - \mu \cdot m \cdot g \cdot \cos α \cdot e = m \cdot g \cdot e \cdot \sen α$;

$\frac{1}{2} v_0^2 = g \cdot e \cdot \sen α + \mu \cdot g \cdot \cos α \cdot e$; e = $\dfrac{\frac{v_o^2}{2}}{g \cdot (\sen α + \mu \cdot \cos α)} = \dfrac{v_o^2}{2g \cdot (\sen α + \mu \cdot \cos α)}$

e = $\dfrac{20^2}{2 \cdot 9'8 \cdot (\sen 60° + 0'3 \cdot \cos 60°)}$ = $\boxed{20'1 \text{ m}}$

$W_R = F_R \cdot e \cdot \cos β = \mu \cdot m \cdot g \cdot \cos α \cdot \cos β = 0'3 \cdot 3 \cdot 9'8 \cdot \cos 60° \cdot \cos 180°$ = − 4'41 J

Comentario: el signo negativo del trabajo de rozamiento es debido a que la fuerza de rozamiento se opone al movimiento. Significa que ese trabajo va a consumir en parte la energía del cuerpo.

2016

7) Un bloque de 5 kg desliza por una superficie horizontal mientras se le aplica una fuerza de 30 N en una dirección que forma 60° con la horizontal. El coeficiente de rozamiento entre la superficie y el cuerpo es 0,2. a) Dibuje en un esquema las fuerzas que actúan sobre el bloque y calcule el valor de dichas fuerzas. b) Calcule la variación de energía cinética del bloque en un desplazamiento de 0,5 m. g = 9,8 m s^{-2}.

Datos: Dibujo:

m = 5 kg
F = 30 N
α = 60°
μ = 0'2
¿Fuerzas?
¿ΔEc?
e = 0'5 m
g = 9'8 m/s^2

Principio físico: segunda ley de Newton: cuando a un cuerpo se le aplica una fuerza resultante distinta de cero, se le aplica una aceleración en la misma dirección y sentido que la resultante.

Método de resolución: aplicaremos la segunda ley de Newton y usaremos ecuaciones de Cinemática.

Resolución: $F_x - F_R = m \cdot a$; $N + F_y = P$ → $N = P - F_y = m \cdot g - F \cdot sen\, α$

$F_R = μ \cdot N = μ \cdot m \cdot g - μ \cdot F \cdot sen\, α$; $F \cdot cos\, α - μ \cdot m \cdot g + μ \cdot F \cdot sen\, α = m \cdot a$

$a = \dfrac{F\cos α - μ\,mg + μ\,F\,sen\,α}{m} = \dfrac{30 \cdot \cos 60° - 0'2 \cdot 5 \cdot 9'8 + 0'2 \cdot 30 \cdot sen\, 60°}{5} = 2'08 \dfrac{m}{s^2}$

$v^2 = v_0^2 + 2 \cdot a \cdot e = 0 + 2 \cdot 2'08 \cdot 0'5 = 2'08 \dfrac{m^2}{s^2}$; $P = m \cdot g = 5 \cdot 9'8 = \boxed{49\ N}$;

$F_x = F \cdot \cos α = 30 \cdot \cos 60° = \boxed{15\ N}$; $F_y = F \cdot sen\, α = 30 \cdot sen\, 60° = \boxed{26\ N}$

$N = P - F_y = m \cdot g - F \cdot sen\, α = 5 \cdot 9'8 - 30 \cdot sen\, 60° = 23\ N$; $F_R = μ \cdot m \cdot g = 0'2 \cdot 5 \cdot 9'8 = \boxed{9'8\ N}$;

$ΔEc = \dfrac{1}{2} m \cdot (v^2 - v_0^2) = \dfrac{1}{2} \cdot 10 \cdot (2'08 - 0) = \boxed{10'4\ J}$

Comentario: cuando la fuerza de avance forma un ángulo por encima de la horizontal, la normal no es igual al peso, sino que es menor, pues hay que restarle la componente F_y de la fuerza.

2015

8) Se deja caer un cuerpo, partiendo del reposo, por un plano inclinado que forma un ángulo de 30° con la horizontal. Después de recorrer 2 m llega al final del plano inclinado con una velocidad de 4 m s^{-1} y continúa deslizándose por un plano horizontal hasta detenerse. La distancia recorrida en el plano horizontal es 4 m. a) Dibuje en un esquema las fuerzas que actúan sobre el bloque cuando se encuentra en el plano inclinado y determine el valor del coeficiente de rozamiento entre el cuerpo y el plano inclinado. b) Explique el balance energético durante el movimiento en el plano horizontal y calcule la fuerza de rozamiento entre el cuerpo y el plano. g = 9,8 m s^{-2}.

Datos: Dibujo:

$v_0 = 0$
$\alpha = 30°$
$e_1 = 2$ m
$e_2 = 4$ m
$v = 4$ m/s
¿μ?
¿F_R?
$g = 9'8$ m/s^2

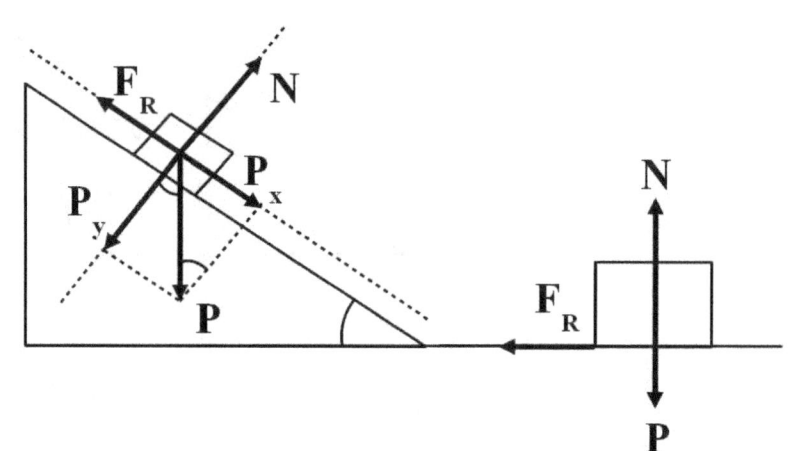

Principio físico: principio de conservación de la energía: la energía total de un sistema aislado permanece constante.

Método de resolución: usaremos el principio de conservación de la energía.

Resolución: $Ec_A + Ep_A + W_{FNC} = Ec_B + Ep_B$; $0 + m\cdot g\cdot h + F_R\cdot e_1\cdot \cos\beta = \dfrac{1}{2}m\cdot v^2 + 0$

$m\cdot g\cdot h - \mu\cdot m\cdot g\cdot \cos\alpha\cdot e_1 = \dfrac{1}{2}m\cdot v^2$; $\operatorname{sen}\alpha = \dfrac{h}{e_1}$ → $h = e_1\cdot \operatorname{sen}\alpha$;

$g\cdot e_1\cdot \operatorname{sen}\alpha - \dfrac{1}{2}v^2 = \mu\cdot g\cdot \cos\alpha\cdot e_1$; $\mu = \dfrac{g\cdot e_1\cdot \operatorname{sen}\alpha - \dfrac{1}{2}\cdot v^2}{g\cdot e_1\cdot \cos\alpha} = \dfrac{9'8\cdot 2\cdot \operatorname{sen}30° - \dfrac{1}{2}\cdot 4^2}{9'8\cdot 2\cdot \cos 30°} = \boxed{0'106}$

$Ec_A + Ep_A + W_{FNC} = Ec_B + Ep_B$; $\dfrac{1}{2}m\cdot v^2 + 0 - F_R\cdot e_1 = 0 + 0$;

$F_R = \dfrac{m\cdot v^2}{2\cdot e_1} = \dfrac{m\cdot 4^2}{2\cdot 2} = \boxed{4\cdot m \ \ N}$

Comentario: como no disponemos de la masa, hemos tenido que dejar la fuerza de rozamiento en función de la masa.

9) Un bloque de 2 kg asciende por un plano inclinado que forma un ángulo de 30° con la horizontal. La velocidad inicial del bloque es de 10 m s^{-1} y se detiene después de recorrer 8 m a lo largo del plano. a) Calcule el coeficiente de rozamiento entre el bloque y la superficie del plano. b) Razone los cambios de la energía cinética, potencial y mecánica del bloque. g = 9,8 m s^{-2}

Datos: Dibujo:

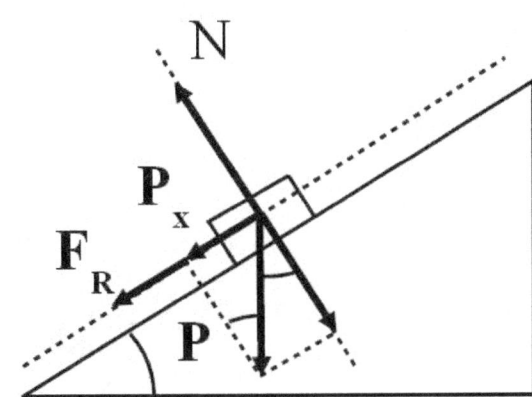

m = 2 kg
α = 30°
v$_0$ = 10 m/s
e = 8 m
¿μ?
g = 9'8 m/s^2

Principio físico: al darle un impulso inicial, el bloque se mueve por inercia. La energía se conserva.

Método de resolución: aplicaremos el principio de conservación de la energía.

Resolución: * Coeficiente de rozamiento: Ec$_A$ + Ep$_A$ + W$_{FNC}$ = Ec$_B$ + Ep$_B$

$$\frac{1}{2} m \cdot v_0^2 + 0 - F_R \cdot e = 0 + m \cdot g \cdot h \quad ; \quad \operatorname{sen} \alpha = \frac{h}{e} \quad \to \quad h = e \cdot \operatorname{sen} \alpha \quad ;$$

$$\frac{1}{2} m \cdot v_0^2 - \mu \cdot m \cdot g \cdot \cos \alpha \cdot e = m \cdot g \cdot e \cdot \operatorname{sen} \alpha \quad ; \quad \frac{1}{2} v_0^2 - g \cdot e \cdot \operatorname{sen} \alpha = \mu \cdot g \cos \alpha \cdot e \quad ;$$

$$\mu = \frac{\frac{v_0^2}{2} - g \cdot e \cdot \operatorname{sen} \alpha}{g \cdot e \cdot \cos \alpha} = \frac{\frac{10^2}{2} - 9'8 \cdot 8 \cdot \operatorname{sen} 30°}{9'8 \cdot 8 \cdot \cos 30°} = \boxed{0'159}$$

Comentario:
b) La energía cinética es directamente proporcional a la velocidad y la energía potencial a la altura. La energía cinética disminuye, pues la velocidad disminuye. La energía potencial aumenta, pues la altura aumenta. La energía se conserva, pero no la energía mecánica. La energía mecánica inicial se transforma en energía potencial y en trabajo de rozamiento.

2014

10) Por un plano inclinado 30° respecto a la horizontal desciende un bloque de 100 kg y se aplica sobre el bloque una fuerza paralela al plano que lo frena, de modo que desciende a velocidad constante. El coeficiente de rozamiento entre el plano y el bloque es 0,2. a) Dibuje en un esquema las fuerzas que actúan sobre el bloque y calcule el valor de la fuerza. b) Explique las transformaciones energéticas que tienen lugar en el deslizamiento del bloque y calcule la variación de su energía potencial en un desplazamiento de 20 m. g = 9,8 m s⁻².

Datos: Dibujo:

α = 30°
m = 100 kg
v = cte
μ = 0'2
¿F?
¿ΔEp?
e = 20 m
g = 9'8 m/s²

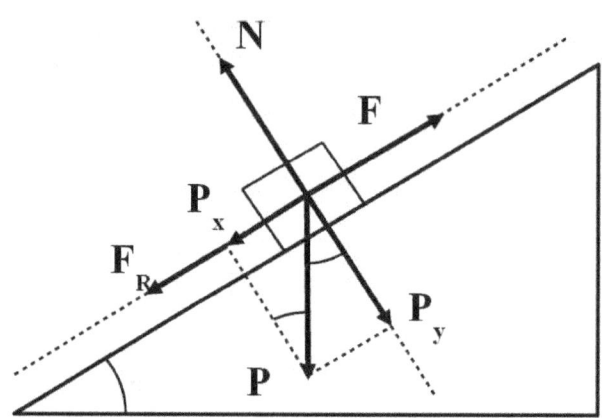

Principio físico: según la primera ley de Newton, si un cuerpo se mueve a velocidad constante, la resultante vale cero.

Método de resolución: aplicaremos la primera ley de Newton y las fórmulas de las fuerzas correspondientes.

Resolución: $\sum F = 0$ → $F + F_R = P_x$ → $F = P_x - F_R = m \cdot g \cdot \text{sen } \alpha - \mu \cdot m \cdot g \cdot \cos \alpha$;

F = 100·9'8·sen 30° − 0'2·100·9'8·cos 30° = 490 − 170 = $\boxed{320 \text{ N}}$

$\Delta E_p = m \cdot g \cdot \Delta h$; $\text{sen } \alpha = \dfrac{h}{e}$ → $h = e \cdot \text{sen } \alpha$

$\Delta E_p = m \cdot g \cdot e \cdot \text{sen } \alpha = -100 \cdot 9'8 \cdot 20 \cdot \text{sen } 30° = \boxed{-9800 \text{ J}}$

Comentario:

b) Variaciones energéticas: la variación de energía cinética es nula, pues el cuerpo se mueve a velocidad constante. La energía potencial disminuye, pues disminuye la altura. La energía mecánica no se conserva, pues existen dos fuerzas conservativas distintas de cero.

$W_T = W_{FC} + W_{FNC} = -\Delta E_p + W_{FNC} = \Delta E_c$ → $W_{FNC} = \Delta E_c + \Delta E_p = \Delta E_M$

La variación de la energía mecánica es igual a la suma de los trabajos de las fuerzas no conservativas, es decir, de F y F_R.

2013

11) Un bloque de 5 kg se encuentra inicialmente en reposo en la parte superior de un plano inclinado de 10 m de longitud, que presenta un coeficiente de rozamiento µ = 0,2 (ignore la diferencia entre el coeficiente de rozamiento estático y el dinámico). a) Dibuje en un esquema las fuerzas que actúan sobre el bloque durante el descenso por el plano y calcule el ángulo mínimo de inclinación del plano para que el bloque pueda deslizarse. b) Analice las transformaciones energéticas durante el descenso del bloque y calcule su velocidad al llegar al suelo suponiendo que el ángulo de inclinación del plano es de 30°. g = 9,8 m s^{-2}

Datos:

m = 5 kg
v_0 = 0
e = 10 m
µ = 0,2
¿α?
¿v?
α = 30°
g = 9,8 m s^{-2}

Dibujo:

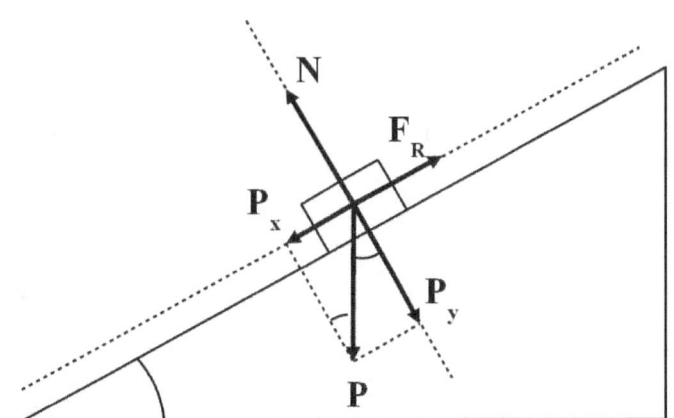

Principio físico: primera ley de Newton: para que un cuerpo se mueva a velocidad constante, la resultante debe valer cero. Segunda ley de Newton: si se le aplica una resultante distinta de cero, se le aplica una aceleración en la misma dirección y en el mismo sentido.

Método de resolución: usaremos la primera y la segunda leyes de Newton.

Resolución: * Ángulo mínimo: $F_R = P_x$ → µ·m·g·cos α = m·g·sen α → µ·cos α = sen α →

→ $\mu = \dfrac{sen\ \alpha}{cos\ \alpha} = tg\ \alpha$ → α = arc tg µ = arc tg 0'2 = $\boxed{11'3°}$

* Velocidad al llegar al suelo: $\sum F = ma$ → $P_x - F_R = m·a$ → m·g·sen α − µ·m·g·cos α = m·a →

→ a = g·sen α − µ·g·cos α = 9'8·sen 30° − 0'2·9'8·cos 30° = 3'20 $\dfrac{m}{s^2}$

Al ser un MRUA: $v^2 = v_0^2 + 2·a·e$ → $v = \sqrt{v_0^2 + 2·a·e} = \sqrt{0^2 + 2·3'20·10} = \boxed{8\ \dfrac{m}{s}}$

Comentario: como la energía se conserva, la energía potencial inicial se transforma en energía cinética y en trabajo de rozamiento.

12) Un bloque de 5 kg se desliza con velocidad constante por una superficie horizontal rugosa al aplicarle una fuerza de 20 N en una dirección que forma un ángulo de 60º sobre la horizontal. a) Dibuje en un esquema todas las fuerzas que actúan sobre el bloque, indique el valor de cada una de ellas y calcule el coeficiente de rozamiento del bloque con la superficie. b) Determine el trabajo total de las fuerzas que actúan sobre el bloque cuando se desplaza 2 m y comente el resultado obtenido.
g = 9,8 m s^{-2}.

Datos:　　　Dibujo:

m = 5 kg
v = cte
F = 20 N
α = 60º
¿Fuerzas?
¿µ?
¿W$_T$?
e = 2 m
g = 9'8 m/s^2

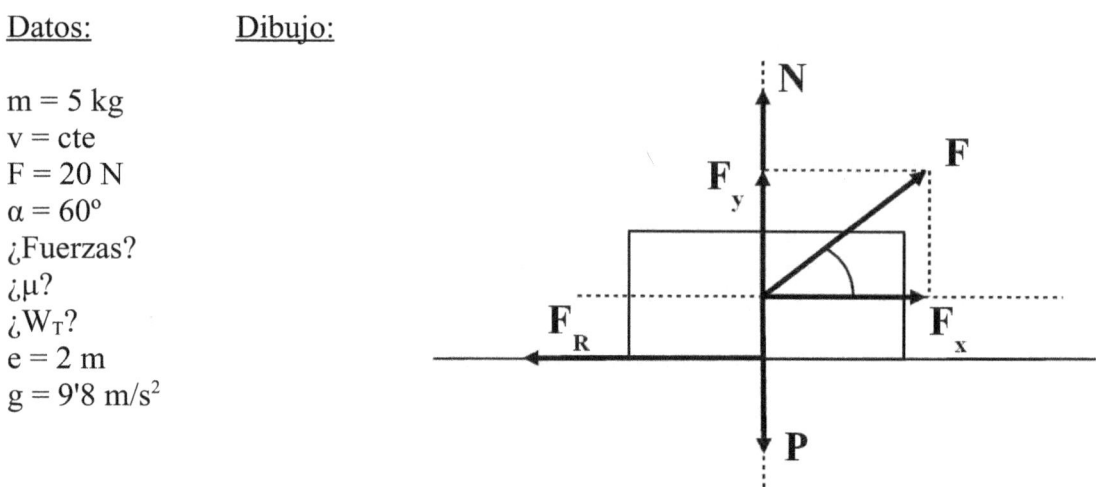

Principio físico: según la primera ley de Newton, si un cuerpo se mueve a velocidad constante, la resultante de las fuerzas que actúan sobre él es cero.

Método de resolución: usaremos la primera ley de Newton y las fórmulas de las fuerzas.

Resolución:　P = m·g = 5·9'8 = $\boxed{49 \text{ N}}$

N + F$_y$ = P → N = P − F$_y$ = m·g − F·sen α = 49 − 20·sen 60º = 31'7 N

F$_x$ = F·cos α = 20·cos 60º = $\boxed{10 \text{ N}}$　;　F$_y$ = F·sen α = 20·sen 60º = $\boxed{17'3 \text{ N}}$

Si la velocidad es contante → $\sum F = 0$ → F$_x$ = F$_R$;　F$_x$ = µ·N →

$\mu = \dfrac{F_x}{N} = \dfrac{10}{31'7} = 0'315$;　F$_R$ = µ·N = 0'315·31'7 = $\boxed{10 \text{ N}}$

W$_T$ = W$_{FC}$ + W$_{FNC}$ = 0 + W$_F$ + W$_{FR}$ = F·e·cos α + F$_R$·e·cos α = 20·2·cos 0º + 10·2·cos 180º =

= 40 − 20 = $\boxed{20 \text{ N}}$

Comentario: el trabajo de rozamiento es negativo porque la fuerza de rozamiento se opone al movimiento y el trabajo de rozamiento es energía que se le resta al cuerpo. La normal y el peso no realizan trabajo, pues sus direcciones son perpendiculares a la dirección de desplazamiento.

2012

13) Un bloque de 2 kg se lanza hacia arriba por una rampa rugosa (µ = 0,2), que forma un ángulo de 30° con la horizontal, con una velocidad de 6 m s⁻¹. Tras su ascenso por la rampa, el bloque desciende y llega al punto de partida con una velocidad de 4,2 m s⁻¹. a) Dibuje en un esquema las fuerzas que actúan sobre el bloque cuando asciende por la rampa y, en otro esquema, las que actúan cuando desciende e indique el valor de cada fuerza. b) Calcule el trabajo de la fuerza de rozamiento en el ascenso del bloque y comente el signo del resultado obtenido. g = 9,8 m s⁻²

Datos: Dibujo:

m = 2 kg
µ = 0,2
α = 30°
v_0 = 6 m/s
v = 4'2 m/s
¿Fuerzas?
¿W_R?
g = 9,8 m s⁻²

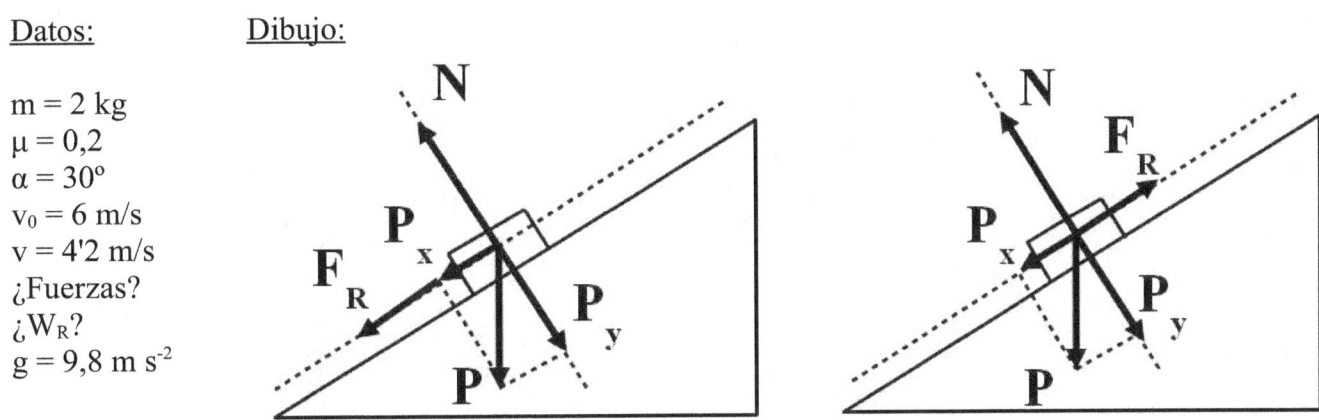

Principio físico: principio de conservación de la energía: la energía total de un sistema aislado permanece constante.

Método de resolución: aplicaremos el principio de conservación de la energía.

Resolución: * Fuerzas: P = m·g = 2·9'8 = $\boxed{19'6\ N}$; P_x = m·g·sen α = 2·9'8·sen 30° = $\boxed{9'8\ N}$

N = P_y = m·g·cos α = 2·9'8·cos 30° = $\boxed{17\ N}$; F_R = µ·N = 0'2·17 = $\boxed{3'4\ N}$

* Trabajo de rozamiento: $W_R = F_R \cdot e \cdot \cos \beta$

$Ec_A + Ep_A + W_{FNC} = Ec_B + Ep_B$; $\frac{1}{2} m \cdot v_0^2 + 0 + 2 \cdot W_R = 0 + \frac{1}{2} m \cdot v^2$ →

→ $2 \cdot W_R = \frac{1}{2} m (v^2 - v_0^2)$ → $W_R = \frac{1}{4} m (v^2 - v_0^2) = \frac{1}{4} \cdot 2 \cdot (4'2^2 - 6^2) = \boxed{-9'18\ J}$

Comentario: la energía se conserva siempre. Lo que no siempre se conserva, como en este problema, es la energía mecánica, pues existe una fuerza no conservativa, la fuerza de rozamiento. El trabajo de rozamiento de ascenso y el de descenso son iguales. El signo es negativo porque la fuerza de rozamiento se opone al movimiento y porque el trabajo de rozamiento es energía que consume el sistema. Hemos tomado el punto A el principio y el punto B cuando vuelve a la base del plano inclinado.

14) Un cuerpo de 5 kg, inicialmente en reposo, se desliza por un plano inclinado de superficie rugosa que forma un ángulo de 30° con la horizontal, desde una altura de 0,4 m. Al llegar a la base del plano inclinado, el cuerpo continúa deslizándose por una superficie horizontal rugosa del mismo material que el plano inclinado. El coeficiente de rozamiento dinámico entre el cuerpo y las superficies es de 0'3.
a) Dibuje en un esquema las fuerzas que actúan sobre el cuerpo en su descenso por el plano inclinado y durante su movimiento a lo largo de la superficie horizontal. ¿A qué distancia de la base del plano se detiene el cuerpo? b) Calcule el trabajo que realizan todas las fuerzas que actúan sobre el cuerpo durante su descenso por el plano inclinado. $g = 10$ m s^{-2}.

Datos:

$m = 5$ kg
$\alpha = 30°$
$v_0 = 0$
$h = 0'4$ m
$\mu = 0'3$
¿e_2?
¿W?
$g = 9'8$ m/s^2

Dibujo:

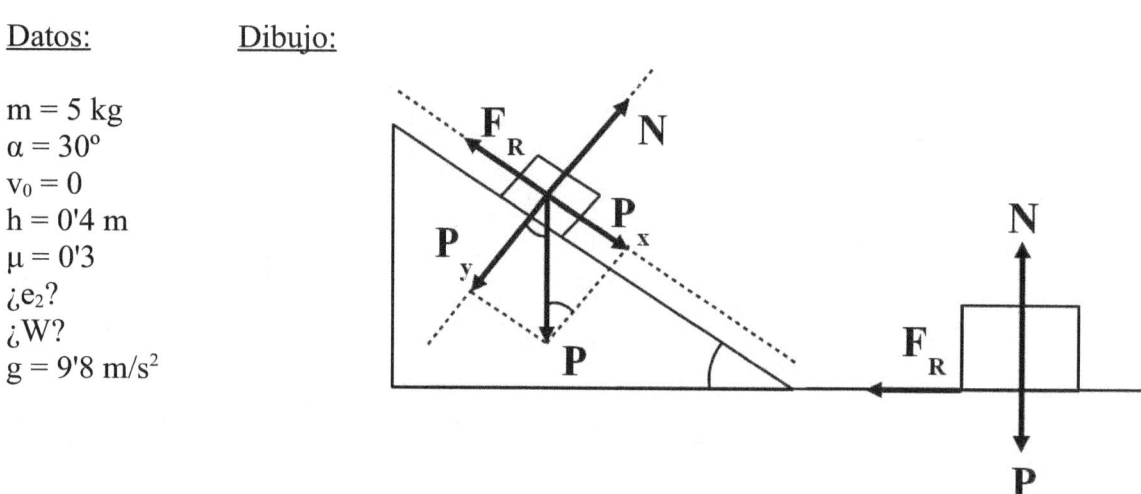

Principio físico: principio de conservación de la energía: la energía total de un sistema aislado permanece constante.

Método de resolución: usaremos el principio de conservación de la energía.

Resolución: $Ec_A + Ep_A + W_{FNC} = Ec_B + Ep_B$; $0 + m \cdot g \cdot h + F_R \cdot e_1 \cdot \cos \beta + F_R \cdot e_2 \cdot \cos \beta = 0 + 0$

$m \cdot g \cdot h - \mu \cdot m \cdot g \cdot \cos \alpha \cdot e_1 - \mu \cdot m \cdot g \cdot e_2 = 0$; $\sen \alpha = \dfrac{h}{e_1}$ → $e_1 = \dfrac{h}{\sen \alpha}$;

$m \cdot g \cdot h - \mu \cdot m \cdot g \cdot \cos \alpha \cdot \dfrac{h}{\sen \alpha} - \mu \cdot m \cdot g \cdot e_2 = 0$; $h - \mu \cdot \cos \alpha \cdot \dfrac{h}{\sen \alpha} = \mu \cdot e_2$

$e_2 = \dfrac{h - \mu \cdot \cos \alpha \cdot \dfrac{h}{\sen \alpha}}{\mu} = \dfrac{0'4 - 0'3 \cdot \cos 30° \cdot \dfrac{0'4}{\sen 30°}}{0'3} = \boxed{0'641 \text{ m}}$

El trabajo de la normal es cero, pues forma 90° con el desplazamiento.
$W_P = P \cdot e_1 \cdot \cos \alpha = m \cdot g \cdot \dfrac{h}{\sen \alpha} \cdot \cos \alpha = 5 \cdot 9'8 \cdot \dfrac{0'4}{\sen 60°} \cdot \cos 60° = 11'3$ J

$W_R = -\mu \cdot m \cdot g \cdot \cos \alpha \cdot e_1 = -0'3 \cdot 5 \cdot 9'8 \cdot \cos 30° \cdot \dfrac{0'4}{\sen 60°} = \boxed{-5'88 \text{ J}}$

Comentario: el trabajo de rozamiento es negativo porque la fuerza de rozamiento se opone al movimiento y el trabajo de rozamiento es energía que se le resta al cuerpo.

2011

15) Un bloque de 2 kg se encuentra situado en la parte superior de un plano inclinado rugoso de 5 m de altura. Al liberar el bloque, se desliza por el plano inclinado llegando al suelo con una velocidad de 6 m s^{-1}. a) Analice las transformaciones energéticas que tienen lugar durante el deslizamiento y represente gráficamente las fuerzas que actúan sobre el bloque. b) Determine los trabajos realizados por la fuerza gravitatoria y por la fuerza de rozamiento. g = 9,8 m s^{-2}

Datos: Dibujo:

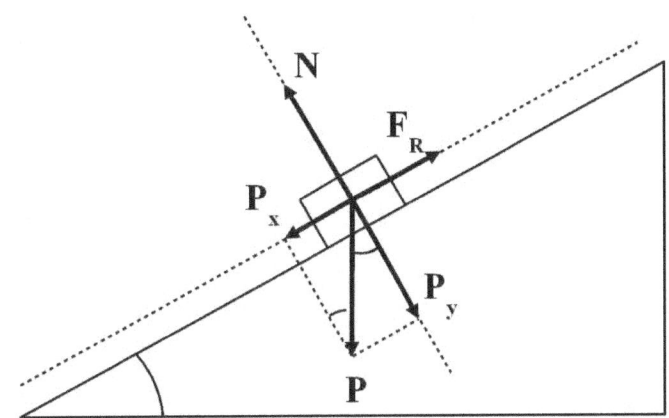

m = 2 kg
h = 5 m
v = 6 m/s
¿W$_P$?
¿W$_{FR}$?
g = 9,8 m s^{-2}

Principio físico: principio de conservación de la energía: la energía total de un sistema permanece constante. Teorema de las fuerzas vivas: el trabajo realizado sobre un cuerpo es igual a la variación de su energía cinética.

Método de resolución: usaremos la fórmula del trabajo, el principio de conservación de la energía y la fórmula del trabajo total.

Resolución: * Trabajo de la fuerza de rozamiento: Ec$_A$ + Ep$_A$ + W$_{FNC}$ = Ec$_B$ + Ep$_B$;

$$0 + m \cdot g \cdot h + W_R = \frac{1}{2} m \cdot v^2 + 0 \rightarrow W_R = \frac{1}{2} m \cdot v^2 - m \cdot g \cdot h = \frac{1}{2} \cdot 2 \cdot 6^2 - 2 \cdot 9'8 \cdot 5 = \boxed{-62 \text{ J}}$$

* Trabajo de la fuerza gravitatoria: W$_T$ = W$_{FC}$ + W$_{FNC}$ = W$_P$ + W$_{FR}$ = ΔEc ;

$$W_P = \Delta Ec - W_{FR} = \frac{1}{2} m \cdot (v^2 - v_0^2) - W_{FR} = \frac{1}{2} \cdot 2 \cdot (6^2 - 0^2) - (-62) = 36 + 62 = \boxed{98 \text{ J}}$$

Comentario: el trabajo de rozamiento es negativo porque la fuerza de rozamiento se opone al movimiento y el trabajo de rozamiento es energía que se le resta al cuerpo.

16) Un bloque de 200 kg asciende con velocidad constante por un plano inclinado 30° respecto a la horizontal bajo la acción de una fuerza paralela a dicho plano. El coeficiente de rozamiento entre el bloque y el plano es 0,1. a) Dibuje en un esquema las fuerzas que actúan sobre el bloque y explique las transformaciones energéticas que tienen lugar durante su deslizamiento. b) Calcule el valor de la fuerza que produce el desplazamiento del bloque y el aumento de su energía potencial en un desplazamiento de 20 m. g = 9,8 m s^{-2}

Datos:

Dibujo:

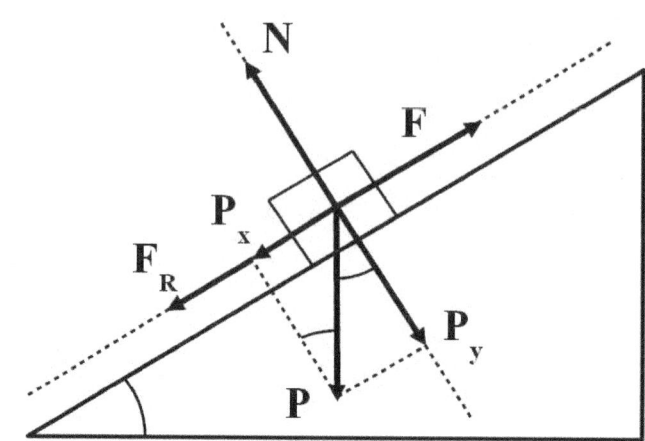

m = 200 kg
v = cte
α = 30°
μ = 0'1
¿F?
¿ΔEp?
e = 20 m
g = 9,8 m s^{-2}

Principio físico: primera ley de Newton: si un cuerpo se mueve a velocidad constante, su resultante vale cero.

Método de resolución: aplicaremos la primera ley de Newton.

Resolución: * Fuerza de avance: F = P$_x$ + F$_R$ = m·g·sen α + μ·m·g·cos α =

= 200·9'8·sen 30° + 0'1·200·9'8·cos 30° = 980 + 170 = $\boxed{1150 \text{ N}}$

* Aumento de la energía potencial: ΔEp = m·g·Δh ; sen α = $\dfrac{h}{e}$ → h = e·sen α

ΔEp = m·g·e·sen α = 200·9'8·20·sen 30° = $\boxed{19.600 \text{ J}}$

Comentario: la energía cinética permanece constante, pues la velocidad es contante. La energía potencial aumenta, pues la altura aumenta. La energía mecánica aumenta, pues la energía cinética permanece constante y la potencial aumenta. No se conserva la energía mecánica, pues existe un trabajo distinto de cero de las fuerzas no conservativas.

2010

17) Por un plano inclinado que forma un ángulo de 30° con la horizontal se lanza hacia arriba un bloque de 10 kg con una velocidad inicial de 5 m s^{-1}. Tras su ascenso por el plano inclinado, el bloque desciende y regresa al punto de partida con una cierta velocidad. El coeficiente de rozamiento entre plano y bloque es 0,1. a) Dibuje en dos esquemas distintos las fuerzas que actúan sobre el bloque durante el ascenso y durante el descenso e indique sus respectivos valores. Razone si se verifica el principio de conservación de la energía en este proceso. b) Calcule el trabajo de la fuerza de rozamiento en el ascenso y en el descenso del bloque. Comente el signo del resultado obtenido. g = 10 m s^{-2}.

Datos: Dibujo:

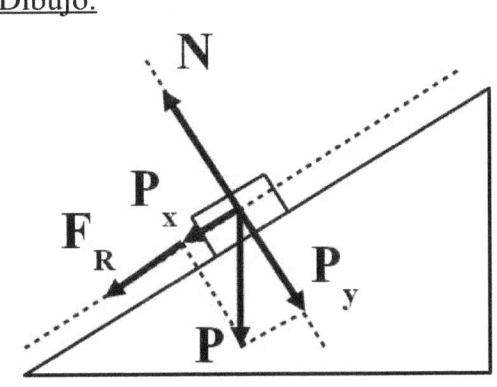 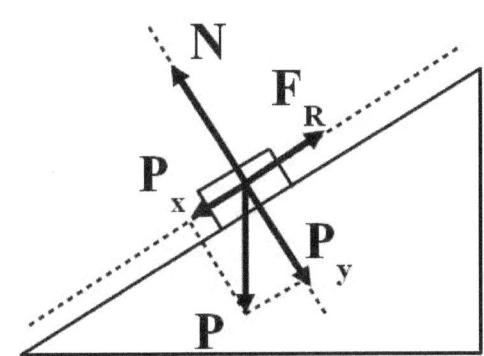

$\alpha = 30°$
m = 10 kg
v_0 = 5 m/s
μ = 0'1
¿Fuerzas?
¿W_R?
g = 10 m/s^2

Principio físico: principio de conservación de la energía: la energía total de un sistema aislado permanece constante.

Método de resolución: usaremos el principio de conservación de la energía y la fórmula del trabajo.

Resolución: * Fuerzas: P = m·g = 10·10 = $\boxed{100\ N}$; P_x = m·g·sen α = 10·10·sen 30° = $\boxed{50\ N}$

P_y = m·g·cos α = 10·10·cos 30° = 86'6 N   ;   N = P_y = 86'6 N   ;

F_R = μ·m·g·cos α = 0'1·10·10·cos 30° = 8'66 N

* Trabajo de rozamiento: $Ec_A + Ep_A + W_{FNC} = Ec_B + Ep_B$; $\frac{1}{2}m \cdot v_0^2 + 0 - F_R \cdot e = 0 + m \cdot g \cdot h$;

sen $\alpha = \dfrac{h}{e}$ → h = e·sen α ; $\frac{1}{2} m \cdot v_0^2 - \mu \cdot m \cdot g \cdot \cos \alpha \cdot e = m \cdot g \cdot e \cdot \text{sen}\ \alpha$;

$\frac{1}{2} v_0^2 = g \cdot e \cdot \text{sen}\ \alpha + \mu \cdot g \cdot \cos \alpha \cdot e$; $e = \dfrac{\dfrac{v_o^2}{2}}{g \cdot (sen\,\alpha + \mu \cdot \cos\alpha)} = \dfrac{v_o^2}{2g \cdot (sen\,\alpha + \mu \cdot \cos\alpha)} =$

$= \dfrac{5^2}{2 \cdot 10 \cdot (sen\,30° + 0\,'1 \cdot \cos 30°)} = 2'13\ m$

$W_R = F_R \cdot e \cdot \cos \beta = \mu \cdot m \cdot g \cdot e \cdot \cos \beta = 0'1 \cdot 10 \cdot 10 \cdot 2'13 \cdot \cos 180° = \boxed{-21'3\ J}$

Comentario: la energía se conserva siempre. Lo que no siempre se conserva, como en este problema, es la energía mecánica, pues existe una fuerza no conservativa, la fuerza de rozamiento. El trabajo de rozamiento es igual al de descenso. El signo es negativo porque la fuerza de rozamiento se opone al movimiento y porque el trabajo de rozamiento es energía que consume el sistema.

2008

18) Un muchacho subido en un trineo desliza por una pendiente con nieve (rozamiento despreciable) que tiene una inclinación de 30°. Cuando llega al final de la pendiente, el trineo continúa deslizando por una superficie horizontal rugosa hasta detenerse. a) Explique las transformaciones energéticas que tienen lugar durante el desplazamiento del trineo. b) Si el espacio recorrido sobre la superficie horizontal es cinco veces menor que el espacio recorrido por la pendiente, determine el coeficiente de rozamiento. g = 10 m s^{-2}.

Datos: Dibujo:

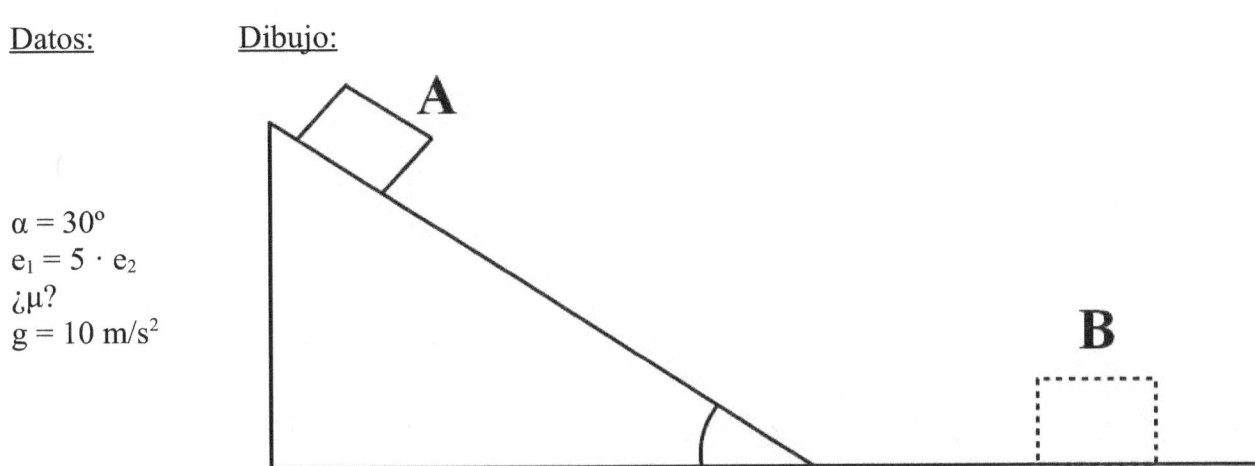

$\alpha = 30°$
$e_1 = 5 \cdot e_2$
¿μ?
$g = 10$ m/s^2

Principio físico: principio de conservación de la energía: la energía total de un sistema aislado permanece constante.

Método de resolución: usaremos el principio de conservación de la energía mecánica.

Resolución: * Coeficiente de rozamiento: $Ec_A + Ep_A + W_{FNC} = Ec_B + Ep_B$;

$0 + m \cdot g \cdot h + F_R \cdot e_2 \cdot \cos \beta = 0 + 0$; $\operatorname{sen} \alpha = \dfrac{h}{e_1}$ $\rightarrow$ $e_1 = \dfrac{h}{\operatorname{sen} \alpha}$; $e_2 = \dfrac{e_1}{5} = \dfrac{h}{5 \cdot \operatorname{sen} \alpha}$;

$m \cdot g \cdot h - \mu \cdot m \cdot g \cdot \dfrac{h}{5 \cdot \operatorname{sen} \alpha} = 0$; $m \cdot g \cdot h = \mu \cdot m \cdot g \cdot \dfrac{h}{5 \cdot \operatorname{sen} \alpha}$;

$1 = \mu \cdot \dfrac{1}{5 \cdot \operatorname{sen} \alpha}$; $\mu = 5 \cdot \operatorname{sen} \alpha = 5 \cdot \operatorname{sen} 30° = \boxed{2'5}$

Comentario: el resultado es bastante elevado, pues la mayoría de los coeficientes de rozamiento están comprendidos entre 0 y 1. Esto significa que la superficie es muy rugosa, tiene mucha fricción.

19) Un bloque de 5 kg desciende por una rampa rugosa (µ = 0,2) que forma 30° con la horizontal, partiendo del reposo. a) Dibuje en un esquema las fuerzas que actúan sobre el bloque y analice las variaciones de energía durante el descenso del bloque. b) Calcule la velocidad del bloque cuando ha deslizado 3 m y el trabajo realizado por la fuerza de rozamiento en ese desplazamiento. g = 10 m s^{-2}

Datos:

m = 5 kg
µ = 0,2
α = 30°
v_0 = 0
¿v?
e = 3 m
¿W_R?
g = 10 m s^{-2}

Dibujo:

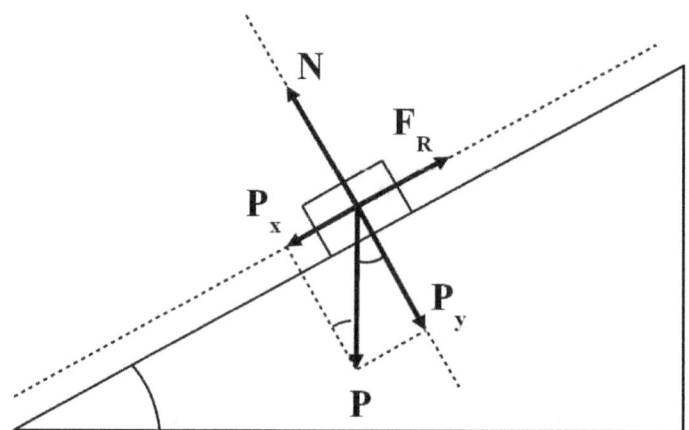

Principio físico: principio de conservación de la energía: la energía total de un sistema aislado permanece constante.

Método de resolución: aplicaremos el principio de conservación de la energía.

Resolución: * Velocidad al recorrer tres metros: $Ec_A + Ep_A + W_{FNC} = Ec_B + Ep_B$;

$$m \cdot g \cdot h + 0 + F_R \cdot e \cdot \cos \beta = \frac{1}{2} m \cdot v^2 + 0 \; ; \; \operatorname{sen} \alpha = \frac{h}{e} \quad \rightarrow \quad h = e \cdot \operatorname{sen} \alpha$$

$$m \cdot g \cdot e \cdot \operatorname{sen} \alpha - \mu \cdot m \cdot g \cdot \cos \alpha = \frac{1}{2} m \cdot v^2 \; ; \; \frac{v^2}{2} = g \cdot e \cdot \operatorname{sen} \alpha - \mu \cdot g \cdot \cos \alpha \quad \rightarrow$$

$$\rightarrow \quad v = \sqrt{2 \cdot g \cdot (e \cdot \operatorname{sen} \alpha - \mu \cdot \cos \alpha)} = \sqrt{2 \cdot 10 \cdot (3 \cdot \operatorname{sen} 30° - 0'2 \cdot \cos 30°)} = \boxed{5'15 \; \frac{m}{s}}$$

* Trabajo de la fuerza de rozamiento: $W_R = F_R \cdot e \cdot \cos \beta = - \mu \cdot m \cdot g \cdot \cos \alpha \cdot e =$

$= - 0'2 \cdot 5 \cdot 10 \cdot \cos 30° \cdot 3 = \boxed{-26 \; J}$

Comentario: al principio, el cuerpo tiene energía potencial, pues tienen altura. Al recorrer tres metros, tiene energía cinética. La energía potencial inicial se ha transformado en energía cinética y en trabajo de rozamiento. α es el ángulo del plano inclinado y β es el ángulo que forma la fuerza de rozamiento con la dirección de desplazamiento, 180°.

2007

20) Un cuerpo de 0,5 kg se lanza hacia arriba por un plano inclinado, que forma 30° con la horizontal, con una velocidad inicial de 5 m s^{-1}. El coeficiente de rozamiento es 0,2. a) Dibuje en un esquema las fuerzas que actúan sobre el cuerpo, cuando sube y cuando baja por el plano, y calcule la altura máxima alcanzada por el cuerpo. b) Determine la velocidad con la que el cuerpo vuelve al punto de partida. g = 10 m s^{-2}

Datos: Dibujo:

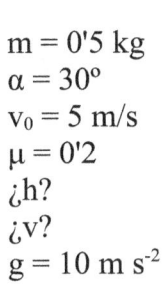 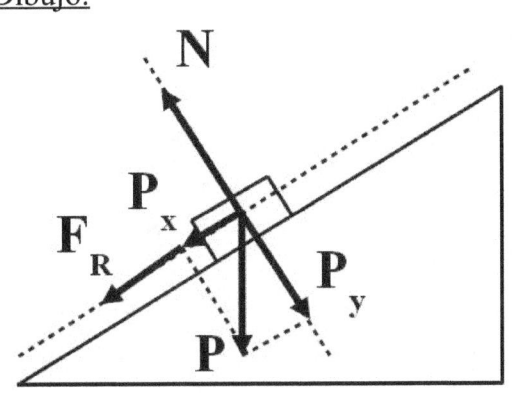 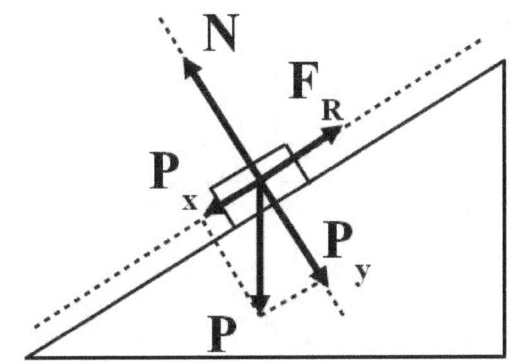

m = 0'5 kg
α = 30°
v$_0$ = 5 m/s
μ = 0'2
¿h?
¿v?
g = 10 m s^{-2}

Principio físico: principio de conservación de la energía: la energía total de un sistema aislado permanece constante.

Método de resolución: utilizaremos el principio de conservación de la energía.

Resolución: * Altura máxima alcanzada: Ec$_A$ + Ep$_A$ + W$_{FNC}$ = Ec$_B$ + Ep$_B$;

$$\frac{1}{2} m \cdot v_0^2 + 0 + F_R \cdot e \cdot \cos \beta = 0 + m \cdot g \cdot h \quad ; \quad \sen \alpha = \frac{h}{e} \quad \rightarrow \quad e = \frac{h}{\sen \alpha} \quad ;$$

$$\frac{1}{2} m \cdot v_0^2 - \mu \cdot m \cdot g \cdot \cos \alpha \cdot \frac{h}{\sen \alpha} = m \cdot g \cdot h \quad ; \quad \frac{1}{2} m \cdot v_0^2 = \mu \cdot m \cdot g \cdot \cos \alpha \cdot \frac{h}{\sen \alpha} + m \cdot g \cdot h$$

$$\frac{1}{2} v_0^2 = \mu \cdot g \cdot \cos \alpha \cdot \frac{h}{\sen \alpha} + g \cdot h \quad \rightarrow$$

$$\rightarrow \quad h = \frac{\frac{v_0^2}{2}}{g \cdot \left(1 + \mu \cdot \frac{\cos \alpha}{\sen \alpha}\right)} = \frac{v_0^2}{2 \cdot g \cdot \left(1 + \mu \cdot \frac{\cos \alpha}{\sen \alpha}\right)} = \frac{5^2}{2 \cdot 10 \cdot \left(1 + 0'2 \cdot \frac{\cos 30°}{\sen 30°}\right)} = \boxed{0'928 \text{ m}}$$

* Velocidad al volver al punto de partida: $Ec_A + Ep_A + W_{FNC} = Ec_B + Ep_B$;

$$e = \frac{h}{sen\ \alpha} = \frac{0'928}{sen\ 30°} = 1'86\ m\ ;\quad \frac{1}{2} m \cdot v_0^2 + 0 - 2 \cdot W_R = \frac{1}{2} m \cdot v^2 + 0\ ;$$

$$\frac{1}{2} m\ v_0^2 - 2 \cdot \mu \cdot m \cdot g \cdot \cos \alpha \cdot e = \frac{1}{2} m \cdot v^2 \rightarrow \frac{1}{2} v_0^2 - 2 \cdot \mu \cdot g \cdot \cos \alpha \cdot e = \frac{1}{2} v^2$$

$$\rightarrow\quad v_0^2 - 4 \cdot \mu \cdot g \cdot \cos \alpha \cdot e = v^2 \rightarrow$$

$$\rightarrow\quad v = \sqrt{v_0^2 - 4 \cdot \mu \cdot g \cdot \cos \alpha \cdot e} = \sqrt{5^2 - 4 \cdot 0'2 \cdot 10 \cdot \cos 30° \cdot 1'86} = 3'48\ \frac{m}{s}$$

Comentario: el trabajo de rozamiento es negativo porque la fuerza de rozamiento se opone al movimiento y el trabajo de rozamiento es energía que se le resta al cuerpo. α es el ángulo del plano inclinado y β es el ángulo que forma la fuerza de rozamiento con la dirección de desplazamiento, 180°. Es lógico que la velocidad final sea inferior a la inicial, pues se ha perdido energía por el camino.

21) Un trineo de 100 kg parte del reposo y desliza hacia abajo por una ladera de 30° de inclinación respecto a la horizontal. a) Explique las transformaciones energéticas durante el desplazamiento del trineo suponiendo que no existe rozamiento y determine, para un desplazamiento de 20 m, la variación de sus energías cinética y potencial. b) Explique, sin necesidad de cálculos, cuáles de los resultados del apartado a) se modificarían y cuáles no, si existiera rozamiento. $g = 10$ m s^{-2}

Datos:

Dibujo:

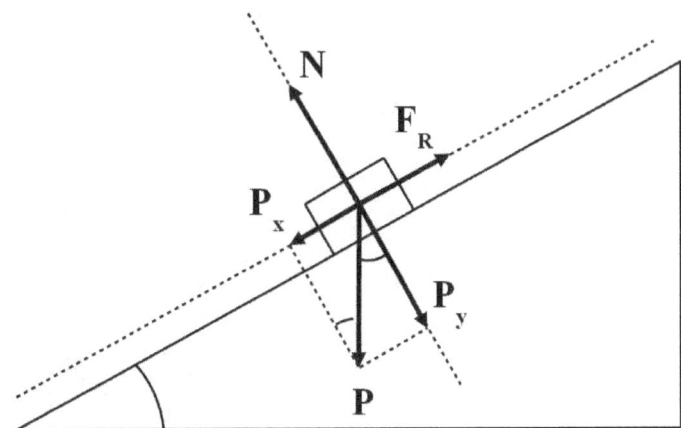

m = 100 kg
$v_0 = 0$
$\alpha = 30°$
e = 20 m
¿ΔEc?
¿ΔEp?
$g = 10$ m s^{-2}

Principio físico: principio de conservación de la energía: la energía total de un sistema aislado permanece constante.

Método de resolución: aplicaremos la fórmula de la energía potencial y la conservación de la energía mecánica.

Resolución: * Variación de la energía potencial: $\Delta Ep = m \cdot g \cdot \Delta h = m \cdot g \cdot (0 - h) = -m \cdot g \cdot h$

$\operatorname{sen} \alpha = \dfrac{h}{e} \rightarrow h = e \cdot \operatorname{sen} \alpha$;

$\Delta Ep = -m \cdot g \cdot h = -m \cdot g \cdot e \cdot \operatorname{sen} \alpha = -100 \cdot 10 \cdot 20 \cdot \operatorname{sen} 30° = \boxed{-10.000 \text{ J}}$

* Variación de la energía cinética: $\Delta Ec = -\Delta Ep = \boxed{10.000 \text{ J}}$

Comentario: a) Sin rozamiento, la energía mecánica se conserva y la energía potencial se transforma en energía cinética. b) Con rozamiento, el incremento de energía potencial sería el mismo, pues la diferencia de altura sería la misma. Al no conservarse la energía mecánica, ya no es correcta la expresión: $\Delta Ec = -\Delta Ep$, sino que sería así: $W_T = W_{FC} + W_{FNC} = -\Delta Ep + W_R = \Delta Ec$;
$-\Delta Ep$ es positivo (10.000 J) y W_R es negativo; luego ΔEc es inferior al del apartado a), inferior a 10.000 J.

2005

22) Un bloque de 500 kg asciende a velocidad constante por un plano inclinado de pendiente 30°, arrastrado por un tractor mediante una cuerda paralela a la pendiente. El coeficiente de rozamiento entre el bloque y el plano es 0,2. a) Haga un esquema de las fuerzas que actúan sobre el bloque y calcule la tensión de la cuerda. b) Calcule el trabajo que el tractor realiza para que el bloque recorra una distancia de 100 m sobre la pendiente. ¿Cuál es la variación de energía potencial del bloque?
$g = 10$ m s^{-2}

Datos:

m = 500 kg
v = cte
α = 30°
μ = 0'2
¿T?
¿W$_R$?
e = 100 m
¿ΔEp?
g = 10 m s^{-2}

Dibujo:

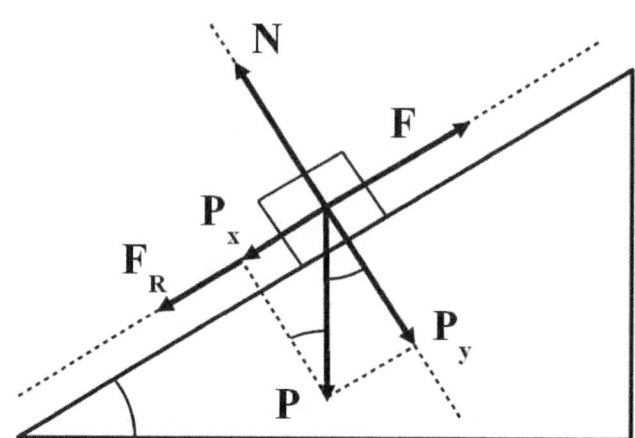

Principio físico: primera ley de Newton: si un cuerpo se mueve a velocidad constante, la resultante es cero.

Método de resolución: utilizaremos la primera ley de Newton y la fórmula del trabajo de rozamiento.

Resolución: * Tensión de la cuerda: $T = P_x + F_R = m \cdot g \cdot \text{sen } \alpha + \mu \cdot m \cdot g \cdot \cos \alpha =$

$= 500 \cdot 10 \cdot \text{sen } 30° + 0'2 \cdot 500 \cdot 10 \cdot \cos 30° = 2500 + 866 =$ $\boxed{3366 \text{ N}}$

* Trabajo de rozamiento: $W_R = F_R \cdot e \cdot \cos \beta = - \mu \cdot m \cdot g \cdot \cos \alpha \cdot e = - 0'2 \cdot 500 \cdot 10 \cdot \cos 30° \cdot 100 =$

$= \boxed{- 86.603 \text{ J}}$

* Aumento de la energía potencial: $\Delta E_p = m \cdot g \cdot \Delta h$; $\text{sen } \alpha = \dfrac{h}{e} \rightarrow h = e \cdot \text{sen } \alpha$

$\Delta E_p = m \cdot g \cdot e \cdot \text{sen } \alpha = 500 \cdot 10 \cdot 20 \cdot \text{sen } 30° = \boxed{50.000 \text{ J}}$

Comentario: la energía cinética permanece constante, pues la velocidad es contante. La energía potencial aumenta, pues la altura aumenta. La energía mecánica aumenta, pues la energía cinética permanece constante y la potencial aumenta. No se conserva la energía mecánica, pues existe un trabajo distinto de cero de las fuerzas no conservativas.

2004

23) Se deja caer un cuerpo de 0,5 kg desde lo alto de una rampa de 2 m, inclinada 30º con la horizontal, siendo el valor de la fuerza de rozamiento entre el cuerpo y la rampa de 0,8 N. Determine: a) El trabajo realizado por cada una de las fuerzas que actúan sobre el cuerpo, al trasladarse éste desde la posición inicial hasta el final de la rampa. b) La variación que experimentan las energías potencial, cinética y mecánica del cuerpo en la caída a lo largo de toda la rampa. g = 10 m s⁻²

Datos:

m = 0'5 kg
h = 2 m
α = 30º
F_R = 0'8 N
¿W?
¿ΔE_c, ΔE_p, ΔE_M?
g = 10 m s⁻²

Dibujo:

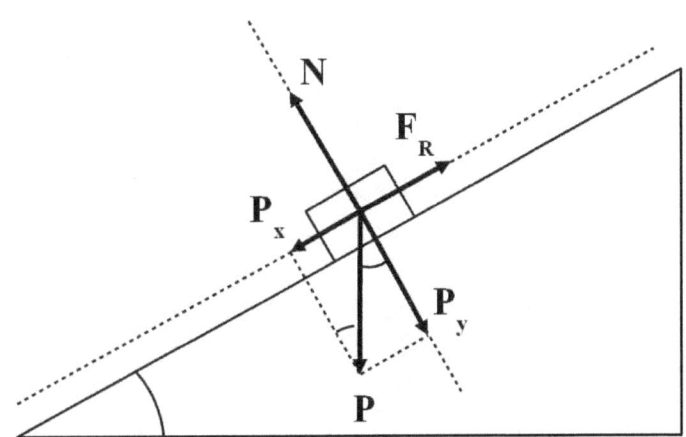

Principio físico: principio de conservación de la energía: la energía total de un sistema aislado permanece constante.

Método de resolución: aplicaremos el principio de conservación de la energía y la definición de trabajo.

Resolución: * Espacio recorrido: $\sen \alpha = \dfrac{h}{e}$ → $e = \dfrac{h}{\sen \alpha} = \dfrac{2}{\sen 30º} = 4$ m

* Trabajo de la fuerza P_x :

W = $P_x \cdot e \cdot \cos \beta$ = m·g·sen α·e·cos β = 0'5·10·sen 30º·4·cos 0º = $\boxed{10 \text{ J}}$

* Trabajo de la fuerza P_y : W = $P_y \cdot e \cdot \cos \beta$ = $\boxed{0 \text{ J}}$, pues β = 90º.

* Trabajo de la fuerza peso: W = P·e·cos β = m·g·e·cos β = 0'5·10·4·cos 60º = $\boxed{10 \text{ J}}$

* Trabajo de la fuerza de rozamiento: $W_R = F_R \cdot \cos \beta$ = 0'8·cos 180º = $\boxed{-0'8 \text{ J}}$

* Velocidad en la base: $Ec_A + Ep_A + W_{FNC} = Ec_B + Ep_B$ → $0 + m·g·h + W_R = \dfrac{1}{2} m·v^2 + 0$ →

→ $v = \sqrt{\dfrac{2 \cdot (m \cdot g \cdot h + W_R)}{m}} = \sqrt{\dfrac{2 \cdot (0'5 \cdot 10 \cdot 2 - 0'8)}{0'5}} = 6'07 \; \dfrac{m}{s}$

* Incremento de energía cinética: $\Delta E_c = \frac{1}{2} m \cdot (v_B^2 - v_A^2) = \frac{1}{2} \cdot 0'5 \cdot (6'07^2 - 0) = \boxed{9'21 \text{ J}}$

* Incremento de energía potencial: $\Delta E_p = m \cdot g \cdot \Delta h = 0'5 \cdot 10 \cdot (-2) = \boxed{-10 \text{ J}}$

* Incremento de energía mecánica: $\Delta E_M = \Delta E_c + \Delta E_p = 9'21 - 10 = \boxed{-0'79 \text{ J}}$

Comentario: hay una pérdida de energía mecánica porque existe rozamiento.

24) Un trineo de 100 kg desliza por una pista horizontal al tirar de él con una fuerza F, cuya dirección forma un ángulo de 30° con la horizontal. El coeficiente de rozamiento es 0,1. a) Dibuje en un esquema todas las fuerzas que actúan sobre el trineo y calcule el valor de F para que el trineo deslice con movimiento uniforme. b) Haga un análisis energético del problema y calcule el trabajo realizado por la fuerza F en un desplazamiento de 200 m del trineo.

Datos:

Dibujo:

m = 100 kg
α = 30°
μ = 0'1
¿F?
¿W?
e = 200 m
g = 10 m / s²

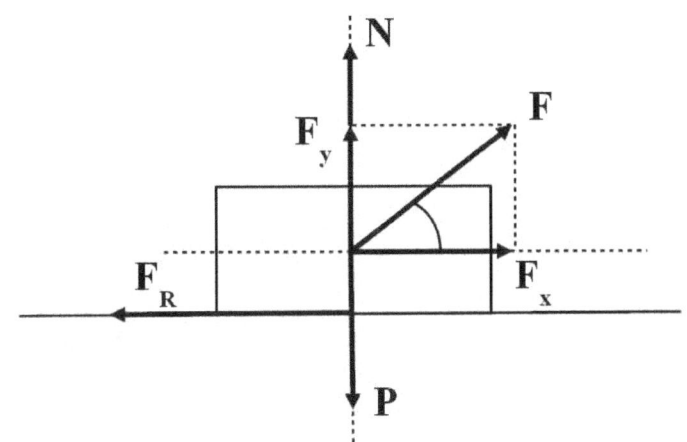

Principio físico: primera ley de Newton: todo cuerpo permanece en su estado de reposo o movimiento rectilíneo uniforme a no ser que se le aplique una fuerza resultante distinta de cero.

Método de resolución: usaremos la segunda ley de Newton y la definición de trabajo.

Resolución: * Valor de la fuerza F: $\sum \vec{F} = m \cdot \vec{a}$ → $F_x - F_R = 0$

$\cos \alpha = \dfrac{F_x}{F}$ → $F_x = F \cdot \cos \alpha$; $\sen \alpha = \dfrac{F_y}{F}$ → $F_y = F \cdot \sen \alpha$

$N + F_y = P$ → $N = P - F_y = m \cdot g - F \cdot \sen \alpha$ → $F_R = \mu \cdot N = \mu \cdot m \cdot g - \mu \cdot F \cdot \sen \alpha$

$F_x - F_R = m \cdot a$ → $F \cdot \cos \alpha - \mu \cdot m \cdot g + \mu \cdot F \cdot \sen \alpha = 0$ →

→ $F \cdot \cos \alpha + \mu \cdot F \cdot \sen \alpha = \mu \cdot m \cdot g$ → $F = \dfrac{\mu \cdot m \cdot g}{\cos \alpha + \mu \cdot \sen \alpha} =$

$= \dfrac{0'1 \cdot 100 \cdot 10}{\cos 30° + 0'1 \cdot \sen 30°} = \boxed{109 \text{ N}}$

* Trabajo realizado: $W = F \cdot e \cdot \cos \alpha = 109 \cdot 200 \cdot \cos 30° = \boxed{18.879 \text{ J}}$

Comentario: si la velocidad es constante, la energía cinética es constante. Al no haber variación de altura, la energía potencial permanece constante e igual a cero. Al ser:
$W_T = W_{FC} + W_{FNC} = -\Delta E_p + W_{FNC} = \Delta E_c$ → $W_{FNC} = \Delta E_c = 0$ al ser $-\Delta E_p = 0$.
La variación de energía cinética coincide con el trabajo de rozamiento.
Además: $W_{FNC} = W_R + W_F = 0$ → $W_F = -W_R$

25) Por un plano inclinado 30° respecto a la horizontal asciende, con velocidad constante, un bloque de 100 kg por acción de una fuerza paralela a dicho plano. El coeficiente de rozamiento entre el bloque y el plano es 0,2. a) Dibuje en un esquema las fuerzas que actúan sobre el bloque y explique las transformaciones energéticas que tienen lugar en su deslizamiento. b) Calcule la fuerza paralela que produce el desplazamiento, así como el aumento de energía potencial del bloque en un desplazamiento de 20 m. g = 10 m s^{-2}

Datos:

$\alpha = 30°$
v = cte
m = 100 kg
$\mu = 0'2$
¿F?
¿ΔEp?
e = 20 m
g = 10 m s^{-2}

Dibujo:

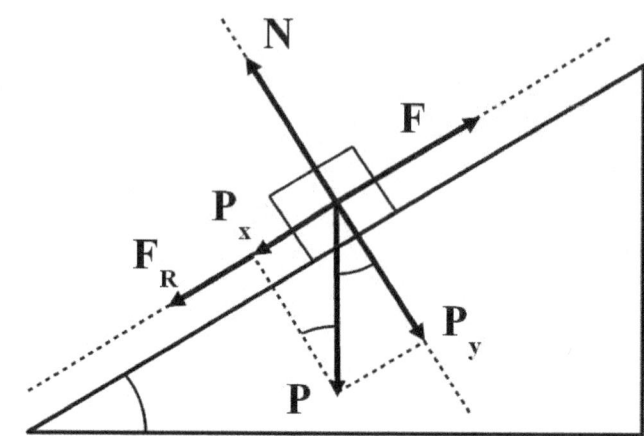

Principio físico: primera ley de Newton: todo cuerpo permanece en su estado de reposo o movimiento rectilíneo uniforme a no ser que se le aplique una fuerza resultante distinta de cero.

Método de resolución: aplicaremos la segunda ley de Newton.

Resolución: * Valor de la fuerza F: $\sum \vec{F} = m \cdot \vec{a}$ → F − P$_x$ − F$_R$ = 0 →

→ F = P$_x$ + F$_R$ = m·g·sen α + μ·m·g·cos α = 100·10·sen 30° + 0'2·100·10·cos 30° = $\boxed{673 \text{ N}}$

* Altura subida: sen $\alpha = \dfrac{h}{e}$ → h = e·sen α = 20·sen 30° = 10 m

* Aumento de energía potencial: ΔEp = m·g·h = 100·10·10 = $\boxed{10.000 \text{ J}}$

Comentario: al ser la velocidad constante, el incremento de energía cinética es nulo. Al aumentar la altura, aumenta la energía potencial. La energía mecánica crece al ser: $\Delta E_M = \Delta Ec + \Delta Ep$: como la Ep crece, también lo hace la energía mecánica.
W$_T$ = W$_{FC}$ + W$_{FNC}$ = − ΔEp + W$_{FNC}$ = ΔEc → W$_{FNC}$ = ΔEc + ΔEp = ΔE_M : es decir, la energía mecánica cambia igual que el trabajo de las fuerzas no conservativas.

2003

26) Un bloque de 2 kg se lanza hacia arriba, por una rampa rugosa ($\mu = 0,2$) que forma un ángulo de 30° con la horizontal, con una velocidad de 6 m s^{-1}. a) Explique cómo varían las energías cinética, potencial y mecánica del cuerpo durante la subida. b) Calcule la longitud máxima recorrida por el bloque en el ascenso. $g = 10$ m s^{-2}

Datos: Dibujo:

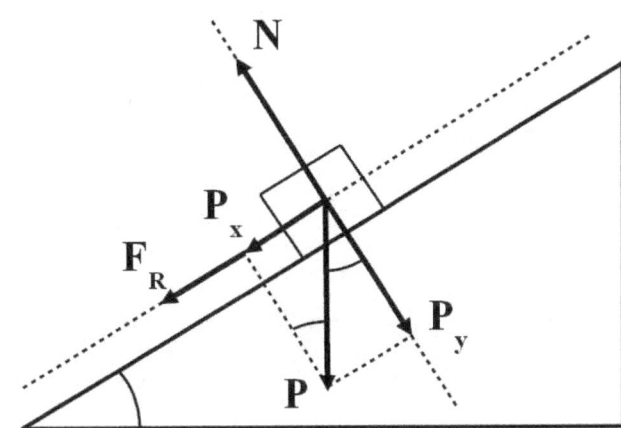

m = 2 kg
μ = 0,2
α = 30°
v_0 = 6 m s^{-1}
¿e?
g = 10 m s^{-2}

Principio físico: principio de conservación de la energía: la energía total de un sistema aislado permanece constante. Al cuerpo se le aplica una velocidad instantánea inicial y se mueve por inercia hasta que la fuerza peso lo detiene.

Método de resolución: aplicaremos el principio de conservación de la energía.

Resolución: * Longitud máxima recorrida: $Ec_A + Ep_A + W_{FNC} = Ec_B + Ep_B$ →

→ $\frac{1}{2} m \cdot v^2 + 0 + W_R = 0 + m \cdot g \cdot h$ → $m \cdot v^2 + 2 \cdot W_R = 2 \cdot m \cdot g \cdot h$ →

→ $m \cdot v^2 - 2 \cdot \mu \cdot m \cdot g \cdot \cos \alpha \cdot e = 2 \cdot m \cdot g \cdot e \cdot \sen \alpha$ →

→ $m \cdot v^2 = 2 \cdot m \cdot g \cdot e \cdot \sen \alpha + 2 \cdot \mu \cdot m \cdot g \cdot \cos \alpha \cdot e = 2 \cdot m \cdot g \cdot e \cdot (\sen \alpha + \mu \cdot \cos \alpha)$ →

→ $e = \dfrac{v^2}{2 \cdot g \cdot (\sen \alpha + \mu \cdot \cos \alpha)} = \dfrac{6^2}{2 \cdot 10 \cdot (\sen 30° + 0'2 \cdot \cos 30°)} = \boxed{2'67 \text{ m}}$

Comentario: la energía cinética disminuye porque la velocidad disminuye. La energía potencial aumenta porque la altura aumenta. La energía mecánica no se conserva porque existe un trabajo de fuerzas no conservativas distinto de cero. La energía mecánica disminuye.
$W_T = W_{FC} + W_{FNC} = -\Delta Ep + W_{FNC} = \Delta Ec$ → $W_{FNC} = \Delta Ec + \Delta Ep = \Delta E_M = W_R$

2001

27) Un bloque de 10 kg desliza hacia abajo por un plano inclinado 30° sobre la horizontal y de longitud 2 m. El bloque parte del reposo y experimenta una fuerza de rozamiento con el plano de 15 N. a) Analice las variaciones de energía que tienen lugar durante el descenso del bloque. b) Calcule la velocidad del bloque al llegar al extremo inferior del plano inclinado. g = 10 m s^{-2}

Datos: Dibujo:

m = 10 kg
α = 30°
e = 2 m
v$_0$ = 0
F$_R$ = 15 N
¿v?
g = 10 m s^{-2}

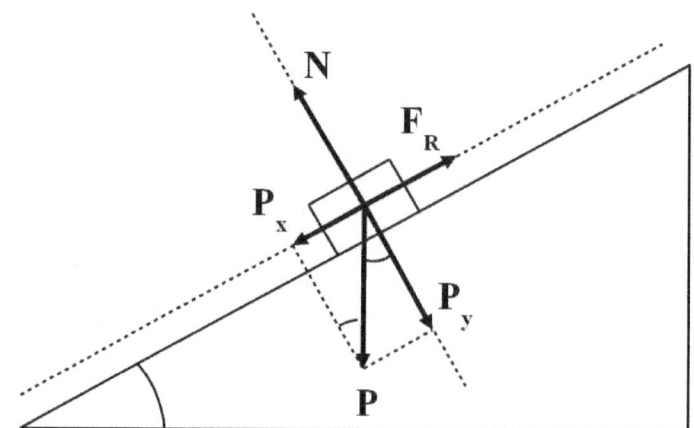

Principio físico: principio de conservación de la energía: la energía total de un sistema aislado permanece constante.

Método de resolución: aplicaremos el principio de conservación de la energía.

Resolución: * Longitud máxima recorrida: Ec$_A$ + Ep$_A$ + W$_{FNC}$ = Ec$_B$ + Ep$_B$ →

→ $0 + m \cdot g \cdot h - F_R \cdot e = \frac{1}{2} m \cdot v^2 + 0$ → $2 \cdot m \cdot g \cdot h - 2 \cdot F_R \cdot e = m \cdot v^2$

sen α = $\frac{h}{e}$ →   h = e·sen α   → $2 \cdot m \cdot g \cdot e \cdot \text{sen } \alpha - 2 \cdot F_R \cdot e = m \cdot v^2$ →

→ $v = \sqrt{\frac{2 \cdot m \cdot g \cdot e \cdot \text{sen} \alpha - 2 \cdot F_R \cdot e}{m}} = \sqrt{\frac{2 \cdot 10 \cdot 10 \cdot 2 \cdot \text{sen} 30° - 2 \cdot 15 \cdot 2}{10}} = \boxed{3'74 \ \frac{m}{s}}$

Comentario: la energía cinética aumenta porque aumenta la velocidad. La energía potencial disminuye porque disminuye la altura. La energía mecánica no es constante porque hay un trabajo de fuerzas no conservativas distinto de cero. La energía potencial inicial se transforma en energía cinética y en trabajo de rozamiento.
W$_T$ = W$_{FC}$ + W$_{FNC}$ = – ΔEp + W$_{FNC}$ = ΔEc   →   W$_{FNC}$ = ΔEc + ΔEp = ΔE$_M$ = W$_R$

Problemas de la Ponencia de Física

28) Un bloque de 2 kg se lanza hacia arriba, por una rampa rugosa (μ = 0,2) que forma un ángulo de 30° con la horizontal, con una velocidad de 6 m s^{-1}. Tras su ascenso por la rampa, el bloque desciende y llega al punto de partida con una velocidad de 4,2 m s^{-1}. a) Dibuje un esquema de las fuerzas que actúan sobre el bloque cuando asciende por la rampa y, en otro esquema, las que actúan cuando desciende e indicar el valor de cada fuerza. ¿se verifica el principio de conservación de la energía mecánica en el proceso descrito? Razone la respuesta. b) Calcule el trabajo de la fuerza de rozamiento en el ascenso del bloque y comente el signo del resultado obtenido. g = 10 m s^{-2}

Datos: Dibujo:

m = 2 kg
μ = 0,2
α = 30°
v_0 = 6 m s^{-1}
v = 4,2 m s^{-1}
¿W_R?
g = 10 m s^{-2}

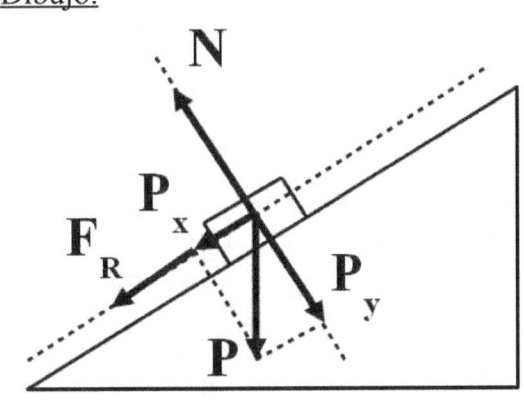 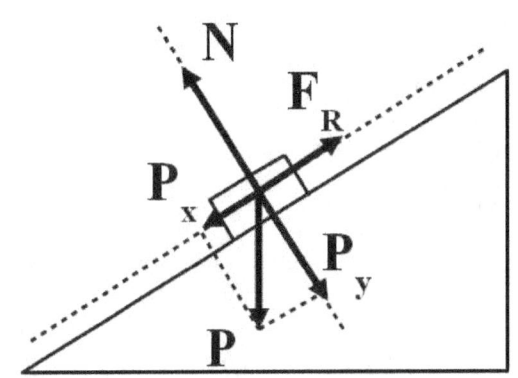

Principio físico: principio de conservación de la energía: la energía total de un sistema aislado permanece constante. El cuerpo asciende por inercia hasta que lo detiene la fuerza peso. Después se mueve hacia abajo acelerado por la fuerza peso.

Método de resolución: usaremos el principio de conservación de la energía.

Resolución: * Fuerza peso: P = m·g = 2·10 = 20 N

* Fuerza P_x : P_x = m·g·sen α = 2·10·sen 30° = 10 N

* Fuerza P_y : P_y = m·g·cos α = 2·10·cos 30° = 17'3 N   * Normal: N = P_y = 17'3 N

* Fuerza de rozamiento: F_R = μ·N = 0'2·17'3 = 3'46 N

* Trabajo de rozamiento: $Ec_A + Ep_A + W_{FNC} = Ec_B + Ep_B$ →

→ $\frac{1}{2}$ m·v_0^2 + 0 + 2·W_R = 0 + $\frac{1}{2}$ m·v² → m·v_0^2 + 4·W_R = m·v² →

→ 4·W_R = m·v² − m·v_0^2 → $W_R = \frac{m·(v^2 - v_0^2)}{4} = \frac{2·(4'2^2 - 6^2)}{4} = $ $\boxed{-9'18 \text{ J}}$

Comentario: se conserva la energía pero no la energía mecánica. La energía mecánica se conserva solamente cuando sólo actúan fuerzas conservativas y actúa una fuerza no conservativa: el rozamiento. El trabajo de rozamiento a la subida es igual que a la bajada, pues tiene la misma expresión. El signo es negativo porque la fuerza de rozamiento se opone al movimiento.

29) Una fuerza conservativa actúa sobre una partícula y la desplaza, desde un punto x_1 hasta otro punto x_2, realizando un trabajo de 50 J. a) Determine la variación de energía potencial de la partícula en ese desplazamiento. Si la energía potencial de la partícula es cero en x_1, ¿cuánto valdrá en x_2? b) Si la partícula, de 5 g, se mueve bajo la influencia exclusiva de esa fuerza, partiendo del reposo en x_1, ¿cuál será la velocidad en x_2?, ¿cuál será la variación de energía mecánica?

Datos:

$W_{FC} = 50$ J
¿ΔE_p?
¿E_{p2}?
$m = 5 \cdot 10^{-3}$ kg
$v_0 = 0$
¿v_2?
¿E_M?

Dibujo:

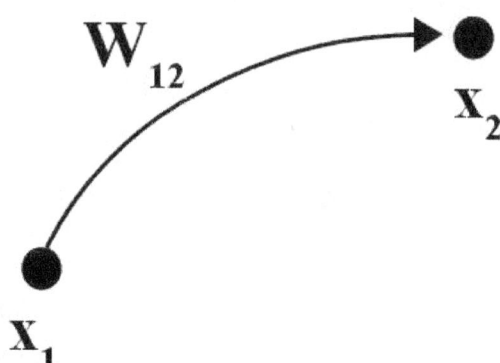

Principio físico: las fuerzas conservativas son las que producen un cambio en la energía potencial del sistema. Conservación de la energía mecánica: en sistemas en los que sólo hay fuerzas conservativas, la energía mecánica total se conserva.

Método de resolución: aplicaremos la fórmula que relaciona el trabajo de las fuerzas conservativas con la energía potencial.

Resolución: * Variación de la energía potencial: $W_{FC} = -\Delta E_p$ → $\Delta E_p = -W_{FC} = \boxed{-50 \text{ J}}$

* Energía potencial en x_2: $\Delta E_p = E_{p2} - E_{p1}$ → $E_{p2} = \Delta E_p + E_{p1} = -50 + 0 = \boxed{-50 \text{ J}}$

* Velocidad en x_2 : $-\Delta E_p = \Delta E_c = \frac{1}{2} m \cdot v_2^2 - \frac{1}{2} m \cdot v_1^2$ → $-\Delta E_p = \frac{1}{2} m \cdot v_2^2 - 0$ →

→ $v_2 = \sqrt{\dfrac{-2 \cdot \Delta E_p}{m}} = \sqrt{\dfrac{-2 \cdot (-50)}{5 \cdot 10^{-3}}} = \sqrt{2 \cdot 10^4} = \boxed{141 \ \dfrac{m}{s}}$

* Incremento de energía mecánica: $\Delta E_M = \boxed{0 \text{ J}}$

Comentario: como sólo actúan fuerzas conservativas, la energía mecánica se conserva. Por lo tanto, el incremento de la energía mecánica es nulo.

30) Un bloque de 5 kg desliza con velocidad constante por una superficie horizontal mientras se le aplica una fuerza de 10 N, paralela a la superficie. a) Dibuje en un esquema todas las fuerzas que actúan sobre el bloque y explique el balance trabajo energía en un desplazamiento del bloque de 0,5 m. b) Dibuje en otro esquema las fuerzas que actuarían sobre el bloque si la fuerza que se le aplica fuera de 30 N en una dirección que forma 60° con la horizontal, e indicar el valor de cada fuerza. Calcule la variación de energía cinética del bloque en un desplazamiento de 0,5 m. g = 10 m s^{-2}

Datos:

m = 5 kg
v = cte
F = 10 N
e = 0'5 m
F = 30 N
α = 60°
¿Fuerzas?
¿ΔEc?
g = 10 m s^{-2}

Dibujo:

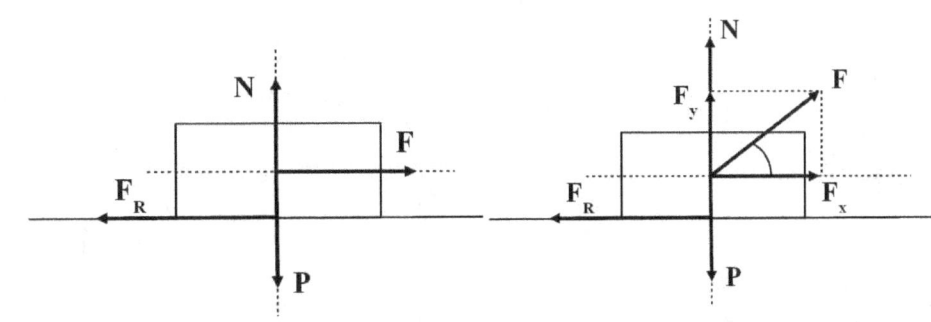

Principio físico: primera ley de Newton: todo cuerpo permanece en su estado de reposo o movimiento rectilíneo uniforme a no ser que se le aplique una fuerza resultante distinta de cero.

Método de resolución: aplicaremos la primera ley de Newton y las fórmulas de las fuerzas.

Resolución: a) * Fuerza de rozamiento: $\sum \vec{F} = m \cdot \vec{a}$ → $\sum \vec{F} = 0$ → $F_R = F = 10$ N

* Coeficiente de rozamiento: $F_R = \mu \cdot N = \mu \cdot m \cdot g$ → $\mu = \dfrac{F_R}{m \cdot g} = \dfrac{10}{5 \cdot 10} = 0'2$

b) * Fuerza peso: P = m·g = 5·10 = $\boxed{50\ N}$; * Fuerza F_x: $F_x = F \cdot \cos \alpha = 30 \cdot \cos 60° = \boxed{15\ N}$

* Fuerza F_y: $F_y = F \cdot \sen \alpha = 30 \cdot \sen 60° = \boxed{26\ N}$

* Normal: $N + F_y = P$ → $N = P - F_y = 50 - 26 = \boxed{24\ N}$

* Fuerza de rozamiento: $F_R = \mu \cdot N = 0'2 \cdot 24 = \boxed{4'8\ N}$

* Aceleración: $F_x - F_R = m \cdot a$ → $a = \dfrac{F_x - F_R}{m} = \dfrac{15 - 4'8}{5} = 2'04\ \dfrac{m}{s^2}$

* Velocidad final: $v^2 = v_0^2 + 2 \cdot a \cdot e$ → $v = \sqrt{v_0^2 + 2 \cdot a \cdot e} = \sqrt{0 + 2 \cdot 2'04 \cdot 0'5} = 1'43\ \dfrac{m}{s}$

* Variación de energía cinética: $\Delta Ec = \dfrac{1}{2} m \cdot v^2 - \dfrac{1}{2} m \cdot v_0^2 = \dfrac{1}{2} \cdot 5 \cdot 1'43^2 - 0 = \boxed{5'11\ J}$

Comentario: a) $W_T = W_{FC} + W_{FNC} = -\Delta Ep + W_{FNC} = \Delta Ec$ → $W_{FNC} = \Delta Ec + \Delta Ep = \Delta E_M = W_R$
Como la velocidad es constante: ΔEc = 0. Como no hay cambio en la energía potencial: ΔEp = 0.
Luego: $W_{FNC} = W_F + W_R = 0$ → $W_F = -W_R$

PROBLEMAS DE GRAVITACIÓN

2018

1) La masa de Marte es aproximadamente la décima parte de la masa de la Tierra y su radio la mitad del radio terrestre. Calcule cuál sería la masa y el peso en la superficie de Marte de una persona que en la superficie terrestre tuviera un peso de 700 N. $g_T = 9,8$ m s^{-2}

Datos:

$M_M = M_T/10$
$R_M = R_T/2$
¿m?
¿P_M?
$P_T = 700$ N
$g_T = 9,8$ m s^{-2}

Dibujo:

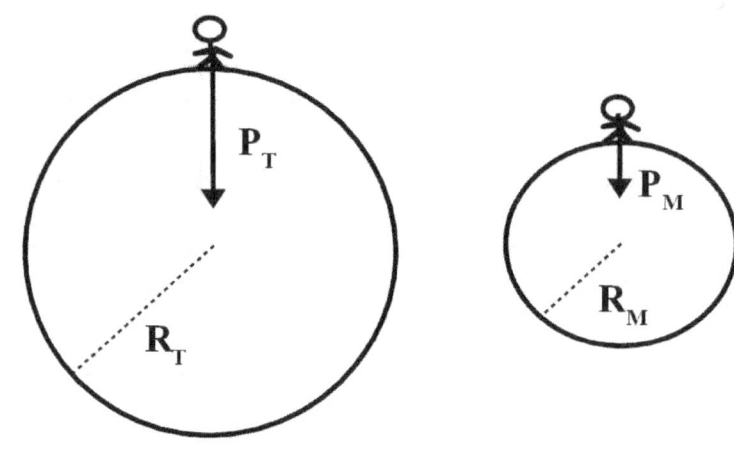

Principio físico: el peso es la fuerza con la que un planeta atrae a un cuerpo cerca de su superficie. La masa es la cantidad de materia que tiene un cuerpo.

Método de resolución: usaremos la fórmula del peso y del campo gravitatorio.

Resolución: * Masa de la persona: $P_T = m \cdot g_T \rightarrow m = \dfrac{P_T}{g_T} = \dfrac{700}{9'8} = \boxed{71'4 \text{ kg}}$

* Peso en Marte: $P_M = m \cdot g_M = m \cdot \dfrac{G \cdot M_M}{R_M^2} = \dfrac{m \cdot G \cdot \dfrac{M_T}{10}}{\left(\dfrac{R_T}{2}\right)^2} = \dfrac{\dfrac{m \cdot G \cdot M_T}{10}}{\dfrac{R_T^2}{4}} = \dfrac{4 \cdot m \cdot G \cdot M_T}{10 \cdot R_T^2} =$

$= \dfrac{2 \cdot m}{5} \cdot g_T = \dfrac{2 \cdot 71'4 \cdot 9'8}{5} = \boxed{280 \text{ N}}$

Comentario: $\dfrac{700}{280} = 2'5$. El peso en Marte es 2'5 veces más pequeño que en la Tierra. La masa del cuerpo es la cantidad de materia que tiene, que es la misma en Marte que en la Tierra.

2) Se desea situar un satélite de 100 kg de masa en una órbita circular a 100 km de altura alrededor de la Tierra. (i) Determine la velocidad inicial mínima necesaria para que alcance dicha altura; (ii) una vez alcanzada dicha altura, calcule la velocidad que habría que proporcionarle para que se mantenga en órbita. $G = 6{,}67 \cdot 10^{-11}$ N m² kg⁻²; $M_T = 5{,}98 \cdot 10^{24}$ kg; $R_T = 6370$ km

Datos:

Dibujo:

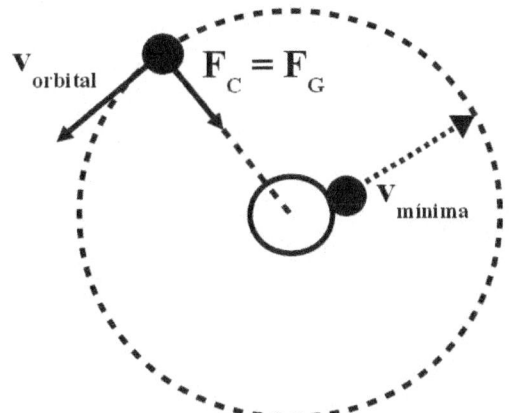

m = 100 kg
h = 10⁵ m
¿v_{min}?
¿v_{orb}?
$G = 6{,}67 \cdot 10^{-11}$ N m² kg⁻²
$M_T = 5{,}98 \cdot 10^{24}$ kg
$R_T = 6'37 \cdot 10^{6}$ m

Principio físico: un satélite se mantiene en órbita por un equilibrio entre la inercia y la atracción gravitatoria. Para llevar un satélite a su órbita desde la Tierra, hay que imprimirle una velocidad inicial.

Método de resolución: aplicaremos el principio de conservación de la energía mecánica y después igualaremos la fuerza gravitatoria con la fuerza centrípeta.

Resolución: * Velocidad inicial mínima: $Ec_A + Ep_A = Ec_B + Ep_B$;

$$\frac{1}{2} m \cdot v^2 - \frac{G \cdot M \cdot m}{R_T} = 0 - \frac{G \cdot M \cdot m}{R_T + h} \rightarrow \frac{v^2}{2} = \frac{G \cdot M}{R_T} - \frac{G \cdot M}{R_T + h} \rightarrow$$

$$\rightarrow \frac{v^2}{2} = G \cdot M \cdot \left(\frac{1}{R_T} - \frac{1}{R_T + h}\right) = G \cdot M \cdot \frac{h}{R_T \cdot (R_T + h)} \rightarrow v^2 = \frac{2 \cdot G \cdot M \cdot h}{R_T \cdot (R_T + h)} \rightarrow$$

$$\rightarrow v = \sqrt{\frac{2 \cdot G \cdot M \cdot h}{R_T \cdot (R_T + h)}} = \sqrt{\frac{2 \cdot 6'67 \cdot 10^{-11} \cdot 5'98 \cdot 10^{24} \cdot 10^{5}}{6'37 \cdot 10^{6} \cdot (6'37 \cdot 10^{6} + 10^{5})}} = \boxed{1391 \; \frac{m}{s}}$$

* Velocidad orbital: $F_G = F_C$; $\dfrac{G \cdot M_T \cdot m}{r^2} = \dfrac{m \cdot v_{orb.}^2}{r} \rightarrow$

$$\rightarrow v_{orb.} = \sqrt{\frac{G \cdot M_T}{r}} = \sqrt{\frac{6'67 \cdot 10^{-11} \cdot 5'98 \cdot 10^{24}}{6'37 \cdot 10^{6} + 10^{5}}} = \boxed{7852 \; \frac{m}{s}}$$

Comentario: la velocidad orbital es varias veces superior a la velocidad inicial necesaria para que llegue a la órbita.

3) En la superficie de un planeta de 2000 km de radio, la aceleración de la gravedad es de 3 m s^{-2}. Calcule: (i) La masa del planeta; (ii) la velocidad de escape de un cuerpo desde la superficie.
G = 6,67·10^{-11} N m² kg^{-2}

Datos: Dibujo:

R = 2 · 10⁶ m
g = 3 m/s²
¿M$_P$?
¿v$_e$?
G = 6,67·10^{-11} N m² kg^{-2}

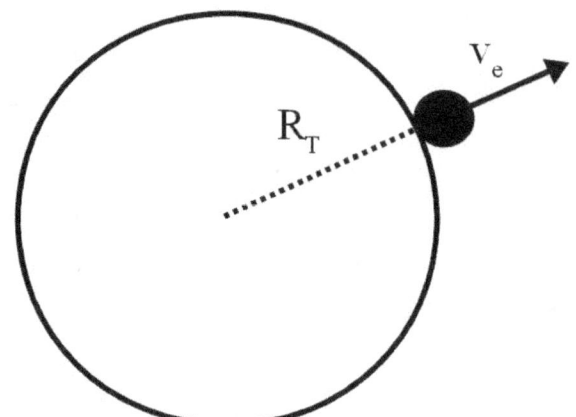

Principio físico: toda masa crea en el espacio una perturbación llamada campo gravitatorio. La velocidad de escape es la velocidad inicial mínima necesaria para hacer que un cuerpo escape de la atracción gravitatoria de un planeta, llegando al infinito con velocidad cero.

Método de resolución: usaremos la expresión del campo gravitatorio y utilizaremos el principio de conservación de la energía mecánica.

Resolución: * Masa del planeta: $g = \dfrac{G \cdot M_P}{R_P^2} \rightarrow M_P = \dfrac{g \cdot R^2}{G} = \dfrac{3 \cdot (2 \cdot 10^6)^2}{6'67 \cdot 10^{-11}} = \boxed{1'8 \cdot 10^{23} \text{ kg}}$

* Velocidad de escape: Ec$_A$ + Ep$_A$ = Ec$_B$ + Ep$_B$ $\rightarrow \dfrac{1}{2} m \cdot v_e^2 - \dfrac{G \cdot M_P \cdot m}{R_P} = 0 + 0 \rightarrow$

$\rightarrow \dfrac{1}{2} m \cdot v_e^2 = \dfrac{G \cdot M_P \cdot m}{R_P} \rightarrow \dfrac{v_e^2}{2} = \dfrac{G \cdot M_P}{R_P} \rightarrow$

$\rightarrow v_e = \sqrt{\dfrac{2 \cdot G \cdot M_P}{R_P}} = \sqrt{\dfrac{2 \cdot 6'67 \cdot 10^{-11} \cdot 1'8 \cdot 10^{23}}{2 \cdot 10^6}} = \boxed{3465 \dfrac{m}{s}}$

Comentario: la energía mecánica se conserva en sistemas en los que existen sólo fuerzas conservativas.

4) Dos masas iguales de 50 kg se sitúan en los puntos A (0,0) m y B (6,0) m. Calcule: (i) El valor de la intensidad del campo gravitatorio en el punto P (3,3) m; (ii) si situamos una tercera masa de 2 kg en el punto P, determine el valor de la fuerza gravitatoria que actúa sobre ella.
$G = 6{,}67 \cdot 10^{-11}$ N m² kg⁻²

Datos:

$m_1 = m_2 = 50$ kg
A (0,0) m
B (6,0) m
¿g?
P (3,3) m
$m_3 = 2$ kg
¿F?
$G = 6{,}67 \cdot 10^{-11}$ N m² kg⁻²

Dibujo:

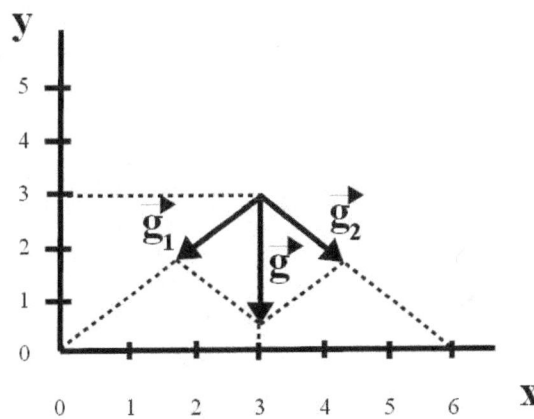

Principio físico: el campo gravitatorio es la perturbación del espacio provocada por una masa. Ley de gravitación universal: todos los cuerpos se atraen con una fuerza directamente proporcional a sus masas e inversamente proporcional al cuadrado de la distancia que los separa.

Método de resolución: utilizaremos la fórmula del campo gravitatorio, el principio de superposición y la relación entre el campo y la fuerza. Usaremos el teorema de Pitágoras para calcular distancias.

Resolución: * Campo gravitatorio: $g_1 = g_2 = \dfrac{G \cdot m}{r^2} = \dfrac{6'67 \cdot 10^{-11} \cdot 50}{3^2 + 3^2} = 1'85 \cdot 10^{-10} \ \dfrac{m}{s^2}$

$\vec{g}_1 = -g_1 \cdot \cos\alpha \cdot \vec{i} - g_1 \cdot sen\alpha \cdot \vec{j} = -1'85 \cdot 10^{-10} \cdot \cos 45° \cdot \vec{i} - 1'85 \cdot 10^{-10} \cdot sen 45° \cdot \vec{j} =$

$= -1'31 \cdot 10^{-10} \cdot \vec{i} - 1'31 \cdot 10^{-10} \cdot \vec{j}$

$\vec{g}_2 = +g_2 \cdot \cos\alpha \cdot \vec{i} - g_2 \cdot sen\alpha \cdot \vec{j} = +1'85 \cdot 10^{-10} \cdot \cos 45° \cdot \vec{i} - 1'85 \cdot 10^{-10} \cdot sen 45° \cdot \vec{j} =$

$= +1'31 \cdot 10^{-10} \cdot \vec{i} - 1'31 \cdot 10^{-10} \cdot \vec{j}$

$\vec{g} = \vec{g}_1 + \vec{g}_2 = 2 \cdot (-1'31 \cdot 10^{-10}) \cdot \vec{j} = -2'62 \cdot 10^{-10} \cdot \vec{j} \quad \dfrac{m}{s^2}$; g = $\boxed{2'62 \cdot 10^{-10} \ \dfrac{m}{s^2}}$

* Fuerza sobre la tercera masa: $\vec{F} = m_3 \cdot \vec{g} = 2 \cdot (-2'52 \cdot 10^{-10}) \cdot \vec{j} = -5'04 \cdot 10^{-10} \cdot \vec{j}$ N

F = $\boxed{5'04 \cdot 10^{-10} \text{ N}}$

Comentario: no es necesario aplicar otra vez el principio de superposición para calcular la fuerza, pues el campo y la fuerza están relacionados. El campo gravitatorio es grande solamente cuando las masas son enormes.

5) Dos masas puntuales $m_1 = 2$ kg y $m_2 = 3$ kg se encuentran situadas respectivamente en los puntos (0,2) m y (0,-3) m. Calcule el trabajo necesario para trasladar una masa $m_3 = 1$ kg desde el punto (0,0) m al punto (1,0) m. $G = 6{,}67 \cdot 10^{-11}$ N m² kg⁻²

Datos:

$m_1 = 2$ kg
$m_2 = 3$ kg
A (0,2) m
B (0,-3) m
¿W?
$m_3 = 1$ kg
C (0,0) m
D (1,0) m
$G = 6{,}67 \cdot 10^{-11}$ N m² kg⁻²

Dibujo:

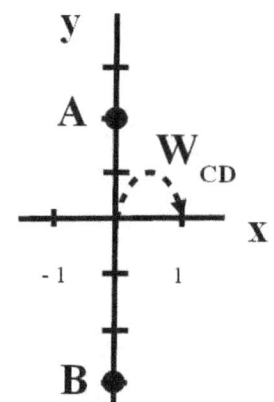

Principio físico: el trabajo realizado por una fuerza conservativa es el incremento de energía potencial cambiado de signo. Principio de superposición: el efecto conjunto de varias masas es la suma de los efectos individuales.

Método de resolución: usaremos la fórmula del trabajo y el principio de superposición. Usaremos el teorema de Pitágoras para calcular distancias.

Resolución: * Trabajo para trasladar la masa: $W_{CD} = -\Delta E_p = -m_3 \cdot \Delta V = m_3 \cdot (V_C - V_D)$

$$V_C = V_{AC} + V_{BC} = \frac{-G \cdot m_1}{r_{AC}} - \frac{G \cdot m_2}{r_{BC}} = -\frac{6{,}67 \cdot 10^{-11} \cdot 2}{2} - \frac{6{,}67 \cdot 10^{-11} \cdot 3}{3} = -1{,}33 \cdot 10^{-10} \frac{J}{kg}$$

$$V_D = V_{AD} + V_{BD} = \frac{-G \cdot m_1}{r_{AD}} - \frac{G \cdot m_2}{r_{BD}} = -\frac{6{,}67 \cdot 10^{-11} \cdot 2}{\sqrt{2^2+1^2}} - \frac{6{,}67 \cdot 10^{-11} \cdot 3}{\sqrt{3^2+1^2}} = -1{,}23 \cdot 10^{-10} \frac{J}{kg}$$

$W_{CD} = m_3 \cdot (V_C - V_D) = 1 \cdot (-1{,}33 \cdot 10^{-10} + 1{,}23 \cdot 10^{-10}) = \boxed{-10^{-11} \text{ J}}$

Comentario: el trabajo negativo significa que el proceso es no espontáneo, es decir, se necesita una fuerza no conservativa para trasladar m_3 desde C a D.

6) Un satélite de masa $2 \cdot 10^3$ kg describe una órbita circular de 5500 km en torno a la Tierra. Calcule: a) La velocidad orbital; b) La velocidad con que llegaría a la superficie terrestre si se dejara caer desde esa altura con velocidad inicial nula. $G = 6{,}67 \times 10^{-11}$ N m² kg⁻²; $M_T = 5{,}98 \times 10^{24}$ kg; $R_T = 6370$ km.

Datos:

Dibujo:

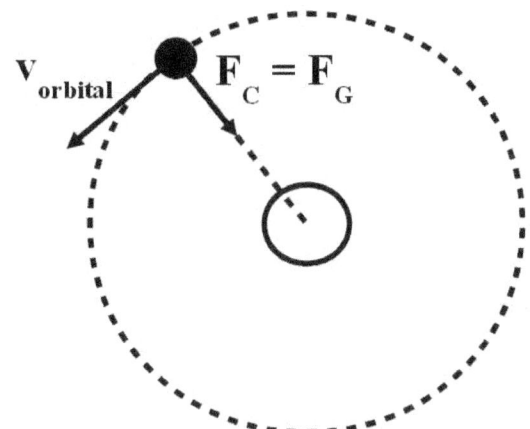

$m = 2 \cdot 10^3$ kg
$h = 5'5 \cdot 10^6$ m
¿$V_{orbital}$?
¿v?
$G = 6{,}67 \times 10^{-11}$ N m² kg⁻²
$M_T = 5{,}98 \times 10^{24}$ kg
$R_T = 6'37 \cdot 10^6$ m

Principio físico: un satélite se mantiene en órbita por un equilibrio entre la inercia y la atracción gravitatoria.

Método de resolución: igualaremos la fuerza de la gravedad con la fuerza centrípeta y utilizaremos la conservación de la energía.

Resolución: * Velocidad orbital: $F_G = F_C$; $\dfrac{G \cdot M_T \cdot m}{r^2} = \dfrac{m \cdot v^2_{orb.}}{r}$ →

→ $v_{orb.} = \sqrt{\dfrac{G \cdot M_T}{r}} = \sqrt{\dfrac{6'67 \cdot 10^{-11} \cdot 5'98 \cdot 10^{24}}{(6370+5500) \cdot 10^3}} = \boxed{5797 \; \dfrac{m}{s}}$

* Velocidad final: $Ec_A + Ep_A = Ec_B + Ep_B$ → $0 - \dfrac{G \cdot M_T \cdot m}{r_A} = \dfrac{1}{2} m \cdot v^2 - \dfrac{G \cdot M_T \cdot m}{r_B}$

$- \dfrac{G \cdot M_T}{R_T + h} = \dfrac{1}{2} v^2 - \dfrac{G \cdot M_T}{R_T}$; $\dfrac{G \cdot M_T}{R_T} - \dfrac{G \cdot M_T}{R_T + h} = \dfrac{v^2}{2}$;

$v = \sqrt{2 \cdot \left(\dfrac{G \cdot M_T}{R_T} - \dfrac{G \cdot M_T}{R_T + h} \right)} = \sqrt{2 \cdot G \cdot M_T \cdot \left(\dfrac{1}{R_T} - \dfrac{1}{R_T + h} \right)} = \sqrt{2 \cdot G \cdot M_T \cdot \dfrac{h}{R_T \cdot (R_T + h)}} =$

$= \sqrt{\dfrac{2 \cdot G \cdot M_T \cdot h}{R_T \cdot (R_T + h)}} = \sqrt{\dfrac{2 \cdot 6'67 \cdot 10^{-11} \cdot 5'98 \cdot 10^{24} \cdot 5'5 \cdot 10^6}{6'37 \cdot 10^6 \cdot (6370+5500) \cdot 10^3}} = \boxed{7618 \; \dfrac{m}{s}}$

Comentario: las velocidades son elevadas. Se ha supuesto nulo el rozamiento.

7) Un satélite artificial de 100 kg se mueve en una órbita circular alrededor de la Tierra con una velocidad de 7,5·10³ m s⁻¹. Calcule: a) El radio de la órbita; b) La energía potencial del satélite; c) La energía mecánica del satélite. G = 6,67×10⁻¹¹ N m² kg⁻²; M_T = 5,98×10²⁴ kg; R_T = 6370 km.

Datos: Dibujo:

m = 100 kg
$v_{orb.}$ = 7'5 · 10³ m/s
¿r?
¿Ep?
¿E_M?
G = 6,67×10⁻¹¹ N m² kg⁻²
M_T = 5,98×10²⁴ kg
R_T = 6'37 · 10⁶ m

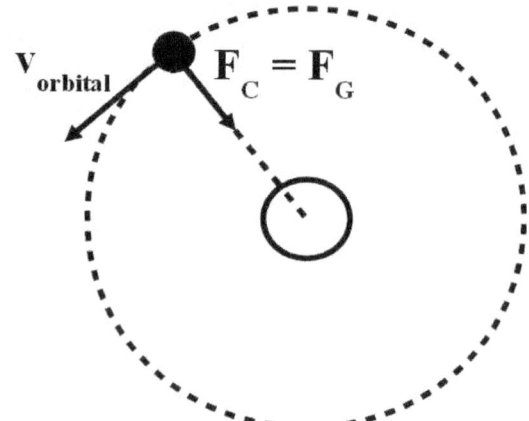

Principio físico: un satélite se mantiene en órbita por un equilibrio entre la inercia y la atracción gravitatoria.

Método de resolución: igualaremos la fuerza de la gravedad con la fuerza centrípeta y utilizaremos las fórmulas de las energías.

Resolución: * Radio orbital: $F_G = F_C$; $\dfrac{G \cdot M_T \cdot m}{r^2} = \dfrac{m \cdot v_{orb.}^2}{r}$ → $\dfrac{G \cdot M_T}{r} = v_{orb.}^2$ →

→ r = $\dfrac{G \cdot M_T}{v_{orb.}^2} = \dfrac{6'67 \cdot 10^{-11} \cdot 5'98 \cdot 10^{24}}{(7'5 \cdot 10^3)^2}$ = $\boxed{7'09 \cdot 10^6 \text{ m}}$

* Energía potencial: Ep = $-\dfrac{G \cdot M_T \cdot m}{r} = \dfrac{-6'67 \cdot 10^{-11} \cdot 5'98 \cdot 10^{24} \cdot 100}{7'09 \cdot 10^6}$ = $\boxed{-5'63 \cdot 10^9 \text{ J}}$

* Energía mecánica: E_M = Ec + Ep = $\dfrac{1}{2} m \cdot v^2 - \dfrac{G \cdot M_T}{r}$ = $\dfrac{1}{2} \cdot 100 \cdot (7'5 \cdot 10^3)^2 - 5'63 \cdot 10^9$ = $\boxed{-2'82 \cdot 10^9 \text{ J}}$

Comentario: la energía potencial es siempre negativa, salvo en el infinito, donde vale cero.

8) Sabiendo que el radio de Marte es 0,531 veces el radio de la Tierra y que la masa de Marte es 0,107 veces la masa de la Tierra. Determine: (i) El valor de la gravedad en la superficie de Marte; (ii) el tiempo que tardaría en llegar al suelo una piedra de 1 kg de masa que se deja caer desde una altura de 10 m sobre la superficie de Marte. $G = 6{,}67 \cdot 10^{-11}$ N m^2 kg^{-2}; $M_T = 5{,}98 \cdot 10^{24}$ kg; $R_T = 6370$ km

Datos:

$R_M = 0'531 \cdot R_T$
$M_M = 0'107 \cdot M_T$
¿g_M?
¿t?
m = 1 kg
h = 10 m
$G = 6{,}67 \cdot 10^{-11}$ N m^2 kg^{-2}
$M_T = 5{,}98 \cdot 10^{24}$ kg
$R_T = 6'37 \cdot 10^6$ m

Dibujo:

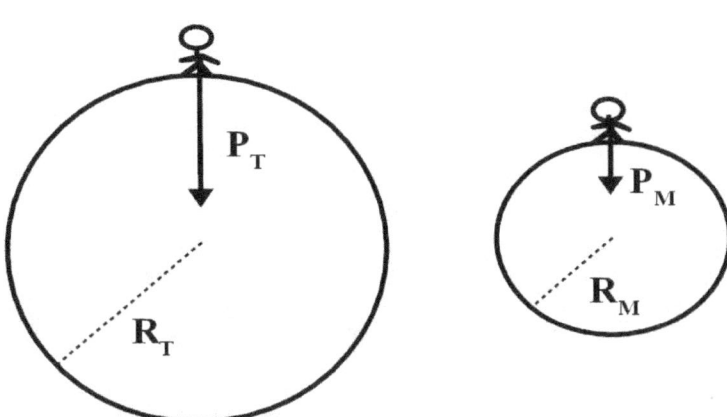

Principio físico: el campo gravitatorio es la perturbación del espacio provocada por una masa.

Método de resolución: usaremos la fórmula del campo gravitatorio y ecuaciones cinemáticas del MRUA.

Resolución: * Valor de la gravedad en la superficie de Marte:

$$g_M = \frac{G \cdot M_M}{R_M^2} = \frac{G \cdot 0'107 \cdot M_T}{(0'531 \cdot R_T)^2} = \frac{0'379 \cdot G \cdot M_T}{R_T^2} = \frac{0'379 \cdot 6'67 \cdot 10^{-11} \cdot 5'98 \cdot 10^{24}}{(6'37 \cdot 10^6)^2} = \boxed{3'73 \ \frac{m}{s^2}}$$

* Tiempo de caída: $e = v_0 \cdot t + \dfrac{1}{2} g \cdot t^2 = 0 + \dfrac{1}{2} g \cdot t^2 = \dfrac{1}{2} g \cdot t^2 \rightarrow t = \sqrt{\dfrac{2 \cdot e}{g_M}} = \sqrt{\dfrac{2 \cdot 10}{3'73}} = 2'32$ s

Comentario: el dato de la masa es superfluo pues, en ausencia de rozamiento, todos los cuerpos caen con la misma aceleración.

2017

9) Una masa m_1, de 500 kg, se encuentra en el punto (0,4) m y otra masa m_2, de 500 kg, en el punto (-3,0) m. Determine el trabajo de la fuerza gravitatoria para desplazar una partícula m_3, de 250 kg, desde el punto (3,0) m hasta el punto (0,-4) m. $G = 6{,}67 \cdot 10^{-11}$ N m² kg⁻²

Datos:

$m_1 = 500$ kg
A (0,4) m
$m_2 = 500$ kg
B (-3,0) m
¿W_{CD}?
$m_3 = 250$ kg
C (3,0) m
D (0,-4) m
$G = 6{,}67 \cdot 10^{-11}$ N m² kg⁻²

Dibujo:

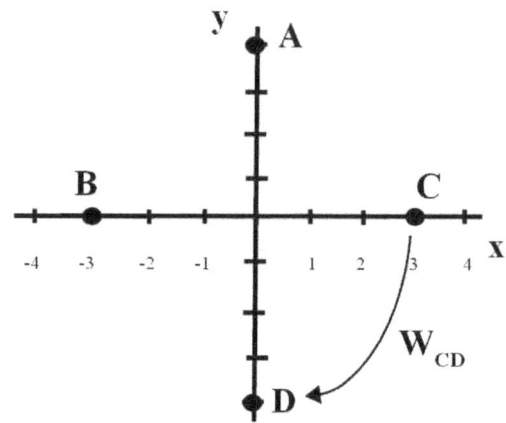

Principio físico: el trabajo realizado por una fuerza conservativa es el incremento de energía potencial cambiado de signo. Principio de superposición: el efecto conjunto de varias masas es la suma de los efectos individuales.

Método de resolución: usaremos la fórmula del trabajo y el principio de superposición. Usaremos el teorema de Pitágoras para calcular distancias.

Resolución: * Trabajo para trasladar la masa: $W_{CD} = -\Delta E_p = -m_3 \cdot \Delta V = m_3 \cdot (V_C - V_D)$

$$V_C = V_{AC} + V_{BC} = \frac{-G \cdot m_1}{r_{AC}} - \frac{G \cdot m_2}{r_{BC}} = -\frac{6'67 \cdot 10^{-11} \cdot 500}{\sqrt{4^2+3^2}} - \frac{6'67 \cdot 10^{-11} \cdot 500}{6} =$$

$$= -6'67 \cdot 10^{-9} - 5'56 \cdot 10^{-9} = -1'22 \cdot 10^{-8} \frac{J}{kg}$$

$$V_D = V_{AD} + V_{BD} = \frac{-G \cdot m_1}{r_{AD}} - \frac{G \cdot m_2}{r_{BD}} = -\frac{6'67 \cdot 10^{-11} \cdot 500}{8} - \frac{6'67 \cdot 10^{-11} \cdot 500}{\sqrt{3^2+4^2}} =$$

$$= -4'17 \cdot 10^{-9} - 6'67 \cdot 10^{-9} = -1'08 \cdot 10^{-8} \frac{J}{kg}$$

$W_{CD} = m_3 \cdot (V_C - V_D) = 250 \cdot (-1'22 \cdot 10^{-8} + 1'08 \cdot 10^{-8}) = \boxed{-3'5 \cdot 10^{-7} \text{ J}}$

Comentario: el trabajo negativo significa que el proceso es no espontáneo, es decir, se necesita una fuerza no conservativa para trasladar m_3 desde C a D.

10) Un tornillo de 150 g, procedente de un satélite, se encuentra en órbita a 900 km de altura sobre la superficie de la Tierra. Calcule la fuerza con que se atraen la Tierra y el tornillo y el tiempo que tarda el tornillo en pasar sucesivamente por el mismo punto.
G = 6,67·10⁻¹¹ N m² kg⁻² ; R_T = 6,37·10⁶ m ; M_T = 5,97·10²⁴ kg.

Datos:

m = 0'150 kg
h = 9 · 10⁵ m
¿F?
¿T?
G = 6,67·10⁻¹¹ N m² kg⁻²
R_T = 6,37·10⁶ m
M_T = 5,97·10²⁴ kg

Dibujo:

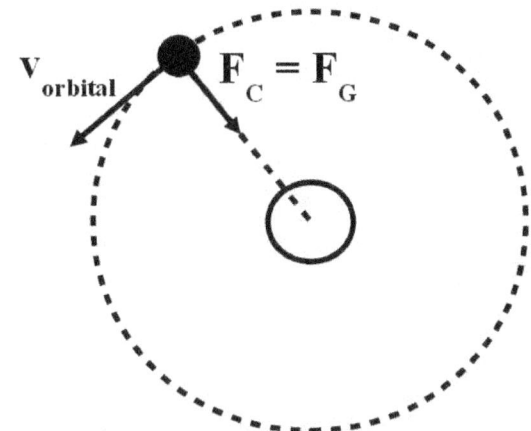

Principio físico: un satélite se mantiene en órbita por un equilibrio entre la inercia y la atracción gravitatoria.

Método de resolución: usaremos la ley de Newton de gravitación universal e igualaremos la fuerza de la gravedad con la fuerza centrípeta.

Resolución: * Fuerza de atracción: $F = G \cdot \dfrac{M \cdot m}{r^2} = \dfrac{6'67 \cdot 10^{-11} \cdot 5'98 \cdot 10^{24} \cdot 0'150}{(6'37 \cdot 10^6 + 9 \cdot 10^5)^2} = \boxed{1'13 \text{ N}}$

* Período de la órbita: $F_G = F_C$; $\dfrac{G \cdot M_T \cdot m}{r^2} = \dfrac{m \cdot v_{orb.}^2}{r} \rightarrow \dfrac{G \cdot M_T}{r} = v_{orb.}^2 \rightarrow v_{orb.} = \sqrt{\dfrac{G \cdot M_T}{r}}$

$v_{orb.} = \dfrac{2 \cdot \pi \cdot r}{T} \rightarrow T = \dfrac{2 \cdot \pi \cdot r}{v_{orb.}} = \dfrac{2 \cdot \pi \cdot r}{\sqrt{\dfrac{G \cdot M_T}{r}}} = 2 \cdot \pi \cdot r \cdot \sqrt{\dfrac{r}{G \cdot M_T}} =$

$= 2 \cdot \pi \cdot (9 \cdot 10^5 + 6'37 \cdot 10^6) \cdot \sqrt{\dfrac{9 \cdot 10^5 + 6'37 \cdot 10^6}{6'67 \cdot 10^{-11} \cdot 5'98 \cdot 10^{24}}} = \boxed{6167 \text{ s}}$

Comentario: según la tercera ley de Newton, la Tierra y el tornillo se atraen con la misma fuerza. El tiempo que tarda el tornillo en pasar dos veces por el mismo punto es el período de la órbita.

11) Dos masas iguales, de 50 kg, se encuentran situadas en los puntos (-3,0) m y (3,0) m. Calcule el trabajo necesario para desplazar una tercera masa de 30 kg desde el punto (0,4) m al punto (0,-4) m y comente el resultado obtenido. $G = 6{,}67 \cdot 10^{-11}$ N m² kg⁻²

Datos:

$m_1 = m_2 = 50$ kg
A (-3,0) m
B (3,0) m
¿W_{CD}?
$m_3 = 30$ kg
C (0,4) m
D (0,-4) m
$G = 6{,}67 \cdot 10^{-11}$ N m² kg⁻²

Dibujo:

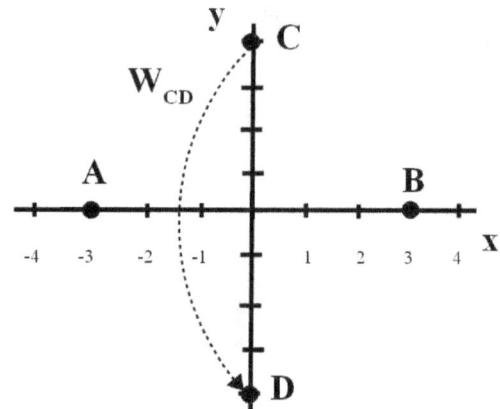

Principio físico: el trabajo realizado por una fuerza conservativa es el incremento de energía potencial cambiado de signo. Principio de superposición: el efecto conjunto de varias masas es la suma de los efectos individuales.

Método de resolución: usaremos la fórmula del trabajo y el principio de superposición. Usaremos el teorema de Pitágoras para calcular distancias.

Resolución: * Trabajo para trasladar la masa: $W_{CD} = -\Delta E_p = -m_3 \cdot \Delta V = m_3 \cdot (V_C - V_D)$

$$V_C = V_{AC} + V_{BC} = \frac{-G \cdot m_1}{r_{AC}} - \frac{G \cdot m_2}{r_{BC}} = -\frac{6'67 \cdot 10^{-11} \cdot 50}{\sqrt{4^2 + 3^2}} - \frac{6'67 \cdot 10^{-11} \cdot 50}{\sqrt{4^2 + 3^2}} =$$

$$= -6'67 \cdot 10^{-10} - 6'67 \cdot 10^{-10} = -1'33 \cdot 10^{-9} \ \frac{J}{kg}$$

$$V_D = V_{AD} + V_{BD} = \frac{-G \cdot m_1}{r_{AD}} - \frac{G \cdot m_2}{r_{BD}} = -\frac{6'67 \cdot 10^{-11} \cdot 50}{\sqrt{4^2 + 3^2}} - \frac{6'67 \cdot 10^{-11} \cdot 50}{\sqrt{4^2 + 3^2}} =$$

$$= -6'67 \cdot 10^{-10} - 6'67 \cdot 10^{-10} = -1'33 \cdot 10^{-9} \ \frac{J}{kg}$$

$W_{CD} = m_3 \cdot (V_C - V_D) = 30 \cdot (-1'33 \cdot 10^{-9} + 1'33 \cdot 10^{-9}) = \boxed{0 \text{ J}}$

Comentario: el trabajo es cero porque los puntos C y D están al mismo potencial. Esto se debe a la simetría y a que las masas m_1 y m_2 son iguales.

12) Según la NASA, el asteroide que en 2013 cayó sobre Rusia explotó cuando estaba a 20 km de altura sobre la superficie terrestre y su velocidad era 18 km s^{-1}. Calcule la velocidad del asteroide cuando se encontraba a 30000 km de la superficie de la Tierra. Considere despreciable el rozamiento del aire. G = 6,67·10^{-11} N m² kg^{-2} ; M$_T$ = 5,97·10^{24} kg ; R$_T$ = 6,37·10^6 m

Datos:	Dibujo:

$h_B = 2 \cdot 10^4$ m
$v_B = 18.000$ m/s
¿v_A?
$h_A = 3 \cdot 10^7$ m
G = 6,67·10^{-11} N m² kg^{-2}
M$_T$ = 5,97·10^{24} kg
R$_T$ = 6,37·10^6 m

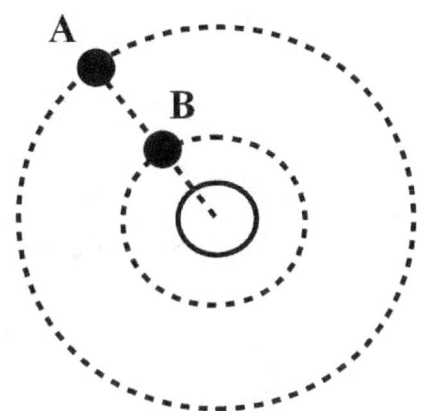

Principio físico: conservación de la energía mecánica: en sistemas en los que sólo hay fuerzas conservativas, la energía mecánica total permanece constante.

Método de resolución: aplicaremos el principio de conservación de la energía mecánica.

Resolución: * Velocidad del asteroide a 30.000 km:

$$Ec_A + Ep_A = Ec_B + Ep_B \rightarrow \frac{1}{2} m \cdot v_A^2 - \frac{G \cdot M_T \cdot m}{R_T + h_A} = \frac{1}{2} m \cdot v_B^2 - \frac{G \cdot M_T \cdot m}{R_T + h_B} \rightarrow$$

$$\rightarrow v_A^2 - \frac{2 \cdot G \cdot M_T}{R_T + h_A} = v_B^2 - \frac{2 \cdot G \cdot M_T}{R_T + h_B} \rightarrow v_A^2 = v_B^2 - \frac{2 \cdot G \cdot M_T}{R_T + h_B} + \frac{2 \cdot G \cdot M_T}{R_T + h_A} \rightarrow$$

$$\rightarrow v_A = \sqrt{v_B^2 - \frac{2 \cdot G \cdot M_T}{R_T + h_B} + \frac{2 \cdot G \cdot M_T}{R_T + h_A}} =$$

$$= \sqrt{18000^2 - \frac{2 \cdot 6'67 \cdot 10^{-11} \cdot 5'97 \cdot 10^{24}}{6'37 \cdot 10^6 + 2 \cdot 10^4} + \frac{2 \cdot 6'67 \cdot 10^{-11} \cdot 5'97 \cdot 10^{24}}{6'37 \cdot 10^6 + 3 \cdot 10^7}} =$$

$$= \sqrt{18000^2 - 1'25 \cdot 10^8 + 2'19 \cdot 10^7} = 14.900 \, \frac{m}{s}$$

Comentario: el movimiento de un asteroide es un MRUA, luego es lógico que a mayor altura menor sea la velocidad.

13) Dos esferas de 100 kg se encuentran, respectivamente, en los puntos (0,-3) m y (0,3) m. Determine el campo gravitatorio creado por ambas en el punto (4,0) m. G = 6,67·10⁻¹¹ N m² kg⁻²

Datos:

Dibujo:

$m_1 = m_2 = 100$ kg
A (0,-3) m
B (0,3) m
¿g?
C (4,0) m
G = 6,67·10⁻¹¹ N m² kg⁻²

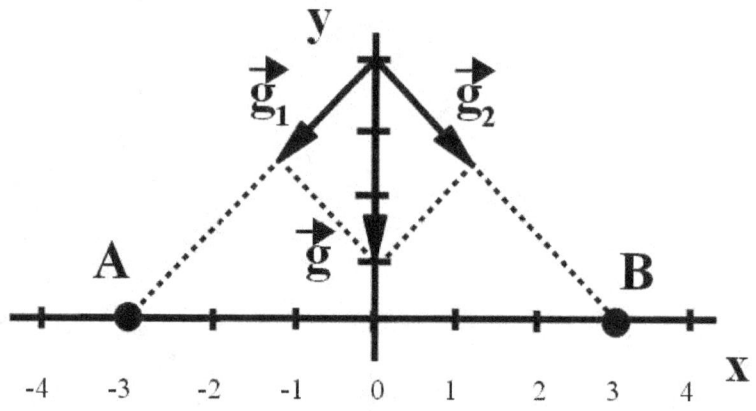

Principio físico: el campo gravitatorio es la perturbación del espacio provocada por una masa. Principio de superposición: el efecto conjunto de varias masas es la suma de los efectos individuales.

Método de resolución: usaremos la fórmula del campo gravitatorio, lo pasaremos a vector y usaremos el principio de superposición. Usaremos el teorema de Pitágoras para calcular distancias.

Resolución: * Campo gravitatorio total:

$$g_1 = g_2 = \frac{G \cdot m}{r^2} = \frac{6'67 \cdot 10^{-11} \cdot 100}{3^2 + 4^2} = 2'67 \cdot 10^{-10} \ \frac{m}{s^2}$$

$$\vec{g}_1 = -g_1 \cdot \cos\alpha \cdot \vec{i} - g_1 \cdot sen\alpha \cdot \vec{j} = -2'67 \cdot 10^{-10} \cdot \frac{3}{5} \cdot \vec{i} - 2'67 \cdot 10^{-10} \cdot \frac{4}{5} \cdot \vec{j} =$$

$$= -1'60 \cdot 10^{-10} \cdot \vec{i} - 2'14 \cdot 10^{-10} \cdot \vec{j}$$

$$\vec{g}_2 = +g_2 \cdot \cos\alpha \cdot \vec{i} - g_2 \cdot sen\alpha \cdot \vec{j} = +2'67 \cdot 10^{-10} \cdot \frac{3}{5} \cdot \vec{i} - 2'67 \cdot 10^{-10} \cdot \frac{4}{5} \cdot \vec{j} =$$

$$= +1'60 \cdot 10^{-10} \cdot \vec{i} - 2'14 \cdot 10^{-10} \cdot \vec{j}$$

$$\vec{g} = \vec{g}_1 + \vec{g}_2 = 2 \cdot (-2'14 \cdot 10^{-10}) \cdot \vec{j} = -4'28 \cdot 10^{-10} \cdot \vec{j} \ \frac{m}{s^2}; \quad g = \boxed{4'28 \cdot 10^{-10} \ \frac{m}{s^2}}$$

Comentario: debido a la simetría y a la igualdad de las masas, las componentes x se anulan y sólo queda componente y hacia abajo.

14) La masa del planeta Júpiter es, aproximadamente, 300 veces la de la Tierra y su diámetro 10 veces mayor que el terrestre. Calcule razonadamente la velocidad de escape de un cuerpo desde la superficie de Júpiter. $R_T = 6,37 \cdot 10^6$ m ; $g = 9,8$ m s^{-2}

Datos:　　　　　　　Dibujo:

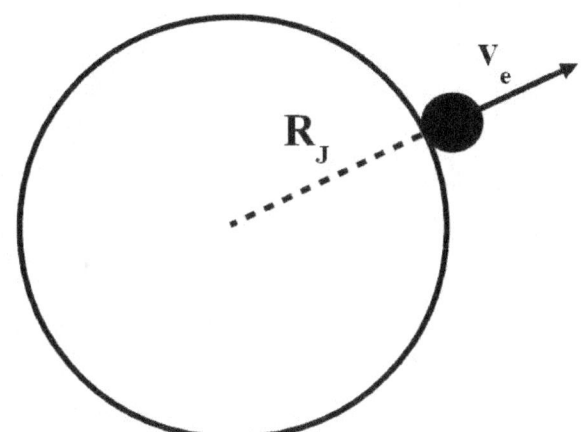

$M_J = 300 \cdot M_T$
$D_J = 10 \cdot D_T$
¿v_e?
$R_T = 6,37 \cdot 10^6$ m
$g = 9,8$ m s^{-2}

Principio físico: la velocidad de escape es la velocidad inicial mínima necesaria para hacer que un cuerpo escape de la atracción gravitatoria de un planeta, llegando al infinito con velocidad cero.

Método de resolución: utilizaremos el principio de conservación de la energía mecánica.

Resolución: * Velocidad de escape: $Ec_A + Ep_A = Ec_B + Ep_B$ →

$$\rightarrow \quad \frac{1}{2} m \cdot v_e^2 - \frac{G \cdot M_J \cdot m}{R_J} = 0 + 0 \quad \rightarrow \quad \frac{1}{2} m \cdot v_e^2 = \frac{G \cdot M_J \cdot m}{R_J} \quad \rightarrow \quad \frac{v_e^2}{2} = \frac{G \cdot M_J}{R_J} \quad \rightarrow$$

$$\rightarrow \quad v_e = \sqrt{\frac{2 \cdot G \cdot M_J}{R_J}} = \sqrt{\frac{2 \cdot G \cdot 300 \cdot M_T}{10 \cdot R_T}} = \sqrt{\frac{60 \cdot G \cdot M_T}{R_T}}$$

Al ser: $g = \dfrac{G \cdot M_T}{R_T^2}$ → $G \cdot M_T = g \cdot R_T^2$. Luego:

$$v_e = \sqrt{\frac{60 \cdot G \cdot M_T}{R_T}} = \sqrt{\frac{60 \cdot g \cdot R_T^2}{R_T}} = \sqrt{60 \cdot g \cdot R_T} = \sqrt{60 \cdot 9'8 \cdot 6'37 \cdot 10^6} = \boxed{6'12 \cdot 10^4 \; \frac{m}{s}}$$

Comentario: la energía mecánica se conserva en sistemas en los que existen sólo fuerzas conservativas. Para que la velocidad sea la mínima, debe llegar al infinito con velocidad cero. La energía potencial vale cero en el infinito.

15) La Luna describe una órbita circular alrededor de la Tierra. Si se supone que la Tierra se encuentra en reposo, calcule la velocidad de la Luna en su órbita y su periodo orbital.
$G = 6{,}67 \cdot 10^{-11}$ N m² kg⁻² ; $M_T = 5{,}97 \cdot 10^{24}$ kg ; $D_{Tierra\text{-}Luna} = 3{,}84 \cdot 10^8$ m

Datos:

¿V_{orb}?
¿T?
$G = 6{,}67 \cdot 10^{-11}$ N m² kg⁻²
$M_T = 5{,}97 \cdot 10^{24}$ kg
$D_{Tierra\text{-}Luna} = 3{,}84 \cdot 10^8$ m

Dibujo:

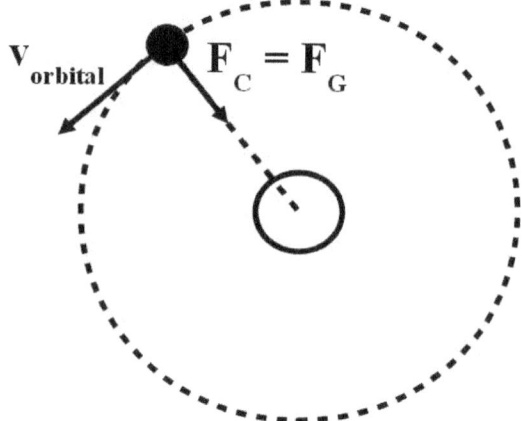

Principio físico: un satélite se mantiene en órbita por un equilibrio entre la inercia y la atracción gravitatoria.

Método de resolución: igualaremos la fuerza de la gravedad con la fuerza centrípeta y obtendremos el período orbital a partir de otra expresión de la velocidad orbital.

Resolución: * Velocidad orbital: $F_G = F_C \rightarrow \dfrac{G \cdot M_T \cdot m_L}{r^2} = \dfrac{m_L \cdot v_{orb}^2}{r} \rightarrow$

$\rightarrow v_{orb}^2 = \dfrac{G \cdot M_T}{r} \rightarrow v_{orb} = \sqrt{\dfrac{G \cdot M_T}{r}} = \sqrt{\dfrac{6{,}67 \cdot 10^{-11} \cdot 5{,}97 \cdot 10^{24}}{3{,}84 \cdot 10^8}} = \boxed{1018 \ \dfrac{m}{s}}$

* Período orbital: $v_{orb} = \dfrac{2 \cdot \pi \cdot r}{T} \rightarrow T = \dfrac{2 \cdot \pi \cdot r}{v_{orb}} = \dfrac{2 \cdot \pi \cdot 3{,}84 \cdot 10^8}{1018} = 2{,}37 \cdot 10^6 \ s = \boxed{27{,}4 \ \text{días}}$

Comentario: el período orbital es el tiempo que tarda un satélite en dar una vuelta completa, es decir, en recorrer la longitud completa de la circunferencia, $2 \cdot \pi \cdot r$. La Luna tarda el mismo tiempo en dar una vuelta sobre sí misma que alrededor de la Tierra.

16) Dos masas de 10 kg se encuentran situadas, respectivamente, en los puntos (0,0) m y (0,4) m. Represente en un esquema el campo gravitatorio que crean en el punto (2,2) m y calcule su valor.
G = 6,67·10⁻¹¹ N m² kg⁻²

Datos: Dibujo:

$m_1 = m_2 = 10$ kg
A (0,0) m
B (0,4) m
¿g?
C (2,2) m
G = 6,67·10⁻¹¹ N m² kg⁻²

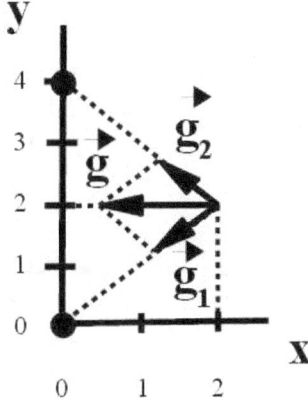

Principio físico: el campo gravitatorio es la perturbación del espacio provocada por una masa. Principio de superposición: el efecto conjunto de varias masas es la suma de los efectos individuales.

Método de resolución: usaremos la fórmula del campo gravitatorio, lo pasaremos a vector y usaremos el principio de superposición. Usaremos el teorema de Pitágoras para calcular distancias.

Resolución: * Campo gravitatorio total:

$$g_1 = g_2 = \frac{G \cdot m}{r^2} = \frac{6'67 \cdot 10^{-11} \cdot 10}{2^2 + 2^2} = 8'34 \cdot 10^{-11} \ \frac{m}{s^2}$$

$$\vec{g}_1 = -g_1 \cdot \cos\alpha \cdot \vec{i} - g_1 \cdot sen\alpha \cdot \vec{j} = -8'34 \cdot 10^{-11} \cdot \cos 45° \cdot \vec{i} - 8'34 \cdot 10^{-11} \cdot \cos 45° \cdot \vec{j} =$$

$$= -5'90 \cdot 10^{-11} \cdot \vec{i} - 5'90 \cdot 10^{-11} \cdot \vec{j}$$

$$\vec{g}_2 = -g_2 \cdot \cos\alpha \cdot \vec{i} + g_2 \cdot sen\alpha \cdot \vec{j} = -8'34 \cdot 10^{-11} \cdot \cos 45° \cdot \vec{i} + 8'34 \cdot 10^{-11} \cdot \cos 45° \cdot \vec{j} =$$

$$= -5'90 \cdot 10^{-11} \cdot \vec{i} + 5'90 \cdot 10^{-11} \cdot \vec{j}$$

$$\vec{g} = \vec{g}_1 + \vec{g}_2 = 2 \cdot (-5'90 \cdot 10^{-11}) \cdot \vec{j} = -1'18 \cdot 10^{-10} \cdot \vec{j} \ \frac{m}{s^2} \ ; \ g = \boxed{1'18 \cdot 10^{-10} \ \frac{m}{s^2}}$$

Comentario: debido a la simetría y a la igualdad de las masas, las componentes y se anulan y sólo queda componente x hacia la izquierda.

17) El planeta Mercurio tiene un radio de 2440 km y la aceleración de la gravedad en su superficie es 3,7 m s^{-2}. Calcule la altura máxima que alcanza un objeto que se lanza verticalmente desde la superficie del planeta con una velocidad de 0,5 m s^{-1}. G = 6,67·10^{-11} N m^2 kg^{-2}

Datos: Dibujo:

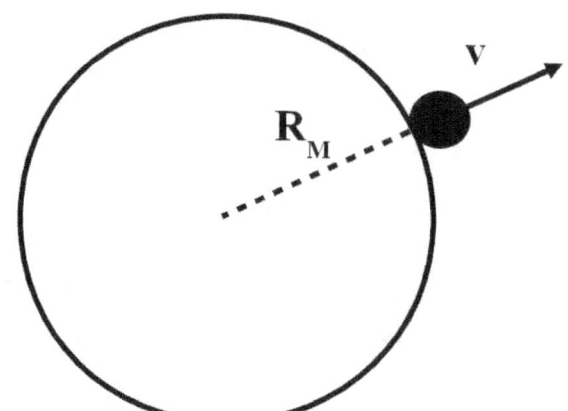

$R_M = 2'44 \cdot 10^6$ m
$g_M = 3'7$ m/s^2
¿$h_{máx}$?
v = 0'5 m/s
G = 6,67·10^{-11} N m^2 kg^{-2}

Principio físico: conservación de la energía mecánica: en sistemas en los que sólo actúan fuerzas conservativas, la energía mecánica total permanece constante.

Método de resolución: aplicaremos el principio de conservación de la energía mecánica.

Resolución: * Altura máxima alcanzada: $Ec_A + Ep_A = Ec_B + Ep_B \rightarrow$

$$\rightarrow \frac{1}{2} m \cdot v^2 - \frac{G \cdot M_M \cdot m}{R_M} = 0 - \frac{G \cdot M_M \cdot m}{R_M + h} \rightarrow \frac{v^2}{2} - \frac{G \cdot M_M}{R_M} = - \frac{G \cdot M_M}{R_M + h} \rightarrow$$

$$\rightarrow \frac{v^2 \cdot R_M - 2 \cdot G \cdot M_M}{2 \cdot R_M} = - \frac{G \cdot M_M}{R_M + h} \rightarrow \frac{G \cdot M_M}{R_M + h} = \frac{2 \cdot G \cdot M_M - v^2 \cdot R_M}{2 \cdot R_M} \rightarrow$$

$$\rightarrow \frac{R_M + h}{G \cdot M_M} = \frac{2 \cdot R_M}{2 \cdot G \cdot M_M - v^2 \cdot R_M} \rightarrow R_M + h = \frac{2 \cdot G \cdot M_M \cdot R_M}{2 \cdot G \cdot M_M - v^2 \cdot R_M} \rightarrow$$

$$\rightarrow h = \frac{2 \cdot G \cdot M_M \cdot R_M}{2 \cdot G \cdot M_M - v^2 \cdot R_M} - R_M \quad ; \text{ al ser: } g_M = \frac{G \cdot M_M}{R_M^2} \rightarrow G \cdot M_M = g_M \cdot R_M^2$$

Luego: $h = \dfrac{2 \cdot g_M \cdot R_M^2 \cdot R_M}{2 \cdot g_M \cdot R_M^2 - v^2 \cdot R_M} - R_M = \dfrac{2 \cdot g_M \cdot R_M^2}{2 \cdot g_M \cdot R_M - v^2} - R_M =$

$= \dfrac{2 \cdot 3'7 \cdot (2'44 \cdot 10^6)^2}{2 \cdot 3'7 \cdot 2'44 \cdot 10^6 - 0'5^2} - 2'44 \cdot 10^6 = 0'0338$ m = $\boxed{3'38 \text{ cm}}$

Comentario: la altura máxima alcanzada es muy pequeña, de algunos centímetros, porque la velocidad inicial es también pequeña.

18) El satélite español PAZ es un satélite radar del Programa Nacional de Observación de la Tierra que podrá tomar imágenes diurnas y nocturnas bajo cualquier condición meteorológica. Se ha diseñado para que tenga una masa de 1400 kg y describa una órbita circular con una velocidad de 7611,9 m s^{-1}. Calcule, razonadamente, cuál será la energía potencial gravitatoria de dicho satélite cuando esté en órbita. G = 6,67·10^{-11} N m² kg^{-2} ; M$_T$ = 5,97·10^{24} kg ; R$_T$ = 6,37·10^6 m

Datos: Dibujo:

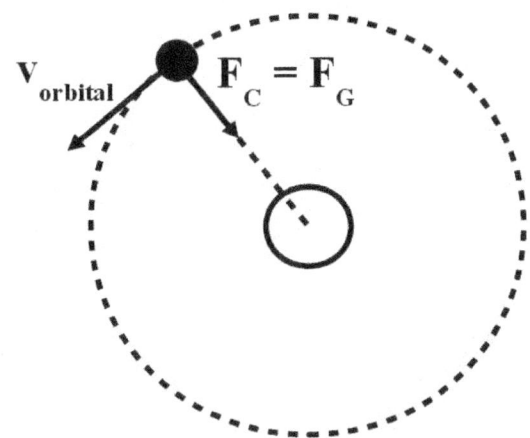

m = 1400 kg
v = 7611'9 m/s
¿Ep?
G = 6,67·10^{-11} N m² kg^{-2}
M$_T$ = 5,97·10^{24} kg
R$_T$ = 6,37·10^6 m

Principio físico: un satélite se mantiene en órbita por un equilibrio entre la inercia y la atracción gravitatoria.

Método de resolución: averiguaremos el radio de la órbita igualando la fuerza de la gravedad con la fuerza centrípeta y utilizaremos la fórmula de la energía potencial.

Resolución: * Radio de la órbita: $F_G = F_C \rightarrow \dfrac{G \cdot M_T \cdot m}{r^2} = \dfrac{m \cdot v^2}{r} \rightarrow \dfrac{G \cdot M_T}{r} = v^2 \rightarrow$

$\rightarrow \quad r = \dfrac{G \cdot M_T}{v^2} = \dfrac{6'67 \cdot 10^{-11} \cdot 5'97 \cdot 10^{24}}{7611'9^2} = 6'87 \cdot 10^6$ m

* Energía potencial del satélite:

$$Ep = \dfrac{-G \cdot M_T \cdot m}{r} = \dfrac{-6'67 \cdot 10^{-11} \cdot 5'97 \cdot 10^{24} \cdot 1400}{6'87 \cdot 10^6} = \boxed{-8'11 \cdot 10^{10} \text{ J}}$$

Comentario: la energía potencial gravitatoria es siempre negativa porque, por convenio, se toma su valor máximo (el cero) en el infinito. La energía potencial gravitatoria es el trabajo necesario para llevar una masa desde un punto hasta el infinito.

2016

19) El satélite español PAZ de observación de la Tierra, de 1400 kg, se lanza con el propósito de situarlo en una órbita circular geoestacionaria. a) Explique qué es un satélite geoestacionario y calcule el valor de la altura respecto de la superficie terrestre a la que se encuentra dicho satélite. b) Determine las energías cinética y potencial del satélite en órbita.
$G = 6{,}67 \cdot 10^{-11}$ N m² kg⁻² ; $M_T = 5{,}97 \cdot 10^{24}$ kg ; $R_T = 6{,}37 \cdot 10^6$ m.

Datos: Dibujo:

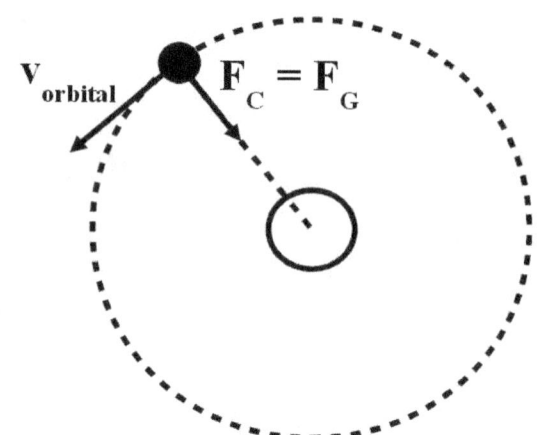

m = 1400 kg
¿h?
¿Ec?
¿Ep?
$G = 6{,}67 \cdot 10^{-11}$ N m² kg⁻²
$M_T = 5{,}97 \cdot 10^{24}$ kg
$R_T = 6{,}37 \cdot 10^6$ m

Principio físico: un satélite se mantiene en órbita por un equilibrio entre la inercia y la atracción gravitatoria.

Método de resolución: igualaremos la fuerza gravitatoria con la fuerza centrípeta y usaremos las fórmulas de las energías.

Resolución: * Altura del satélite: $F_G = F_C$; $\dfrac{G \cdot M_T \cdot m}{r^2} = \dfrac{m \cdot v_{orb.}^2}{r}$ → $\dfrac{G \cdot M_T}{r} = v_{orb.}^2$

$v_{orb.} = \dfrac{2 \cdot \pi \cdot r}{T}$ → $v_{orb.}^2 = \dfrac{4 \cdot \pi^2 \cdot r^2}{T^2}$; $\dfrac{G \cdot M_T}{r} = \dfrac{4 \cdot \pi^2 \cdot r^2}{T^2}$ → $G \cdot M_T \cdot T^2 = 4 \cdot \pi^2 \cdot r^3$ →

→ $r = \sqrt[3]{\dfrac{G \cdot M_T \cdot T^2}{4 \cdot \pi^2}} = \sqrt[3]{\dfrac{6'67 \cdot 10^{-11} \cdot 5'98 \cdot 10^{24} \cdot (24 \cdot 3600)^2}{4 \cdot \pi^2}} = 4'23 \cdot 10^7$ m

$r = R_T + h$ → $h = r - R_T = 4'23 \cdot 10^7 - 6'37 \cdot 10^6 = 3'59 \cdot 10^7$ m = 35.900 km

* Energía cinética: Ec = $\frac{1}{2}$ m v² = $\frac{1}{2}$ m $\frac{G \cdot M_T}{r}$ = $\frac{G \cdot M_T \cdot m}{2 \cdot r}$ =

= $\frac{6'67 \cdot 10^{-11} \cdot 5'98 \cdot 10^{24} \cdot 1400}{2 \cdot 4'23 \cdot 10^7}$ = $\boxed{6'60 \cdot 10^9 \text{ J}}$

* Energía potencial: Ep = $-\frac{G \cdot M_T \cdot m}{r}$ = $\frac{-6'67 \cdot 10^{-11} \cdot 5'98 \cdot 10^{24} \cdot 1400}{4'23 \cdot 10^7}$ = $\boxed{-1'32 \cdot 10^{10} \text{ J}}$

Comentario: un satélite geoestacionario es aquel cuyo período orbital es igual que el período de rotación de la Tierra, 24 horas. Esto hace que el satélite esté siempre en la misma vertical sobre el mismo punto de la superficie de la Tierra.

20) La masa de la Tierra es aproximadamente 81 veces la masa de la Luna y la distancia entre sus centros es de $3,84\cdot 10^5$ km. Calcule la energía potencial de un satélite de 500 kg situado en el punto medio del segmento que une los centros de la Tierra y la Luna.
$G = 6,67\cdot 10^{-11}$ N m² kg⁻² ; $M_T = 5,97\cdot 10^{24}$ kg .

Datos: Dibujo:

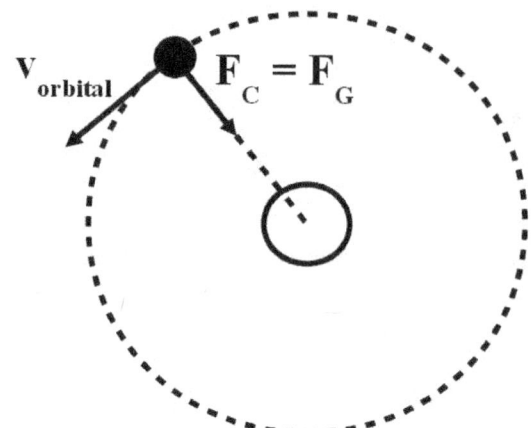

$M_T = 81 \cdot M_L$
$d = 3'84 \cdot 10^8$ m
¿Ep?
m = 500 kg
$G = 6,67\cdot 10^{-11}$ N m² kg⁻²
$M_T = 5,97\cdot 10^{24}$ kg

Principio físico: un satélite se mantiene en órbita por un equilibrio entre la inercia y la atracción gravitatoria.

Método de resolución: utilizaremos el principio de superposición: el efecto conjunto de varias masas es la suma de los efectos individuales.

Resolución: * Energía potencial: $Ep = Ep_T + Ep_L = -\dfrac{G\cdot M_T\cdot m}{d/2} - \dfrac{G\cdot M_L\cdot m}{d/2} =$

$= -\dfrac{2\cdot G\cdot m}{d}\cdot (M_T + M_L) = -\dfrac{2\cdot G\cdot m}{d}\cdot (M_T + \dfrac{M_T}{81}) =$

$= -\dfrac{2\cdot G\cdot m}{d}\cdot \dfrac{82\cdot M_T}{81} = \dfrac{-164\cdot G\cdot M_T\cdot m}{81\cdot d} = \dfrac{-164\cdot 6'67\cdot 10^{-11}\cdot 5'98\cdot 10^{24}\cdot 500}{81\cdot 3'84\cdot 10^8} = \boxed{-1'05\cdot 10^9 \text{ J}}$

Comentario: la energía potencial es siempre negativa, salvo en el infinito, donde vale cero.

21) Dos partículas de masas $m_1 = 3$ kg y $m_2 = 5$ kg se encuentran situadas en los puntos $P_1(-2,1)$ m y $P_2(3,0)$ m, respectivamente. a) Represente el campo gravitatorio resultante en el punto $O(0,0)$ y calcule su valor. b) Calcule el trabajo realizado para desplazar otra partícula de 2 kg desde el punto $O(0,0)$ m al punto $P(3,1)$ m. Justifique si es necesario especificar la trayectoria seguida en dicho desplazamiento. $G = 6{,}67 \cdot 10^{-11}$ N m² kg⁻²

Datos:

Dibujo:

$m_1 = 3$ kg
$m_2 = 5$ kg
$P_1(-2,1)$ m
$P_2(3,0)$ m
¿g?
$O(0,0)$
¿W_{OP}?
$m_3 = 2$ kg
$P(3,1)$ m
$G = 6{,}67 \cdot 10^{-11}$ N m² kg⁻²

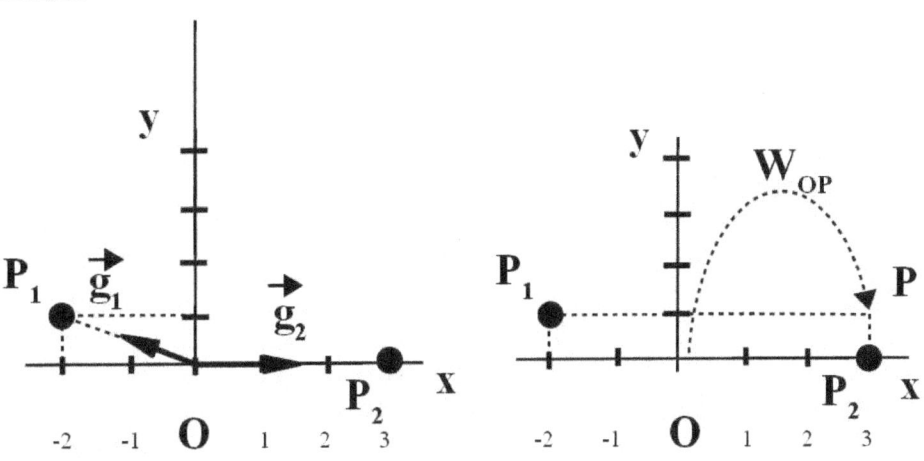

Principio físico: el campo gravitatorio es la perturbación del espacio provocada por una masa. Principio de superposición: el efecto conjunto de varias masas es la suma de los efectos individuales.

Método de resolución: usaremos la fórmula del campo gravitatorio, lo pasaremos a vector y usaremos el principio de superposición. Usaremos el teorema de Pitágoras para calcular distancias.

Resolución: * Campo gravitatorio total:

$$g_1 = \frac{G \cdot m_1}{r^2} = \frac{6{,}67 \cdot 10^{-11} \cdot 3}{2^2 + 1^2} = 4 \cdot 10^{-11} \; \frac{m}{s^2}$$

$$\vec{g}_1 = -g_1 \cdot \cos\alpha \cdot \vec{i} + g_1 \cdot \sin\alpha \cdot \vec{j} = -4 \cdot 10^{-11} \cdot \frac{2}{\sqrt{5}} \cdot \vec{i} + 4 \cdot 10^{-11} \cdot \frac{1}{\sqrt{5}} \vec{j} =$$

$$= -3{,}58 \cdot 10^{-11} \cdot \vec{i} + 1{,}79 \cdot 10^{-11} \cdot \vec{j} \quad \frac{m}{s^2}$$

$$g_2 = \frac{G \cdot m_2}{r^2} = \frac{6{,}67 \cdot 10^{-11} \cdot 5}{3^2} = 3{,}71 \cdot 10^{-11} \; \frac{m}{s^2}$$

$$\vec{g}_2 = g_2 \cdot \vec{i} = 3{,}71 \cdot 10^{-11} \cdot \vec{i} \quad \frac{m}{s^2}$$

$$\vec{g} = \vec{g}_1 + \vec{g}_2 = -3'58 \cdot 10^{-11} \cdot \vec{i} + 1'79 \cdot 10^{-11} \cdot \vec{j} + 3'71 \cdot 10^{-11} \cdot \vec{i} =$$

$$= 1'30 \cdot 10^{-12} \cdot \vec{i} + 1'79 \cdot 10^{-11} \cdot \vec{j} \quad \frac{m}{s^2}$$

$$g = \sqrt{g_x^2 + g_y^2} = \sqrt{(1'30 \cdot 10^{-12})^2 + (1'79 \cdot 10^{-11})^2} = \boxed{1'79 \cdot 10^{-11} \ \frac{m}{s^2}}$$

* Trabajo realizado: $W_{OP} = m_3 \cdot (V_O - V_P)$

$$V_O = V_{1O} + V_{2O} = -\frac{G \cdot m_1}{r_{1O}} - \frac{G \cdot m_2}{r_{2O}} = -\frac{6'67 \cdot 10^{-11} \cdot 3}{\sqrt{5}} - \frac{6'67 \cdot 10^{-11} \cdot 5}{3} = -2'01 \cdot 10^{-10} \ \frac{J}{kg}$$

$$V_P = V_{1P} + V_{2P} = -\frac{G \cdot m_1}{r_{1P}} - \frac{G \cdot m_2}{r_{2P}} = -\frac{6'67 \cdot 10^{-11} \cdot 3}{5} - \frac{6'67 \cdot 10^{-11} \cdot 5}{1} = -3'74 \cdot 10^{-10} \ \frac{J}{kg}$$

$$W_{OP} = m_3 \cdot (V_O - V_P) = 2 \cdot (-2'01 \cdot 10^{-10} + 3'74 \cdot 10^{-10}) = \boxed{3'46 \cdot 10^{-10} \ J}$$

Comentario: el signo positivo del trabajo significa que el proceso es espontáneo, es decir, ocurre sin la intervención de otra fuerza. No es necesario indicar la trayectoria porque la fuerza gravitatoria es conservativa, es decir, el trabajo que realiza no depende de la trayectoria seguida, sólo de las posiciones inicial y final.

22) Un satélite artificial de 400 kg describe una órbita circular a una altura h sobre la superficie terrestre. El valor de la gravedad a dicha altura, g, es la tercera parte de su valor en la superficie de la Tierra, g_0. a) Explique si hay que realizar trabajo para mantener el satélite en esa órbita y calcule el valor de h. b) Determine el periodo de la órbita y la energía mecánica del satélite.
g_0 = 9,8 m s^{-2} ; R_T = 6370 km.

Datos: Dibujo:

m = 400 kg
g = g_0 / 3
¿h?
¿T, E_M?
g_0 = 9,8 m s^{-2}
R_T = 6370 km

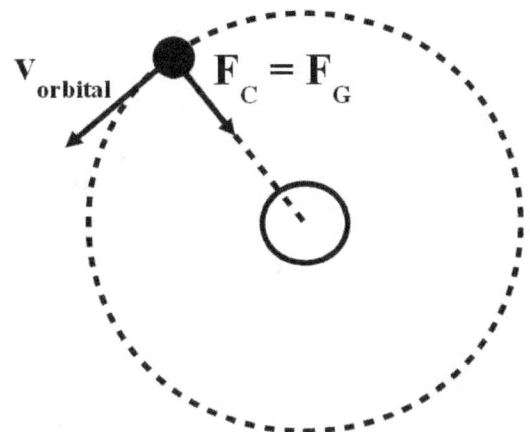

Principio físico: un satélite se mantiene en órbita por un equilibrio entre la inercia y la atracción gravitatoria.

Método de resolución: usaremos la expresión del campo gravitatorio e igualaremos la fuerza de la gravedad con la fuerza centrípeta.

Resolución: * Altura del satélite: $g_0 = \dfrac{G \cdot M_T}{R_T^2}$; $g = \dfrac{G \cdot M_T}{r^2} = \dfrac{G \cdot M_T}{(R_T+h)^2}$

Dividiendo una entre otra: $\dfrac{g_o}{g} = \dfrac{\dfrac{G \cdot M_T}{R_T^2}}{\dfrac{G \cdot M_T}{(R_T+h)^2}} = \left(\dfrac{R_T+h}{R_T}\right)^2$; $3 = \left(\dfrac{R_T+h}{R_T}\right)^2 \rightarrow$

$\rightarrow \sqrt{3} = \dfrac{R_T+h}{R_T} \rightarrow \sqrt{3} \cdot R_T = R_T + h$; $h = \sqrt{3} \cdot R_T - R_T = (\sqrt{3}-1) \cdot R_T =$

$= (\sqrt{3}-1) \cdot 6'37 \cdot 10^6 = 4'66 \cdot 10^6$ m = $\boxed{4660 \text{ km}}$

* Período de la órbita: $F_G = F_C$; $\dfrac{G \cdot M_T \cdot m}{r^2} = \dfrac{m \cdot v_{orb.}^2}{r}$ → $\dfrac{G \cdot M_T}{r} = v_{orb.}^2$

$v_{orb.} = \dfrac{2 \cdot \pi \cdot r}{T}$ → $v_{orb.}^2 = \dfrac{4 \cdot \pi \cdot r^2}{T^2}$; $\dfrac{G \cdot M_T}{r} = \dfrac{4 \cdot \pi \cdot r^2}{T^2}$ → $G \cdot M_T \cdot T^2 = 4 \cdot \pi^2 \cdot r^3$ →

→ $T^2 = \dfrac{4 \cdot \pi^2 \cdot r^3}{G \cdot M_T}$ → $T = \sqrt{\dfrac{4 \cdot \pi^2 \cdot r^3}{G \cdot M_T}}$; $g_0 = \dfrac{G \cdot M_T}{R_T^2}$ → $G \cdot M_T = g_0 \cdot R_T^2$

$T = \sqrt{\dfrac{4 \cdot \pi^2 \cdot r^3}{G \cdot M_T}} = \sqrt{\dfrac{4 \cdot \pi^2 \cdot r^3}{g_0 \cdot R_T^2}}$; $r = R_T + h = 6'37 \cdot 10^6 + 4'66 \cdot 10^6 = 1'10 \cdot 10^7$ m

$T = \sqrt{\dfrac{4 \cdot \pi^2 \cdot r^3}{g_0 \cdot R_T^2}} = \sqrt{\dfrac{4 \cdot \pi^2 \cdot (1'10 \cdot 10^7)^3}{9'8 \cdot (6'37 \cdot 10^6)^2}} = \boxed{1'15 \cdot 10^4 \text{ s}}$

* Energía mecánica del satélite: $E_M = E_c + E_p = \dfrac{1}{2} m v^2 - \dfrac{G \cdot M_T \cdot m}{r} =$

$= \dfrac{1}{2} m \cdot \dfrac{G \cdot M_T}{r} - \dfrac{G \cdot M_T \cdot m}{r} = \dfrac{G \cdot M_T \cdot m}{2 \cdot r} - \dfrac{G \cdot M_T \cdot m}{r} = - \dfrac{G \cdot M_T \cdot m}{2 \cdot r} =$

$= \dfrac{-g_0 \cdot R_T^2 \cdot m}{2 \cdot r} = \dfrac{-9'8 \cdot (6'37 \cdot 10^6)^2 \cdot 400}{2 \cdot 1'10 \cdot 10^7} = \boxed{-7'23 \cdot 10^9 \text{ J}}$

Comentario: la energía potencial y la energía mecánica de un satélite en órbita circular son siempre negativas.

2015

23) Una nave espacial se encuentra en órbita terrestre circular a 5500 km de altitud. a) Calcule la velocidad y periodo orbitales. b) Razone cuál sería la nueva altitud de la nave en otra órbita circular en la que: i) su velocidad orbital fuera un 10% mayor; ii) su periodo orbital fuera un 10% menor.
g = 9,8 m s⁻² ; R_T = 6370 km

Datos:

$h = 5'5 \cdot 10^6$ m
¿v?
¿T?
¿h?
$v_2 = 1'10 \cdot v_1$
$T_2 = 0'90 \cdot T_1$
$g = 9,8$ m s⁻²
$R_T = 6'37 \cdot 10^6$ m

Dibujo:

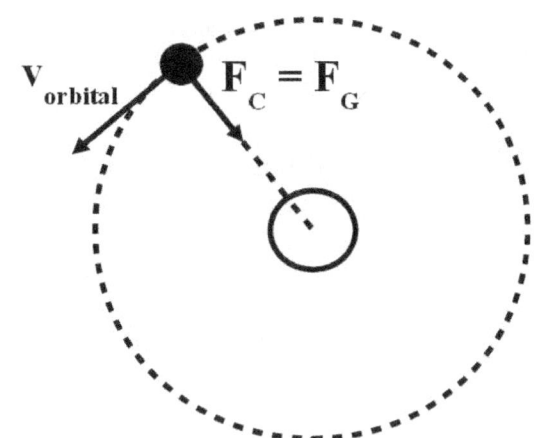

Principio físico: un satélite se mantiene en órbita por un equilibrio entre la inercia y la atracción gravitatoria.

Método de resolución: igualaremos la fuerza de la gravedad con la fuerza centrípeta.

Resolución: * Velocidad orbital: $F_G = F_C$; $\dfrac{G \cdot M_T \cdot m}{r^2} = \dfrac{m \cdot v_{orb.}^2}{r}$ → $\dfrac{G \cdot M_T}{r} = v_{orb.}^2$ →

→ $v_{orb} = \sqrt{\dfrac{G \cdot M_T}{R_T + h}}$; al ser: $g = \dfrac{G \cdot M_T}{R_T^2}$ → $G \cdot M_T = g \cdot R_T^2$

Luego: $v_{orb} = \sqrt{\dfrac{G \cdot M_T}{R_T + h}} = \sqrt{\dfrac{g \cdot R_T^2}{R_T + h}} = \sqrt{\dfrac{9'8 \cdot (6'37 \cdot 10^6)^2}{6'37 \cdot 10^6 + 5'5 \cdot 10^6}} = \boxed{5788 \; \dfrac{m}{s}}$

* Período orbital: $v_{orb} = \dfrac{2 \cdot \pi \cdot r}{T}$ → $T = \dfrac{2 \cdot \pi \cdot r}{v_{orb}} = \dfrac{2 \cdot \pi \cdot (R_T + h)}{v_{orb}} =$

$= \dfrac{2 \cdot \pi \cdot (6'37 \cdot 10^6 + 5'5 \cdot 10^6)}{5788} = \boxed{1'29 \cdot 10^4 \; s}$

* Altura en función de la velocidad orbital:

$$v_{orb} = \sqrt{\frac{g \cdot R_T^2}{R_T + h}} \rightarrow v_{orb}^2 = \frac{g \cdot R_T^2}{R_T + h} \rightarrow R_T + h = \frac{g \cdot R_T^2}{v_{orb}^2} \rightarrow h = \frac{g \cdot R_T^2}{v_{orb}^2} - R_T =$$

$$= \frac{9'8 \cdot (6'37 \cdot 10^6)^2}{(1'10 \cdot 5788)^2} - 6'37 \cdot 10^6 = \boxed{3'44 \cdot 10^6 \text{ m}}$$

* Altura en función del período orbital:

$$T = \frac{2 \cdot \pi \cdot r}{v_{orb}} \rightarrow T^2 = \frac{4 \cdot \pi^2 \cdot r^2}{v_{orb}^2} = \frac{4 \cdot \pi^2 \cdot r^2}{\frac{g \cdot R_T^2}{r}} = \frac{4 \cdot \pi^2 \cdot r^3}{g \cdot R_T^2} \rightarrow$$

$$\rightarrow r^3 = \frac{T^2 \cdot g \cdot R_T^2}{4 \cdot \pi^2} \rightarrow r = \sqrt[3]{\frac{T^2 \cdot g \cdot R_T^2}{4 \cdot \pi^2}} = \sqrt[3]{\frac{(0'90 \cdot 1'24 \cdot 10^4)^2 \cdot 9'8 \cdot (6'37 \cdot 10^6)^2}{4 \cdot \pi^2}} =$$

$$= \boxed{1'08 \cdot 10^7 \text{ m}}$$

Comentario: al aumentar la velocidad orbital, disminuye la altura, pues hace falta una mayor fuerza centrípeta para compensar la fuerza de la gravedad. Al disminuir el período, la altura aumenta, pues no es necesaria tanta fuerza centrípeta para una menor atracción gravitatoria. Para que un satélite esté en órbita estable, a menor altura, mayor velocidad y menor período. Y al contrario: a mayor altura, menor velocidad y mayor período.

24) La masa de Marte es $6,4 \cdot 10^{23}$ kg y su radio 3400 km. a) Haciendo un balance energético, calcule la velocidad de escape desde la superficie de Marte. b) Fobos, satélite de Marte, gira alrededor del planeta a una altura de 6000 km sobre su superficie. Calcule razonadamente la velocidad y el periodo orbital del satélite. $G = 6,67 \cdot 10^{-11}$ N m² kg⁻²

Datos: Dibujo:

$M_M = 6'4 \cdot 10^{23}$ kg
$R_M = 3'4 \cdot 10^6$ m
¿v_e?
$h = 6 \cdot 10^6$ m
¿v?
¿T?
$G = 6,67 \cdot 10^{-11}$ N m² kg⁻²

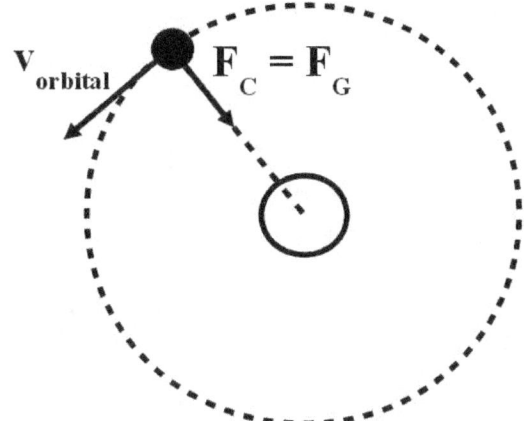

Principio físico: un satélite se mantiene en órbita por un equilibrio entre la inercia y la atracción gravitatoria. Conservación de la energía mecánica: en sistemas en los que sólo actúan fuerzas conservativas, la energía mecánica total permanece constante.

Método de resolución: aplicaremos el principio de conservación de la energía mecánica.

Resolución: * Velocidad de escape: $Ec_A + Ep_A = Ec_B + Ep_B$ →

$$\rightarrow \quad \frac{1}{2} m \cdot v_e^2 - \frac{G \cdot M_M \cdot m}{R_M} = 0 + 0 \quad \rightarrow \quad \frac{v_e^2}{2} = \frac{G \cdot M_M}{R_M} \quad \rightarrow$$

$$\rightarrow \quad v_e = \sqrt{\frac{2 \cdot G \cdot M_M}{R_M}} = \sqrt{\frac{2 \cdot 6'67 \cdot 10^{-11} \cdot 6'4 \cdot 10^{23}}{3'4 \cdot 10^6}} = \boxed{5022 \ \frac{m}{s}}$$

* Velocidad orbital: $F_G = F_C$; $\frac{G \cdot M_M \cdot m}{r^2} = \frac{m \cdot v_{orb.}^2}{r}$ → $\frac{G \cdot M_M}{r} = v_{orb.}^2$ →

$$\rightarrow \quad v_{orb} = \sqrt{\frac{G \cdot M_M}{R_T + h}} = \sqrt{\frac{6'67 \cdot 10^{-11} \cdot 6'4 \cdot 10^{23}}{3'4 \cdot 10^6 + 6 \cdot 10^6}} = \boxed{2131 \ \frac{m}{s}}$$

* Período orbital: $v_{orb} = \frac{2 \cdot \pi \cdot r}{T}$ → $T = \frac{2 \cdot \pi \cdot r}{v_{orb}} = \frac{2 \cdot \pi \cdot (R_M + h)}{v_{orb}} = \frac{2 \cdot \pi \cdot (3'4 \cdot 10^6 + 6 \cdot 10^6)}{2131} =$

$= \boxed{2'77 \cdot 10^4 \ s}$

Comentario: la velocidad orbital se obtiene igualando la fuerza de la gravedad con la fuerza centrípeta. El período orbital se obtiene a partir de las ecuaciones de Cinemática del MCU (movimiento circular uniforme).

25) Un cuerpo de 200 kg situado a 5000 km de altura sobre la superficie terrestre cae a la Tierra. a) Explique las transformaciones energéticas que tienen lugar suponiendo que el cuerpo partió del reposo y calcule con qué velocidad llega a la superficie. b) ¿A qué altura debe estar el cuerpo para que su peso se reduzca a la tercera parte de su valor en la superficie terrestre?
$G = 6{,}67 \cdot 10^{-11}$ N m^2 kg^{-2} ; $M_T = 5{,}97 \cdot 10^{24}$ kg ; $R_T = 6{,}37 \cdot 10^6$ m

Datos:

Dibujo:

m = 200 kg
h = 5 · 10^6 m
$v_0 = 0$
¿v?
¿h?
$P_2 = P_1 / 3$
$G = 6{,}67 \cdot 10^{-11}$ N m^2 kg^{-2}
$M_T = 5{,}97 \cdot 10^{24}$ kg
$R_T = 6{,}37 \cdot 10^6$ m

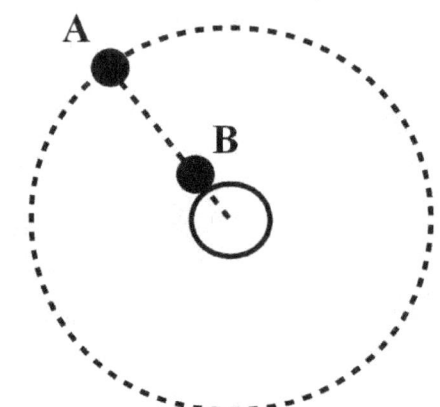

Principio físico: principio de conservación de la energía mecánica: en sistemas en los que sólo hay fuerzas conservativas, la energía mecánica total permanece constante.

Método de resolución: aplicaremos el principio de conservación de la energía mecánica.

Resolución: * Velocidad en la superficie: $Ec_A + Ep_A = Ec_B + Ep_B$ →

$$\rightarrow \quad 0 - \frac{G \cdot M_T \cdot m}{R_T + h} = \frac{1}{2} m \cdot v^2 - \frac{G \cdot M_T \cdot m}{R_T} \quad \rightarrow \quad -\frac{G \cdot M_T}{R_T + h} = \frac{v^2}{2} - \frac{G \cdot M_T}{R_T} \quad \rightarrow$$

$$\rightarrow \quad \frac{v^2}{2} = \frac{G \cdot M_T}{R_T} - \frac{G \cdot M_T}{R_T + h} = G \cdot M_T \cdot \left(\frac{1}{R_T} - \frac{1}{R_T + h} \right) = G \cdot M_T \cdot \frac{R_T + h - R_T}{R_T \cdot (R_T + h)} =$$

$$= \frac{G \cdot M_T \cdot h}{R_T \cdot (R_T + h)} \quad \rightarrow \quad v = \sqrt{\frac{2 \cdot G \cdot M_T \cdot h}{R_T \cdot (R_T + h)}} = \sqrt{\frac{2 \cdot 6'67 \cdot 10^{-11} \cdot 5'97 \cdot 10^{24} \cdot 5 \cdot 10^6}{6'37 \cdot 10^6 \cdot (6'37 \cdot 10^6 + 5 \cdot 10^6)}} = \boxed{7415 \ \frac{m}{s}}$$

* Altura para tener un tercio de su peso:

$$P_1 = m \cdot g_1 \quad ; \quad P_2 = m \cdot g_2 \quad \rightarrow \quad \frac{P_2}{P_1} = \frac{m \cdot g_2}{m \cdot g_1} \quad \rightarrow \quad \frac{g_2}{g_1} = \frac{1}{3} \quad \rightarrow \quad \frac{\frac{G \cdot M_T}{r_2^2}}{\frac{G \cdot M_T}{r_1^2}} = \frac{1}{3} \quad \rightarrow$$

$$\rightarrow \quad \frac{r_1^2}{r_2^2} = \frac{1}{3} \quad \rightarrow \quad r_2^2 = 3 \cdot r_1^2 \quad \rightarrow \quad r_2 = \sqrt{3} \cdot r_1 \quad \rightarrow \quad R_T + h = \sqrt{3} \cdot R_T \quad \rightarrow$$

$$\rightarrow \quad h = \sqrt{3} \cdot R_T - R_T = R_T \cdot (\sqrt{3} - 1) = 6'37 \cdot 10^6 \cdot (\sqrt{3} - 1) = \boxed{4'66 \cdot 10^6 \text{ m}}$$

Comentario: a) Al principio, el asteroide no tenía energía cinética, pues partió del reposo; sólo tenía energía potencial. Como sólo actúan fuerzas conservativas, la energía mecánica total permanece constante. Esto significa que, al caer, la energía potencial va disminuyendo y la energía cinética va aumentando. En la superficie de la Tierra tiene energía cinética y energía potencial.

26) Dos masas, $m_1 = 50$ kg y $m_2 = 100$ kg, están situadas en los puntos A(0,6) y B(8,0) m, respectivamente. a) Dibuje en un esquema las fuerzas que actúan sobre una masa $m_3 = 20$ kg situada en el punto P(4,3) m y calcule la fuerza resultante que actúa sobre ella. ¿Cuál es el valor del campo gravitatorio en este punto? b) Determine el trabajo que realiza la fuerza gravitatoria al trasladar la masa de 20 kg desde el punto (4,3) hasta el punto (0,0) m. Explique si ese valor del trabajo depende del camino seguido. $G = 6{,}67 \cdot 10^{-11}$ N m² kg⁻²

Datos:

$m_1 = 50$ kg
$m_2 = 100$ kg
A (0,6) m
B (8,0) m
¿F?
$m_3 = 20$ kg
P(4,3) m
¿g?
¿W_{PO}?
C (4,3) m
O (0,0) m
$G = 6{,}67 \cdot 10^{-11}$ N m² kg⁻²

Dibujo:

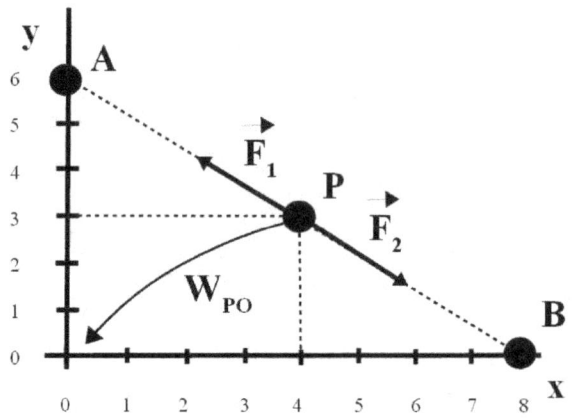

Principio físico: ley de Newton de la gravitación universal: dos cuerpos se atraen con una fuerza directamente proporcional al producto de sus masas e inversamente proporcional al cuadrado de la distancia que los separa.

Método de resolución: aplicaremos el principio de superposición, la relación entre la fuerza y el campo y la expresión del trabajo.

Resolución: * Fuerza resultante sobre m_3 :

$$F_1 = G \cdot \frac{m_1 \cdot m_3}{r_{13}^2} = \frac{6'67 \cdot 10^{-11} \cdot 50 \cdot 20}{3^2 + 4^2} = 2'67 \cdot 10^{-9} \text{ N}$$

$$F_2 = G \cdot \frac{m_2 \cdot m_3}{r_{23}^2} = \frac{6'67 \cdot 10^{-11} \cdot 100 \cdot 20}{3^2 + 4^2} = 5'34 \cdot 10^{-9} \text{ N}$$

$$\vec{F}_1 = -F_1 \cdot \cos\alpha \cdot \vec{i} + F_1 \cdot sen\alpha \cdot \vec{j} = -2'67 \cdot 10^{-9} \cdot \frac{4}{5} \cdot \vec{i} + 2'67 \cdot 10^{-9} \cdot \frac{3}{5} \cdot \vec{j} = -2'14 \cdot 10^{-9} \cdot \vec{i} + 1'60 \cdot 10^{-9} \cdot \vec{j}$$

$$\vec{F}_2 = +F_2 \cdot \cos\alpha \cdot \vec{i} - F_2 \cdot sen\alpha \cdot \vec{j} = +5'34 \cdot 10^{-9} \cdot \frac{4}{5} \cdot \vec{i} - 5'34 \cdot 10^{-9} \cdot \frac{3}{5} \cdot \vec{j} = +4'27 \cdot 10^{-9} \cdot \vec{i} - 3'20 \cdot 10^{-9} \cdot \vec{j}$$

$$\vec{F} = \vec{F}_1 + \vec{F}_2 = +2'13 \cdot 10^{-9} \cdot \vec{i} - 1'60 \cdot 10^{-9} \cdot \vec{j}$$

$$F = \sqrt{F_x^2 + F_y^2} = \sqrt{(2'13 \cdot 10^{-9})^2 + (-1'60 \cdot 10^{-9})^2} = \boxed{2'66 \cdot 10^{-9} \text{ N}}$$

* Campo gravitatorio en el punto P:

$$\vec{F} = m_3 \cdot \vec{g} \quad \rightarrow \quad \vec{g} = \frac{\vec{F}}{m_3} = \frac{2'13 \cdot 10^{-9} \cdot \vec{i} - 1'60 \cdot 10^{-9} \cdot \vec{j}}{20} = 1'07 \cdot 10^{-10} \cdot \vec{i} - 8 \cdot 10^{-11} \cdot \vec{j} \quad \frac{m}{s^2}$$

$$g = \sqrt{g_x^2 + g_y^2} = \sqrt{(1'07 \cdot 10^{-10})^2 + (-8 \cdot 10^{-11})^2} = \boxed{1'34 \cdot 10^{-10} \; \frac{m}{s^2}}$$

* Trabajo de la fuerza gravitatoria:

$W_{PO} = m_3 \cdot (V_P - V_O)$

$$V_P = V_{1P} + V_{2P} = -\frac{G \cdot m_1}{r_{1P}} - \frac{G \cdot m_2}{r_{2P}} = -\frac{6'67 \cdot 10^{-11} \cdot 50}{5} - \frac{6'67 \cdot 10^{-11} \cdot 100}{5} = -2 \cdot 10^{-9} \; \frac{J}{kg}$$

$$V_O = V_{1O} + V_{2O} = -\frac{G \cdot m_1}{r_{1O}} - \frac{G \cdot m_2}{r_{2O}} = -\frac{6'67 \cdot 10^{-11} \cdot 50}{6} - \frac{6'67 \cdot 10^{-11} \cdot 100}{8} = -1'39 \cdot 10^{-9} \; \frac{J}{kg}$$

$W_{PO} = m_3 \cdot (V_P - V_O) = 20 \cdot (-2 \cdot 10^{-9} + 1'39 \cdot 10^{-9}) = \boxed{-1'22 \cdot 10^{-8} \; J}$

Comentario: el valor del trabajo no depende del camino, pues la fuerza de la gravedad es una fuerza conservativa y su trabajo sólo depende de los puntos inicial y final. El signo negativo del trabajo indica que el proceso es no espontáneo, es decir, necesita de una fuerza exterior.

2014

27) Considere dos masas puntuales de 5 y 10 kg situadas en los puntos (0,4) y (0,-5) m, respectivamente. a) Aplique el principio de superposición y determine en qué punto el campo resultante es cero. b) Calcule el trabajo que se realiza al desplazar una masa de 2 kg desde el origen hasta el punto (3,4) m. $G = 6{,}67 \cdot 10^{-11}$ N m² kg⁻²

Datos: Dibujo:

$m_1 = 5$ kg
$m_2 = 10$ kg
A (0,4) m
B (0,-5) m
¿x? g = 0
¿W_{OC}?
$m_3 = 2$ kg
C (3,4) m
$G = 6{,}67 \cdot 10^{-11}$ N m² kg⁻²

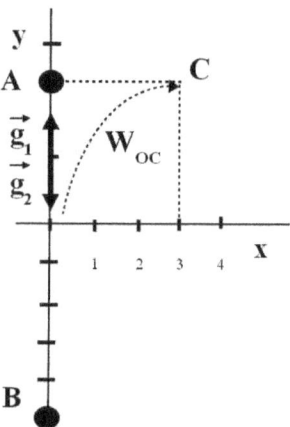

Principio físico: el campo gravitatorio es la perturbación del espacio provocada por una masa. Principio de superposición: el efecto conjunto de varias masas es la suma de los efectos individuales.

Método de resolución: aplicaremos el principio de superposición.

Resolución: * Punto donde el campo es cero:

$$g_1 = \frac{G \cdot m_1}{r_1^2} = \frac{6'67 \cdot 10^{-11} \cdot 5}{x^2} = \frac{3'34 \cdot 10^{-10}}{x^2} \quad ; \quad \vec{g}_1 = \frac{3'34 \cdot 10^{-10}}{x^2} \cdot \vec{j}$$

$$g_2 = \frac{G \cdot m_2}{r_2^2} = \frac{6'67 \cdot 10^{-11} \cdot 10}{(9-x)^2} = \frac{3'34 \cdot 10^{-10}}{x^2} \quad ; \quad \vec{g}_1 = \frac{-6'67 \cdot 10^{-10}}{(9-x)^2} \cdot \vec{j}$$

$$\vec{g} = \vec{g}_1 + \vec{g}_2 = \frac{3'34 \cdot 10^{-10}}{x^2} \cdot \vec{j} - \frac{6'67 \cdot 10^{-10}}{(9-x)^2} \cdot \vec{j} = 0 \quad \rightarrow \quad \frac{3'34 \cdot 10^{-10}}{x^2} = \frac{3'34 \cdot 10^{-10}}{x^2} \quad \rightarrow$$

$$\rightarrow \left(\frac{9-x}{x}\right)^2 = \frac{6'67 \cdot 10^{-10}}{3'34 \cdot 10^{-10}} = 2 \quad \rightarrow \quad \frac{9-x}{x} = \sqrt{2} \quad \rightarrow \quad 9-x = x \cdot \sqrt{2} \quad \rightarrow$$

$$\rightarrow \quad 9 = x + x \cdot \sqrt{2} \quad \rightarrow \quad 9 = x \cdot (1+\sqrt{2}) \quad \rightarrow \quad x = \frac{9}{1+\sqrt{2}} = \boxed{3'73 \text{ m}}$$

Como x es la distancia a la masa m_1, el punto donde se anula el campo es el (0, 4 – 3'73), es decir, el (0, 0'27) m.

80

* Trabajo para desplazar la masa m_3:

$W_{OC} = m_3 \cdot (V_O - V_C)$

$V_O = V_{1O} + V_{2O} = -\dfrac{G \cdot m_1}{r_{1O}} - \dfrac{G \cdot m_2}{r_{2O}} = -\dfrac{6'67 \cdot 10^{-11} \cdot 5}{4} - \dfrac{6'67 \cdot 10^{-11} \cdot 10}{5} = -2'17 \cdot 10^{-10} \; \dfrac{J}{kg}$

$V_C = V_{1C} + V_{2C} = -\dfrac{G \cdot m_1}{r_{1C}} - \dfrac{G \cdot m_2}{r_{2C}} = -\dfrac{6'67 \cdot 10^{-11} \cdot 5}{3} - \dfrac{6'67 \cdot 10^{-11} \cdot 10}{\sqrt{3^2 + 9^2}} = -1'81 \cdot 10^{-10} \; \dfrac{J}{kg}$

$W_{OC} = m_3 \cdot (V_O - V_C) = 2 \cdot (-2'17 \cdot 10^{-10} + 1'81 \cdot 10^{-10}) = \boxed{-7'2 \cdot 10^{-11} \; J}$

Comentario: el trabajo negativo indica que el proceso es no espontáneo y que, por consiguiente, necesita una fuerza externa para realizarse.

28) Dos masas puntuales de 5 y 10 kg, respectivamente, están situadas en los puntos (0,0) y (1,0) m, respectivamente. a) Determine el punto entre las dos masas donde el campo gravitatorio es cero. b) Calcule el potencial gravitatorio en los puntos A (-2,0) m y B (3,0) m y el trabajo realizado al trasladar desde B hasta A una masa de 1,5 kg. Comente el significado del signo del trabajo.
$G = 6{,}67 \cdot 10^{-11}$ N m² kg⁻²

Datos: Dibujo:

$m_1 = 5$ kg
$m_2 = 10$ kg
O (0,0) m
P (1,0) m
¿x?
¿V_A, V_B?
A (-2,0) m
B (3,0) m
¿W_{BA}?
$m_3 = 1'5$ kg
$G = 6{,}67 \cdot 10^{-11}$ N m² kg⁻²

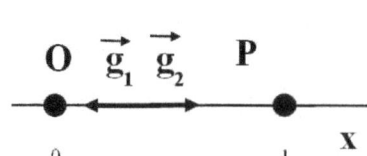
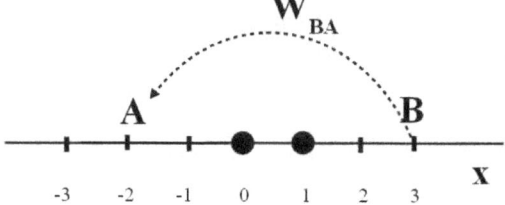

Principio físico: el campo gravitatorio es la perturbación del espacio provocada por una masa puntual. El potencial gravitatorio en un punto es la energía potencial gravitatoria por unidad de masa.

Método de resolución: usaremos las fórmulas del campo y del potencial y usaremos el principio de superposición.

Resolución: * Punto donde el campo es cero: $\vec{g}_1 = -\vec{g}_2 \rightarrow g_1 = g_2 \rightarrow$

$$\rightarrow \frac{G \cdot m_1}{x^2} = \frac{G \cdot m_2}{(d-x)^2} \rightarrow \frac{m_1}{x^2} = \frac{m_2}{(d-x)^2} \rightarrow \left(\frac{d-x}{x}\right)^2 = \frac{m_2}{m_1} \rightarrow$$

$$\rightarrow \frac{d-x}{x} = \sqrt{\frac{m_2}{m_1}} \rightarrow d-x = \sqrt{\frac{m_2}{m_1}}\, x \rightarrow d = x + \sqrt{\frac{m_2}{m_1}}\, x \rightarrow d = x \cdot \left(1 + \sqrt{\frac{m_2}{m_1}}\right)$$

$$\rightarrow x = \frac{d}{1+\sqrt{\frac{m_2}{m_1}}} = \frac{1}{1+\sqrt{\frac{10}{5}}} = 0'414 \text{ m}.$$ En el punto: $\boxed{(0'414, 0)}$

* Potencial en el punto A: $V_A = V_{1A} + V_{2A} = -\dfrac{G \cdot m_1}{r_{1A}} - \dfrac{G \cdot m_2}{r_{2A}} =$

$$= -\dfrac{6'67 \cdot 10^{-11} \cdot 5}{2} - \dfrac{6'67 \cdot 10^{-11} \cdot 10}{3} = \boxed{-3'89 \cdot 10^{-10} \ \dfrac{J}{kg}}$$

* Potencial en el punto B: $V_B = V_{1B} + V_{2B} = -\dfrac{G \cdot m_1}{r_{1B}} - \dfrac{G \cdot m_2}{r_{2B}} =$

$$= -\dfrac{6'67 \cdot 10^{-11} \cdot 5}{3} - \dfrac{6'67 \cdot 10^{-11} \cdot 10}{2} = \boxed{-4'45 \cdot 10^{-10} \ \dfrac{J}{kg}}$$

* Trabajo realizado:

$W_{BA} = m_3 \cdot (V_B - V_A) = 1'5 \cdot (-4'45 \cdot 10^{-10} + 3'89 \cdot 10^{-10}) = \boxed{-8'4 \cdot 10^{-11} \ J}$

Comentario: el signo negativo del trabajo indica que el proceso es no espontáneo, es decir, se necesita una fuerza externa no conservativa para llevar la masa desde B hasta A.

29) Durante la misión del Apolo 11 que viajó a la Luna en julio de 1969, el astronauta Michael Collins permaneció en el módulo de comando, orbitando en torno a la Luna a una altura de 112 km de su superficie y recorriendo cada órbita en 2 horas. a) Determine razonadamente la masa de la Luna. b) Mientras Collins orbitaba en torno a la Luna, Neil Armstrong descendió a su superficie. Sabiendo que la masa del traje espacial que vestía era de 91 kg, calcule razonadamente el peso del traje en la Luna (P_{Luna}) y en la Tierra (P_{Tierra}). $G = 6{,}67 \cdot 10^{-11}$ N m^2 kg^{-2} ; $R_{Luna} = 1740$ km ; $g_{Tierra} = 9{,}8$ m s^{-2}

Datos:

Dibujo:

h = 1'12 · 10^5 m
T = 7200 s
¿M_L?
m = 91 kg
¿P_{Luna}?
¿P_{Tierra}?
$G = 6{,}67 \cdot 10^{-11}$ N m^2 kg^{-2}
$R_{Luna} = 1{'}74 \cdot 10^6$ m
$g_{Tierra} = 9{,}8$ m s^{-2}

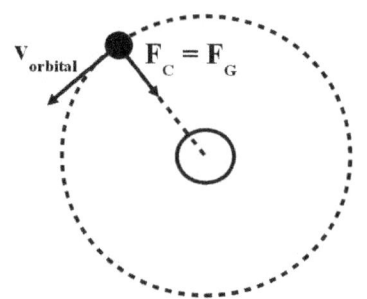
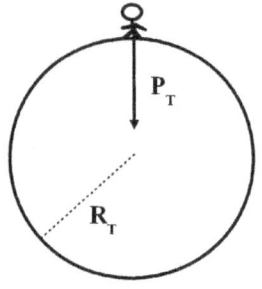
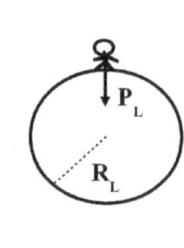

Principio físico: un satélite se mantiene en órbita por un equilibrio entre la inercia y la atracción gravitatoria. El peso es la fuerza con la que un planeta atrae a un cuerpo cerca de su superficie.

Método de resolución: igualaremos la fuerza de la gravedad con la fuerza centrípeta y usaremos la fórmula de la velocidad en el MCU. También usaremos la fórmula del peso.

Resolución: * Masa de la Luna: $F_G = F_C$; $\dfrac{G \cdot M_L \cdot m}{r^2} = \dfrac{m \cdot v_{orb.}^2}{r}$ → $\dfrac{G \cdot M_L}{r} = v_{orb.}^2$

$v_{orb.} = \dfrac{2 \cdot \pi \cdot r}{T}$ → $v_{orb.}^2 = \dfrac{4 \cdot \pi^2 \cdot r^2}{T^2}$. Luego: $\dfrac{G \cdot M_L}{r} = \dfrac{4 \cdot \pi^2 \cdot r^2}{T^2}$ →

→ $M_L = \dfrac{4 \cdot \pi^2 \cdot r^3}{G \cdot T^2} = \dfrac{4 \cdot \pi^2 \cdot (R_L + h)^3}{G \cdot T^2} = \dfrac{4 \cdot \pi^2 \cdot (1{'}74 \cdot 10^6 + 1{'}12 \cdot 10^5)^3}{6{'}67 \cdot 10^{-11} \cdot 7200^2} = \boxed{7{'}25 \cdot 10^{22} \text{ kg}}$

* Peso del traje en la Luna: $P_L = m \cdot g_L = m \cdot \dfrac{G \cdot M_L}{R_L^2} = \dfrac{91 \cdot 6{'}67 \cdot 10^{-11} \cdot 7{'}25 \cdot 10^{22}}{(1{'}74 \cdot 10^6)^2} = \boxed{145 \text{ N}}$

* Peso del traje en la Tierra: $P_T = m \cdot g_T = 91 \cdot 9{'}8 = \boxed{892 \text{ N}}$

Comentario: la masa de un cuerpo es una constante, no depende del planeta. El peso sí depende del planeta.

30) a) La Estación Espacial Internacional orbita en torno a la Tierra a una distancia de 415 km de su superficie. Calcule el valor del campo gravitatorio que experimenta un astronauta a bordo de la estación. b) Calcule el periodo orbital de la Estación Espacial Internacional.
g = 9,8 m s^{-2} ; R$_T$ = 6370 km

Datos:

Dibujo:

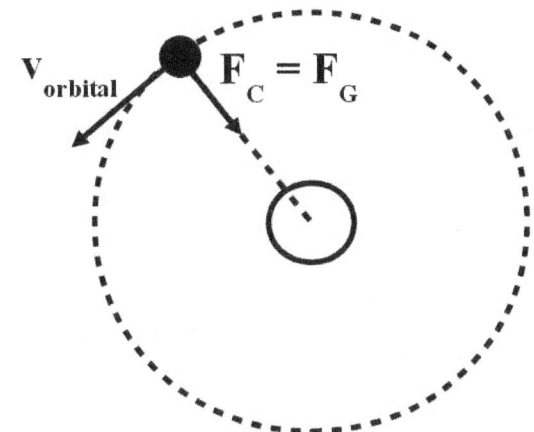

h = 4'15 · 10^5 m
¿g?
¿T?
g$_0$ = 9,8 m s^{-2}
R$_T$ = 6'37 · 10^6 m

Principio físico: un satélite se mantiene en órbita por un equilibrio entre la inercia y la atracción gravitatoria.

Método de resolución: usaremos la expresión del campo gravitatorio, igualaremos la fuerza de la gravedad con la fuerza centrípeta y usaremos fórmulas de Cinemática del MCU.

Resolución: * Campo gravitatorio a esa altura: $g_0 = \dfrac{G \cdot M_T}{R_T^2}$; $g = \dfrac{G \cdot M_T}{(R_T+h)^2}$

Dividiendo ambas: $\dfrac{g}{g_0} = \dfrac{\dfrac{G \cdot M_T}{(R_T+h)^2}}{\dfrac{G \cdot M_T}{R_T^2}} = \left(\dfrac{R_T}{R_T+h}\right)^2 \rightarrow g = g_0 \cdot \left(\dfrac{R_T}{R_T+h}\right)^2 =$

$= 9'8 \cdot \left(\dfrac{6'37 \cdot 10^6}{6'37 \cdot 10^6 + 4'15 \cdot 10^5}\right)^2 = \boxed{8'64 \; \dfrac{m}{s^2}}$

* Período orbital: $F_G = F_C$; $\dfrac{G \cdot M_T \cdot m}{r^2} = \dfrac{m \cdot v_{orb.}^2}{r}$ → $\dfrac{G \cdot M_T}{r} = v_{orb.}^2$

$v_{orb} = \dfrac{2 \cdot \pi \cdot r}{T}$ → $T = \dfrac{2 \cdot \pi \cdot r}{v_{orb}}$ → $T^2 = \dfrac{4 \cdot \pi^2 \cdot r^2}{v_{orb}^2} = \dfrac{4 \cdot \pi^2 \cdot r^2}{\dfrac{G \cdot M_T}{r}} = \dfrac{4 \cdot \pi^2 \cdot r^3}{G \cdot M_T}$

$T = \sqrt{\dfrac{4 \cdot \pi^2 \cdot (R_T + h)^3}{G \cdot M_T}}$

Por otro lado: $g_0 = \dfrac{G \cdot M_T}{R_T^2}$ → $G \cdot M_T = g_0 \cdot R_T^2$

Luego: $T = \sqrt{\dfrac{4 \cdot \pi^2 \cdot (R_T + h)^3}{g_0 \cdot R_T^2}} = \sqrt{\dfrac{4 \cdot \pi^2 \cdot (6'37 \cdot 10^6 + 4'15 \cdot 10^5)^3}{9'8 \cdot (6'37 \cdot 10^6)^2}} = \boxed{5569 \text{ s}}$

Comentario: cuanto más cerca esté un satélite de un planeta, mayor deberá ser su velocidad orbital y menor su período orbital para ser estable.

PROBLEMAS DE CAMPO ELÉCTRICO

2018

1) Dos cargas puntuales $q_1 = 5\cdot 10^{-6}$ C y $q_2 = -5\cdot 10^{-6}$ C están situadas en los puntos A (0,0) m y B (2,0) m respectivamente. Calcule el valor del campo eléctrico en el punto C (2,1) m.
$K = 9\cdot 10^9$ N m² C⁻²

Datos:

$q_1 = 5\cdot 10^{-6}$ C
$q_2 = -5\cdot 10^{-6}$ C
A (0,0) m
B (2,0) m
¿E?
C (2,1) m
$K = 9\cdot 10^9$ N m² C⁻²

Dibujo:

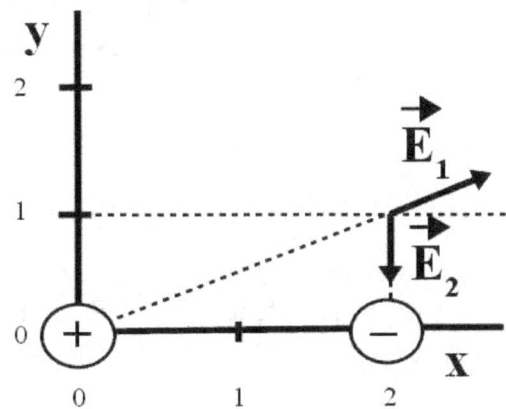

Principio físico: el campo eléctrico es la perturbación del espacio provocada por una carga eléctrica.
Principio de superposición: el efecto conjunto de varias cargas es la suma de los efectos individuales.

Método de resolución: calcularemos los módulos de los campos, los pasaremos a vectores y usaremos el principio de superposición.

Resolución: * Campo eléctrico total:

$$E_1 = \frac{K\cdot q_1}{r_1^2} = \frac{9\cdot 10^9 \cdot 5\cdot 10^{-6}}{2^2+1^2} = 9000 \ \frac{N}{C} \ ; \ E_2 = \frac{K\cdot q_2}{r_2^2} = \frac{9\cdot 10^9 \cdot 5\cdot 10^{-6}}{1^2} = 45.000 \ \frac{N}{C}$$

$$\vec{E}_1 = +E_1\cdot\cos\alpha\cdot\vec{i} + E_1\cdot\mathrm{sen}\,\alpha\cdot\vec{j} = +9000\cdot\frac{2}{\sqrt{5}}\cdot\vec{i} + 9000\cdot\frac{1}{\sqrt{5}}\cdot\vec{j} = 8050\cdot\vec{i} + 4025\cdot\vec{j}$$

$$\vec{E}_2 = -45.000\cdot\vec{j} \ ; \ \vec{E} = \vec{E}_1 + \vec{E}_2 = 8050\cdot\vec{i} - 40.975\cdot\vec{j} \ \frac{N}{C}$$

$$E = \sqrt{E_x^2 + E_y^2} = \sqrt{8050^2 + (-40.975)^2} = \boxed{41758 \ \frac{N}{C}}$$

Comentario: normalmente, los valores de los campos eléctricos son elevados.

2) Dos cargas positivas q_1 y q_2 se encuentran situadas en los puntos (0,0) m y (3,0) m respectivamente. Sabiendo que el campo eléctrico es nulo en el punto (1,0) m y que el potencial electrostático en el punto intermedio entre ambas vale $9 \cdot 10^4$ V, determine los valores de dichas cargas. $K = 9 \cdot 10^9$ N m² C⁻²

Datos:

A (0,0) m
B (3,0) m
E = 0
C (1,0) m
V = $9 \cdot 10^4$ V
d = 1'5 m
¿q_1, q_2?
K = $9 \cdot 10^9$ N m² C⁻²

Dibujo:

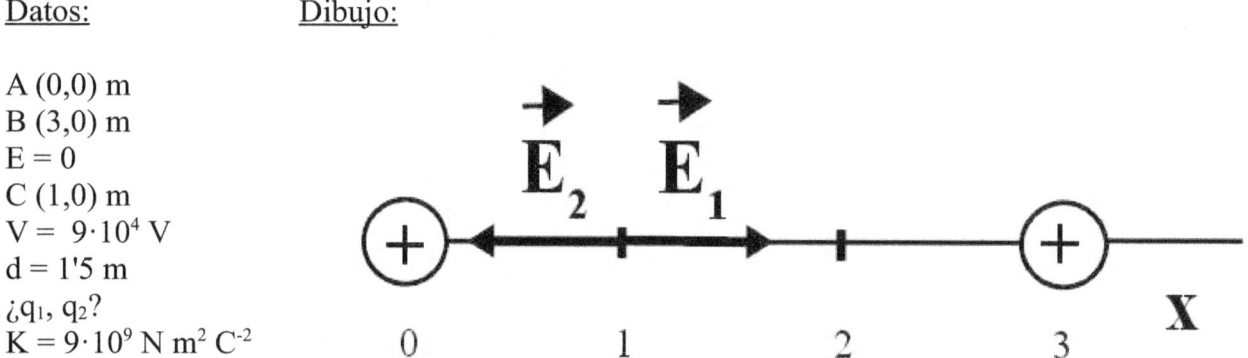

Principio físico: el campo eléctrico es la perturbación del espacio provocada por una carga eléctrica. El potencial eléctrico es la energía potencial eléctrica por unidad de carga. Principio de superposición: el efecto conjunto de varias cargas es la suma de los efectos individuales.

Método de resolución: aplicaremos las fórmulas del campo y del potencial y aplicaremos el principio de superposición.

Resolución: * Campo eléctrico:

$$\vec{E} = \vec{E}_1 + \vec{E}_2 = 0 \quad \rightarrow \quad \frac{K \cdot q_1}{r_1^2} \cdot \vec{i} - \frac{K \cdot q_2}{r_2^2} \cdot \vec{i} = 0 \quad \rightarrow \quad \frac{q_1}{1^2} - \frac{q_2}{2^2} = 0 \quad \rightarrow \quad q_2 = 4 \cdot q_1$$

* Potencial electrostático:

$$V = V_1 + V_2 = \frac{K \cdot q_1}{r_1} + \frac{K \cdot q_2}{r_2} = \frac{9 \cdot 10^9 \cdot q_1}{1'5} + \frac{9 \cdot 10^9 \cdot q_2}{1'5} = 6 \cdot 10^9 \cdot q_1 + 6 \cdot 10^9 \cdot q_2 = 9 \cdot 10^4$$

* Cargas eléctricas: resolvemos el sistema:

$$\left. \begin{array}{l} q_2 = 4 \cdot q_1 \\ 6 \cdot 10^9 \cdot q_1 + 6 \cdot 10^9 \cdot q_2 = 9 \cdot 10^4 \end{array} \right\} \quad \rightarrow \quad 6 \cdot 10^9 \cdot q_1 + 6 \cdot 10^9 \cdot 4 \cdot q_1 = 9 \cdot 10^4 \quad \rightarrow$$

$$\rightarrow \quad 3 \cdot 10^{10} \cdot q_1 = 9 \cdot 10^4 \quad \rightarrow \quad q_1 = \frac{9 \cdot 10^4}{3 \cdot 10^{10}} = \boxed{3 \cdot 10^{-6} \text{ C}} \quad ; \quad q_2 = 4 \cdot q_1 = 4 \cdot 3 \cdot 10^{-6} = \boxed{1'2 \cdot 10^{-5} \text{ C}}$$

Comentario: las cargas positivas son fuentes de campo, es decir, las líneas de campo se alejan de la carga.

3) Una carga $q_1 = 8 \cdot 10^{-9}$ C está fija en el origen de coordenadas, mientras que otra carga, $q_2 = -10^{-9}$ C, se halla, también fija, en el punto (3,0) m. Determine: (i) El campo eléctrico, debido a ambas cargas, en el punto A (4,0) m; (ii) el trabajo realizado por el campo para desplazar una carga puntual $q = -2 \cdot 10^{-9}$ C desde A (4,0) m hasta el punto B (0,4) m. ¿Qué significado físico tiene el signo del trabajo?
$K = 9 \cdot 10^9$ N m^2 C^{-2}

Datos:

$q_1 = 8 \cdot 10^{-9}$ C
O (0,0)
$q_2 = -10^{-9}$ C
P (3,0) m
¿E?
A (4,0) m
¿W_{AB}?
$q = -2 \cdot 10^{-9}$ C
B (0,4) m
$K = 9 \cdot 10^9$ N m^2 C^{-2}

Dibujo:

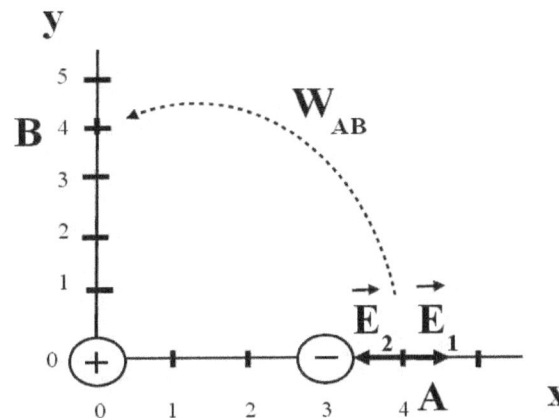

Principio físico: el campo eléctrico es la perturbación del espacio provocada por una carga eléctrica. Principio de superposición: el efecto conjunto de varias cargas es la suma de los efectos individuales.

Método de resolución: calcularemos los módulos de los campos, los pasaremos a vectores y aplicaremos el principio de superposición.

Resolución: * Campo eléctrico en el punto A:

$$E_1 = \frac{K \cdot q_1}{r_1^2} = \frac{9 \cdot 10^9 \cdot 8 \cdot 10^{-9}}{4^2} = 4'5 \ \frac{N}{C} \quad ; \quad E_2 = \frac{K \cdot q_2}{r_2^2} = \frac{9 \cdot 10^9 \cdot 10^{-9}}{1^2} = 9 \ \frac{N}{C}$$

$$\vec{E}_1 = 4'5 \cdot \vec{i} \quad ; \quad \vec{E}_2 = -9 \cdot \vec{i} \quad ; \quad \vec{E} = \vec{E}_1 + \vec{E}_2 = 4'5 \cdot \vec{i} - 9 \cdot \vec{i} = -4'5 \cdot \vec{i} \ \frac{N}{C} \quad ; \quad E = \boxed{4'5 \ \frac{N}{C}}$$

* Trabajo realizado por el campo: $W_{AB} = q \cdot (V_A - V_B)$

$$V_A = V_{1A} + V_{2A} = \frac{K \cdot q_1}{r_{1A}} + \frac{K \cdot q_2}{r_{2A}} = \frac{9 \cdot 10^9 \cdot 8 \cdot 10^{-9}}{4} + \frac{9 \cdot 10^9 \cdot (-10^{-9})}{1} = 18 - 9 = 9 \ V$$

$$V_B = V_{1B} + V_{2B} = \frac{K \cdot q_1}{r_{1B}} + \frac{K \cdot q_2}{r_{2B}} = \frac{9 \cdot 10^9 \cdot 8 \cdot 10^{-9}}{4} + \frac{9 \cdot 10^9 \cdot (-10^{-9})}{\sqrt{3^2 + 4^2}} = 18 - 1'8 = 16'2 \ V$$

$$W_{AB} = q \cdot (V_A - V_B) = -2 \cdot 10^{-9} \cdot (9 - 16'2) = \boxed{1'44 \cdot 10^{-8} \ J}$$

Comentario: el signo positivo del trabajo significa que el proceso es espontáneo, es decir, que no hace falta una fuerza externa para llevarlo a cabo.

4) Una esfera metálica de 24 g de masa colgada de un hilo muy fino de masa despreciable, se encuentra en una región del espacio donde existe un campo eléctrico uniforme y horizontal. Al cargar la esfera con $6·10^{-3}$ C, sufre una fuerza debida al campo eléctrico que hace que el hilo forme un ángulo de 30º con la vertical. (i) Represente gráficamente esta situación y haga un diagrama que muestre todas las fuerzas que actúan sobre la esfera; (ii) calcule el valor del campo eléctrico y la tensión del hilo.
$g = 9{,}8$ m s^{-2}

Datos:

Dibujo:

m = 0'024 kg
Q = $6·10^{-3}$ C
α = 30º
¿E, T?
g = 9'8 m/s²

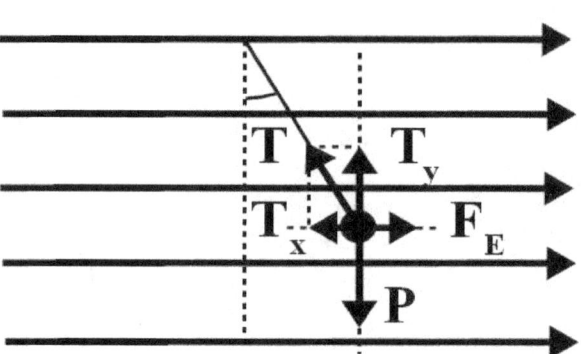

Principio físico: una carga positiva dentro de un campo eléctrico uniforme experimenta una fuerza eléctrica en la misma dirección y en el mismo sentido que el campo. Si el sistema no se mueve, la resultante es cero, según la primera ley de Newton.

Método de resolución: aplicaremos el principio de estática: $\vec{R}=0$.

Resolución: * Tensión en el hilo: $\sum \vec{F}_y = 0 \;\rightarrow\; \vec{P}+\vec{T}_y=0 \;\rightarrow\; P = T_y \;\rightarrow$

$\rightarrow\; m·g = T·\cos\alpha \;\rightarrow\; T = \dfrac{m·g}{\cos\alpha} = \dfrac{0'024·9'8}{\cos 30º} = \boxed{0'272 \text{ N}}$

* Campo eléctrico: $\sum \vec{F}_x = 0 \rightarrow \vec{F}_E + \vec{T}_x = 0 \;\rightarrow\; F_E = T_x \;\rightarrow$

$\rightarrow\; Q·E = T·\sin\alpha \;\rightarrow\; E = \dfrac{T·\sin\alpha}{Q} = \dfrac{0'272·\sin 30º}{6·10^{-3}} = \boxed{22'7 \;\dfrac{N}{C}}$

Comentario: no es muy grande el valor del campo eléctrico, pues la carga no es muy pequeña.

2017

5) Una carga de $2,5 \cdot 10^{-8}$ C se coloca en una región donde hay un campo eléctrico de intensidad $5,0 \cdot 10^4$ N C^{-1}, dirigido en el sentido positivo del eje Y. Calcule el trabajo que la fuerza eléctrica efectúa sobre la carga cuando ésta se desplaza 0,5 m en una dirección que forma un ángulo de 30° con el eje X.

Datos: Dibujo:

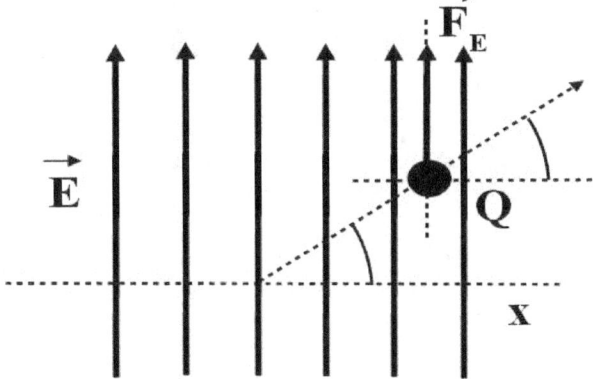

Q = $2,5 \cdot 10^{-8}$ C
E = $5,0 \cdot 10^4$ N C^{-1}
¿W?
e = 0'5 m
α = 30°

Principio físico: una carga positiva dentro de un campo eléctrico experimenta una fuerza en la misma dirección y en el mismo sentido que el campo.

Método de resolución: usaremos la fórmula de la definición del trabajo.

Resolución: * Trabajo realizado sobre la carga:

W = F·e·cos β = Q·E·e·cos β = $2'5 \cdot 10^{-8} \cdot 5 \cdot 10^4 \cdot 0'5 \cdot$ cos (90° – 30°) = $\boxed{3'12 \cdot 10^{-4} \text{ J}}$

Comentario: el trabajo es muy pequeño, pues la carga es muy pequeña. Al ser el trabajo positivo, el proceso es espontáneo, es decir, ocurre sin la intervención de una fuerza exterior. El ángulo β es el complementario de α, pues α es el ángulo que forma la dirección de desplazamiento con el eje x y β es el ángulo entre el desplazamiento y la fuerza eléctrica. En la figura se ve que ambos ángulos son complementarios.

6) Una carga de $3\cdot 10^{-6}$ C se encuentra en el origen de coordenadas y otra carga de $-3\cdot 10^{-6}$ C está situada en el punto (1,1) m. Calcule el trabajo para desplazar una carga de $5\cdot 10^{-6}$ C desde el punto A (1,0) m hasta el punto B (2,0) m, e interprete el resultado. $K = 9\cdot 10^9$ N m² C⁻²

Datos:

$Q_1 = 3\cdot 10^{-6}$ C
O (0,0)
$Q_2 = -3\cdot 10^{-6}$ C
P (1,1) m
¿W_{AB}?
$Q_3 = 5\cdot 10^{-6}$ C
A (1,0) m
B (2,0) m
$K = 9\cdot 10^9$ N m² C⁻²

Dibujo:

Principio físico: al ser la fuerza electrostática una fuerza conservativa, el trabajo que realiza es el menos incremento de la energía potencial. Principio de superposición: el efecto conjunto de varias cargas es la suma de los efectos individuales.

Método de resolución: usaremos la fórmula del trabajo eléctrico y el principio de superposición. Calcularemos algunas distancias con el teorema de Pitágoras.

Resolución: * Trabajo para desplazar la carga: $W_{AB} = Q_3 \cdot (V_A - V_B)$

$$V_A = V_{1A} + V_{2A} = \frac{K\cdot Q_1}{r_{1A}} + \frac{K\cdot Q_2}{r_{2A}} = \frac{9\cdot 10^9 \cdot 3\cdot 10^{-6}}{1} + \frac{9\cdot 10^9 \cdot (-3\cdot 10^{-6})}{1} = 0 \text{ V}$$

$$V_B = V_{1B} + V_{2B} = \frac{K\cdot Q_1}{r_{1B}} + \frac{K\cdot Q_2}{r_{2B}} = \frac{9\cdot 10^9 \cdot 3\cdot 10^{-6}}{2} + \frac{9\cdot 10^9 \cdot (-3\cdot 10^{-6})}{\sqrt{1^2+2^2}} = 1425 \text{ V}$$

$W_{AB} = Q_3 \cdot (V_A - V_B) = 5\cdot 10^{-6} \cdot (0 - 1425) = \boxed{-7'12\cdot 10^{-3} \text{ J}}$

Comentario: el signo negativo del trabajo indica que el proceso es no espontáneo, es decir, hace falta una fuerza externa para llevar la carga Q_3 desde el punto A hasta el punto B.

7) En el átomo de hidrógeno, el electrón se encuentra sometido al campo eléctrico creado por el protón. Calcule el trabajo realizado por el campo eléctrico para llevar el electrón desde un punto P_1, situado a $5,3 \cdot 10^{-11}$ m del núcleo, hasta otro punto P_2, situado a $4,76 \cdot 10^{-10}$ m del núcleo. Comente el signo del trabajo. $K = 9 \cdot 10^9$ N m^2 C^{-2} ; $e = 1,6 \cdot 10^{-19}$ C

Datos:

Dibujo:

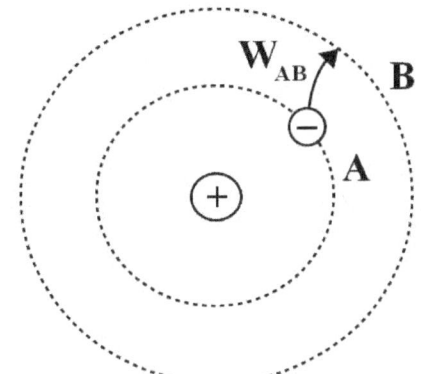

¿W?
$r_A = 5'3 \cdot 10^{-11}$ m
$r_B = 4'76 \cdot 10^{-10}$ m
$K = 9 \cdot 10^9$ N m^2 C^{-2}
$e = 1,6 \cdot 10^{-19}$ C

Principio físico: la fuerza electrostática es una fuerza conservativa y, por lo tanto, el trabajo que realiza es independiente del camino seguido.

Método de resolución: usaremos la fórmula del trabajo relacionándolo con el potencial.

Resolución: * Trabajo realizado por el campo eléctrico:

$$W_{AB} = -\Delta E_p = Q \cdot (V_A - V_B) = -e \cdot \left(\frac{K \cdot e}{r_A} - \frac{K \cdot e}{r_B} \right) = -K \cdot e^2 \cdot \left(\frac{1}{r_A} - \frac{1}{r_B} \right) =$$

$$= -9 \cdot 10^9 \cdot (1'6 \cdot 10^{-19})^2 \cdot \left(\frac{1}{5'3 \cdot 10^{-11}} - \frac{1}{4'76 \cdot 10^{-10}} \right) = \boxed{-3'86 \cdot 10^{-18} \text{ J}}$$

Comentario: el trabajo es negativo. Esto significa que el proceso es no espontáneo y se necesita una fuerza externa para realizarlo. Las cargas del protón y del electrón son iguales en valor absoluto.

8) Se coloca una carga puntual de $4 \cdot 10^{-9}$ C en el origen de coordenadas y otra carga puntual de $-3 \cdot 10^{-9}$ C en el punto (0,1) m. Calcule el trabajo que hay que realizar para trasladar una carga de $2 \cdot 10^{-9}$ C desde el punto (1,2) m hasta el punto (2,2) m.
K = $9 \cdot 10^9$ N m² C⁻²

Datos:

Dibujo:

$Q_1 = 4 \cdot 10^{-9}$ C
O (0,0) m
$Q_2 = -3 \cdot 10^{-9}$ C
P (0,1) m
¿W_{AB}?
$Q_3 = 2 \cdot 10^{-9}$ C
A (1,2) m
B (2,2) m
K = $9 \cdot 10^9$ N m² C⁻²

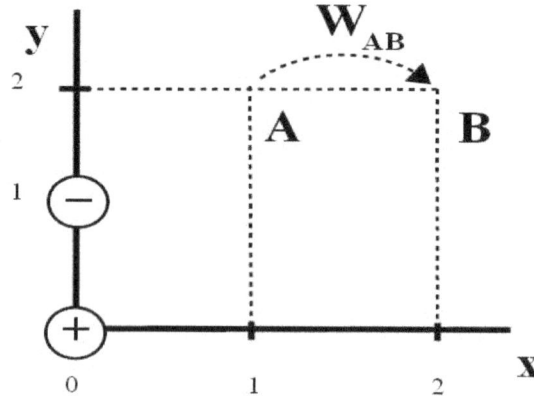

Principio físico: al ser la fuerza electrostática una fuerza conservativa, el trabajo que realiza es el menos incremento de la energía potencial. Principio de superposición: el efecto conjunto de varias cargas es la suma de los efectos individuales.

Método de resolución: usaremos la fórmula del trabajo eléctrico y el principio de superposición. Calcularemos algunas distancias con el teorema de Pitágoras.

Resolución: * Trabajo para desplazar la carga:

$W_{AB} = Q_3 \cdot (V_A - V_B)$

$V_A = V_{1A} + V_{2A} = \dfrac{K \cdot Q_1}{r_{1A}} + \dfrac{K \cdot Q_2}{r_{2A}} = \dfrac{9 \cdot 10^9 \cdot 4 \cdot 10^{-9}}{\sqrt{1^2+2^2}} + \dfrac{9 \cdot 10^9 \cdot (-3 \cdot 10^{-9})}{\sqrt{1^2+1^2}} = -2'99$ V

$V_B = V_{1B} + V_{2B} = \dfrac{K \cdot Q_1}{r_{1B}} + \dfrac{K \cdot Q_2}{r_{2B}} = \dfrac{9 \cdot 10^9 \cdot 4 \cdot 10^{-9}}{\sqrt{2^2+2^2}} + \dfrac{9 \cdot 10^9 \cdot (-3 \cdot 10^{-9})}{\sqrt{1^2+2^2}} = +0'653$ V

$W_{AB} = Q_3 \cdot (V_A - V_B) = 2 \cdot 10^{-9} \cdot (-2'99 - 0'653) = \boxed{-7'29 \cdot 10^{-9} \text{ J}}$

Comentario: el signo negativo del trabajo indica que el proceso es no espontáneo, es decir, hace falta una fuerza externa para llevar la carga Q_3 desde el punto A hasta el punto B.

9) Determine la carga negativa de una partícula, cuya masa es 3,8 g, para que permanezca suspendida en un campo eléctrico de 4500 N C^{-1}. Haga una representación gráfica de las fuerzas que actúan sobre la partícula. g = 9,8 m s^{-2}

Datos: Dibujo:

¿Q?
m = 3'8·10^{-3} kg
E = 4500 N/C
g = 9,8 m s^{-2}

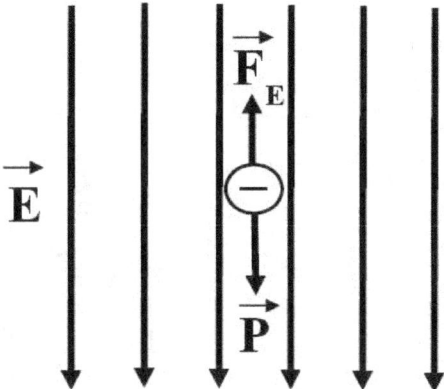

Principio físico: para que la carga permanezca suspendida en reposo, la resultante debe ser cero, según la primera ley de Newton.

Método de resolución: igualaremos los módulos de las fuerzas peso y electrostática.

Resolución: * Carga de la partícula:

$$\sum \vec{F}=0 \quad \rightarrow \quad \vec{F}_E+\vec{P}=0 \quad \rightarrow \quad F_E=P \quad \rightarrow \quad |Q|\cdot E=m\cdot g \quad \rightarrow$$

$$\rightarrow \quad |Q|=\frac{m\cdot g}{E}=\frac{3'8\cdot 10^{-3}\cdot 9'8}{4500}=8'28\cdot 10^{-6} \text{ C} \quad \rightarrow \quad Q=\boxed{-8'28\cdot 10^{-6} \text{ C}}$$

Comentario: el peso siempre va dirigido hacia abajo. Para que se equilibren las fuerzas, la fuerza electrostática debe ir hacia arriba. Como la carga es negativa, el campo eléctrico debe ir hacia abajo, pues las cargas negativas experimentan una fuerza en sentido contrario a la dirección del campo eléctrico.

2016

10) Dos cargas puntuales iguales, de -3 μC cada una, están situadas en los puntos A (2,5) m y B (8,2) m. a) Represente en un esquema las fuerzas que se ejercen entre las cargas y calcule la intensidad de campo eléctrico en el punto P (2,0) m. b) Determine el trabajo necesario para trasladar una carga de 1 μC desde el punto P (2,0) m hasta el punto O (0,0). Comente el resultado obtenido.
K = 9·10⁹ N m² C⁻²

Datos:

$Q_1 = Q_2 = -3 \cdot 10^{-6}$ C
A (2,5) m
B (8,2) m
¿E?
P (2,0) m
¿W_{PO}?
$Q_3 = 10^{-6}$ C
P (2,0) m
O (0,0)
K = 9·10⁹ N m² C⁻²

Dibujo:

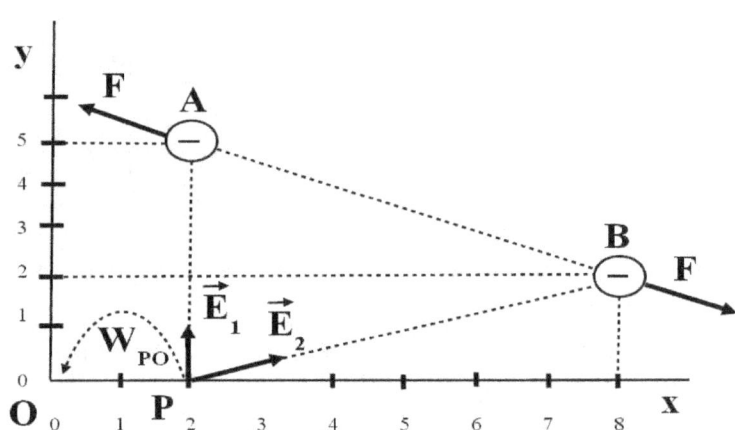

Principio físico: ley de Coulomb: dos cargas se atraen o se repelen con una fuerza directamente proporcional al producto de sus cargas e inversamente proporcional al cuadrado de la distancia que las separa. El campo eléctrico es la perturbación del espacio provocada por una carga eléctrica. Principio de superposición: el efecto conjunto de varias cargas es la suma de los efectos individuales.

Método de resolución: calcularemos los módulos de los campos, los pasaremos a vectores y usaremos el principio de superposición. También usaremos la fórmula del trabajo.

Resolución: * Campo eléctrico en el punto P:

$$E_1 = \frac{K \cdot Q_1}{r_1^2} = \frac{9 \cdot 10^9 \cdot 3 \cdot 10^{-6}}{5^2} = 1080 \ \frac{N}{C} \ ; \quad E_2 = \frac{K \cdot Q_2}{r_2^2} = \frac{9 \cdot 10^9 \cdot 3 \cdot 10^{-6}}{6^2 + 2^2} = 675 \ \frac{N}{C}$$

$$\vec{E}_1 = +1080 \cdot \vec{j}$$

$$\vec{E}_2 = +E_2 \cdot \cos\alpha \cdot \vec{i} + E_2 \cdot sen\alpha \cdot \vec{j} = +675 \cdot \frac{6}{\sqrt{40}} \cdot \vec{i} + 675 \cdot \frac{2}{\sqrt{40}} \cdot \vec{j} = 640 \cdot \vec{i} + 213 \cdot \vec{j}$$

$$\vec{E} = \vec{E}_1 + \vec{E}_2 = 640 \cdot \vec{i} + 1293 \cdot \vec{j} \ \frac{N}{C}$$

$$E = \sqrt{E_x^2 + E_y^2} = \sqrt{640^2 + 1293^2} = \boxed{1443 \ \frac{N}{C}}$$

* Trabajo para desplazar la carga:

$W_{PO} = Q_3 \cdot (V_P - V_O)$

$V_P = V_{1P} + V_{2P} = \dfrac{K \cdot Q_1}{r_{1P}} + \dfrac{K \cdot Q_2}{r_{2P}} = \dfrac{9 \cdot 10^9 \cdot (-3 \cdot 10^{-6})}{5} + \dfrac{9 \cdot 10^9 \cdot (-3 \cdot 10^{-6})}{\sqrt{2^2 + 6^2}} = -9669 \text{ V}$

$V_O = V_{1O} + V_{2O} = \dfrac{K \cdot Q_1}{r_{1O}} + \dfrac{K \cdot Q_2}{r_{2O}} = \dfrac{9 \cdot 10^9 \cdot (-3 \cdot 10^{-6})}{\sqrt{2^2 + 5^2}} + \dfrac{9 \cdot 10^9 \cdot (-3 \cdot 10^{-6})}{\sqrt{2^2 + 8^2}} = -8288 \text{ V}$

$W_{PO} = Q_3 \cdot (V_P - V_O) = 10^{-6} \cdot (-9669 + 8288) = \boxed{-1'38 \cdot 10^{-3} \text{ J}}$

Comentario: el signo negativo del trabajo indica que el proceso es no espontáneo, es decir, hace falta una fuerza externa para llevar la carga Q_3 desde el punto P hasta el punto O.

2015

11) Dos partículas puntuales iguales, de 5 g y cargadas eléctricamente, están suspendidas del mismo punto por medio de hilos, aislantes e iguales, de 20 cm de longitud. El ángulo que forma cada hilo con la vertical es de 12º. a) Calcule la carga de cada partícula y la tensión en los hilos. b) Determine razonadamente cuánto debería variar la carga de las partículas para que el ángulo permaneciera constante si duplicáramos su masa. K = 9·10⁹ N m² C⁻² ; g = 9,8 m s⁻²

Datos: Dibujo:

m = 5·10⁻³ kg
L = 0'20 m
α = 12º
¿Q, T?
¿Q'?
m' = 2·m
K = 9·10⁹ N m² C⁻²
g = 9,8 m s⁻²

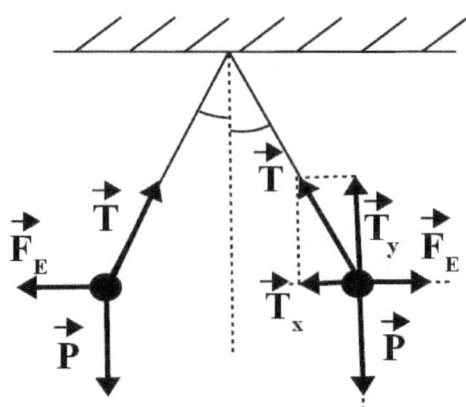

Principio físico: según la primera ley de Newton, para que un cuerpo permanezca en reposo, su resultante debe valer cero. Ley de Coulomb: las cargas se atraen o se repelen con una fuerza directamente proporcional al producto de sus cargas e inversamente proporcional al cuadrado de la distancia que los separa.

Método de resolución: aplicaremos la condición de estática.

Resolución: * Tensión en los hilos: $\sum \vec{F}_y = 0$ → $\vec{P} + \vec{T}_y = 0$ → $P = T_y$ →

→ m·g = T·cos α → $T = \dfrac{m \cdot g}{\cos \alpha} = \dfrac{5 \cdot 10^{-3} \cdot 9'8}{\cos 12º} =$ $\boxed{0'0501 \text{ N}}$

* Carga de las partículas: $\sum \vec{F}_x = 0$ → $\vec{F}_E + \vec{T}_x = 0$ → $F_E = T_x$ →

→ $\dfrac{K \cdot Q \cdot Q}{r^2} = T \cdot \text{sen } \alpha$ → $\dfrac{K \cdot Q^2}{r^2} = T \cdot \text{sen } \alpha$

Cálculo de la distancia r: $\operatorname{sen} \alpha = \dfrac{r/2}{L} = \dfrac{r}{2 \cdot L} \rightarrow r = 2 \cdot L \cdot \operatorname{sen} \alpha$

Luego: $\dfrac{K \cdot Q^2}{r^2} = T \cdot \operatorname{sen} \alpha \rightarrow \dfrac{K \cdot Q^2}{4 \cdot L^2 \cdot \operatorname{sen}^2 \alpha} = T \cdot \operatorname{sen} \alpha \rightarrow K \cdot Q^2 = 4 \cdot T \cdot L^2 \cdot \operatorname{sen}^3 \alpha \rightarrow$

$\rightarrow Q = \sqrt{\dfrac{4 \cdot T \cdot L^2 \cdot \operatorname{sen}^3 \alpha}{K}} = \sqrt{\dfrac{4 \cdot 0'0501 \cdot 0'20^2 \cdot \operatorname{sen}^3 12°}{9 \cdot 10^9}} = \boxed{8'95 \cdot 10^{-8} \text{ C}}$

* Nueva carga de las partículas:

$T = \dfrac{m \cdot g}{\cos \alpha}$; $Q = \sqrt{\dfrac{4 \cdot T \cdot L^2 \cdot \operatorname{sen}^3 \alpha}{K}} = \sqrt{\dfrac{4 \cdot \dfrac{m \cdot g}{\cos \alpha} \cdot L^2 \cdot \operatorname{sen}^3 \alpha}{K}} = \sqrt{\dfrac{4 \cdot m \cdot g \cdot L^2 \cdot \operatorname{sen}^3 \alpha}{K \cdot \cos \alpha}}$

Agrupando todo lo que sea constante entre los apartados a) y el b):

$Q = \sqrt{k_1 \cdot m}$; $Q' = \sqrt{k_1 \cdot 2m} \rightarrow \dfrac{Q'}{Q} = \dfrac{\sqrt{k_1 \cdot 2m}}{\sqrt{k_1 \cdot m}} = \sqrt{2} \rightarrow$

$\rightarrow Q' = \sqrt{2} \cdot Q = \sqrt{2} \cdot 8'95 \cdot 10^{-8} = \boxed{1'27 \cdot 10^{-7} \text{ C}}$

Comentario: la carga Q' debe ser mayor que Q porque el peso y la tensión son mayores y la fuerza electrostática debe compensar ese aumento.

12) Una partícula de carga $+3 \cdot 10^{-9}$ C está situada en un campo eléctrico uniforme dirigido en el sentido negativo del eje OX. Para moverla en el sentido positivo de dicho eje una distancia de 5 cm, se aplica una fuerza constante que realiza un trabajo de $6 \cdot 10^{-5}$ J y la variación de energía cinética de la partícula es $+4,5 \cdot 10^{-5}$ J. a) Haga un esquema de las fuerzas que actúan sobre la partícula y determine la fuerza aplicada. b) Analice energéticamente el proceso y calcule el trabajo de la fuerza eléctrica y el campo eléctrico.

Datos: Dibujo:

$Q_1 = +3 \cdot 10^{-9}$ C
$e = 0'05$ m
$W_{FNC} = 6 \cdot 10^{-5}$ J
$\Delta E_c = +4,5 \cdot 10^{-5}$ J
¿F_{NC}?
¿W_{FC}, E?

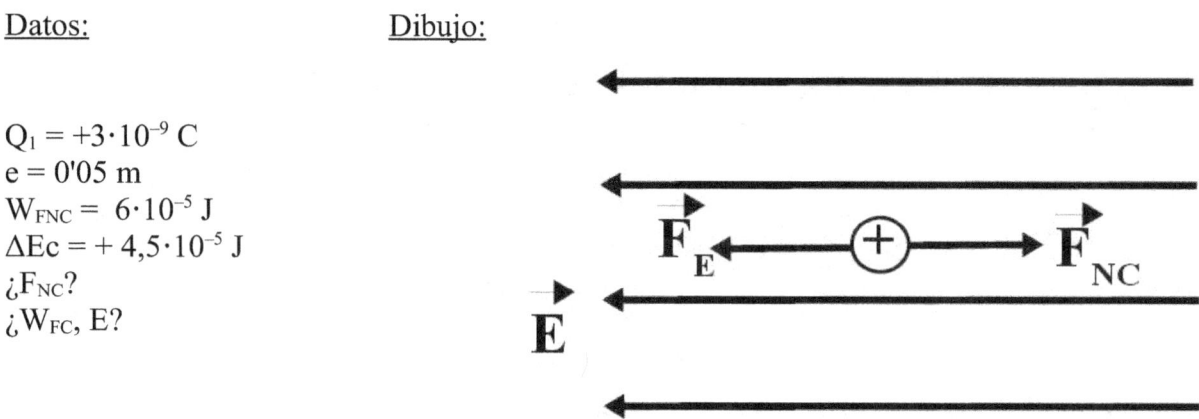

Principio físico: una carga positiva se mueve espontáneamente en el sentido del campo eléctrico. Para moverse en sentido contrario, hay que aplicar una fuerza no conservativa en sentido contrario.

Método de resolución: usaremos la fórmula del trabajo total.

Resolución: * Fuerza aplicada: $W_{FNC} = F_{NC} \cdot e \cdot \cos \alpha \rightarrow F_{NC} = \dfrac{W_{FNC}}{e \cdot \cos \alpha} = \dfrac{6 \cdot 10^{-5}}{0'05 \cdot \cos 0º} = \boxed{1'2 \cdot 10^{-3} \text{ N}}$

* Trabajo de la fuerza eléctrica: $W_T = W_{FC} + W_{FNC} = -\Delta E_p + W_{FNC} = \Delta E_c \rightarrow W_{FC} = \Delta E_c - W_{FNC} =$

$= 4'5 \cdot 10^{-5} - 6 \cdot 10^{-5} = \boxed{-1'5 \cdot 10^{-5} \text{ J}}$

* Campo eléctrico: $W_{FC} = F_E \cdot e \cdot \cos \alpha \rightarrow F_E = \dfrac{|W_{FC}|}{e \cdot \cos \alpha} = \dfrac{1'5 \cdot 10^{-5}}{0'05 \cdot \cos 0º} = 3 \cdot 10^{-4}$ N

$F_E = Q \cdot E \rightarrow E = \dfrac{F_E}{Q} = \dfrac{3 \cdot 10^{-4}}{3 \cdot 10^{-9}} = \boxed{10^5 \, \dfrac{N}{C}}$

Comentario: $\Delta E_c = +4,5 \cdot 10^{-5}$ J ; $\Delta E_p = -W_{FC} = +1'5 \cdot 10^{-5}$ J ;
$\Delta E_M = \Delta E_c + \Delta E_p = = 4'5 \cdot 10^{-5} + 1'5 \cdot 10^{-5} = 6 \cdot 10^{-5}$ J.
    Las energías cinética, potencial y mecánica aumentan. La energía mecánica no se conserva pues existe un trabajo de fuerzas no conservativas distinto de cero.

13) Dos cargas de $-2 \cdot 10^{-6}$ C y $+4 \cdot 10^{-6}$ C se encuentran fijas en los puntos (0,0) y (0,2) m, respectivamente. a) Calcule el valor del campo eléctrico en el punto (1,1) m. b) Determine el trabajo necesario para trasladar una carga de $+6 \cdot 10^{-6}$ C desde el punto (1,1) al (0,1) m y explique el significado del signo obtenido. $K = 9 \cdot 10^9$ N m^2 C^{-2}.

Datos:

$Q_1 = -2 \cdot 10^{-6}$ C
$Q_2 = +4 \cdot 10^{-6}$ C
A (0,0) m
B (0,2) m
¿E? → C (1,1) m
¿W_{CD}?
D (0,1) m
$K = 9 \cdot 10^9$ N m^2 C^{-2}

Dibujo:

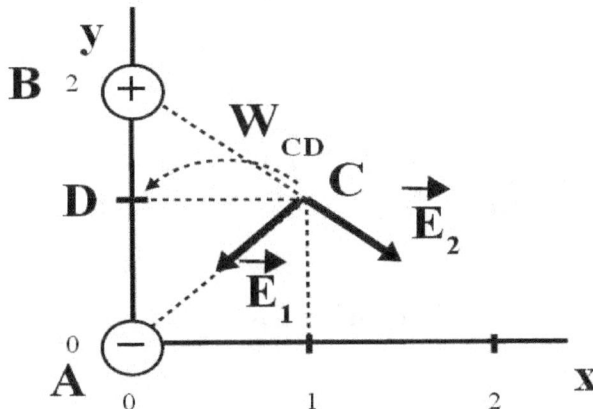

Principio físico: el campo eléctrico es la perturbación del espacio provocada por una carga eléctrica. Principio de superposición: el efecto conjunto de varias cargas es la suma de los efectos individuales.

Método de resolución: calcularemos los módulos de los campos, los pasaremos a vectores y usaremos el principio de superposición. También usaremos la fórmula del trabajo.

Resolución: * Campo eléctrico en el punto P:

$$E_1 = \frac{K \cdot Q_1}{r_1^2} = \frac{9 \cdot 10^9 \cdot 2 \cdot 10^{-6}}{1^2 + 1^2} = 9.000 \ \frac{N}{C} \ ; \ E_2 = \frac{K \cdot Q_2}{r_2^2} = \frac{9 \cdot 10^9 \cdot 4 \cdot 10^{-6}}{1^2 + 1^2} = 18.000 \ \frac{N}{C}$$

$$\vec{E}_1 = +E_1 \cdot \cos\alpha \cdot \vec{i} + E_1 \cdot sen\alpha \cdot \vec{j} = -9000 \cdot \cos 45° \cdot \vec{i} - 9000 \cdot \cos 45° \cdot \vec{j} = -6364 \cdot \vec{i} - 6364 \cdot \vec{j}$$

$$\vec{E}_2 = +E_2 \cdot \cos\alpha \cdot \vec{i} + E_2 \cdot sen\alpha \cdot \vec{j} = +18000 \cdot \cos 45° \cdot \vec{i} - 18000 \cdot \cos 45° \cdot \vec{j} = 12728 \cdot \vec{i} - 12728 \cdot \vec{j}$$

$$\vec{E} = \vec{E}_1 + \vec{E}_2 = (-6364 + 12728) \cdot \vec{i} + (-6364 - 12728) \cdot \vec{j} = 6364 \cdot \vec{i} - 19092 \cdot \vec{j} \ \frac{N}{C}$$

$$E = \sqrt{E_x^2 + E_y^2} = \sqrt{6364^2 + (-12728)^2} = \boxed{14230 \ \frac{N}{C}}$$

* Trabajo para desplazar la carga:

$W_{PO} = Q_3 \cdot (V_P - V_O)$

$V_P = V_{1P} + V_{2P} = \dfrac{K \cdot Q_1}{r_{1P}} + \dfrac{K \cdot Q_2}{r_{2P}} = \dfrac{9 \cdot 10^9 \cdot (-2 \cdot 10^{-6})}{1^2 + 1^2} + \dfrac{9 \cdot 10^9 \cdot 4 \cdot 10^{-6}}{\sqrt{1^2 + 1^2}} = 16.456 \text{ V}$

$V_O = V_{1O} + V_{2O} = \dfrac{K \cdot Q_1}{r_{1O}} + \dfrac{K \cdot Q_2}{r_{2O}} = \dfrac{9 \cdot 10^9 \cdot (-2 \cdot 10^{-6})}{1} + \dfrac{9 \cdot 10^9 \cdot 4 \cdot 10^{-6}}{1} = 18.000 \text{ V}$

$W_{PO} = Q_3 \cdot (V_P - V_O) = 6 \cdot 10^{-6} \cdot (16456 - 18000) = \boxed{-9'26 \cdot 10^{-3} \text{ J}}$

Comentario: el signo negativo del trabajo indica que el proceso es no espontáneo, es decir, hace falta una fuerza externa para llevar la carga Q_3 desde el punto P hasta el punto O.

14) Una partícula de 1 g y carga +4·10⁻⁶ C se deja en libertad en el origen de coordenadas. En esa región existe un campo eléctrico uniforme de 2000 N C⁻¹ dirigido en el sentido positivo del eje OX. a) Describa el tipo de movimiento que realiza la partícula y calcule su aceleración y el tiempo que tarda en recorrer la distancia al punto P(5,0) m. b) Calcule la velocidad de la partícula en el punto P y la variación de su energía potencial eléctrica entre el origen y dicho punto.
Nota: Desprecie el efecto gravitatorio en la trayectoria de la partícula.

Datos:

Dibujo:

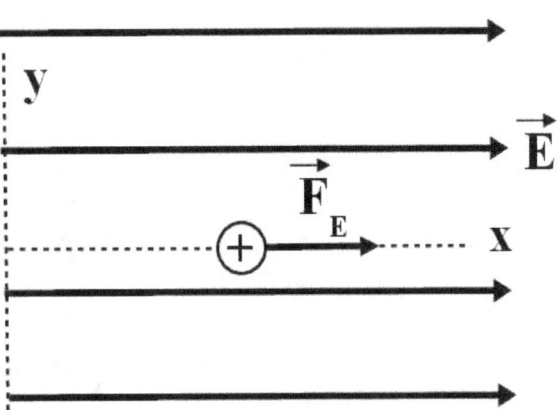

$m = 10^{-3}$ kg
$Q = +4\cdot 10^{-6}$ C
$E = 2000$ N C⁻¹
¿a?
¿t?
P(5,0) m
¿v?
¿ΔEp?

Principio físico: una carga positiva dentro de un campo eléctrico uniforme experimenta una fuerza eléctrica en la dirección y sentido del campo eléctrico.

Método de resolución: calcularemos la aceleración por la segunda ley de Newton y la relación entre la fuerza y el campo y usaremos ecuaciones de Cinemática.

Resolución: * Aceleración de la partícula: $\sum \vec{F} = m\cdot \vec{a}$ → $F_E = m\cdot a$ → $Q\cdot E = m\cdot a$ →

→ $a = \dfrac{Q\cdot E}{m} = \dfrac{4\cdot 10^{-6}\cdot 2000}{10^{-3}} = \boxed{8\ \dfrac{m}{s^2}}$

* Velocidad a los cinco metros: $v^2 = v_0^2 + 2\cdot a\cdot e$ → $v = \sqrt{v_0^2 + 2\cdot a\cdot e} = \sqrt{0^2 + 2\cdot 8\cdot 5} = \sqrt{80} = \boxed{8'94\ \dfrac{m}{s}}$

* Tiempo para recorrer cinco metros: $v = v_0 + a\cdot t$ → $t = \dfrac{v - v_0}{a} = \dfrac{8'94 - 0}{8} = \boxed{1'12\ s}$

* Variación de energía potencial: $\Delta E_p = -\Delta E_c = \dfrac{1}{2}m\cdot v_0^2 - \dfrac{1}{2}m\cdot v^2 = 0 - \dfrac{1}{2}m\cdot v^2 =$

$= -\dfrac{1}{2}\cdot 10^{-3}\cdot 8'94^2 = \boxed{-0'04\ J}$

Comentario: la partícula tiene un MRUA, pues actúa sobre ella una fuerza resultante distinta de cero en las mismas dirección y sentido que el desplazamiento. Como la fuerza eléctrica es conservativa, la energía mecánica se conserva. La energía cinética aumenta y la potencial disminuye.

2014

15) Dos cargas puntuales $q_1 = 5 \cdot 10^{-6}$ C y $q_2 = -5 \cdot 10^{-6}$ C se encuentran fijas en los puntos (0,0) y (0,3) m, respectivamente. Una tercera carga $Q = 2 \cdot 10^{-6}$ C se coloca en el punto (4,0) m. a) Dibuje en un esquema el campo eléctrico debido a las cargas q_1 y q_2 en la posición de la carga Q y determine la fuerza que actúa sobre esta última. b) Determine el trabajo realizado por el campo si la partícula de carga Q se desplaza desde su posición inicial hasta el punto (2,0) m y razone si sería necesario aplicar a la partícula una fuerza adicional para que efectuase ese desplazamiento. $K_e = 9 \cdot 10^9$ N m² A⁻² s⁻²

Datos:

$q_1 = 5 \cdot 10^{-6}$ C
$q_2 = -5 \cdot 10^{-6}$ C
O (0,0) m
P (0,3) m
$Q = 2 \cdot 10^{-6}$ C
A (4,0) m
¿F?
¿W_{AB}?
B (2,0) m
$K_e = 9 \cdot 10^9$ N m² A⁻² s⁻²

Dibujo:

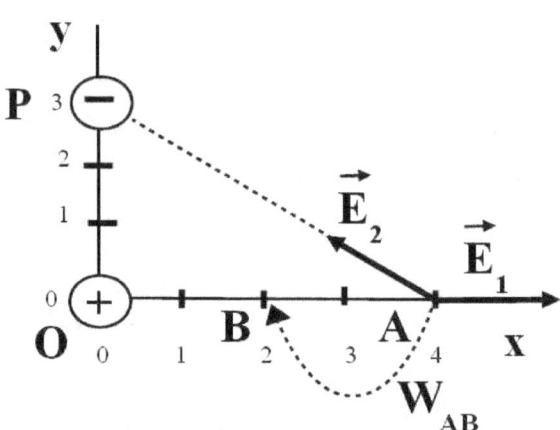

Principio físico: el campo eléctrico es la perturbación del espacio provocada por una carga eléctrica. Principio de superposición: el efecto conjunto de varias cargas es la suma de los efectos individuales.

Método de resolución: calcularemos los módulos de los campos, los pasaremos a vectores y usaremos el principio de superposición. Después pasaremos de campo a fuerza. También usaremos la fórmula del trabajo.

Resolución: * Campo eléctrico en el punto P:

$$E_1 = \frac{K \cdot q_1}{r_1^2} = \frac{9 \cdot 10^9 \cdot 5 \cdot 10^{-6}}{4^2} = 2813 \ \frac{N}{C} \ ; \ E_2 = \frac{K \cdot q_2}{r_2^2} = \frac{9 \cdot 10^9 \cdot 5 \cdot 10^{-6}}{4^2 + 3^2} = 1800 \ \frac{N}{C}$$

$$\vec{E}_1 = +2813 \cdot \vec{i}$$

$$\vec{E}_2 = -E_2 \cdot \cos\alpha \cdot \vec{i} + E_2 \cdot sen\alpha \cdot \vec{j} = -1800 \cdot \frac{4}{\sqrt{4^2+3^2}} \cdot \vec{i} + 1800 \cdot \frac{3}{\sqrt{4^2+3^2}} \cdot \vec{j} = -1440 \cdot \vec{i} + 1080 \cdot \vec{j}$$

$$\vec{E} = \vec{E}_1 + \vec{E}_2 = (2813 - 1440) \cdot \vec{i} + 1080 \cdot \vec{j} = 1373 \cdot \vec{i} + 1080 \cdot \vec{j} \ \frac{N}{C}$$

$$E = \sqrt{E_x^2 + E_y^2} = \sqrt{1373^2 + 1080^2} = 1747 \ \frac{N}{C}$$

* Fuerza sobre la carga :

$$\vec{F}=Q\cdot\vec{E}=2\cdot10^{-6}\cdot(1373\cdot\vec{i}+1080\cdot\vec{j})=2'75\cdot10^{-3}\cdot\vec{i}+2'16\cdot10^{-3}\cdot\vec{j} \quad N$$

$$F = \sqrt{(2'75\cdot10^{-3})^2+(2'16\cdot10^{-3})^2} = \boxed{3'50\cdot10^{-3} \text{ N}}$$

* Trabajo para desplazar la carga:

$W_{AB} = Q\cdot(V_A - V_B)$

$$V_A = V_{1A} + V_{2A} = \frac{K\cdot q_1}{r_{1A}}+\frac{K\cdot q_2}{r_{2A}} = \frac{9\cdot10^9\cdot 5\cdot10^{-6}}{4^2}+\frac{9\cdot10^9\cdot(-5\cdot10^{-6})}{\sqrt{4^2+3^2}} = -6188 \text{ V}$$

$$V_B = V_{1B} + V_{2B} = \frac{K\cdot q_1}{r_{1B}}+\frac{K\cdot q_2}{r_{2B}} = \frac{9\cdot10^9\cdot 5\cdot10^{-6}}{2^2}+\frac{9\cdot10^9\cdot(-5\cdot10^{-6})}{\sqrt{3^2+2^2}} = -1231 \text{ V}$$

$W_{PO} = Q\cdot(V_A - V_B) = 2\cdot10^{-6}\cdot(-6188+1231) = \boxed{-9'91\cdot10^{-3} \text{ J}}$

<u>Comentario:</u> el signo negativo del trabajo indica que el proceso es no espontáneo, es decir, hace falta una fuerza externa para llevar la carga Q_3 desde el punto P hasta el punto O.

16) Una partícula de 20 g y cargada con - $2 \cdot 10^{-6}$ C, se deja caer desde una altura de 50 cm. Además del campo gravitatorio, existe un campo eléctrico de $2 \cdot 10^4$ V m^{-1} en dirección vertical y sentido hacia abajo. a) Dibuje un esquema de las fuerzas que actúan sobre la partícula y determine la aceleración con la que cae. ¿Con qué velocidad llegará al suelo? b) Razone si se conserva la energía mecánica de la partícula durante su movimiento. Determine el trabajo que realiza cada fuerza a la que está sometida la partícula. g = 9,8 m s^{-2}

Datos: Dibujo:

m = 0'020 kg
Q = - 2 · 10^{-6} C
h = 0'50 m
E = 2 · 10^4 V m^{-1}
¿a?
¿v?
¿W?
g = 9,8 m s^{-2}

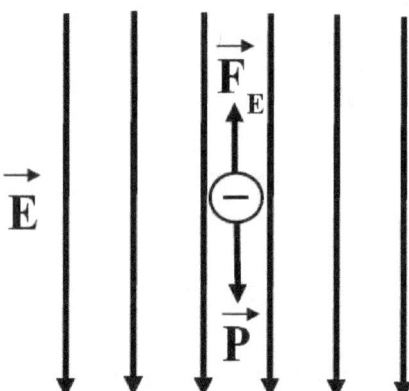

Principio físico: una carga eléctrica negativa en el seno de un campo eléctrico experimenta una fuerza eléctrica en la misma dirección y en sentido contrario al campo.

Método de resolución: usaremos la relación entre la fuerza y el campo eléctrico, la segunda ley de Newton, la fórmula del trabajo y ecuaciones de Cinemática.

Resolución: * Aceleración con la que cae: $\sum \vec{F} = m \cdot \vec{a}$ →

P = m·g = 0'020·9'8 = 0'196 N ; F_E = Q·E = 2·10^{-6}·2·10^4 = 0'04 N

P – F_E = m·a → a = $\dfrac{P - F_E}{m} = \dfrac{0'196 - 0'04}{0'020} = \boxed{7'8 \ \dfrac{m}{s^2}}$

* Velocidad al llegar al suelo: $v^2 = v_0^2 + 2 \cdot a \cdot e$ →

v = $\sqrt{v_0^2 + 2 \cdot a \cdot e} = \sqrt{0^2 + 2 \cdot 7'8 \cdot 0'50} = \sqrt{7'8} = \boxed{2'79 \ \dfrac{m}{s}}$

* Trabajo de la fuerza peso: W = P·e·cos α = 0'196·0'50·cos 0° = $\boxed{0'098 \text{ J}}$

* Trabajo de la fuerza eléctrica: W = F_E·e·cos α = 0'04·0'50·cos 180° = $\boxed{-0'02 \text{ J}}$

Comentario: la energía mecánica de la partícula se conserva, pues las dos fuerzas que actúan sobre ella (peso y fuerza eléctrica) son conservativas.

2013

17) Dos cargas eléctricas puntuales $q_1 = -5$ µC y $q_2 = 2$ µC están separadas una distancia de 10 cm. Calcule: a) El valor del campo y del potencial eléctricos en un punto B, situado en la línea que une ambas cargas, 20 cm a la derecha de la carga positiva, tal y como indica la figura. b) El trabajo necesario para trasladar una carga $q_3 = -12$ µC desde el punto A, punto medio entre las cargas q_1 y q_2, hasta el punto B. ¿Qué fuerza actúa sobre q_3 una vez situada en B? $K = 9 \cdot 10^9$ N m² C⁻²

Datos:

$q_1 = -5 \cdot 10^{-6}$ C
$q_2 = 2 \cdot 10^{-6}$ C
$d = 0'10$ m
¿E, V?
$d = 0'20$ m
¿W_{AB}?
$q_3 = -12 \cdot 10^{-6}$ C
¿F?
$K = 9 \cdot 10^9$ N m² C⁻²

Dibujo:

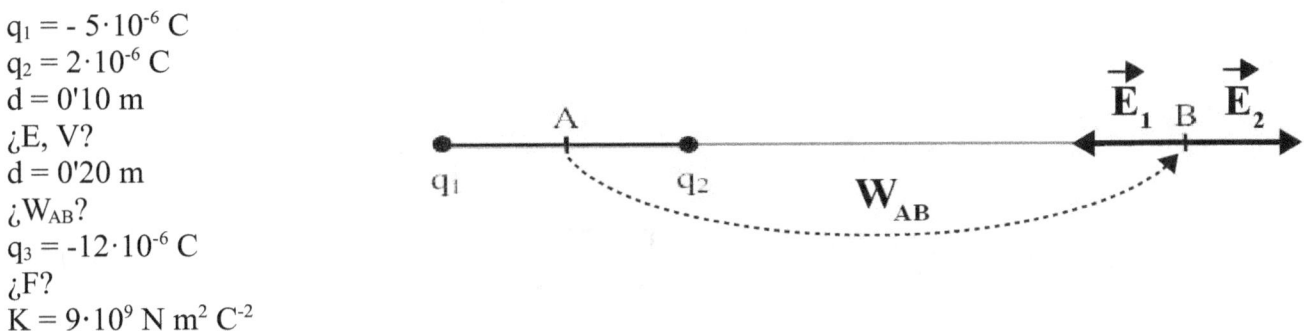

Principio físico: el campo eléctrico es la perturbación del espacio provocada por una carga eléctrica. El potencial eléctrico es la energía potencial eléctrica por unidad de carga. Ley de Coulomb: las cargas se atraen o se repelen con una fuerza directamente proporcional al producto de sus cargas e inversamente proporcional al cuadrado de la distancia que los separa.

Método de resolución: usaremos las fórmulas del campo, del potencial, del trabajo, la relación entre la fuerza y el campo y el principio de superposición.

Resolución: * Campo en el punto B:

$$E_1 = \frac{K \cdot q_1}{r_{1B}^2} = \frac{9 \cdot 10^9 \cdot 5 \cdot 10^{-6}}{(0'20 + 0'10)^2} = 5 \cdot 10^5 \frac{N}{C} \quad ; \quad \vec{E}_1 = -5 \cdot 10^5 \cdot \vec{i} \ \frac{N}{C}$$

$$E_2 = \frac{K \cdot q_2}{r_{2B}^2} = \frac{9 \cdot 10^9 \cdot 2 \cdot 10^{-6}}{0'20^2} = 4'5 \cdot 10^5 \frac{N}{C} \quad ; \quad \vec{E}_2 = +4'5 \cdot 10^5 \cdot \vec{i} \ \frac{N}{C}$$

$$\vec{E} = \vec{E}_1 + \vec{E}_2 = -5 \cdot 10^5 \cdot \vec{i} + 4'5 \cdot 10^5 \cdot \vec{i} = -5 \cdot 10^4 \cdot \vec{i} \ \frac{N}{C} \quad ; \quad E = \boxed{5 \cdot 10^4 \ \frac{N}{C}}$$

* Potencial en el punto B:

$$V_B = V_{1B} + V_{2B} = \frac{K \cdot q_1}{r_{1B}} + \frac{K \cdot q_2}{r_{2B}} = \frac{9 \cdot 10^9 \cdot (-5) \cdot 10^{-6}}{0'30} + \frac{9 \cdot 10^9 \cdot 2 \cdot 10^{-6}}{0'20} =$$

$$= -1'5 \cdot 10^5 + 9 \cdot 10^4 = \boxed{-6 \cdot 10^4 \text{ V}}$$

* Trabajo para trasladar la carga:

$$V_A = V_{1A} + V_{2A} = \frac{K \cdot q_1}{r_{1A}} + \frac{K \cdot q_2}{r_{2A}} = \frac{9 \cdot 10^9 \cdot (-5) \cdot 10^{-6}}{0'05} + \frac{9 \cdot 10^9 \cdot 2 \cdot 10^{-6}}{0'05} =$$

$$= -9 \cdot 10^5 + 3'6 \cdot 10^5 = -5'4 \cdot 10^5 \text{ V}$$

$$W_{AB} = q_3 \cdot (V_A - V_B) = -12 \cdot 10^{-6} \cdot (-5'4 \cdot 10^5 + 6 \cdot 10^4) = \boxed{+5'76 \text{ J}}$$

* Fuerza que actúa sobre q_3 en B:

$$\vec{F} = q_3 \cdot \vec{E} = -12 \cdot 10^{-6} \cdot (-5) \cdot 10^4 \cdot \vec{i} = \boxed{0'6 \cdot \vec{i}}$$

Comentario: el trabajo positivo indica que el proceso es espontáneo, es decir, ocurre sin la intervención de fuerzas externas.

18) Dos partículas de 25 g y con igual carga eléctrica se suspenden de un mismo punto mediante hilos inextensibles de masa despreciable y 80 cm de longitud. En la situación de equilibrio los hilos forman un ángulo de 45° con la vertical. a) Haga un esquema de las fuerzas que actúan sobre cada partícula. b) Calcule la carga de las partículas y la tensión de los hilos. K = 9·10⁹ N m² C⁻² ; g = 9,8 m s⁻²

Datos:

Dibujo:

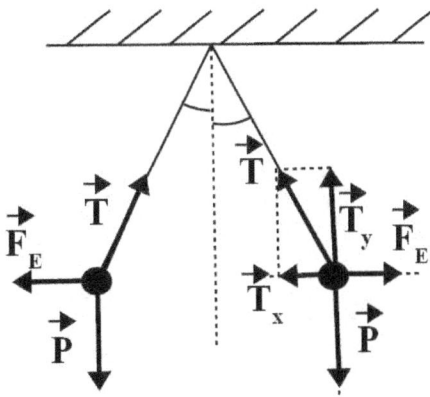

m = 0'025 kg
L = 0'80 m
α = 45°
¿Q, T?
K = 9·10⁹ N m² C⁻²
g = 9,8 m s⁻²

Principio físico: según la primera ley de Newton, para que un cuerpo permanezca en reposo, su resultante debe valer cero. Ley de Coulomb: las cargas se atraen o se repelen con una fuerza directamente proporcional al producto de sus cargas e inversamente proporcional al cuadrado de la distancia que los separa.

Método de resolución: aplicaremos la condición de estática.

Resolución: * Tensión en los hilos: $\sum \vec{F}_y = 0$ → $\vec{P} + \vec{T}_y = 0$ → $P = T_y$ →

→ $m \cdot g = T \cdot \cos \alpha$ → $T = \dfrac{m \cdot g}{\cos \alpha} = \dfrac{0'025 \cdot 9'8}{\cos 45°} = \boxed{0'346 \text{ N}}$

* Carga de las partículas: $\sum \vec{F}_x = 0$ → $\vec{F}_E + \vec{T}_x = 0$ → $F_E = T_x$ →

→ $\dfrac{K \cdot Q \cdot Q}{r^2} = T \cdot \text{sen } \alpha$ → $\dfrac{K \cdot Q^2}{r^2} = T \cdot \text{sen } \alpha$

Cálculo de la distancia r: $\text{sen } \alpha = \dfrac{r/2}{L} = \dfrac{r}{2 \cdot L}$ → $r = 2 \cdot L \cdot \text{sen } \alpha$

Luego: $\dfrac{K \cdot Q^2}{r^2} = T \cdot \text{sen } \alpha$ → $\dfrac{K \cdot Q^2}{4 \cdot L^2 \cdot \text{sen}^2 \alpha} = T \cdot \text{sen } \alpha$ →

→ $K \cdot Q^2 = 4 \cdot T \cdot L^2 \cdot \text{sen}^3 \alpha$ → $Q = \sqrt{\dfrac{4 \cdot T \cdot L^2 \cdot \text{sen}^3 \alpha}{K}} = \sqrt{\dfrac{4 \cdot 0'346 \cdot 0'80^2 \cdot \text{sen}^3 45°}{9 \cdot 10^9}} = \boxed{5'90 \cdot 10^{-6} \text{ C}}$

Comentario: al ser las cargas de igual signo, se repelen con la fuerza de Coulomb.

19) Una partícula con carga $2·10^{-6}$ C se encuentra en reposo en el punto (0,0). Se aplica un campo eléctrico uniforme de 500 N C^{-1} en el sentido positivo del eje OY. a) Describa el movimiento seguido por la partícula y la transformación de energía que tiene lugar a lo largo del mismo. b) Calcule la diferencia de potencial entre los puntos (0,0) y (0,2) m y el trabajo realizado para desplazar la partícula entre dichos puntos. $K = 9·10^9$ N m^2 C^{-2}

Datos: Dibujo:

$Q = 2·10^{-6}$ C
$O (0,0)$ m
$E = 500$ N C^{-1}
$P (0,2)$ m
¿ΔE_p?
¿W_{OP}?
$K = 9·10^9$ N m^2 C^{-2}

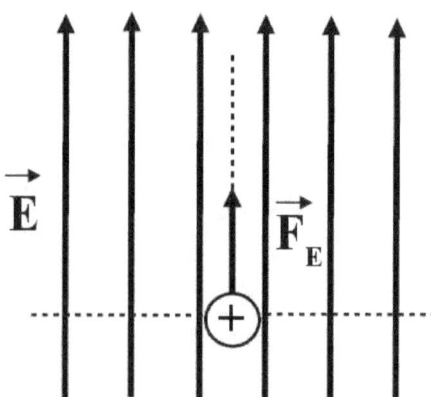

Principio físico: cuando una carga positiva se introduce en el interior de un campo eléctrico uniforme, experimenta una fuerza eléctrica en las mismas dirección y sentido que el campo eléctrico.

Método de resolución: calcularemos la velocidad y la energía cinética y utilizaremos el principio de conservación de la energía.

Resolución: * Fuerza electrostática sobre la partícula: $F_E = Q·E = 2·10^{-6}·500 = 10^{-3}$ N

* Trabajo para desplazar la partícula: $W_{OP} = F_E·e·\cos \alpha = 10^{-3}·2·\cos 0° =$ $\boxed{2·10^{-3} \text{ J}}$

* Diferencia de potencial entre los puntos: $W_{FC} = -\Delta E_p$ → $\Delta E_p = -W_{FC} =$ $\boxed{-2·10^{-3} \text{ J}}$

Comentario: al tener una única fuerza y partir del reposo, la carga tendrá un MRUA en la dirección del eje OY y hacia arriba. Al ser un movimiento acelerado, la velocidad aumenta, por lo que la energía cinética aumenta. Al ser una fuerza conservativa, la energía mecánica se conserva por lo que, al aumentar la energía cinética, disminuye la energía potencial.

2012

20) Dos cargas $q_1 = -8 \cdot 10^{-9}$ C y $q_2 = \dfrac{32}{3} \cdot 10^{-9}$ C se colocan en los puntos A (3, 0) m y B (0, -4) m, en el vacío. a) Dibuje en un esquema el campo eléctrico creado por cada carga en el punto (0, 0) y calcule el campo eléctrico total en dicho punto. b) Calcule el trabajo necesario para trasladar la carga q_1 desde su posición inicial hasta el punto (0,0). $K = 9 \cdot 10^9$ N m² C⁻²

Datos:

$q_1 = -8 \cdot 10^{-9}$ C
$q_2 = \dfrac{32}{3} \cdot 10^{-9}$ C
A (3, 0) m
B (0, -4) m
O (0, 0)
¿E?
¿W_{AO}?
$K = 9 \cdot 10^9$ N m² C⁻²

Dibujo:

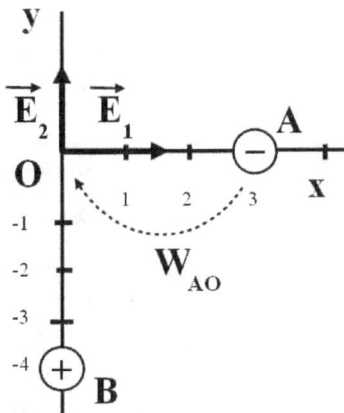

Principio físico: el campo eléctrico es la perturbación del espacio provocada por una carga eléctrica. Principio de superposición: el efecto conjunto de varias cargas es la suma de los efectos individuales.

Método de resolución: calcularemos los módulos de los campos, los pasaremos a vectores y usaremos el principio de superposición. También usaremos la fórmula del trabajo.

Resolución: * Campo eléctrico en el punto P:

$$E_1 = \dfrac{K \cdot Q_1}{r_1^2} = \dfrac{9 \cdot 10^9 \cdot 8 \cdot 10^{-9}}{3^2} = 8 \ \dfrac{N}{C} \ ; \ E_2 = \dfrac{K \cdot Q_2}{r_2^2} = \dfrac{9 \cdot 10^9 \cdot \frac{32}{3} \cdot 10^{-9}}{4^2} = 6 \ \dfrac{N}{C}$$

$$\vec{E}_1 = +8 \cdot \vec{i} \ \dfrac{N}{C} \ ; \ \vec{E}_2 = +6 \cdot \vec{j} \ ; \ \vec{E} = \vec{E}_1 + \vec{E}_2 = 8 \cdot \vec{i} + 6 \cdot \vec{j} \ \dfrac{N}{C}$$

$$E = \sqrt{E_x^2 + E_y^2} = \sqrt{8^2 + 6^2} = \boxed{10 \ \dfrac{N}{C}}$$

* Trabajo para desplazar la carga: $W_{AO} = q_1 \cdot (V_A - V_O)$

$$V_A = \dfrac{K \cdot q_2}{r_{2A}} = \dfrac{9 \cdot 10^9 \cdot \frac{32}{3} \cdot 10^{-9}}{\sqrt{4^2 + 3^2}} = 19'2 \ V \ ; \ V_O = \dfrac{K \cdot q_2}{r_{2O}} = \dfrac{9 \cdot 10^9 \cdot \frac{32}{3} \cdot 10^{-9}}{4} = 24 \ V$$

$W_{AO} = q_1 \cdot (V_A - V_O) = -8 \cdot 10^{-9} \cdot (19'2 - 24) = \boxed{3'84 \cdot 10^{-8} \ J}$

Comentario: el signo positivo del trabajo indica que el proceso es espontáneo, es decir, no hace falta una fuerza externa para llevar la carga q_1 desde el punto A hasta el punto O.

21) Un electrón se mueve con una velocidad de $2 \cdot 10^6$ m s^{-1} y penetra en un campo eléctrico uniforme de 400 N C^{-1}, de igual dirección y sentido que su velocidad. a) Explique cómo cambia la energía del electrón y calcule la distancia que recorre antes de detenerse. b) ¿Qué ocurriría si la partícula fuese un positrón? Razone la respuesta. e = $1,6 \cdot 10^{-19}$ C ; m = $9,1 \cdot 10^{-31}$ kg

Datos:

Dibujo:

$v_0 = 2 \cdot 10^6$ m s^{-1}
E = 400 N C^{-1}
¿d?
e = $1,6 \cdot 10^{-19}$ C
m = $9,1 \cdot 10^{-31}$ kg

Principio físico: una carga negativa dentro de un campo eléctrico uniforme experimenta una fuerza en sentido contrario al campo eléctrico.

Método de resolución: aplicaremos la segunda ley de Newton y la relación entre la fuerza y el campo. Usaremos también ecuaciones de Cinemática.

Resolución: * Distancia que recorre antes de detenerse: $\sum \vec{F} = m \cdot \vec{a}$ → $F_E = m \cdot a$ →

→ $e \cdot E = m \cdot a$ → $a = \dfrac{e \cdot E}{m} = \dfrac{1'6 \cdot 10^{-19} \cdot 400}{9'1 \cdot 10^{-31}} = 7'03 \cdot 10^{13} \; \dfrac{m}{s^2}$

$v^2 = v_0^2 - 2 \cdot a \cdot d$ → $2 \cdot a \cdot d = v_0^2 - v^2$ → $d = \dfrac{v_o^2 - v^2}{2 \cdot a} = \dfrac{(2 \cdot 10^6)^2 - 0^2}{2 \cdot 7'03 \cdot 10^{13}} = 0'0285$ m = $\boxed{2'85 \text{ cm}}$

Comentario: a) Como la fuerza resultante va en sentido contrario a su movimiento, el electrón se frenará y se parará. Es decir, su energía cinética disminuye. Como la fuerza eléctrica es conservativa, la energía mecánica se conserva. Por ello, al disminuir la energía cinética, la energía potencial aumenta.
b) Si fuera un positrón (la antipartícula del electrón), al tener carga positiva, experimentará una fuerza eléctrica en las mismas dirección y sentido que el campo. Esto significa que la energía cinética aumentará, la energía potencial disminuirá y la energía mecánica se conservará, al ser la fuerza eléctrica conservativa.

2011

22) Dos cargas puntuales iguales, de $+10^{-5}$ C, se encuentran en el vacío, fijas en los puntos A (0, 0) m y B (0, 3) m. a) Calcule el campo y el potencial electrostáticos en el punto C (4, 0) m. b) Si abandonáramos otra carga puntual de $+10^{-7}$ C en el punto C (4, 0) m, ¿Cómo se movería? Justifique la respuesta. K = 9·10⁹ N m² C⁻²

Datos:

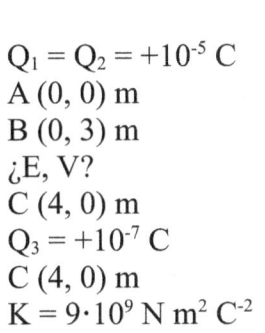

$Q_1 = Q_2 = +10^{-5}$ C
A (0, 0) m
B (0, 3) m
¿E, V?
C (4, 0) m
$Q_3 = +10^{-7}$ C
C (4, 0) m
K = 9·10⁹ N m² C⁻²

Dibujo:

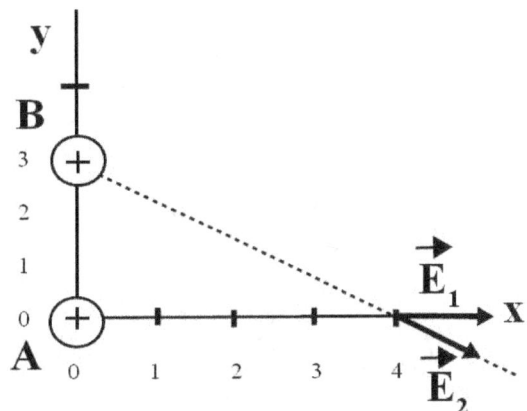

Principio físico: el campo eléctrico es la perturbación del espacio provocada por una carga eléctrica. Principio de superposición: el efecto conjunto de varias cargas es la suma de los efectos individuales.

Método de resolución: calcularemos los módulos de los campos, los pasaremos a vectores y usaremos el principio de superposición. También usaremos la fórmula del trabajo.

Resolución: * Campo eléctrico en el punto C:

$$E_1 = \frac{K \cdot Q_1}{r_1^2} = \frac{9 \cdot 10^9 \cdot 10^{-5}}{4^2} = 5625 \ \frac{N}{C} \quad ; \quad E_2 = \frac{K \cdot Q_2}{r_2^2} = \frac{9 \cdot 10^9 \cdot 10^{-5}}{3^2 + 4^2} = 3600 \ \frac{N}{C}$$

$$\vec{E}_1 = +5625 \cdot \vec{i}$$

$$\vec{E}_2 = +E_2 \cdot \cos\alpha \cdot \vec{i} - E_2 \cdot \sin\alpha \cdot \vec{j} = +3600 \cdot \frac{4}{\sqrt{5}} \cdot \vec{i} - 3600 \cdot \frac{3}{\sqrt{5}} \cdot \vec{j} = 6440 \cdot \vec{i} - 4830 \cdot \vec{j}$$

$$\vec{E} = \vec{E}_1 + \vec{E}_2 = (5625 + 6440) \cdot \vec{i} - 4830 \cdot \vec{j} = 12065 \cdot \vec{i} - 4830 \cdot \vec{j} \ \frac{N}{C}$$

$$E = \sqrt{E_x^2 + E_y^2} = \sqrt{12065^2 + (-4830)^2} = \boxed{13000 \ \frac{N}{C}}$$

* Potencial electrostático en el punto C:

$$V_C = V_{1C} + V_{2C} = \frac{K \cdot Q_1}{r_{1C}} + \frac{K \cdot Q_2}{r_{2C}} = \frac{9 \cdot 10^9 \cdot 10^{-5}}{4} + \frac{9 \cdot 10^9 \cdot 10^{-5}}{\sqrt{3^2 + 4^2}} = 22500 + 18000 = \boxed{40500 \text{ V}}$$

* Fuerza que actúa sobre Q_3:

$$\vec{F} = Q_3 \cdot \vec{E} = 10^{-7} \cdot (12065 \cdot \vec{i} - 4830 \cdot \vec{j}) = 1'21 \cdot 10^{-3} \cdot \vec{i} - 4'83 \cdot 10^{-4} \cdot \vec{j} \text{ N}$$

$$F = \sqrt{F_x^2 + F_y^2} = \sqrt{(1'21 \cdot 10^{-3})^2 + (-4'83 \cdot 10^{-4})^2} = 1'30 \cdot 10^{-3} N$$

$$F_x = F \cdot \cos\alpha \quad \rightarrow \quad \cos\alpha = \frac{F_x}{F} = \frac{1'21 \cdot 10^{-3}}{1'30 \cdot 10^{-3}} = 0'931 \quad \rightarrow \quad \alpha = 21'4°$$

Comentario: la carga Q_3 se movería en la dirección y sentido de la fuerza que actúa sobre Q_3. La fuerza forma un ángulo de 21'4° por debajo del eje x.

2010

23) Una carga de $3 \cdot 10^{-6}$ C se encuentra en el origen de coordenadas y otra carga de $-3 \cdot 10^{-6}$ C está situada en el punto (1,1) m. a) Dibuje en un esquema el campo eléctrico en el punto B (2,0) m y calcule su valor. ¿Cuál es el potencial eléctrico en el punto B? b) Calcule el trabajo necesario para desplazar una carga de $10 \cdot 10^{-6}$ C desde el punto A (1,0) m hasta el punto B (2,0) m. $K = 9 \cdot 10^9$ N m² C⁻²

Datos:

$Q_1 = 3 \cdot 10^{-6}$ C
O (0,0)
$Q_2 = -3 \cdot 10^{-6}$ C
P (1,1) m
¿E?
B (2,0) m
¿V?
¿W_{AB}?
$Q_3 = 10 \cdot 10^{-6}$ C
A (1,0) m
$K = 9 \cdot 10^9$ N m² C⁻²

Dibujo:

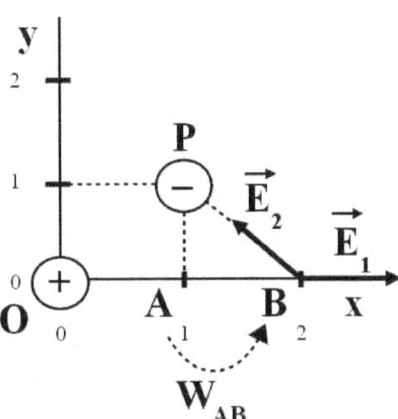

Principio físico: el campo eléctrico es la perturbación del espacio provocada por una carga eléctrica. Principio de superposición: el efecto conjunto de varias cargas es la suma de los efectos individuales.

Método de resolución: calcularemos los módulos de los campos, los pasaremos a vectores y usaremos el principio de superposición. También usaremos la fórmula del trabajo.

Resolución: * Campo eléctrico en el punto B:

$$E_1 = \frac{K \cdot Q_1}{r_1^2} = \frac{9 \cdot 10^9 \cdot 3 \cdot 10^{-6}}{2^2} = 6750 \ \frac{N}{C} \ ; \ E_2 = \frac{K \cdot Q_2}{r_2^2} = \frac{9 \cdot 10^9 \cdot 3 \cdot 10^{-6}}{1^2 + 1^2} = 13500 \ \frac{N}{C}$$

$$\vec{E}_1 = +6750 \cdot \vec{i}$$

$$\vec{E}_2 = -E_2 \cdot \cos\alpha \cdot \vec{i} + E_2 \cdot sen\alpha \cdot \vec{j} = -13500 \cdot \cos 45° \cdot \vec{i} + 13500 \cdot \cos 45° \cdot \vec{j} = -9546 \cdot \vec{i} + 9546 \cdot \vec{j}$$

$$\vec{E} = \vec{E}_1 + \vec{E}_2 = -2796 \cdot \vec{i} + 9546 \cdot \vec{j} \ \frac{N}{C}$$

$$E = \sqrt{E_x^2 + E_y^2} = \sqrt{(-2796)^2 + 9546^2} = \boxed{9947 \ \frac{N}{C}}$$

* Potencial eléctrico en el punto B:

$$V_B = V_{1B} + V_{2B} = \frac{K \cdot Q_1}{r_{1B}} + \frac{K \cdot Q_2}{r_{2B}} = \frac{9 \cdot 10^9 \cdot 3 \cdot 10^{-6}}{2} + \frac{9 \cdot 10^9 \cdot (-3 \cdot 10^{-6})}{\sqrt{2}} = \boxed{-5592 \text{ V}}$$

* Trabajo para desplazar la carga:

$$W_{AB} = Q_3 \cdot (V_A - V_B)$$

$$V_A = V_{1A} + V_{2A} = \frac{K \cdot Q_1}{r_{1A}} + \frac{K \cdot Q_2}{r_{2A}} = \frac{9 \cdot 10^9 \cdot 3 \cdot 10^{-6}}{1} + \frac{9 \cdot 10^9 \cdot (-3 \cdot 10^{-6})}{1} = 0 \text{ V}$$

$$W_{PO} = Q_3 \cdot (V_P - V_O) = 10 \cdot 10^{-6} \cdot (-5592 + 0) = \boxed{-0'0559 \text{ J}}$$

Comentario: el signo negativo del trabajo indica que el proceso es no espontáneo, es decir, hace falta una fuerza externa para llevar la carga Q_3 desde el punto A hasta el punto B.

2009

24) Considere dos cargas eléctricas puntuales $q_1 = 2 \cdot 10^{-6}$ C y $q_2 = -4 \cdot 10^{-6}$ C separadas 0'1 m. a) Determine el valor del campo eléctrico en el punto medio del segmento que une ambas cargas. ¿Puede ser nulo el campo en algún punto de la recta que las une? Conteste razonadamente con ayuda de un esquema. b) Razone si es posible que el potencial eléctrico se anule en algún punto de dicha recta y, en su caso, calcule la distancia de ese punto a las cargas. $K = 9 \cdot 10^9$ N m² C⁻²

Datos: Dibujo:

$q_1 = 2 \cdot 10^{-6}$ C
$q_2 = -4 \cdot 10^{-6}$ C
$d_0 = 0'1$ m
¿E?
¿r_1, r_2? → V = 0
$K = 9 \cdot 10^9$ N m² C⁻²

Principio físico: el campo eléctrico es la perturbación del espacio provocada por una carga eléctrica. Principio de superposición: el efecto conjunto de varias cargas es la suma de los efectos individuales.

Método de resolución: calcularemos los módulos de los campos, los pasaremos a vectores y usaremos el principio de superposición. También usaremos la fórmula del trabajo.

Resolución: * Campo eléctrico en el punto medio:

$$E_1 = \frac{K \cdot q_1}{(d_0/2)^2} = \frac{9 \cdot 10^9 \cdot 2 \cdot 10^{-6}}{0'05^2} = 7'2 \cdot 10^6 \ \frac{N}{C} \ ; \ E_2 = \frac{K \cdot q_2}{(d_0/2)^2} = \frac{9 \cdot 10^9 \cdot 4 \cdot 10^{-6}}{0'05^2} = 1'44 \cdot 10^7 \ \frac{N}{C}$$

$$\vec{E}_1 = +7'2 \cdot 10^6 \cdot \vec{i} \ \frac{N}{C} \ ; \ \vec{E}_2 = +1'44 \cdot 10^7 \cdot \vec{i} \ \frac{N}{C}$$

$$\vec{E} = \vec{E}_1 + \vec{E}_2 = (7'2 \cdot 10^6 + 1'44 \cdot 10^7) \cdot \vec{i} = 2'16 \cdot 10^7 \cdot \vec{i} \ \frac{N}{C} \ ; \ \boxed{E = 2'16 \cdot 10^7 \ \frac{N}{C}}$$

* Punto donde se anula el campo eléctrico:

$$V = V_1 + V_2 = \frac{K \cdot q_1}{r_1} + \frac{K \cdot q_2}{r_2} = \frac{K \cdot q_1}{r_1} + \frac{K \cdot q_2}{d_0 - r_1} = 0 \rightarrow \frac{K \cdot q_1}{r_1} = -\frac{K \cdot q_2}{d_0 - r_1} \rightarrow$$

$$\rightarrow \frac{q_1}{r_1} = -\frac{q_2}{d_0 - r_1} \rightarrow q_1 \cdot d_0 - q_1 \cdot r_1 = -q_2 \cdot r_1 \rightarrow q_1 \cdot d_0 = q_1 \cdot r_1 - q_2 \cdot r_1 \rightarrow$$

$$\rightarrow q_1 \cdot d_0 = (q_1 - q_2) \cdot r_1 \rightarrow r_1 = \frac{q_1 \cdot d_0}{q_1 - q_2} = \frac{2 \cdot 10^{-6} \cdot 0'1}{2 \cdot 10^{-6} + 4 \cdot 10^{-6}} = \boxed{0'0333 \text{ m}} \rightarrow$$

$$\rightarrow r_2 = d_0 - r_1 = 0'1 - 0'0333 = \boxed{0'0667 \text{ m}}$$

Comentario: a) El campo eléctrico puede ser nulo a la izquierda de la carga positiva, ya que ahí los campos tienen sentidos opuestos. A la derecha de la carga negativa también tienen signos opuestos, pero al ser la carga q_2 mayor que la q_1 en valor absoluto, los módulos sólo pueden ser iguales en un lugar a la izquierda de la carga positiva, ya que el efecto de la mayor distancia es compensado por el efecto de la mayor carga. Recordemos que las cargas positivas son fuentes de campo (el campo va hacia fuera) y las cargas negativas son sumideros de campo (el campo va hacia la carga).
b) El potencial eléctrico es una magnitud escalar, luego sólo es posible que se anule si uno de los potenciales que se suman es positivo y el otro negativo, es decir, si una de las cargas es positiva y la otra negativa, como así ocurre.

25) Una bolita de 1 g, cargada con + 5·10⁻⁶ C, pende de un hilo que forma 60° con la vertical en una región en la que existe un campo eléctrico uniforme en dirección horizontal. a) Explique con ayuda de un esquema qué fuerzas actúan sobre la bolita y calcule el valor del campo eléctrico. b) Razone qué cambios experimentaría la situación de la bolita si: i) se duplicara el campo eléctrico; ii) se duplicara la masa de la bolita. g = 10 m s⁻²

Datos:

Dibujo:

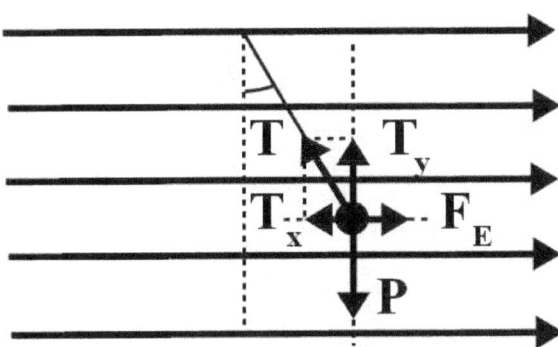

$m = 10^{-3}$ kg
$Q = + 5 \cdot 10^{-6}$ C
$\alpha = 60°$
¿E?

Principio físico: una carga positiva dentro de un campo eléctrico uniforme experimenta una fuerza eléctrica en la misma dirección y en el mismo sentido que el campo. Si el sistema no se mueve, la resultante es cero, según la primera ley de Newton.

Método de resolución: aplicaremos el principio de estática: $\vec{R}=0 \rightarrow \sum \vec{F}_y = 0$ y $\sum \vec{F}_x = 0$

Resolución: * Tensión en el hilo: $\sum \vec{F}_y = 0 \rightarrow \vec{P} + \vec{T}_y = 0 \rightarrow P = T_y \rightarrow$

$\rightarrow m \cdot g = T \cdot \cos\alpha \rightarrow T = \dfrac{m \cdot g}{\cos\alpha} = \dfrac{10^{-3} \cdot 10}{\cos 60°} = 0'02$ N

* Campo eléctrico: $\sum \vec{F}_x = 0 \rightarrow \vec{F}_E + \vec{T}_x = 0 \rightarrow F_E = T_x \rightarrow$

$\rightarrow Q \cdot E = T \cdot \operatorname{sen}\alpha \rightarrow E = \dfrac{T \cdot \operatorname{sen}\alpha}{Q} = \dfrac{0'02 \cdot \operatorname{sen} 60°}{5 \cdot 10^{-6}} = \boxed{3464 \ \dfrac{N}{C}}$

Comentario: $E = \dfrac{\dfrac{m \cdot g}{\cos\alpha} \cdot \operatorname{sen}\alpha}{Q} = \dfrac{m \cdot g \cdot \operatorname{tg}\alpha}{Q}$: al aumentar el campo, aumenta la tangente y aumenta el ángulo. Es decir, la bolita se separa más de la vertical.

$\operatorname{tg}\alpha = \dfrac{E \cdot Q}{m \cdot g}$: al aumentar la masa, disminuye tg α y la bolita se acerca a la vertical.

2008

26) Una bolita de plástico de 2 g se encuentra suspendida de un hilo de 20 cm de longitud y, al aplicar un campo eléctrico uniforme y horizontal de 1000 N C⁻¹, el hilo forma un ángulo de 15° con la vertical.
a) Dibuje en un esquema el campo eléctrico y todas las fuerzas que actúan sobre la esfera y determine su carga eléctrica. b) Explique cómo cambia la energía potencial de la esfera al aplicar el campo eléctrico. g = 10 m s⁻²

Datos:

$m = 2 \cdot 10^{-3}$ kg
$L = 0'20$ m
$E = 1000$ N C⁻¹
$\alpha = 15°$
¿Q?
$g = 10$ m s⁻²

Dibujo:

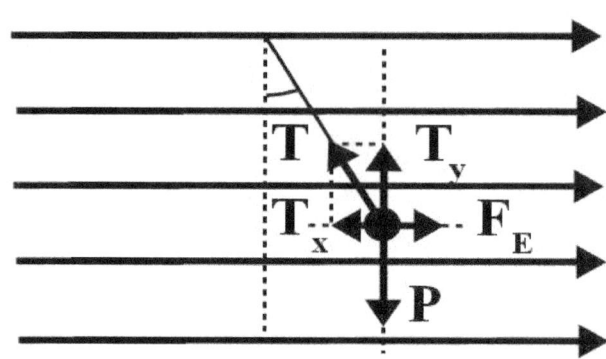

Principio físico: una carga positiva dentro de un campo eléctrico uniforme experimenta una fuerza eléctrica en la misma dirección y en el mismo sentido que el campo. Si la carga es negativa, la fuerza tiene sentido contrario al campo. Si el sistema no se mueve, la resultante es cero, según la primera ley de Newton.

Método de resolución: aplicaremos el principio de estática: $\vec{R}=0 \rightarrow \sum \vec{F}_y = 0$ y $\sum \vec{F}_x = 0$

Resolución: * Tensión en el hilo: $\sum \vec{F}_y = 0 \rightarrow \vec{P}+\vec{T}_y = 0 \rightarrow P = T_y \rightarrow$

$\rightarrow m \cdot g = T \cdot \cos \alpha \rightarrow T = \dfrac{m \cdot g}{\cos \alpha} = \dfrac{2 \cdot 10^{-3} \cdot 10}{\cos 15°} = 0'0207$ N

* Carga eléctrica: $\sum \vec{F}_x = 0 \rightarrow \vec{F}_E + \vec{T}_x = 0 \rightarrow F_E = T_x \rightarrow$

$\rightarrow Q \cdot E = T \cdot \operatorname{sen} \alpha \rightarrow Q = \dfrac{T \cdot \operatorname{sen} \alpha}{E} = \dfrac{0'0207 \cdot \operatorname{sen} 15°}{1000} = \boxed{5'36 \cdot 10^{-6} \text{ C}}$

Comentario: la energía potencial gravitatoria aumenta, pues aumenta la altura. Su velocidad aumenta y después disminuye, luego su energía cinética aumenta y después disminuye. Como la energía mecánica se conserva, la energía potencial eléctrica, primero disminuye y después aumenta.

27) El potencial eléctrico en un punto P, creado por una carga Q situada en el origen, es 800 V y el campo eléctrico en P es 400 N C⁻¹. a) Determine el valor de Q y la distancia del punto P al origen. b) Calcule el trabajo que se realiza al desplazar otra carga q = 1,2·10⁻⁶ C desde el punto (3, 0) m al punto (0, 3) m. Explique por qué no hay que especificar la trayectoria seguida. K = 9·10⁹ N m² C⁻²

Datos:

V = 800 V
E = 400 N/C
¿Q?
¿r?
¿W$_{AB}$?
q = 1,2·10⁻⁶ C
A (3,0) m
B (0,3) m
K = 9·10⁹ N m² C⁻²

Dibujo:

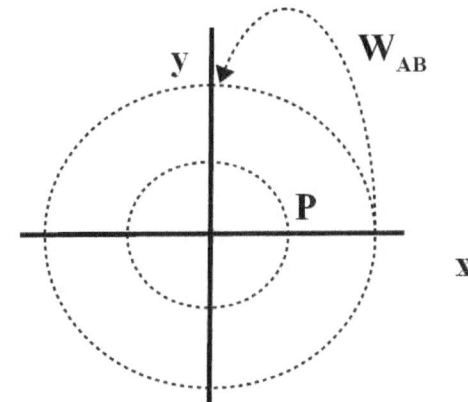

Principio físico: el campo eléctrico es la perturbación del espacio provocada por una carga. El potencial eléctrico es la energía potencial eléctrica por unidad de carga. El trabajo de la fuerza eléctrica es el menos incremento de la energía potencial.

Método de resolución: usaremos la relación entre el potencial y el módulo del campo, usaremos la expresión del potencial para calcular la carga y la fórmula del trabajo.

Resolución: * Distancia del punto P al origen: $E = \dfrac{K \cdot Q}{r^2}$; $V = \dfrac{K \cdot Q}{r}$ → $V = E \cdot r$ →

→ $r = \dfrac{V}{E} = \dfrac{800}{400} = \boxed{2 \text{ m}}$

* Valor de la carga: $Q = \dfrac{V \cdot r}{K} = \dfrac{800 \cdot 2}{9 \cdot 10^9} = \boxed{1'78 \cdot 10^{-7} \text{ C}}$

* Trabajo para desplazar la carga q: $W_{AB} = q \cdot (V_A - V_B) = \boxed{0 \text{ J}}$

Comentario: como los puntos A y B están a la misma distancia de la carga que produce el campo, el trabajo necesario para desplazar otra carga será nulo.

2007

28) Una partícula de masa m y carga -10^{-6} C se encuentra en reposo al estar sometida al campo gravitatorio terrestre y a un campo eléctrico uniforme E = 100 N C^{-1} de la misma dirección. a) Haga un esquema de las fuerzas que actúan sobre la partícula y calcule su masa. b) Analice el movimiento de la partícula si el campo eléctrico aumentara a 120 N C^{-1} y determine su aceleración. g = 10 m s^{-2}

Datos: Dibujo:

Q = -10^{-6} C
E = 100 N C^{-1}
¿m?
E = 120 N C^{-1}
¿a?
g = 10 m s^{-2}

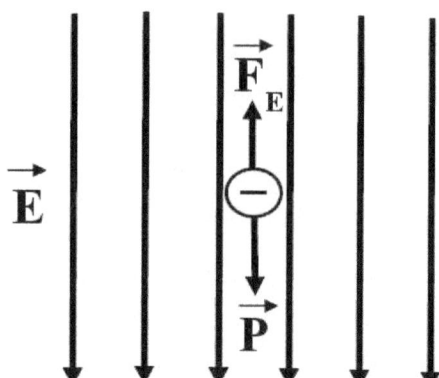

Principio físico: primera ley de Newton: para que un cuerpo permanezca en reposo, su resultante debe valer cero.

Método de resolución: aplicaremos la condición de estática: $\vec{R}=0$.

Resolución: * Masa de la partícula: $\vec{P}+\vec{F}_E=0$ → P = F$_E$ → m·g = Q·E →

→ m = $\dfrac{|Q|\cdot E}{g} = \dfrac{10^{-6}\cdot 100}{10} = \boxed{10^{-5} \text{ g}}$

* Aceleración de la partícula: $\vec{P}+\vec{F}_E = m\cdot\vec{a}$ → F$_E$ − P = m a → $|Q|\cdot E - m\cdot g = m\cdot a$ →

→ a = $\dfrac{|Q|\cdot E - m\cdot g}{m} = \dfrac{10^{-6}\cdot 120 - 10^{-5}\cdot 10}{10^{-5}} = \boxed{2\ \dfrac{m}{s^2}}$

Comentario: a) Para que la partícula esté equilibrada, la fuerza peso y la fuerza electrostática deben ser de igual módulo y de sentidos contrarios. El peso siempre va hacia abajo. Para que la fuerza electrostática vaya hacia arriba, el campo eléctrico debe ir hacia abajo, pues las cargas negativas en el seno de campos eléctricos uniformes experimentan una fuerza opuesta al sentido del campo eléctrico.
b) Si el campo eléctrico es mayor que el necesario para equilibrar el peso, existe una fuerza resultante y, según la primera y la segunda leyes de Newton, experimentará una aceleración en la dirección y en el sentido de la resultante.

2006

29) Una partícula con carga $2 \cdot 10^{-6}$ C se encuentra en reposo en el punto (0,0). Se aplica un campo eléctrico uniforme de 500 N C^{-1} en el sentido positivo del eje OY. a) Describa el movimiento seguido por la partícula y la transformación de energía que tiene lugar a lo largo del mismo. b) Calcule la diferencia de potencial entre los puntos (0,0) y (0,2) m y el trabajo realizado para desplazar la partícula entre dichos puntos.

Datos:

Dibujo:

$Q = 2 \cdot 10^{-6}$ C
O (0,0)
$E = 500$ N C^{-1}
¿ΔEp?
P (0,2) m
¿W_{OP}?

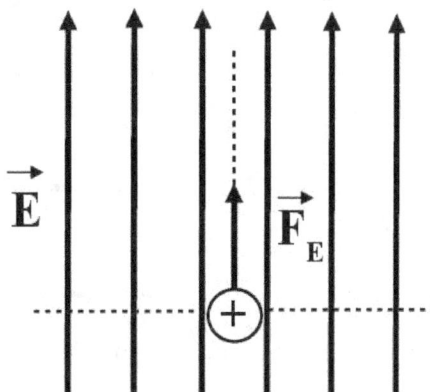

Principio físico: una carga positiva en el seno de un campo eléctrico uniforme experimenta una fuerza en las mismas dirección y sentido que el campo.

Método de resolución: utilizaremos la relación entre la fuerza y el campo, utilizaremos el principio de conservación de la energía mecánica y la fórmula del trabajo.

Resolución: * Trabajo para desplazar la partícula entre los dos puntos:

$W_{OP} = F_E \cdot e \cdot \cos \alpha = Q \cdot E \cdot e \cdot \cos \alpha = 2 \cdot 10^{-6} \cdot 500 \cdot 2 \cdot \cos 0° = \boxed{2 \cdot 10^{-3} \text{ J}}$

* Diferencia de energía potencial entre los dos puntos: $\Delta Ep = -W_{FC} = -W_{OP} = -2 \cdot 10^{-3}$ J

* Diferencia de potencial entre los dos puntos: $\Delta V = \dfrac{\Delta Ep}{Q} = \dfrac{-2 \cdot 10^{-3}}{2 \cdot 10^{-6}} = \boxed{-1000 \text{ V}}$

Comentario: a) Según la segunda ley de Newton, la partícula experimentará una aceleración en la dirección y en el sentido del campo eléctrico. Es decir, su movimiento será un MRUA. Como su velocidad aumenta, su energía cinética aumenta. Al ser la fuerza electrostática una fuerza conservativa, la energía mecánica se conserva; esto significa que, si su energía cinética aumenta, su energía potencial disminuye.

30) Un electrón se mueve con una velocidad de $5\cdot 10^5$ m s^{-1} y penetra en un campo eléctrico de 50 N C^{-1} de igual dirección y sentido que la velocidad. a) Haga un análisis energético del problema y calcule la distancia que recorre el electrón antes de detenerse. b) Razone qué ocurriría si la partícula incidente fuera un protón. $e = 1,6\cdot 10^{-19}$ C ; $m_e = 9,1\cdot 10^{-31}$ kg ; $m_p = 1,7\cdot 10^{-27}$ kg

Datos: Dibujo:

$v_0 = 5\cdot 10^5$ m s^{-1}
$E = 50$ N C^{-1}
¿d?
$e = 1,6\cdot 10^{-19}$ C
$m_e = 9,1\cdot 10^{-31}$ kg
$m_p = 1,7\cdot 10^{-27}$ kg

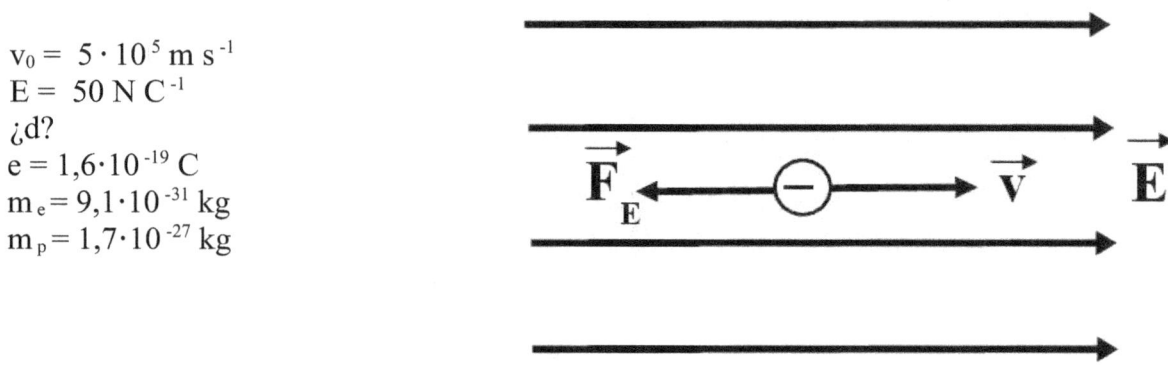

Principio físico: una carga negativa en el seno de un campo eléctrico uniforme experimenta una fuerza en sentido contrario al del campo.

Método de resolución: utilizaremos la segunda ley de Newton y la relación entre la fuerza y el campo para calcular la aceleración. Después, usaremos una ecuación de Cinemática.

Resolución: * Distancia que recorre el electrón hasta detenerse:

$$\sum \vec{F} = m\cdot \vec{a} \;\to\; F_E = m\cdot a \;\to\; e\cdot E = m\cdot a \;\to\; a = \frac{e\cdot E}{m} = \frac{1'6\cdot 10^{-19}\cdot 50}{9'1\cdot 10^{-31}} = 8'79\cdot 10^{12}\;\frac{m}{s^2}$$

$$v^2 = v_0^2 - 2\cdot a\cdot d \;\to\; 2\cdot a\cdot d = v_0^2 - v^2 \;\to\; d = \frac{v_o^2 - v^2}{2\cdot a} = \frac{(5\cdot 10^5)^2 - 0}{2\cdot 8'79\cdot 10^{12}} = 0'0142\text{ m} = \boxed{1'42\text{ cm}}$$

* Aceleración del protón:

$$a = \frac{e\cdot E}{m} = \frac{1'6\cdot 10^{-19}\cdot 50}{1'7\cdot 10^{-27}} = 4'71\cdot 10^9\;\frac{m}{s^2}$$

Comentario: a) El electrón se moverá según un movimiento de velocidad decreciente, irá frenando. Si la velocidad disminuye, la energía cinética también. Al ser la fuerza eléctrica conservativa, la energía mecánica se conserva. Esto significa que si la energía cinética disminuye, la energía potencial aumenta. b) Si la partícula incidente fuera un protón, la fuerza tendría el mismo sentido que la velocidad inicial y que el campo, luego se aceleraría. Su movimiento sería un MRUA. Su energía cinética aumentaría y su energía potencial disminuiría.

PROBLEMAS DE CAMPO MAGNÉTICO

2018

1) Un conductor rectilíneo transporta una corriente de 10 A en el sentido positivo del eje Z. Un protón situado a 50 cm del conductor se dirige perpendicularmente hacia el conductor con una velocidad de $2 \cdot 10^5$ m s^{-1}. Realice una representación gráfica indicando todas las magnitudes vectoriales implicadas y determine el módulo, dirección y sentido de la fuerza que actúa sobre el protón.
$\mu_0 = 4\pi \cdot 10^{-7}$ T m A^{-1}; e = $1,6 \cdot 10^{-19}$ C

Datos: Dibujo:

I = 10 A
r = 0'50 m
v = $2 \cdot 10^5$ m s^{-1}
¿F?
$\mu_0 = 4\pi \cdot 10^{-7}$ T m A^{-1}
e = $1,6 \cdot 10^{-19}$ C

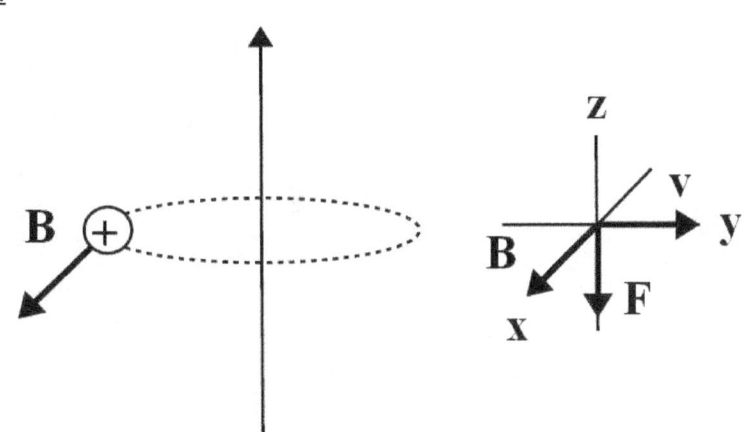

Principio físico: un hilo conductor que transporta una corriente eléctrica crea a su alrededor un campo magnético. Una partícula cargada en movimiento en el seno de un campo magnético experimenta la fuerza de Lorentz.

Método de resolución: usaremos la ley de Biot y Savart y la ley de Lorentz.

Resolución: * Campo magnético sobre la partícula (Biot y Savart):

$$B = \frac{\mu_0 \cdot I}{2 \cdot \pi \cdot r} = \frac{4 \cdot \pi \cdot 10^{-7} \cdot 10}{2 \cdot \pi \cdot 0'50} = 4 \cdot 10^{-6} \text{ T}$$

* Fuerza sobre la partícula (ley de Lorentz):

$$\vec{F} = Q \cdot \vec{v} \times \vec{B} \quad \rightarrow \quad F = Q \cdot v \cdot B \cdot \text{sen } \alpha = 1'6 \cdot 10^{-19} \cdot 2 \cdot 10^5 \cdot 4 \cdot 10^{-6} \cdot \text{sen } 90º = \boxed{1'28 \cdot 10^{-19} \text{ N}}$$

Comentario: la fuerza es muy pequeña porque la carga y el campo también lo son. El campo creado por el hilo conductor sigue la regla de la mano derecha. Según la ley de Lorentz, la fuerza iría hacia abajo, según la regla del tornillo. La fuerza, la velocidad y el campo magnético son perpendiculares entre sí.

2) El flujo de un campo magnético que atraviesa cada espira de una bobina de 50 vueltas viene dado por la expresión: $\Phi(t) = 2\cdot 10^{-2} + 25\cdot 10^{-3}\cdot t^2$ (SI). Deduzca la expresión de la fuerza electromotriz inducida en la bobina y calcule su valor para t = 10 s, así como la intensidad de corriente inducida en la bobina, si ésta tiene una resistencia de 5 Ω.

Datos: Dibujo:

N = 50 vueltas
$\Phi(t) = 2\cdot 10^{-2} + 25\cdot 10^{-3}\cdot t^2$
¿ε(t)?
¿ε?
t = 10 s
¿I?
R = 5 Ω

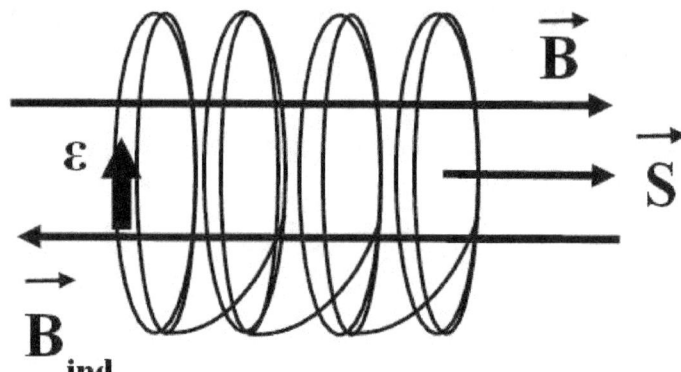

Principio físico: inducción electromagnética, ley de Faraday-Lenz: la corriente inducida en un circuito es originada por la variación del flujo magnético que atraviesa dicho circuito. Su sentido es tal que se opone a dicha variación.

Método de resolución: usaremos la ley de Faraday-Lenz y la ley de Ohm.

Resolución: * Flujo magnético: $\Phi = N\cdot \vec{B}\cdot \vec{S} = N\cdot B\cdot S\cdot \cos\alpha$

* Flujo magnético total: $\Phi = N\cdot \Phi_i = 1 + 1'25\cdot t^2$

* Fuerza electromotriz inducida: $\epsilon = -\dfrac{d\Phi}{dt} = \boxed{-2'5\cdot t \ \text{V}}$

* Fuerza electromotriz inducida a los 10 segundos: $\epsilon(10) = -2'5\cdot 10 = \boxed{-25 \ \text{V}}$

* Intensidad de corriente inducida (ley de Ohm): $\epsilon = I\cdot R \rightarrow I = \dfrac{\epsilon}{R} = \dfrac{-25}{5} = \boxed{-5 \ \text{A}}$

Comentario: el vector $\vec{S}$ es perpendicular al plano de la espira. El ángulo α que forman $\vec{B}$ y $\vec{S}$ es cero y el coseno de cero es 1. Como el flujo aumenta, la $\vec{B}_{ind}$ trata de compensar ese aumento dirigiéndose en sentido contrario a $\vec{B}$. La f.e.m. inducida sigue la regla de la mano derecha respecto a la $\vec{B}_{ind}$.

3) Un electrón se mueve con una velocidad de $2 \cdot 10^3$ m s^{-1} en el seno de un campo magnético uniforme de módulo B = 0,25 T. Calcule la fuerza que ejerce dicho campo sobre el electrón cuando las direcciones del campo y de la velocidad del electrón son paralelas, y cuando son perpendiculares. Determine la aceleración que experimenta el electrón en ambos casos.
e = $1,6 \cdot 10^{-19}$ C; m_e = $9,1 \cdot 10^{-31}$ kg

Datos: Dibujo:

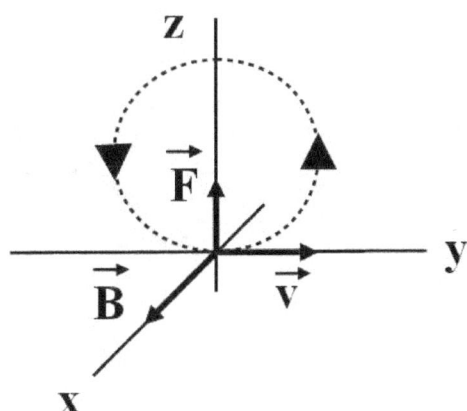

v = $2 \cdot 10^3$ m s^{-1}
B = 0,25 T
¿F?
¿a?
e = $1,6 \cdot 10^{-19}$ C
m_e = $9,1 \cdot 10^{-31}$ kg

Principio físico: una carga eléctrica moviéndose en el seno de un campo magnético experimenta una fuerza dada por la ley de Lorentz. Como la velocidad y la fuerza son perpendiculares, la partícula experimenta un MCU (movimiento circular uniforme).

Método de resolución: utilizaremos la ley de Lorentz y la segunda ley de Newton.

Resolución: * Fuerza sobre el electrón cuando el campo y la velocidad son paralelos (ley de Lorentz):

$\vec{F} = Q \cdot \vec{v} \times \vec{B}$ → F = Q·v·B·sen α = $1'6 \cdot 10^{-19} \cdot 2 \cdot 10^3 \cdot 0'25 \cdot$ sen 0° = $\boxed{0 \text{ N}}$

* Fuerza sobre el electrón cuando el campo y la velocidad son perpendiculares (ley de Lorentz):

$\vec{F} = Q \cdot \vec{v} \times \vec{B}$ → F = Q·v·B·sen α = $1'6 \cdot 10^{-19} \cdot 2 \cdot 10^3 \cdot 0'25 \cdot$ sen 90° = $\boxed{8 \cdot 10^{-17} \text{ N}}$

* Aceleración cuando el campo y la velocidad son paralelos: a = 0

* Aceleración cuando el campo y la velocidad son perpendiculares:

F = m·a_n → $a_n = \dfrac{F}{m} = \dfrac{8 \cdot 10^{-17}}{9'1 \cdot 10^{-31}} = \boxed{8'79 \cdot 10^{13} \dfrac{m}{s^2}}$

Comentario: según la primera ley de Newton, si no actúa ninguna fuerza resultante sobre la partícula, continuará moviéndose con MRU (movimiento rectilíneo uniforme). Si existe una fuerza resultante distinta de cero sobre la partícula, esa fuerza será fuerza centrípeta ya que la fuerza y la velocidad son perpendiculares. A la fuerza centrípeta le corresponde la aceleración centrípeta o normal.

4) Suponga dos hilos metálicos largos, rectilíneos y paralelos, por los que circulan corrientes en el mismo sentido con intensidades $I_1 = 1$ A e $I_2 = 2$ A. Si entre dichos hilos hay una separación de 20 cm, calcule el vector campo magnético a 5 cm a la izquierda del primer hilo metálico. $\mu_0 = 4\pi \cdot 10^{-7}$ N m A^{-1}

Datos:

Dibujo:

$I_1 = 1$ A
$I_2 = 2$ A
$d_0 = 0'20$ m
¿B?
$r_1 = 0'05$ m
$\mu_0 = 4\pi \cdot 10^{-7}$ N m A^{-1}

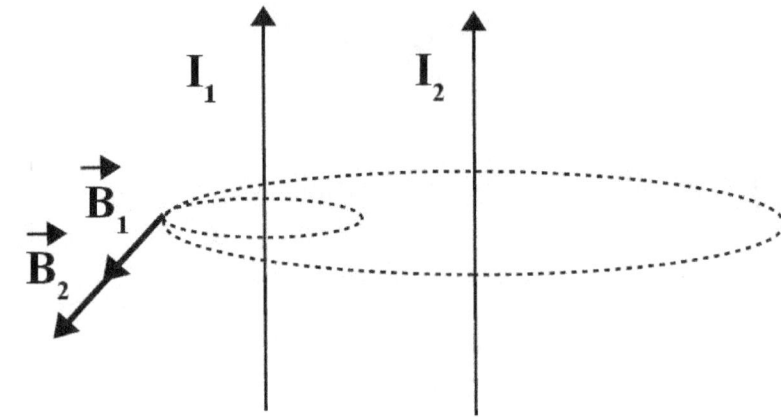

Principio físico: un hilo conductor que transporta una corriente eléctrica crea a su alrededor un campo magnético.

Método de resolución: aplicaremos la ley de Biot y Savart y sumaremos vectorialmente los campos magnéticos.

Resolución: * Campo magnético total:

$$B_1 = \frac{\mu_0 \cdot I_1}{2\cdot\pi\cdot r_1} = \frac{4\cdot\pi\cdot 10^{-7}\cdot 1}{2\cdot\pi\cdot 0'05} = 4\cdot 10^{-6} \text{ T} \quad ; \quad B_2 = \frac{\mu_0 \cdot I_2}{2\cdot\pi\cdot r_2} = \frac{4\cdot\pi\cdot 10^{-7}\cdot 2}{2\cdot\pi\cdot 0'25} = 1'6\cdot 10^{-6} \text{ T}$$

$$\vec{B}_1 = 4\cdot 10^{-6}\cdot\vec{i} \text{ T} \quad ; \quad \vec{B}_2 = 1'6\cdot 10^{-6}\cdot\vec{i} \text{ T} \quad ; \quad \vec{B} = \vec{B}_1 + \vec{B}_2 = 5'6\cdot 10^{-6}\cdot\vec{i} \text{ T}$$

B = $\boxed{5'6\cdot 10^{-6} \text{ T}}$

Comentario: el valor del campo magnético es muy pequeño y decrece con la distancia. El sentido del vector $\vec{B}$ está dado por la regla de la mano derecha. El pulgar apunta en la dirección de la corriente y el resto de los dedos señalan la dirección y sentido del campo $\vec{B}$.

5) Una bobina circular de 20 espiras y radio 5 cm se coloca en el seno de un campo magnético dirigido perpendicularmente al plano de la bobina. El módulo del campo magnético varía con el tiempo de acuerdo con la expresión B = 0,02·t + 0,8·t² (SI). Determine: (i) El flujo magnético que atraviesa la bobina en función del tiempo; (ii) la fem inducida en la bobina en el instante t = 5 s.

Datos:　　　　　　　　Dibujo:

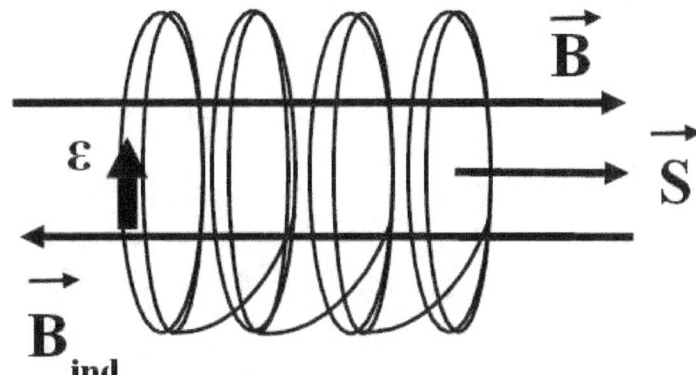

N = 20 espiras
r = 0'05 m
B = 0,02 t + 0,8 t²
¿Φ(t)?
¿ε?
t = 5 s

Principio físico: inducción electromagnética, ley de Faraday-Lenz: la corriente inducida en un circuito es originada por la variación del flujo magnético que atraviesa dicho circuito. Su sentido es tal que se opone a dicha variación.

Método de resolución: usaremos la definición de flujo, la ley de Faraday-Lenz y la ley de Ohm.

Resolución: * Flujo magnético en función del tiempo:

$$\Phi = N \cdot \vec{B} \cdot \vec{S} = N \cdot B \cdot S \cdot \cos\alpha = N \cdot B \cdot \pi \cdot r^2 \cdot \cos\alpha = 20 \cdot (0'02 \cdot t + 0'8 \cdot t^2) \cdot \pi \cdot 0'05^2 \cdot \cos 0° =$$

$$= 3'14 \cdot 10^{-3} \cdot t + 0'126 \cdot t^2 \quad \text{Wb}$$

* Fuerza electromotriz inducida en función del tiempo: $\epsilon = -\dfrac{d\Phi}{dt} = \boxed{-3'14 \cdot 10^{-3} + 0'252 \cdot t \quad \text{V}}$

* Fuerza electromotriz inducida a los 5 segundos: ε (5) = − 3'14·10⁻³ + 0'252·5 = $\boxed{+ 1'26 \text{ V}}$

Comentario: como el flujo magnético aumenta, la $\vec{B}_{ind}$ tiende a disminuir el flujo dirigiéndose en sentido contrario a $\vec{B}$. El sentido de la corriente inducida viene dado por la regla de la mano derecha: el pulgar apunta a la $\vec{B}_{ind}$ y los demás dedos apuntan hacia el sentido de la f.e.m. inducida.

6) Una espira circular de 5 cm de radio se encuentra situada en el plano XY. En esa región del espacio existe un campo magnético dirigido en la dirección positiva del eje Z. Si en el instante inicial el valor del campo es de 5 T y a los 15 s se ha reducido linealmente a 1 T, calcule: (i) El cambio de flujo magnético producido en la espira en ese tiempo; (ii) la fuerza electromotriz inducida; (iii) la intensidad de corriente que circula por ella si la espira tiene una resistencia de 0,5 Ω.

Datos: Dibujo:

r = 0'05 m
B_0 = 5 T
t = 15 s
B = 1 T
¿ΔΦ?
¿ε?
¿I?
R = 0,5 Ω

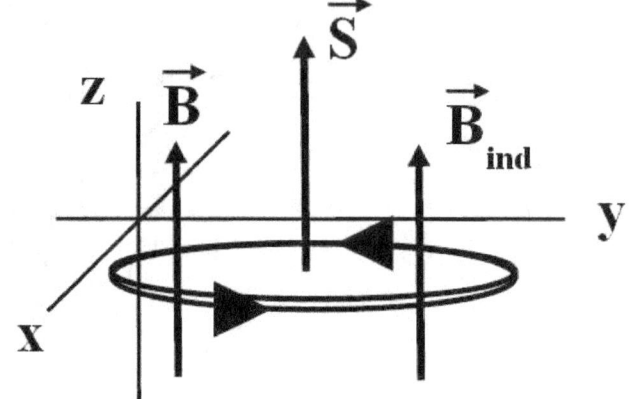

Principio físico: inducción electromagnética, ley de Faraday-Lenz: la corriente inducida en un circuito es originada por la variación del flujo magnético que atraviesa dicho circuito. Su sentido es tal que se opone a dicha variación.

Método de resolución: usaremos la definición de flujo, la ley de Faraday-Lenz y la ley de Ohm.

Resolución: * Campo magnético en función del tiempo: $B = B_0 - k \cdot t$ → $B + k \cdot t = B_0$ →

→ $k \cdot t = B_0 - B$ → $k = \dfrac{B_0 - B}{t} = \dfrac{5-1}{15} = 0'267$ → $B = 5 - 0'267 \cdot t$

* Flujo magnético en función del tiempo: $\Phi = N \cdot \vec{B} \cdot \vec{S} = N \cdot B \cdot S \cdot \cos\alpha$; $S = \pi \cdot r^2$;

$\Phi = 1 \cdot (5 - 0'267 \cdot t) \cdot \pi \cdot 0'05^2 \cdot \cos 0° = 0'0393 - 2'10 \cdot 10^{-3} \cdot t$ Wb

* Incremento en el flujo magnético:

$\Delta\Phi = \Phi(15) - \Phi(0) = 0'0393 - 2'10 \cdot 10^{-3} \cdot 15 - 0'0393 + 2'10 \cdot 10^{-3} \cdot 0 =$ $\boxed{0'0315 \text{ Wb}}$

* Fuerza electromotriz inducida: $\varepsilon = -\dfrac{\Delta\Phi}{\Delta t} = \dfrac{-0'0315}{15} = \boxed{-2'10 \cdot 10^{-3} \text{ V}}$

* Intensidad de corriente (ley de Ohm): $\varepsilon = I \cdot R$ → $I = \dfrac{\varepsilon}{R} = \dfrac{-2'10 \cdot 10^{-3}}{0'5} = \boxed{-4'2 \cdot 10^{-3} \text{ A}}$

Comentario: como el flujo disminuye, $\vec{B}_{ind}$ tiene el mismo sentido que $\vec{B}$.

7) Un protón que parte del reposo se acelera mediante una diferencia de potencial de 5 kV. Seguidamente entra en una región del espacio en la que existe un campo magnético uniforme perpendicular a su velocidad. Si el radio de giro descrito por el protón es de 0,05 m, ¿qué valor tendrá el módulo del campo magnético? Calcule el periodo del movimiento. e = 1,6·10⁻¹⁹ C; m_p = 1,7·10⁻²⁷ kg

Datos:

$v_0 = 0$
$\Delta V = 5000$ V
$r = 0'05$ m
¿B?
¿T?
$e = 1,6 \cdot 10^{-19}$ C
$m_p = 1,7 \cdot 10^{-27}$ kg

Dibujo:

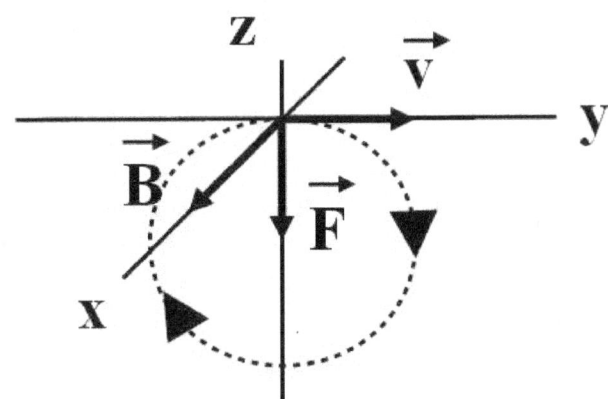

Principio físico: una carga eléctrica moviéndose en el seno de un campo magnético experimenta una fuerza dada por la ley de Lorentz. Como la velocidad y la fuerza son perpendiculares, la partícula experimenta un MCU (movimiento circular uniforme).

Método de resolución: utilizaremos la ley de Lorentz y la segunda ley de Newton.

Resolución: * Velocidad final: $W_T = \Delta Ec \rightarrow e \cdot \Delta V = \frac{1}{2} m \cdot v^2 \rightarrow$

$\rightarrow v = \sqrt{\frac{2 \cdot e \cdot \Delta V}{m}} = \sqrt{\frac{2 \cdot 1'6 \cdot 10^{-19} \cdot 5000}{1'7 \cdot 10^{-27}}} = 9'70 \cdot 10^5 \frac{m}{s}$

* Campo magnético: $\sum \vec{F} = m \cdot \vec{a} \rightarrow F_m = \frac{m \cdot v^2}{r} \rightarrow e \cdot v \cdot B \cdot sen\,\alpha = \frac{m \cdot v^2}{r} \rightarrow$

$\rightarrow B = \frac{m \cdot v}{e \cdot r \cdot sen\,\alpha} = \frac{1'7 \cdot 10^{-27} \cdot 9'70 \cdot 10^5}{1'6 \cdot 10^{-19} \cdot 0'05 \cdot sen\,90º} = \boxed{0'206 \text{ T}}$

* Período del movimiento:

$v = \frac{2 \cdot \pi \cdot r}{T} \rightarrow T = \frac{2 \cdot \pi \cdot r}{v} = \frac{2 \cdot \pi \cdot 0'05}{9'70 \cdot 10^5} = \boxed{3'24 \cdot 10^{-7} \text{ s}}$

Comentario: el período es tan pequeño porque la velocidad es muy elevada. Los vectores $\vec{v}, \vec{B}$ y $\vec{F}_m$ son mutuamente perpendiculares entre sí. $\vec{F}_m$ se obtiene por la regla del tornillo.

8) Una espira circular de 10 cm de radio, inicialmente contenida en un plano horizontal, gira a 40π rad s^{-1} en torno a uno de sus diámetros en el seno de un campo magnético uniforme vertical de 0,4 T. Calcule el valor máximo de la fuerza electromotriz inducida en la espira.

Datos:

Dibujo:

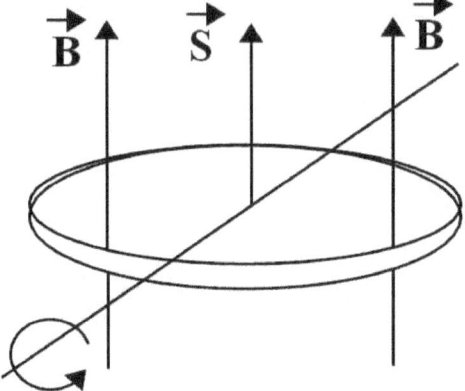

r = 0'10 m
$\omega = 40\pi$ rad s^{-1}
B = 0'4 T
¿$\varepsilon_{máx}$?

Principio físico: inducción electromagnética, ley de Faraday-Lenz: la corriente inducida en un circuito es originada por la variación del flujo magnético que atraviesa dicho circuito. Su sentido es tal que se opone a dicha variación.

Método de resolución: usaremos la definición de flujo y la ley de Faraday-Lenz.

Resolución: * Flujo magnético: $\Phi = N \cdot \vec{B} \cdot \vec{S} = N \cdot B \cdot S \cdot \cos\alpha = N \cdot B \cdot \pi \cdot r^2 \cdot \cos(\alpha \cdot t) =$

$= 1 \cdot 0'4 \cdot \pi \cdot 0'10^2 \cdot \cos(40\pi t) = 0'0126 \cdot \cos(40\pi t)$ Wb

* Fuerza electromotriz inducida: $\epsilon = -\dfrac{d\Phi}{dt} = -0'0126 \cdot 40 \cdot \pi \cdot \text{sen}(40\pi t) = -0'504 \cdot \pi \cdot \text{sen}(40\pi t) =$

$= -1'58 \cdot \text{sen}(126 \cdot t)$ V

* Fuerza electromotriz inducida máxima: $\varepsilon_{máx} = \boxed{-0'503 \text{ V}}$

Comentario: la fuerza electromotriz máxima se alcanza con el valor máximo del seno, que es 1. El flujo es variable gracias a que el ángulo y, por consiguiente, el coseno lo son. El flujo experimenta continuos altibajos.

2017

9) El eje de una bobina de 100 espiras circulares de 5 cm de radio es paralelo a un campo magnético de intensidad B = 0,5 + 0,2 t² T. Si la resistencia de la bobina es 0,5 Ω, ¿cuál es la intensidad que circula por ella en el instante t = 10 s?

Datos: Dibujo:

N = 100 espiras
r = 0'05 m
B = 0,5 + 0,2·t² T
R = 0,5 Ω
¿I?
t = 10 s

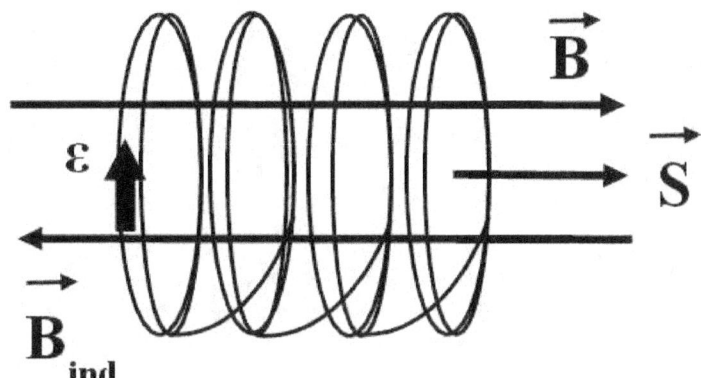

Principio físico: inducción electromagnética, ley de Faraday-Lenz: la corriente inducida en un circuito es originada por la variación del flujo magnético que atraviesa dicho circuito. Su sentido es tal que se opone a dicha variación.

Método de resolución: usaremos la definición de flujo, la ley de Faraday-Lenz y la ley de Ohm.

Resolución: * Flujo magnético: $\Phi = N \cdot \vec{B} \cdot \vec{S} = N \cdot B \cdot S \cdot \cos\alpha = N \cdot B \cdot \pi \cdot r^2 \cdot \cos\alpha$

$\Phi = 100 \cdot (0'5 + 0'2 \cdot t^2) \cdot \pi \cdot 0'05^2 \cdot \cos 0° = 0'785 \cdot (0'5 + 0'2 \cdot t^2) = 0'393 + 0'157 \cdot t^2$ Wb

* Fuerza electromotriz inducida: $\epsilon = -\dfrac{d\Phi}{dt} = -0'314 \cdot t$ V

* Fuerza electromotriz inducida a los 10 segundos: ε = – 0'314·10 = – 3'14 V

* Intensidad que circula por la bobina (ley de Ohm): $\epsilon = I \cdot R \rightarrow I = \dfrac{\epsilon}{R} = -\dfrac{3'14}{0'5} = \boxed{-6'28 \text{ V}}$

Comentario: como el flujo magnético aumenta, la $\vec{B}_{ind}$ tiende a disminuir el flujo dirigiéndose en sentido contrario a $\vec{B}$. El sentido de la corriente inducida viene dado por la regla de la mano derecha: el pulgar apunta a la $\vec{B}_{ind}$ y los demás dedos apuntan hacia el sentido de la f.e.m. inducida.

10) Un campo magnético, de intensidad B = 2·sen (100π·t + π) (S.I.), forma un ángulo de 45° con el plano de una espira circular de radio R = 12 cm. Calcule la fuerza electromotriz inducida en la espira en el instante t = 2 s.

Datos: Dibujo:

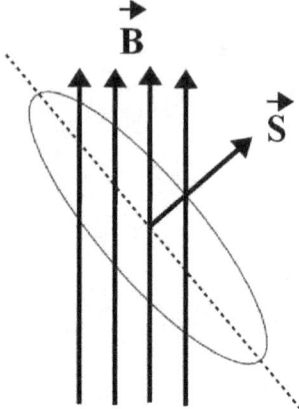

B = 2·sen (100π·t + π)
β = 45°
R = 0'12 m
¿ε?
t = 2 s

Principio físico: inducción electromagnética, ley de Faraday-Lenz: la corriente inducida en un circuito es originada por la variación del flujo magnético que atraviesa dicho circuito. Su sentido es tal que se opone a dicha variación.

Método de resolución: usaremos la definición de flujo y la ley de Faraday-Lenz.

Resolución: * Flujo magnético: $\Phi = N \cdot \vec{B} \cdot \vec{S} = N \cdot B \cdot S \cdot \cos\alpha = N \cdot B \cdot \pi \cdot r^2 \cdot \cos\alpha$

$\Phi = 1 \cdot 2 \cdot \text{sen}(100\cdot\pi\cdot t + \pi)\cdot\pi\cdot 0'12^2 \cdot \cos 45° = 0'0204\cdot\pi\cdot\text{sen}(100\cdot\pi\cdot t + \pi)$

* Fuerza electromotriz inducida: $\epsilon = -\dfrac{d\Phi}{dt} = 0'0204\cdot\pi\cdot 100\cdot\pi\cdot\cos(100\cdot\pi\cdot t + \pi) =$

$= 2'04\cdot\pi^2\cdot\cos(100\cdot\pi\cdot t + \pi) = 20'1\cdot\cos(100\cdot\pi\cdot t + \pi)$ V

* Fuerza electromotriz inducida a los 2 segundos:

ε = 20'1·cos (100·π·2 + π) = $\boxed{-20'1 \text{ V}}$

Comentario: el ángulo α es el complementario de β. α es el ángulo que forman $\vec{B}$ y $\vec{S}$ y β es el ángulo que forma el plano de la espira con el vector $\vec{B}$.

11) Dos conductores rectilíneos, paralelos y verticales, distan entre sí 20 cm. Por el primero de ellos circula una corriente de 10 A hacia arriba. Calcule la corriente que debe circular por el segundo conductor, colocado a la derecha del primero, para que el campo magnético total creado por ambas corrientes en un punto situado a 5 cm a la izquierda del segundo conductor se anule. $\mu_0 = 4\pi \cdot 10^{-7}$ N A^{-2}

Datos: Dibujo:

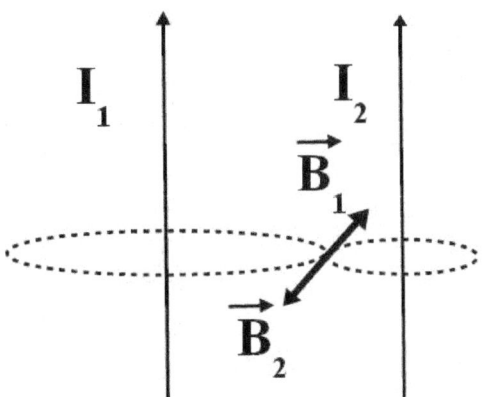

$d_0 = 0'20$ m
$I_1 = 10$ A
¿I_2?
$B = 0$
$r_2 = 0'05$ m
$\mu_0 = 4\pi \cdot 10^{-7}$ N A^{-2}

Principio físico: un hilo conductor que transporta una corriente eléctrica crea a su alrededor un campo magnético.

Método de resolución: aplicaremos la ley de Biot y Savart y sumaremos vectorialmente los campos magnéticos.

Resolución: * Campo magnético total:

$$B_1 = \frac{\mu_0 \cdot I_1}{2 \cdot \pi \cdot r_1} = \frac{4 \cdot \pi \cdot 10^{-7} \cdot 10}{2 \cdot \pi \cdot 0'15} = 1'33 \cdot 10^{-5} \text{ T} \quad ; \quad B_2 = \frac{\mu_0 \cdot I_2}{2 \cdot \pi \cdot r_2} = \frac{4 \cdot \pi \cdot 10^{-7} \cdot I_2}{2 \cdot \pi \cdot 0'05} = 4 \cdot 10^{-6} \cdot I_2 \text{ T}$$

$$\vec{B}_1 = -1'33 \cdot 10^{-5} \cdot \vec{i} \text{ T} \quad ; \quad \vec{B}_2 = 4 \cdot 10^{-6} \cdot I_2 \cdot \vec{i} \text{ T} \quad ; \quad \vec{B} = \vec{B}_1 + \vec{B}_2 = 0 \quad \rightarrow$$

$$-1'33 \cdot 10^{-5} + 4 \cdot 10^{-6} \cdot I_2 = 0 \quad \rightarrow \quad 4 \cdot 10^{-6} \cdot I_2 = 1'33 \cdot 10^{-5} \quad \rightarrow \quad I_2 = \frac{1'33 \cdot 10^{-5}}{4 \cdot 10^{-6}} = \boxed{3'33 \text{ V}}$$

Comentario: el sentido del vector $\vec{B}$ está dado por la regla de la mano derecha. El pulgar apunta en la dirección de la corriente y el resto de los dedos señalan la dirección y sentido del campo $\vec{B}$.

12) A una espira circular de 4 cm de radio, que descansa en el plano XY, se le aplica un campo magnético **B** = 0,02·t³ **k** T , donde t es el tiempo en segundos. Represente gráficamente la fuerza electromotriz inducida en el intervalo comprendido entre t = 0 s y t = 4 s.

Datos:

Dibujo:

r = 0'04 m
B = 0,02 t³ **k** T
¿Representación ε – t?
t_1 = 0 s
t_2 = 4 s

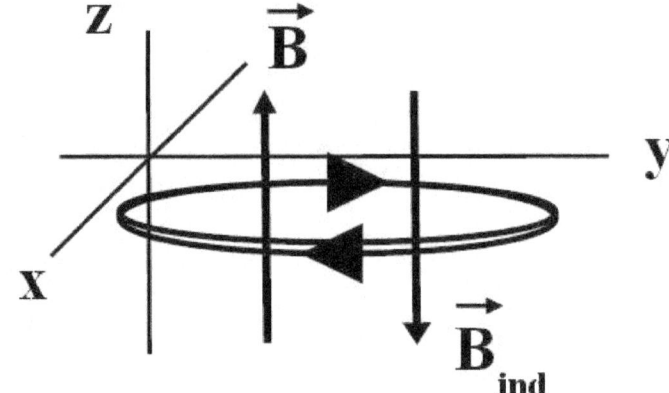

Principio físico: inducción electromagnética, ley de Faraday-Lenz: la corriente inducida en un circuito es originada por la variación del flujo magnético que atraviesa dicho circuito. Su sentido es tal que se opone a dicha variación.

Método de resolución: usaremos la definición de flujo, la ley de Faraday-Lenz y la ley de Ohm.

Resolución: * Flujo magnético: $\Phi = N \cdot \vec{B} \cdot \vec{S} = N \cdot B \cdot S \cdot \cos\alpha = N \cdot B \cdot \pi \cdot r^2 \cdot \cos\alpha$

$\Phi = 1 \cdot 0'02 \cdot t^3 \cdot \pi \cdot 0'04^2 \cdot \cos 0° = 10^{-4} \cdot t^3$ Wb

* Fuerza electromotriz inducida: $\epsilon = -\dfrac{d\Phi}{dt} = -3 \cdot 10^{-4} \cdot t^2$ V

* Tabla de valores:

t	ε
0	0
1	$-3 \cdot 10^{-4}$
2	$-12 \cdot 10^{-4}$
3	$-27 \cdot 10^{-4}$
4	$-48 \cdot 10^{-4}$

* Representación gráfica:

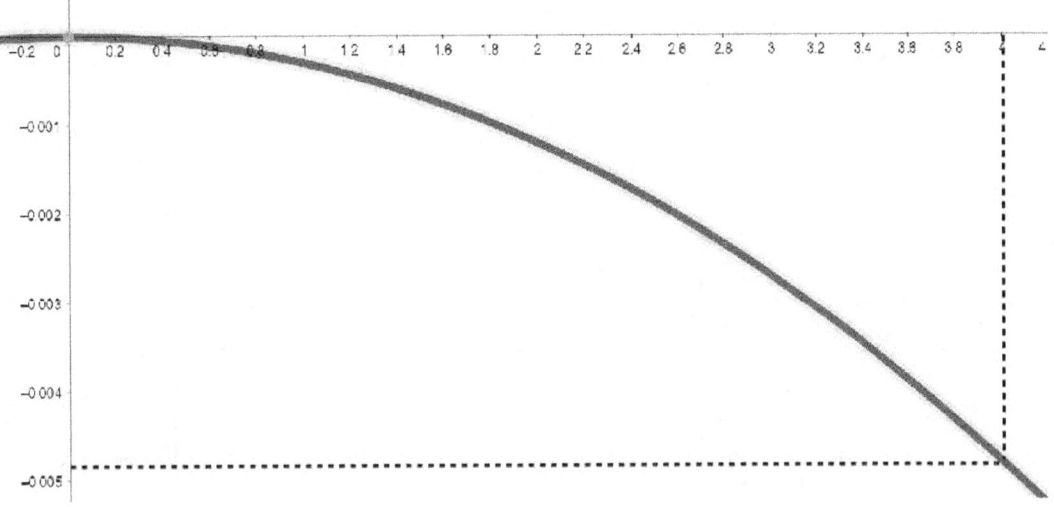

Comentario: y = – x² es la gráfica de una parábola invertida.

13) Un protón penetra en un campo eléctrico uniforme E, de 200 N C⁻¹, con una velocidad v, de 10^6 m s⁻¹, perpendicular al campo. Calcule el campo magnético, B, que habría que aplicar, superpuesto al eléctrico, para que la trayectoria del protón fuera rectilínea. Ayúdese de un esquema.

Datos: Dibujo:

E = 200 N C⁻¹
v = 10^6 m s⁻¹
¿B?

Principio físico: primera ley de Newton: para que un cuerpo permanezca en su estado de movimiento rectilíneo uniforme, la resultante de las fuerzas debe ser cero. Una carga positiva experimenta una fuerza eléctrica en la misma dirección y en el mismo sentido que el campo. Ley de Lorentz: una carga moviéndose en un campo magnético experimenta una fuerza perpendicular a $\vec{v}$ y a $\vec{B}$.

Método de resolución: usaremos la primera ley de Newton, la ley de Lorentz y la relación entre la fuerza eléctrica y el campo eléctrico.

Resolución: * Campo magnético: $\sum \vec{F} = 0$ → $\vec{F}_E + \vec{F}_m = 0$ → $\vec{F}_E = -\vec{F}_m$ →

→ $F_E = F_m$ → $Q \cdot E = Q \cdot v \cdot B \cdot \operatorname{sen} \alpha$ → $E = v \cdot B \cdot \operatorname{sen} \alpha$ →

→ $B = \dfrac{E}{v \cdot \operatorname{sen} \alpha} = \dfrac{200}{10^6 \cdot \operatorname{sen} 90º} = \boxed{2 \cdot 10^{-4} \text{ T}}$

Comentario: la ley de Lorentz es: $\vec{F} = Q \cdot \vec{v} \times \vec{B}$. La relación entre la fuerza y el campo eléctrico es: $\vec{F}_E = Q \cdot \vec{E}$. Para que una carga experimente una fuerza magnética, tiene que estar en movimiento y formando un ángulo con respecto al campo magnético.

14) Una bobina, de 10 espiras circulares de 15 cm de radio, está situada en una región en la que existe un campo magnético uniforme cuya intensidad varía con el tiempo según:

$$B = 2 \cdot \cos(2\pi t - \pi/4) \text{ T}$$

y cuya dirección forma un ángulo de 30° con el eje de la bobina. La resistencia de la bobina es 0,2 Ω. Calcule el flujo del campo magnético a través de la bobina en función del tiempo y la intensidad de corriente que circula por ella en el instante t = 3 s.

Datos:	Dibujo:

N = 10 espiras
r = 0'15 m
B = 2·cos (2π t − π / 4) T
α = 30°
R = 0,2 Ω
¿Φ(t)?
¿I?
t = 3 s

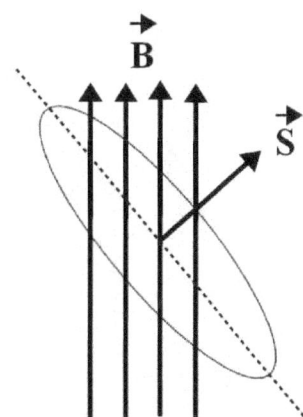

Principio físico: inducción electromagnética, ley de Faraday-Lenz: la corriente inducida en un circuito es originada por la variación del flujo magnético que atraviesa dicho circuito. Su sentido es tal que se opone a dicha variación.

Método de resolución: usaremos la definición de flujo, la ley de Faraday-Lenz y la ley de Ohm.

Resolución: * Flujo magnético: $\Phi = N \cdot \vec{B} \cdot \vec{S} = N \cdot B \cdot S \cdot \cos\alpha = N \cdot B \cdot \pi \cdot r^2 \cdot \cos\alpha$

$\Phi = 10 \cdot 2 \cdot \cos(2 \cdot \pi \cdot t - \frac{\pi}{4}) \cdot \pi \cdot 0'15^2 \cdot \cos 30° = \boxed{0'39 \cdot \pi \cdot \cos(2 \cdot \pi \cdot t - \frac{\pi}{4}) \text{ Wb}}$

* Fuerza electromotriz inducida: $\epsilon = -\frac{d\Phi}{dt} = +0'39 \cdot 2 \cdot \pi^2 \cdot \text{sen}(2 \cdot \pi \cdot t - \frac{\pi}{4}) = 0'78 \cdot \pi^2 \cdot \text{sen}(2\pi t - \frac{\pi}{4})$

* Fuerza electromotriz inducida a los 3 segundos: $\epsilon = 0'78 \cdot \pi^2 \cdot \text{sen}(2 \cdot \pi \cdot 3 - \frac{\pi}{4}) = -5'44 \text{ V}$

* Intensidad de la corriente (ley de Ohm): $\epsilon = I \cdot R \rightarrow I = \frac{\epsilon}{R} = \frac{-5'44}{0'2} = \boxed{-27'2 \text{ A}}$

Comentario: el flujo cambia porque B es variable. Tiene altibajos porque tiene una dependencia con el tiempo en forma de coseno.

2016

15) Un haz de electrones con energía cinética de 10^4 eV, se mueve en un campo magnético perpendicular a su velocidad, describiendo una trayectoria circular de 25 cm de radio. a) Con ayuda de un esquema, indique la trayectoria del haz de electrones y la dirección y sentido de la fuerza, la velocidad y el campo magnético. Calcule la intensidad del campo magnético. b) Para ese mismo campo magnético explique, cualitativamente, cómo variarían la velocidad, la trayectoria de las partículas y su radio si, en lugar de electrones, se tratara de un haz de iones de Ca^{2+}.
$e = 1,6 \cdot 10^{-19}$ C ; $m_e = 9,1 \cdot 10^{-31}$ kg

Datos:

Dibujo:

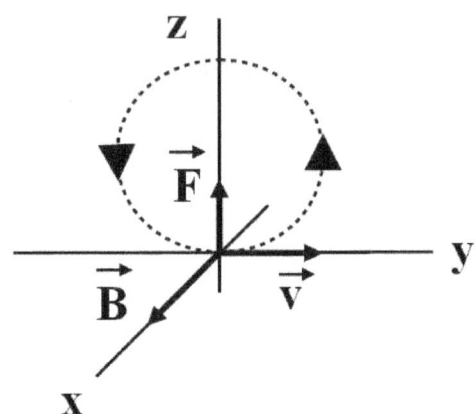

$E_c = 10^4$ eV $= 1'6 \cdot 10^{-15}$ J
$r = 0'25$ m
¿B?
$e = 1,6 \cdot 10^{-19}$ C
$m_e = 9,1 \cdot 10^{-31}$ kg

Principio físico: una carga eléctrica moviéndose en el seno de un campo magnético experimenta una fuerza dada por la ley de Lorentz ($\vec{F} = Q \cdot \vec{v} \times \vec{B}$). Como la velocidad y la fuerza son perpendiculares, la partícula experimenta un MCU (movimiento circular uniforme).

Método de resolución: utilizaremos la ley de Lorentz y la segunda ley de Newton.

Resolución: * Velocidad de los electrones: $E_c = \frac{1}{2} m \cdot v^2 \rightarrow v = \sqrt{\frac{2 \cdot E_c}{m}} =$

$= \sqrt{\frac{2 \cdot 1'6 \cdot 10^{-15}}{9'1 \cdot 10^{-31}}} = 5'93 \cdot 10^7 \frac{m}{s}$

* Campo magnético: $\sum \vec{F} = m \cdot \vec{a} \rightarrow F_m = \frac{m \cdot v^2}{r} \rightarrow e \cdot v \cdot B \cdot \text{sen } \alpha = \frac{m \cdot v^2}{r} \rightarrow$

$\rightarrow B = \frac{m \cdot v}{e \cdot r \cdot sen\alpha} = \frac{9'1 \cdot 10^{-31} \cdot 5'93 \cdot 10^7}{1'6 \cdot 10^{-19} \cdot 0'25 \cdot sen\,90°} = \boxed{1'35 \cdot 10^{-3} \text{ T}}$

Comentario: si se tratara de un haz de iones Ca^{2+}, éstas serían las magnitudes pedidas:

- Trayectoria: la trayectoria también sería circular, pero en lugar de estar por encima del eje OY, estaría por debajo ya que, según la regla del tornillo, la fuerza magnética iría hacia abajo.
  $\vec{F} = Q \cdot \vec{v} \times \vec{B}$

- Velocidad: suponiendo la misma energía cinética, al ser: $v = \sqrt{\dfrac{2 \cdot Ec}{m}}$ y la masa de los iones mucho mayor que la de los electrones, la velocidad es bastante menor que la de los electrones.

- Radio de giro: $r = \dfrac{m \cdot v}{B \cdot e \cdot sen\,\alpha}$. La velocidad es bastante menor (numerador) y la carga es el doble (denominador). Por consiguiente, el radio de giro es menor.

16) Una partícula alfa, con una energía cinética de 2 MeV, se mueve en una región en la que existe un campo magnético uniforme de 5 T, perpendicular a su velocidad. a) Dibuje en un esquema los vectores velocidad de la partícula, campo magnético y fuerza magnética sobre dicha partícula y calcule el valor de la velocidad y de la fuerza magnética. b) Razone que la trayectoria descrita es circular y determine su radio y el período de movimiento. e = 1,6·10⁻¹⁹ C ; m_alfa = 6,7·10⁻²⁷ kg

Datos:

Dibujo:

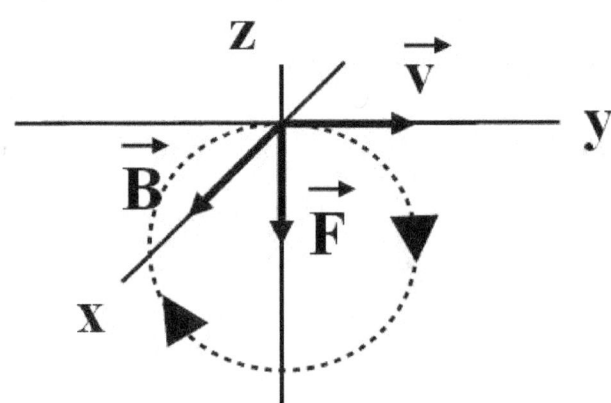

Ec = 2 MeV = 3'2·10⁻¹³ J
B = 5 T
¿v?
¿F?
¿r?
¿T?
e = 1,6·10⁻¹⁹ C
m_alfa = 6,7·10⁻²⁷ kg

Principio físico: una carga eléctrica moviéndose en el seno de un campo magnético experimenta una fuerza dada por la ley de Lorentz ($\vec{F} = Q \cdot \vec{v} \times \vec{B}$). Como la velocidad y la fuerza son perpendiculares, la partícula experimenta un MCU (movimiento circular uniforme).

Método de resolución: utilizaremos la ley de Lorentz y la segunda ley de Newton.

Resolución: * Energía cinética en julios: $Ec = 2 \text{ MeV} = 2 \cdot 10^6 \text{ eV} \cdot \dfrac{1'6 \cdot 10^{-19} C \cdot 1 V}{1 eV} = 3'2 \cdot 10^{-13}$ J

* Velocidad de los electrones: $Ec = \dfrac{1}{2} m \cdot v^2 \rightarrow v = \sqrt{\dfrac{2 \cdot Ec}{m}} = \sqrt{\dfrac{2 \cdot 3'2 \cdot 10^{-13}}{6'7 \cdot 10^{-27}}} = \boxed{9'77 \cdot 10^6 \; \dfrac{m}{s}}$

* Fuerza magnética: $F_m = Q \cdot v \cdot B \cdot \text{sen } \alpha = 2 \cdot 1'6 \cdot 10^{-19} \cdot 9'77 \cdot 10^6 \cdot 5 \cdot \text{sen } 90° = \boxed{1'56 \cdot 10^{-11} \text{ N}}$

* Radio: $\sum \vec{F} = m \cdot \vec{a} \rightarrow F_m = \dfrac{m \cdot v^2}{r} \rightarrow r = \dfrac{m \cdot v^2}{F_m} = \dfrac{6'7 \cdot 10^{-27} \cdot (9'77 \cdot 10^6)^2}{1'56 \cdot 10^{-11}} = \boxed{0'041 \text{ m}}$

* Período de movimiento: $v = \dfrac{2 \cdot \pi \cdot r}{T} \rightarrow T = \dfrac{2 \cdot \pi \cdot r}{v} = \dfrac{2 \cdot \pi \cdot 0'041}{9'77 \cdot 10^6} = \boxed{2'64 \cdot 10^{-8} \text{ s}}$

Comentario: el período es muy pequeño porque la velocidad es muy grande. La trayectoria es circular porque la fuerza magnética es perpendicular a la velocidad. La velocidad magnética actúa como fuerza centrípeta. Las partículas alfa son núcleos de $^4_2 He$ con dos cargas positivas.

17) Una espira circular de 2,5 cm de radio, que descansa en el plano XY, está situada en una región en la que existe un campo magnético: $\vec{B}=2'5 \cdot t^2 \cdot \vec{k}$ T donde t es el tiempo expresado en segundos. a) Determine el valor del flujo magnético en función del tiempo y realice una representación gráfica de dicho flujo magnético frente al tiempo entre 0 y 10 s. b) Determine el valor de la f.e.m. inducida y razone el sentido de la corriente inducida en la espira.

Datos:

Dibujo:

r = 0'025 m
$\vec{B}=2'5 \cdot t^2 \cdot \vec{k}$ T
¿Φ(t)?
¿Representación?
t_1 = 0 s
t_2 = 10 s
¿ε?

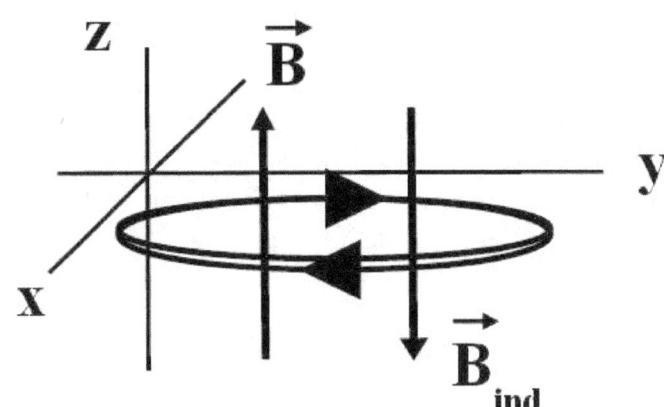

Principio físico: inducción electromagnética, ley de Faraday-Lenz: la corriente inducida en un circuito es originada por la variación del flujo magnético que atraviesa dicho circuito. Su sentido es tal que se opone a dicha variación.

Método de resolución: usaremos la definición de flujo, la ley de Faraday-Lenz y la ley de Ohm.

Resolución: * Flujo magnético: $\Phi = N \cdot \vec{B} \cdot \vec{S} = N \cdot B \cdot S \cdot \cos\alpha = N \cdot B \cdot \pi \cdot r^2 \cdot \cos\alpha$

$\Phi = 1 \cdot 2'5 \cdot t^2 \cdot \pi \cdot 0'025^2 \cdot \cos 0° =$ $\boxed{4'91 \cdot 10^{-3} \cdot t^2 \text{ Wb}}$

* Representación gráfica: $y = a \cdot x^2$ es la función de una parábola derecha.

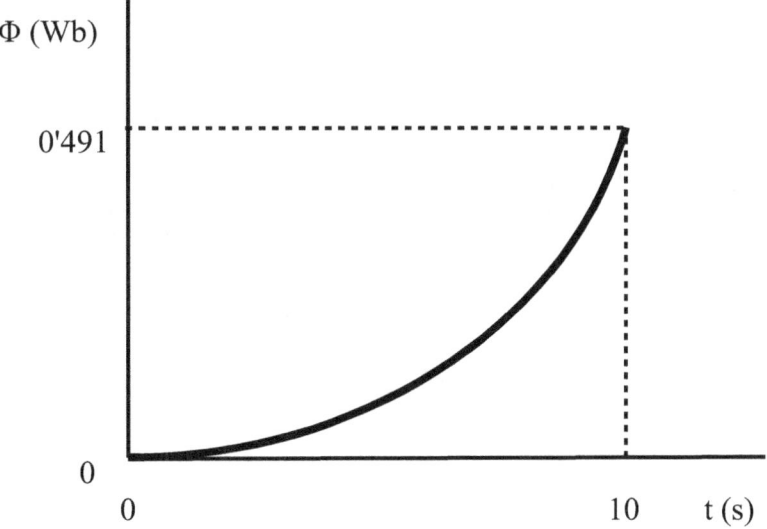

* Fuerza electromotriz inducida: $\epsilon = -\dfrac{d\Phi}{dt} = -2 \cdot 4'91 \cdot 10^{-3} \cdot t = -9'82 \cdot 10^{-3} \cdot t \;\; V$

* Fuerza electromotriz inducida entre 0 y 10 segundos:

$\varepsilon(0) = -9'82 \cdot 0 = 0 \; V$; $\varepsilon(10) = -9'82 \cdot 10^{-3} \cdot 10 = \boxed{-0'0982 \; V}$

Comentario: el sentido de la corriente inducida en la espira es el de las agujas del reloj, como se indica en la figura. Esto se debe a que el flujo es continuamente creciente, luego la $\vec{B}_{ind}$ tiende a disminuir el flujo dirigiéndose en sentido contrario a $\vec{B}$. La corriente inducida sigue el sentido dado por la regla de la mano derecha, apuntando el dedo pulgar a la $\vec{B}_{ind}$ y el resto de los dedos señalan el sentido de la corriente.

2015

18) Un deuterón, isótopo del hidrógeno, recorre una trayectoria circular de radio 4 cm en un campo magnético uniforme de 0,2 T. Calcule: a) la velocidad del deuterón y la diferencia de potencial necesaria para acelerarlo desde el reposo hasta esa velocidad. b) el tiempo en que efectúa una semirrevolución. $e = 1,6 \cdot 10^{-19}$ C ; $m_{deuterón} = 3,34 \cdot 10^{-27}$ kg

Datos: Dibujo:

r = 0'04 m
B = 0'2 T
¿v?
¿ΔV?
$v_0 = 0$
¿t?
N = 0'5 vueltas
$e = 1,6 \cdot 10^{-19}$ C
$m_{deuterón} = 3,34 \cdot 10^{-27}$ kg

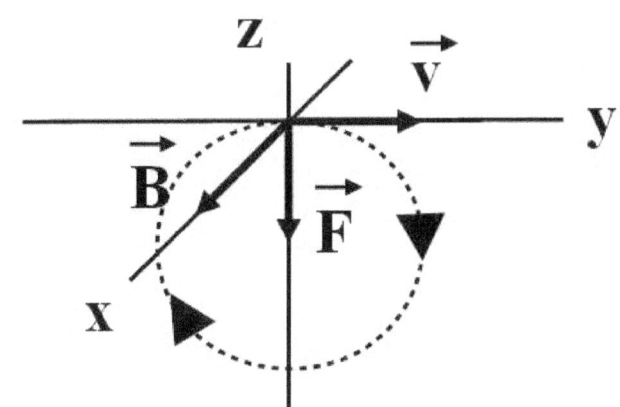

Principio físico: una carga eléctrica moviéndose en el seno de un campo magnético experimenta una fuerza dada por la ley de Lorentz ($\vec{F} = Q \cdot \vec{v} \times \vec{B}$). Como la velocidad y la fuerza son perpendiculares, la partícula experimenta un MCU (movimiento circular uniforme).

Método de resolución: utilizaremos la ley de Lorentz y la segunda ley de Newton.

Resolución: * Velocidad del deuterón: $\sum \vec{F} = m \cdot \vec{a}$ → $F_m = \dfrac{m \cdot v^2}{r}$ → $Q \cdot v \cdot B \cdot \text{sen } \alpha = \dfrac{m \cdot v^2}{r}$ →

→ $Q \cdot B \cdot r \cdot \text{sen } \alpha = m \cdot v$ → $v = \dfrac{Q \cdot B \cdot r \cdot \text{sen} \alpha}{m} = \dfrac{1'6 \cdot 10^{-19} \cdot 0'2 \cdot 0'04 \cdot \text{sen } 90°}{3'34 \cdot 10^{-27}} = \boxed{3'83 \cdot 10^5 \ \dfrac{m}{s}}$

* Diferencia de potencial necesaria: $W_T = E_c$ → $Q \cdot \Delta V = \dfrac{1}{2} m \cdot v^2$ →

→ $\Delta V = \dfrac{m \cdot v^2}{2 \cdot Q} = \dfrac{3'34 \cdot 10^{-27} \cdot (3'83 \cdot 10^5)^2}{2 \cdot 1'6 \cdot 10^{-19}} = \boxed{1531 \text{ V}}$

* Tiempo para una semirrevolución:

$$v = \frac{2\cdot\pi\cdot r}{T} \rightarrow T = \frac{2\cdot\pi\cdot r}{v} = \frac{2\cdot\pi\cdot 0'04}{3'83\cdot 10^5} = 6'56\cdot 10^{-7} \text{ s}$$

$$t = \frac{T}{2} = \frac{6'56\cdot 10^{-7}}{2} = \boxed{3'28\cdot 10^{-7} \text{ s}}$$

Comentario: el tiempo de una semirrevolución es justamente la mitad del tiempo que tarda en dar una vuelta completa, es decir, la mitad del período.

19) Dos conductores rectilíneos, verticales y paralelos, distan entre sí 10 cm. Por el primero de ellos circula una corriente de 20 A hacia arriba. a) Calcule la corriente que debe circular por el otro conductor para que el campo magnético en un punto situado a la izquierda de ambos conductores y a 5 cm de uno de ellos sea nulo. b) Razone cuál sería el valor del campo magnético en el punto medio del segmento que separa los dos conductores si por el segundo circulara una corriente del mismo valor y sentido contrario que por el primero. $\mu_0 = 4\pi \cdot 10^{-7}$ N A^{-2}

Datos: Dibujo:

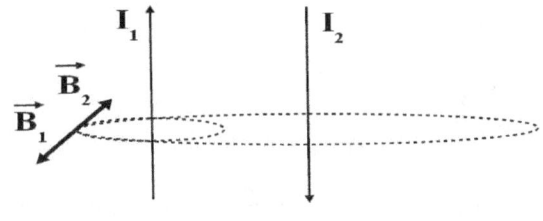

$d_0 = 0'10$ m
$I_1 = 20$ A
¿I_2?
$r_1 = 0'05$ m
$B = 0$
¿B?
$\mu_0 = 4\pi \cdot 10^{-7}$ N A^{-2}

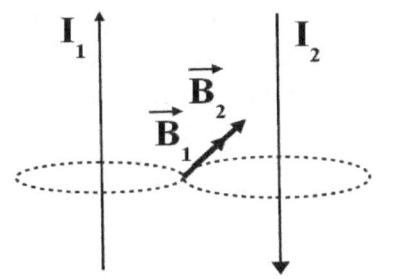

Principio físico: un hilo conductor que transporta una corriente eléctrica crea a su alrededor un campo magnético.

Método de resolución: aplicaremos la ley de Biot y Savart y sumaremos vectorialmente los campos magnéticos.

Resolución: a) * Intensidad de corriente en el segundo conductor:

$B_1 = \dfrac{\mu_0 \cdot I_1}{2 \cdot \pi \cdot r_1} = \dfrac{4 \cdot \pi \cdot 10^{-7} \cdot 20}{2 \cdot \pi \cdot 0'05} = 8 \cdot 10^{-5}$ T ; $B_2 = \dfrac{\mu_0 \cdot I_2}{2 \cdot \pi \cdot r_2} = \dfrac{4 \cdot \pi \cdot 10^{-7} \cdot I_2}{2 \cdot \pi \cdot 0'15} = 1'33 \cdot 10^{-6} \cdot I_2$ T

$\vec{B}_1 = +8 \cdot 10^{-5} \cdot \vec{i}$ T ; $\vec{B}_2 = -1'33 \cdot 10^{-6} \cdot I_2 \cdot \vec{i}$ T ; $\vec{B} = \vec{B}_1 + \vec{B}_2 = 0$ →

$+8 \cdot 10^{-5} - 1'33 \cdot 10^{-5} \cdot I_2 = 0$ → $8 \cdot 10^{-5} = 1'33 \cdot 10^{-6} \cdot I_2$ → $I_2 = \dfrac{8 \cdot 10^{-5}}{1'33 \cdot 10^{-6}} = \boxed{60'2 \text{ V}}$

b) * Campo magnético:

$$B_1 = \frac{\mu_0 \cdot I_1}{2 \cdot \pi \cdot r_1} = \frac{4 \cdot \pi \cdot 10^{-7} \cdot 20}{2 \cdot \pi \cdot 0'05} = 8 \cdot 10^{-5} \text{ T} \quad ; \quad B_2 = \frac{\mu_0 \cdot I_2}{2 \cdot \pi \cdot r_2} = \frac{4 \cdot \pi \cdot 10^{-7} \cdot 20}{2 \cdot \pi \cdot 0'05} = 8 \cdot 10^{-5} \text{ T}$$

$$\vec{B}_1 = -8 \cdot 10^{-5} \cdot \vec{i} \text{ T} \quad ; \quad \vec{B}_1 = -8 \cdot 10^{-5} \cdot \vec{i} \text{ T} \quad ; \quad \vec{B} = \vec{B}_1 + \vec{B}_2 = -1'6 \cdot 10^{-4} \text{ T} \rightarrow$$

$$\rightarrow \text{ B} = \boxed{1'6 \cdot 10^{-4} \text{ T}}$$

Comentario: el sentido del vector $\vec{B}$ está dado por la regla de la mano derecha. El pulgar apunta en la dirección de la corriente y el resto de los dedos señalan la dirección y sentido del campo $\vec{B}$. b) Al ser las intensidades y las distancias iguales, los valores de los campos magnéticos son iguales; además, por la regla de la mano derecha, ambos vectores tienen las mismas dirección y sentido, por lo que el módulo total es el doble de uno de ellos.

2014

20) Un haz de partículas con carga positiva y moviéndose con velocidad continua: **v** = v **i** sin cambiar de dirección al penetrar en una región en la que existen un campo eléctrico: **E** = 500 **j** V m⁻¹ y un campo magnético de 0,4 T paralelo al eje Z. a) Dibuje en un esquema la velocidad de las partículas, el campo eléctrico y el campo magnético, razonando en qué sentido está dirigido el campo magnético, y calcule el valor v de la velocidad de las partículas. b) Si se utilizaran los mismos campos eléctrico y magnético y se invirtiera el sentido de la velocidad de las partículas, razone con la ayuda de un esquema si el haz se desviaría o no en el instante en que penetra en la región de los campos.

Datos: Dibujo:

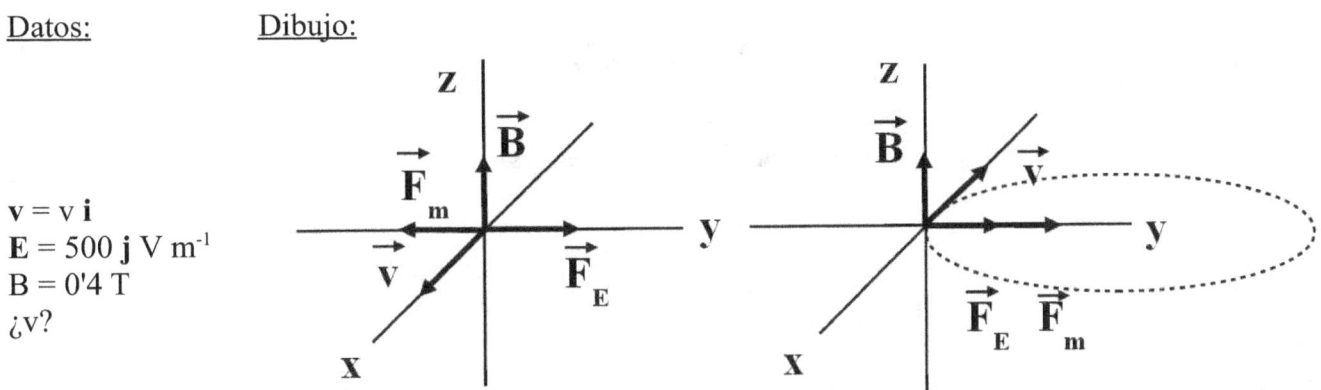

v = v **i**
E = 500 **j** V m⁻¹
B = 0'4 T
¿v?

Principio físico: primera ley de Newton: para que un cuerpo permanezca en su estado de movimiento rectilíneo uniforme, la resultante de las fuerzas debe ser cero. Una carga positiva experimenta una fuerza eléctrica en la misma dirección y en el mismo sentido que el campo. Ley de Lorentz, $\vec{F} = Q \cdot \vec{v} \times \vec{B}$: una carga moviéndose en un campo magnético experimenta una fuerza perpendicular a $\vec{v}$ y a $\vec{B}$.

Método de resolución: usaremos la primera ley de Newton, la ley de Lorentz y la relación entre la fuerza eléctrica y el campo eléctrico.

Resolución: * Velocidad de las partículas: $\sum \vec{F} = 0$ → $\vec{F}_E + \vec{F}_m = 0$ → $\vec{F}_E = -\vec{F}_m$ →

→ $F_E = F_m$ → $Q \cdot E = Q \cdot v \cdot B \cdot \text{sen } \alpha$ → $E = v \cdot B \cdot \text{sen } \alpha$ →

→ $v = \dfrac{E}{B \cdot \text{sen } \alpha} = \dfrac{500}{0'4 \cdot \text{sen } 90º} = \boxed{1250 \ \dfrac{m}{s}}$

Comentario: b) Si se invirtiera el sentido del vector velocidad, siguiendo la ley de Lorentz y la regla del tornillo, la fuerza magnética tendría la misma dirección y el mismo sentido que la fuerza eléctrica. Ambas fuerzas actuarían como fuerzas centrípetas, pues están perpendiculares al vector velocidad. El resultado sería un MCU (movimiento circular uniforme) en el plano XY.

21) Por el conductor A de la figura circula una corriente de intensidad 200 A. El conductor B, de 1 m de longitud y situado a 10 mm del conductor A, es libre de moverse en la dirección vertical. a) Dibuje las líneas de campo magnético y calcule su valor para un punto situado en la vertical del conductor A y a 10 cm de él. b) Si la masa del conductor B es de 10 g, determine el sentido de la corriente y el valor de la intensidad que debe circular por el conductor B para que permanezca suspendido en equilibrio en esa posición. g = 9,8 m s^{-2} ; μ_0 = 4·10^{-7} T m A^{-1}

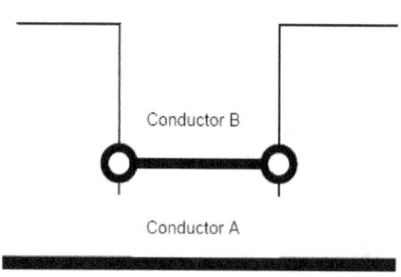

Datos:

I = 200 A
l = 1 m
d = 0'01 m
¿B?
r$_1$ = 0'10 m
m$_B$ = 0'010 kg
¿I?
g = 9,8 m s^{-2}
μ_0 = 4π·10^{-7} T m A^{-1}

Dibujo:

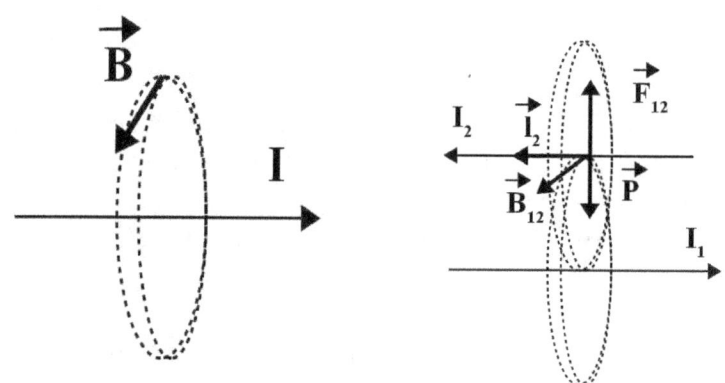

Principio físico: un hilo conductor que transporta corriente crea a su alrededor un campo magnético. Según la ley de Laplace ($\vec{F} = I \cdot \vec{L} \times \vec{B}$), un hilo conductor que transporta corriente y que está en el seno de un campo magnético experimenta una fuerza magnética.

Método de resolución: aplicaremos la ley de Biot y Savart, la ley de Laplace y la primera ley de Newton.

Resolución: * Campo magnético a 10 cm del conductor A (ley de Biot y Savart):

$$B = \frac{\mu_0 \cdot I}{2 \cdot \pi \cdot r} = \frac{4 \cdot \pi \cdot 10^{-7}}{2 \cdot \pi \cdot 0'10} = \boxed{2 \cdot 10^{-6} \text{ T}}$$

* Fuerzas ejercidas entre los hilos:

$$F_{12} = F_{21} = I_2 \cdot L \cdot B_{12} = I_2 \cdot L \cdot \frac{\mu_0 \cdot I_1}{2 \cdot \pi \cdot r} = \frac{\mu_0 \cdot I_1 \cdot I_2 \cdot L}{2 \cdot \pi \cdot r}$$

* Intensidad de corriente que debe circular por el conductor B:

$$\sum \vec{F} = 0 \quad \rightarrow \quad \vec{F}_{12} + \vec{P} = 0 \quad \rightarrow \quad \vec{F}_{12} = -\vec{P} \quad \rightarrow \quad F_{12} = P \quad \rightarrow$$

$$\rightarrow \quad \frac{\mu_0 \cdot I_1 \cdot I_2 \cdot L}{2 \cdot \pi \cdot r} = m \cdot g \quad \rightarrow \quad I_2 = \frac{2 \cdot \pi \cdot r \cdot m \cdot g}{\mu_0 \cdot I_1 \cdot L} = \frac{2 \cdot \pi \cdot 0'01 \cdot 0'010 \cdot 9'8}{4 \cdot \pi \cdot 10^{-7} \cdot 200 \cdot 1} = \boxed{24'5 \text{ A}}$$

Comentario: a) El campo magnético creado por una corriente en un hilo conductor sigue la regla de la mano derecha. b) La primera ley de Newton establece que para que un cuerpo esté en reposo, la resultante de sus fuerzas debe ser cero. El módulo del peso debe igualar al módulo de la fuerza magnética. Cuando dos hilos paralelos tienen corrientes en sentidos contrarios, se ejercen fuerzas repulsivas.

22) Un protón se mueve en una órbita circular, de 1 cm de radio, perpendicular a un campo magnético uniforme de 5·10⁻³ T. a) Dibuje la trayectoria seguida por el protón indicando el sentido de recorrido y la fuerza que el campo ejerce sobre el protón. Calcule la velocidad y el período del movimiento. b) Si un electrón penetra en el campo anterior con velocidad de 4·10⁶ m s⁻¹ perpendicular a él, calcule el radio de la trayectoria e indique el sentido de giro. $m_p = 1,7 \cdot 10^{-27}$ kg ; $m_e = 9,1 \cdot 10^{-31}$ kg ; $e = 1,6 \cdot 10^{-19}$ C

Datos: Dibujo:

r = 0'01 m
B = 5·10⁻³ T
¿v?
¿T?
v = 4·10⁶ m s⁻¹
¿r?
$m_p = 1,7 \cdot 10^{-27}$ kg
$m_e = 9,1 \cdot 10^{-31}$ kg
$e = 1,6 \cdot 10^{-19}$ C

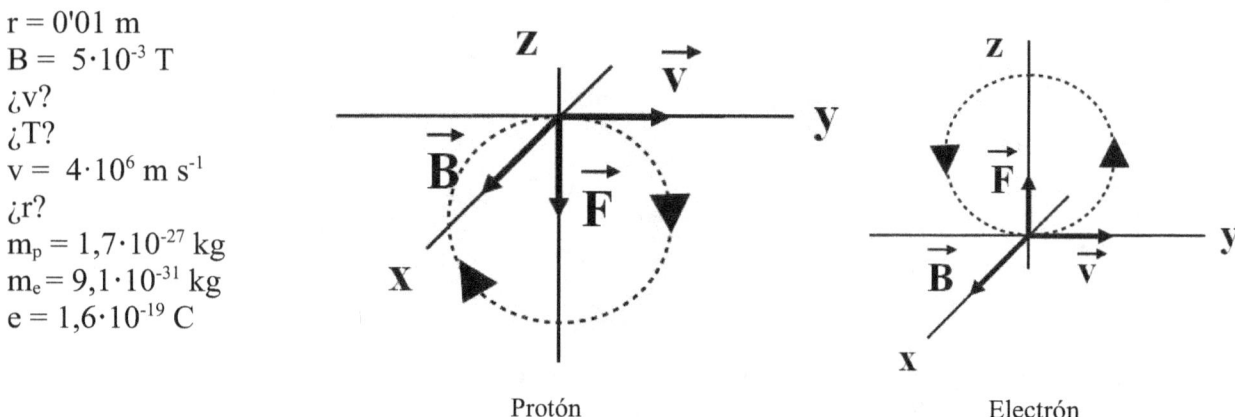

Protón   Electrón

Principio físico: una carga eléctrica moviéndose en el seno de un campo magnético experimenta una fuerza dada por la ley de Lorentz ($\vec{F} = Q \cdot \vec{v} \times \vec{B}$). Como la velocidad y la fuerza son perpendiculares, la partícula experimenta un MCU (movimiento circular uniforme).

Método de resolución: utilizaremos la ley de Lorentz y la segunda ley de Newton.

Resolución: * Velocidad del protón: $\sum \vec{F} = m \cdot \vec{a}$ → $Q \cdot v \cdot B \cdot \text{sen } \alpha = \dfrac{m \cdot v^2}{r}$ →

→ $Q \cdot B \cdot r \cdot \text{sen } \alpha = m \cdot v$ → $v = \dfrac{Q \cdot B \cdot r \cdot \text{sen} \alpha}{m} = \dfrac{1'6 \cdot 10^{-19} \cdot 5 \cdot 10^{-3} \cdot 0'01 \cdot \text{sen } 90°}{1'7 \cdot 10^{-27}} = \boxed{4706 \ \dfrac{m}{s}}$

* Período del movimiento del protón:

$v = \dfrac{2 \cdot \pi \cdot r}{T}$ → $T = \dfrac{2 \cdot \pi \cdot r}{v} = \dfrac{2 \cdot \pi \cdot 0'01}{4706} = \boxed{1'34 \cdot 10^{-5} \text{ s}}$

* Radio de la trayectoria del electrón:

$r = \dfrac{m \cdot v}{Q \cdot B \cdot \text{sen} \alpha} = \dfrac{9'1 \cdot 10^{-31} \cdot 4 \cdot 10^{6}}{1'6 \cdot 10^{-19} \cdot 5 \cdot 10^{-3} \cdot \text{sen } 90°} = \boxed{4'55 \cdot 10^{-3} \text{ m}}$

Comentario: los sentidos de giro son los indicados por la figura. La trayectoria del electrón está por encima del eje OY porque la fuerza de Lorentz está dirigida hacia arriba, según la regla del tornillo, teniendo en cuenta que la carga es negativa.

23) Dos conductores rectilíneos, paralelos y muy largos, separados 10 cm, transportan corrientes de 5 y 8 A, respectivamente, en sentidos opuestos. a) Dibuje en un esquema el campo magnético producido por cada uno de los conductores en un punto del plano definido por ellos y situado a 2 cm del primero y 12 cm del segundo y calcule la intensidad del campo total. b) Determine la fuerza por unidad de longitud sobre uno de los conductores, indicando si es atractiva o repulsiva. $\mu_0 = 4\pi \cdot 10^{-7}$ N A^{-2}

Datos:

Dibujo:

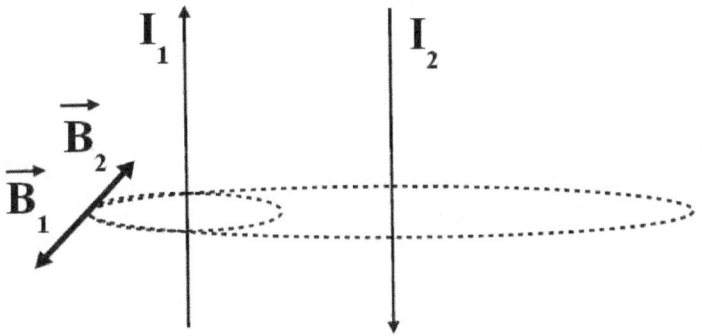

$d_0 = 0'10$ m
$I_1 = 5$ A
$I_2 = 8$ A
¿B?
$r_1 = 0'02$ m
$r_2 = 0'12$ m
¿F?
$\mu_0 = 4\pi \cdot 10^{-7}$ N A^{-2}

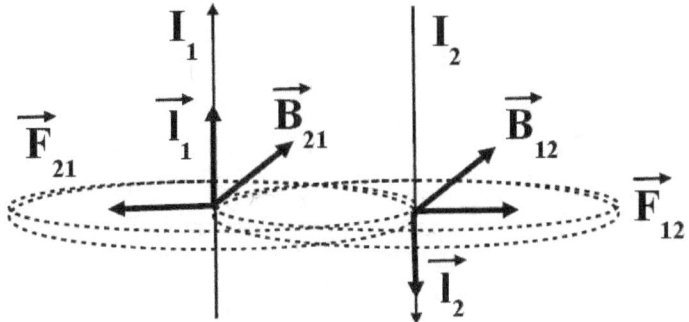

Principio físico: cuando circula una corriente por un hilo conductor, se crea alrededor del hilo un campo magnético cuya dirección y cuyo sentido vienen dados por la regla de la mano derecha. Dos hilos conductores por los que circulan corrientes en sentidos contrarios se ejercen el uno al otro una fuerza repulsiva cada uno.

Método de resolución: utilizaremos la ley de Biot y Savart, el cálculo vectorial y la ley de Laplace.

Resolución: * Intensidad del campo magnético total (ley de Biot y Savart):

$$B_1 = \frac{\mu_0 \cdot I_1}{2 \cdot \pi \cdot r_1} = \frac{4 \cdot \pi \cdot 10^{-7} \cdot 5}{2 \cdot \pi \cdot 0'02} = 5 \cdot 10^{-5} \text{ T} \quad ; \quad B_2 = \frac{\mu_0 \cdot I_2}{2 \cdot \pi \cdot r_2} = \frac{4 \cdot \pi \cdot 10^{-7} \cdot 8}{2 \cdot \pi \cdot 0'12} = 1'33 \cdot 10^{-5} \text{ T}$$

$$\vec{B}_1 = 5 \cdot 10^{-5} \cdot \vec{i} \text{ T} \quad ; \quad \vec{B}_2 = -1'33 \cdot 10^{-5} \cdot \vec{i} \text{ T} \quad ; \quad \vec{B} = \vec{B}_1 + \vec{B}_2 = 3'67 \cdot 10^{-5} \cdot \vec{i} \text{ T}$$

B = $\boxed{3'67 \cdot 10^{-5} \text{ T}}$

* Fuerza por unidad de longitud sobre los conductores (ley de Laplace y ley de Biot y Savart):

$$F_{12} = F_{21} = I_2 \cdot L \cdot B_{12} = I_2 \cdot L \cdot \frac{\mu_0 \cdot I_1}{2 \cdot \pi \cdot r} = \frac{\mu_0 \cdot I_1 \cdot I_2 \cdot L}{2 \cdot \pi \cdot r} \rightarrow \frac{F_{12}}{L} = \frac{F_{21}}{L} = \frac{\mu_0 \cdot I_1 \cdot I_2}{2 \cdot \pi \cdot r} = \frac{4 \cdot \pi \cdot 10^{-7} \cdot 5 \cdot 8}{2 \cdot \pi \cdot 0'10} =$$

$$= \boxed{8 \cdot 10^{-5} \frac{N}{m}}$$

Comentario: la fuerza que se ejercen dos hilos paralelos por los que circulan corrientes en sentidos opuestos es repulsiva, como se indica en el dibujo. Esto se obtiene aplicando la regla del tornillo en la ley de Laplace ($\vec{F} = I \cdot \vec{L} \times \vec{B}$).

2013

24) Un electrón con una energía cinética de $7,6 \cdot 10^3$ eV describe una órbita circular en un campo magnético de 0,06 T. a) Represente en un esquema el campo magnético, la trayectoria del electrón y su velocidad y la fuerza que actúa sobre él en un punto de la trayectoria. b) Calcule la fuerza magnética que actúa sobre el electrón y su frecuencia y periodo de giro. $m_e = 9,1 \cdot 10^{-31}$ kg ; $e = 1,6 \cdot 10^{-19}$ C.

Datos:

$Ec = 1'22 \cdot 10^{-15}$ J
$B = 0'06$ T
¿F?
¿f?
¿T?
$m_e = 9,1 \cdot 10^{-31}$ kg
$e = 1,6 \cdot 10^{-19}$ C

Dibujo:

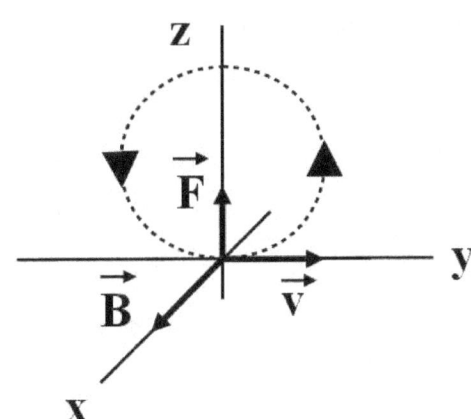

Principio físico: una carga eléctrica moviéndose en el seno de un campo magnético experimenta una fuerza dada por la ley de Lorentz ($\vec{F} = Q \cdot \vec{v} \times \vec{B}$). Como la velocidad y la fuerza son perpendiculares, la partícula experimenta un MCU (movimiento circular uniforme).

Método de resolución: utilizaremos la ley de Lorentz y la segunda ley de Newton.

Resolución: * Energía cinética en julios: $Ec = 7'6 \cdot 10^3$ eV $= 7'6 \cdot 10^3$ eV $\cdot \dfrac{1'6 \cdot 10^{-19} C \cdot 1 V}{1 eV} = 1'22 \cdot 10^{-15}$ J

* Velocidad de los electrones: $Ec = \dfrac{1}{2} m \cdot v^2 \rightarrow v = \sqrt{\dfrac{2 \cdot Ec}{m}} = \sqrt{\dfrac{2 \cdot 1'22 \cdot 10^{-15}}{9'1 \cdot 10^{-31}}} = 5'18 \cdot 10^7 \ \dfrac{m}{s}$

* Fuerza magnética (ley de Lorentz): $F = Q \cdot v \cdot B \cdot sen\ \alpha = 1'6 \cdot 10^{-19} \cdot 5'18 \cdot 10^7 \cdot 0'06 \cdot sen\ 90° = \boxed{4'97 \cdot 10^{-13} \text{ N}}$

* Radio de giro: $\sum \vec{F} = m \cdot \vec{a} \rightarrow F_m = \dfrac{m \cdot v^2}{r} \rightarrow Q \cdot v \cdot B \cdot sen\ \alpha = \dfrac{m \cdot v^2}{r} \rightarrow$

$\rightarrow Q \cdot B \cdot r \cdot sen\ \alpha = m \cdot v \rightarrow r = \dfrac{m \cdot v}{Q \cdot B \cdot sen\ \alpha} = \dfrac{9'1 \cdot 10^{-31} \cdot 5'18 \cdot 10^7}{1'6 \cdot 10^{-19} \cdot 0'06 \cdot sen\ 90°} = 4'91 \cdot 10^{-3}$ m

* Período de giro: $v = \dfrac{2\cdot\pi\cdot r}{T}$ → $T = \dfrac{2\cdot\pi\cdot r}{v} = \dfrac{2\cdot\pi\cdot 4'91\cdot 10^{-3}}{5'18\cdot 10^{7}} = \boxed{5'96\cdot 10^{-10}\ \text{s}}$

* Frecuencia de giro: $f = \dfrac{1}{T} = \dfrac{1}{5'96\cdot 10^{-10}} = \boxed{1'68\cdot 10^{9}\ \text{Hz}}$

<u>Comentario:</u> al tener el electrón carga negativa, la fuerza magnética se obtiene con la regla del tornillo cambiada de sentido.

25) Un protón, inicialmente en reposo, se acelera bajo una diferencia de potencial de 10^3 V. A continuación, entra en un campo magnético uniforme, perpendicular a la velocidad, y describe una trayectoria circular de 0,3 m de radio. a) Dibuje en un esquema la trayectoria del protón, indicando las fuerzas que actúan sobre él en cada etapa y calcule el valor de la intensidad del campo magnético. b) Si con la misma diferencia de potencial se acelerara un electrón, determine el campo magnético (módulo, dirección y sentido) que habría que aplicar para que el electrón describiera una trayectoria idéntica a la del protón y en el mismo sentido. e =$1,6 \cdot 10^{-19}$ C ; m_p = $1,7 \cdot 10^{-27}$ kg ; m_e = $9,1 \cdot 10^{-31}$ kg

Datos:

Dibujo:

$v_0 = 0$
$\Delta V = 1000$ V
$r = 0'3$ m
¿B?
¿B?
e =$1,6 \cdot 10^{-19}$ C
$m_p = 1,7 \cdot 10^{-27}$ kg
$m_e = 9,1 \cdot 10^{-31}$ kg

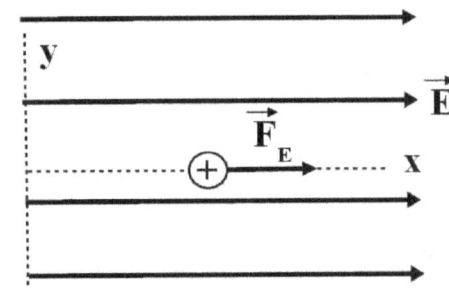
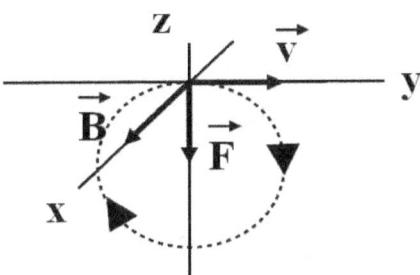

Protón

Principio físico: una carga eléctrica moviéndose en el seno de un campo magnético experimenta una fuerza dada por la ley de Lorentz ($\vec{F} = Q \cdot \vec{v} \times \vec{B}$). Como la velocidad y la fuerza son perpendiculares, la partícula experimenta un MCU (movimiento circular uniforme).

Método de resolución: utilizaremos la ley de Lorentz y la segunda ley de Newton.

Resolución: * Velocidad del protón: $W_T = E_c \rightarrow Q \cdot \Delta V = \dfrac{1}{2} m \cdot v^2 \rightarrow$

$\rightarrow v = \sqrt{\dfrac{2 \cdot Q \cdot \Delta V}{m}} = \sqrt{\dfrac{2 \cdot 1'6 \cdot 10^{-19} \cdot 1000}{1'7 \cdot 10^{-27}}} = 4'34 \cdot 10^5 \ \dfrac{m}{s}$

* Campo magnético para el protón: $\sum \vec{F} = m \cdot \vec{a} \rightarrow F_m = \dfrac{m \cdot v^2}{r} \rightarrow$

$\rightarrow Q \cdot v \cdot B \cdot sen \ \alpha = \dfrac{m \cdot v^2}{r} \rightarrow Q \cdot B \cdot r \cdot sen \ \alpha = m \cdot v \rightarrow$

$\rightarrow B = \dfrac{m \cdot v}{Q \cdot r \cdot sen \alpha} = \dfrac{1'7 \cdot 10^{-27} \cdot 4'34 \cdot 10^5}{1'6 \cdot 10^{-19} \cdot 0'3 \cdot sen 90º} = \boxed{0'0154 \ T}$

* Velocidad del electrón: $W_T = E_c \rightarrow Q \cdot \Delta V = \dfrac{1}{2} m \cdot v^2 \rightarrow$

$\rightarrow v = \sqrt{\dfrac{2 \cdot Q \cdot \Delta V}{m}} = \sqrt{\dfrac{2 \cdot 1'6 \cdot 10^{-19} \cdot 1000}{9'1 \cdot 10^{-31}}} = 1'88 \cdot 10^7 \; \dfrac{m}{s}$

* Campo magnético para el electrón:

$\sum \vec{F} = m \cdot \vec{a} \rightarrow F_m = \dfrac{m \cdot v^2}{r} \rightarrow Q \cdot v \cdot B \cdot \text{sen } \alpha = \dfrac{m \cdot v^2}{r} \rightarrow Q \cdot B \cdot r \cdot \text{sen } \alpha = m \cdot v \rightarrow$

$\rightarrow B = \dfrac{m \cdot v}{Q \cdot r \cdot sen \alpha} = \dfrac{9'1 \cdot 10^{-31} \cdot 1'88 \cdot 10^7}{1'6 \cdot 10^{-19} \cdot 0'3 \cdot sen 90º} = \boxed{3'56 \cdot 10^{-4} \; T}$

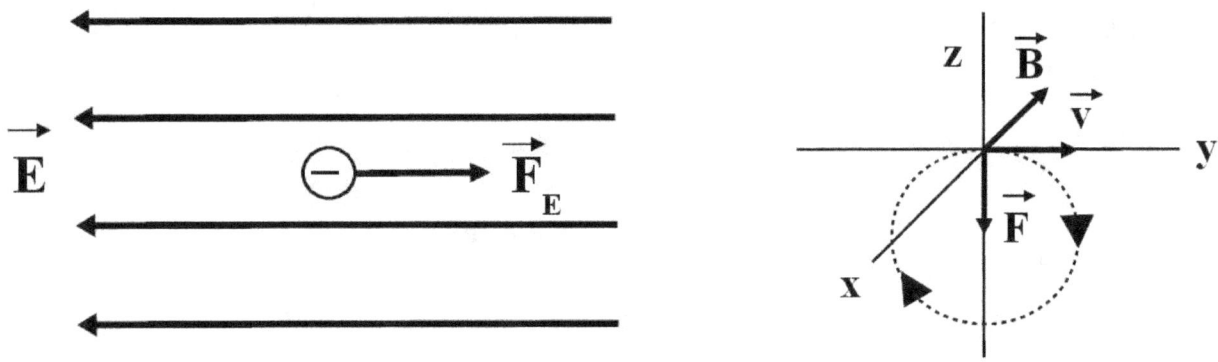

Comentario: al principio, la partícula se acelera en un campo eléctrico y después incide perpendicularmente en un campo magnético. Los vectores $\vec{v}$ y $\vec{B}$ son perpendiculares. En el campo eléctrico, la fuerza tiene el mismo sentido que el campo en el caso del protón y sentido contrario en el caso del electrón. En el campo magnético, para que el electrón describa la misma trayectoria que el protón, el vector $\vec{B}$ tiene que tener sentido contrario al que lleva en el protón.

26) Una partícula α se acelera desde el reposo mediante una diferencia de potencial de 5·10³ V y, a continuación, penetra en un campo magnético de 0,25 T perpendicular a su velocidad. a) Dibuje en un esquema la trayectoria de la partícula y calcule la velocidad con que penetra en el campo magnético. b) Calcule el radio de la circunferencia que describe tras penetrar en el campo magnético. $m_α = 6,7·10^{-27}$ kg ; $q_α = 3,2·10^{-19}$ C

Datos:

$v_0 = 0$
$\Delta V = 5000$ V
$B = 0'25$ T
¿v?
¿r?
$m_α = 6,7·10^{-27}$ kg
$q_α = 3,2·10^{-19}$ C

Dibujo:

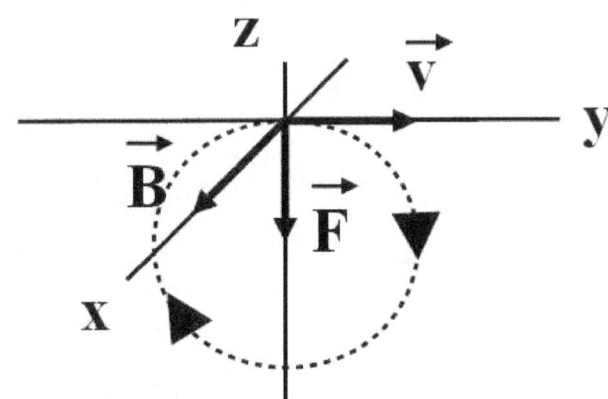

Principio físico: una carga eléctrica moviéndose en el seno de un campo magnético experimenta una fuerza dada por la ley de Lorentz ($\vec{F} = Q·\vec{v} \times \vec{B}$). Como la velocidad y la fuerza son perpendiculares, la partícula experimenta un MCU (movimiento circular uniforme).

Método de resolución: utilizaremos la ley de Lorentz y la segunda ley de Newton.

Resolución: * Velocidad de la partícula: $W_T = E_c$ → $Q·\Delta V = \frac{1}{2} m·v^2$ →

→ $v = \sqrt{\frac{2·Q·\Delta V}{m}} = \sqrt{\frac{2·3'2·10^{-19}·5000}{6'7·10^{-27}}} = \boxed{6'91·10^5 \frac{m}{s}}$

* Radio de la circunferencia: $\sum \vec{F} = m·\vec{a}$ → $F_m = \frac{m·v^2}{r}$ → $Q·v·B·\text{sen } α = \frac{m·v^2}{r}$ →

→ $Q·B·r·\text{sen } α = m·v$ → $r = \frac{m·v}{Q·B·\text{sen } α} = \frac{6'7·10^{-27}·6'91·10^5}{3'2·10^{-19}·0'25·\text{sen } 90°} = \boxed{0'0579 \text{ m}}$

Comentario: las partículas alfa son núcleos de ^4_2He con dos cargas positivas. La fuerza de Lorentz se obtiene aplicando la regla del tornillo con $\vec{v}$ y $\vec{B}$.

2012

27) A una espira circular de 5 cm de radio, que descansa en el plano XY, se le aplica durante el intervalo de tiempo de t = 0 a t = 5 s un campo magnético **B** = 0,1·t² **k** T, donde t es el tiempo en segundos. a) Calcule el flujo magnético que atraviesa la espira y represente gráficamente la fuerza electromotriz inducida en la espira en función del tiempo. b) Razone cómo cambiaría la fuerza electromotriz inducida en la espira si: i) el campo magnético fuera **B** = (2 – 0,01·t²) **k** T ; ii) la espira estuviera situada en el plano XZ.

Datos:

r = 0'05 m
$t_1 = 0$
$t_2 = 5$ s
B = 0,1 t² **k** T
¿Φ?
¿Representación ε – t ?
¿ε?
B = (2 - 0,01 t²) **k** T

Dibujo:

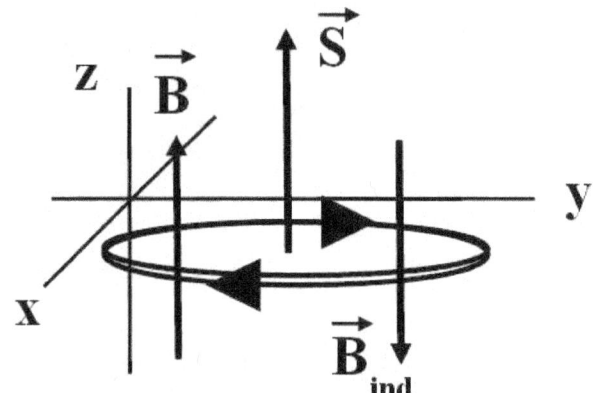

Principio físico: inducción electromagnética, ley de Faraday-Lenz: la corriente inducida en un circuito es originada por la variación del flujo magnético que atraviesa dicho circuito. Su sentido es tal que se opone a dicha variación.

Método de resolución: usaremos la definición de flujo y la ley de Faraday-Lenz.

Resolución: * Flujo magnético del apartado a): $\Phi = N \cdot \vec{B} \cdot \vec{S} = N \cdot B \cdot S \cdot \cos\alpha = N \cdot B \cdot \pi \cdot r^2 \cdot \cos\alpha$

$\Phi = 1 \cdot 0'1 \cdot t^2 \cdot \pi \cdot 0'05^2 \cdot \cos 0° = \boxed{7'85 \cdot 10^{-4} \cdot t^2 \text{ Wb}}$

* Fuerza electromotriz inducida del apartado a): $\epsilon = -\dfrac{d\Phi}{dt} = -2 \cdot 7'85 \cdot 10^{-4} \cdot t = -1'57 \cdot 10^{-3} \cdot t$ V

* Representación gráfica: y = − x es la gráfica de una recta con pendiente negativa y que parte del origen.

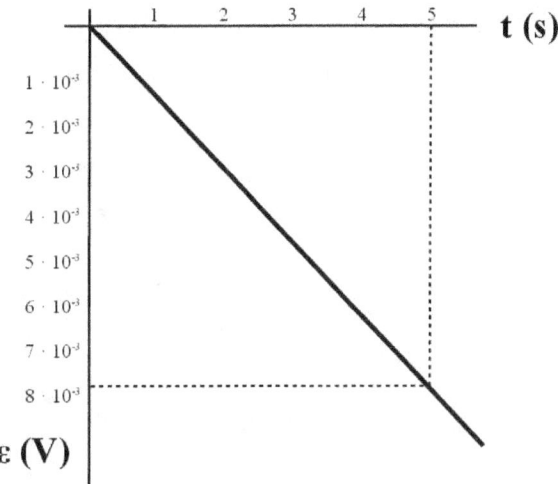

* Flujo magnético del apartado b) i): $\Phi = N \cdot \vec{B} \cdot \vec{S} = N \cdot B \cdot S \cdot \cos\alpha = N \cdot B \cdot \pi \cdot r^2 \cdot \cos\alpha$

$\Phi = 1 \cdot (2 - 0,01 \cdot t^2) \cdot \pi \cdot 0'05^2 \cdot \cos 0° = 0'0157 - 7'85 \cdot 10^{-5} \cdot t^2$ Wb

* Fuerza electromotriz inducida del apartado b) i): $\epsilon = -\dfrac{d\Phi}{dt} = +2 \cdot 7'85 \cdot 10^{-5} \cdot t = \boxed{+1'57 \cdot 10^{-4} \cdot t \quad V}$

La función del flujo es una parábola decreciente, luego la $\vec{B}_{ind}$ tiende a compensarlo en el sentido de intensificar el campo. Ahora, la f.e.m. inducida sería una línea recta creciente.

Comentario:

* Flujo magnético del apartado b) ii):

$\Phi = 0$, por ser ahora el ángulo α entre $\vec{B}$ y $\vec{S}$ de 90° y el coseno de 90° es cero.

* Fuerza electromotriz inducida del apartado b) ii):

ε = 0: si no hay variación de flujo, no hay fuerza electromotriz inducida.

28) Un protón acelerado desde el reposo por una diferencia de potencial de $2 \cdot 10^6$ V penetra, moviéndose en el sentido positivo del eje X, en un campo magnético **B** = 0,2 **k** T. a) Calcule la velocidad de la partícula cuando penetra en el campo magnético y dibuje en un esquema los vectores **v**, **B** y **F** en ese instante y la trayectoria de la partícula. b) Calcule el radio y el periodo de la órbita que describe el protón. m = $1,67 \cdot 10^{-27}$ kg ; e = $1,6 \cdot 10^{-19}$ C

Datos: Dibujo:

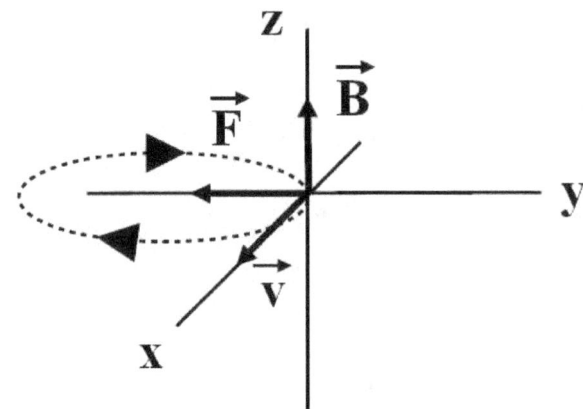

$v_0 = 0$
$\Delta V = 2 \cdot 10^6$ V
B = 0,2 **k** T
¿v?
¿r?
¿T?
m = $1,67 \cdot 10^{-27}$ kg
e = $1,6 \cdot 10^{-19}$ C

Principio físico: una carga eléctrica moviéndose en el seno de un campo magnético experimenta una fuerza dada por la ley de Lorentz ($\vec{F} = Q \cdot \vec{v} \times \vec{B}$). Como la velocidad y la fuerza son perpendiculares, la partícula experimenta un MCU (movimiento circular uniforme).

Método de resolución: utilizaremos la ley de Lorentz y la segunda ley de Newton.

Resolución: * Velocidad de la partícula: $W_T = E_c$ → $Q \cdot \Delta V = \frac{1}{2} m \cdot v^2$ →

→ $v = \sqrt{\frac{2 \cdot Q \cdot \Delta V}{m}} = \sqrt{\frac{2 \cdot 1'6 \cdot 10^{-19} \cdot 2 \cdot 10^6}{1'67 \cdot 10^{-27}}} = \boxed{1'96 \cdot 10^7 \ \frac{m}{s}}$

* Radio de la órbita: $\sum \vec{F} = m \cdot \vec{a}$ → $F_m = \frac{m \cdot v^2}{r}$ → $Q \cdot v \cdot B \cdot \text{sen } \alpha = \frac{m \cdot v^2}{r}$ →

→ $Q \cdot B \cdot r \cdot \text{sen } \alpha = m \cdot v$ → $r = \frac{m \cdot v}{Q \cdot B \cdot \text{sen} \alpha} = \frac{1'67 \cdot 10^{-27} \cdot 1'96 \cdot 10^7}{1'6 \cdot 10^{-19} \cdot 0'2 \cdot \text{sen} 90°} = \boxed{1'02 \text{ m}}$

* Período de la órbita: $v = \frac{2 \cdot \pi \cdot r}{T}$ → $T = \frac{2 \cdot \pi \cdot r}{v} = \frac{2 \cdot \pi \cdot 1'02}{1'96 \cdot 10^7} = \boxed{3'27 \cdot 10^{-7} \text{ s}}$

Comentario: la diferencia de potencial se traduce en trabajo eléctrico. La fuerza magnética hace de fuerza centrípeta y provoca un MCU (movimiento circular uniforme) en el plano XY.

29) Dos conductores rectilíneos, largos y paralelos están separados 5 m. Por ellos circulan corrientes de 5 A y 2 A en sentidos contrarios. a) Dibuje en un esquema las fuerzas que se ejercen los dos conductores y calcule su valor por unidad de longitud. b) Calcule la fuerza que ejercería el primero de los conductores sobre una carga de 10^{-6} C que se moviera paralelamente al conductor, a una distancia de 0,5 m de él, y con una velocidad de 100 m s^{-1} en el sentido de la corriente. $\mu_0 = 4\pi \cdot 10^{-7}$ N A^{-2}

Datos:

Dibujo:

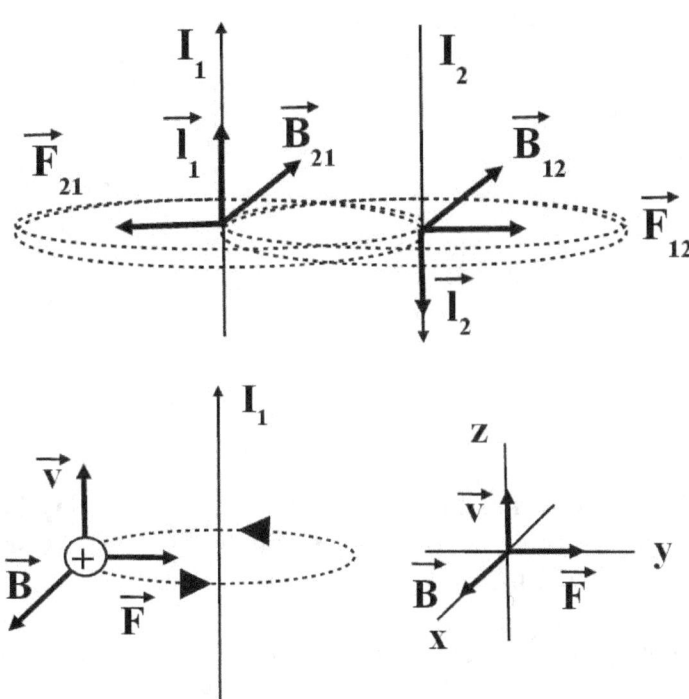

$d_0 = 5$ m
$I_1 = 5$ A
$I_2 = 2$ A
¿F/l?
¿F?
$Q = 10^{-6}$ C
$r = 0'5$ m
$v = 100$ m s^{-1}
$\mu_0 = 4\pi \cdot 10^{-7}$ N A^{-2}

Principio físico: un hilo que transporta una corriente eléctrica crea a su alrededor un campo magnético cuya dirección y cuyo sentido vienen dados por la regla de la mano derecha. Ley de Laplace: un hilo conductor por el que circula una corriente y que está en el seno de un campo magnético experimenta una fuerza magnética ($\vec{F} = I \cdot \vec{L} \times \vec{B}$). Ley de Lorentz: una partícula que se mueve en el seno de un campo magnético experimenta una fuerza magnética ($\vec{F} = Q \cdot \vec{v} \times \vec{B}$).

Método de resolución: utilizaremos la ley de Laplace, la ley de Biot y Savart y la ley de Lorentz.

Resolución: * Fuerza por unidad de longitud: $F_{12} = F_{21} = I_2 \cdot L \cdot B_{12} = I_2 \cdot L \cdot \dfrac{\mu_0 \cdot I_1}{2 \cdot \pi \cdot r} = \dfrac{\mu_0 \cdot I_1 \cdot I_2 \cdot L}{2 \cdot \pi \cdot r} \rightarrow$

$\rightarrow \dfrac{F_{12}}{L} = \dfrac{F_{21}}{L} = \dfrac{\mu_0 \cdot I_1 \cdot I_2}{2 \cdot \pi \cdot r} = \dfrac{4 \cdot \pi \cdot 10^{-7} \cdot 5 \cdot 2}{2 \cdot \pi \cdot 5} = \boxed{4 \cdot 10^{-7} \ \dfrac{N}{m}}$

* Campo magnético del conductor a 0'5 m: $B = \dfrac{\mu_0 \cdot I}{2 \cdot \pi \cdot r} = \dfrac{4 \cdot \pi \cdot 10^{-7} \cdot 5}{2 \cdot \pi \cdot 0'5} = 2 \cdot 10^{-6}$ T

* Fuerza sobre la carga: $F = Q \cdot v \cdot B \cdot \text{sen } \alpha = 10^{-6} \cdot 100 \cdot 2 \cdot 10^{-6} \cdot \text{sen } 90º = \boxed{2 \cdot 10^{-10} \text{ N}}$

Comentario: dos conductores paralelos por los que circulan corrientes en sentidos contrarios se ejercen fuerzas repulsivas. Una corriente circulando por un hilo conductor crea a su alrededor un campo magnético cuya dirección y cuyo sentido vienen dados por la regla de la mano derecha.

30) Una espira de 0,1 m de radio gira a 50 rpm alrededor de un diámetro en un campo magnético uniforme de 0,4 T y dirección perpendicular al diámetro. En el instante inicial el plano de la espira es perpendicular al campo. a) Escriba la expresión del flujo magnético que atraviesa la espira en función del tiempo y determine el valor de la f.e.m. inducida. b) Razone cómo cambiarían los valores máximos del flujo magnético y de la f.e.m. inducida si se duplicase la frecuencia de giro de la espira.

Datos:

Dibujo:

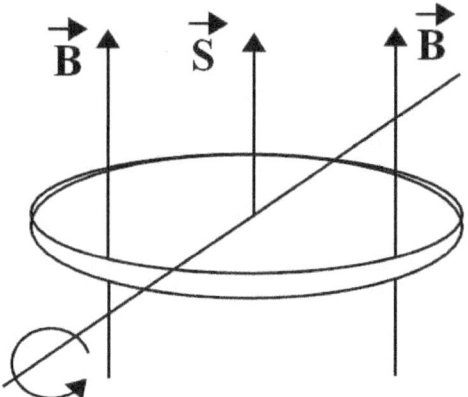

r = 0'1 m
ω = 5'24 rad/s
B = 0'4 T
¿Φ(t)?
¿ Φ$_{máx}$, ε$_{máx}$?
ω' = 2 · ω

Principio físico: inducción electromagnética, ley de Faraday-Lenz: la corriente inducida en un circuito es originada por la variación del flujo magnético que atraviesa dicho circuito. Su sentido es tal que se opone a dicha variación.

Método de resolución: usaremos la definición de flujo y la ley de Faraday-Lenz.

Resolución: * Velocidad angular en unidades internacionales:

$$\omega = 50 \ \frac{rev}{min} \cdot \frac{2 \cdot \pi \ rad}{1 \ rev} \cdot \frac{1 \ min}{60 \ s} = \frac{50 \cdot 2 \cdot \pi}{60} = 5'24 \ \frac{rad}{s}$$

* Flujo magnético: $\Phi = N \cdot \vec{B} \cdot \vec{S} = N \cdot B \cdot S \cdot \cos\alpha = N \cdot B \cdot \pi \cdot r^2 \cdot \cos(\omega t)$

Φ = 1·0'4·π·0'1²·cos (5'24·t) = $\boxed{0'0126 \cdot \cos (5'24 \cdot t) \ Wb}$

* Fuerza electromotriz inducida: $\epsilon = -\frac{d\Phi}{dt}$ = + 0'0126·5'24·sen (5'243·t) = 0'0660·sen (5'24·t) V

Comentario: * Flujo magnético con frecuencia de giro doble: Φ' = 0'0126·cos (10'48·t) Wb
* Fuerza electromotriz inducida con frecuencia de giro doble: ε' = 0'132·sen (10'48 t) V

* Valores máximos: $\boxed{\Phi_{máx} = 0'0126 \ Wb, \ \Phi'_{máx} = 0'0126 \ Wb, \ \varepsilon_{máx} = 0'0660 \ V, \ \varepsilon'_{máx} = 0'132 \ V}$

Los valores máximos se alcanzan cuando las funciones seno y coseno valen 1. Al flujo máximo no le afecta aumentar la velocidad de giro. La f.e.m. máxima se hace el doble.

PROBLEMAS DE ONDAS

2018

1) Una onda armónica de amplitud 0,3 m se propaga hacia la derecha por una cuerda con una velocidad de 2 m s^{-1} y un periodo de 0,125 s. Determine la ecuación de la onda correspondiente sabiendo que el punto x = 0 m de la cuerda se encuentra a la máxima altura para el instante inicial, justificando las respuestas.

Datos:

A = 0'3 m
v = 2 m s^{-1}
T = 0'125 s
¿Ecuación?
x = 0 m → A$_{máx}$

Dibujo:

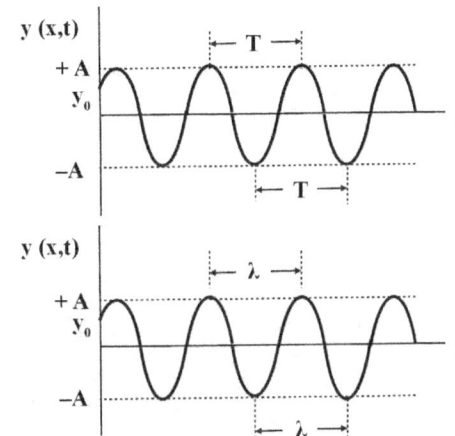

Principio físico: una onda es la propagación de una perturbación a través de un medio determinado. La perturbación puede ser provocada por una vibración o un campo. Una onda armónica es aquella cuya perturbación puede estudiarse como un movimiento armónico simple.

Método de resolución: escribiremos la ecuación general de una onda armónica y calcularemos sus magnitudes características.

Resolución: * Ecuación general: y(x,t) = A·sen (± ω·t ± k·x ± φ$_0$)

* Frecuencia angular: $\omega = \dfrac{2\cdot\pi}{T} = \dfrac{2\cdot\pi}{0'125} = 16\cdot\pi = 50'3 \dfrac{rad}{s}$

* Longitud de onda: $v_p = \dfrac{\lambda}{T}$ → λ = v$_p$·T = 2·0'125 = 0'25 m

* Número de onda: $k = \dfrac{2\cdot\pi}{\lambda} = \dfrac{2\cdot\pi}{0'25} = 8\cdot\pi \dfrac{rad}{m}$

* Fase inicial: y$_0$ = 0'3 m, pues está a la máxima altura inicialmente   →   0'3 = 0'3·sen φ$_0$ →

→   sen φ$_0$ = 1   →   φ$_0$ = 90º = $\dfrac{\pi}{2}$ rad

* Ecuación de la onda: y(x,t) = $\boxed{0'3\cdot\text{sen}(16\cdot\pi\cdot t - 8\cdot\pi\cdot x + \dfrac{\pi}{2})}$

Comentario: el término en x tiene signo menos porque se desplaza hacia la derecha.

2) Dada la onda de ecuación: y(x,t) = 4·sen(10π t-0,1π x) (SI) . Determine razonadamente: (i) La velocidad y el sentido de propagación de la onda; (ii) el instante en el que un punto que dista 5 cm del origen alcanza su velocidad de máxima vibración.

Datos: Dibujo:

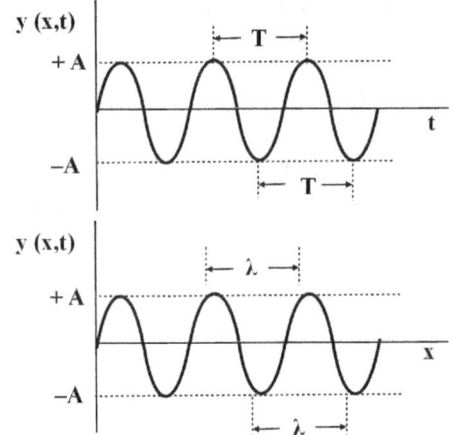

y(x,t) = 4 sen(10π t-0,1π x)
¿v_p?
¿Sentido?
¿t?
x = 0'05 m → $A_{máx}$

Principio físico: una onda es la propagación de una perturbación a través de un medio determinado. La perturbación puede ser provocada por una vibración o un campo. Una onda armónica es aquella cuya perturbación puede estudiarse como un movimiento armónico simple.

Método de resolución: compararemos la ecuación general de una onda con la ecuación de esta onda y obtendremos las magnitudes características de esta onda.

Resolución: * Ecuación general: y(x,t) = A·sen (± ω·t ± k·x ± φ_0)

* Magnitudes características de la onda:

Por comparación: A = 4 m ; ω = 10π $\dfrac{rad}{s}$; k = 0'1·π $\dfrac{rad}{m}$; φ_0 = 0

* Longitud de onda: k = $\dfrac{2·\pi}{\lambda}$ → λ = $\dfrac{2·\pi}{k}$ = $\dfrac{2·\pi}{0'1·\pi}$ = 20 m

* Período: ω = $\dfrac{2·\pi}{T}$ → T = $\dfrac{2·\pi}{\omega}$ = $\dfrac{2·\pi}{10·\pi}$ = 0'2 s

* Velocidad de propagación: v_p = $\dfrac{\lambda}{T}$ = $\dfrac{20}{0'2}$ = $\boxed{100 \dfrac{m}{s}}$

* Sentido de propagación: hacia la derecha, pues el término en x es negativo.

* Velocidad de vibración: $v_v = \dfrac{dy}{dt} = 4 \cdot 10 \cdot \pi \cdot \cos(10 \cdot \pi \cdot t - 0,1 \cdot \pi \cdot x) = 40 \cdot \pi \cdot \cos(10 \cdot \pi \cdot t - 0,1 \cdot \pi \cdot x)$

* Instante de máxima velocidad de vibración:

$v_{máx} \rightarrow \cos(10 \cdot \pi \cdot t - 0,1 \cdot \pi \cdot x) = 1 \rightarrow 10 \cdot \pi \cdot t - 0,1 \cdot \pi \cdot x = 0 \rightarrow 10 \cdot \pi \cdot t = 0,1 \cdot \pi \cdot x \rightarrow$

$\rightarrow t = \dfrac{0'1 \cdot \pi \cdot x}{10 \cdot \pi} = 0'01 \cdot x = 0'01 \cdot 0'05 = \boxed{5 \cdot 10^{-4} \text{ s}}$

Comentario: no es lo mismo velocidad de vibración de los puntos de la onda que la velocidad de propagación de la onda. La velocidad de vibración se obtiene derivando y(x,t) y la velocidad de propagación se obtiene así: $v_p = \lambda \cdot f = \dfrac{\lambda}{T}$

3) En una cuerda tensa con sus extremos fijos se ha generado una onda cuya ecuación es:
y(x,t) = 2 sen ((π/4) x) cos (8 π t) (SI) . Determine la amplitud y la velocidad de propagación de dicha onda, así como el periodo y la frecuencia de las oscilaciones.

Datos:

y(x,t) = 2 sen ((π/4) x) cos (8 π t)
¿A?
¿v?
¿T?
¿f?

Dibujo:

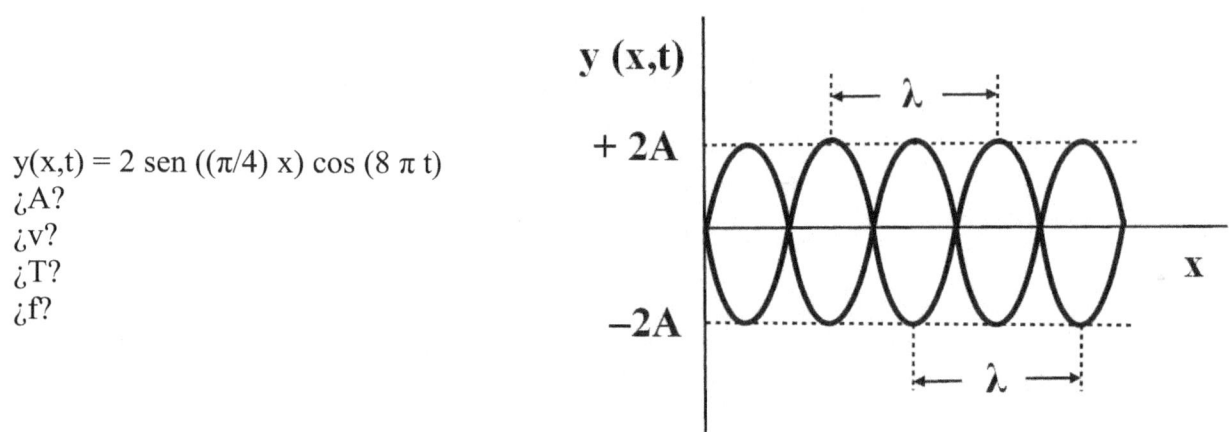

Principio físico: una onda estacionaria es la superposición de dos ondas armónicas que se propagan por el mismo medio con las mismas amplitudes, períodos, longitudes de onda y dirección pero en sentidos contrarios. Es la superposición de una onda incidente y otra reflejada.

Método de resolución: compararemos la ecuación general de una onda estacionaria de este tipo con la onda del enunciado y obtendremos las magnitudes de las ondas que se superponen.

Resolución: * Ecuación general: $y(x,t) = 2 \cdot A \cdot sen(k \cdot x) \cdot cos(\omega \cdot t)$

* Magnitudes de las ondas superpuestas: $A = \dfrac{2}{2} = \boxed{1 \text{ m}}$; $k = \dfrac{\pi}{4} \dfrac{rad}{m}$; $\omega = 8\pi \dfrac{rad}{s}$

* Longitud de onda: $k = \dfrac{2 \cdot \pi}{\lambda}$ → $\lambda = \dfrac{2 \cdot \pi}{k} = \dfrac{2 \cdot \pi}{\pi/4} = 8 \text{ m}$

* Período: $\omega = \dfrac{2 \cdot \pi}{T}$ → $T = \dfrac{2 \cdot \pi}{\omega} = \dfrac{2 \cdot \pi}{8 \cdot \pi} = \boxed{0'25 \text{ s}}$

* Frecuencia: $f = \dfrac{1}{T} = \dfrac{1}{0'25} = \boxed{4 \text{ Hz}}$

* Velocidad de propagación: $v_p = \dfrac{\lambda}{T} = \dfrac{8}{0'25} = \boxed{32 \dfrac{m}{s}}$

Comentario: las ondas estacionarias pueden tener varias expresiones algebraicas:
$y(x,t) = 2 \cdot A \cdot sen(k \cdot x) \cdot cos(\omega \cdot t)$ o también: $y(x,t) = 2 \cdot A \cdot sen(k \cdot x) \cdot sen(\omega \cdot t)$

4) Una onda electromagnética que se desplaza por un medio viene descrita por la siguiente ecuación: y(x,t) = 0,5 sen (3·10¹⁰ t − 175 x) (SI) . Calcule el periodo, la longitud de onda y el índice de refracción del medio por el que se propaga, justificando sus respuestas. c = 3·10⁸ m s⁻¹

Datos:

y(x,t) = 0,5 sen (3·10¹⁰ t − 175 x)
¿T?
¿λ?
¿n?
c = 3·10⁸ m s⁻¹

Dibujo:

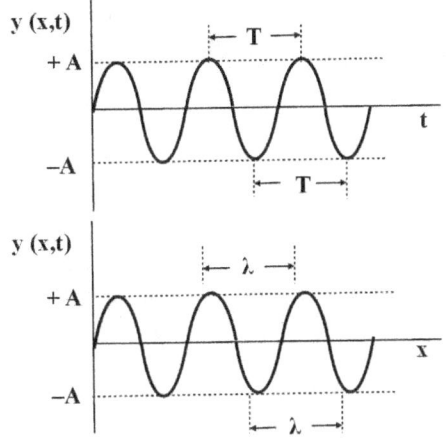

Principio físico: una onda es la propagación de una perturbación a través de un medio determinado. La perturbación puede ser provocada por una vibración o un campo. Una onda armónica es aquella cuya perturbación puede estudiarse como un movimiento armónico simple.

Método de resolución: compararemos la ecuación general de una onda con la ecuación de esta onda y obtendremos las magnitudes características de esta onda.

Resolución: * Ecuación general: y(x,t) = A·sen (± ω·t ± k·x ± φ₀)

* Magnitudes características de la onda:

Por comparación: A = 0'5 m ; $\omega = 3·10^{10} \frac{rad}{s}$; $k = 175 \frac{rad}{m}$;   φ₀ = 0

* Longitud de onda: $k = \frac{2·\pi}{\lambda}$ → $\lambda = \frac{2·\pi}{k} = \frac{2·\pi}{175} =$ $\boxed{0'0359 \text{ m}}$

* Período: $\omega = \frac{2·\pi}{T}$ → $T = \frac{2·\pi}{\omega} = \frac{2·\pi}{3·10^{10}} =$ $\boxed{2'09·10^{-10} \text{ s}}$

* Velocidad de propagación: $v_p = \frac{\lambda}{T} = \frac{0'0359}{2'09·10^{-10}} = 1'72·10^8 \frac{m}{s}$

* Índice de refracción: $n = \frac{c}{v} = \frac{3·10^8}{1'72·10^8} =$ $\boxed{1'74}$

Comentario: el índice de refracción es el cociente entre la velocidad de la luz en el vacío y la velocidad de la luz en ese medio. Es siempre superior a 1, pues la velocidad de la luz es el valor máximo de las velocidades según la teoría de la relatividad.

5) Determine la ecuación de una onda armónica que se propaga en el sentido positivo del eje X con velocidad de 600 m s⁻¹, frecuencia 200 Hz y amplitud 0,03 m, sabiendo que en el instante inicial la elongación del punto x = 0 m es y = 0 m. Calcule la velocidad de vibración de dicho punto en el instante t = 0 s.

Datos: Dibujo:

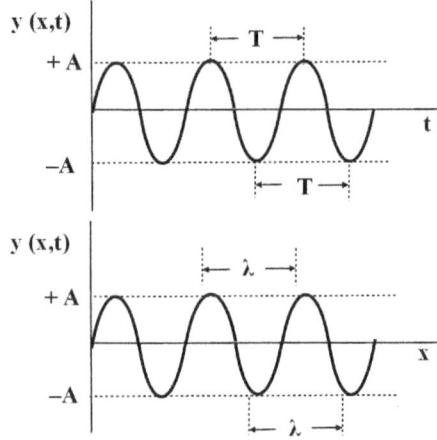

¿Ecuación?
v_p = 600 m/s
f = 200 Hz
A = 0'03 m
x = 0 m → y = 0 m
¿v_v? → t = 0 s

Principio físico: una onda es la propagación de una perturbación a través de un medio determinado. La perturbación puede ser provocada por una vibración o un campo. Una onda armónica es aquella cuya perturbación puede estudiarse como un movimiento armónico simple.

Método de resolución: escribiremos la ecuación general de una onda y averiguaremos las magnitudes de la onda mediante sus expresiones correspondientes.

Resolución: * Ecuación general: $y(x,t) = A \cdot \text{sen}(\pm \omega \cdot t \pm k \cdot x \pm \varphi_0)$

* Frecuencia angular: $\omega = \dfrac{2 \cdot \pi}{T} = 2 \cdot \pi \cdot f = 2 \cdot \pi \cdot 200 = 400 \cdot \pi$

* Longitud de onda: $v_p = \lambda \cdot f$ → $\lambda = \dfrac{v_p}{f} = \dfrac{600}{200} = 3$ m

* Número de onda: $k = \dfrac{2 \cdot \pi}{\lambda} = \dfrac{2 \cdot \pi}{3} \dfrac{rad}{m}$

* Fase inicial: $0 = 0'03 \cdot \text{sen}(0 - 0 + \varphi_0) = 0$ → $\varphi_0 = 0$

* Ecuación de la onda: $y(x,t) = \boxed{0'03 \cdot \text{sen}\left(400 \cdot \pi \cdot t - \dfrac{2 \cdot \pi}{3} x\right)}$

* Velocidad de vibración: $v_v = \dfrac{dy}{dt} = 0'03 \cdot 400 \cdot \pi \cdot \cos 0 = 12 \cdot \pi = \boxed{37'7 \dfrac{m}{s}}$

Comentario: el término k·x es negativo porque la onda se desplaza a la izquierda. No es lo mismo velocidad de propagación de la onda que velocidad de vibración de los puntos de la onda.

6) Una cuerda vibra según la ecuación: y(x,t) = 5 sen((π/3) x) cos(40π t) (SI)
Calcule razonadamente: (i) La velocidad de vibración en un punto que dista 1,5 m del origen en el instante t = 1,25 s; (ii) la distancia entre dos nodos consecutivos.

Datos:

Dibujo:

y(x,t) = 5 sen((π/3) x) cos(40π t)
¿v_v?
x = 1'5 m
t = 1'25 s
¿Δx?

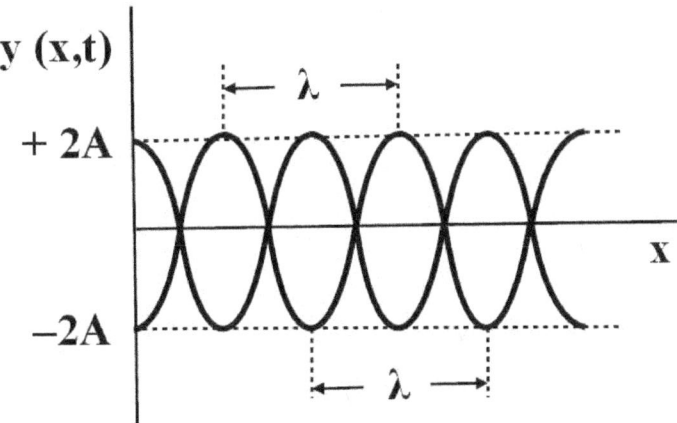

Principio físico: una onda estacionaria es la superposición de dos ondas armónicas que se propagan por el mismo medio con las mismas amplitudes, períodos, longitudes de onda y dirección pero en sentidos contrarios. Es la superposición de una onda incidente y otra reflejada.

Método de resolución: derivaremos la ecuación de la elongación y escribiremos la condición de nodos consecutivos.

Resolución: * Velocidad de vibración: $v_v = \dfrac{dy}{dt}$ = 5·40·π·sen ((π/3) x)·cos (40·π·t) =

= 200·π· sen((π/3) x)·cos(40·π·t) = 200·π·sen ((π/3)·1'5)·cos (40·π·1'25) = $\boxed{628 \dfrac{m}{s}}$

* Longitud de onda: $k = \dfrac{2·π}{λ}$ → $λ = \dfrac{2·π}{k} = \dfrac{2·π}{π/3} = 6$ m

* Distancia entre dos nodos consecutivos: sen (k·x) = 0 → k·x = 0, π, 2·π, 3·π..., n·π

$k = \dfrac{2·π}{λ}$ → $\dfrac{2·π}{λ} x = n·π$ → $x = n · \dfrac{λ}{2}$, siendo: n = 1, 2, 3, ...

$Δx = x_2 - x_1 = 2 · \dfrac{λ}{2} - 1 · \dfrac{λ}{2} = \dfrac{λ}{2} = \dfrac{6}{2} = \boxed{3 \text{ m}}$

Comentario: no es lo mismo velocidad de vibración que velocidad de propagación. La de vibración se obtiene derivando la elongación. En los nodos se cumple que sen (k·x) = 0 . La diferencia entre dos nodos consecutivos es media longitud de onda.

2017

7) Obtenga la ecuación de una onda transversal de periodo 0,2 s que se propaga por una cuerda, en el sentido positivo del eje X, con una velocidad de 40 cm s⁻¹. La velocidad máxima de los puntos de la cuerda es 0,5 π m s⁻¹ y, en el instante inicial, la elongación en el origen (x = 0) es máxima. ¿Cuánto vale la velocidad de un punto situado a 10 cm del origen cuando han transcurrido 15 s desde que se generó la onda?

Datos:　　　　　　　　Dibujo:

¿Ecuación?
$T = 0'2$ s
$v_p = 0'40$ m/s
$v_{máx} = 0,5\ \pi$ m s⁻¹
$t = 0$ s $\rightarrow$ $x = 0$, $A_{máx}$
¿v_v?
$x = 0'10$ m
$t = 15$ s

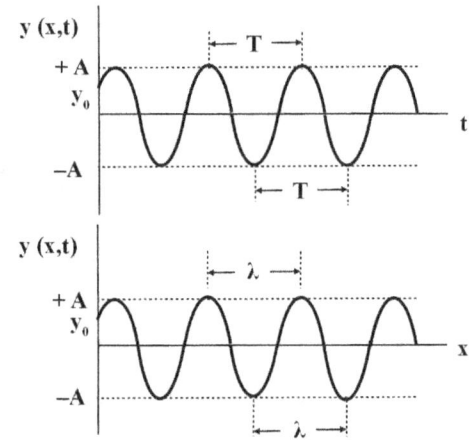

Principio físico: una onda es la propagación de una perturbación a través de un medio determinado. La perturbación puede ser provocada por una vibración o un campo. Una onda armónica es aquella cuya perturbación puede estudiarse como un movimiento armónico simple.

Método de resolución: escribiremos la ecuación general de una onda y averiguaremos las magnitudes de la onda mediante sus expresiones correspondientes.

Resolución: * Ecuación general: $y(x,t) = A \cdot \text{sen}\, (\pm \omega \cdot t \pm k \cdot x \pm \varphi_0)$

* Frecuencia angular: $\omega = \dfrac{2 \cdot \pi}{T} = \dfrac{2 \cdot \pi}{0'2} = 10 \cdot \pi\ \dfrac{rad}{s}$

* Velocidad de vibración: $v_v = \dfrac{dy}{dt} = A \cdot \omega \cdot \cos(\pm \omega t \pm kx \pm \varphi_0)$

* Velocidad máxima de vibración (para coseno = 1): $v_{máx} = A \cdot \omega$

* Amplitud: $A = \dfrac{v_{máx}}{\omega} = \dfrac{0'5 \cdot \pi}{10 \cdot \pi} = 0'05$ m

* Longitud de onda: $v_p = \dfrac{\lambda}{T}\ \rightarrow\ \lambda = v_p \cdot T = 0'40 \cdot 0'2 = 0'08$ m

* Número de onda: $k = \dfrac{2 \cdot \pi}{\lambda} = \dfrac{2 \cdot \pi}{0'08} = 25 \cdot \pi\ \dfrac{rad}{m}$

* Fase inicial: para t = 0 y x = 0, la elongación es máxima, es decir: y = A:

0'05 = 0'05·sen (0 – 0 + φ$_0$) = 0 → sen φ$_0$ = 1 → φ$_0$ = $\frac{\pi}{2}$ rad

* Ecuación de la onda: $\boxed{y(x,t) = 0'05 \cdot sen (10 \cdot \pi \cdot t - 25 \cdot \pi \cdot x + \frac{\pi}{2})}$

* Velocidad a 10 cm y 15 s:

v$_v$ = $\frac{dy}{dt}$ = 0'05·10·π·cos (10·π·t – 25·π·x + $\frac{\pi}{2}$) = 0'5·π·cos (10·π·15 – 25·π·0'10 + $\frac{\pi}{2}$) = $\boxed{1'57 \; \frac{m}{s}}$

<u>Comentario:</u> no es lo mismo velocidad de vibración que velocidad de propagación. La de vibración se obtiene derivando la elongación.

8) En una cuerda tensa se genera una onda viajera de 10 cm de amplitud mediante un oscilador de 20 Hz. La onda se propaga a 2 m s⁻¹. Escriba la ecuación de la onda suponiendo que se propaga en el sentido negativo del eje X y que en el instante inicial la elongación en el foco es nula. Calcule la velocidad de un punto de la cuerda situado a 1 m del foco en el instante t = 3 s.

Datos: Dibujo:

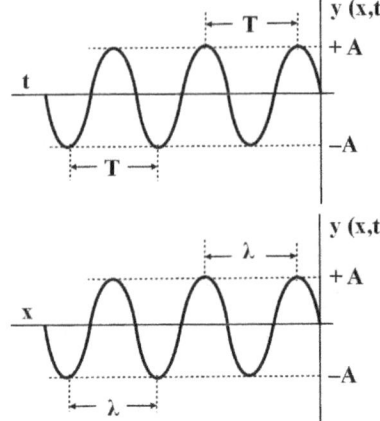

A = 0'10 m
f = 20 Hz
v = 2 m/s
¿Ecuación?
y_0 = 0 m
¿v_v?
x = 1 m
t = 3 s

Principio físico: una onda es la propagación de una perturbación a través de un medio determinado. La perturbación puede ser provocada por una vibración o un campo. Una onda armónica es aquella cuya perturbación puede estudiarse como un movimiento armónico simple.

Método de resolución: escribiremos la ecuación general de una onda y averiguaremos las magnitudes de la onda mediante sus expresiones correspondientes.

Resolución: * Ecuación general: $y(x,t) = A \cdot sen (\pm \omega \cdot t \pm k \cdot x \pm \varphi_0)$

* Frecuencia angular: $\omega = 2 \cdot \pi \cdot f = 2 \cdot \pi \cdot 20 = 40 \cdot \pi \ \frac{rad}{s}$

* Longitud de onda: $v_p = \lambda \cdot f \rightarrow \lambda = \frac{v_p}{f} = \frac{2}{20} = 0'1$ m

* Número de onda: $k = \frac{2 \cdot \pi}{\lambda} = \frac{2 \cdot \pi}{0'1} = 20 \cdot \pi \ \frac{rad}{m}$

* Fase inicial: para t = 0 y x = 0, la elongación es nula, es decir: y = 0:

$0 = 0'10 \cdot sen (0 + 0 + \varphi_0) = 0 \rightarrow sen \ \varphi_0 = 0 \rightarrow \varphi_0 = 0$

* Ecuación de la onda: $\boxed{y(x,t) = 0'10 \cdot sen (40 \cdot \pi \cdot t + 20 \cdot \pi \cdot x)}$

* Velocidad a 1m y 3 s:

$v_v = \frac{dy}{dt} = 0'10 \cdot 40 \cdot \pi \cdot cos (40 \cdot \pi \cdot t + 20 \cdot \pi \cdot x) = 4 \cdot \pi \cdot cos (40 \cdot \pi \cdot 3 + 20\pi \cdot 1) = \boxed{12'6 \ \frac{m}{s}}$

Comentario: el término en x es positivo porque se dirige en el sentido negativo del eje X.

9) En el centro de la superficie de una piscina circular de 10 m de radio se genera una onda armónica transversal de 4 cm de amplitud y una frecuencia de 5 Hz que tarda 5 s en llegar al borde de la piscina. Escriba la ecuación de la onda y calcule la elongación de un punto situado a 6 m del foco emisor al cabo de 12 s.

Datos:

Dibujo:

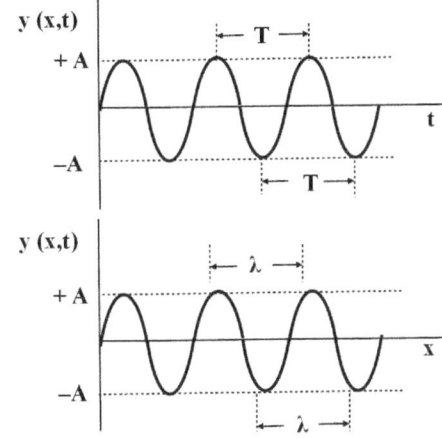

r = 10 m
A = 0'04 m
f = 5 Hz
t = 5 s
¿Ecuación?
¿y?
x = 6 m
t = 12 s

Principio físico: una onda es la propagación de una perturbación a través de un medio determinado. La perturbación puede ser provocada por una vibración o un campo. Una onda armónica es aquella cuya perturbación puede estudiarse como un movimiento armónico simple.

Método de resolución: escribiremos la ecuación general de una onda y averiguaremos las magnitudes de la onda mediante sus expresiones correspondientes.

Resolución: * Ecuación general: $y(x,t) = A \cdot \text{sen} (\pm \omega \cdot t \pm k \cdot x \pm \varphi_0)$

* Frecuencia angular: $\omega = 2 \cdot \pi \cdot f = 2 \cdot \pi \cdot 5 = 10 \cdot \pi \ \frac{rad}{s}$

* Velocidad de propagación: $v_p = \frac{e}{t} = \frac{10}{5} = 2 \ \frac{m}{s}$

* Longitud de onda: $v_p = \lambda \cdot f \rightarrow \lambda = \frac{v_p}{f} = \frac{2}{5} = 0'4 \ m$

* Número de onda: $k = \frac{2 \cdot \pi}{\lambda} = \frac{2 \cdot \pi}{0'4} = 5 \cdot \pi \ \frac{rad}{m}$

* Fase inicial: para t = 0 y x = 0, luego: $\varphi_0 = 0$

* Ecuación de la onda: $\boxed{y(x,t) = 0'04 \cdot \text{sen} (10 \cdot \pi \cdot t - 5 \cdot \pi \cdot x)}$

* Elongación a los 6 m y 12 s: $y = 0'04 \cdot \text{sen} (10 \cdot \pi \cdot 12 - 5 \cdot \pi \cdot 6) = \boxed{0 \ \frac{m}{s}}$

Comentario: a los 6 m y 12 s la elongación es nula. Eso significa que se encuentra en un nodo.

10) Una onda armónica se propaga por una cuerda en el sentido positivo del eje X con una velocidad de 10 m s⁻¹. La frecuencia del foco emisor es 2 s⁻¹ y la amplitud de la onda es 0,4 m. Escriba la ecuación de la onda considerando que en el instante inicial la elongación en el origen es cero. Calcule la velocidad de una partícula de la cuerda situada en x = 2 m, en el instante t = 1 s.

Datos:

v_p = 10 m/s
f = 2 s⁻¹
A = 0'4 m
¿Ecuación?
t = 0 s → y_0 = 0 m
¿v_v?
x = 2 m
t = 1 s

Dibujo:

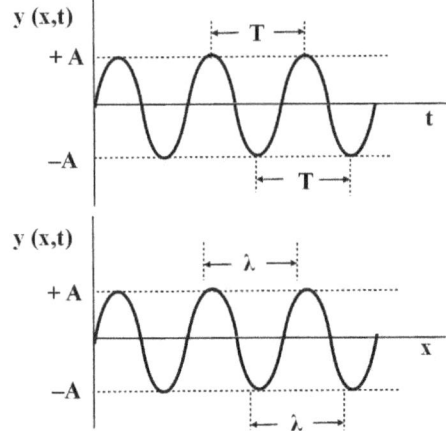

Principio físico: una onda es la propagación de una perturbación a través de un medio determinado. La perturbación puede ser provocada por una vibración o un campo. Una onda armónica es aquella cuya perturbación puede estudiarse como un movimiento armónico simple.

Método de resolución: escribiremos la ecuación general de una onda y averiguaremos las magnitudes de la onda mediante sus expresiones correspondientes.

Resolución: * Ecuación general: $y(x,t) = A \cdot \text{sen}(\pm \omega \cdot t \pm k \cdot x \pm \varphi_0)$

* Frecuencia angular: $\omega = 2 \cdot \pi \cdot f = 2 \cdot \pi \cdot 2 = 4 \cdot \pi \ \dfrac{rad}{s}$

* Longitud de onda: $v_p = \lambda \cdot f \ \rightarrow \ \lambda = \dfrac{v_p}{f} = \dfrac{10}{2} = 5$ m

* Número de onda: $k = \dfrac{2 \cdot \pi}{\lambda} = \dfrac{2 \cdot \pi}{5} = 0'4 \cdot \pi \ \dfrac{rad}{m}$

* Fase inicial: para t = 0 y x = 0, luego: $\varphi_0 = 0$

* Ecuación de la onda: $\boxed{y(x,t) = 0'4 \cdot \text{sen}(4 \cdot \pi \cdot t - 0'4 \cdot \pi \cdot x)}$

* Velocidad a 2 m y 1 s:

$v_v = \dfrac{dy}{dt} = 0'4 \cdot 4 \cdot \pi \cdot \cos(4 \cdot \pi \cdot t - 0'4 \cdot \pi \cdot x) = 1'6 \cdot \pi \cdot \cos(4 \cdot \pi \cdot 1 - 0'4 \cdot \pi \cdot 2) = \boxed{-4'07 \ \dfrac{m}{s}}$

Comentario: el término en x es negativo porque se propaga en el sentido positivo del eje X.

2016

11) Una onda se propaga en un medio material según la ecuación:

$$y(x,t) = 0'2 \cdot \sen 2\pi \left(50 t - \frac{x}{0'1}\right)$$

a) Indique el tipo de onda y su sentido de propagación y determine la amplitud, período, longitud de onda y velocidad de propagación. b) Determine la máxima velocidad de oscilación de las partículas del medio y calcule la diferencia de fase, en un mismo instante, entre dos puntos que distan entre sí 2,5 cm.

Datos:

$y(x,t) = 0'2 \cdot \sen (2\cdot\pi\cdot(50\cdot t - \frac{x}{0'1}))$

¿A?
¿T?
¿λ?
¿v_p?
¿$v_{máx}$?
¿Δφ?
x = 0'025 m

Dibujo:

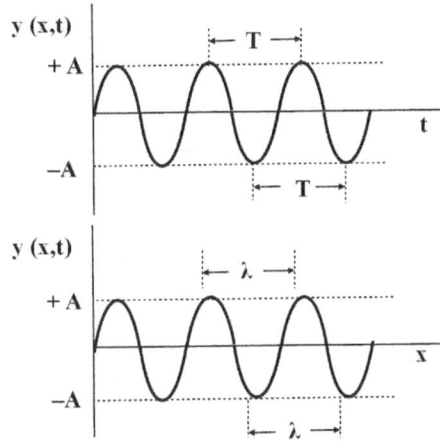

Principio físico: una onda es la propagación de una perturbación a través de un medio determinado. La perturbación puede ser provocada por una vibración o un campo. Una onda armónica es aquella cuya perturbación puede estudiarse como un movimiento armónico simple.

Método de resolución: compararemos la ecuación general de una onda con la ecuación de esta onda y obtendremos las magnitudes características de esta onda.

Resolución: * Ecuación general: $y(x,t) = A \cdot \sen (\pm \omega \cdot t \pm k \cdot x \pm \varphi_0)$

* Magnitudes características de la onda:

Por comparación: A = $\boxed{0'2 \text{ m}}$; ω = 2·π·50 = 100·π $\frac{rad}{s}$; k = $\frac{2\cdot\pi}{0'1}$ = 20·π $\frac{rad}{m}$; φ_0 = 0

* Período: ω = $\frac{2\cdot\pi}{T}$ → T = $\frac{2\cdot\pi}{\omega}$ = $\frac{2\cdot\pi}{100\cdot\pi}$ = $\boxed{0'02 \text{ s}}$

* Longitud de onda: k = $\frac{2\pi}{\lambda}$ → λ = $\frac{2\pi}{k}$ = $\frac{2\pi}{20\pi}$ = $\boxed{0'1 \text{ m}}$

* Velocidad de propagación: v_p = $\frac{\lambda}{T}$ = $\frac{0'1}{0'02}$ = $\boxed{5 \frac{m}{s}}$

* Velocidad de oscilación o vibración de las partículas:

$$v_v = \frac{dy}{dt} = 0'2 \cdot 100 \cdot \pi \cdot \cos(100 \cdot \pi \cdot t - 20 \cdot \pi \cdot x) = 20 \cdot \pi \cdot \cos(100 \cdot \pi \cdot t - 20 \cdot \pi \cdot x)$$

* Velocidad máxima de oscilación: esto ocurre cuando el coseno = 1: $v_{máx} = 20 \cdot \pi = \boxed{62'8 \ \frac{m}{s}}$

* Diferencia de fase, en un mismo instante, entre dos puntos que distan entre sí 2,5 cm:

La fase es el ángulo φ: $\varphi = 100 \cdot \pi \cdot t - 20 \cdot \pi \cdot x$

$$\Delta\varphi = \varphi_2 - \varphi_1 = 100 \cdot \pi \cdot t - 20 \cdot \pi \cdot x_2 - (100 \cdot \pi \cdot t - 20 \cdot \pi \cdot x_1) = 20 \cdot \pi \cdot (x_1 - x_2) = 20 \cdot \pi \cdot 0'025 = \boxed{0'5 \cdot \pi \ rad}$$

Comentario: la onda es una onda armónica, pues está descrita por un movimiento armónico simple, como nos indica la función seno. Se propaga hacia la derecha porque el término en x es negativo.

12) La ecuación de una onda en una cuerda es: y (x.t) = 0'5 · sen (3 π t + 2 π x).
a) Explique las características de la onda y calcule su periodo, longitud de onda y velocidad de propagación. b) Calcule la elongación y la velocidad de una partícula de la cuerda situada en x = 0,2 m, en el instante t = 0,3 s. ¿Cuál es la diferencia de fase entre dos puntos separados 0,3 m?

Datos:

y (x.t) = 0'5·sen (3·π·t + 2·π·x)
¿T?
¿λ?
¿v_p?
¿y?
¿v_v?
x = 0'2 m
t = 0'3 s
¿Δφ?
x = 0'3 m

Dibujo:

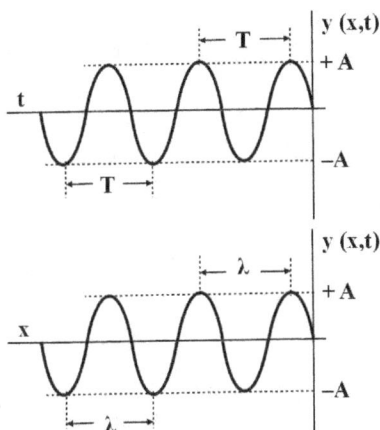

Principio físico: una onda es la propagación de una perturbación a través de un medio determinado. La perturbación puede ser provocada por una vibración o un campo. Una onda armónica es aquella cuya perturbación puede estudiarse como un movimiento armónico simple.

Método de resolución: compararemos la ecuación general de una onda con la ecuación de esta onda y obtendremos las magnitudes características de esta onda.

Resolución: * Ecuación general: $y(x,t) = A·sen (\pm \omega·t \pm k·x \pm \varphi_0)$

* Magnitudes características de la onda:

Por comparación: A = 0'5 m ; $\omega = 3\pi \; \frac{rad}{s}$; $k = 2·\pi \; \frac{rad}{m}$; $\varphi_0 = 0$

* Período: $\omega = \frac{2·\pi}{T} \rightarrow T = \frac{2·\pi}{\omega} = \frac{2·\pi}{3·\pi} = \boxed{0'667 \; s}$

* Longitud de onda: $k = \frac{2\pi}{\lambda} \rightarrow \lambda = \frac{2\pi}{k} = \frac{2\pi}{2\pi} = \boxed{1 \; m}$

* Velocidad de propagación: $v_P = \frac{\lambda}{T} = \frac{1}{0'667} = \boxed{1'5 \; \frac{m}{s}}$

* Elongación para 0'2 m y 0'3 s:

y = 0'5·sen (3·π·t + 2·π·x) = 0'5·sen (3·π·0'3 + 2·π·0'2) = $\boxed{-0'405 \; m}$

* Velocidad de una partícula para 0'2 m y 0'3 s:

$$v_v = \frac{dy}{dt} = 0'5 \cdot 3 \cdot \pi \cdot \cos(3 \cdot \pi \cdot t + 2 \cdot \pi \cdot x) = 1'5 \cdot \pi \cdot \cos(3 \cdot \pi \cdot 0'3 + 2 \cdot \pi \cdot 0'2) = \boxed{-2'77 \; \frac{m}{s}}$$

* Diferencia de fase entre dos puntos separados 0,3 m:

La fase es el ángulo φ: $\varphi = 3 \cdot \pi \cdot t + 2 \cdot \pi \cdot x$

$$\Delta\varphi = \varphi_2 - \varphi_1 = 3 \cdot \pi \cdot t + 2 \cdot \pi \cdot x_2 - (3 \cdot \pi \cdot t + 2 \cdot \pi \cdot x_1) = 2 \cdot \pi \cdot (x_2 - x_1) = 2 \cdot \pi \cdot 0'3 = \boxed{0'6 \cdot \pi \; \text{rad}}$$

<u>Comentario:</u> la onda es una onda armónica, pues está descrita por un movimiento armónico simple, como nos indica la función seno. Se propaga hacia la izquierda porque el término en x es positivo. Parte del origen porque su fase inicial es nula.

13) Un bloque de masa m = 10 kg realiza un movimiento armónico simple. En la figura adjunta se representa su elongación, y, en función del tiempo, t:

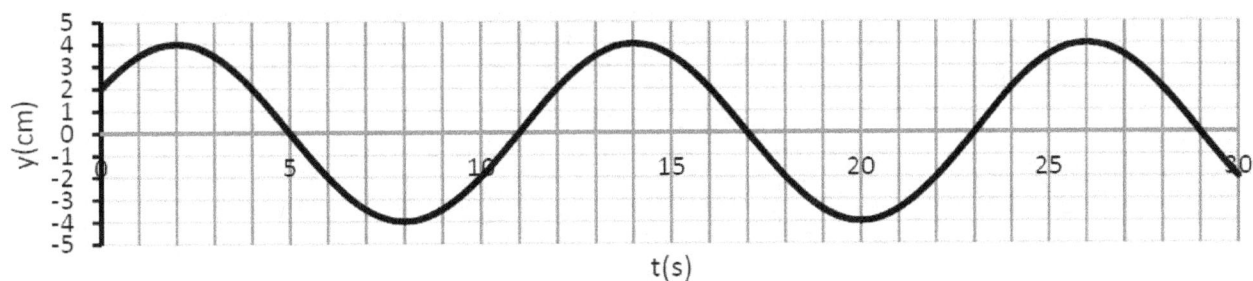

a) Escriba la ecuación del movimiento armónico simple con los datos que se obtienen de la gráfica.
b) Determine la velocidad y la aceleración del bloque en el instante t = 5 s.

Datos:

Dibujo:

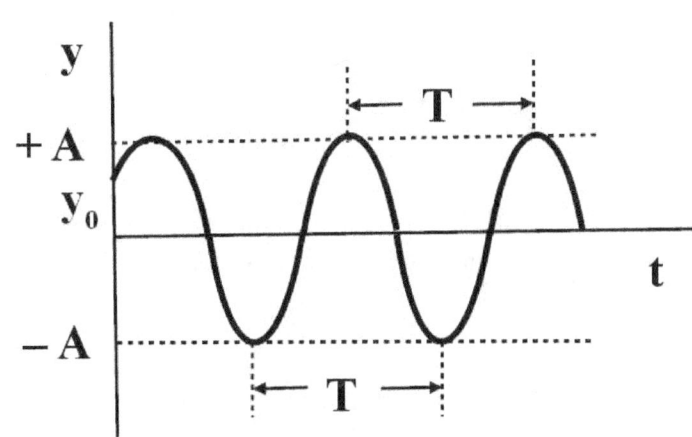

m = 10 kg
¿Ecuación?
¿v?
¿a?
t = 5 s

Principio físico: se dice que un cuerpo realiza un movimiento armónico simple (M.A.S.) cuando oscila a un lado y a otro de la posición de equilibrio y ese movimiento viene descrito por una función seno o coseno dependiente del tiempo. La fuerza restauradora es proporcional a la distancia a la posición de equilibrio.

Método de resolución: escribiremos la ecuación general del MAS y obtendremos las magnitudes características del movimiento a partir de la gráfica y a partir de sus fórmulas.

Resolución: * Ecuación general del MAS: $y = A \cdot \text{sen}(\omega \cdot t + \varphi_0)$

* Amplitud: elongación máxima: A = 0'04 m

* Período: distancia entre dos crestas consecutivas: T = 12 s

* Frecuencia angular: $\omega = \dfrac{2\pi}{T} = \dfrac{2\pi}{12} = \dfrac{\pi}{6} \dfrac{rad}{s}$

* Fase inicial: para t = 0, y = 0'02   →   0'02 = 0'04·sen (0 + φ$_0$)

→   sen (0 + φ$_0$) = $\dfrac{0'02}{0'04}$ = 0'5   →   φ$_0$ = 30° = $\dfrac{\pi}{6}$ rad

* Ecuación del movimiento: $\boxed{y = 0'04 \cdot \text{sen}\left(\dfrac{\pi}{6} t + \dfrac{\pi}{6}\right)}$

* Velocidad del bloque a los 5 s:

v = $\dfrac{dy}{dt}$ = 0'04 · $\dfrac{\pi}{6}$ · cos $\left(\dfrac{\pi}{6} t + \dfrac{\pi}{6}\right)$ = 0'0209·cos $\left(\dfrac{\pi}{6} \cdot 5 + \dfrac{\pi}{6}\right)$ = $\boxed{-\,0'0209\ \dfrac{m}{s}}$

* Aceleración del bloque a los 5 s:

a = $\dfrac{dv}{dt}$ = − 0'04 · $\left(\dfrac{\pi}{6}\right)^2$ · sen$\left(\dfrac{\pi}{6} t + \dfrac{\pi}{6}\right)$ = − 0'04 · $\left(\dfrac{\pi}{6}\right)^2$ · sen$\left(\dfrac{\pi}{6} \cdot 5 + \dfrac{\pi}{6}\right)$ = $\boxed{0\ \dfrac{m}{s^2}}$

Comentario: a los 5 segundos está pasando por la posición de equilibrio, luego su velocidad es máxima (A·ω) y su aceleración es mínima (cero).

2015

14) El extremo de una cuerda realiza un movimiento armónico simple de ecuación:
$$y(t) = 4 \text{ sen} (2\pi t) \text{ (S. I.)}.$$
La oscilación se propaga por la cuerda de derecha a izquierda con velocidad de 12 m s^{-1}.
a) Encuentre, razonadamente, la ecuación de la onda resultante e indique sus características. b) Calcule la elongación de un punto de la cuerda que se encuentra a 6 m del extremo indicado, en el instante t = 3/4 s.

Datos:

$y(t) = 4$ sen $(2\pi t)$
$v = 12$ m/s
¿y?
$x = 6$ m
$t = ¾$ s

Dibujo:

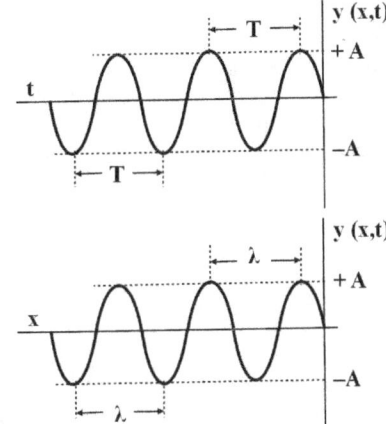

Principio físico: una onda es la propagación de una perturbación a través de un medio determinado. La perturbación puede ser provocada por una vibración o un campo. Una onda armónica es aquella cuya perturbación puede estudiarse como un movimiento armónico simple.

Método de resolución: escribiremos la ecuación general de una onda y averiguaremos las magnitudes de la onda mediante sus expresiones correspondientes.

Resolución: * Ecuación general: $y(x,t) = A \cdot \text{sen} (\pm \omega \cdot t \pm k \cdot x \pm \varphi_0)$

Por comparación: $A = 4$ m ; $\omega = 2\pi \; \dfrac{rad}{s}$

* Período del movimiento: $T = \dfrac{2\pi}{\omega} = \dfrac{2\pi}{2\pi} = 1$ s

* Longitud de onda: $v_p = \dfrac{\lambda}{T}$ → $\lambda = v_p \cdot T = 12 \cdot 1 = 12$ m

* Número de onda: $k = \dfrac{2\pi}{\lambda} = \dfrac{2\pi}{12} = \dfrac{\pi}{6} \; \dfrac{rad}{m}$

* Fase inicial: para $t = 0$ y $x = 0$, $y = 0$, luego: $\varphi_0 = 0$

* Ecuación de la onda: $y = 4 \cdot \text{sen} (2 \cdot \pi \cdot t + \dfrac{\pi}{6} x)$

* Elongación a 6 m y $\frac{3}{4}$ s: $y = 4 \cdot \text{sen}(2 \cdot \pi \cdot t + \frac{\pi}{6} x) = 4 \cdot \text{sen}(2 \cdot \pi \cdot \frac{3}{4} + \frac{\pi}{6} \cdot 6) = \boxed{4 \text{ m}}$

Comentario: a los 6 m y $\frac{3}{4}$ s, la elongación es máxima, pues se encuentra en una cresta. Como se desplaza hacia la izquierda, el término en x es positivo. Se trata de una onda armónica, es decir, de una onda cuya perturbación se puede representar por un MAS.

15) La ecuación de una onda que se propaga por una cuerda es:
$$y(x,t) = 0,3 \cos(0,4x - 40t) \text{ S. I.}$$
a) Indique los valores de las magnitudes características de la onda y su velocidad de propagación.
b) Calcule los valores máximos de la velocidad y de la aceleración en un punto de la cuerda y la diferencia de fase entre dos puntos separados 2,5 m.

Datos:

Dibujo:

$y(x,t) = 0,3 \cdot \cos(0,4 \cdot x - 40 \cdot t)$
¿Magnitudes?
¿v_p?
¿$v_{máx}$?
¿$a_{máx}$?
¿$\Delta \varphi$?
$\Delta x = 2'5$ m

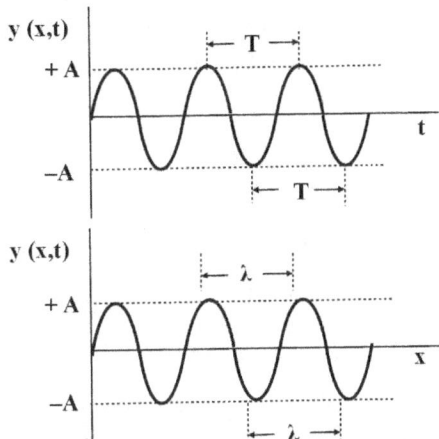

Principio físico: una onda es la propagación de una perturbación a través de un medio determinado. La perturbación puede ser provocada por una vibración o un campo. Una onda armónica es aquella cuya perturbación puede estudiarse como un movimiento armónico simple.

Método de resolución: compararemos la ecuación general de una onda con la ecuación de esta onda y obtendremos las magnitudes características de esta onda.

Resolución: * Ecuación general: $y(x,t) = A \cdot \cos(\pm \omega \cdot t \pm k \cdot x \pm \varphi_0)$

* Magnitudes características de la onda:

Por comparación: $A = \boxed{0'3 \text{ m}}$; $\omega = \boxed{40 \cdot \pi \dfrac{rad}{s}}$; $k = \boxed{0'4 \dfrac{rad}{m}}$; $\varphi_0 = \boxed{0 \text{ rad}}$

* Período: $\omega = \dfrac{2 \cdot \pi}{T} \rightarrow T = \dfrac{2 \cdot \pi}{\omega} = \dfrac{2 \cdot \pi}{40 \cdot \pi} = \boxed{0'05 \text{ s}}$

* Frecuencia: $f = \dfrac{1}{T} = \dfrac{1}{0'05} = \boxed{20 \text{ Hz}}$

* Longitud de onda: $k = \dfrac{2\pi}{\lambda} \rightarrow \lambda = \dfrac{2\pi}{k} = \dfrac{2\pi}{0'04} = 50 \cdot \pi = \boxed{157 \text{ m}}$

* Velocidad de propagación: $v_p = \lambda \cdot f = 157 \cdot 20 = \boxed{3140 \dfrac{m}{s}}$

* Velocidad de oscilación o vibración:

$$v_v = \frac{dy}{dt} = +0,3 \cdot 40 \cdot \text{sen}\,(0,4\cdot x - 40\cdot t) = +12 \cdot \text{sen}\,(0,4\cdot x - 40\cdot t)$$

* Velocidad máxima de oscilación: se consigue cuando el seno = 1: $v_{máx} = \boxed{12\ \dfrac{m}{s}}$

* Aceleración de oscilación:

$$a = \frac{dv}{dt} = 12 \cdot (-40) \cdot \cos\,(0,4\cdot x - 40\cdot t) = -480 \cdot \cos\,(0,4\cdot x - 40\cdot t)$$

* Aceleración máxima de oscilación: se consigue cuando el coseno = 1: $a_{máx} = \boxed{-480\ \dfrac{m}{s^2}}$

* Diferencia de fase: $\Delta\varphi = \varphi_2 - \varphi_1 = 0,4\cdot x_2 - 40\cdot t - (0,4\cdot x_1 - 40\cdot t) = 0'4\cdot x_2 - 0'4\cdot x_1 =$

$= 0'4 \cdot \Delta x = 0'4 \cdot 2'5 = 1$ rad

Comentario: como el término en x es positivo, la onda se desplaza hacia la izquierda.

16) Las ondas sísmicas S, que viajan a través de la Tierra generando oscilaciones durante los terremotos, producen gran parte de los daños sobre edificios y estructuras. Una onda armónica S, que se propaga por el interior de la corteza terrestre, obedece a la ecuación:

$$y(x,t) = 0,6 \, \text{sen}(3,125 \cdot 10^{-7} x - 1,25 \cdot 10^{-3} t) \text{ (S.I.)}.$$

a) Indique qué tipo de onda es y calcule su longitud de onda, frecuencia y velocidad de propagación.
b) Si se produce un seísmo a una distancia de 400 km de una ciudad, ¿cuánto tiempo transcurre hasta que se perciben los efectos del mismo en la población? ¿Con qué velocidad máxima oscilarán las partículas del medio?

Datos:

$y(x,t) = 0,6 \, \text{sen}(3,125 \cdot 10^{-7} x - 1,25 \cdot 10^{-3} t)$
¿λ?
¿f?
¿v_p?
$x = 4 \cdot 10^5$ m
¿t?
¿$v_{máx}$?

Dibujo:

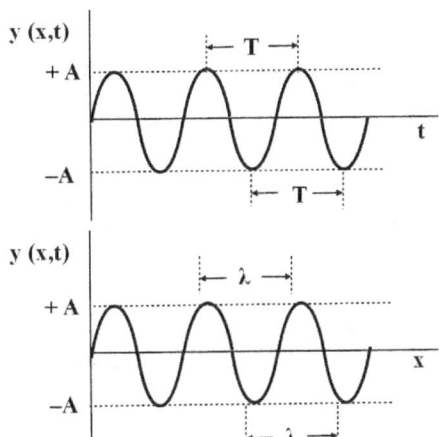

Principio físico: una onda es la propagación de una perturbación a través de un medio determinado. La perturbación puede ser provocada por una vibración o un campo. Una onda armónica es aquella cuya perturbación puede estudiarse como un movimiento armónico simple.

Método de resolución: compararemos la ecuación general de una onda con la ecuación de esta onda y obtendremos las magnitudes características de esta onda.

Resolución: * Ecuación general: $y(x,t) = A \cdot \text{sen}(\pm \omega \cdot t \pm k \cdot x \pm \varphi_0)$

* Magnitudes características de la onda:

Por comparación: $A = 0'6$ m ; $\omega = 1'25 \cdot 10^{-3} \dfrac{rad}{s}$; $k = 3'125 \cdot 10^{-7} \dfrac{rad}{m}$; $\varphi_0 = 0$

* Período: $\omega = \dfrac{2 \cdot \pi}{T} \rightarrow T = \dfrac{2 \cdot \pi}{\omega} = \dfrac{2 \cdot \pi}{1'25 \cdot 10^{-3}} = 5027$ s

* Frecuencia: $f = \dfrac{1}{T} = \dfrac{1}{5027} = \boxed{1'99 \cdot 10^{-4} \text{ Hz}}$

* Longitud de onda: $k = \dfrac{2\pi}{\lambda} \rightarrow \lambda = \dfrac{2\pi}{k} = \dfrac{2\pi}{3'125 \cdot 10^{-7}} = \boxed{2'01 \cdot 10^7 \text{ m}}$

* Velocidad de propagación: $v_p = \lambda \cdot f = 2'01 \cdot 10^7 \cdot 1'99 \cdot 10^{-4} = \boxed{4000 \ \dfrac{m}{s}}$

* Tiempo que transcurre hasta que se perciben los efectos: $t = \dfrac{e}{v} = \dfrac{4 \cdot 10^5}{4000} = \boxed{100 \ s}$

* Velocidad de oscilación o vibración:

$v_v = \dfrac{dy}{dt} = 0'6 \cdot (-1,25 \cdot 10^{-3}) \cdot \cos(3,125 \cdot 10^{-7} \cdot x - 1,25 \cdot 10^{-3} \cdot t) = -7'5 \cdot 10^{-4} \cdot \cos(3,125 \cdot 10^{-7} \cdot x - 1,25 \cdot 10^{-3} \cdot t)$

* Velocidad máxima de oscilación: se consigue para coseno = 1: $v_{máx} = \boxed{-7'5 \cdot 10^{-4} \ \dfrac{m}{s}}$

Comentario: la onda se desplaza hacia la izquierda porque el término en x es positivo.

2014

17) La energía mecánica de una partícula que realiza un movimiento armónico simple a lo largo del eje X y en torno al origen vale $3 \cdot 10^{-5}$ J y la fuerza máxima que actúa sobre ella es de $1,5 \cdot 10^{-3}$ N. a) Obtenga la amplitud del movimiento. b) Si el periodo de la oscilación es de 2 s y en el instante inicial la partícula se encuentra en la posición $x_0 = 2$ cm, escriba la ecuación de movimiento.

Datos:

$E_M = 3 \cdot 10^{-5}$ J
$F_{máx} = 1,5 \cdot 10^{-3}$ N
¿A?
$T = 2$ s
$x_0 = 0'02$ m
¿Ecuación?

Dibujo:

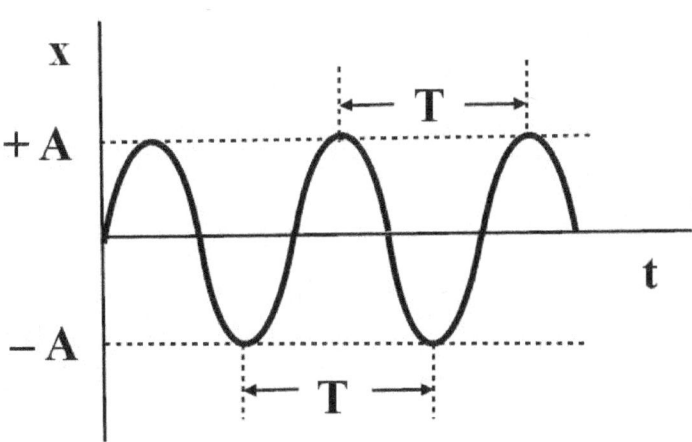

Principio físico: se dice que un cuerpo realiza un movimiento armónico simple (M.A.S.) cuando oscila a un lado y a otro de la posición de equilibrio y ese movimiento viene descrito por una función seno o coseno dependiente del tiempo. La fuerza restauradora es proporcional a la distancia a la posición de equilibrio.

Método de resolución: a partir de la expresión de la energía mecánica del MAS y de la fuerza recuperadora, obtendremos la amplitud. Escribiremos la ecuación general del MAS y obtendremos las magnitudes características.

Resolución: * Amplitud del movimiento: $E_M = \dfrac{1}{2} k \cdot A^2$; $F_{máx} = k \cdot A$ →

→ $\dfrac{E_M}{F_{máx}} = \dfrac{\dfrac{k \cdot A^2}{2}}{k \cdot A} = \dfrac{A}{2}$ → $A = \dfrac{2 \cdot E_M}{F_{máx}} = \dfrac{2 \cdot 3 \cdot 10^{-5}}{1'5 \cdot 10^{-3}} = \boxed{0'04 \text{ m}}$

* Ecuación general del MAS: $x = A \cdot \operatorname{sen}(\omega \cdot t + \varphi_0)$

* Frecuencia angular: $\omega = \dfrac{2\pi}{T} = \dfrac{2\pi}{2} = \pi \ \dfrac{rad}{s}$

* Fase inicial: $0'02 = 0'04 \cdot \operatorname{sen}(0 + \varphi_0)$ → $\operatorname{sen} \varphi_0 = \dfrac{0'02}{0'04} = 0'5$ → $\varphi_0 = 30° = \dfrac{\pi}{6}$ rad

* Ecuación del movimiento: $\boxed{x = 0'04 \cdot \operatorname{sen}(\pi \cdot t + \dfrac{\pi}{6})}$

Comentario: la fuerza máxima se alcanza con la máxima amplitud.

18) La ecuación de una onda que se propaga en una cuerda es:
$$y(x,t) = 0{,}04 \operatorname{sen}(6t - 2x + \tfrac{\pi}{6}) \text{ S.I.}$$

a) Explique las características de la onda y determine su amplitud, longitud de onda, período y frecuencia. b) Calcule la velocidad de propagación de la onda y la velocidad de un punto de la cuerda situado en x = 3 m en el instante t = 1 s.

Datos:

$y(x,t) = 0{,}04 \operatorname{sen}(6t - 2x + \tfrac{\pi}{6})$

¿A?
¿λ?
¿T?
¿f?
¿v_p?
¿v_v?
x = 3 m
t = 1 s

Dibujo:

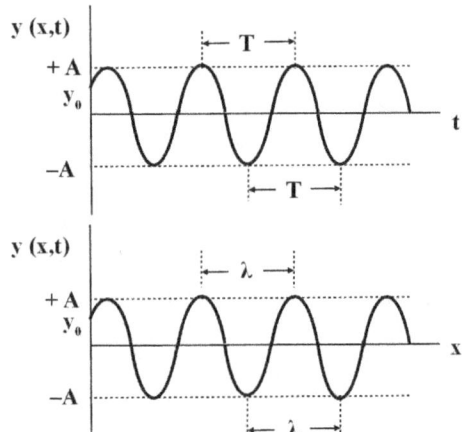

Principio físico: una onda es la propagación de una perturbación a través de un medio determinado. La perturbación puede ser provocada por una vibración o un campo. Una onda armónica es aquella cuya perturbación puede estudiarse como un movimiento armónico simple.

Método de resolución: compararemos la ecuación general de una onda con la ecuación de esta onda y obtendremos las magnitudes características de esta onda.

Resolución: * Ecuación general: $y(x,t) = A \cdot \operatorname{sen}(\pm \omega \cdot t \pm k \cdot x \pm \varphi_0)$

* Magnitudes características de la onda:

Por comparación: A = $\boxed{0'04 \text{ m}}$; $\omega = 6 \; \dfrac{rad}{s}$; k = 2 $\dfrac{rad}{m}$; $\varphi_0 = \dfrac{\pi}{6}$ rad

* Período: $\omega = \dfrac{2 \cdot \pi}{T} \rightarrow T = \dfrac{2 \cdot \pi}{\omega} = \dfrac{2 \cdot \pi}{6} = \boxed{1'05 \text{ s}}$

* Frecuencia: $f = \dfrac{1}{T} = \dfrac{1}{1'05} = \boxed{0'952 \text{ Hz}}$

* Longitud de onda: $k = \dfrac{2\pi}{\lambda} \rightarrow \lambda = \dfrac{2\pi}{k} = \dfrac{2\pi}{2} = \boxed{3'14 \text{ m}}$

* Velocidad de propagación de la onda: $v_p = \lambda \cdot f = 3'14 \cdot 0'952 = \boxed{3 \; \dfrac{m}{s}}$

* Velocidad de oscilación o vibración de un punto a 3 m y 1 s:

$$v_v = \frac{dy}{dt} = 0'04 \cdot 6 \cdot \cos(6 \cdot t - 2 \cdot x + \frac{\pi}{6}) = 0'24 \cdot \cos(6 \cdot 1 - 2 \cdot 3 + \frac{\pi}{6}) = \boxed{0'208 \ \frac{m}{s}}$$

Comentario: el término en x es negativo, luego la onda se desplaza hacia la derecha. No es lo mismo velocidad de propagación de la onda que velocidad de oscilación de los puntos de una onda.

19) En una cuerda tensa, sujeta por sus extremos, se ha generado una onda de ecuación:
$$y(x,t) = 0,02 \operatorname{sen}(\pi x) \cos(8\pi t) \text{ S.I.}$$
a) Indique de qué tipo de onda se trata y explique sus características. b) Determine la distancia entre dos puntos consecutivos de amplitud cero.

Datos:

$y(x,t) = 0,02 \operatorname{sen}(\pi x) \cos(8\pi t)$
¿Δx?
$A = 0$ m

Dibujo:

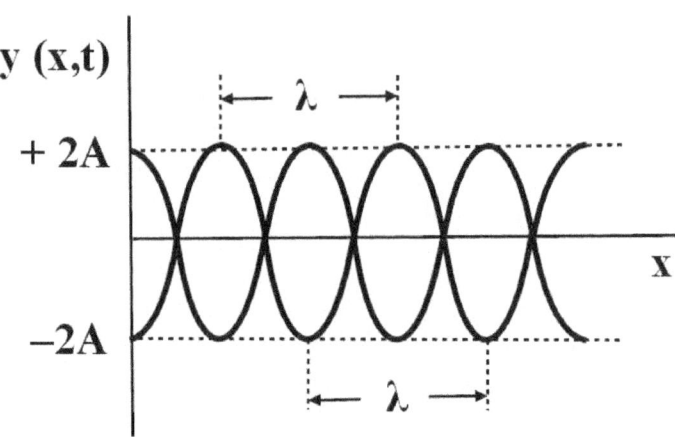

Principio físico: una onda estacionaria es la superposición de dos ondas armónicas que se propagan por el mismo medio con las mismas amplitudes, períodos, longitudes de onda y dirección pero en sentidos contrarios. Es la superposición de una onda incidente y otra reflejada.

Método de resolución: tomaremos el término en x y aplicaremos la condición de nodo.

Resolución: * Ecuación general de una onda armónica: $y(x,t) = 2 \cdot A \cdot \operatorname{sen}(k \cdot x) \cdot \cos(\omega \cdot t)$

* Número de onda: por comparación: $k = \pi \dfrac{rad}{m}$

* Longitud de onda: $k = \dfrac{2\pi}{\lambda} \rightarrow \lambda = \dfrac{2\pi}{k} = \dfrac{2\pi}{\pi} = 2$ m

* Distancia entre dos nodos consecutivos:

En los nodos: $\operatorname{sen}(k \cdot x) = 0 \rightarrow k \cdot x = 0, \pi, 2\cdot\pi, 3\cdot\pi, \ldots, n\cdot\pi \rightarrow \dfrac{2\pi}{\lambda} x = n\cdot\pi$

$\rightarrow x = \dfrac{n\pi\lambda}{2\pi} = n \cdot \dfrac{\lambda}{2}$

$\Delta x = x_2 - x_1 = (n+1) \cdot \dfrac{\lambda}{2} - n \cdot \dfrac{\lambda}{2} = \dfrac{\lambda}{2} = \dfrac{2}{2} = \boxed{1 \text{ m}}$

Comentario: la distancia entre dos puntos consecutivos de amplitud cero es la distancia entre dos nodos consecutivos. Esta distancia sería de media longitud de onda.

20) Se hace vibrar una cuerda de 0'5 m de longitud, sujeta por los dos extremos, observando que presenta tres nodos. La amplitud en los vientres es de 1 cm y la velocidad de propagación de las ondas por la cuerda es de 100 m/s. a) Escriba la ecuación de la onda, suponiendo que la cuerda se encuentra en el eje X y la deformación de la misma es en el eje Y. b) Determine la frecuencia fundamental de vibración.

Datos:

L = 0'5 m
n = 3 nodos
2A = 0'01 m
v_p = 100 m/s
¿Ecuación?
¿f?

Dibujo:

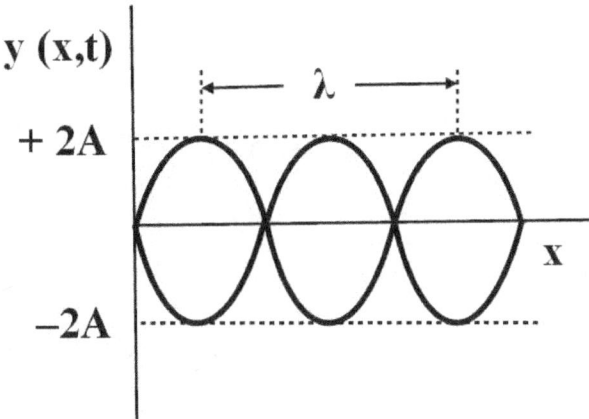

Principio físico: una onda estacionaria es la superposición de dos ondas armónicas que se propagan por el mismo medio con las mismas amplitudes, períodos, longitudes de onda y dirección pero en sentidos contrarios. Es la superposición de una onda incidente y otra reflejada.

Método de resolución: escribiremos la ecuación general de una onda estacionaria con los extremos fijos y calcularemos sus magnitudes características.

Resolución: * Ecuación general: $y = 2 \cdot A \cdot sen(k \cdot x) \cdot cos(\omega \cdot t)$

* Longitud de onda: $L = n \cdot \dfrac{\lambda}{2} \rightarrow \lambda = \dfrac{2 \cdot L}{n} = \dfrac{2 \cdot 0'5}{3} = 0'333$ m

* Número de onda: $k = \dfrac{2\pi}{\lambda} = \dfrac{2\pi}{0'333} = 6 \cdot \pi \; \dfrac{rad}{m}$

* Períodos de las ondas: $v_p = \dfrac{\lambda}{T} \rightarrow T = \dfrac{\lambda}{v_p} = \dfrac{0'333}{100} = 3'33 \cdot 10^{-3}$ s

* Frecuencia angular: $\omega = \dfrac{2\pi}{T} = \dfrac{2\pi}{3'33 \cdot 10^{-3}} = 600 \cdot \pi \; \dfrac{rad}{s}$

* Ecuación de la onda: $\boxed{y = 0'01 \cdot sen(6 \cdot \pi \cdot x) \cdot cos(600 \cdot \pi \cdot t)}$

* Frecuencia fundamental de vibración: $f = \dfrac{n \cdot v_p}{2 \cdot L} = \dfrac{3 \cdot 100}{2 \cdot 0'5} = \boxed{300 \text{ Hz}}$

Comentario: al tener los extremos fijos, la longitud de onda no puede ser cualquiera, sino que tiene que cumplir una condición: $\lambda = 2 \cdot L/n$

21) Sobre una superficie horizontal hay un muelle de constante elástica desconocida, comprimido 4 cm, junto a un bloque de 100 g. Al soltarse el muelle impulsa al bloque, que choca contra otro muelle de constante elástica 16 N m^{-1} y lo comprime 10 cm. Suponga que las masas de los muelles son despreciables y que no hay pérdidas de energía por rozamiento. a) Determine la constante elástica del primer muelle. b) Si tras el choque con el segundo muelle el bloque se queda unido a su extremo y efectúa oscilaciones, determine la frecuencia de oscilación

Datos:

Dibujo:

$x_1 = 0'04$ m
$m = 0'1$ kg
$k_2 = 16$ N/m
$x_2 = 0'10$ m
¿k_1?
¿f?

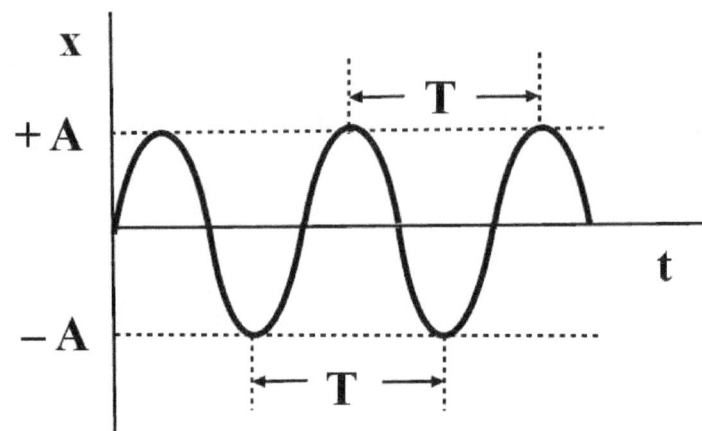

Principio físico: se dice que un cuerpo realiza un movimiento armónico simple (M.A.S.) cuando oscila a un lado y a otro de la posición de equilibrio y ese movimiento viene descrito por una función seno o coseno dependiente del tiempo. La fuerza restauradora es proporcional a la distancia a la posición de equilibrio.

Método de resolución: usaremos el principio de conservación de la energía mecánica y las fórmulas del MAS.

Resolución: * Constante elástica del primer muelle: $Ec_A + Ep_A = Ec_B + Ep_B$ →

→ $0 + \dfrac{1}{2} k_1 \cdot x_1^2 = 0 + \dfrac{1}{2} k_2 \cdot x_2^2$ → $k_1 \cdot x_1^2 = k_2 \cdot x_2^2$ → $k_1 = k_2 \cdot \left(\dfrac{x_2}{x_1}\right)^2 = 16 \cdot \left(\dfrac{0'10}{0'04}\right)^2 = \boxed{100 \,\dfrac{N}{m}}$

* Frecuencia de oscilación del segundo muelle: $F = k_2 \cdot x = m \cdot \omega^2 \cdot x$; $\omega = 2 \cdot \pi \cdot f$ →

→ $k_2 = m \cdot \omega^2 = m \cdot (2 \cdot \pi \cdot f)^2 = 4 \cdot \pi^2 \cdot m \cdot f^2$ → $f^2 = \dfrac{k_2}{4 \cdot \pi^2 \cdot m}$ → $f = \sqrt{\dfrac{k_2}{4 \cdot \pi^2 \cdot m}} = $

→ $f = \sqrt{\dfrac{16}{4 \cdot \pi^2 \cdot 0'1}} = \boxed{2'01 \text{ Hz}}$

Comentario: la fuerza elástica es: $F = k \cdot x$. La segunda ley de Newton es: $F = m \cdot a$. La aceleración en el MAS es: $a = \omega^2 \cdot x$

2013

22) La ecuación de una onda en una cuerda tensa es: $y(x,t) = 4 \cdot 10^{-3} \operatorname{sen}(8\pi x) \cdot \cos(30\pi t)$ (S.I.)
a) Indique qué tipo de onda es y calcule su periodo, su longitud de onda y su velocidad de propagación.
b) Indique qué tipo de movimiento efectúan los puntos de la cuerda. Calcule la velocidad máxima del punto situado en x = 0,5 m y comente el resultado.

Datos:

$y(x,t) = 4 \cdot 10^{-3} \operatorname{sen}(8\pi x) \cdot \cos(30\pi t)$
¿T?
¿λ?
¿v_p?
¿$v_{máx}$?
x = 0,5 m

Dibujo:

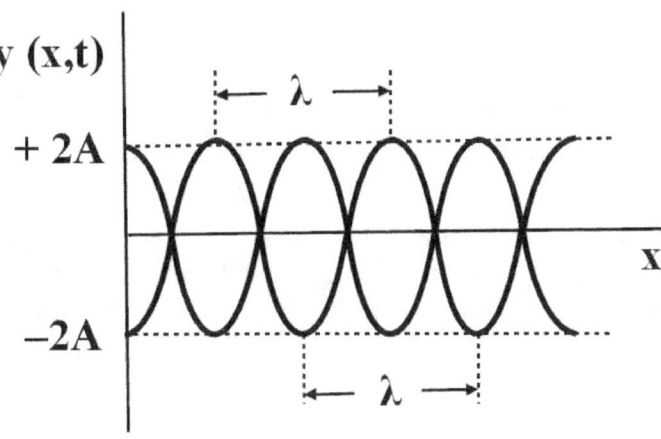

Principio físico: una onda estacionaria es la superposición de dos ondas armónicas que se propagan por el mismo medio con las mismas amplitudes, períodos, longitudes de onda y dirección pero en sentidos contrarios. Es la superposición de una onda incidente y otra reflejada.

Método de resolución: escribiremos la ecuación general de una onda estacionaria con los extremos libres y calcularemos sus magnitudes características.

Resolución: * Ecuación general: $y = 2 \cdot A \cdot \operatorname{sen}(k \cdot x) \cdot \cos(\omega \cdot t)$

* Magnitudes características de la onda:

Por comparación: $2 \cdot A = 4 \cdot 10^{-3} \rightarrow A = 2 \cdot 10^{-3}$ m ; $k = 8 \cdot \pi \dfrac{rad}{m}$; $\omega = 30 \cdot \pi \dfrac{rad}{s}$

* Períodos de las ondas: $\omega = \dfrac{2 \cdot \pi}{T} \rightarrow T = \dfrac{2 \cdot \pi}{\omega} = \dfrac{2 \cdot \pi}{30 \cdot \pi} = \boxed{0'0667 \text{ s}}$

* Longitud de onda: $k = \dfrac{2 \cdot \pi}{\lambda} \rightarrow \lambda = \dfrac{2 \cdot \pi}{k} = \dfrac{2 \cdot \pi}{8 \cdot \pi} = \boxed{0'25 \text{ m}}$

* Velocidad de propagación de cada onda: $v_p = \dfrac{\lambda}{T} = \dfrac{0'25}{0'0667} = \boxed{3'75 \dfrac{m}{s}}$

* Velocidad de oscilación o vibración de los puntos:

$$v_v = \frac{dy}{dt} = -4 \cdot 10^{-3} \cdot 30 \cdot \pi \cdot \text{sen}(8 \cdot \pi \cdot x) \cdot \text{sen}(30 \cdot \pi \cdot t) = -0'12 \cdot \pi \cdot \text{sen}(8 \cdot \pi \cdot x) \cdot \text{sen}(30 \cdot \pi \cdot t)$$

* Velocidad máxima del punto situado en x = 0,5 m: se consigue para sen (30·π·t) = 1:

$$v_{máx} = -0'12 \cdot \pi \cdot \text{sen}(8 \cdot \pi \cdot x) \cdot 1 = -0'12 \cdot \pi \cdot \text{sen}(8 \cdot \pi \cdot 0'5) = \boxed{0 \ \frac{m}{s}}$$

Comentario: la velocidad nula se alcanza en los nodos. Las ondas estacionarias no son ondas de propagación; esto significa que su velocidad de propagación es nula. La velocidad de propagación calculada es la de cada una de las ondas constituyentes.

23) Una onda armónica que se propaga por una cuerda en el sentido negativo del eje X tiene una longitud de onda de 25 cm. El foco emisor vibra con una frecuencia de 50 Hz y una amplitud de 5 cm. a) Escriba la ecuación de la onda explicando el razonamiento seguido para ello. b) Determine la velocidad y la aceleración máximas de un punto de la cuerda.

Datos:

$\lambda = 0'25$ m
$f = 50$ Hz
$A = 0'05$ m
¿Ecuación?
¿$v_{máx}$?
¿$a_{máx}$?

Dibujo:

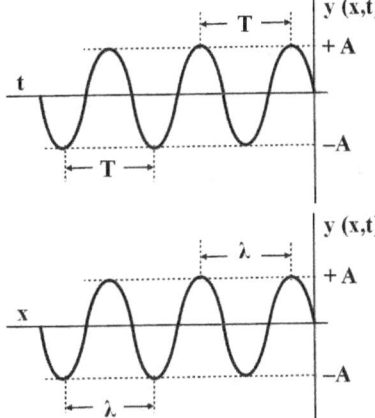

Principio físico: una onda es la propagación de una perturbación a través de un medio determinado. La perturbación puede ser provocada por una vibración o un campo. Una onda armónica es aquella cuya perturbación puede estudiarse como un movimiento armónico simple.

Método de resolución: escribiremos la ecuación general de una onda y averiguaremos las magnitudes de la onda mediante sus expresiones correspondientes.

Resolución: * Ecuación general: $y(x,t) = A \cdot \text{sen}(\pm \omega \cdot t \pm k \cdot x \pm \varphi_0)$

* Frecuencia angular: $\omega = 2 \cdot \pi \cdot f = 2 \cdot \pi \cdot 50 = 100 \cdot \pi \ \dfrac{rad}{s}$

* Número de onda: $k = \dfrac{2\pi}{\lambda} = \dfrac{2\pi}{0'25} = 8 \cdot \pi \ \dfrac{rad}{m}$

* Fase inicial: para $t = 0$ y $x = 0$, $y = 0$, luego: $\varphi_0 = 0$

* Ecuación de la onda: $\boxed{y(x,t) = 0'05 \cdot \text{sen}(100 \cdot \pi \cdot t + 8 \cdot \pi \cdot x)}$

* Velocidad de oscilación o vibración:

$v_v = \dfrac{dy}{dt} = 0'05 \cdot 100 \cdot \pi \cdot \cos(100 \cdot \pi \cdot t + 8 \cdot \pi \cdot x) = 5 \cdot \pi \cdot \cos(100 \cdot \pi \cdot t + 8 \cdot \pi \cdot x)$

* Velocidad máxima de oscilación: se consigue para coseno = 1: $v_{máx} = 5 \cdot \pi = \boxed{15'7 \ \dfrac{m}{s}}$

* Aceleración de oscilación:

$$a = \frac{dv}{dt} = -5\cdot\pi\cdot100\cdot\pi\cdot\text{sen}(100\cdot\pi\cdot t + 8\cdot\pi\cdot x) = -500\cdot\pi^2\cdot\text{sen}(100\cdot\pi\cdot t + 8\cdot\pi\cdot x)$$

* Aceleración máxima de oscilación: se consigue para seno = 1: $\quad a_{máx} = -500\cdot\pi^2 = \boxed{-4935 \ \dfrac{m}{s^2}}$

Comentario: el término en x es positivo porque la onda se desplaza en el sentido negativo del eje X.

24) Un cuerpo de 80 g, unido al extremo de un resorte horizontal, describe un movimiento armónico simple de amplitud 5 cm. a) Escriba la ecuación de movimiento del cuerpo sabiendo que su energía cinética máxima es de $2,5 \cdot 10^{-3}$ J y que en el instante t = 0 el cuerpo pasa por su posición de equilibrio. b) Represente gráficamente la energía cinética del cuerpo en función de la posición e indique el valor de la energía mecánica del cuerpo.

Datos:

m = 0'080 kg
A = 0'05 m
¿Ecuación?
$Ec_{máx}$ = $2,5 \cdot 10^{-3}$ J
t = 0 s
¿Representación Ec – x?
¿E_M?

Dibujo:

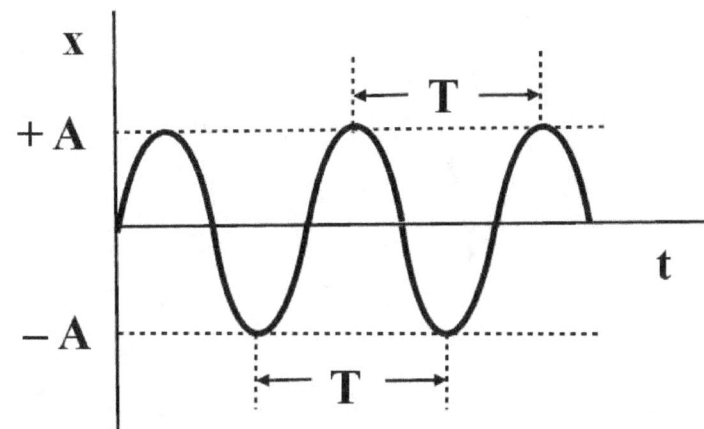

Principio físico: se dice que un cuerpo realiza un movimiento armónico simple (M.A.S.) cuando oscila a un lado y a otro de la posición de equilibrio y ese movimiento viene descrito por una función seno o coseno dependiente del tiempo. La fuerza restauradora es proporcional a la distancia a la posición de equilibrio.

Método de resolución: escribiremos la ecuación general de un MAS y averiguaremos las magnitudes características a partir de los datos suministrados.

Resolución: * Ecuación general del MAS: $x = A \cdot sen(\omega \cdot t + \varphi_0)$

* Fase inicial: para t = 0, y = 0, luego: $\varphi_0 = 0$

* Frecuencia angular: $Ec_{máx} = \frac{1}{2} k \cdot A^2$; $k = m \cdot \omega^2$ → $Ec_{máx} = \frac{1}{2} m \cdot \omega^2 \cdot A^2$ →

→ $\omega^2 = \frac{2 \cdot Ec_{máx}}{m \cdot A^2}$ → $\omega = \sqrt{\frac{2 \cdot Ec_{máx}}{m \cdot A^2}} = \sqrt{\frac{2 \cdot 2'5 \cdot 10^{-3}}{0'080 \cdot 0'05^2}} = 5 \frac{rad}{s}$

* Ecuación del movimiento: $\boxed{x = 0'05 \cdot sen(5 \cdot t)}$

* Representación Ec – x:

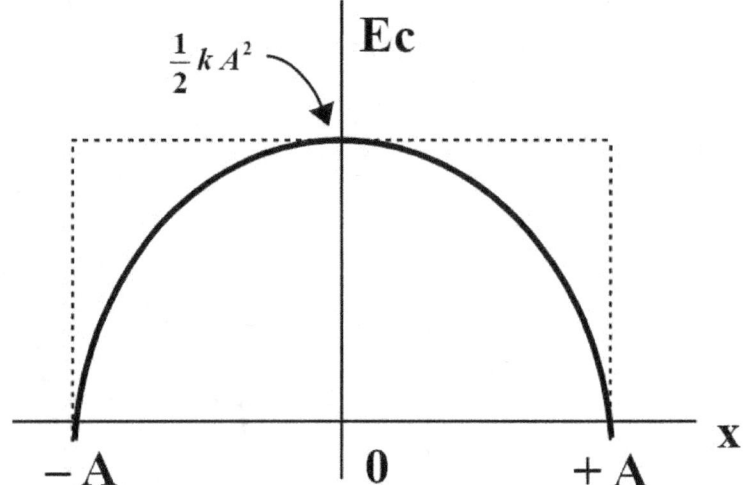

* Energía mecánica del cuerpo: $E_M = \dfrac{1}{2} k \cdot A^2 = Ec_{máx} = 2{,}5 \cdot 10^{-3}$ J

Comentario: la energía mecánica es constante y coincide con el valor máximo de la energía cinética: $2{,}5 \cdot 10^{-3}$ J, pues en ese momento toda la energía potencial se ha convertido en cinética.

25) Un cuerpo de 0,1 kg se mueve de acuerdo con la ecuación:
$$x(t) = 0{,}12 \operatorname{sen}(2\pi t + \pi/3) \text{ (S.I.)}$$
a) Explique qué tipo de movimiento realiza y determine el periodo y la energía mecánica. b) Calcule la aceleración y la energía cinética del cuerpo en el instante t = 3 s.

Datos:

Dibujo:

m = 0'1 kg
$x(t) = 0{,}12 \cdot \operatorname{sen}(2\cdot\pi\cdot t + \pi/3)$
¿T?
¿E_M?
¿a?
¿Ec?
t = 3 s

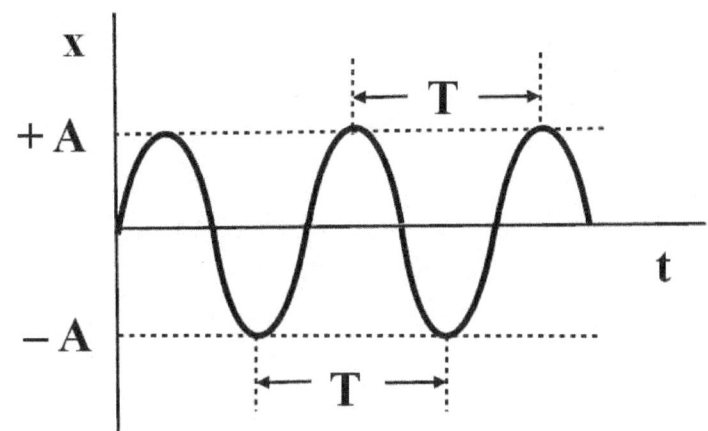

Principio físico: se dice que un cuerpo realiza un movimiento armónico simple (M.A.S.) cuando oscila a un lado y a otro de la posición de equilibrio y ese movimiento viene descrito por una función seno o coseno dependiente del tiempo. La fuerza restauradora es proporcional a la distancia a la posición de equilibrio.

Método de resolución: escribiremos la ecuación general de un MAS y averiguaremos las magnitudes características a partir de los datos suministrados.

Resolución: * Ecuación general del MAS: $y = A \cdot \operatorname{sen}(\omega \cdot t + \varphi_0)$

* Magnitudes del MAS: por comparación: $A = 0{'}12$ m ; $\omega = 2\pi \dfrac{rad}{s}$; $\varphi_0 = \dfrac{\pi}{3}$ rad

* Período: $T = \dfrac{2\cdot\pi}{\omega} = \dfrac{2\cdot\pi}{2\cdot\pi} = \boxed{1 \text{ m}}$

* Energía mecánica: $E_M = \dfrac{1}{2} k \cdot A^2 = \dfrac{1}{2} m \cdot \omega^2 \cdot A^2 = \dfrac{1}{2} \cdot 0{'}1 \cdot 4 \cdot \pi^2 \cdot 0{'}12^2 = \boxed{0{'}0284 \text{ J}}$

* Velocidad del cuerpo: $v = \dfrac{dy}{dt} = 0{,}12 \cdot 2 \cdot \pi \cdot \cos(2\cdot\pi\cdot t + \pi/3) = 0{'}24 \cdot \pi \cdot \cos(2\cdot\pi\cdot t + \pi/3)$

* Aceleración del cuerpo a los 3 s: $a = \dfrac{dv}{dt} = -0{,}24 \cdot 2 \cdot \pi^2 \cdot \operatorname{sen}(2\cdot\pi\cdot t + \pi/3) =$

$= -0{'}48 \cdot \pi^2 \cdot \operatorname{sen}(2\cdot\pi\cdot 3 + \pi/3) = \boxed{-4{'}10 \dfrac{m}{s^2}}$

* Velocidad del cuerpo a los 3 s: $v = 0{,}24 \cdot \pi \cdot \cos(2 \cdot \pi \cdot 3 + \pi/3) = 0{,}377 \; \dfrac{m}{s}$

* Energía cinética a los 3 s:

$Ec = \dfrac{1}{2} m \cdot v^2 = \dfrac{1}{2} \cdot 0{,}1 \cdot 0{,}377^2 = \boxed{7{,}11 \cdot 10^{-3} \; J}$

Comentario: el cuerpo realiza un movimiento armónico simple (MAS), pues la ecuación del movimiento obedece a la ecuación general del MAS. Como la energía mecánica se conserva, la energía cinética se convierte en potencial elástica y la potencial elástica en cinética.

2012

26) Una onda transversal se propaga en el sentido negativo del eje X. Su longitud de onda es 3,75 m, su amplitud 2 m y su velocidad de propagación 3 m s^{-1}. a) Escriba la ecuación de la onda suponiendo que en el punto x = 0 la perturbación es nula en t = 0. b) Determine la velocidad y la aceleración máximas de un punto del medio.

Datos: Dibujo:

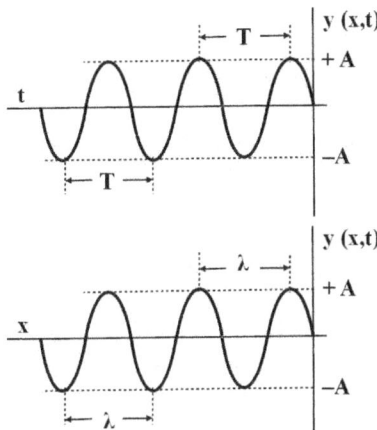

λ = 3'75 m
A = 2 m
v_p = 3 m/s
¿Ecuación?
x = 0 → y = 0, t = 0
¿$v_{máx}$?
¿$a_{máx}$?

Principio físico: una onda es la propagación de una perturbación a través de un medio determinado. La perturbación puede ser provocada por una vibración o un campo. Una onda armónica es aquella cuya perturbación puede estudiarse como un movimiento armónico simple.

Método de resolución: escribiremos la ecuación general de una onda y averiguaremos las magnitudes de la onda mediante sus expresiones correspondientes.

Resolución: * Ecuación general: $y(x,t) = A \cdot \text{sen}(\pm \omega \cdot t \pm k \cdot x \pm \varphi_0)$

* Número de onda: $k = \dfrac{2 \cdot \pi}{\lambda} = \dfrac{2 \cdot \pi}{3'75} = 1'68 \; \dfrac{rad}{m}$

* Frecuencia: $v_p = \lambda \cdot f \;\rightarrow\; f = \dfrac{v_p}{\lambda} = \dfrac{3}{3'75} = 0'8$ Hz

* Frecuencia angular: $\omega = 2 \cdot \pi \cdot f = 2 \cdot \pi \cdot 0'8 = 5'03 \; \dfrac{rad}{s}$

* Fase inicial: para t = 0 y x = 0, y = 0, luego: $\varphi_0 = 0$

* Ecuación de la onda: $\boxed{y(x,t) = 2 \cdot \text{sen}(5'03 \cdot t + 1'68 \cdot x)}$

* Velocidad de oscilación o vibración:

$v_v = \dfrac{dy}{dt} = 2 \cdot 5'03 \cdot \cos(5'03 \cdot t + 1'68 \cdot x) = 10'1 \cdot \cos(5'03 \cdot t + 1'68 \cdot x)$

* Velocidad máxima de oscilación: se consigue para coseno = 1: $v_{máx} = \boxed{10'1 \ \dfrac{m}{s}}$

* Aceleración de oscilación:

$a = \dfrac{dv}{dt} = -10'1 \cdot 5'03 \cdot \text{sen}(5'03 \cdot t + 1'68 \cdot x) = -50'8 \cdot \text{sen}(5'03 \cdot t + 1'68 \cdot x)$

* Aceleración máxima de oscilación: se consigue para seno = 1: $a_{máx} = \boxed{-50'8 \ \dfrac{m}{s^2}}$

Comentario: no es lo mismo velocidad de propagación de la onda que velocidad de oscilación de los puntos de la onda.

27) Una cuerda vibra de acuerdo con la ecuación: y (x, t) = 5 cos ($\frac{1}{3}\pi$ x)·sen (40 t) (S. I.)

a) Indique qué tipo de onda es y cuáles son su amplitud y frecuencia. ¿Cuál es la velocidad de propagación de las ondas que por superposición dan lugar a la anterior? b) Calcule la distancia entre dos nodos consecutivos y la velocidad de un punto de la cuerda situado en x =1,5 m, en el instante t = 2 s.

Datos:

y (x, t) = 5·cos ($\frac{1}{3}\pi$·x)·sen (40·t)
¿A?
¿f?
¿v_p?
¿Δx?
¿v?
x = 1'5 m
t = 2 s

Dibujo:

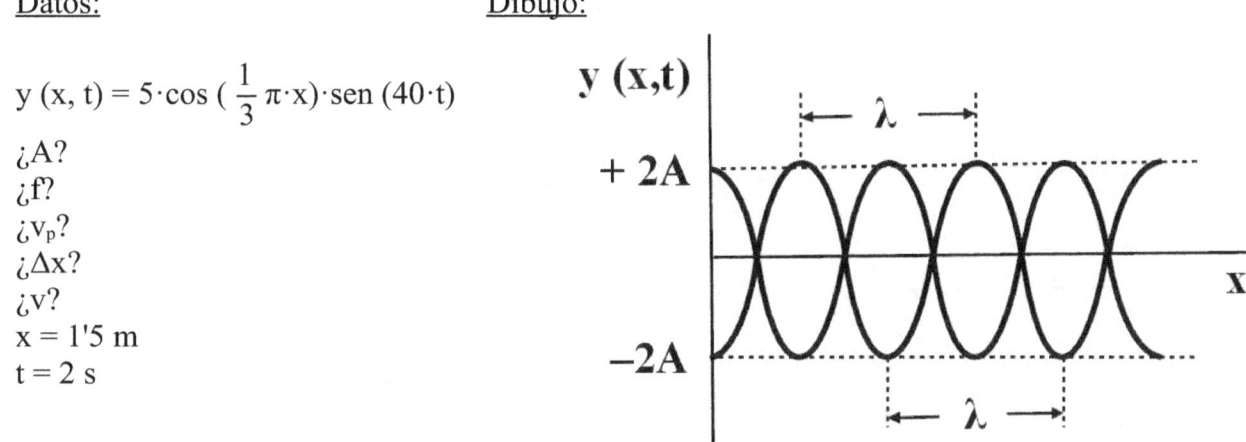

Principio físico: una onda estacionaria es la superposición de dos ondas armónicas que se propagan por el mismo medio con las mismas amplitudes, períodos, longitudes de onda y dirección pero en sentidos contrarios. Es la superposición de una onda incidente y otra reflejada.

Método de resolución: escribiremos la ecuación general de una onda estacionaria con los extremos libres y calcularemos sus magnitudes características.

Resolución: * Ecuación general: y = 2·A·cos (k3x)·sen (ω·t)

* Magnitudes características de la onda:

Por comparación: 2·A = 5 → A = $\boxed{2'5\ m}$; k = $\frac{\pi}{3}\ \frac{rad}{m}$; ω = 40 $\frac{rad}{s}$

* Frecuencia: ω = 2·π·f → f = $\frac{\omega}{2\pi}$ = $\frac{40}{2\pi}$ = $\boxed{6'37\ Hz}$

* Longitud de onda: k = $\frac{2\pi}{\lambda}$ → λ = $\frac{2\pi}{k}$ = $\frac{2\pi}{\pi/3}$ = 6 m

* Velocidad de cada onda: v_p = λ·f = 6·6'37 = $\boxed{38'2\ \frac{m}{s}}$

* Distancia entre dos nodos consecutivos:

Se produce un nodo cuando: $\cos(k \cdot x) = 0 \rightarrow k \cdot x = \dfrac{\pi}{2}, \dfrac{3\pi}{2}, \dfrac{5\pi}{2}, \dfrac{7\pi}{2}, \ldots \rightarrow$

$\rightarrow k \cdot x = (n^\circ \text{ impar}) \cdot \dfrac{\pi}{2} \rightarrow \dfrac{2\pi}{\lambda} x = (2n+1) \cdot \dfrac{\pi}{2}$, siendo n = 0, 1, 2, 3, ... $\rightarrow$

$\rightarrow x = (2 \cdot n + 1) \cdot \dfrac{\lambda}{4}$. Para el primer valor, n = 0: $\Delta x = \dfrac{\lambda}{4} = \dfrac{6}{4} = \boxed{1'5 \text{ m}}$

* Velocidad de oscilación o vibración de un punto a 1'5 m y 2 s:

$v_v = \dfrac{dy}{dt} = 5 \cdot 40 \cdot \cos\left(\dfrac{1}{3}\pi \cdot x\right) \cdot \cos(40 \cdot t) = 200 \cdot \cos\left(\dfrac{1}{3}\pi \cdot 1'5\right) \cdot \cos(40 \cdot 2) = \boxed{0 \ \dfrac{m}{s}}$

Comentario: a 1'5 m se encuentra siempre en un nodo, porque los nodos en las ondas estacionarias son permanentes. Los nodos consecutivos se encuentran a una distancia de un cuarto de longitud de onda.

28) Un radar emite una onda de radio de $6 \cdot 10^7$ Hz. a) Explique las diferencias entre esa onda y una onda sonora de la misma longitud de onda y determine la frecuencia de esta última. b) La onda emitida por el radar tarda $3 \cdot 10^{-6}$ s en volver al detector después de reflejarse en un obstáculo. Calcule la distancia entre el obstáculo y el radar. $c = 3 \cdot 10^8$ m s^{-1}; $v_{sonido} = 340$ m s^{-1}

Datos:

$f_1 = 6 \cdot 10^7$ Hz
¿f_2?
$t = 3 \cdot 10^{-6}$ s
¿d?
$c = 3 \cdot 10^8$ m s^{-1}
$v_{sonido} = 340$ m s^{-1}

Dibujo:

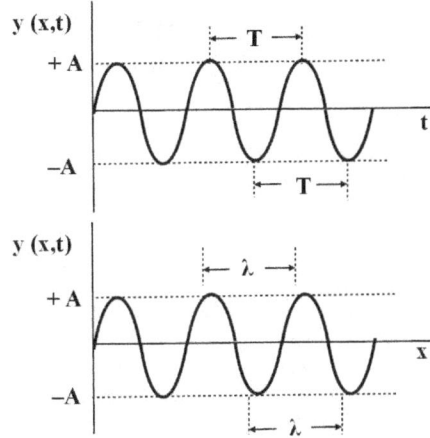

Principio físico: una onda es la propagación de una perturbación a través de un medio determinado. La perturbación puede ser provocada por una vibración o un campo. Una onda armónica es aquella cuya perturbación puede estudiarse como un movimiento armónico simple.

Método de resolución: usaremos la ecuación de la velocidad de una onda y la ecuación de la velocidad en el MRU.

Resolución: * Frecuencia de la onda sonora: $v_1 = \lambda_1 \cdot f_1$; $v_2 = \lambda_2 \cdot f_2 \rightarrow$

$\rightarrow \lambda_1 = \dfrac{v_1}{f_1}$; $\lambda_2 = \dfrac{v_2}{f_2} \rightarrow \lambda_1 = \lambda_2 \rightarrow \dfrac{v_1}{f_1} = \dfrac{v_2}{f_2} \rightarrow f_2 = f_1 \cdot \dfrac{v_2}{v_1} = 6 \cdot 10^7 \cdot \dfrac{340}{3 \cdot 10^8} = \boxed{68 \text{ Hz}}$

* Distancia entre el obstáculo y el radar:

$v = \dfrac{e_T}{t} = \dfrac{2 \cdot e}{t} \rightarrow e = \dfrac{v \cdot t}{2} = \dfrac{3 \cdot 10^8 \cdot 3 \cdot 10^{-6}}{2} = \boxed{450 \text{ m}}$

Comentario: las ondas de radio son electromagnéticas (se pueden propagar por el vacío) y las ondas sonoras son mecánicas (necesitan un medio físico para propagarse).

29) En una cuerda tensa de 16 m de longitud con sus extremos fijos se ha generado una onda de ecuación: y (x, t) = 0,02 sen (π x)·cos (8 π t) (S. I.) . a) Explique de qué tipo de onda se trata y cómo podría producirse. Calcule su longitud de onda y su frecuencia. b) Calcule la velocidad en función del tiempo de los puntos de la cuerda que se encuentran a 4 m y 4,5 m, respectivamente, de uno de los extremos y comente los resultados.

Datos:

y (x, t) = 0,02·sen (π·x)·cos (8·π·t)
¿λ?
¿f?
¿v(t)?
x = 4 m
x = 4'5 m

Dibujo:

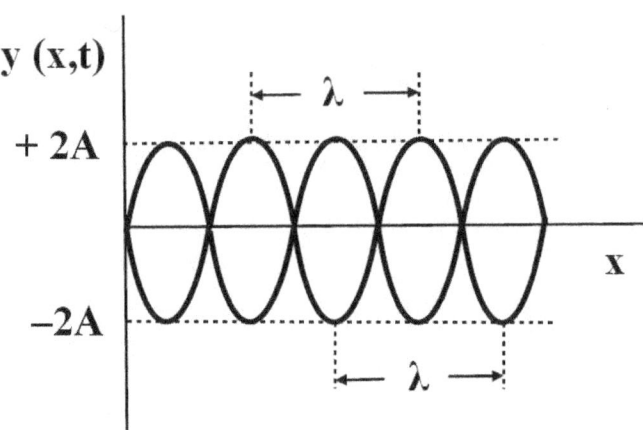

Principio físico: una onda estacionaria es la superposición de dos ondas armónicas que se propagan por el mismo medio con las mismas amplitudes, períodos, longitudes de onda y dirección pero en sentidos contrarios. Es la superposición de una onda incidente y otra reflejada.

Método de resolución: escribiremos la ecuación general de una onda estacionaria con los extremos fijos y obtendremos sus magnitudes características. Derivaremos la expresión de la elongación para obtener la velocidad de oscilación.

Resolución: * Ecuación general: $y = 2 \cdot A \cdot sen (k \cdot x) \cdot cos (\omega \cdot t)$

* Magnitudes características de la onda:

Por comparación: $2 \cdot A = 0'02 \rightarrow A = 0'01$ m ; $k = \pi \dfrac{rad}{m}$; $\omega = 8 \cdot \pi \dfrac{rad}{s}$

* Longitud de onda: $k = \dfrac{2\pi}{\lambda} \rightarrow \lambda = \dfrac{2\pi}{k} = \dfrac{2\pi}{\pi} = \boxed{2 \text{ m}}$

* Frecuencia: $\omega = 2 \cdot \pi \cdot f \rightarrow f = \dfrac{\omega}{2\pi} = \dfrac{8\pi}{2\pi} = \boxed{4 \text{ Hz}}$

* Velocidad de oscilación o vibración en función de x y t:

$v_v = \dfrac{dy}{dt} = -0,02 \cdot 8 \cdot \pi \cdot sen(\pi \cdot x) \cdot sen(8 \cdot \pi \cdot t) = -0,16 \cdot \pi \cdot sen(\pi \cdot x) \cdot sen(8 \cdot \pi \cdot t)$

* Velocidad de oscilación o vibración a los 4 m:

$v_v = -0{,}16 \cdot \pi \cdot \text{sen}(\pi \cdot x) \cdot \text{sen}(8 \cdot \pi \cdot t) = -0{,}16 \cdot \pi \cdot \text{sen}(\pi \cdot 4) \cdot \text{sen}(8 \cdot \pi \cdot t) = 0 \quad \rightarrow$

$\rightarrow$ Es un nodo, donde la velocidad se anula.

* Velocidad de oscilación o vibración a los 4'5 m:

$v_v = -0{,}16 \cdot \pi \cdot \text{sen}(\pi \cdot x) \cdot \text{sen}(8 \cdot \pi \cdot t) = -0{,}16 \cdot \pi \cdot \text{sen}(\pi \cdot 4'5) \cdot \text{sen}(8 \cdot \pi \cdot t) = \boxed{-0{,}16 \cdot \pi \cdot \text{sen}(8 \cdot \pi \cdot t)} \quad \rightarrow$

$\rightarrow$ Es un antinodo o vientre, donde la velocidad es máxima.

Comentario: en los nodos, la cuerda no vibra y en los antinodos vibran al máximo.

30) La ecuación de una onda en la superficie de un lago es: y (x, t) = $5 \cdot 10^{-2}$ cos (0,5 t - 0,1 x) (S. I.)
a) Explique qué tipo de onda es y cuáles son sus características y determine su velocidad de propagación. b) Analice qué tipo de movimiento realizan las moléculas de agua de la superficie del lago y determine su velocidad máxima.

Datos:

Dibujo:

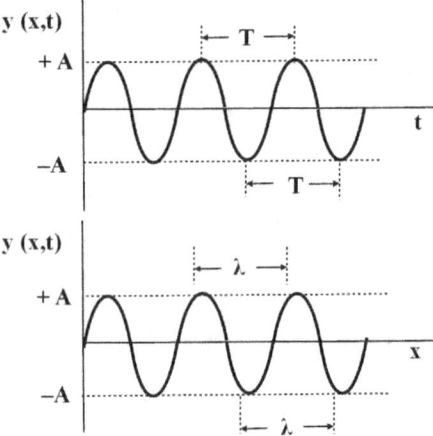

y (x, t) = $5 \cdot 10^{-2} \cdot$ cos (0,5·t − 0,1·x)
¿v_p?
¿$v_{máx}$?

Principio físico: una onda es la propagación de una perturbación a través de un medio determinado. La perturbación puede ser provocada por una vibración o un campo. Una onda armónica es aquella cuya perturbación puede estudiarse como un movimiento armónico simple.

Método de resolución: compararemos la ecuación general de una onda con la ecuación de esta onda y obtendremos las magnitudes características de esta onda.

Resolución: * Ecuación general: $y(x,t) = A \cdot \cos(\pm \omega \cdot t \pm k \cdot x \pm \varphi_0)$

* Magnitudes características de la onda: A = 0'05 m ; ω = 0'5 $\frac{rad}{s}$; k = 0'1 $\frac{rad}{m}$; φ_0 = 0 rad

* Frecuencia: $\omega = 2 \cdot \pi \cdot f \rightarrow f = \frac{\omega}{2\pi} = \frac{0'5}{2\pi} = 0'0796$ Hz

* Longitud de onda: $k = \frac{2\pi}{\lambda} \rightarrow \lambda = \frac{2\pi}{k} = \frac{2\pi}{0'1} = 62'8$ m

* Velocidad de propagación: $v_p = \lambda \cdot f = 62'8 \cdot 0'0796 = \boxed{5 \ \frac{m}{s}}$

* Velocidad de vibración: $v_v = \frac{dy}{dt} = -0'05 \cdot 0'5 \cdot$ sen $(0,5 \cdot t - 0,1 \cdot x) = -0'025 \cdot$ sen $(0,5 \cdot t - 0,1 \cdot x)$

* Velocidad máxima de oscilación (para seno = 1): $v_{máx} = \boxed{-0'025 \text{ m/s}}$

Comentario: la onda se mueve hacia la derecha porque el término en x es negativo. Las moléculas de agua se mueven oscilando verticalmente según un movimiento armónico simple (MAS) que se transmite a lo largo del eje x con el tiempo.

PROBLEMAS DE ÓPTICA

2018

1) Un objeto luminoso se encuentra a 4 m de una pantalla. Mediante una lente situada entre el objeto y la pantalla se pretende obtener una imagen del objeto sobre la pantalla que sea real, invertida y tres veces mayor que él. Determine el tipo de lente que se tiene que utilizar, así como su distancia focal y la posición en la que debe situarse, justificando sus respuestas.

Datos:

Dibujo:

$-s + s' = 4$ m
$A_L = -3$
¿f '?
¿s?

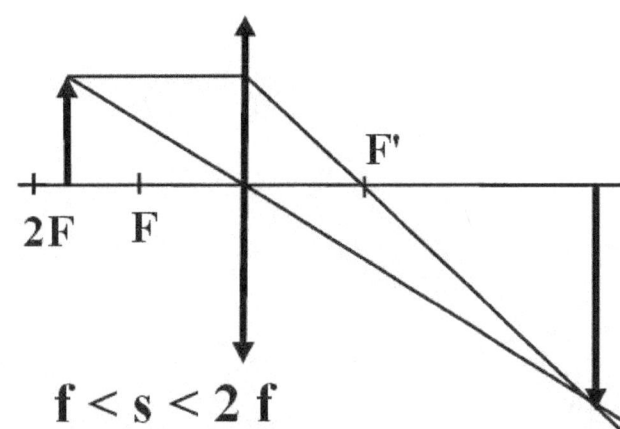

$f < s < 2f$

Principio físico: las lentes son sistemas físicos que, mediante refracción, modifican la imagen de un objeto.

Método de resolución: usaremos la fórmula de Gauss para las lentes delgadas y la expresión del aumento lateral.

Resolución: * Posición del objeto: $A_L = \dfrac{s'}{s}$ → $s' = A_L \cdot s = -3 \cdot s$

$-s + s' = 4$ → $-s - 3 \cdot s = 4$ → $-4 \cdot s = 4$ → $s = \dfrac{4}{-4} = -1$ m

* Posición de la imagen: $s' = A_L \cdot s = -3 \cdot s = -3 \cdot (-1) = +3$ m

* Distancia focal: $\dfrac{1}{s'} - \dfrac{1}{s} = \dfrac{1}{f'}$ → $\dfrac{1}{3} - \dfrac{1}{-1} = \dfrac{1}{f'}$ → $\dfrac{1}{f'} = \dfrac{1}{3} + 1 = \dfrac{4}{3}$ →

→ $f' = \dfrac{3}{4} = +0'75$ m

Comentario: al ser f ' > 0, la lente es convergente. Para que la imagen sea real, invertida y mayor, la lente tiene que ser convergente y el objeto tiene que estar situado entre una y dos veces la distancia focal de la lente. Criterio de signos, normas DIN: las distancias hacia la derecha y hacia arriba son positivas. Las distancias hacia la izquierda y hacia abajo son negativas.

2) Desde el aire se observa un objeto luminoso que está situado a 1 m debajo del agua. (i) Si desde dicho objeto sale un rayo de luz que llega a la superficie formando un ángulo de 15° con la normal, ¿cuál es el ángulo de refracción en el aire?; (ii) calcule la profundidad aparente a la que se encuentra el objeto. n_{aire} = 1; n_{agua} = 1,33

Datos: Dibujo:

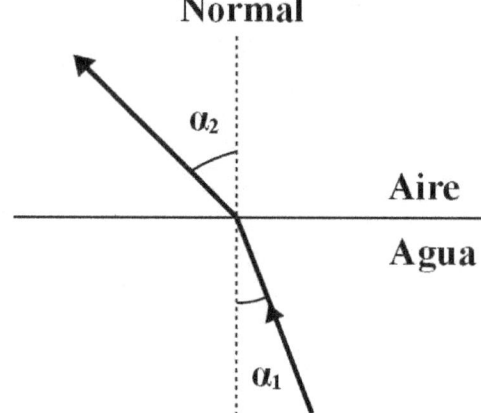

d_{objeto} = 1 m
α_1 = 15°
¿α_2?
n_{aire} = 1
n_{agua} = 1,33

Principio físico: refracción: cuando la luz pasa de un medio transparente a otro, el rayo de luz cambia de dirección al cambiar de medio.

Método de resolución: aplicaremos la ley de Snell.

Resolución: * Ángulo de refracción en el aire: $n_1 \cdot sen\alpha_1 = n_2 \cdot sen\alpha_2 \rightarrow sen\alpha_2 = \dfrac{n_1 \cdot sen\alpha_1}{n_2} =$

$= \dfrac{1'33 \cdot sen\,15°}{1} = 0'344 \rightarrow \alpha_2 = arc\,sen\,0'344 = 20'1°$

* Profundidad aparente: $d_{ap} = d_{real} \cdot \dfrac{n_{observador}}{n_{objeto}} = 1 \cdot \dfrac{1}{1'33} = 0'752$ m

Comentario: los objetos sumergidos aparentan estar a menor profundidad de la que en realidad están debido a la refracción.

3) Un objeto de 2 cm de altura se sitúa a 15 cm a la izquierda de una lente de 20 cm de distancia focal. Dibuje un esquema con las posiciones del objeto, la lente y la imagen. Calcule la posición y aumento de la imagen.

Datos:

Dibujo:

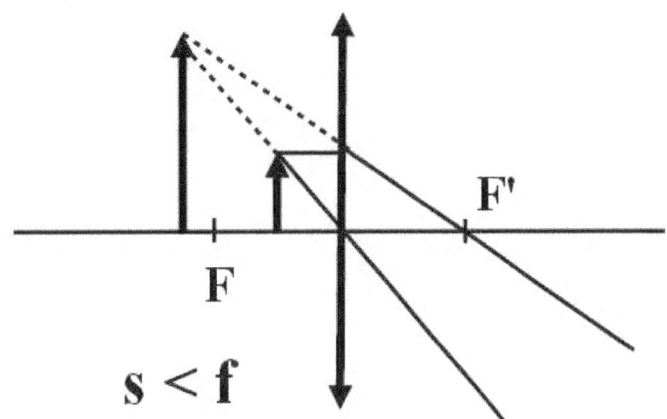

y = 0'02 m
s = – 0'15 m
f ' = 0'20 m
¿s '?
¿A_L?

Principio físico: las lentes son sistemas físicos que, mediante refracción, modifican la imagen de un objeto.

Método de resolución: usaremos la fórmula de Gauss para las lentes delgadas y la expresión del aumento lateral.

Resolución: * Posición de la imagen: $\dfrac{1}{s'} - \dfrac{1}{s} = \dfrac{1}{f'}$ → $\dfrac{1}{s'} - \dfrac{1}{-0'15} = \dfrac{1}{0'20}$ →

→ $\dfrac{1}{s'} = \dfrac{1}{0'20} - \dfrac{1}{0'15} = -1'67$ → $s' = \dfrac{1}{-1'67} = -0'6$ m

* Aumento de la imagen: $A_L = \dfrac{s'}{s} = \dfrac{-0'6}{-0'15} = 4$

Comentario: como la distancia focal es positiva, la lente es convergente. Como s' es negativa, la imagen está a la izquierda y es virtual. Como $A_L > 1$, la imagen es mayor. Cuando la distancia objeto es menor que la distancia focal en una lente convergente, se obtiene una imagen derecha, mayor y virtual. Criterio de signos, normas DIN: las distancias hacia la derecha y hacia arriba son positivas. Las distancias hacia la izquierda y hacia abajo son negativas.

4) Un objeto de 0,3 m de altura se sitúa a 0,6 m de una lente convergente de distancia focal 0,2 m. Determine la posición, naturaleza y tamaño de la imagen mediante procedimientos gráficos y numéricos.

Datos: Dibujo:

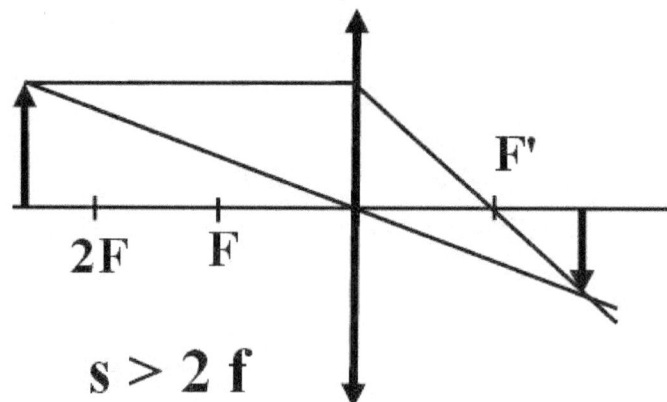

y = 0'3 m
s = – 0'6 m
f ' = 0'2 m
¿s '?
¿Tamaño?

Principio físico: las lentes son sistemas físicos que, mediante refracción, modifican la imagen de un objeto.

Método de resolución: usaremos la fórmula de Gauss para las lentes delgadas y la expresión del aumento lateral.

Resolución: * Posición de la imagen: $\dfrac{1}{s'} - \dfrac{1}{s} = \dfrac{1}{f'}$ → $\dfrac{1}{s'} - \dfrac{1}{-0'6} = \dfrac{1}{0'2}$ →

→ $\dfrac{1}{s'} = \dfrac{1}{0'2} - \dfrac{1}{0'6} = 3'33$ → $s' = \dfrac{1}{3'33} = 0'3$ m

* Aumento lateral de la imagen: $A_L = \dfrac{s'}{s} = \dfrac{0'3}{-0'6} = -0'5$

* Tamaño de la imagen: $A_L = \dfrac{y'}{y}$ → y' = A_L·y = – 0'5·0'3 = – 0'15 m

Comentario: como f ' > 0, la lente es convergente. Como s ' > 0, la imagen está a la derecha y es real. Como |A_L| < 1, la imagen es menor. Como A_L < 0, la imagen es invertida. Cuando la distancia objeto es mayor que dos veces la distancia focal, se obtiene una imagen invertida, menor y real. Criterio de signos, normas DIN: las distancias hacia la derecha y hacia arriba son positivas. Las distancias hacia la izquierda y hacia abajo son negativas.

5) Un rayo de luz de longitud de onda de $5,46 \cdot 10^{-7}$ m se propaga por el aire e incide sobre el extremo de una fibra de cuarzo cuyo índice de refracción es 1,5. Determine, justificando las respuestas: (i) La longitud de onda del rayo en la fibra de cuarzo; (ii) el ángulo de incidencia a partir del cual el rayo no sale al exterior. $c = 3 \cdot 10^8$ m s^{-1}

Datos:

Dibujo:

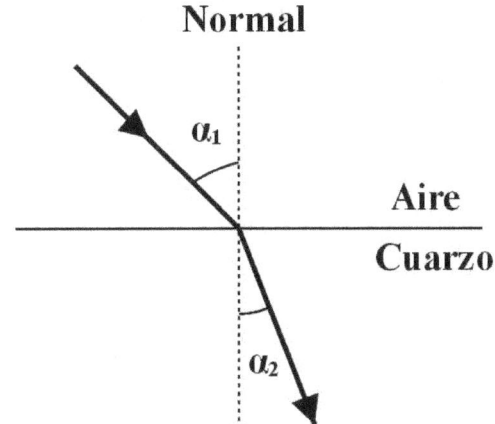

$\lambda_1 = 5,46 \cdot 10^{-7}$ m
$n_2 = 1'5$
¿λ_2?
¿α_L?
$c = 3 \cdot 10^8$ m s^{-1}

Principio físico: refracción: cuando la luz pasa de un medio transparente a otro, el rayo de luz cambia de dirección al cambiar de medio. Ángulo límite: cuando la luz pasa de un medio de mayor índice de refracción a otro menor, hay un ángulo límite a partir del cual no se refracta, sino que se refleja.

Método de resolución: aplicaremos la ley de Snell, la fórmula del índice de refracción y la de la velocidad de las ondas.

Resolución: * Velocidad en el cuarzo: $n_2 = \dfrac{c}{v_2}$ → $v_2 = \dfrac{c}{n_2} = \dfrac{3 \cdot 10^8}{1'5} = 2 \cdot 10^8 \dfrac{m}{s}$

* Longitud de onda en el cuarzo: $f_1 = f_2$ → $\dfrac{v_1}{\lambda_1} = \dfrac{v_2}{\lambda_2}$ →

→ $\lambda_2 = \lambda_1 \cdot \dfrac{v_2}{v_1} = 5'46 \cdot 10^{-7} \cdot \dfrac{2 \cdot 10^8}{3 \cdot 10^8} = 3'64 \cdot 10^{-7}$ m

* Ángulo límite: $n_2 \cdot \text{sen } \alpha_L = n_1 \cdot \text{sen } \alpha_1$ → $1'5 \cdot \text{sen } \alpha_L = 1 \cdot 1$ →

→ $\text{sen}\alpha_L = \dfrac{1}{1'5} = 0'667$ → $\alpha_L = \text{arc sen } 0'667 = 41'8°$

Comentario: al cambiar de medio, cambian la velocidad y la longitud de onda, pero no la frecuencia. Sólo puede haber ángulo límite al pasar del cuarzo al aire y no al contrario. El ángulo de salida para averiguar el ángulo límite es de 90°.

6) Un rayo de luz que se propaga por el aire incide con un ángulo de 20° respecto de la vertical sobre un líquido A, cuyo índice de refracción es 1,2, propagándose seguidamente a otro líquido B de índice de refracción 1,5. Represente el esquema de rayos correspondiente, determine la velocidad de la luz en cada medio y calcule el ángulo que forma dicho rayo con la vertical en el líquido B.
$n_{aire} = 1$; $c = 3 \cdot 10^8$ m s^{-1}

Datos: Dibujo:

$\alpha_1 = 20°$
$n_2 = 1'2$
$n_3 = 1'5$
¿v_1?
¿v_2?
¿α_2?
$n_{aire} = 1$
$c = 3 \cdot 10^8$ m s^{-1}

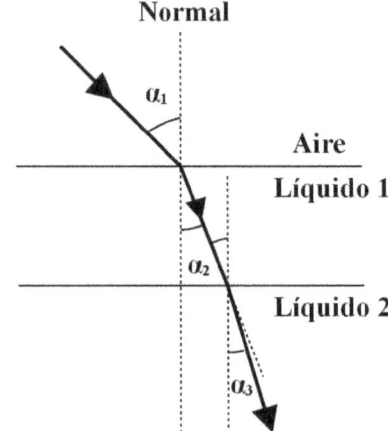

Principio físico: refracción: cuando la luz pasa de un medio transparente a otro, el rayo de luz cambia de dirección al cambiar de medio. Ángulo límite: cuando la luz pasa de un medio de mayor índice de refracción a otro menor, hay un ángulo límite a partir del cual no se refracta, sino que se refleja.

Método de resolución: aplicaremos la ley de Snell y la fórmula del índice de refracción.

Resolución: * Velocidad de la luz en el líquido 1: $n_2 = \dfrac{c}{v_2} \rightarrow v_2 = \dfrac{c}{n_2} = \dfrac{3 \cdot 10^8}{1'2} = 2'5 \cdot 10^8 \dfrac{m}{s}$

* Velocidad de la luz en el líquido 2: $n_3 = \dfrac{c}{v_3} \rightarrow v_3 = \dfrac{c}{n_3} = \dfrac{3 \cdot 10^8}{1'5} = 2 \cdot 10^8 \dfrac{m}{s}$

* Ángulo en el líquido B: $n_1 \cdot \operatorname{sen} \alpha_1 = n_2 \cdot \operatorname{sen} \alpha_2 = n_3 \cdot \operatorname{sen} \alpha_3 \rightarrow$

$\rightarrow \operatorname{sen}\alpha_3 = \dfrac{n_1 \cdot sen\, \alpha_1}{n_3} = \dfrac{1 \cdot sen\, 20°}{1'5} = 0'228 \rightarrow \alpha_3 =$ arc sen $0'228 = 13'2°$

Comentario: si la luz pasa a un medio de mayor índice de refracción, se acerca a la normal. Según el dibujo, el ángulo α_2 de entrada en el segundo medio es también el de entrada en el tercero, por alternos internos.

2017

7) El espectro visible en el aire está comprendido entre las longitudes de onda 380 nm (violeta) y 780 nm (rojo). Calcule la velocidad de la luz en el agua y determine entre qué longitudes de onda está comprendido el espectro electromagnético visible en el agua. $c = 3 \cdot 10^8$ m s^{-1}; $n_{agua} = 1,33$; $n_{aire} = 1$

Datos:

$\lambda_1 = 3'8 \cdot 10^{-7}$ m
$\lambda_2 = 7'8 \cdot 10^{-7}$ m
¿v?
¿λ_1, λ_2?
$c = 3 \cdot 10^8$ m s^{-1}
$n_{agua} = 1,33$
$n_{aire} = 1$

Dibujo:

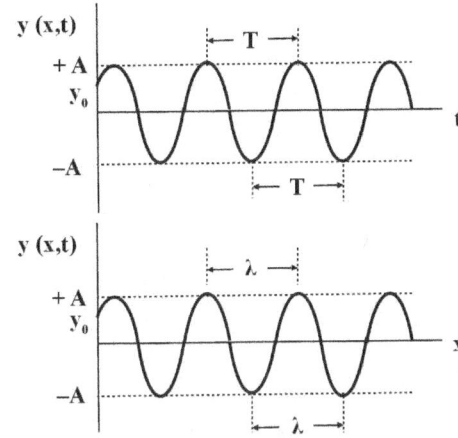

Principio físico: cuando la luz pasa de un medio transparente a otro, cambian la velocidad y la longitud de onda, pero no la frecuencia.

Método de resolución: usaremos la fórmula del índice de refracción y la fórmula de la velocidad.

Resolución: * Velocidad de la luz en el agua: $n_{agua} = \dfrac{c}{v_{agua}} \rightarrow v_{agua} = \dfrac{c}{n_{agua}}$

$v_{agua} = \dfrac{3 \cdot 10^8}{1'33} = 2'26 \cdot 10^8 \ \dfrac{m}{s}$

* Longitudes de onda del espectro en el agua: $v = \lambda \cdot f \rightarrow f = \dfrac{v}{\lambda}$

$f_{aire} = f_{agua} \rightarrow \dfrac{c}{(\lambda_1)_{aire}} = \dfrac{v_{agua}}{(\lambda_1)_{agua}} \rightarrow (\lambda_1)_{agua} = (\lambda_1)_{aire} \cdot \dfrac{v_{agua}}{c} \rightarrow$

$\rightarrow (\lambda_1)_{agua} = 3'8 \cdot 10^{-7} \cdot \dfrac{2'26 \cdot 10^8}{3 \cdot 10^8} = 2'86 \cdot 10^{-7}$ m

$(\lambda_2)_{agua} = (\lambda_2)_{aire} \cdot \dfrac{v_{agua}}{c} = 7'8 \cdot 10^{-7} \cdot \dfrac{2'26 \cdot 10^8}{3 \cdot 10^8} = 5'88 \cdot 10^{-7}$ m

Comentario: el espectro electromagnético es el conjunto de radiaciones electromagnéticas ordenadas por orden creciente de energía.

8) El ángulo límite vidrio-agua es de 60°. Un rayo de luz, que se propaga por el vidrio, incide sobre la superficie de separación con un ángulo de 45° y se refracta dentro del agua. Determine el índice de refracción del vidrio. Calcule el ángulo de refracción en el agua. $n_{agua} = 1,33$

Datos:

$\alpha_L = 60°$
$\alpha_1 = 45°$
¿n?
¿α_2?
$n_{agua} = 1,33$

Dibujo:

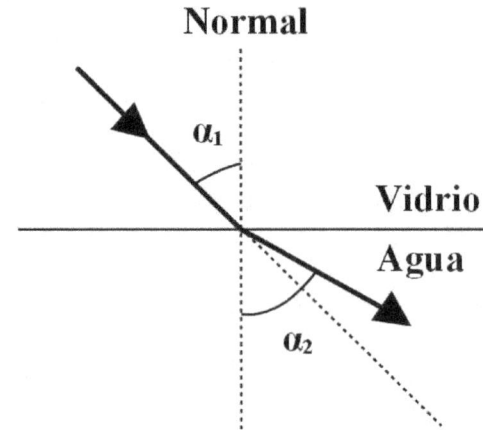

Principio físico: refracción: cuando la luz pasa de un medio transparente a otro, el rayo de luz cambia de dirección al cambiar de medio. Ángulo límite: cuando la luz pasa de un medio de mayor índice de refracción a otro menor, hay un ángulo límite a partir del cual no se refracta, sino que se refleja.

Método de resolución: aplicaremos la ley de Snell y el concepto de ángulo límite.

Resolución: * Índice de refracción del vidrio: $n_1 \cdot sen\, \alpha_L = n_2 \cdot sen\, 90°$ →

→ $n_1 = \dfrac{n_2 \cdot sen\, 90°}{sen\, \alpha_L} = \dfrac{1'33 \cdot 1}{sen\, 60°} = 1'54$

* Ángulo de refracción en el agua:

$n_1 \cdot sen\, \alpha_1 = n_2 \cdot sen\, \alpha_2$ → $sen\, \alpha_2 = \dfrac{n_1 \cdot sen\, \alpha_1}{n_2} = \dfrac{1'54 \cdot sen\, 45°}{1'33} = 0'819$ →

→ $\alpha_2 = arc\, sen\, 0'819 = 55°$

Comentario: existe el ángulo límite cuando la luz pasa de un medio de mayor índice de refracción a otro de menor y no al contrario. Cuando la luz pasa de un medio de mayor a otro de menor índice de refracción, la luz se aleja de la normal.

9) La tecnología ultravioleta para la desinfección de agua, aire y superficies está basada en el efecto germicida de la radiación UV-C. El espectro del UV-C en el aire está comprendido entre 200 nm y 280 nm. Calcule las frecuencias entre las que está comprendida dicha zona del espectro electromagnético y determine entre qué longitudes de onda estará comprendido el UV-C en el agua.
$c = 3 \cdot 10^8$ m s^{-1} ; $n_{aire} = 1$; $n_{agua} = 1,33$

Datos:

$\lambda_1 = 2 \cdot 10^{-7}$ m
$\lambda_2 = 2'8 \cdot 10^{-7}$ m
¿f_1, f_2?
¿λ_1, λ_2?
$c = 3 \cdot 10^8$ m s^{-1}
$n_{aire} = 1$
$n_{agua} = 1,33$

Dibujo:

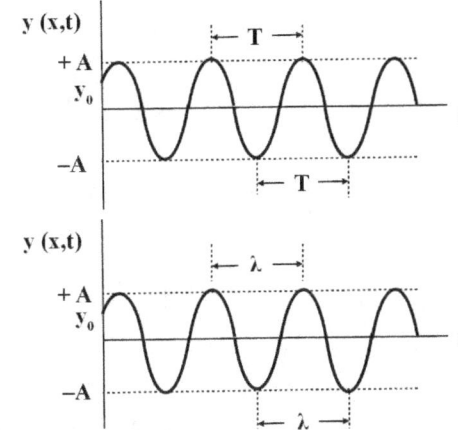

Principio físico: cuando la luz pasa de un medio transparente a otro, cambian la velocidad y la longitud de onda, pero no la frecuencia.

Método de resolución: usaremos la fórmula del índice de refracción y la fórmula de la velocidad.

Resolución: * Frecuencias del UV-C en el aire: $c = \lambda \cdot f \rightarrow f = \dfrac{c}{\lambda}$

$f_1 = \dfrac{c}{\lambda_1} = \dfrac{3 \cdot 10^8}{2 \cdot 10^{-7}} = 1'5 \cdot 10^{15}$ Hz ; $f_2 = \dfrac{c}{\lambda_2} = \dfrac{3 \cdot 10^8}{2'8 \cdot 10^{-7}} = 1'07 \cdot 10^{15}$ Hz

* Velocidad de la luz en el agua: $n_{agua} = \dfrac{c}{v_{agua}} \rightarrow v_{agua} = \dfrac{c}{n_{agua}} = \dfrac{3 \cdot 10^8}{1'33} = 2'26 \cdot 10^8 \dfrac{m}{s}$

* Longitudes de onda del UV-C en el agua.

$f_1 = \dfrac{v_{agua}}{(\lambda_1)_{agua}} \rightarrow (\lambda_1)_{agua} = \dfrac{v_{agua}}{f_1} = \dfrac{2'26 \cdot 10^8}{1'5 \cdot 10^{15}} = 1'51 \cdot 10^{-7}$ Hz

$f_2 = \dfrac{v_{agua}}{(\lambda_2)_{agua}} \rightarrow (\lambda_2)_{agua} = \dfrac{v_{agua}}{f_2} = \dfrac{2'26 \cdot 10^8}{1'07 \cdot 10^{15}} = 2'11 \cdot 10^{-7}$ Hz

Comentario: las frecuencias en el agua son inferiores a las correspondientes en el aire, pues la velocidad de la luz en el agua es menor.

10) Un haz de luz de $5·10^{14}$ Hz viaja por el interior de un bloque de diamante. Si la luz emerge al aire con un ángulo de refracción de 10°, dibuje la trayectoria del haz y determine el ángulo de incidencia y el valor de la longitud de onda en ambos medios. $c = 3·10^8$ m s^{-1} ; $n_{diamante} = 2,42$; $n_{aire} = 1$

Datos:

Dibujo:

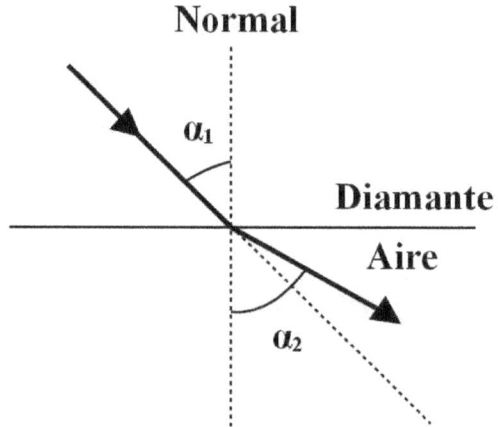

$f = 5·10^{14}$ Hz
$\alpha_2 = 10°$
¿α_1?
¿λ_{aire}, $\lambda_{diamante}$?
$c = 3·10^8$ m s^{-1}
$n_{diamante} = 2,42$
$n_{aire} = 1$

Principio físico: refracción: cuando la luz pasa de un medio transparente a otro, el rayo de luz cambia de dirección al cambiar de medio. Cuando la luz pasa de un medio transparente a otro, cambian la velocidad y la longitud de onda, pero no la frecuencia.

Método de resolución: usaremos la ley de Snell de la refracción y la fórmula de la velocidad de propagación de una onda.

Resolución: * Ángulo de incidencia: $n_1 · sen \alpha_1 = n_2 · sen \alpha_2$ →

→ $sen \alpha_1 = \dfrac{n_2 · sen \alpha_2}{n_1} = \dfrac{1 · sen 10}{2'42} = 0'0718$ → $\alpha_1 = arc\ sen\ 0'0718 = 4'12°$

* Velocidad en el diamante: $n_{diamante} = \dfrac{c}{v_{diamante}}$ → $v_{diamante} = \dfrac{c}{n_{diamante}} = \dfrac{3·10^8}{2'42} = 1'24·10^8\ \dfrac{m}{s}$

* Longitud de onda en el aire: $c = \lambda_{aire} · f$ → $\lambda_{aire} = \dfrac{c}{f} = \dfrac{3·10^8}{5·10^{14}} = 6·10^{-7}$ m

* Longitud de onda en el diamante: $v_{diamante} = \lambda_{diamante} · f$ →

→ $\lambda_{diamante} = \dfrac{v_{diamante}}{f} = \dfrac{1'24·10^8}{5·10^{14}} = 2'48·10^{-7}$ m

Comentario: cuando un rayo de luz pasa de un medio de mayor a otro de menor índice de refracción, el rayo de luz se aleja de la normal.

11) Sea un recipiente con agua cuya superficie está cubierta por una capa de aceite. Realice un diagrama que indique la trayectoria de los rayos de luz al pasar del aire al aceite y después al agua. Si un rayo de luz incide desde el aire sobre la capa de aceite con un ángulo de 20°, determine el ángulo de refracción en el agua. ¿Con qué velocidad se desplazará la luz por el aceite?
$c = 3 \cdot 10^8$ m s^{-1} ; $n_{aire} = 1$; $n_{aceite} = 1,45$; $n_{agua} = 1,33$

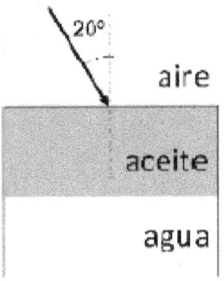

Datos:

Dibujo:

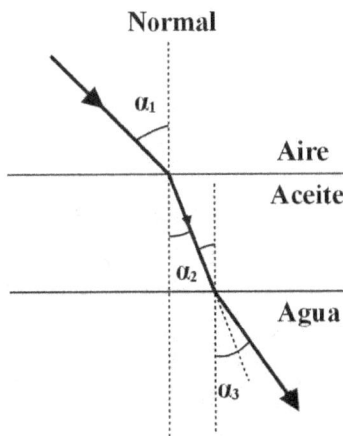

$\alpha_1 = 20°$
¿α_3?
¿V_{aceite}?
$c = 3 \cdot 10^8$ m s^{-1}
$n_{aire} = 1$
$n_{aceite} = 1,45$
$n_{agua} = 1,33$

Principio físico: refracción: cuando la luz pasa de un medio transparente a otro, el rayo de luz cambia de dirección al cambiar de medio. Cuando la luz pasa de un medio transparente a otro, cambian la velocidad y la longitud de onda, pero no la frecuencia.

Método de resolución: aplicaremos la ley de Snell de la refracción.

Resolución: * Ángulo de refracción en el agua: $n_1 \cdot sen\, \alpha_1 = n_2 \cdot sen\, \alpha_2 = n_3 \cdot sen\, \alpha_3$

$$sen\, \alpha_2 = \frac{n_1 \cdot sen\, \alpha_1}{n_2} = \frac{1 \cdot sen\, 20°}{1'45} = 0'236 \quad \rightarrow \quad \alpha_2 = arc\, sen\, 0'236 = 13'7°$$

* Velocidad de la luz por el aceite:

$$n_{aceite} = \frac{c}{v_{aceite}} \quad \rightarrow \quad v_{aceite} = \frac{c}{n_{aceite}} = \frac{3 \cdot 10^8}{1'45} = 2'07 \cdot 10^8 \; \frac{m}{s}$$

Comentario: cuando un rayo de luz pasa de un medio de mayor a otro de menor índice de refracción, el rayo de luz se aleja de la normal. Por el contrario, cuando pasa de un medio de menor a otro de mayor índice de refracción, el rayo se acerca a la normal.

12) El campo eléctrico de una onda electromagnética que se propaga en un medio es:
E (x,t) = 800 sen (π 10⁸ t – 1,25 x) (S.I.) . Calcule su frecuencia y su longitud de onda y determine el índice de refracción del medio. c = 3·10⁸ m s⁻¹

Datos:

E (x,t) = 800·sen (π·10⁸·t – 1,25·x)
¿f?
¿λ?
¿n?
c = 3·10⁸ m s⁻¹

Dibujo:

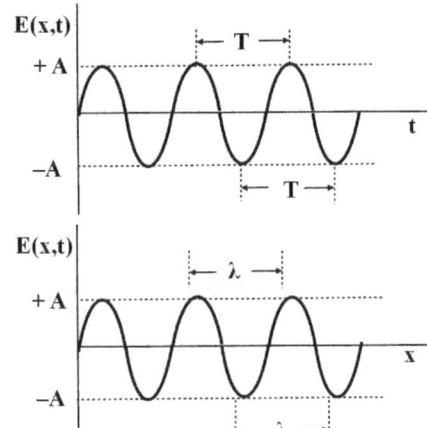

Principio físico: una onda es una perturbación del espacio provocada por una vibración o un campo. Una onda electromagnética es una onda provocada por un campo electromagnético y que se propaga por el vacío.

Método de resolución: escribiremos la ecuación general de una onda y, por comparación, obtendremos sus magnitudes características. A partir de ellas calcularemos todo lo demás.

Resolución: * Ecuación general de una onda electromagnética: $E(x,t) = A \cdot sen(\omega \cdot t - k \cdot x)$

* Magnitudes características:

Amplitud: $A = 800 \dfrac{N}{C}$; $\omega = \pi \cdot 10^8 \dfrac{rad}{s}$; $k = 1'25 \dfrac{rad}{m}$

* Frecuencia: $\omega = 2 \cdot \pi \cdot f \rightarrow f = \dfrac{\omega}{2\pi} = \dfrac{\pi \cdot 10^8}{2\pi} = 5 \cdot 10^7$ Hz

* Longitud de onda: $k = \dfrac{2\pi}{\lambda} \rightarrow \lambda = \dfrac{2\pi}{k} = \dfrac{2\pi}{1'25} = 5'03$ m

* Velocidad de la onda en el medio: $v = \lambda \cdot f = 5'03 \cdot 5 \cdot 10^7 = 2'52 \cdot 10^8 \dfrac{m}{s}$

* Índice de refracción del medio: $n = \dfrac{c}{v} = \dfrac{3 \cdot 10^8}{2'52 \cdot 10^8} = 1'19$

Comentario: una onda electromagnética está formada por la superposición de un campo eléctrico y un campo magnético perpendiculares entre sí.

2016

13) Un rayo luminoso incide sobre el vidrio de una ventana de índice de refracción 1,4. a) Determine el ángulo de refracción en el interior del vidrio y el ángulo con el que emerge, una vez que lo atraviesa, para un ángulo de incidencia de 20°. b) Sabiendo que el vidrio tiene un espesor de 8 mm, determine la distancia recorrida por la luz en su interior y el tiempo que tarda en atravesarlo. $c = 3·10^8$ m s^{-1} ; $n_{aire} = 1$

Datos:　　　　　　　　　Dibujo:

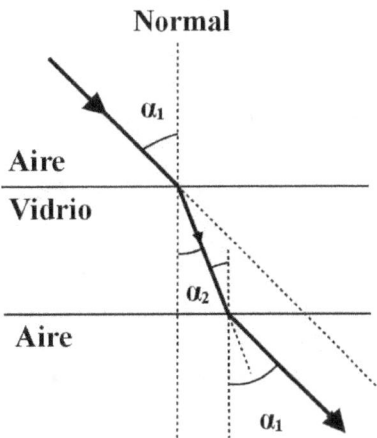

$n_2 = 1'4$
¿α_2?
¿α_3?
$\alpha_1 = 20°$
$e = 8 · 10^{-3}$ m
¿d?
¿t?
$c = 3·10^8$ m s^{-1}
$n_{aire} = 1$

Principio físico: refracción: cuando la luz pasa de un medio transparente a otro, el rayo de luz cambia de dirección al cambiar de medio.

Método de resolución: utilizaremos la ecuación de Snell y la fórmula de la velocidad en el MRU.

Resolución: * Ángulo de refracción en el vidrio: $n_1·\sen \alpha_1 = n_2·\sen \alpha_2$

$$\sen \alpha_2 = \frac{n_1 · \sen \alpha_1}{n_2} = \frac{1 · \sen 20°}{1'4} = 0'244 \quad \rightarrow \quad \alpha_2 = \arc \sen 0'244 = 14'1°$$

* Ángulo con el que emerge del vidrio:

$n_1·\sen \alpha_1 = n_2·\sen \alpha_2 = n_3·\sen \alpha_3 \quad \rightarrow \quad$ Al ser $n_1 = n_3 \quad \rightarrow \quad \alpha_1 = \alpha_3 = 20°$

* Distancia recorrida dentro del vidrio: $\cos \alpha_2 = \dfrac{e}{d} \quad \rightarrow \quad d = \dfrac{e}{\cos \alpha_2} = \dfrac{8·10^{-3}}{\cos 14'1°} = 8'25·10^{-3}$ m

* Velocidad dentro del vidrio: $n_{vidrio} = \dfrac{c}{v_{vidrio}} \quad \rightarrow \quad v_{vidrio} = \dfrac{c}{n_{vidrio}} = \dfrac{3·10^8}{1'4} = 2'14·10^8 \dfrac{m}{s}$

* Tiempo que tarda en atravesar el vidrio: $v = \dfrac{d}{t} \quad \rightarrow \quad t = \dfrac{d}{v} = \dfrac{8'25·10^{-3}}{2'14·10^8} = 3'86·10^{-11}$ s

Comentario: el tiempo es pequeño porque el espesor es pequeño y la velocidad enorme.

14) Un rayo de luz con una longitud de onda de 300 nm se propaga en el interior de una fibra de vidrio, de forma que sufre reflexión total en sus caras. a) Determine para qué valores del ángulo que forma el rayo luminoso con la normal a la superficie de la fibra se producirá reflexión total si en el exterior hay aire. Razone la respuesta. b) ¿Cuál será la longitud de onda del rayo de luz al emerger de la fibra óptica? $c = 3 \cdot 10^8$ m s^{-1} ; $n_{vidrio} = 1,38$; $n_{aire} = 1$

Datos:

$\lambda = 3 \cdot 10^{-7}$ m
¿α_L?
¿λ?
$c = 3 \cdot 10^8$ m s^{-1}
$n_{vidrio} = 1,38$
$n_{aire} = 1$

Dibujo:

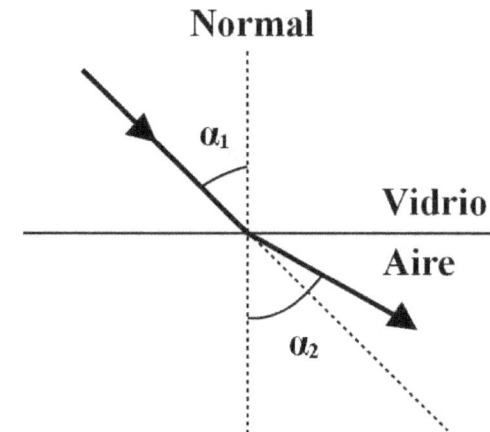

Principio físico: refracción: cuando la luz pasa de un medio transparente a otro, el rayo de luz cambia de dirección al cambiar de medio. Ángulo límite: cuando la luz pasa de un medio de mayor índice de refracción a otro de menor, hay un ángulo límite a partir del cual no se refracta, sino que se refleja.

Método de resolución: aplicaremos la ley de Snell y el concepto de ángulo límite.

Resolución: * Ángulo límite: $n_1 \cdot \sen \alpha_L = n_2 \cdot \sen 90º$ → $\sen \alpha_L = \dfrac{n_2 \cdot \sen 90º}{n_1}$

→ $\sen \alpha_L = \dfrac{n_2 \cdot \sen 90º}{n_1} = \dfrac{1 \cdot 1}{1'38} = 0'725$ → $\alpha_L = \arc \sen 0'725 = 46'5º$

* Velocidad en el vidrio: $n_{vidrio} = \dfrac{c}{v_{vidrio}}$ → $v_{vidrio} = \dfrac{c}{n_{vidrio}} = \dfrac{3 \cdot 10^8}{1'38} = 2'17 \cdot 10^8 \dfrac{m}{s}$

* Frecuencia del rayo de luz: $v_{vidrio} = \lambda_{vidrio} \cdot f$ → $f = \dfrac{v_{vidrio}}{\lambda_{vidrio}} = \dfrac{2'17 \cdot 10^8}{3 \cdot 10^{-7}} = 7'23 \cdot 10^{14}$ Hz

* Longitud de onda al emerger: $c = \lambda_{aire} \cdot f$ → $\lambda_{aire} = \dfrac{c}{f} = \dfrac{3 \cdot 10^8}{7'23 \cdot 10^{14}} = 4'15 \cdot 10^{-7}$ m

Comentario: se producirá reflexión total a partir del ángulo límite, 46'5º ; el ángulo de salida para el ángulo límite es de 90º. Cuando un rayo de luz pasa de un medio transparente a otro, cambian la velocidad y la longitud de onda, pero no la frecuencia.

15) Un rayo láser, cuya longitud de onda en el aire es 500 nm, pasa del aire a un vidrio. a) Describa con ayuda de un esquema los fenómenos de reflexión y refracción que se producen y calcule la frecuencia de la luz láser. b) Si el ángulo de incidencia es de 45° y el de refracción 27°, calcule el índice de refracción del vidrio y la longitud de onda de la luz láser en el interior del mismo.
$c = 3 \cdot 10^8$ m s^{-1} ; $n_{aire} = 1$

Datos:

$\lambda = 5 \cdot 10^{-7}$ m
¿f?
$\alpha_1 = 45°$
$\alpha_2 = 27°$
¿n_{vidrio}?
¿λ?
$c = 3 \cdot 10^8$ m s^{-1}
$n_{aire} = 1$

Dibujo:

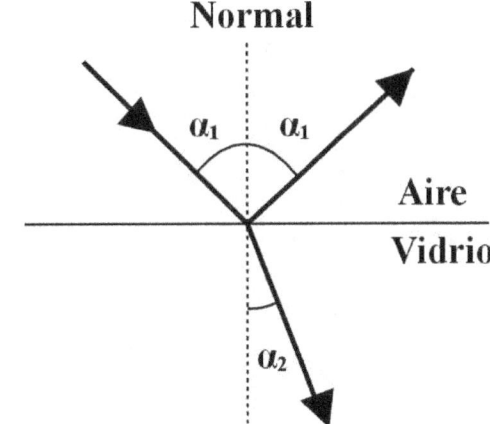

Principio físico: cuando un rayo de luz pasa de un medio transparente a otro, parte se refleja y parte se refracta.

Método de resolución: utilizaremos la ley de Snell de la refracción.

Resolución: * Frecuencia de la luz láser: $c = \lambda \cdot f \rightarrow f = \dfrac{c}{\lambda} = \dfrac{3 \cdot 10^8}{5 \cdot 10^{-7}} = 6 \cdot 10^{14}$ Hz

* Índice de refracción del vidrio: $n_1 \cdot \text{sen } \alpha_1 = n_2 \cdot \text{sen } \alpha_2 \rightarrow n_2 = \dfrac{n_1 \cdot sen\,\alpha_1}{sen\,\alpha_2} = \dfrac{1 \cdot sen\,45°}{sen\,27°} = 1'56$

* Velocidad en el vidrio: $n_{vidrio} = \dfrac{c}{v_{vidrio}} \rightarrow v_{vidrio} = \dfrac{c}{n_{vidrio}} = \dfrac{3 \cdot 10^8}{1'56} = 1'92 \cdot 10^8$ $\dfrac{m}{s}$

* Longitud de onda de la luz láser en el vidrio: $v_{vidrio} = \lambda_{vidrio} \cdot f \rightarrow$

$\rightarrow \lambda_{vidrio} = \dfrac{v_{vidrio}}{f} = \dfrac{1'92 \cdot 10^8}{6 \cdot 10^{14}} = 3'2 \cdot 10^{-7}$ m

Comentario: al cambiar de medio, cambian la velocidad y la longitud de onda, pero no la frecuencia. El ángulo de incidencia es igual que el ángulo reflejado según las leyes de la reflexión. Al pasar de un medio de menor a otro de mayor índice de refracción, el rayo se acerca a la normal.

2015

16) Un rayo de luz monocromática incide en una lámina de vidrio de caras planas y paralelas situada en el aire y la atraviesa. El espesor de la lámina es 10 cm y el rayo incide con un ángulo de 25° medido respecto a la normal de la cara sobre la que incide. a) Dibuje en un esquema el camino seguido por el rayo y calcule su ángulo de emergencia. Justifique el resultado. b) Determine la longitud recorrida por el rayo en el interior de la lámina y el tiempo invertido en ello. $c = 3 \cdot 10^8$ m s^{-1} ; $n_{vidrio} = 1,5$; $n_{aire} = 1$

Datos:

$e = 0'10$ m
$\alpha_1 = 25°$
¿α_3?
¿L?
¿t?
$c = 3 \cdot 10^8$ m s^{-1}
$n_{vidrio} = 1,5$
$n_{aire} = 1$

Dibujo:

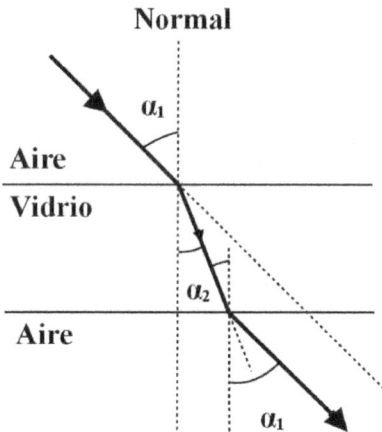

Principio físico: refracción: cuando la luz pasa de un medio transparente a otro, el rayo de luz cambia de dirección al cambiar de medio.

Método de resolución: utilizaremos la ecuación de Snell y la fórmula de la velocidad en el MRU.

Resolución: * Ángulo con el que emerge del vidrio:

$n_1 \cdot$ sen $\alpha_1 = n_2 \cdot$ sen $\alpha_2 = n_3 \cdot$ sen α_3 → Al ser $n_1 = n_3$ → $\alpha_1 = \alpha_3 = 25°$

* Ángulo de refracción en el vidrio: $n_1 \cdot$ sen $\alpha_1 = n_2 \cdot$ sen α_2

$$\text{sen } \alpha_2 = \frac{n_1 \cdot sen\,\alpha_1}{n_2} = \frac{1 \cdot sen\,25°}{1'5} = 0'282 \rightarrow \alpha_2 = \text{arc sen } 0'282 = 16'4°$$

* Distancia recorrida dentro del vidrio: $\cos\alpha_2 = \dfrac{e}{L}$ → $L = \dfrac{e}{\cos\alpha_2} = \dfrac{0'10}{\cos 16'4°} = 0'104$ m

* Velocidad dentro del vidrio: $n_{vidrio} = \dfrac{c}{v_{vidrio}}$ → $v_{vidrio} = \dfrac{c}{n_{vidrio}} = \dfrac{3 \cdot 10^8}{1'5} = 2 \cdot 10^8 \dfrac{m}{s}$

* Tiempo que tarda en atravesar el vidrio: $v = \dfrac{L}{t}$ → $t = \dfrac{L}{v} = \dfrac{0'104}{2 \cdot 10^8} = 5'20 \cdot 10^{-10}$ s

Comentario: el tiempo es pequeño porque el espesor es pequeño y la velocidad enorme. El ángulo de incidencia es igual que el de emergencia porque, al ser los índices de refracción iguales, los ángulos son iguales. El ángulo de incidencia y el de emergencia son paralelos, pues están en el mismo medio.

17) Un rayo de luz roja, de longitud de onda en el vacío $650 \cdot 10^{-9}$ m, emerge al agua desde el interior de un bloque de vidrio con un ángulo de 45°. La longitud de onda en el vidrio es $433 \cdot 10^{-9}$ m. a) Dibuje en un esquema los rayos incidente y refractado y determine el índice de refracción del vidrio y el ángulo de incidencia del rayo. b) ¿Existen ángulos de incidencia para los que la luz sólo se refleja? Justifique el fenómeno y determine el ángulo a partir del cual ocurre este fenómeno. $n_{agua} = 1,33$

Datos:

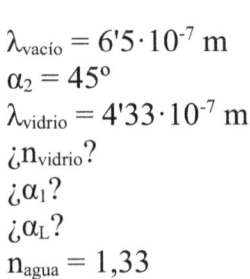

Dibujo:

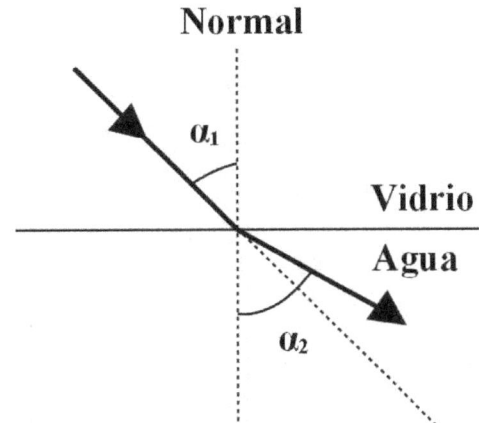

$\lambda_{vacío} = 6'5 \cdot 10^{-7}$ m
$\alpha_2 = 45°$
$\lambda_{vidrio} = 4'33 \cdot 10^{-7}$ m
¿n_{vidrio}?
¿α_1?
¿α_L?
$n_{agua} = 1,33$

Principio físico: refracción: cuando la luz pasa de un medio transparente a otro, el rayo de luz cambia de dirección al cambiar de medio. Ángulo límite: cuando la luz pasa de un medio de mayor índice de refracción a otro menor, hay un ángulo límite a partir del cual no se refracta, sino que se refleja.

Método de resolución: utilizaremos la fórmula de la velocidad y la ecuación de Snell.

Resolución: * Índice de refracción del vidrio: $v = \lambda \cdot f \rightarrow f = \dfrac{v}{\lambda} =$ cte (constante) $\rightarrow$

$\rightarrow f_{vacío} = f_{vidrio} \rightarrow \dfrac{c}{\lambda_{vacío}} = \dfrac{v_{vidrio}}{\lambda_{vidrio}}$; $n_{vidrio} = \dfrac{c}{v_{vidrio}} \rightarrow v_{vidrio} = \dfrac{c}{n_{vidrio}} \rightarrow$

$\rightarrow \dfrac{c}{\lambda_{vacío}} = \dfrac{\frac{c}{n_{vidrio}}}{\lambda_{vidrio}} \rightarrow \dfrac{1}{\lambda_{vacío}} = \dfrac{1}{n_{vidrio} \cdot \lambda_{vidrio}} \rightarrow n_{vidrio} = \dfrac{\lambda_{vacío}}{\lambda_{vidrio}} = \dfrac{6'5 \cdot 10^{-7}}{4'33 \cdot 10^{-7}} = 1'5$

* Ángulo de incidencia del rayo: $n_1 \cdot \operatorname{sen} \alpha_L = n_2 \cdot \operatorname{sen} \alpha_2$; $\operatorname{sen} \alpha_L = \dfrac{n_2 \cdot \operatorname{sen} \alpha_2}{n_1} = \dfrac{1'33 \cdot \operatorname{sen} 90°}{1'5} =$

$= 0'887 \rightarrow \alpha_L = \operatorname{arc sen} 0'887 = 62'5°$

Comentario: si la luz pasa de un medio de mayor a otro de menor índice de refracción, el rayo de luz se aleja de la normal. Al cambiar de medio, cambian la velocidad y la longitud de onda, pero no la frecuencia. El fenómeno por el que sólo ocurre la reflexión y no la refracción se llama reflexión total y el ángulo correspondiente, ángulo límite. El fenómeno de la reflexión total ocurre cuando se pasa de un medio de mayor a otro de menor índice de refracción. Por ejemplo: del vidrio al agua.

18) Cuando un haz de luz de $5 \cdot 10^{14}$ Hz penetra en cierto material su velocidad se reduce a $2c/3$. a) Determine la energía de los fotones, el índice de refracción del material y la longitud de onda de la luz en dicho medio. b) ¿Podría propagarse la luz por el interior de una fibra de ese material sin salir al aire? Explique el fenómeno y determine el valor del ángulo límite. $c = 3 \cdot 10^8$ m s^{-1} ; $h = 6,62 \cdot 10^{-34}$ J s

Datos:

$f = 5 \cdot 10^{14}$ Hz
$v_2 = 2 \cdot c/3$
¿E?
¿n?
¿λ?
¿α_L?
$c = 3 \cdot 10^8$ m s^{-1}
$h = 6,62 \cdot 10^{-34}$ J s

Dibujo:

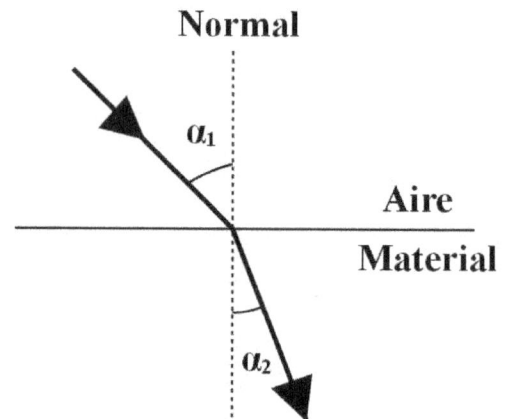

Principio físico: refracción: cuando la luz pasa de un medio transparente a otro, el rayo de luz cambia de dirección al cambiar de medio. Ángulo límite: cuando la luz pasa de un medio de mayor índice de refracción a otro menor, hay un ángulo límite a partir del cual no se refracta, sino que se refleja.

Método de resolución: utilizaremos la ecuación de Snell, la energía de un fotón y el concepto de ángulo límite.

Resolución: * Energía del fotón: $E = h \cdot f = 6,62 \cdot 10^{-34} \cdot 5 \cdot 10^{14} = 3'31 \cdot 10^{-19}$ J

* Índice de refracción del material: $n = \dfrac{c}{v} = \dfrac{c}{2c/3} = \dfrac{3}{2} = 1'5$

* Longitud de onda de la luz en el material: $v = \lambda \cdot f \rightarrow \lambda = \dfrac{v}{f} = \dfrac{2c/3}{f} = \dfrac{2c}{3f} =$

$= \dfrac{2 \cdot 3 \cdot 10^8}{3 \cdot 5 \cdot 10^{14}} = 4 \cdot 10^{-7}$ m

* Ángulo límite: $n_{material} \cdot \text{sen } \alpha_L = n_{aire} \cdot \text{sen } 90° \rightarrow \text{sen } \alpha_L = \dfrac{n_{aire} \cdot sen 90°}{n_{material}} =$

$= \dfrac{1 \cdot 1}{1'5} = 0'667 \rightarrow \alpha_L = \text{arc sen } 0'667 = 41'8°$

Comentario: cuando un rayo de luz pasa de un medio transparente a otro, cambian su velocidad y su longitud de onda, pero no su frecuencia. Un rayo de luz podría sufrir múltiples reflexiones dentro del material si no supera el ángulo límite.

2014

19) En tres experiencias independientes un haz de luz de 10^{15} Hz incide desde el aire, con un ángulo de 20°, en la superficie de cada uno de los materiales que se indican en la tabla, produciéndose reflexión y refracción. $n_{aire} = 1$; $c = 3 \cdot 10^8$ m s^{-1}

Material	Cuarzo	Diamante	Agua
Índice de refracción	1,46	2,42	1,33

a) Razone si el ángulo de reflexión depende del material y en qué material la velocidad de propagación de la luz es menor. Determine para ese material el ángulo de refracción. b) Explique en qué material la longitud de onda de la luz es mayor. Determine para ese material el ángulo de refracción.

Datos:

$f = 10^{15}$ Hz
$\alpha_1 = 20°$
¿v_{menor}?
¿n?
¿λ_{mayor}?
¿n?
$n_{aire} = 1$
$c = 3 \cdot 10^8$ m s^{-1}

Dibujo:

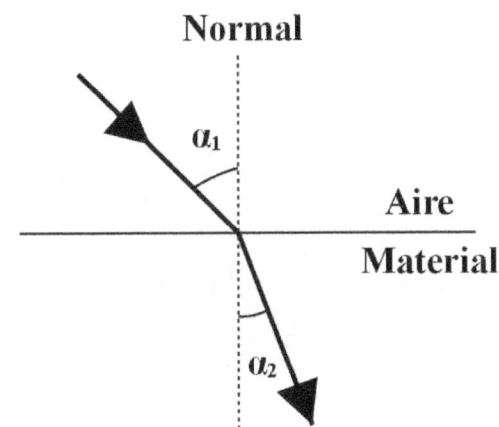

Principio físico: refracción: cuando la luz pasa de un medio transparente a otro, el rayo de luz cambia de dirección al cambiar de medio. Ángulo límite: cuando la luz pasa de un medio de mayor índice de refracción a otro de menor, hay un ángulo límite a partir del cual no se refracta, sino que se refleja.

Método de resolución: utilizaremos la ecuación de Snell y el índice de refracción.

Resolución: * Ángulo de refracción en el diamante: $n_1 \cdot sen\ \alpha_1 = n_2 \cdot sen\ \alpha_2$ →

→ $sen\alpha_2 = \dfrac{n_1 \cdot sen\ \alpha_1}{n_2} = \dfrac{1 \cdot sen\ 20°}{2'42} = 0'141$ → α_2 = arc sen 0'141 = 8'11°

* Ángulo de refracción en el agua: $n_1 \cdot sen\alpha_1 = n_2 \cdot sen\alpha_2$ →

→ $sen\alpha_2 = \dfrac{n_1 \cdot sen\ \alpha_1}{n_2} = \dfrac{1 \cdot sen\ 20°}{1'33} = 0'257$ → α_2 = arc sen 0'257 = 14'9°

Comentario: el ángulo de reflexión no depende del material, pues en todos los casos el ángulo de incidencia es igual al ángulo reflejado. Como la velocidad es inversamente proporcional al índice de refracción, el material de mayor índice de refracción será el de menor velocidad de propagación, es decir, el diamante. La frecuencia no cambia al pasar la luz de un medio a otro.

$v = \lambda \cdot f$ → $\lambda = \dfrac{v}{f} = \dfrac{\frac{c}{n}}{f} = \dfrac{c}{n \cdot f}$: como c y f son constantes, la mayor longitud de onda corresponderá al material de menor índice de refracción, es decir, al agua.

20) Un buceador enciende una linterna debajo del agua y dirige el haz luminoso hacia arriba formando un ángulo de 30º con la vertical. Explique con ayuda de un esquema la marcha de los rayos de luz y determine: a) el ángulo con que emergerá la luz del agua; b) el ángulo de incidencia a partir del cual la luz no saldrá del agua. $n_{aire} = 1$, $n_{agua} = 1,33$.

Datos:

Dibujo:

$\alpha_1 = 30º$
¿α_2?
¿α_L?
$n_{aire} = 1$
$n_{agua} = 1,33$

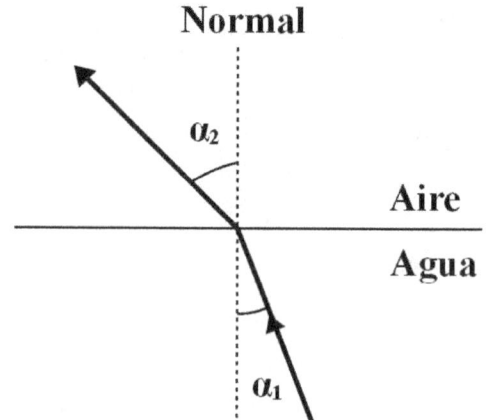

Principio físico: refracción: cuando la luz pasa de un medio transparente a otro, el rayo de luz cambia de dirección al cambiar de medio. Ángulo límite: cuando la luz pasa de un medio de mayor índice de refracción a otro de menor, hay un ángulo límite a partir del cual no se refracta, sino que se refleja.

Método de resolución: utilizaremos la ecuación de Snell y el concepto de ángulo límite.

Resolución: * Ángulo con que emerge la luz del agua: $n_1 \cdot sen\ \alpha_1 = n_2 \cdot sen\ \alpha_2$ →

→ $sen\ \alpha_2 = \dfrac{n_1 \cdot sen\ \alpha_1}{n_2} = \dfrac{1'33 \cdot sen\ 30}{1} = 0'665$ → $\alpha_2 = arc\ sen\ 0'665 = 41'7º$

* Ángulo límite: $n_1 \cdot sen\ \alpha_L = n_2 \cdot sen\ 90º$ → $sen\ \alpha_L = \dfrac{n_2 \cdot sen\ 90º}{n_1} = \dfrac{1 \cdot 1}{1'33} = 0'752$ →

→ $\alpha_L = arc\ sen\ 0'752 = 48'8º$

Comentario: como 41'7º es menor que 48'8º, el rayo se refracta y no se refleja. No existe ángulo límite cuando la luz pasa del aire al agua.

21) Un haz de luz roja que viaja por el aire incide sobre una lámina de vidrio de 30 cm de espesor. Los haces reflejado y refractado forman ángulos de 30° y 20°, respectivamente, con la normal a la superficie de la lámina. a) Explique si cambia la longitud de onda de la luz al penetrar en el vidrio y determine el valor de la velocidad de propagación de la luz en el vidrio. b) Determine el ángulo de emergencia de la luz (ángulo que forma el rayo que sale de la lámina con la normal). ¿Qué tiempo tarda la luz en atravesar la lámina de vidrio? $n_{aire} = 1$; $c = 3·10^8$ m s^{-1}

Datos:

Dibujo:

$e = 0'30$ m
$\alpha_{reflejado} = 30°$
$\alpha_{refractado} = 20°$
¿v_{vidrio}?
¿α_2?
¿t?
$n_{aire} = 1$
$c = 3·10^8$ m s^{-1}

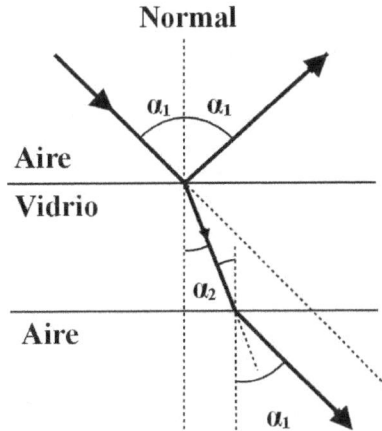

Principio físico: cuando un haz de luz pasa de un medio transparente a otro, parte se refleja y parte se refracta. Refracción: cuando la luz pasa de un medio transparente a otro, el rayo de luz cambia de dirección al cambiar de medio.

Método de resolución: utilizaremos la ecuación de Snell y la fórmula de la velocidad en el MRU.

Resolución: * Índice de refracción del vidrio: $n_1 · sen \alpha_1 = n_2 · sen \alpha_2 \rightarrow$

$$\rightarrow n_2 = \frac{n_1 · sen \alpha_1}{sen \alpha_2} = \frac{1 · sen 30°}{sen 20°} = 1'46$$

* Velocidad de la luz en el vidrio: $n_{vidrio} = \frac{c}{v_{vidrio}} \rightarrow v_{vidrio} = \frac{c}{n_{vidrio}} = \frac{3·10^8}{1'46} = 2'05·10^8 \frac{m}{s}$

* Ángulo con el que emerge del vidrio:

$n_1 · sen \alpha_1 = n_2 · sen \alpha_2 = n_3 · sen \alpha_3 \rightarrow$ Al ser $n_1 = n_3 \rightarrow \alpha_1 = \alpha_3 = 30°$

* Ángulo de refracción en el vidrio: $n_1 · sen \alpha_1 = n_2 · sen \alpha_2$

$sen \alpha_2 = \frac{n_1 · sen \alpha_1}{n_2} = \frac{1 · sen 30°}{1'46} = 0'342 \rightarrow \alpha_2 = $ arc sen $0'342 = 20°$

* Distancia recorrida dentro del vidrio: $cos \alpha_2 = \frac{e}{L} \rightarrow L = \frac{e}{cos \alpha_2} = \frac{0'30}{cos 20°} = 0'319$ m

* Tiempo que tarda en atravesar el vidrio: $v = \dfrac{L}{t} \rightarrow t = \dfrac{L}{v} = \dfrac{0'319}{2'05 \cdot 10^8} = 1'56 \cdot 10^{-9}$ s

Comentario: la longitud de onda y la velocidad cambian al cambiar de medio, pero no la frecuencia. El ángulo de incidencia es igual que el de emergencia porque, al ser los índices de refracción iguales, los ángulos son iguales. El ángulo de incidencia y el de emergencia son paralelos, pues están en el mismo medio. Según las leyes de la reflexión, el ángulo de incidencia es igual al ángulo reflejado, α_1. El rayo que sale del vidrio sale paralelo al que entró en el vidrio, pues al ser el medio el mismo, el índice de refracción es el mismo y el ángulo con la normal es el mismo.

22) Un haz de luz monocromática tiene una longitud de onda de 700 nm en el aire y 524 nm en el interior del humor acuoso del ojo humano. a) Explique por qué cambia la longitud de onda de la luz en el interior del ojo humano y calcule el índice de refracción del humor acuoso. b) Calcule la frecuencia de esa radiación monocromática y su velocidad de propagación en el ojo humano.
$c = 3 \cdot 10^8 \text{ m s}^{-1}$; $n_{aire} = 1$

Datos: Dibujo:

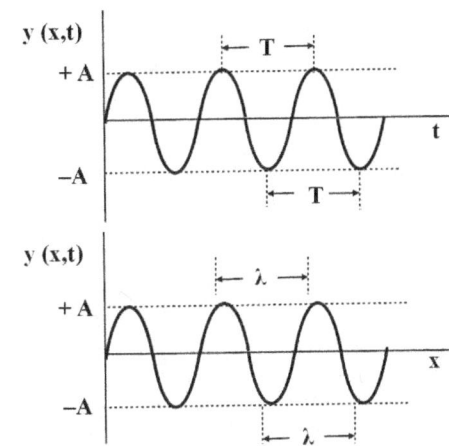

$\lambda_{aire} = 7 \cdot 10^{-7}$ m
$\lambda_{humor} = 5'24 \cdot 10^{-7}$ m
¿n_{humor}?
¿f?
¿v_{humor}?
$c = 3 \cdot 10^8 \text{ m s}^{-1}$
$n_{aire} = 1$

Principio físico: refracción: cuando la luz pasa de un medio transparente a otro, el rayo de luz cambia de dirección al cambiar de medio.

Método de resolución: usaremos la fórmula de la velocidad y del índice de refracción.

Resolución: * Frecuencia de la radiación: $c = \lambda \cdot f \rightarrow f = \dfrac{c}{\lambda_{aire}} = \dfrac{3 \cdot 10^8}{7 \cdot 10^{-7}} = 4'29 \cdot 10^{14}$ Hz

* Velocidad de propagación en el ojo: $v_{humor} = \lambda_{humor} \cdot f = 5'24 \cdot 10^{-7} \cdot 4'29 \cdot 10^{14} = 2'25 \cdot 10^8 \dfrac{m}{s}$

* Índice de refracción en el humor acuoso: $n_{humor} = \dfrac{c}{v_{humor}} = \dfrac{3 \cdot 10^8}{2'25 \cdot 10^8} = 1'33$

Comentario: cuando un rayo de luz pasa de un medio a otro, la velocidad de propagación y la longitud de onda cambian, pero no la frecuencia. $v = \lambda \cdot f$: como la frecuencia es constante, si cambia la velocidad, cambia la longitud de onda. La velocidad de propagación cambia porque unos medios absorben más luz que otros.

23) Un haz de luz láser que se propaga por un bloque de vidrio tiene una longitud de onda de 450 nm. En el punto de emergencia al aire del haz, el ángulo de incidencia es de 25° y el ángulo de refracción de 40°. a) Dibuje la trayectoria de los rayos y calcule el índice de refracción del vidrio y la longitud de onda de la luz láser en el aire. b) Razone para qué valores del ángulo de incidencia el haz de luz no sale del vidrio. $c = 3 \cdot 10^8$ m s^{-1} ; $n_{aire} = 1$

Datos: Dibujo:

$\lambda_{vidrio} = 4'5 \cdot 10^{-7}$ m
$\alpha_1 = 25°$
$\alpha_2 = 40°$
¿n_{vidrio}?
¿λ_{aire}?
¿α_L?
$c = 3 \cdot 10^8$ m s^{-1}
$n_{aire} = 1$

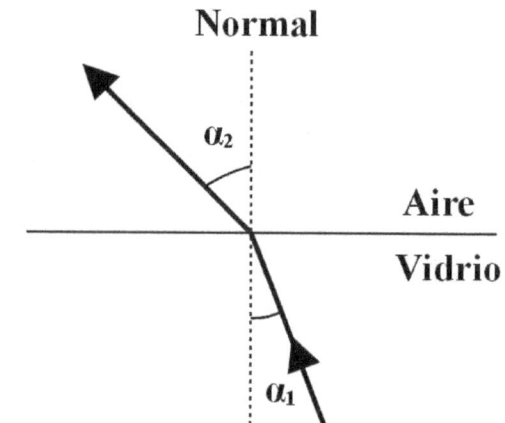

Principio físico: refracción: cuando la luz pasa de un medio transparente a otro, el rayo de luz cambia de dirección al cambiar de medio. Ángulo límite: cuando la luz pasa de un medio de mayor índice de refracción a otro menor, hay un ángulo límite a partir del cual no se refracta, sino que se refleja.

Método de resolución: utilizaremos la ecuación de Snell y el concepto de ángulo límite.

Resolución: * Ángulo con que emerge la luz del agua: $n_1 \cdot sen\alpha_1 = n_2 \cdot sen\alpha_2 \rightarrow$

$$\rightarrow n_1 = \frac{n_2 \cdot sen\alpha_2}{sen\alpha_1} = \frac{1 \cdot sen 40°}{sen 25°} = 1'52$$

* Longitud de onda de la luz láser en el aire: $v = \lambda \cdot f \rightarrow f = \frac{v}{\lambda} =$ cte (constante)

$$\frac{c}{\lambda_{aire}} = \frac{v_{vidrio}}{\lambda_{vidrio}} \quad ; \quad n_{vidrio} = \frac{c}{v_{vidrio}} \rightarrow v_{vidrio} = \frac{c}{n_{vidrio}} \rightarrow \frac{c}{\lambda_{aire}} = \frac{\frac{c}{n_{vidrio}}}{\lambda_{vidrio}} \rightarrow$$

$$\rightarrow \frac{1}{\lambda_{aire}} = \frac{1}{n_{vidrio} \cdot \lambda_{vidrio}} \rightarrow \lambda_{aire} = n_{vidrio} \cdot \lambda_{vidrio} = 1'52 \cdot 4'5 \cdot 10^{-7} = 6'84 \cdot 10^{-7}$ m

* Ángulo límite: $n_1 \cdot sen\, \alpha_L = n_2 \cdot sen\, 90° \rightarrow sen\alpha_L = \frac{n_2 \cdot sen 90°}{n_1} = \frac{1 \cdot 1}{1'52} = 0'658 \quad ; \quad \alpha_L = 41'1°$

Comentario: cuando la luz cambia de medio, cambian su velocidad y su longitud de onda, pero no su frecuencia.

24) Un haz compuesto por luces de colores rojo y azul incide desde el aire sobre una de las caras de un prisma de vidrio con un ángulo de incidencia de 40°. a) Dibuje la trayectoria de los rayos en el aire y tras penetrar en el prisma y calcule el ángulo que forman entre sí los rayos en el interior del prisma si los índices de refracción son n_{rojo} = 1,612 para el rojo y n_{azul} = 1,671 para el azul, respectivamente. b) Si la frecuencia de la luz roja es de $4,2 \cdot 10^{14}$ Hz calcule su longitud de onda dentro del prisma.
$c = 3 \cdot 10^8$ m s^{-1} ; $n_{aire} = 1$

Datos:

$\alpha_1 = 40°$
¿$\Delta \alpha$?
$n_{rojo} = 1,612$
$n_{azul} = 1,671$
$f_{roja} = 4,2 \cdot 10^{14}$ Hz
¿λ_{roja}?
$c = 3 \cdot 10^8$ m s^{-1}
$n_{aire} = 1$

Dibujo:

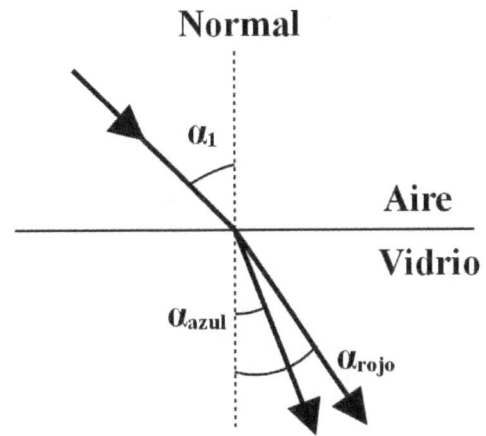

Principio físico: refracción: cuando la luz pasa de un medio transparente a otro, el rayo de luz cambia de dirección al cambiar de medio.

Método de resolución: usaremos la ley de Snell.

Resolución: * Ángulo de refracción de la luz azul: $n_1 \cdot sen \, \alpha_1 = n_{azul} \cdot sen \, \alpha_{azul}$ →

→ $sen \, \alpha_{azul} = \dfrac{n_1 \cdot sen \, \alpha_1}{n_{azul}} = \dfrac{1 \cdot sen \, 40°}{1'671} = 0'385$ → α_{azul} = arc sen 0'385 = 22'6°

* Ángulo de refracción de la luz roja: $n_1 \cdot sen \, \alpha_1 = n_{roja} \cdot sen \, \alpha_{roja}$ →

→ $sen \, \alpha_{roja} = \dfrac{n_1 \cdot sen \, \alpha_1}{n_{roja}} = \dfrac{1 \cdot sen \, 40°}{1'612} = 0'399$ → α_{roja} = arc sen 0'399 = 23'5°

* Ángulo que forman entre sí los rayos: $\Delta \alpha = \alpha_{roja} - \alpha_{azul} = 23'5 - 22'6 = 0'9°$

* Longitud de onda del rojo dentro del prisma: $v_{roja} = \lambda_{roja} \cdot f_{roja}$; $n_{roja} = \dfrac{c}{v_{roja}}$ →

→ $\lambda_{roja} = \dfrac{v_{roja}}{f_{roja}} = \dfrac{\frac{c}{n_{roja}}}{f_{roja}} = \dfrac{c}{n_{roja} \cdot f_{roja}} = \dfrac{3 \cdot 10^8}{1'612 \cdot 4'2 \cdot 10^{14}} = 4'43 \cdot 10^{-7}$ m

Comentario: cuando la luz pasa de un medio de menor a mayor índice de refracción, se acerca a la normal. Cuanto mayor sea el índice de refracción, más se acerca a la normal.

2012

25) Un haz de luz que se propaga por el interior de un bloque de vidrio incide sobre la superficie del mismo de modo que una parte del haz se refleja y la otra se refracta al aire, siendo el ángulo de reflexión 30° y el de refracción 40°. a) Calcule razonadamente el ángulo de incidencia del haz, el índice de refracción del vidrio y la velocidad de propagación de la luz en el vidrio. b) Explique el concepto de ángulo límite y determine su valor para el caso descrito. $c = 3 \cdot 10^8$ m s^{-1}

Datos:

$\alpha_{reflexión} = 30°$
$\alpha_{refracción} = 40°$
¿α_1?
¿n_{vidrio}?
¿v_{vidrio}?
¿α_L?
$c = 3 \cdot 10^8$ m s^{-1}

Dibujo:

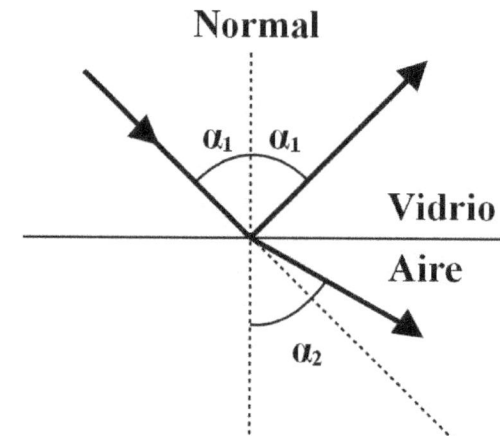

Principio físico: cuando un rayo de luz pasa de un medio transparente a otro, parte se refleja y parte se refracta. Ángulo límite: cuando la luz pasa de un medio de mayor índice de refracción a otro de menor, hay un ángulo límite a partir del cual no se refracta, sino que se refleja. Al ángulo límite le corresponde un ángulo refractado de 90°.

Método de resolución: utilizaremos la ley de Snell de la refracción.

Resolución: * Índice de refracción del vidrio: $n_1 \cdot sen\ \alpha_1 = n_2 \cdot sen\ \alpha_2$ →

→ $n_1 = \dfrac{n_2 \cdot sen\ \alpha_2}{sen\ \alpha_1} = \dfrac{1 \cdot sen\ 40°}{sen\ 30°} = 1'29$

* Velocidad de propagación en el vidrio: $n_{vidrio} = \dfrac{c}{v_{vidrio}}$ → $v_{vidrio} = \dfrac{c}{n_{vidrio}} =$

$= \dfrac{3 \cdot 10^8}{1'29} = 2'33 \cdot 10^8\ \dfrac{m}{s}$

* Ángulo límite: $n_1 \cdot sen\ \alpha_L = n_2 \cdot sen\ 90°$ → $sen\ \alpha_L = \dfrac{n_2 \cdot sen\ 90°}{n_1} = \dfrac{1 \cdot 1}{1'29} = 0'775$ →

→ $\alpha_L = arc\ sen\ 0'775 = 50'8°$

Comentario: al cambiar de medio, cambian la velocidad y la longitud de onda, pero no la frecuencia. El ángulo de incidencia es igual que el ángulo reflejado según las leyes de la reflexión. Al pasar de un medio de menor a otro de mayor índice de refracción, el rayo se acerca a la normal.

Problemas nuevos sobre lentes

26) Se coloca un objeto de 10 cm a 30 cm de una lente de 12 cm de distancia focal. Determina la distancia imagen y el tamaño de la imagen en caso de que se trate de una lente: a) convergente b) divergente.

Datos: Dibujo:

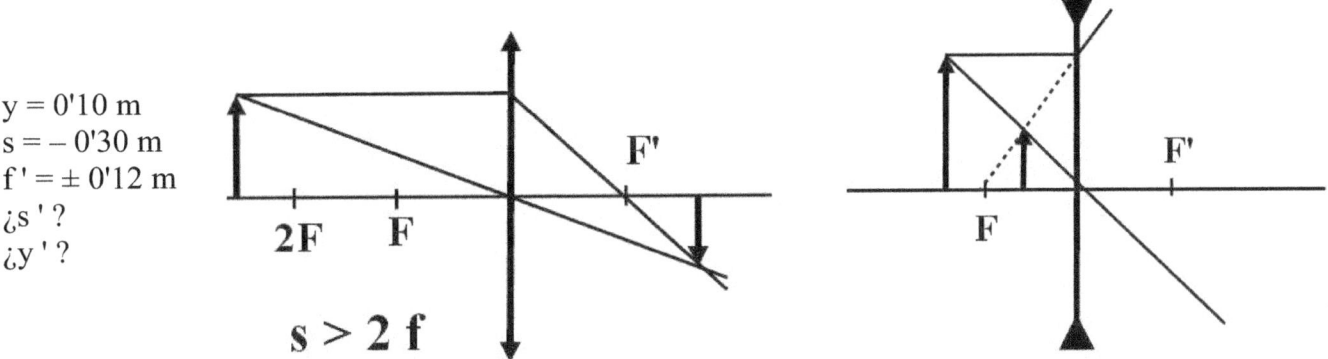

y = 0'10 m
s = − 0'30 m
f ' = ± 0'12 m
¿s'?
¿y'?

Principio físico: las lentes son sistemas físicos que, mediante refracción, modifican la imagen de un objeto.

Método de resolución: usaremos la fórmula de Gauss para las lentes delgadas y la expresión del aumento lateral.

Resolución: a) Convergente: * Posición de la imagen: $\dfrac{1}{s'} - \dfrac{1}{s} = \dfrac{1}{f'}$ →

$\dfrac{1}{s'} - \dfrac{1}{-0'30} = \dfrac{1}{0'12}$ → $\dfrac{1}{s'} = \dfrac{1}{0'12} - \dfrac{1}{0'30} = 5$ → $s' = \dfrac{1}{5} = 0'2$ m

* Tamaño de la imagen: $A_L = \dfrac{s'}{s} = \dfrac{y'}{y}$ → $y' = \dfrac{y \cdot s'}{s} = \dfrac{0'1 \cdot 0'2}{-0'3} = -0'0667$ m ;

* Características: s' > 0 : real ; y' < 0: invertida ; |y'| < y: menor

b) Divergente: * Posición de la imagen: $\dfrac{1}{s'} - \dfrac{1}{s} = \dfrac{1}{f'}$ →

→ $\dfrac{1}{s'} - \dfrac{1}{-0'30} = \dfrac{1}{-0'12}$ → $\dfrac{1}{s'} = \dfrac{1}{-0'12} - \dfrac{1}{0'30} = -11'7$ →

→ $s' = \dfrac{1}{-11'7} = -0'0857$ m

* Tamaño de la imagen: $A_L = \dfrac{s'}{s} = \dfrac{y'}{y}$ → $y' = \dfrac{y \cdot s'}{s} = \dfrac{0'1 \cdot (-0'0857)}{-0'3} = 0'0286$ m ;

* Características: s' < 0 : virtual ; y' > 0: derecha ; |y'| < y: menor

Comentario: criterio de signos, normas DIN: las distancias hacia la derecha y hacia arriba son positivas. Las distancias hacia la izquierda y hacia abajo son negativas.

27) Queremos proyectar un objeto a 8 m del objeto y con 3 veces su tamaño. Determina el tipo de lente y las posiciones objeto e imagen y la distancia focal. ¿Cuál es la potencia de la lente?

Datos: Dibujo:

$-s + s' = 8$
$A_L = -3$
¿s?
¿s'?
¿f'?

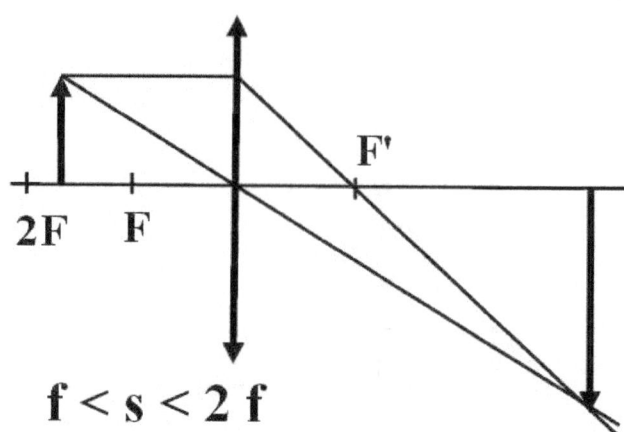

Principio físico: las lentes son sistemas físicos que, mediante refracción, modifican la imagen de un objeto.

Método de resolución: usaremos la fórmula de Gauss para las lentes delgadas y la expresión del aumento lateral.

Resolución: * Posición del objeto: $A_L = \dfrac{s'}{s}$ → $s' = A_L \cdot s = -3 \cdot s$; $-s + s' = 8$ →

→ $-s + (-3 \cdot s) = 8$ → $-s - 3 \cdot s = 8$ → $-4 \cdot s = 8$ → $s = \dfrac{8}{-4} = -2$ m

* Posición de la imagen: $s' = -3 \cdot s = -3 \cdot (-2) = 6$ m

* Distancia focal: $\dfrac{1}{s'} - \dfrac{1}{s} = \dfrac{1}{f'}$ → $\dfrac{1}{6} - \dfrac{1}{-2} = \dfrac{1}{f'}$ → $\dfrac{1}{f'} = 0'667$ →

→ $f' = \dfrac{1}{0'667} = 1'5$ m

* Potencia de la lente: $P = \dfrac{1}{f'} = \dfrac{1}{1'5} = 0'667$ D

Comentario: criterio de signos, normas DIN: las distancias hacia la derecha y hacia arriba son positivas. Las distancias hacia la izquierda y hacia abajo son negativas. Como s' > 0, la imagen es real. Como f ' > 0, la lente es convergente. La lente debe ser convergente, porque con lentes divergentes no se obtienen nunca imágenes mayores.

28) Un objeto de 30 cm se sitúa a 20 cm de una lente de 4 D de potencia. Determina la posición de la imagen, su tamaño y el aumento lateral.

Datos:

Dibujo:

y = 0'3 m
s = – 0'2 m
P = 4 D
¿s'?
¿y'?
¿A_L?

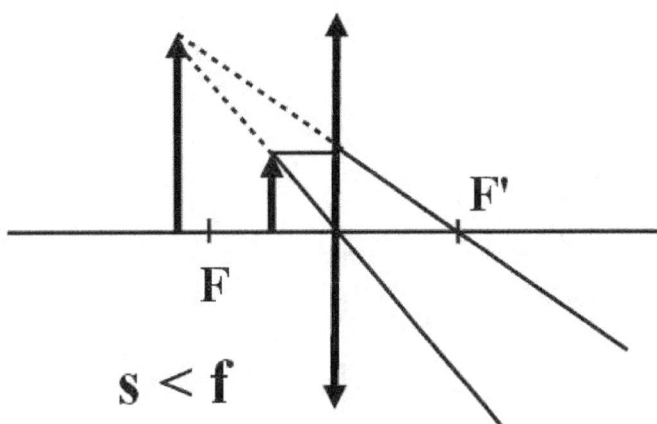

Principio físico: las lentes son sistemas físicos que, mediante refracción, modifican la imagen de un objeto.

Método de resolución: usaremos la fórmula de Gauss para las lentes delgadas y la expresión del aumento lateral.

Resolución: * Foco imagen: $f' = \dfrac{1}{P} = \dfrac{1}{4} = 0'25$ m

* Posición de la imagen: $\dfrac{1}{s'} - \dfrac{1}{s} = \dfrac{1}{f'} \rightarrow \dfrac{1}{s'} - \dfrac{1}{-0'2} = \dfrac{1}{0'25} \rightarrow$

$\rightarrow \dfrac{1}{s'} = \dfrac{1}{0'25} - \dfrac{1}{0'2} = -1 \rightarrow s' = \dfrac{1}{-1} = -1$ m

* Aumento lateral: $A_L = \dfrac{s'}{s} = \dfrac{-1}{-0'2} = 5$

* Tamaño de la imagen: $A_L = \dfrac{y'}{y} \rightarrow y' = A_L \cdot y = 5 \cdot 0'3 = 1'5$ m

Comentario: criterio de signos, normas DIN: las distancias hacia la derecha y hacia arriba son positivas. Las distancias hacia la izquierda y hacia abajo son negativas. Como s' < 0, la imagen está a la izquierda y es virtual. Como |A_L| > 1, la imagen es mayor. Como y' > 0, la imagen es derecha.

29) Una lente convergente tiene una potencia de 5 D. Determine la distancia imagen, el tamaño de la imagen y el aumento lateral de un objeto de 10 cm si está colocado a estas distancias:
a) 40 cm b) 30 cm c) 20 cm.

Datos: Dibujo:

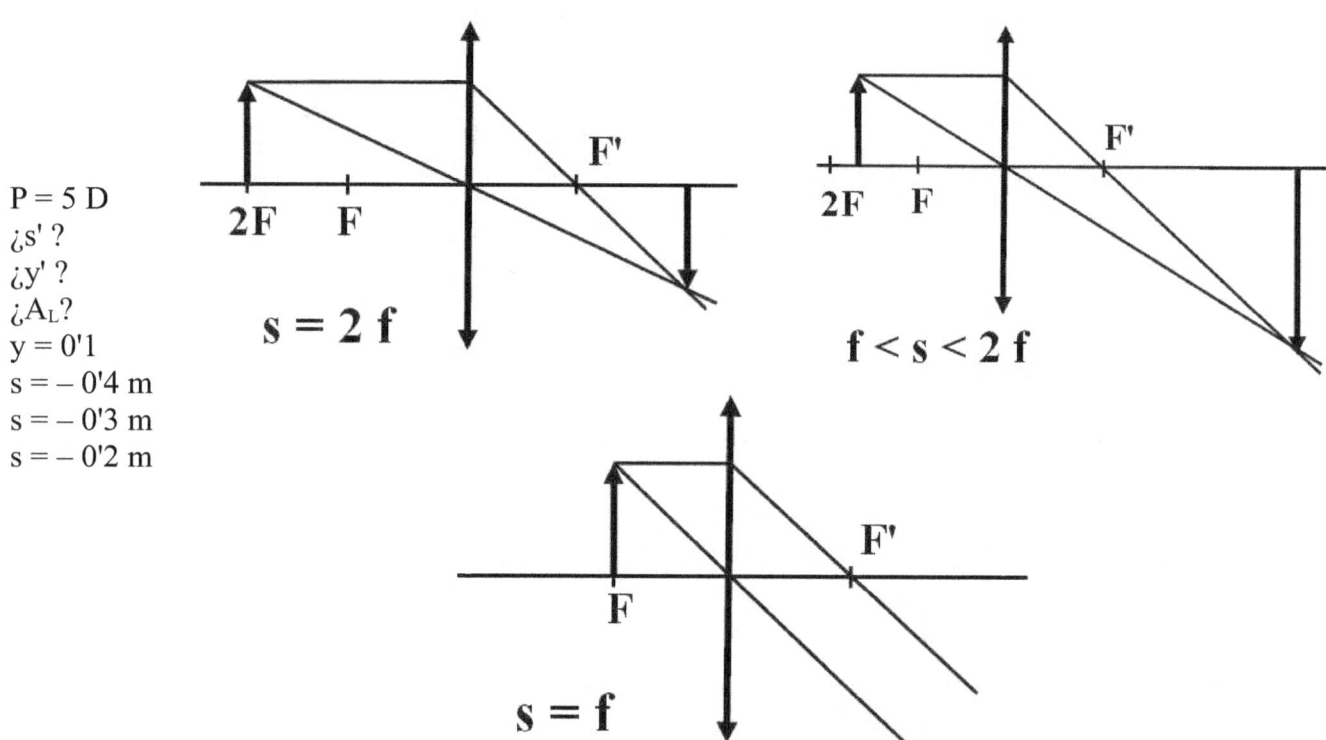

P = 5 D
¿s'?
¿y'?
¿A_L?
y = 0'1
s = – 0'4 m
s = – 0'3 m
s = – 0'2 m

Principio físico: las lentes son sistemas físicos que, mediante refracción, modifican la imagen de un objeto.

Método de resolución: usaremos la fórmula de Gauss para las lentes delgadas y la expresión del aumento lateral.

Resolución: * Foco imagen: $f' = \dfrac{1}{P} = \dfrac{1}{5} = 0'2$ m

a) * Distancia imagen: $\dfrac{1}{s'} - \dfrac{1}{s} = \dfrac{1}{f'} \rightarrow \dfrac{1}{s'} - \dfrac{1}{-0'4} = \dfrac{1}{0'2} \rightarrow$

$\rightarrow \dfrac{1}{s'} = \dfrac{1}{0'2} - \dfrac{1}{0'4} = 2'5 \rightarrow s' = \dfrac{1}{2'5} = 0'4$ m

* Aumento lateral: $A_L = \dfrac{s'}{s} = \dfrac{0'4}{-0'4} = -1$

* Tamaño de la imagen: $A_L = \dfrac{y'}{y} \rightarrow y' = y \cdot A_L = 0'1 \cdot (-1) = -0'1$ m

* Características de la imagen: como s' > 0: real ; como y' < 0: virtual ; como y = |y'|: del mismo tamaño.

b) * Distancia imagen: $\dfrac{1}{s'} - \dfrac{1}{s} = \dfrac{1}{f'}$ → $\dfrac{1}{s'} - \dfrac{1}{-0'3} = \dfrac{1}{0'2}$ →

→ $\dfrac{1}{s'} = \dfrac{1}{0'2} - \dfrac{1}{0'3} = 1'67$ → s' = $\dfrac{1}{1'67}$ = 0'6 m

* Aumento lateral: $A_L = \dfrac{s'}{s} = \dfrac{0'6}{-0'3} = -2$

* Tamaño de la imagen: $A_L = \dfrac{y'}{y}$ → y' = y·A_L = 0'1·(− 2) = − 0'2 m

* Características de la imagen: como s' > 0: real ; como y' < 0: virtual ; como y > |y'|: aumentada.

c) * Distancia imagen: $\dfrac{1}{s'} - \dfrac{1}{s} = \dfrac{1}{f'}$ → $\dfrac{1}{s'} - \dfrac{1}{-0'2} = \dfrac{1}{0'2}$ →

→ $\dfrac{1}{s'} = \dfrac{1}{0'2} - \dfrac{1}{0'2} = 0$ → s' = $\dfrac{1}{0}$ = sin solución

* Aumento lateral: $A_L = \dfrac{s'}{s}$ = sin solución

* Tamaño de la imagen: $A_L = \dfrac{y'}{y}$ → y' = y·A_L = sin solución

* Características de la imagen: no se forma imagen alguna.

Comentario: criterio de signos, normas DIN: las distancias hacia la derecha y hacia arriba son positivas. Las distancias hacia la izquierda y hacia abajo son negativas.

30) Disponemos de una lupa de 10 aumentos y la colocamos a 5 cm de un objeto de 2 mm. a) Averigua las características de la imagen y la distancia objeto. b) ¿Cómo sería la imagen si sustituimos la lupa por una lente divergente de la misma distancia focal?

Datos: Dibujo:

$A_L = 10$
$s = -0'05$ m
$y = 2 \cdot 10^{-3}$ m
¿s' ?

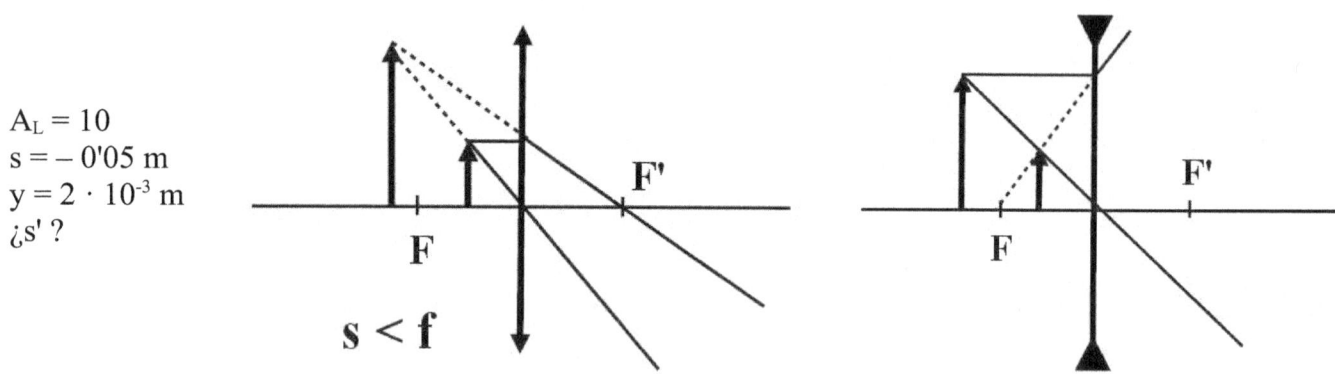

Principio físico: las lentes son sistemas físicos que, mediante refracción, modifican la imagen de un objeto.

Método de resolución: usaremos la fórmula de Gauss para las lentes delgadas y la expresión del aumento lateral.

Resolución: a) * Tamaño de la imagen: $A_L = \dfrac{s'}{s} = \dfrac{y'}{y}$ → $y' = y \cdot A_L = 2 \cdot 10^{-3} \cdot 10 = 0'02$ m

* Distancia objeto: $s' = s \cdot A_L = -0'05 \cdot 10 = -0'5$ m

* Distancia focal: $\dfrac{1}{s'} - \dfrac{1}{s} = \dfrac{1}{f'}$ → $\dfrac{1}{-0'5} - \dfrac{1}{-0'05} = \dfrac{1}{f'}$ →

→ $\dfrac{1}{f'} = 18$ → $f' = \dfrac{1}{18} = 0'0556$ m

* Características de la imagen: como s' < 0: virtual ; como A_L > 0: aumentada y derecha.

b) * Distancia imagen: $\dfrac{1}{s'} - \dfrac{1}{s} = \dfrac{1}{f'}$ → $\dfrac{1}{s'} - \dfrac{1}{-0'05} = \dfrac{1}{-0'0556}$ →

→ $\dfrac{1}{s'} = \dfrac{1}{-0'0556} - \dfrac{1}{0'05} = -38$ → $s' = \dfrac{1}{-38} = -0'0263$ m

* Aumento lateral: $A_L = \dfrac{s'}{s} = \dfrac{-0'0263}{-0'05} = 0'526$

* Tamaño de la imagen: $A_L = \dfrac{y'}{y}$ → $y' = y \cdot A_L = 2 \cdot 10^{-3} \cdot 0'526 = 1'05 \cdot 10^{-3}$ m

* Características de la imagen:
como s' < 0: virtual   ;   como A_L > 0: derecha   ;   como A_L < 1: disminuida.

<u>Comentario:</u> criterio de signos, normas DIN: las distancias hacia la derecha y hacia arriba son positivas. Las distancias hacia la izquierda y hacia abajo son negativas. b) No se podría recoger la imagen en una pantalla porque la imagen es virtual; debería ser real para poderse recoger.

PROBLEMAS DE FÍSICA NUCLEAR
2018

1) Determine razonadamente la cantidad de $^{3}_{1}H$ que quedará, tras una desintegración beta, de una muestra inicial de 0,1 g al cabo de 3 años sabiendo que el periodo de semidesintegración del $^{3}_{1}H$ es 12,3 años, así como la actividad de la muestra al cabo de 3 años.

m($^{3}_{1}H$) = 3,016049 u; 1u = 1,67 · 10^{-27} kg

Datos:

¿m?
m_0 = 0'1 g
t = 3 años
$T_{1/2}$ = 12'3 años
¿Actividad?
t = 3 años
m($^{3}_{1}H$) = 3,016049 u
1 u = 1,67 · 10^{-27} kg

Dibujo:

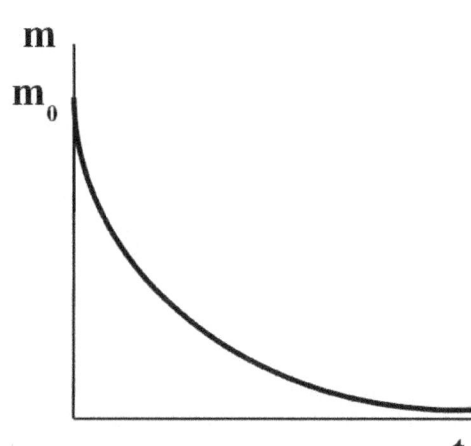

Principio físico: la radiactividad es la emisión natural o artificial de partículas y energía por parte de algunos núcleos inestables. Cuando un núcleo emite una partícula beta (β), su número atómico aumenta una unidad, se transforma en el siguiente elemento de la tabla periódica.

Método de resolución: escribiremos la reacción nuclear, usaremos la ley de desintegración radiactiva y la definición de actividad.

Resolución: * Reacción nuclear: $^{3}_{1}H \rightarrow \, ^{3}_{2}He + \, ^{0}_{-1}\beta$

* Constante de desintegración: $T_{1/2} = \dfrac{\ln 2}{\lambda} \rightarrow \lambda = \dfrac{\ln 2}{T_{1/2}} = \dfrac{\ln 2}{12'3} = 0'0564 \, a^{-1}$

* Cantidad de tritio que quedará: $m = m_0 \cdot e^{-\lambda \cdot t} = 0'1 \cdot e^{-0'0564 \cdot 3} =$ $\boxed{0'0844 \, g}$

* Actividad de la muestra: $A = \lambda \cdot N = 0'0564 \, a^{-1} \cdot 0'0844 \, g \cdot \dfrac{1 \, kg}{1000 \, g} \cdot \dfrac{1 \, u}{1'67 \cdot 10^{-27} \, kg} \cdot$

$\cdot \dfrac{1 \, núcleo}{3'016049 \, u} \cdot \dfrac{1 \, a}{365 \, días} \cdot \dfrac{1 \, día}{24 \, h} \cdot \dfrac{1 \, h}{3600 \, s} =$ $\boxed{3 \cdot 10^{13} \, Bq}$

Comentario: el período de semidesintegración es el tiempo necesario para que la muestra inicial se reduzca a la mitad. Está relacionado con la constante de desintegración.

2) Se ha producido un derrame de ^{131}Ba en un laboratorio de radioquímica. La actividad de la masa derramada es de $1,85 \cdot 10^{16}$ Bq. Sabiendo que su periodo de semidesintegración es de 7,97 días, determine la masa que se ha derramado, así como el tiempo que debe transcurrir para que el nivel de radiación descienda hasta $1,85 \cdot 10^{13}$ Bq. $1 \text{ u} = 1,67 \cdot 10^{-27}$ kg; $m(^{131}\text{Ba}) = 130,906941$ u

Datos:

$A = 1,85 \cdot 10^{16}$ Bq
$T_{1/2} = 7'97$ días
¿m?
¿t?
$A = 1,85 \cdot 10^{13}$ Bq
$1 \text{ u} = 1,67 \cdot 10^{-27}$ kg
$m(^{131}\text{Ba}) = 130,906941$ u

Dibujo:

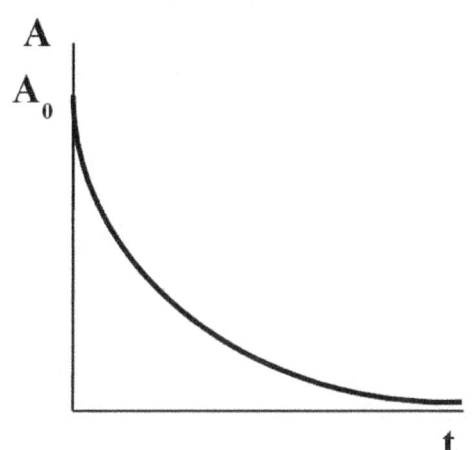

Principio físico: la radiactividad es la emisión natural o artificial de partículas y energía por parte de algunos núcleos inestables. En las reacciones nucleares hay un defecto de masa que se convierte en energía.

Método de resolución: usaremos la ley de desintegración radiactiva y la definición de actividad.

Resolución: * Constante de desintegración: $T_{1/2} = \dfrac{\ln 2}{\lambda}$ →

→ $\lambda = \dfrac{\ln 2}{T_{1/2}} = \dfrac{\ln 2}{7'97} = 0'0870 \text{ d}^{-1} \cdot \dfrac{1 \, día}{24 \, h} \cdot \dfrac{1 \, h}{3600 \, s} = 1'01 \cdot 10^{-6} \text{ s}^{-1}$

* Núcleos de Ba que se han derramado: $A = -\dfrac{dN}{dt} = \lambda \cdot N$ →

→ $N = \dfrac{A}{\lambda} = \dfrac{1'85 \cdot 10^{16}}{1'01 \cdot 10^{-6}} = 1'83 \cdot 10^{22}$ núcleos de Ba

* Masa de Ba que se ha derramado:

$m_{Ba} = 1'83 \cdot 10^{22}$ núcleos $\cdot \dfrac{130'906941 \, u}{1 \, núcleo} \cdot \dfrac{1'67 \cdot 10^{-27} kg}{1 \, u} \cdot \dfrac{1000 \, g}{1 \, kg} = \boxed{4 \text{ g Ba}}$

* Tiempo que debe transcurrir: $A = A_0 \cdot e^{-\lambda \cdot t}$ → $\text{Ln } A = \text{Ln } A_0 - \lambda \cdot t$ →

$\text{Ln } A - \text{Ln } A_0 = -\lambda \cdot t$ → $\text{Ln } A_0 - \text{Ln } A = \lambda \cdot t$ → $\text{Ln } \dfrac{A_0}{A} = \lambda \cdot t$ → $t = \dfrac{1}{\lambda} \text{Ln } \dfrac{A_0}{A}$

$t = \dfrac{1}{0'0870} \cdot \text{Ln } \dfrac{1'85 \cdot 10^{16}}{1'85 \cdot 10^{13}} = \boxed{79'4 \text{ días}}$

Comentario: el período de semidesintegración es el tiempo necesario para que la muestra inicial se reduzca a la mitad. Está relacionado con la constante de desintegración.

3) En algunas estrellas predominan las fusiones del denominado ciclo de carbono, cuyo último paso consiste en la fusión de un protón con nitrógeno $^{15}_{7}N$ para dar $^{12}_{6}C$ y un núcleo de helio. Escriba la reacción nuclear y determine la energía necesaria para formar 1 kg de $^{12}_{6}C$.

c = 3·10⁸ m s⁻¹; u = 1,67·10⁻²⁷ kg; m($^{1}_{1}H$) = 1,007825 u; m($^{15}_{7}N$) = 15,000109 u;

m($^{12}_{6}C$) = 12,000000 u; m($^{4}_{2}He$) = 4,002603 u

Datos: Dibujo:

¿E?
m = 1 kg $^{12}_{6}C$
c = 3·10⁸ m s⁻¹
u = 1,67·10⁻²⁷ kg
m($^{1}_{1}H$) = 1,007825 u
m($^{15}_{7}N$) = 15,000109 u
m($^{12}_{6}C$) = 12,000000 u
m($^{4}_{2}He$) = 4,002603 u

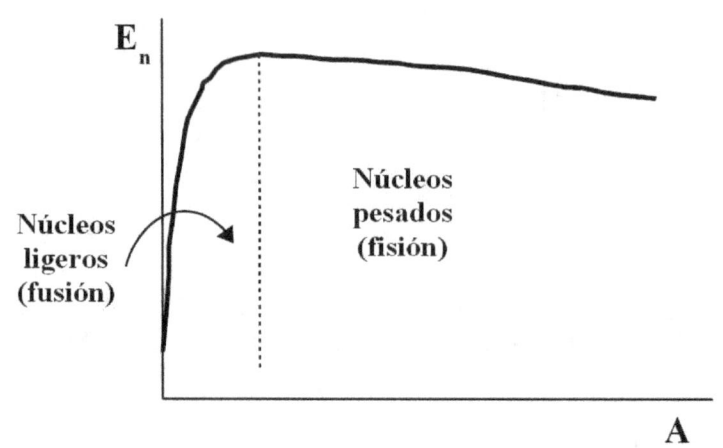

Principio físico: la radiactividad es la emisión natural o artificial de partículas y energía por parte de algunos núcleos inestables. En las reacciones nucleares hay un defecto de masa que se convierte en energía.

Método de resolución: escribiremos las reacciones nucleares, calcularemos el defecto de masa y lo transformaremos en su equivalente en energía.

Resolución: * Reacciones nucleares: $^{1}_{1}p + {}^{15}_{7}N \rightarrow {}^{12}_{6}C + {}^{4}_{2}He$

* Defecto de masa: $\Delta m = \sum m_{productos} - \sum m_{reactivos} =$

$= 12,000000 + 4,002603 - 1,007825 - 15,000109 = -5'331 \cdot 10^{-3}$ u · $\dfrac{1'67 \cdot 10^{-27} kg}{1 u} =$

$= - 8'90 \cdot 10^{-30}$ kg

* Energía desprendida por cada átomo de carbono:

E = $\Delta m \cdot c^2$ = $- 8'90 \cdot 10^{-30} \cdot (3 \cdot 10^8)^2$ = $- 8'01 \cdot 10^{-13}$ J

* Energía necesaria para formar 1 kg de carbono:

E = $- 8'01 \cdot 10^{-13} \dfrac{J}{\text{átomo de C}} \cdot \dfrac{1\,\text{átomo de C}}{12'000000\,u} \cdot \dfrac{1\,u}{1'67 \cdot 10^{-27}\,kg\,C} \cdot 1$ kg C =

= $\boxed{- 4 \cdot 10^{13}\,J}$

Comentario: el signo de la energía es negativo porque la reacción es exotérmica, es decir, desprende calor.

4) En la explosión de una bomba de hidrógeno se produce la reacción:

$$^2_1H + ^3_1H \rightarrow ^4_1He + ^1_0n$$

Calcule la energía liberada en la formación de 10 g de helio.

1 u = 1,67·10⁻²⁷ kg; c = 3·10⁸ m s⁻¹; m(^2_1H) = 2,014102 u; m(^3_1H) = 3,016049 u;

m(^4_1He) = 4,002603 u; m(^1_0n) = 1,008665 u

Datos:　　　　　　　Dibujo:

¿E?
m = 10 g ^4_1He

1 u = 1,67·10⁻²⁷ kg
c = 3·10⁸ m s⁻¹
m(^2_1H) = 2,014102 u
m(^3_1H) = 3,016049 u
m(^4_1He) = 4,002603 u
m(^1_0n) = 1,008665 u

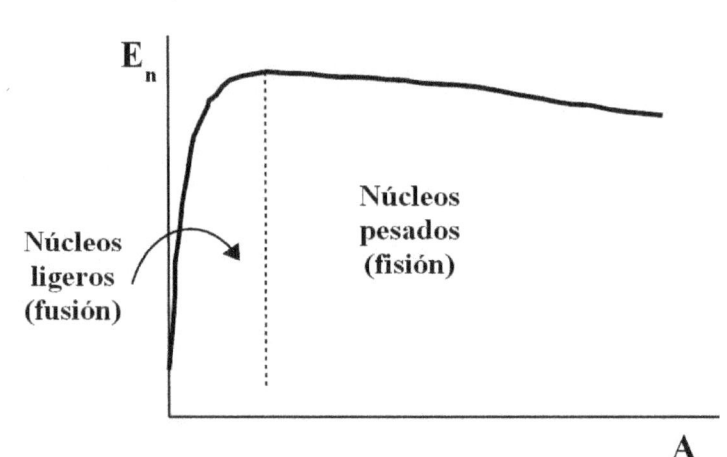

Principio físico: la radiactividad es la emisión natural o artificial de partículas y energía por parte de algunos núcleos inestables. En las reacciones nucleares hay un defecto de masa que se convierte en energía.

Método de resolución: calcularemos el defecto de masa y lo transformaremos en su equivalente en energía.

Resolución: * Defecto de masa: $\Delta m = \sum m_{productos} - \sum m_{reactivos} =$

$= 4,002603 + 1,008665 - 2,014102 - 3,016049 = -1'8883·10^{-2}$ u · $\dfrac{1'67·10^{-27} kg}{1 u} = -3'15·10^{-29}$ kg

* Energía desprendida por cada átomo de helio:

E = $\Delta m·c^2 = -3'15·10^{-29}·(3·10^8)^2 = -2'84·10^{-12}$ J

* Energía necesaria para formar 10 g de helio: E = $-2'84·10^{-12} \dfrac{J}{átomo\, de\, He} · \dfrac{1\, átomo\, de\, He}{4,002603\, u} ·$

$\dfrac{1 u}{1'67·10^{-27} kg\, He} · \dfrac{1\, kg\, He}{1000\, g\, He} · 10\, g\, He = \boxed{-4'25·10^{12}\, J}$

Comentario: el signo de la energía es negativo porque la reacción es exotérmica, es decir, desprende calor.

5) Uno de los isótopos que se suele utilizar en radioterapia es el ^{60}Co. La actividad de una muestra se reduce a la milésima parte en 52,34 años. Si tenemos $2\cdot10^{15}$ núcleos inicialmente, determine la actividad de la muestra al cabo de dos años.

Datos: Dibujo:

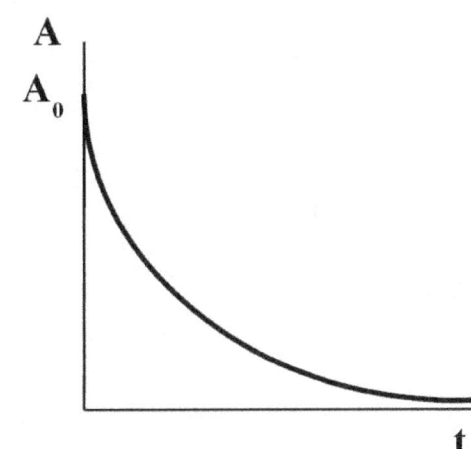

$A = 10^{-3} \cdot A_0$
$t = 52'34$ años
$N_0 = 2\cdot10^{15}$ núcleos
¿A?
$t = 2$ años

Principio físico: la radiactividad es la emisión natural o artificial de partículas y energía por parte de algunos núcleos inestables. En las reacciones nucleares hay un defecto de masa que se convierte en energía.

Método de resolución: usaremos la ley de desintegración radiactiva para calcular el coeficiente de desintegración y calcularemos la actividad.

Resolución: * Constante de desintegración: $A = A_0 \cdot e^{-\lambda \cdot t}$ → $\text{Ln } A = \text{Ln } A_0 - \lambda \cdot t$ →

$\text{Ln } A - \text{Ln } A_0 = -\lambda \cdot t$ → $\text{Ln } A_0 - \text{Ln } A = \lambda \cdot t$ → $\text{Ln } \dfrac{A_0}{A} = \lambda \cdot t$ →

→ $\lambda = \dfrac{1}{t} \text{Ln } \dfrac{A_0}{A} = \dfrac{1}{52'34} \text{Ln } \dfrac{A_0}{10^{-3}\cdot A_0} = 0'132 \text{ a}^{-1}$

* Número de núcleos al cabo de dos años: $N = N_0 \cdot e^{-\lambda \cdot t} = 2\cdot10^{15} \cdot e^{-0'132\cdot 2} = 1'54\cdot 10^{15}$ núcleos

* Actividad al cabo de dos años:

$A = \lambda \cdot N = 0'132 \text{ a}^{-1} \cdot 1'54 \cdot 10^{15}$ núcleos $\cdot \dfrac{1\,año}{365\,días} \cdot \dfrac{1\,día}{24\,h} \cdot \dfrac{1\,h}{3600\,s} = \boxed{6'45\cdot 10^6 \text{ Bq}}$

Comentario: becquerel significa número de desintegraciones por segundo.

6) Considere los núclidos ^3_1H y ^4_2He. Calcule cuál de ellos es más estable y justifique la respuesta.

1 u = 1,67 · 10⁻²⁷ kg; c = 3·10⁸ m s⁻¹; m(^3_1H) = 3,016049 u; m(^4_2He) = 4,002603 u;
m_n = 1,008665 u; m_p = 1,007276 u

Datos: Dibujo:

¿Estable?
1 u = 1,67·10⁻²⁷ kg
c = 3·10⁸ m s⁻¹
m(^3_1H) = 3,016049 u
m(^4_2He) = 4,002603 u
m_n = 1,008665 u
m_p = 1,007276 u

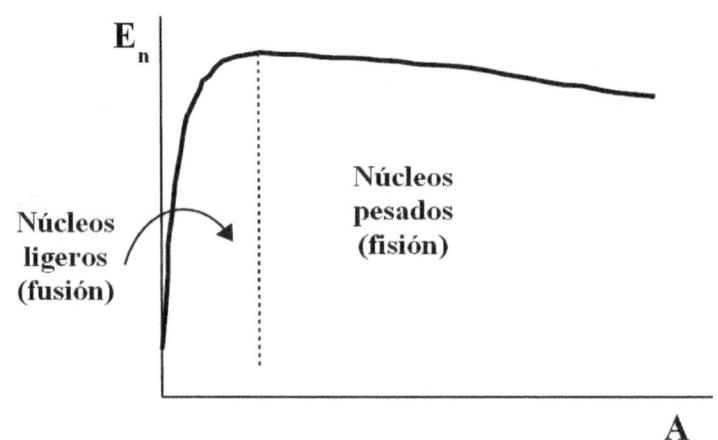

Principio físico: el núclido más estable es aquel que tiene mayor energía de enlace por nucleón, que es la energía desprendida al formarse el núcleo a partir de sus partículas constituyentes dividido por el número de partículas del núcleo (nucleones). Esta energía se emplea en dar cohesión y estabilidad al núcleo.

Método de resolución: escribiremos las reacciones nucleares, hallaremos el defecto de masa de cada núclido, su energía de enlace y su energía de enlace por nucleón.

Resolución: * Partículas: ^3_1H : 1 protón y 2 neutrones ; ^4_2He : 2 protones y 2 neutrones.

* Reacciones nucleares: $^1_1p + 2\,^1_0n \rightarrow\, ^3_1H$; $2\,^1_1p + 2\,^1_0n \rightarrow\, ^4_2He$

* Defectos de masa:

Del tritio: Δm = 3,016049 – 1,007276 – 2·1,008665 = – 8'557·10⁻³ u · $\dfrac{1'67 \cdot 10^{-27} kg}{1\,u}$ =

= – 1'43·10⁻²⁹ kg

Del helio: Δm = 4,002603 – 2·1,007276 – 2·1,008665 = – 2'9279·10⁻² u · $\dfrac{1'67 \cdot 10^{-27} kg}{1\,u}$ =

= – 4'89·10⁻²⁹ kg

* Energías de enlace:

Del tritio: $E_e = \Delta m \cdot c^2 = -1'43 \cdot 10^{-29} \cdot (3 \cdot 10^8)^2 = -1'29 \cdot 10^{-12}$ J

Del helio: $E_e = \Delta m \cdot c^2 = -4'89 \cdot 10^{-29} \cdot (3 \cdot 10^8)^2 = -4'40 \cdot 10^{-12}$ J

* Energías de enlace por nucleón:

Del tritio: $E_n = \dfrac{E_e}{A} = \dfrac{-1'29 \cdot 10^{-12}}{3} = -4'3 \cdot 10^{-13} \; \dfrac{J}{partícula}$

Del helio: $E_n = \dfrac{E_e}{A} = \dfrac{-4'40 \cdot 10^{-12}}{4} = -1'10 \cdot 10^{-12} \; \dfrac{J}{partícula}$

<u>Comentario:</u> como el helio tiene mayor energía de enlace por nucleón, tendrá mayor estabilidad.

2017

7) Se tiene una muestra del isótopo ^{226}Ra cuyo periodo de semidesintegración es de 1600 años. Calcule su constante de desintegración y el tiempo que se requiere para que su actividad se reduzca a la cuarta parte.

Datos: Dibujo:

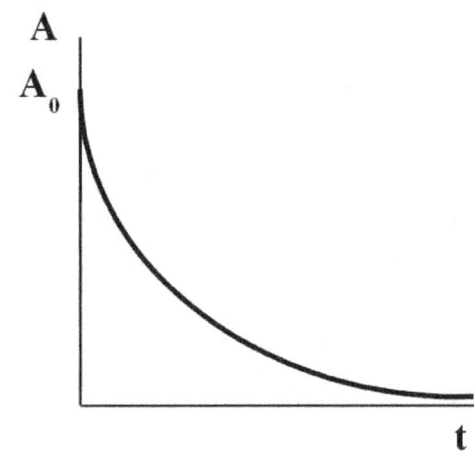

$T_{1/2}$ = 1600 años
¿λ?
¿t?
A = A_0 / 4

Principio físico: la radiactividad es la emisión natural o artificial de partículas y energía por parte de algunos núcleos inestables. En las reacciones nucleares hay un defecto de masa que se convierte en energía.

Método de resolución: calcularemos la constante de desintegración a partir del período de semidesintegración y la ley de desintegración radiactiva.

Resolución: * Constante de desintegración: $T_{1/2} = \dfrac{\ln 2}{\lambda} \rightarrow \lambda = \dfrac{\ln 2}{T_{1/2}} =$

$= \dfrac{\ln 2}{1600} = 4'33 \cdot 10^{-4} \, a^{-1} \cdot \dfrac{1 \, año}{365 \, días} \cdot \dfrac{1 \, día}{24 \, h} \cdot \dfrac{1 \, h}{3600 \, s} = \boxed{1'37 \cdot 10^{-11} \, s^{-1}}$

* Tiempo para que su actividad disminuya a la cuarta parte: $A = A_0 \cdot e^{-\lambda \cdot t} \rightarrow$

$\rightarrow \ln A = \ln A_0 - \lambda \cdot t \rightarrow \ln A - \ln A_0 = -\lambda \cdot t \rightarrow \ln A_0 - \ln A = \lambda \cdot t \rightarrow$

$\rightarrow \ln \dfrac{A_0}{A} = \lambda \cdot t \rightarrow t = \dfrac{1}{\lambda} \ln \dfrac{A_0}{A} = \dfrac{1}{4'33 \cdot 10^{-4}} \ln 4 = \boxed{3202 \, años}$

Comentario: la actividad es el número de desintegraciones por segundo. Se mide en bequerel, Bq.

8) Calcule la energía de enlace por nucleón del tritio ($^{3}_{1}H$) . c = 3·10⁸ m s⁻¹; m ($^{3}_{1}H$) = 3,016049 u; m_p = 1,007276 u; m_n = 1,008665 u; 1 u = 1,67·10⁻²⁷ kg

Datos: Dibujo:

¿E_n?
c = 3·10⁸ m s⁻¹
m ($^{3}_{1}H$) = 3,016049 u
m_p = 1,007276 u
m_n = 1,008665 u
1 u = 1,67·10⁻²⁷ kg

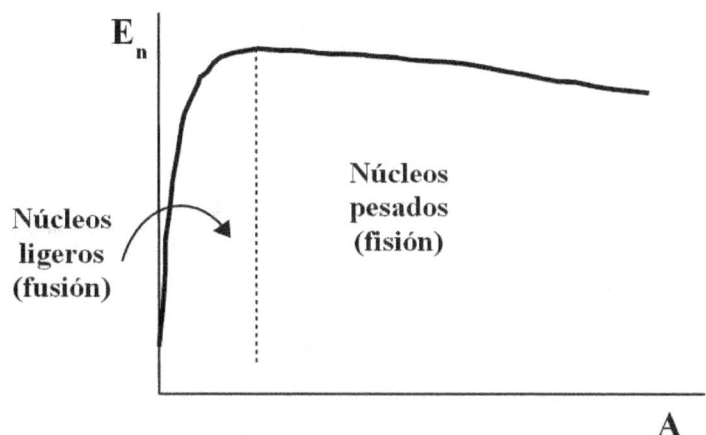

Principio físico: la energía de enlace por nucleón es la energía desprendida al formarse un núcleo a partir de sus partículas constituyentes dividido por el número de partículas del núcleo (nucleones).

Método de resolución: escribiremos la reacción nuclear, hallaremos el defecto de masa, su energía de enlace y su energía de enlace por nucleón.

Resolución: * Partículas: $^{3}_{1}H$: 1 protón y 2 neutrones

* Reacción nuclear: $^{1}_{1}p + 2\ ^{1}_{0}n \rightarrow\ ^{3}_{1}H$

* Defecto de masa: Δm = 3,016049 − 1,007276 − 2·1,008665 = − 8'557·10⁻³ u . $\dfrac{1'67 \cdot 10^{-27} kg}{1 u}$ =

= − 1'43·10⁻²⁹ kg

* Energía de enlace: $E_e = \Delta m \cdot c^2$ = − 1'43·10⁻²⁹·(3·10⁸)² = − 1'29·10⁻¹² J

* Energía de enlace por nucleón: $E_n = \dfrac{E_e}{A} = \dfrac{-1'29 \cdot 10^{-12}}{3} = \boxed{-4'3 \cdot 10^{-13}\ \dfrac{J}{partícula}}$

Comentario: esta energía se emplea en dar cohesión y estabilidad al núcleo.

9) En la bomba de hidrógeno se produce una reacción nuclear en la que se forma helio ($^{4}_{2}He$) a partir de deuterio ($^{2}_{1}H$) y de tritio ($^{3}_{1}H$). Escriba la reacción nuclear y calcule la energía liberada en la formación de un núcleo de helio. $c = 3 \cdot 10^8$ m s^{-1}; m($^{4}_{2}He$) = 4,0026 u ; m($^{3}_{1}H$) = 3,0170 u; m($^{2}_{1}H$) = 2,0141 u ; m_n = 1,0086 u ; 1 u = $1,67 \cdot 10^{-27}$ kg

Datos:

¿E?
$c = 3 \cdot 10^8$ m s^{-1}
m($^{4}_{2}He$) = 4,0026 u
m($^{3}_{1}H$) = 3,0170 u
m($^{2}_{1}H$) = 2,0141 u
m_n = 1,0086 u
1 u = $1,67 \cdot 10^{-27}$ kg

Dibujo:

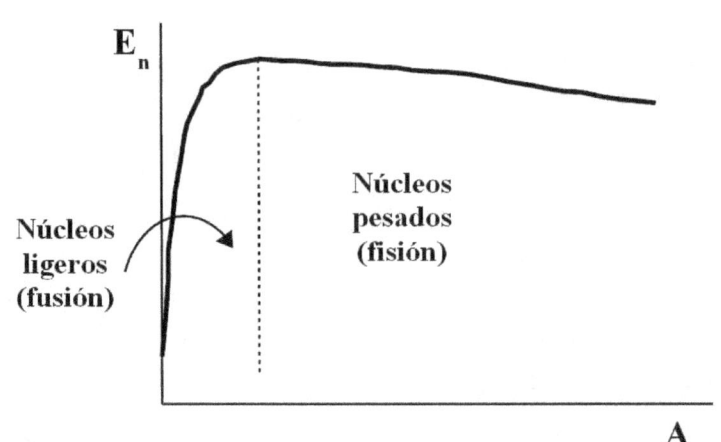

Principio físico: la radiactividad es la emisión natural o artificial de partículas y energía por parte de algunos núcleos inestables. En las reacciones nucleares hay un defecto de masa que se convierte en energía.

Método de resolución: escribiremos la reacción nuclear, calcularemos el defecto de masa y lo transformaremos en energía mediante la ecuación de Einstein.

Resolución: * Reacción nuclear: $^{2}_{1}H + ^{3}_{1}H \rightarrow ^{4}_{2}He + ^{1}_{0}n$

* Defecto de masa:

$\Delta m = 4,0026 + 1,0086 - 2,0141 - 3,0170 = -0'0199$ u $\cdot \dfrac{1'67 \cdot 10^{-27} kg}{1 u} = -3'32 \cdot 10^{-29}$ kg

* Energía liberada: $E = \Delta m \cdot c^2 = -3'32 \cdot 10^{-29} \cdot (3 \cdot 10^8)^2 = \boxed{-2'99 \cdot 10^{-12} \text{ J}}$

Comentario: esta energía le da cohesión y estabilidad al núcleo.

10) Cuando se bombardea un núcleo de $^{235}_{92}U$ con un neutrón se produce la fisión del mismo, obteniéndose dos isótopos radiactivos: $^{89}_{36}Kr$ y $^{144}_{56}Ba$, y liberando 200 MeV de energía. Escriba la reacción de fisión correspondiente y calcule la masa de $^{235}_{92}U$ que consume en un día una central nuclear de 700 MW de potencia. m(^{235}U) = 235,0439 u ; 1 u = 1,67·10^{-27} kg ; e = 1,60·10^{-19} C

Datos:

Dibujo:

E = 200 MeV
¿m?
Pot = 700 MW
m(^{235}U) = 235,0439 u
1 u = 1,67·10^{-27} kg
e = 1,60·10^{-19} C

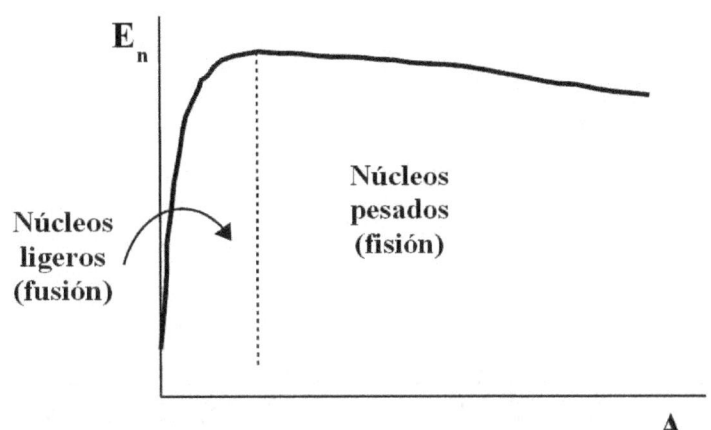

Principio físico: la radiactividad es la emisión natural o artificial de partículas y energía por parte de algunos núcleos inestables. En las reacciones nucleares hay un defecto de masa que se convierte en energía.

Método de resolución: escribiremos la reacción nuclear y calcularemos la masa mediante factores de conversión.

Resolución: * Reacción nuclear: $^{235}_{92}U + ^{1}_{0}n \rightarrow ^{89}_{36}Kr + ^{144}_{56}Ba + 3\,^{1}_{0}n$

* Masa de uranio:

m = $\dfrac{1\,núcleo\,de\,U}{200\,MeV} \cdot \dfrac{1\,MeV}{10^6\,eV} \cdot \dfrac{1\,eV}{1'60\cdot 10^{-19}\,C\cdot 1\,V} \cdot \dfrac{1\,C\cdot 1\,V}{1\,J} \cdot 700\,MW \cdot \dfrac{10^6\,W}{1\,MW} \cdot$

$\cdot \dfrac{\frac{1\,J}{1\,s}}{1\,W} \cdot \dfrac{3600\,s}{1\,h} \cdot \dfrac{24\,h}{1\,día} \cdot \dfrac{235,0439\,u}{1\,núcleo\,de\,U} \cdot \dfrac{1'67\cdot 10^{-27}\,kg}{1\,u} \cdot \dfrac{1000\,g}{1\,kg} = \boxed{742\,\dfrac{g\,de\,U}{día}}$

Comentario: la fisión consiste en la ruptura de un núcleo pesado en dos o más núcleos ligeros, liberándose una gran cantidad de energía.

11) El periodo de semidesintegración de un núclido radiactivo de masa atómica 109 u, que emite partículas beta, es de 462,6 días. Una muestra cuya masa inicial era de 100 g, tiene en la actualidad 20 g del núclido original. Calcule la constante de desintegración y la actividad actual de la muestra.
$1\ u = 1{,}67 \cdot 10^{-27}$ kg.

Datos: Dibujo:

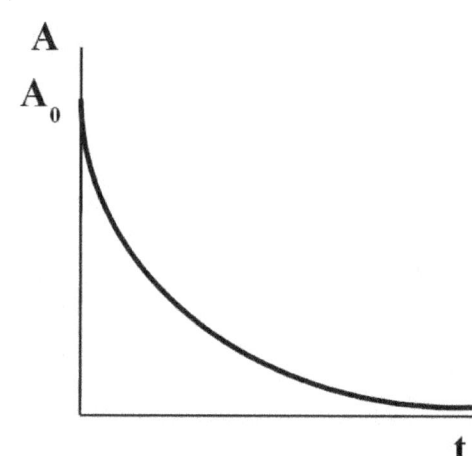

$A = 109$ u
$T_{1/2} = 462'6$ días
$m_0 = 100$ g
$m = 20$ g
¿λ?
¿A?
$1\ u = 1{,}67 \cdot 10^{-27}$ kg

Principio físico: la radiactividad es la emisión natural o artificial de partículas y energía por parte de algunos núcleos inestables. En las reacciones nucleares hay un defecto de masa que se convierte en energía.

Método de resolución: usaremos la ley de desintegración radiactiva y la fórmula de la actividad.

Resolución: * Constante de desintegración: $T_{1/2} = \dfrac{\ln 2}{\lambda} \rightarrow$

$\rightarrow \lambda = \dfrac{\ln 2}{T_{1/2}} = \dfrac{\ln 2}{462'6} = 1'5 \cdot 10^{-3}$ días$^{-1} \cdot \dfrac{1\,día}{24\,h} \cdot \dfrac{1\,h}{3600\,s} = \boxed{1'74 \cdot 10^{-8}\ s^{-1}}$

* Actividad actual de la muestra:

$A = \lambda \cdot N = 1'74 \cdot 10^{-8}\ s^{-1} \cdot 20\ g \cdot \dfrac{1\,kg}{1000\,g} \cdot \dfrac{1\,u}{1'67 \cdot 10^{-27}\,kg} \cdot \dfrac{1\,núcleo}{109\,u} =$

$= 1'91 \cdot 10^{15}\ \dfrac{núcleos}{s} = \boxed{1'91 \cdot 10^{15}\ Bq}$

Comentario: cuando un núcleo emite una partícula beta, su número másico permanece igual y su número atómico aumenta una unidad.

12) El isótopo $^{20}_{10}Ne$ tiene una masa atómica de 19,9924 u. Calcule su defecto de masa y la energía de enlace por nucleón. c = 3·10⁸ m s⁻¹ ; m_p = 1,0073 u ; m_n = 1,0087 u ; 1 u = 1,67·10⁻²⁷ kg

Datos:

A = 19,9924 u
¿Δm?
¿E_n?
c = 3·10⁸ m s⁻¹
m_p = 1,0073 u
m_n = 1,0087 u
1 u = 1,67·10⁻²⁷ kg

Dibujo:

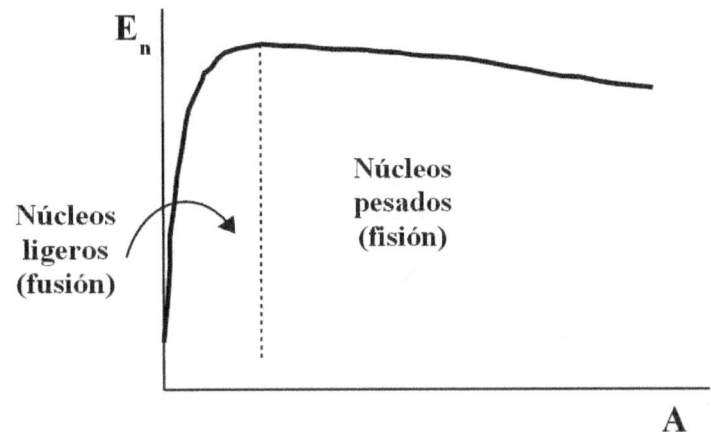

Principio físico: la radiactividad es la emisión natural o artificial de partículas y energía por parte de algunos núcleos inestables. En las reacciones nucleares hay un defecto de masa que se convierte en energía. La energía de enlace por nucleón es la energía desprendida al formarse el núcleo a partir de sus partículas constituyentes dividido por el número de partículas del núcleo (nucleones).

Método de resolución: escribiremos la reacción nuclear, calcularemos el defecto de masa, lo transformaremos en energía y dividiremos por el número de nucleones.

Resolución: * Número de partículas del $^{20}_{10}Ne$: 10 protones y 10 neutrones.

* Reacción nuclear: $10\ ^{1}_{1}p + 10\ ^{1}_{0}n \rightarrow\ ^{20}_{10}Ne$

* Defecto de masa:

Δm = 19,9924 − 10·1,0073 − 10·1,0087 = − 0'1676 u · $\dfrac{1'67 \cdot 10^{-27} kg}{1\ u}$ = $\boxed{-2'8 \cdot 10^{-28}\ \text{kg}}$

* Energía de enlace: $E_e = \Delta m \cdot c^2 = -2'8 \cdot 10^{-28} \cdot (3 \cdot 10^8)^2 = -2'52 \cdot 10^{-11}$ J

* Energía de enlace por nucleón: $E_n = \dfrac{E_e}{A} = \dfrac{-2'52 \cdot 10^{-11}}{20} = \boxed{-1'26 \cdot 10^{-12}\ \dfrac{J}{kg}}$

Comentario: esta energía se emplea en dar cohesión y estabilidad al núcleo.

2016

13) Dada la reacción nuclear: $^{7}_{3}Li + ^{1}_{1}H \rightarrow 2\ ^{4}_{2}He$

a) Calcule la energía liberada en el proceso por cada núcleo de litio que reacciona.

b) El litio presenta dos isótopos estables, $^{6}_{3}Li$ y $^{7}_{3}Li$. Razone cuál de los dos es más estable.

$c = 3 \cdot 10^8$ m s^{-1} ; $u = 1{,}67 \cdot 10^{-27}$ kg ; m($^{7}_{3}Li$) = 7,016005 u ; m($^{6}_{3}Li$) = 6,015123 u ;

m($^{4}_{2}He$) = 4,002603 u ; m($^{1}_{1}H$) = 1,007825 u ; m($^{1}_{0}n$) = 1,008665 u

Datos: Dibujo:

¿E$_n$?
¿Más estable?
$c = 3 \cdot 10^8$ m s^{-1}
$u = 1{,}67 \cdot 10^{-27}$ kg
m($^{7}_{3}Li$) = 7,016005 u

m($^{6}_{3}Li$) = 6,015123 u

m($^{4}_{2}He$) = 4,002603 u

m($^{1}_{1}H$) = 1,007825 u

m($^{1}_{0}n$) = 1,008665 u

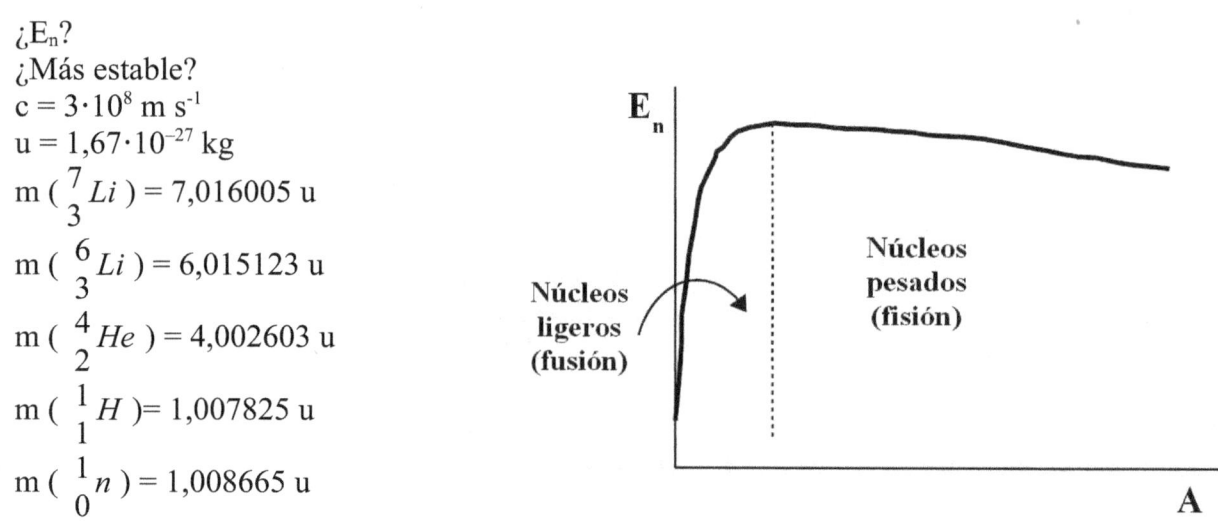

Principio físico: la radiactividad es la emisión natural o artificial de partículas y energía por parte de algunos núcleos inestables. En las reacciones nucleares hay un defecto de masa que se convierte en energía. El núclido más estable es aquel que tiene mayor energía de enlace por nucleón, que es la energía desprendida al formarse el núcleo a partir de sus partículas constituyentes dividido por el número de partículas del núcleo (nucleones).

Método de resolución: calcularemos el defecto de masa y hallaremos su equivalente en energía mediante la ecuación de Einstein. Calcularemos la energía de enlace por nucleón para cada núclido.

Resolución: * Defecto de masa:

$\Delta m = 2 \cdot 4{,}002603 - 7{,}016005 - 1{,}007825 = -0{,}018624$ u $\cdot \dfrac{1{,}67 \cdot 10^{-27} kg}{1\,u} = -3{,}11 \cdot 10^{-29}$ kg

* Energía liberada en el proceso: $E = \Delta m \cdot c^2 = -3{,}11 \cdot 10^{-29} \cdot (3 \cdot 10^8)^2 = -2{,}8 \cdot 10^{-12}$ J

* Número de partículas de los isótopos del Li:

$^{6}_{3}Li$: 3 protones y 3 neutrones ; $^{7}_{3}Li$: 3 protones y 4 neutrones

* Reacciones nucleares de los isótopos del Li:

$$3\,{}^{1}_{1}H + 3\,{}^{1}_{0}n \rightarrow {}^{6}_{3}Li \quad ; \quad 3\,{}^{1}_{1}H + 4\,{}^{1}_{0}n \rightarrow {}^{7}_{3}Li$$

* Defectos de masa:

Del ${}^{6}_{3}Li$: $\Delta m = 6{,}015123 - 3 \cdot 1{,}007825 - 3 \cdot 1{,}008665 = -0{'}034347$ u $\cdot \dfrac{1{'}67 \cdot 10^{-27} kg}{1\,u} =$

$= -5{'}74 \cdot 10^{-29}$ kg

Del ${}^{7}_{3}Li$: $\Delta m = 7{,}016005 - 3 \cdot 1{,}007825 - 4 \cdot 1{,}008665 = -0{'}04213$ u $\cdot \dfrac{1{'}67 \cdot 10^{-27} kg}{1\,u} =$

$= -7{'}04 \cdot 10^{-29}$ kg

* Energías de enlace:

Del ${}^{6}_{3}Li$: $E = \Delta m \cdot c^2 = -5{'}74 \cdot 10^{-29} \cdot (3 \cdot 10^8)^2 = -5{'}17 \cdot 10^{-12}$ J

Del ${}^{7}_{3}Li$: $E = \Delta m \cdot c^2 = -7{'}04 \cdot 10^{-29} \cdot (3 \cdot 10^8)^2 = -6{'}34 \cdot 10^{-12}$ J

* Energías de enlace por nucleón:

Del ${}^{6}_{3}Li$: $E_n = \dfrac{E_e}{A} = \dfrac{-5{'}17 \cdot 10^{-12}}{6} = \boxed{-8{'}62 \cdot 10^{-13}\,\dfrac{J}{nucleón}}$

Del ${}^{7}_{3}Li$: $E_n = \dfrac{E_e}{A} = \dfrac{-6{'}34 \cdot 10^{-12}}{7} = \boxed{-9{'}06 \cdot 10^{-13}\,\dfrac{J}{nucleón}}$

Comentario: el más estable es el ${}^{7}_{3}Li$, pues tiene la mayor energía de enlace por nucleón. Esta energía se emplea en dar cohesión y estabilidad al núcleo.

14) El $^{210}_{82}Pb$ emite dos partículas beta y se transforma en polonio y, posteriormente, por emisión de una partícula alfa se obtiene plomo. a) Escriba las reacciones nucleares descritas. b) El periodo de semidesintegración del $^{210}_{82}Pb$ es de 22,3 años. Si teníamos inicialmente 3 moles de átomos de ese elemento y han transcurrido 100 años, ¿cuántos núcleos radiactivos quedan sin desintegrar? $N_A = 6{,}02 \cdot 10^{23}$ mol^{-1}.

Datos:

¿Reacciones?
$T_{1/2} = 22'3$ años
$n_0 = 3$ moles
$t = 100$ años
¿N?
$N_A = 6{,}02 \cdot 10^{23}$ mol^{-1}

Dibujo:

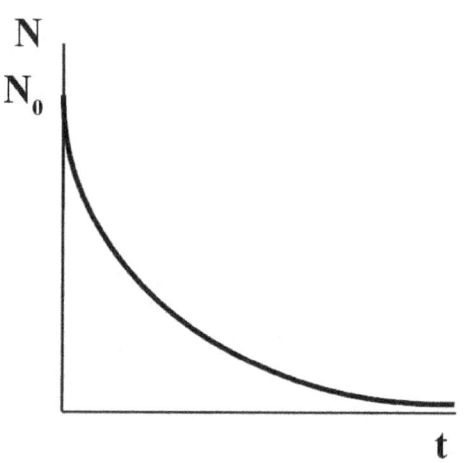

Principio físico: la radiactividad es la emisión natural o artificial de partículas y energía por parte de algunos núcleos inestables. En las reacciones nucleares hay un defecto de masa que se convierte en energía.

Método de resolución: utilizaremos la ley de desintegración radiactiva.

Resolución: * Reacciones nucleares:

$$^{210}_{82}Pb \rightarrow 2\,^{0}_{-1}\beta + ^{210}_{84}Po \quad ; \quad ^{210}_{84}Po \rightarrow ^{4}_{2}\alpha + ^{206}_{82}Pb$$

* Constante de desintegración: $T_{1/2} = \dfrac{\ln 2}{\lambda} \rightarrow \lambda = \dfrac{\ln 2}{T_{1/2}} = \dfrac{\ln 2}{22'3} = 0'0311$ a^{-1}

* Moles que quedan sin desintegrar: $n = n_0 \cdot e^{-\lambda \cdot t} = 3 \cdot e^{-0'0311 \cdot 100} = 0'134$ mol

* Núcleos sin desintegrar: $N = 0'134$ mol $\cdot 6{,}02 \cdot 10^{23}$ mol^{-1} = $\boxed{8'07 \cdot 10^{22} \text{ núcleos}}$

Comentario: cuando un núcleo emite una partícula alfa, su número másico disminuye 4 unidades y su número atómico disminuye 2 unidades. Cuando un núcleo emite una partícula beta, su número másico permanece constante y su número atómico aumenta una unidad.

2015

15) Disponemos de una muestra de 3 mg de ^{226}Ra. Sabiendo que dicho núclido tiene un periodo de semidesintegración de 1600 años y una masa atómica de 226,025 u, determine razonadamente: a) El tiempo necesario para que la masa de dicho isótopo se reduzca a 1 mg. b) Los valores de la actividad inicial y de la actividad final de la muestra. u = 1,67·10^{-27} kg

Datos:

Dibujo:

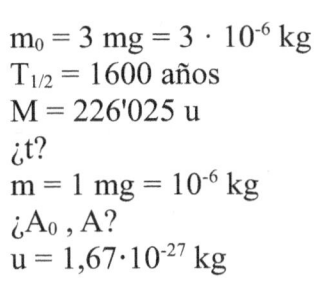

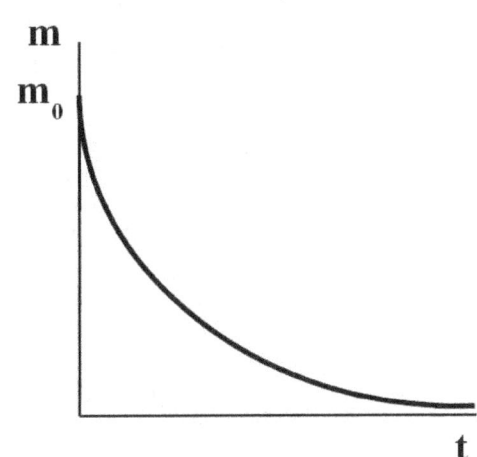

m_0 = 3 mg = 3 · 10^{-6} kg
$T_{1/2}$ = 1600 años
M = 226'025 u
¿t?
m = 1 mg = 10^{-6} kg
¿A_0, A?
u = 1,67·10^{-27} kg

Principio físico: la radiactividad es la emisión natural o artificial de partículas y energía por parte de algunos núcleos inestables. En las reacciones nucleares hay un defecto de masa que se convierte en energía.

Método de resolución: calcularemos la constante de desintegración, usaremos la ley de desintegración radiactiva y el concepto de actividad.

Resolución: * Constante de desintegración: $T_{1/2} = \dfrac{\ln 2}{\lambda}$ → $\lambda = \dfrac{\ln 2}{T_{1/2}} = \dfrac{\ln 2}{1600} = 4'33 \cdot 10^{-4}$ a^{-1}

$\lambda = 4'33 \cdot 10^{-4}$ a^{-1} · $\dfrac{1\,año}{365\,días}$ · $\dfrac{1\,día}{24h}$ · $\dfrac{1h}{3600s}$ = 1'37·10^{-11} s^{-1}

* Tiempo necesario: $m = m_0 \cdot e^{-\lambda \cdot t}$ → $Ln\,m = Ln\,m_0 - \lambda \cdot t$ → $Ln\,m - Ln\,m_0 = -\lambda \cdot t$ →

→ $Ln\,m_0 - Ln\,m = \lambda \cdot t$ → $Ln\,\dfrac{m_0}{m} = \lambda \cdot t$ → $t = \dfrac{1}{\lambda} Ln\,\dfrac{m_0}{m} = \dfrac{1}{4'33 \cdot 10^{-4}} Ln\,3 = \boxed{2537\text{ años}}$

* Actividades inicial y final:

$A_0 = \lambda \cdot N_0 = 1'37 \cdot 10^{-11}$ s^{-1}·3·10^{-6} kg · $\dfrac{1\,u}{1'67 \cdot 10^{-27} kg}$ · $\dfrac{1\,núcleo}{226'025\,u}$ = $\boxed{1'09 \cdot 10^{8}\text{ Bq}}$

Como: $m = \dfrac{m_0}{3}$ → $A = \dfrac{A_0}{3} = \dfrac{1'09 \cdot 10^8}{3} = \boxed{3'63 \cdot 10^{7}\text{ Bq}}$

Comentario: la actividad se define como la derivada: $A = -\dfrac{dN}{dt} = \lambda \cdot N$. Es proporcional al número de núcleos presentes.

2014

16) En el accidente de la central nuclear de Fukushima I se produjeron emisiones de yodo y cesio radiactivos a la atmósfera. El periodo de semidesintegración del $^{137}_{55}Cs$ es 30,23 años. a) Explique qué es la constante de desintegración de un isótopo radiactivo y calcule su valor para el $^{137}_{55}Cs$. b) Calcule el tiempo, medido en años, que debe transcurrir para que la actividad del $^{137}_{55}Cs$ se reduzca a un 1 % del valor inicial.

Datos:

$T_{1/2}$ = 30'23 años
¿λ?
¿t?
$A = 0'01 \cdot A_0$

Dibujo:

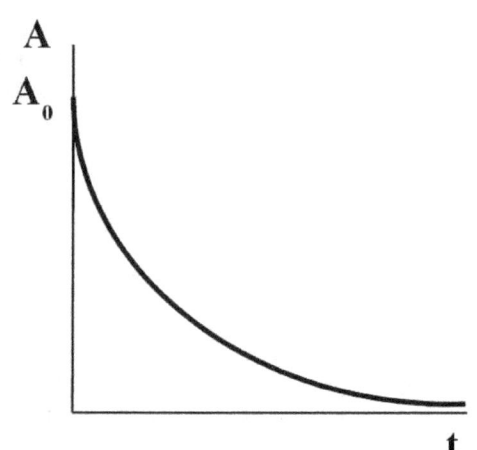

Principio físico: la radiactividad es la emisión natural o artificial de partículas y energía por parte de algunos núcleos inestables. En las reacciones nucleares hay un defecto de masa que se convierte en energía.

Método de resolución: calcularemos la constante de desintegración a partir del período de semidesintegración y el tiempo lo calcularemos a partir de la ley de desintegración radiactiva.

Resolución: * Constante de desintegración: $T_{1/2} = \dfrac{\ln 2}{\lambda} \rightarrow \lambda = \dfrac{\ln 2}{T_{1/2}} = \dfrac{\ln 2}{30'23} = 0'0229 \text{ a}^{-1}$

$\lambda = 0'0229 \text{ a}^{-1} \cdot \dfrac{1 \text{ año}}{365 \text{ días}} \cdot \dfrac{1 \text{ día}}{24 h} \cdot \dfrac{1 h}{3600 s} = \boxed{7'26 \cdot 10^{-10} \text{ s}^{-1}}$

* Tiempo necesario: $A = A_0 \cdot e^{-\lambda \cdot t} \rightarrow \operatorname{Ln} A = \operatorname{Ln} A_0 - \lambda \cdot t \rightarrow \operatorname{Ln} A - \operatorname{Ln} A_0 = -\lambda \cdot t \rightarrow$

$\rightarrow \operatorname{Ln} A_0 - \operatorname{Ln} A = \lambda \cdot t \rightarrow \operatorname{Ln} \dfrac{A_0}{A} = \lambda \cdot t \rightarrow t = \dfrac{1}{\lambda} \operatorname{Ln} \dfrac{A_0}{A} = \dfrac{1}{0'0229} \operatorname{Ln} \dfrac{A_0}{0'01 \cdot A_0} = \boxed{201 \text{ a}}$

Comentario: la constante de desintegración es una constante propia de cada sustancia radiactiva y que indica la probabilidad de que un núclido se desintegre en la unidad de tiempo.

2013

17) Considere los isótopos $^{12}_{6}C$ y $^{13}_{6}C$, de masas 12,0000 u y 13,0034 u, respectivamente. a) Explique qué es el defecto de masa y determine su valor para ambos isótopos. b) Calcule la energía de enlace por nucleón y razone cuál es más estable.
$c = 3 \cdot 10^8$ m s^{-1} ; $m_p = 1,0073$ u ; $m_n = 1,0087$ u ; $u = 1,7 \cdot 10^{-27}$ kg

Datos:

M = 12,0000 u
M = 13,0034 u
¿Δm?
¿E_n?
¿Más estable?
$c = 3 \cdot 10^8$ m s^{-1}
$m_p = 1,0073$ u
$m_n = 1,0087$ u
$u = 1,7 \cdot 10^{-27}$ kg

Dibujo:

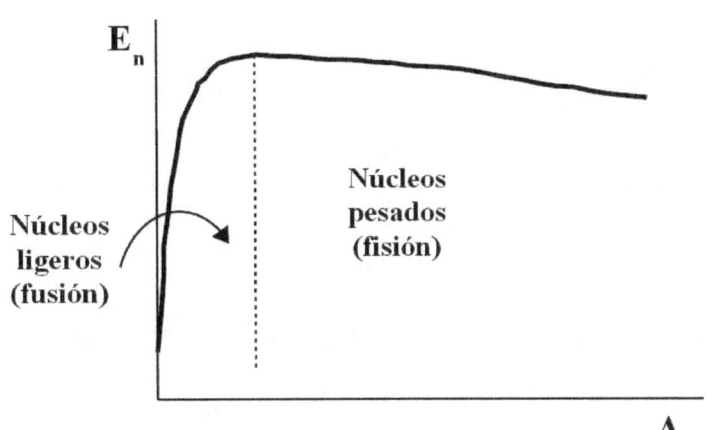

Principio físico: la radiactividad es la emisión natural o artificial de partículas y energía por parte de algunos núcleos inestables. En las reacciones nucleares hay un defecto de masa que se convierte en energía. El núclido más estable es aquel que tiene mayor energía de enlace por nucleón, que es la energía desprendida al formarse el núcleo a partir de sus partículas constituyentes dividido por el número de partículas del núcleo (nucleones).

Método de resolución: calcularemos el defecto de masa a partir de las reacciones, calcularemos las energías de enlace y las energías de enlace por nucleón.

Resolución: * Número de partículas:

$^{12}_{6}C$: 6 protones y 6 neutrones ; $^{13}_{6}C$: 6 protones y 7 neutrones

* Reacciones nucleares de los isótopos del C:

$6\,^{1}_{1}H + 6\,^{1}_{0}n \rightarrow\,^{12}_{6}C$; $6\,^{1}_{1}H + 7\,^{1}_{0}n \rightarrow\,^{13}_{6}C$

* Defectos de masa:

Del $^{12}_{6}C$: $\Delta m = 12,0000 - 6\cdot 1,0073 - 6\cdot 1,0087 = -0'096$ u $\cdot \dfrac{1'67\cdot 10^{-27} kg}{1\,u} = \boxed{-1'60\cdot 10^{-28}\,kg}$

Del $^{13}_{6}C$: $\Delta m = 13,0034 - 6\cdot 1,0073 - 7\cdot 1,0087 = -0'1013$ u $\cdot \dfrac{1'67\cdot 10^{-27} kg}{1\,u} = \boxed{-1'69\cdot 10^{-28}\,kg}$

* Energías de enlace:

Del $^{12}_{6}C$: $E = \Delta m\cdot c^2 = -1'60\cdot 10^{-28}\cdot(3\cdot 10^8)^2 = -1'44\cdot 10^{-11}$ J

Del $^{13}_{6}C$: $E = \Delta m\cdot c^2 = -1'53\cdot 10^{-28}\cdot(3\cdot 10^8)^2 = -1'52\cdot 10^{-11}$ J

* Energías de enlace por nucleón:

Del $^{12}_{6}C$: $E_n = \dfrac{E_e}{A} = \dfrac{-1'44\cdot 10^{-11}}{12} = \boxed{-1'2\cdot 10^{-12}\,\dfrac{J}{nucleón}}$

Del $^{13}_{6}C$: $E_n = \dfrac{E_e}{A} = \dfrac{-1'52\cdot 10^{-11}}{13} = \boxed{-1'17\cdot 10^{-12}\,\dfrac{J}{nucleón}}$

Comentario: el más estable es el $^{12}_{6}C$, pues tiene la mayor energía de enlace por nucleón. Esta energía se emplea en dar cohesión y estabilidad al núcleo. El defecto de masa es la diferencia de masa entre un núclido y sus partículas constituyentes. Esa diferencia de masa se transforma en energía de enlace, que le da cohesión y estabilidad al núclido.

18) El isótopo $^{235}_{92}U$, tras diversas desintegraciones α y β, da lugar al isótopo $^{207}_{82}Pb$. a) Describa las características de esas dos emisiones radiactivas y calcule cuántas partículas α y cuántas β se emiten por cada átomo de $^{207}_{82}Pb$ formado. b) Determine la actividad inicial de una muestra de 1 g de $^{235}_{92}U$ sabiendo que su periodo de semidesintegración es $7 \cdot 10^8$ años. ¿Cuál será la actividad de la muestra de $^{235}_{92}U$ transcurrido un tiempo igual al periodo de semidesintegración? Justifique la respuesta.

$N_A = 6,02 \cdot 10^{23}$ mol^{-1} ; m ($^{235}_{92}U$) = 235,07 u

Datos:

¿A_0?
m = 1 g
$T_{1/2} = 7 \cdot 10^8$ años
¿A?
t = $T_{1/2} = 7 \cdot 10^8$ años
$N_A = 6,02 \cdot 10^{23}$ mol^{-1}
m ($^{235}_{92}U$) = 235,07 u

Dibujo:

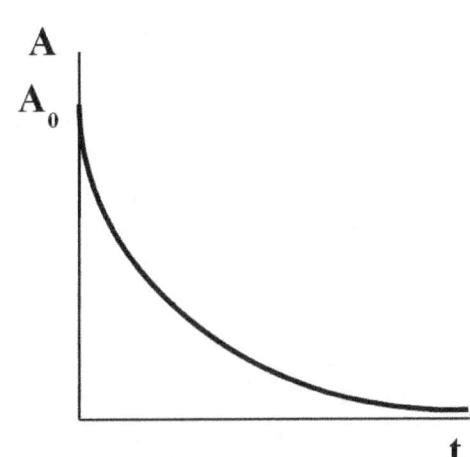

Principio físico: la radiactividad es la emisión natural o artificial de partículas y energía por parte de algunos núcleos inestables. En las reacciones nucleares hay un defecto de masa que se convierte en energía.

Método de resolución: averiguaremos los números de partículas alfa y beta sabiendo los cambios que provocan en A y en Z. Calcularemos la constante de desintegración a partir del período de semidesintegración y usaremos el concepto de actividad.

Resolución: * Número de partículas alfa: $235 = 4 \cdot a + 207 \rightarrow a = \dfrac{235-207}{4} = 7$

* Número de partículas beta: $^{235}_{92}U \rightarrow\, ^{207}_{82}Pb + 7\,^{4}_{2}\alpha + b\,^{0}_{-1}\beta$

$92 = 82 + 7 \cdot 2 - b \rightarrow b = 82 + 7 \cdot 2 - 92 = 4$

* Constante de desintegración: $T_{1/2} = \dfrac{\ln 2}{\lambda} \rightarrow \lambda = \dfrac{\ln 2}{T_{1/2}} = \dfrac{\ln 2}{7 \cdot 10^8} = 9'90 \cdot 10^{-10}$ a^{-1}

$\lambda = 9'90 \cdot 10^{-10}$ a$^{-1} \cdot \dfrac{1\,año}{365\,días} \cdot \dfrac{1\,día}{24\,h} \cdot \dfrac{1\,h}{3600\,s} = 3'14 \cdot 10^{-17}$ s^{-1}

* Actividad inicial:

$$A_0 = \lambda \cdot N = 3'14 \cdot 10^{-17} \text{ s}^{-1} \cdot 1 \text{ g U} \cdot \frac{1 \, mol \, U}{235'07 \, g \, U} \cdot \frac{6'02 \cdot 10^{23} \, átomos \, U}{1 \, mol \, U} = \boxed{8'04 \cdot 10^4 \text{ Bq}}$$

* Actividad tras un período de semidesintegración:

$$A = \frac{A_0}{2} = \frac{8'04 \cdot 10^4}{2} = \boxed{4'02 \cdot 10^4 \text{ Bq}}$$

Comentario: cuando un núcleo emite una partícula alfa, su número másico disminuye 4 unidades y su número atómico disminuye 2 unidades. Cuando un núcleo emite una partícula beta, su número másico permanece constante y su número atómico aumenta una unidad. El período de semidesintegración es el tiempo necesario para que la actividad disminuya hasta la mitad; luego la actividad, una vez transcurrido medio período de semidesintegración es la mitad de la actividad inicial.

19) En las estrellas de núcleos calientes predominan las fusiones del denominado ciclo de carbono, cuyo último paso consiste en la fusión de un protón con nitrógeno $^{15}_{7}N$ para dar $^{12}_{6}C$ y un núcleo de helio. a) Escriba la reacción nuclear. b) Determine la energía necesaria para formar 1 kg de $^{12}_{6}C$.

$c = 3 \cdot 10^8$ m s^{-1} ; m($^{1}_{1}H$) = 1,007825 u ; m($^{15}_{7}N$) = 15,000108 u ;

m($^{12}_{6}C$) = 12,000000 u ; m($^{4}_{2}He$) = 4,002603 u ; u = 1,7·10^{-27} kg

Datos:
¿Reacción?
¿E?
m = 1 kg $^{12}_{6}C$
c = 3·10^8 m s^{-1}
m($^{1}_{1}H$) = 1,007825 u
m($^{15}_{7}N$) = 15,000108 u
m($^{12}_{6}C$) = 12,000000 u
m($^{4}_{2}He$) = 4,002603 u
u = 1,7·10^{-27} kg

Dibujo:

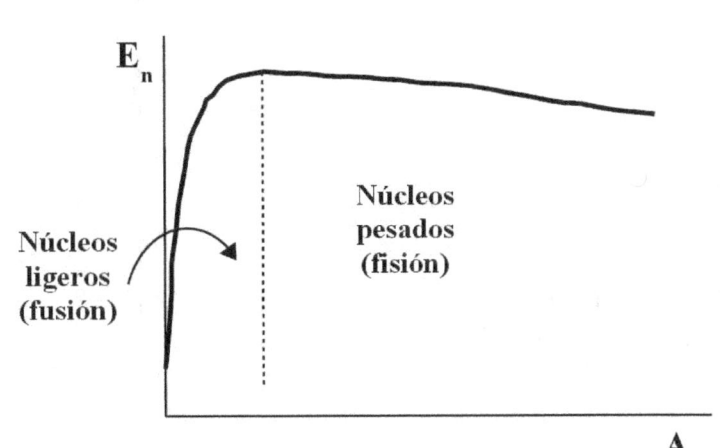

Principio físico: la radiactividad es la emisión natural o artificial de partículas y energía por parte de algunos núcleos inestables. En las reacciones nucleares hay un defecto de masa que se convierte en energía.

Método de resolución: escribiremos la reacción nuclear, calcularemos el defecto de masa, lo pasaremos a energía mediante la ecuación de Einstein y obtendremos la energía pedida mediante factores de conversión.

Resolución: * Reacción nuclear: $\boxed{^{15}_{7}N + ^{1}_{1}H \rightarrow ^{12}_{6}C + ^{4}_{2}He}$

* Defecto de masa:

Δm = 12,000000 + 4,002603 − 15,000108 − 1,007825 = − 5'33·10^{-3} u · $\dfrac{1'7 \cdot 10^{-27} kg}{1 u}$ =

= − 9'06·10^{-30} kg

* Energía desprendida por cada núcleo de C: E = $\Delta m \cdot c^2$ = − 9'06·10^{-30}·(3·10^8)^2 = − 8'15·10^{-13} J

* Energía para 1 kg de C:

E = − 8'15·10^{-13} $\dfrac{J}{núcleo\,de\,C}$ · $\dfrac{1\,núcleo\,de\,C}{12'000000\,u}$ · $\dfrac{1\,u}{1'7 \cdot 10^{-27}\,kg\,C}$ · 1 kg C = $\boxed{4 \cdot 10^{13}\,J}$

Comentario: los núcleos ligeros tienden a fusionarse para conseguir una mayor estabilidad y los núcleos pesados a fisionarse.

2012

20) Un núcleo de $^{226}_{88}Ra$ emite una partícula alfa y se convierte en un núcleo de $^{A}_{Z}Rn$. a) Escriba la reacción nuclear correspondiente y calcule la energía liberada en el proceso. b) Si la constante de desintegración del $^{226}_{88}Ra$ es de $1,37 \cdot 10^{-11}$ s^{-1}, calcule el tiempo que debe transcurrir para que una muestra reduzca su actividad a la quinta parte.

$c = 3 \cdot 10^8$ m s^{-1} ; 1 u = $1,67 \cdot 10^{-27}$ kg ; m_{Ra} = 226,025406 u ; m_{Rn} = 222,017574 u ; m_{He}= 4,002603 u.

Datos:

¿Reacción?
¿E?
$\lambda = 1,37 \cdot 10^{-11}$ s^{-1}
¿t?
$A = A_0/5$
$c = 3 \cdot 10^8$ m s^{-1}
1 u = $1,67 \cdot 10^{-27}$ kg
m_{Ra} = 226,025406 u
m_{Rn} = 222,017574 u
m_{He}= 4,002603 u.

Dibujo:

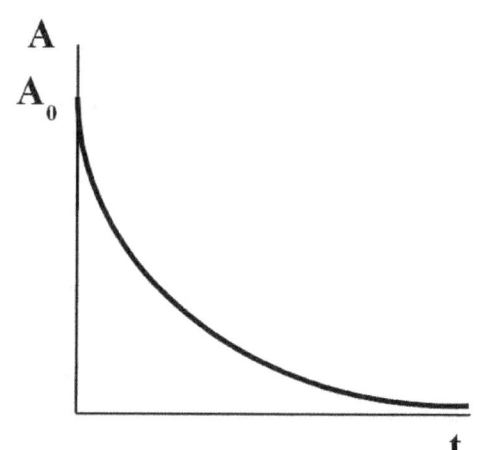

Principio físico: la radiactividad es la emisión natural o artificial de partículas y energía por parte de algunos núcleos inestables. En las reacciones nucleares hay un defecto de masa que se convierte en energía.

Método de resolución: escribiremos la reacción nuclear, calcularemos el defecto de masa, lo pasaremos a energía mediante la ecuación de Einstein. El tiempo lo calcularemos con la ley de desintegración radiactiva.

Resolución: * Reacción nuclear: $^{226}_{88}Ra \rightarrow {}^{222}_{86}Rn + {}^{4}_{2}\alpha$

* Defecto de masa:

$\Delta m = 222,017574 + 4,002603 - 226,025406 = -5'229 \cdot 10^{-3}$ u · $\dfrac{1'67 \cdot 10^{-27} kg}{1 u} = -8'73 \cdot 10^{-30}$ u

* Energía liberada: $E = \Delta m \cdot c^2 = -8'73 \cdot 10^{-30} \cdot (3 \cdot 10^8)^2 = \boxed{-7'86 \cdot 10^{-13} \text{ J}}$

* Tiempo necesario:

$A = A_0 \cdot e^{-\lambda \cdot t}$ → $\text{Ln } A = \text{Ln } A_0 - \lambda \cdot t$ → $\text{Ln } A - \text{Ln } A_0 = -\lambda \cdot t$ →

→ $\text{Ln } A_0 - \text{Ln } A = \lambda \cdot t$ → $\text{Ln } \dfrac{A_0}{A} = \lambda \cdot t$ → $t = \dfrac{1}{\lambda} \text{Ln } \dfrac{A_0}{A} = \dfrac{1}{1'37 \cdot 10^{-11}} \text{Ln } \dfrac{A_0}{A_0/5} = \boxed{1'17 \cdot 10^{11} \text{ s}}$

Comentario: cuando un núcleo emite una partícula alfa, su número másico disminuye cuatro unidades y su número atómico disminuye en dos unidades.

21) Una muestra contiene $^{226}_{88}Ra$. Razone el número de desintegraciones alfa y beta necesarias para que el producto final sea $^{206}_{82}Pb$.

Datos:　　　　　　　Dibujo:

¿nº desintegraciones α y β?

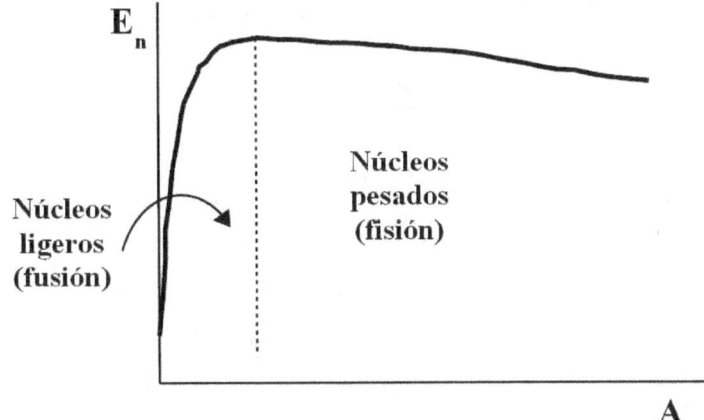

Principio físico: la radiactividad es la emisión natural o artificial de partículas y energía por parte de algunos núcleos inestables. En las reacciones nucleares hay un defecto de masa que se convierte en energía.

Método de resolución: averiguaremos primero el número de partículas alfa porque las partículas beta no alteran al número másico.

Resolución: * Número de partículas alfa: $226 = 4 \cdot a + 206 \rightarrow a = \dfrac{226-206}{4} = \dfrac{20}{4} = \boxed{5}$

* Número de partículas beta: $^{226}_{88}Ra \rightarrow \ ^{206}_{82}Pb + 5\ ^{4}_{2}\alpha + b\ ^{0}_{-1}Pb$

$88 = 82 + 5 \cdot 2 + b \cdot (-1) \rightarrow 88 = 82 + 10 - b \rightarrow b = 82 + 10 - 88 = \boxed{4}$

* Reacción ajustada: $^{226}_{88}Ra \rightarrow \ ^{206}_{82}Pb + 5\ ^{4}_{2}\alpha + 4\ ^{0}_{-1}Pb$

Comentario: cuando un núcleo emite una partícula alfa, su número másico disminuye 4 unidades y su número atómico disminuye 2 unidades. Cuando un núcleo emite una partícula beta, su número másico permanece constante y su número atómico aumenta una unidad.

22) En la explosión de una bomba de hidrógeno se produce la reacción: $^{2}_{1}H + ^{3}_{1}H \rightarrow ^{4}_{2}He + ^{1}_{0}n$.

a) Defina defecto de masa y calcule la energía de enlace por nucleón del $^{4}_{2}He$. b) Determine la energía liberada en la formación de un átomo de helio.

$c = 3 \cdot 10^{8}$ m s^{-1} ; 1 u = $1,67 \cdot 10^{-27}$ kg ; m($^{2}_{1}H$) = 2,01474 u ; m($^{3}_{1}H$) = 3,01700 u;

m($^{4}_{2}He$) = 4,002603 u ; m($^{1}_{0}n$) = 1,008665 u ; m($^{1}_{1}p$) = 1,007825 u

Datos:
¿E_n?
¿E?
N = 1 átomo He
c = $3 \cdot 10^{8}$ m s^{-1}
1 u = $1,67 \cdot 10^{-27}$ kg
m($^{2}_{1}H$) = 2,01474 u
m($^{3}_{1}H$) = 3,01700 u
m($^{4}_{2}He$) = 4,002603 u
m($^{1}_{0}n$) = 1,008665 u
m($^{1}_{1}p$) = 1,007825 u

Dibujo:

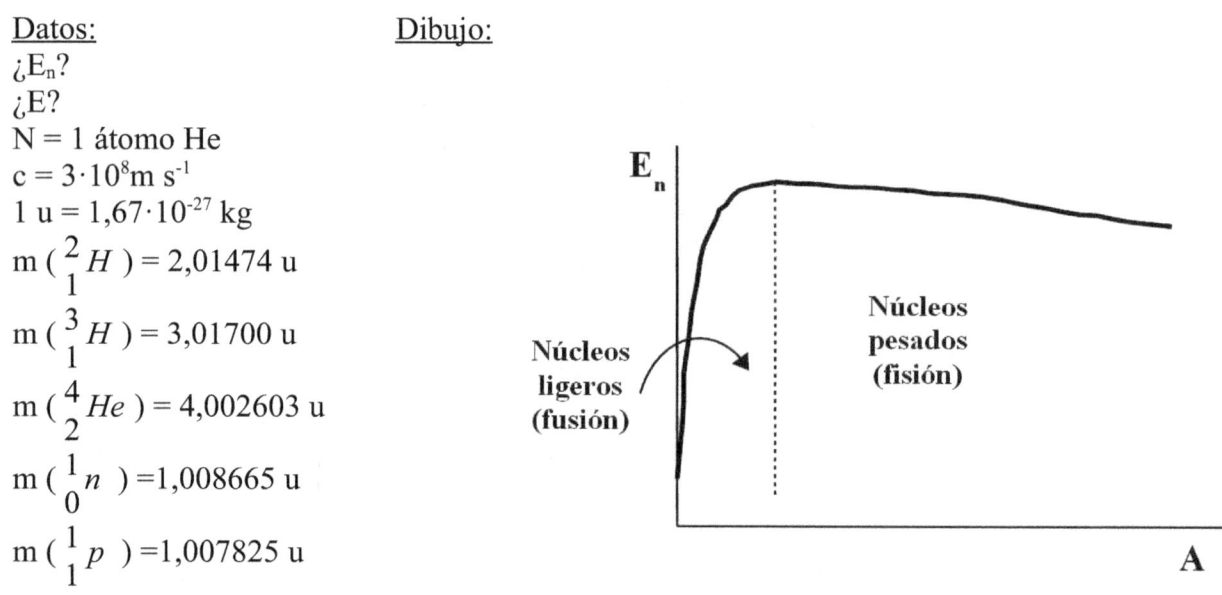

Principio físico: la radiactividad es la emisión natural o artificial de partículas y energía por parte de algunos núcleos inestables. En las reacciones nucleares hay un defecto de masa que se convierte en energía.

Método de resolución: calcularemos el defecto de masa y lo transformaremos en energía mediante la ecuación de Einstein.

Resolución: * Defecto de masa:

$\Delta m = 4,002603 + 1,008665 - 2,01474 - 3,01700 = -0'0205$ u $\cdot \dfrac{1'67 \cdot 10^{-27} kg}{1 u} = -3'42 \cdot 10^{-29}$ kg

* Energía liberada en la formación de un átomo de helio:

$E = \Delta m \cdot c^2 = -3'42 \cdot 10^{-29} \cdot (3 \cdot 10^8)^2 = \boxed{-3'08 \cdot 10^{-12} \text{ J}}$

* Energía de enlace por nucleón: $E_n = \dfrac{E_e}{A} = \dfrac{-3'08 \cdot 10^{-12}}{4} = \boxed{-7'70 \cdot 10^{-13} \text{ J/ nucleón}}$

Comentario: el defecto de masa es la diferencia entre la masa de un núcleo y la masa total de sus partículas constituyentes. Esa diferencia de masa se transforma en energía de enlace que da cohesión y estabilidad al núcleo.

23) Entre unos restos arqueológicos de edad desconocida se encuentra una muestra de carbono en la que sólo queda una octava parte del carbono ^{14}C que contenía originalmente. El periodo de semidesintegración del ^{14}C es de 5730 años. a) Calcule la edad de dichos restos. b) Si en la actualidad hay 10^{12} átomos de ^{14}C en la muestra, ¿cuál es su actividad?

Datos:

$N = N_0 / 8$
$T_{1/2} = 5730$ años
¿t?
$N = 10^{12}$ átomos
¿A?

Dibujo:

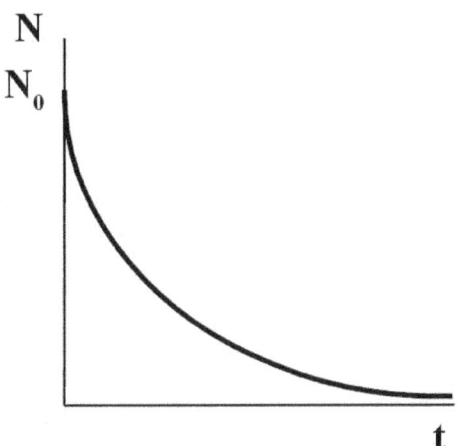

Principio físico: la radiactividad es la emisión natural o artificial de partículas y energía por parte de algunos núcleos inestables. En las reacciones nucleares hay un defecto de masa que se convierte en energía.

Método de resolución: calcularemos la constante de desintegración a partir del período de semidesintegración y usaremos la ley de desintegración radiactiva.

Resolución: * Constante de desintegración: $T_{1/2} = \dfrac{\ln 2}{\lambda}$ → $\lambda = \dfrac{\ln 2}{T_{1/2}} = \dfrac{\ln 2}{5730} = 1'21 \cdot 10^{-4} \text{ a}^{-1}$

$\lambda = 1'21 \cdot 10^{-4} \text{ a}^{-1} \cdot \dfrac{1\,año}{365\,días} \cdot \dfrac{1\,día}{24\,h} \cdot \dfrac{1\,h}{3600\,s} = 3'84 \cdot 10^{-12} \text{ s}^{-1}$

* Edad de los restos: $N = N_0 \cdot e^{-\lambda \cdot t}$ → $\ln N = \ln N_0 - \lambda \cdot t$ → $\ln N - \ln N_0 = -\lambda \cdot t$ →

→ $\ln N_0 - \ln N = \lambda \cdot t$ → $\ln \dfrac{N_0}{N} = \lambda \cdot t$ → $t = \dfrac{1}{\lambda} \ln \dfrac{N_0}{N} =$

$= \dfrac{1}{1'21 \cdot 10^{-4}} \ln \dfrac{N_0}{N_0/8} = \boxed{17185 \text{ años}}$

* Actividad actual: $A = -\dfrac{dN}{dt} = \lambda \cdot N = 3'84 \cdot 10^{-12} \text{ s}^{-1} \cdot 10^{12}$ átomos $= \boxed{3'84 \text{ Bq}}$

Comentario: la actividad es el cociente $-\dfrac{dN}{dt}$ e indica la rapidez con la que la sustancia se desintegra, es decir, el número de desintegraciones que ocurren en un segundo.

2011

24) La fisión de un átomo de $^{235}_{92}U$ se produce por captura de un neutrón, siendo los productos principales de este proceso $^{144}_{56}Ba$ y $^{90}_{36}Kr$. a) Escriba y ajuste la reacción nuclear correspondiente y calcule la energía desprendida por cada átomo que se fisiona. b) En una determinada central nuclear se liberan mediante fisión $45 \cdot 10^8$ W. Determine la masa de material fisionable que se consume cada día. c = $3 \cdot 10^8$ m s^{-1} ; m_U = 235,12 u ; m_{Ba} = 143,92 u ; m_{Kr} = 89,94 u ; m_n = 1,008665 u ; 1 u = $1,7 \cdot 10^{-27}$ kg

Datos:

¿Reacción?
¿E?
Pot = $45 \cdot 10^8$ W
¿m?
c = $3 \cdot 10^8$ m s^{-1}
m_U = 235,12 u
m_{Ba} = 143,92 u
m_{Kr} = 89,94 u
m_n = 1,008665 u
1 u = $1,7 \cdot 10^{-27}$ kg

Dibujo:

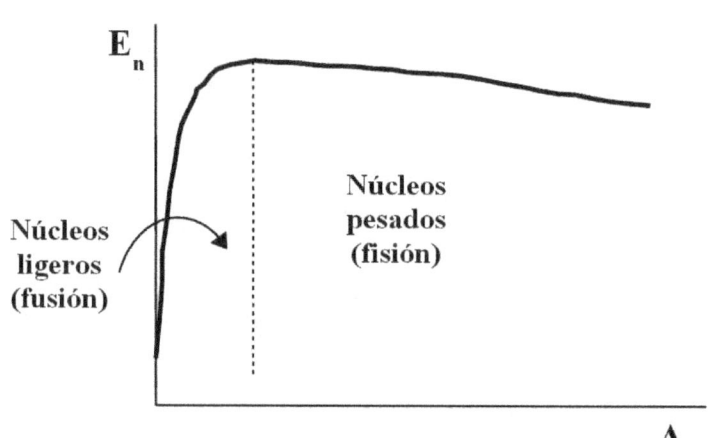

Principio físico: la radiactividad es la emisión natural o artificial de partículas y energía por parte de algunos núcleos inestables. La fisión consiste en la ruptura de un núcleo pesado en dos o tres más ligeros.

Método de resolución: escribiremos la reacción nuclear, calcularemos el defecto de masa y mediante la ecuación de Einstein obtendremos la energía correspondiente. La masa necesaria la determinaremos mediante factores de conversión.

Resolución: * Reacción nuclear: $\boxed{^{235}_{92}U + ^{1}_{0}n \rightarrow ^{144}_{56}Ba + ^{90}_{36}Kr + 2\,^{1}_{0}n}$

* Defecto de masa:

$\Delta m = 143,92 + 89,94 + 2 \cdot 1,008665 - 235,12 - 1,008665 = -0'251$ u $\cdot \dfrac{1'67 \cdot 10^{-27} kg}{1\,u} = -4'20 \cdot 10^{-28}$ kg

* Energía desprendida: E = $\Delta m \cdot c^2 = -4'20 \cdot 10^{-28} \cdot (3 \cdot 10^8)^2 = \boxed{-3'78 \cdot 10^{-11}\text{ J}}$

* Masa de material fisionable:

m = $45 \cdot 10^8$ W $\cdot \dfrac{1\,J/s}{1\,W} \cdot \dfrac{3600\,s}{1\,h} \cdot \dfrac{24\,h}{1\,día} \cdot \dfrac{1\,átomo\,de\,U}{3'78 \cdot 10^{-11}\,J} \cdot \dfrac{235'12\,u}{1\,átomo\,de\,U} \cdot \dfrac{1'7 \cdot 10^{-27}\,kg}{1\,u} = \boxed{4'11\,\dfrac{kg}{día}}$

Comentario: los núcleos pesados tienden a fisionarse para conseguir mayor estabilidad.

25) La actividad de ^{14}C de un resto arqueológico es de 150 desintegraciones por segundo. La misma masa de una muestra actual de idéntico tipo posee una actividad de 450 desintegraciones por segundo. El periodo de semidesintegración del ^{14}C es de 5730 años. a) Explique qué se entiende por actividad de una muestra radiactiva y calcule la antigüedad de la muestra arqueológica. b) ¿Cuántos átomos de ^{14}C tiene la muestra arqueológica indicada en la actualidad?

Datos:

Dibujo:

A = 150 s^{-1}
A$_0$ = 450 s^{-1}
T$_{1/2}$ = 5730 años
¿t?
¿N?

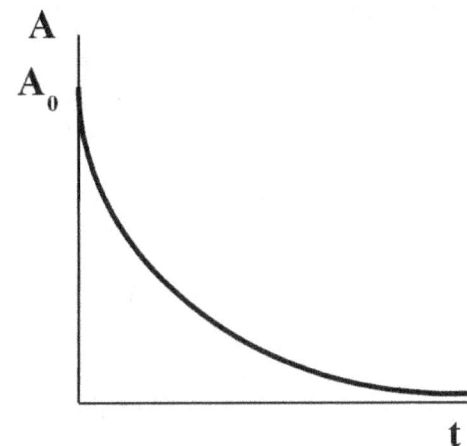

Principio físico: la radiactividad es la emisión natural o artificial de partículas y energía por parte de algunos núcleos inestables. En las reacciones nucleares hay un defecto de masa que se convierte en energía.

Método de resolución: calcularemos la constante de desintegración a partir del período de semidesintegración y usaremos la ley de desintegración radiactiva.

Resolución: * Constante de desintegración: $T_{1/2} = \dfrac{\ln 2}{\lambda} \rightarrow \lambda = \dfrac{\ln 2}{T_{1/2}} = \dfrac{\ln 2}{5730} = 1'21 \cdot 10^{-4}$ a^{-1}

$\lambda = 1'21 \cdot 10^{-4}$ a$^{-1} \cdot \dfrac{1\,año}{365\,días} \cdot \dfrac{1\,día}{24\,h} \cdot \dfrac{1\,h}{3600\,s} = 3'84 \cdot 10^{-12}$ s^{-1}

* Antigüedad de la muestra: $A = A_0 \cdot e^{-\lambda \cdot t} \rightarrow \text{Ln } A = \text{Ln } A_0 - \lambda \cdot t \rightarrow \text{Ln } A - \text{Ln } A_0 = -\lambda \cdot t \rightarrow$

$\rightarrow \text{Ln } A_0 - \text{Ln } A = \lambda \cdot t \rightarrow \text{Ln } \dfrac{A_0}{A} = \lambda \cdot t \rightarrow t = \dfrac{1}{\lambda} \text{Ln } \dfrac{A_0}{A} = \dfrac{1}{1'21 \cdot 10^{-4}} \text{Ln } \dfrac{450}{150} = \boxed{9079 \text{ a}}$

* Átomos de C actuales: $A = \lambda \cdot N \rightarrow N = \dfrac{A}{\lambda} = \dfrac{150}{3'84 \cdot 10^{-12}} = \boxed{3'91 \cdot 10^{13} \text{ átomos}}$

Comentario: la actividad es el cociente $-\dfrac{dN}{dt}$ e indica la rapidez con la que la sustancia se desintegra, es decir, el número de desintegraciones que ocurren en un segundo.

2009

26) El $^{210}_{83}Bi$ emite una partícula beta y se transforma en polonio que, a su vez, emite una partícula alfa y se transforma en plomo. a) Escriba las reacciones de desintegración radiactivas. b) Si el período de semidesintegración del $^{210}_{83}Bi$ es de 5 días, calcule cuántos núcleos se han desintegrado al cabo de 10 días si inicialmente se tenía un mol de átomos de ese elemento. $N_A = 6'02 \cdot 10^{23}$

Datos:

¿Reacciones?
$T_{1/2} = 5$ días
$¿N - N_0?$
$t = 10$ días
$n_0 = 1$ mol
$N_A = 6'02 \cdot 10^{23}$

Dibujo:

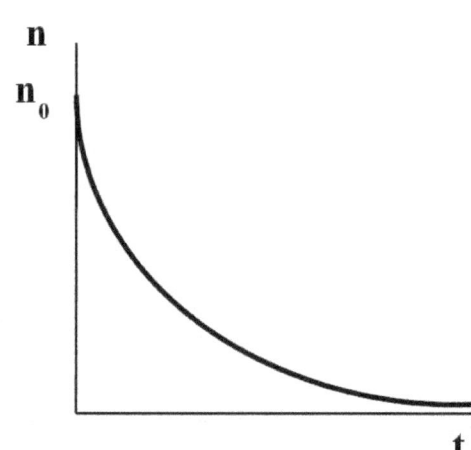

Principio físico: la radiactividad es la emisión natural o artificial de partículas y energía por parte de algunos núcleos inestables. En las reacciones nucleares hay un defecto de masa que se convierte en energía.

Método de resolución: escribiremos la reacción nuclear, calcularemos la constante de desintegración a partir del período de semidesintegración y usaremos la ley de desintegración radiactiva.

Resolución: * Reacciones nucleares: $\boxed{^{210}_{83}Bi \rightarrow {}^{210}_{83}Bi + {}^{0}_{-1}\beta \quad ; \quad {}^{210}_{84}Po \rightarrow {}^{206}_{82}Pb + {}^{4}_{2}\alpha}$

* Constante de desintegración: $T_{1/2} = \dfrac{\ln 2}{\lambda} \rightarrow \lambda = \dfrac{\ln 2}{T_{1/2}} = \dfrac{\ln 2}{5} = 0'139 \, d^{-1}$

* Masa a los 10 días: $n = n_0 \cdot e^{-\lambda \cdot t} = 1 \cdot e^{-0'139 \cdot 10} = 0'249$ mol

* Masa desintegrada: $m_{desin} = m_0 - m = 1 - 0'249 = 0'751$ mol

* Núcleos que se han desintegrado: $N_{desin} = 0'751 \, mol \cdot 6'02 \cdot 10^{23} \, mol^{-1} = \boxed{4'52 \cdot 10^{23} \text{ núcleos}}$

Comentario: cuando un núcleo emite una partícula alfa, su número másico disminuye 4 unidades y su número atómico disminuye 2 unidades. Cuando un núcleo emite una partícula beta, su número másico permanece constante y su número atómico aumenta una unidad.

2008

27) Una sustancia radiactiva se desintegra según la ecuación: $N = N_0 e^{-0,005 \cdot t}$ (S. I.) a) Explique el significado de las magnitudes que intervienen en la ecuación y determine razonadamente el periodo de semidesintegración. b) Si una muestra contiene en un momento dado 10^{26} núcleos de dicha sustancia, ¿cuál será la actividad de la muestra al cabo de 3 horas?

Datos:

$N = N_0 \cdot e^{-0,005 \cdot t}$
¿$T_{1/2}$?
$N = 10^{26}$ núcleos
¿A?
t = 3 h

Dibujo:

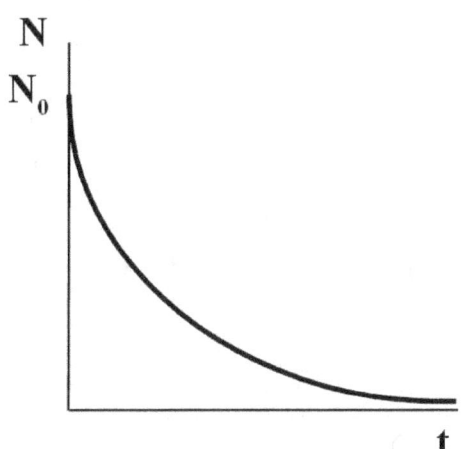

Principio físico: la radiactividad es la emisión natural o artificial de partículas y energía por parte de algunos núcleos inestables. En las reacciones nucleares hay un defecto de masa que se convierte en energía. El período de semidesintegración es el tiempo que tarda una muestra en disminuir su actividad (y su cantidad) a la mitad.

Método de resolución: sustituiremos en la ley de desintegración radiactiva $N = N_0/2$, como corresponde al período de semidesintegración. Usaremos el concepto de actividad.

Resolución: * Período de semidesintegración: $N = \dfrac{N_0}{2} \rightarrow N = N_0 \cdot e^{-0,005 \cdot t} \rightarrow$

$\rightarrow \dfrac{N_0}{2} = N_0 \cdot e^{-0,005 \cdot t} \rightarrow \dfrac{1}{2} = e^{-0,005 \cdot t} \rightarrow 1 = 2 \cdot e^{-0,005 \cdot t} \rightarrow \ln 1 = \ln 2 + \ln e^{-0,005 \cdot t} \rightarrow$

$\rightarrow 0 = \ln 2 - 0,005 \cdot t \rightarrow \ln 2 = 0,005 \cdot t \rightarrow T_{1/2} = t = \dfrac{\ln 2}{0'005} = \boxed{139 \text{ s}}$

* Número de núcleos a las tres horas: $N = N_0 \cdot e^{-0,005 \cdot t} = 10^{26} \cdot e^{-0,005 \cdot 3 \cdot 3600} = 353$ núcleos.

* Actividad a las tres horas: $A = \lambda \cdot N = 5 \cdot 10^{-3} \cdot 353 = \boxed{1'76 \text{ Bq}}$

Comentario: significado de las magnitudes:
N: número de núcleos al cabo de un tiempo t.
N_0: número de núcleos iniciales.
$\lambda = 0'005$ s^{-1}: constante de desintegración (probabilidad de que un núcleo se desintegre por unidad de tiempo).
t: tiempo transcurrido (s).

28) La masa atómica del isótopo $^{14}_{7}N$ es 14,0001089 u. a) Indique los nucleones de este isótopo y calcule su defecto de masa. b) Calcule su energía de enlace.
c = 3,0·108 m s⁻¹ ; 1 u = 1,67·10⁻²⁷ kg ; m_p = 1,007276 u ; m_n = 1,008665 u

Datos:

M = 14,0001089 u
¿Δm?
¿E_e?
c = 3,0·108 m s⁻¹
1 u = 1,67·10⁻²⁷ kg
m_p = 1,007276 u
m_n = 1,008665 u

Dibujo:

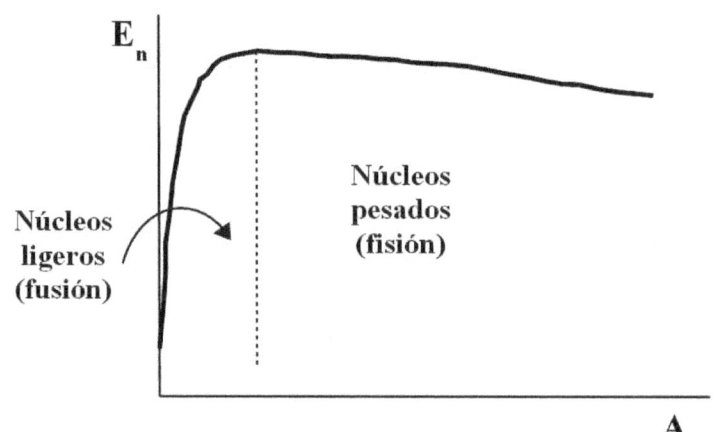

Principio físico: la radiactividad es la emisión natural o artificial de partículas y energía por parte de algunos núcleos inestables. En las reacciones nucleares hay un defecto de masa que se convierte en energía. Los nucleones son las partículas que hay en el núcleo, es decir, neutrones y protones.

Método de resolución: calcularemos la diferencia de masa entre el núclido y sus partículas constituyentes y lo transformaremos en energía mediante la ecuación de Einstein.

Resolución: * Nucleones: Z = 7 → 7 protones ; N = A – Z = 14 – 7 = 7 neutrones

* Defecto de masa:

$$\Delta m = 14,0001089 - 7 \cdot 1,007276 - 7 \cdot 1,008665 = -0'111 \text{ u} \cdot \frac{1'67 \cdot 10^{-27} kg}{1 u} = \boxed{-1'85 \cdot 10^{-28} \text{ kg}}$$

* Energía de enlace:

$$E_e = \Delta m \cdot c^2 = -1'85 \cdot 10^{-28} \cdot (3 \cdot 10^8)^2 = \boxed{-1'67 \cdot 10^{-11} \text{ J}}$$

Comentario: el defecto de masa es la diferencia de masa entre un núcleo y sus partículas constituyentes. La energía de enlace por nucleón es la energía de enlace dividida por el número de nucleones (el número másico). Esta magnitud da una idea de la estabilidad del núclido.

29) El $^{126}_{55}Cs$ tiene un periodo de semidesintegración de 1,64 minutos. a) ¿Cuántos núcleos hay en una muestra de $0,7 \cdot 10^{-6}$ g? b) Explique qué se entiende por actividad de una muestra y calcule su valor para la muestra del apartado a) al cabo de 2 minutos. $N_A = 6,023 \cdot 10^{23}$ mol^{-1} ; m(Cs) = 132,905 u

Datos:

$T_{1/2}$ = 1'64 min
¿N?
m = $0,7 \cdot 10^{-6}$ g
¿A?
t = 2 min
$N_A = 6,023 \cdot 10^{23}$ mol^{-1}
m(Cs) = 132,905 u

Dibujo:

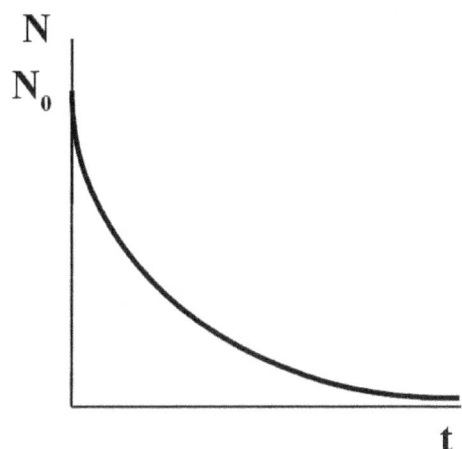

Principio físico: la radiactividad es la emisión natural o artificial de partículas y energía por parte de algunos núcleos inestables. En las reacciones nucleares hay un defecto de masa que se convierte en energía.

Método de resolución: calcularemos la constante de desintegración a partir de la vida media, usaremos la ley de desintegración radiactiva y el concepto de actividad.

Resolución: * Núcleos presentes en la muestra:

$N_0 = 0,7 \cdot 10^{-6}$ g $\cdot \dfrac{1\, mol}{132'905\, g} \cdot \dfrac{6'023 \cdot 10^{23}\, núcleos}{1\, mol} = 3'17 \cdot 10^{15}$ núcleos

* Constante de desintegración: $T_{1/2} = \dfrac{\ln 2}{\lambda} \rightarrow \lambda = \dfrac{\ln 2}{T_{1/2}} = \dfrac{\ln 2}{1'64} = 0'423$ min^{-1}

$\lambda = 0'423$ min$^{-1} \cdot \dfrac{1\, min}{60\, s} = 7'05 \cdot 10^{-3}$ s^{-1}

* Núcleos al cabo de dos minutos: $N = N_0 \cdot e^{-\lambda \cdot t} = 3'17 \cdot 10^{15} \cdot e^{-0'423 \cdot 2} =$ $\boxed{1'36 \cdot 10^{15}\, núcleos}$

* Actividad al cabo de dos minutos: $A = \lambda \cdot N = 7'05 \cdot 10^{-3} \cdot 1'36 \cdot 10^{15} =$ $\boxed{9'59 \cdot 10^{12}\, Bq}$

Comentario: la actividad de una muestra es la derivada: $A = -\dfrac{dN}{dt} = \lambda \cdot N$. La actividad indica la rapidez con la que se desintegra la sustancia, es decir, el número de desintegraciones por segundo que ocurren en un instante dado.

2007

30) a) Calcule el defecto de masa de los núclidos $^{11}_{5}B$ y $^{222}_{86}Rn$ y razone cuál de ellos es más estable.

b) En la desintegración del núcleo $^{222}_{86}Rn$ se emiten dos partículas alfa y una beta, obteniéndose un nuevo núcleo. Indique las características del núcleo resultante.

m_B = 11,009305 u ; m_{Rn} = 222,017574 u ; m_p = 1,007825 u ; m_n = 1,008665 u

Datos:

¿Δm?
m_B = 11,009305 u
m_{Rn} = 222,017574 u
m_p = 1,007825 u
m_n = 1,008665 u

Dibujo:

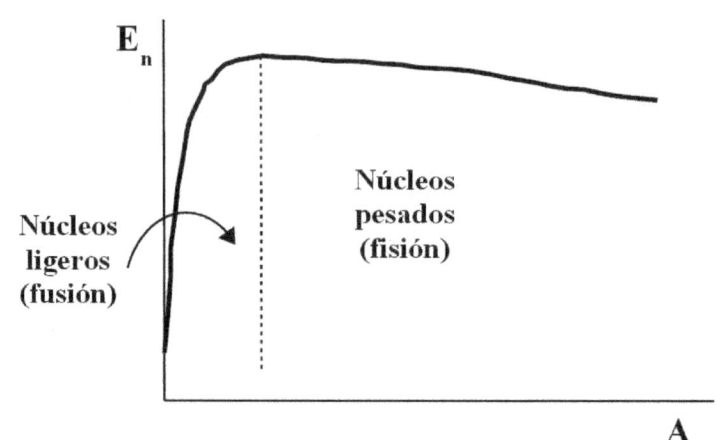

Principio físico: la radiactividad es la emisión natural o artificial de partículas y energía por parte de algunos núcleos inestables. En las reacciones nucleares hay un defecto de masa que se convierte en energía. De dos núclidos, el más estable es el que tiene mayor energía de enlace por nucleón.

Método de resolución: calcularemos el defecto de masa, lo transformaremos en energía mediante la ecuación de Einstein y la dividiremos por el número másico para calcular la energía de enlace por nucleón.

Resolución: * Número de partículas:

$^{11}_{5}B$: 5 protones y 6 neutrones ; $^{222}_{86}Rn$: 86 protones y 222 – 86 = 136 neutrones

* Defectos de masa:

Del $^{11}_{5}B$: Δm = 11,009305 – 5·1,007825 – 6·1,008665 = – 0'0818 u · $\dfrac{1'67 \cdot 10^{-27} kg}{1 u}$ =

= $\boxed{- 1'37 \cdot 10^{-28} kg}$

Del $^{222}_{86}Rn$: Δm = 222,017574 – 86·1,007825 – 136·1,008665 = – 1'83 u · $\dfrac{1'67 \cdot 10^{-27} kg}{1 u}$ =

= $\boxed{- 3'06 \cdot 10^{-27} kg}$

* Energías de enlace:

Del $^{11}_{5}B$: $E = \Delta m \cdot c^2 = -1'37 \cdot 10^{-28} \cdot (3 \cdot 10^8)^2 = -1'23 \cdot 10^{-11}$ J

Del $^{222}_{86}Rn$: $E = \Delta m \cdot c^2 = -3'06 \cdot 10^{-27} \cdot (3 \cdot 10^8)^2 = -2'75 \cdot 10^{-10}$ J

* Energías de enlace por nucleón:

Del $^{11}_{5}B$: $E_n = \dfrac{E_e}{A} = \dfrac{-1'23 \cdot 10^{-11}}{11} = -1'12 \cdot 10^{-12}\ \dfrac{J}{nucleón}$

Del $^{222}_{86}Rn$: $E_n = \dfrac{E_e}{A} = \dfrac{-2'78 \cdot 10^{-10}}{222} = -1'25 \cdot 10^{-12}\ \dfrac{J}{nucleón}$

<u>Comentario:</u> el más estable es el $^{222}_{86}Rn$, pues tiene la mayor energía de enlace por nucleón. Esta energía se emplea en dar cohesión y estabilidad al núcleo. El defecto de masa es la diferencia de masa entre un núclido y sus partículas constituyentes. Esa diferencia de masa se transforma en energía de enlace, que le da cohesión y estabilidad al núclido.

PROBLEMAS DE FÍSICA CUÁNTICA

2018

1) Los fotoelectrones expulsados de la superficie de un metal por una luz de $4 \cdot 10^{-7}$ m de longitud de onda en el vacío son frenados por una diferencia de potencial de 0,8 V. ¿Qué diferencia de potencial se requiere para frenar los electrones expulsados de dicho metal por otra luz de $3 \cdot 10^{-7}$ m de longitud de onda en el vacío? Justifique todas sus respuestas. $c = 3 \cdot 10^8$ m s^{-1}; $e = 1,6 \cdot 10^{-19}$ C; $h = 6,63 \cdot 10^{-34}$ J s

Datos:

$\lambda = 4 \cdot 10^{-7}$ m
$V_0 = 0'8$ V
$¿V_0?$
$\lambda = 3 \cdot 10^{-7}$ m
$c = 3 \cdot 10^8$ m s^{-1}
$e = 1,6 \cdot 10^{-19}$ C
$h = 6,63 \cdot 10^{-34}$ J s

Dibujo:

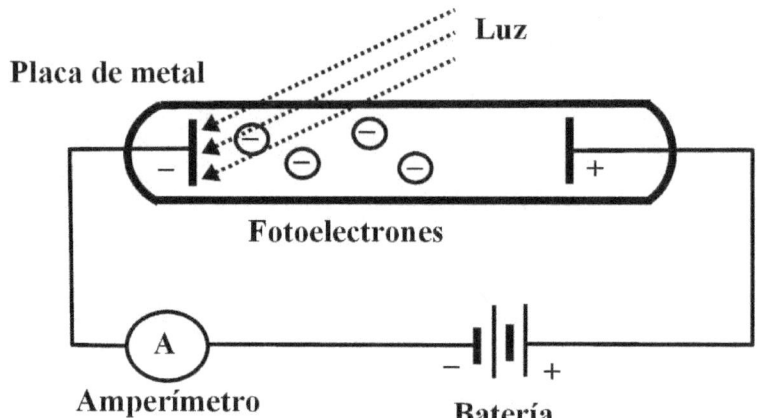

Principio físico: el efecto fotoeléctrico consiste en la emisión de fotoelectrones por parte de una lámina metálica cuando se la ilumina con luz de una frecuencia superior a la umbral. El potencial de frenado es la diferencia de potencial mínima que hay que aplicar en la pila para que los electrones que saltan del metal se frenen, es decir, para igualar a su energía cinética.

Método de resolución: haremos un balance de energía en el efecto fotoeléctrico.

Resolución: * Trabajo de extracción: $E_{fotón} = W_{extr.} + E_c \rightarrow h \cdot \dfrac{c}{\lambda} = W_{extr} + e \cdot V_0 \rightarrow$

$$\rightarrow W_{extr} = \dfrac{h \cdot c}{\lambda} - e \cdot V_0 = \dfrac{6'63 \cdot 10^{-34} \cdot 3 \cdot 10^8}{4 \cdot 10^{-7}} - 1'6 \cdot 10^{-19} \cdot 0'8 = 3'69 \cdot 10^{-19} \text{ J}$$

* Nuevo potencial de frenado: $e \cdot V_0 = \dfrac{h \cdot c}{\lambda} - W_{extr} \rightarrow V_0 = \dfrac{h \cdot c}{\lambda \cdot e} - \dfrac{W_{extr.}}{e} =$

$$= \dfrac{h \cdot c - \lambda \cdot W_{extr.}}{\lambda \cdot e} = \dfrac{6'63 \cdot 10^{-34} \cdot 3 \cdot 10^8 - 3 \cdot 10^{-7} \cdot 3'69 \cdot 10^{-19}}{3 \cdot 10^{-7} \cdot 1'6 \cdot 10^{-19}} = \boxed{1'84 \text{ V}}$$

Comentario: el trabajo de extracción es independiente de la longitud de onda, pues depende exclusivamente del metal.

2) Se ilumina la superficie de un metal con dos haces de longitudes de onda $\lambda_1 = 1,96 \cdot 10^{-7}$ m y $\lambda_2 = 2,65 \cdot 10^{-7}$ m. Se observa que la energía cinética de los electrones emitidos con la luz de longitud de onda λ_1 es el doble que la de los emitidos con la de λ_2. Obtenga la energía cinética con que salen los electrones en ambos casos y la función trabajo del metal. $h = 6,63 \cdot 10^{-34}$ J s; $c = 3 \cdot 10^8$ m s^{-1}

Datos:

Dibujo:

$\lambda_1 = 1,96 \cdot 10^{-7}$ m
$\lambda_2 = 2,65 \cdot 10^{-7}$ m
$Ec_1 = 2 \cdot Ec_2$
¿Ec_1, Ec_2?
¿$W_{extr.}$?
$h = 6,63 \cdot 10^{-34}$ J s
$c = 3 \cdot 10^8$ m s^{-1}

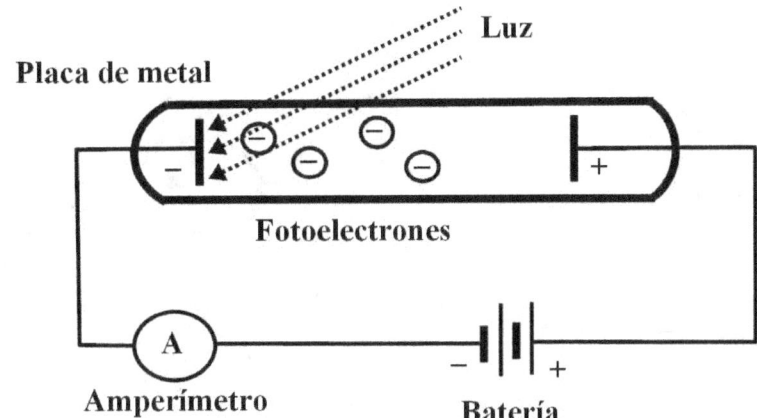

Principio físico: el efecto fotoeléctrico consiste en la emisión de fotoelectrones por parte de una lámina metálica cuando se la ilumina con luz de una frecuencia superior a la umbral.

Método de resolución: haremos un balance de energía en el efecto fotoeléctrico.

Resolución: * Balance de energía: $E_{fotón} = W_{extr.} + Ec \rightarrow h \cdot \dfrac{c}{\lambda} = W_{extr} + Ec$

$\dfrac{h \cdot c}{\lambda_1} = W_{extr} + Ec_1 = W_{extr} + 2 \cdot Ec_2$

$\dfrac{h \cdot c}{\lambda_2} = W_{extr} + Ec_2$

Restando ambas: $\dfrac{h \cdot c}{\lambda_1} - \dfrac{h \cdot c}{\lambda_2} = 2 \cdot Ec_2 - Ec_2$

* Energías cinéticas:

$Ec_2 = h \cdot c \cdot \left(\dfrac{1}{\lambda_1} - \dfrac{1}{\lambda_2}\right) = 6,63 \cdot 10^{-34} \cdot 3 \cdot 10^8 \cdot \left(\dfrac{1}{1'96 \cdot 10^{-7}} - \dfrac{1}{2'65 \cdot 10^{-7}}\right) = \boxed{2'64 \cdot 10^{-19} \text{ J}}$

$Ec_1 = 2 \cdot Ec_2 = 2 \cdot 2'64 \cdot 10^{-19} = \boxed{5'28 \cdot 10^{-19} \text{ J}}$

* Función trabajo: $W_{extr} = \dfrac{h \cdot c}{\lambda_2} - Ec_2 = \dfrac{6'63 \cdot 10^{-34} \cdot 3 \cdot 10^8}{2'65 \cdot 10^{-7}} - 2'64 \cdot 10^{-19} = \boxed{4'87 \cdot 10^{-19} \text{ J}}$

Comentario: la función trabajo depende del metal, no depende de la energía de la radiación incidente.

3) Para poder determinar la constante de Planck de forma experimental se ilumina una superficie de cobre con una luz de $1{,}2 \cdot 10^{15}$ Hz observándose que los electrones se emiten con una velocidad de $3{,}164 \cdot 10^5$ m s^{-1}. A continuación se ilumina la misma superficie con otra luz de $1{,}4 \cdot 10^{15}$ Hz y se observa que los electrones se emiten con una velocidad de $6{,}255 \cdot 10^5$ m s^{-1}. Determine el valor de la constante de Planck y la función trabajo del cobre. $c = 3 \cdot 10^8$ m s^{-1}; $e = 1{,}6 \cdot 10^{-19}$ C; $m_e = 9{,}1 \cdot 10^{-31}$ kg

Datos:

$f_1 = 1{,}2 \cdot 10^{15}$ Hz
$v_1 = 3{,}164 \cdot 10^5$ m s^{-1}
$f_2 = 1{,}4 \cdot 10^{15}$ Hz
$v_2 = 6{,}255 \cdot 10^5$ m s^{-1}
¿h?
¿W_{extr}?
$c = 3 \cdot 10^8$ m s^{-1}
$e = 1{,}6 \cdot 10^{-19}$ C
$m_e = 9{,}1 \cdot 10^{-31}$ kg

Dibujo:

Principio físico: el efecto fotoeléctrico consiste en la emisión de fotoelectrones por parte de una lámina metálica cuando se la ilumina con luz de una frecuencia superior a la umbral.

Método de resolución: haremos un balance de energía en el efecto fotoeléctrico.

Resolución: * Balance de energía: $E_{fotón} = W_{extr.} + E_c \rightarrow h \cdot f = W_{extr} + \frac{1}{2} m v^2$

$h \cdot f_1 = W_{extr} + \frac{1}{2} m v_1^2$

$h \cdot f_2 = W_{extr} + \frac{1}{2} m v_2^2$

Restando ambas: $h \cdot f_2 - h \cdot f_1 = \frac{1}{2} m v_2^2 - \frac{1}{2} m v_1^2 \rightarrow$

$\rightarrow h \cdot (f_2 - f_1) = \frac{1}{2} m \cdot (v_2^2 - v_1^2) \rightarrow$

$\rightarrow h = \dfrac{m \cdot (v_2^2 - v_1^2)}{2 \cdot (f_2 - f_1)} = \dfrac{9'1 \cdot 10^{-31} \cdot ((6'255 \cdot 10^5)^2 - (3'164 \cdot 10^5)^2)}{2 \cdot (1'4 \cdot 10^{15} - 1'2 \cdot 10^{15})} = \boxed{6'62 \cdot 10^{-34} \text{ J·s}}$

* Función trabajo del cobre:

$W_{extr} = h \cdot f_1 - \frac{1}{2} m \cdot v_1^2 = 6'62 \cdot 10^{-34} \cdot 1'2 \cdot 10^{15} - \frac{1}{2} \cdot 9'1 \cdot 10^{-31} \cdot (3'164 \cdot 10^5)^2 = \boxed{7'49 \cdot 10^{-19} \text{ J}}$

Comentario: el trabajo de extracción es una constante del metal. Es la energía mínima necesaria para arrancarle electrones al metal.

4) Se acelera un protón desde el reposo mediante una diferencia de potencial de 5000 V. Determine la velocidad del protón y su longitud de onda de De Broglie. Si en lugar de un protón fuera un electrón el que se acelera con la misma diferencia de potencial, calcule su energía cinética y longitud de onda. Justifique todas sus respuestas. h = 6,63·10^{-34} J s; e = 1,6 ·10^{-19} C; m$_p$ = 1,7 ·10^{-27} kg; m$_e$ = 9,1·10^{-31} kg

Datos:

$v_0 = 0$
$\Delta V = 5000$ V
¿v?
¿λ?
¿Ec?
¿λ?
h = 6,63·10^{-34} J s
e = 1,6 ·10^{-19} C
m$_p$ = 1,7 ·10^{-27} kg
m$_e$ = 9,1·10^{-31} kg

Dibujo:

Principio físico: principio de conservación de la energía mecánica: en sistemas en los que sólo intervienen fuerzas conservativas, la energía mecánica total permanece constante. Principio de De Broglie o dualidad onda-partícula: toda partícula en movimiento lleva asociada una onda.

Método de resolución: aplicaremos la conservación de la energía mecánica y la longitud de onda de De Broglie.

Resolución: * Velocidad del protón: $-\Delta E_p = \Delta E_c \rightarrow e \cdot \Delta V = \frac{1}{2} m \cdot v^2 \rightarrow$

$$\rightarrow v = \sqrt{\frac{2 \cdot e \cdot \Delta V}{m}} = \sqrt{\frac{2 \cdot 1'6 \cdot 10^{-19} \cdot 5000}{1'7 \cdot 10^{-27}}} = \boxed{9'70 \cdot 10^5 \ \frac{m}{s}}$$

* Longitud de onda del protón: $\lambda = \frac{h}{m \cdot v} = \frac{6'63 \cdot 10^{-34}}{1'7 \cdot 10^{-27} \cdot 9'70 \cdot 10^5} = \boxed{4'02 \cdot 10^{-13} \ m}$

* Energía cinética del electrón: $E_c = e \cdot \Delta V = 1'6 \cdot 10^{-19} \cdot 5000 = \boxed{8 \cdot 10^{-16} \ J}$

* Velocidad del electrón: $v = \sqrt{\frac{2 \cdot e \cdot \Delta V}{m}} = \sqrt{\frac{2 \cdot 1'6 \cdot 10^{-19} \cdot 5000}{9'1 \cdot 10^{-31}}} = 4'19 \cdot 10^7 \ \frac{m}{s}$

* Longitud de onda del electrón: $\lambda = \frac{h}{m \cdot v} = \frac{6'63 \cdot 10^{-34}}{9'1 \cdot 10^{-31} \cdot 4'19 \cdot 10^7} = \boxed{1'74 \cdot 10^{-11} \ m}$

Comentario: cuanto más pequeña la partícula y menor su velocidad, mayor será su longitud de onda.

5) La máxima longitud de onda con la que se produce el efecto fotoeléctrico en un metal es de $7,1 \cdot 10^{-7}$ m. Calcule la energía cinética máxima de los electrones emitidos cuando se ilumina con luz de $5 \cdot 10^{-7}$ m, así como el potencial de frenado necesario para anular la fotocorriente. Justifique todas sus respuestas. $h = 6,63 \cdot 10^{-34}$ J s; $c = 3 \cdot 10^{8}$ m s^{-1}; $e = 1,6 \cdot 10^{-19}$ C

Datos:

$\lambda_{máx} = 7,1 \cdot 10^{-7}$ m
¿$Ec_{máx}$?
$\lambda = 5 \cdot 10^{-7}$ m
¿V_0?
$h = 6,63 \cdot 10^{-34}$ J s
$c = 3 \cdot 10^{8}$ m s^{-1}
$e = 1,6 \cdot 10^{-19}$ C

Dibujo:

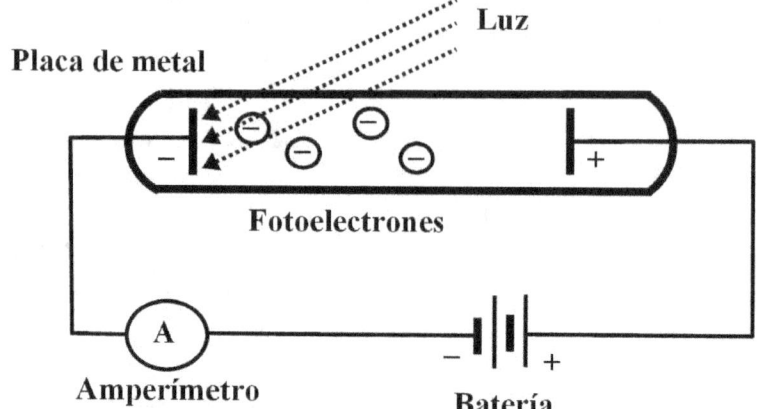

Principio físico: el efecto fotoeléctrico consiste en la emisión de fotoelectrones por parte de una lámina metálica cuando se la ilumina con luz con de frecuencia superior a la umbral. El potencial de frenado es la diferencia de potencial mínima que hay que aplicar en la pila para que los electrones que saltan queden frenados y no lleguen al otro electrodo.

Método de resolución: haremos un balance de energía en el efecto fotoeléctrico.

Resolución: * Balance de energía: $E_{fotón} = W_{extr.} + Ec \rightarrow h \cdot f = h \cdot f_0 + Ec \rightarrow$

$$\rightarrow h \cdot \frac{c}{\lambda} = h \cdot \frac{c}{\lambda_{máx}} + Ec \rightarrow Ec = h \cdot \frac{c}{\lambda} - h \cdot \frac{c}{\lambda_{máx}} = h \cdot c \cdot \left(\frac{1}{\lambda} - \frac{1}{\lambda_{máx.}} \right) =$$

$$= 6'63 \cdot 10^{-34} \cdot 3 \cdot 10^{8} \cdot \left(\frac{1}{5 \cdot 10^{-7}} - \frac{1}{7'1 \cdot 10^{-7}} \right) = \boxed{1'18 \cdot 10^{-19} \text{ J}}$$

* Potencial de frenado: $e \cdot V_0 = W_{extr} = h \cdot f_0 = h \cdot \frac{c}{\lambda_{máx}} \rightarrow$

$$\rightarrow V_0 = \frac{h \cdot c}{e \cdot \lambda_{máx.}} = \frac{6'63 \cdot 10^{-34} \cdot 3 \cdot 10^{8}}{1'6 \cdot 10^{-19} \cdot 7'1 \cdot 10^{-7}} = \boxed{1'75 \text{ V}}$$

Comentario: la máxima longitud de onda es la correspondiente a la frecuencia umbral.

6) Una radiación de 1,8 ·10⁻⁷ m de longitud de onda incide sobre una superficie de rubidio, cuyo trabajo de extracción es 2,26 eV. Explique razonadamente si se produce efecto fotoeléctrico y, en caso afirmativo, calcule la frecuencia umbral del material y la velocidad de los electrones emitidos.
h = 6,63 ·10⁻³⁴ J s; c = 3·10⁸ m s⁻¹; e = 1,6 ·10⁻¹⁹ C; m_e = 9,1·10⁻³¹ kg

Datos:

λ = 1,8 ·10⁻⁷ m
W_{extr} = 2,26 eV
¿f_0?
¿v?
h = 6,63 ·10⁻³⁴ J s
c = 3·10⁸ m s⁻¹
e = 1,6 ·10⁻¹⁹ C
m_e = 9,1·10⁻³¹ kg

Dibujo:

Principio físico: el efecto fotoeléctrico consiste en la emisión de fotoelectrones por parte de una lámina metálica cuando se la ilumina con luz de una frecuencia superior a la umbral.

Método de resolución: haremos un balance de energía en el efecto fotoeléctrico.

Resolución: * Energía del fotón: $E_{fotón} = h \cdot \dfrac{c}{\lambda} = 6'63 \cdot 10^{-34} \cdot \dfrac{3 \cdot 10^{8}}{1'8 \cdot 10^{-7}} = 1'11 \cdot 10^{-18}$ J

* W_{extr} = 2,26 eV · $\dfrac{1'6 \cdot 10^{-19} C \cdot 1V}{1 eV} \cdot \dfrac{1 J}{1 C \cdot 1 V} = 3'62 \cdot 10^{-19}$ J

* Frecuencia umbral del material: $W_{extr} = h \cdot f_0$ → $f_0 = \dfrac{W_{extr.}}{h} = \dfrac{3'62 \cdot 10^{-19}}{6'63 \cdot 10^{-34}} = \boxed{5'46 \cdot 10^{14} \text{ Hz}}$

* Velocidad de los electrones emitidos: $E_{fotón} = W_{extr.} + E_c$ → $E_{fotón} = W_{extr.} + \dfrac{1}{2} m \cdot v^2$ →

→ $2 \cdot E_{fotón} = 2 \cdot W_{extr} + m \cdot v^2$ → $m \cdot v^2 = 2 \cdot E_{fotón} - 2 \cdot W_{extr}$ → $v^2 = \dfrac{2 \cdot (E_{fotón} - W_{extr.})}{m}$ →

→ v = $\sqrt{\dfrac{2 \cdot (E_{fotón} - W_{extr.})}{m}} = \sqrt{\dfrac{2 \cdot (1'11 \cdot 10^{-18} - 3'62 \cdot 10^{-19})}{9'1 \cdot 10^{-31}}} = \boxed{1'28 \cdot 10^{6} \dfrac{m}{s}}$

Comentario: un electronvoltio es la energía que adquiere un electrón cuando se le somete a una diferencia de potencial de un voltio. Al ser la energía del fotón mayor que el trabajo de extracción, se produce efecto fotoeléctrico.

2017

7) ¿Qué velocidad ha de tener un electrón para que su longitud de onda sea 100 veces mayor que la de un neutrón cuya energía cinética es 6 eV? $m_e = 9{,}11 \cdot 10^{-31}$ kg; $m_n = 1{,}69 \cdot 10^{-27}$ kg; $e = 1{,}60 \cdot 10^{-19}$ C

Datos:

¿v?
$\lambda_e = 100 \cdot \lambda_n$
$Ec_n = 6$ eV
$m_e = 9{,}11 \cdot 10^{-31}$ kg
$m_n = 1{,}69 \cdot 10^{-27}$ kg
$e = 1{,}60 \cdot 10^{-19}$ C

Dibujo:

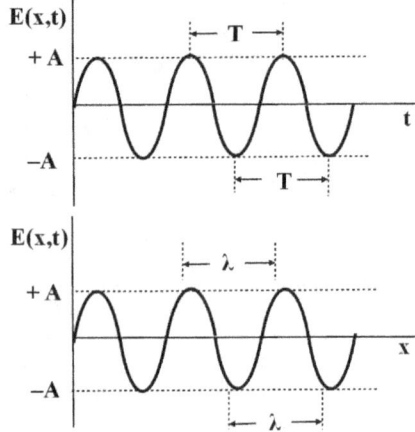

Principio físico: principio de De Broglie o dualidad onda-partícula: toda partícula en movimiento lleva asociada una onda.

Método de resolución: aplicaremos la fórmula de la longitud de onda de De Broglie.

Resolución: * Energía cinética del neutrón: $Ec_n = 6$ eV $\cdot \dfrac{1'6 \cdot 10^{-19} C \cdot 1 V}{1 eV} \cdot \dfrac{1 J}{1 C \cdot 1 V} = 9'60 \cdot 10^{-19}$ J

* Velocidad del neutrón: $Ec_n = \dfrac{1}{2} m_n \cdot v_n^2 \;\rightarrow\; v_n = \sqrt{\dfrac{2 \cdot Ec_n}{m_n}} = \sqrt{\dfrac{2 \cdot 9'60 \cdot 10^{-19}}{1'69 \cdot 10^{-27}}} = 33706 \; \dfrac{m}{s}$

* Velocidad del electrón: $\lambda_e = 100 \cdot \lambda_n \;\rightarrow\; \dfrac{h}{m_e \cdot v_e} = 100 \cdot \dfrac{h}{m_n \cdot v_n} \;\rightarrow$

$\rightarrow \; \dfrac{1}{m_e \cdot v_e} = \dfrac{100}{m_n \cdot v_n} \;\rightarrow\; m_n \cdot v_n = 100 \cdot m_e \cdot v_e \;\rightarrow\; v_e = \dfrac{m_n \cdot v_n}{100 \cdot m_e} = \dfrac{1'69 \cdot 10^{-27} \cdot 33706}{100 \cdot 9'11 \cdot 10^{-31}} = \boxed{6'25 \cdot 10^5 \; \dfrac{m}{s}}$

Comentario: un electronvoltio es la energía que adquiere un electrón cuando se le somete a una diferencia de potencial de un voltio.

8) La frecuencia umbral de fotoemisión del potasio es $5,5 \cdot 10^{14}$ s^{-1}. Calcule el trabajo de extracción y averigüe si se producirá efecto fotoeléctrico al iluminar una lámina de ese metal con luz de longitud de onda $5 \cdot 10^{-6}$ m. $h = 6,63 \cdot 10^{-34}$ J s; $c = 3 \cdot 10^8$ m s^{-1}

Datos:

$f_0 = 5,5 \cdot 10^{14}$ s^{-1}
¿W_{extr}?
$\lambda = 5 \cdot 10^{-6}$ m
$h = 6,63 \cdot 10^{-34}$ J s
$c = 3 \cdot 10^8$ m s^{-1}

Dibujo:

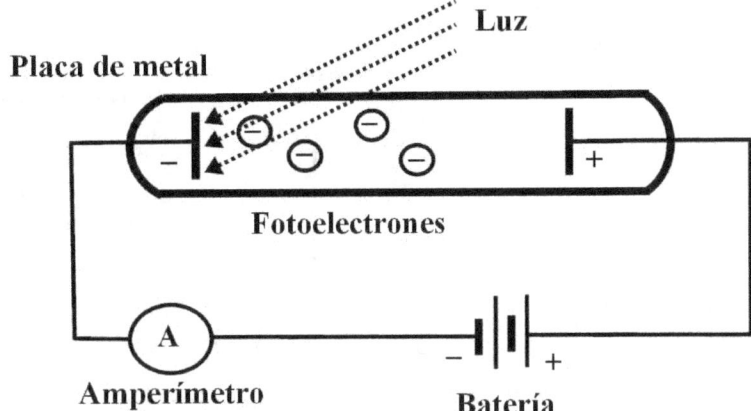

Principio físico: el efecto fotoeléctrico consiste en la emisión de fotoelectrones por parte de una lámina metálica cuando se la ilumina con luz de una frecuencia superior a la umbral.

Método de resolución: haremos un balance de energía en el efecto fotoeléctrico.

Resolución: * Trabajo de extracción:

$W_{extr} = h \cdot f_0 = 6'63 \cdot 10^{-34} \cdot 5'5 \cdot 10^{14} = \boxed{3'65 \cdot 10^{-19} \text{ J}}$

* Energía del fotón:

$E_{fotón} = h \cdot f = h \cdot \dfrac{c}{\lambda} = 6'63 \cdot 10^{-34} \cdot \dfrac{3 \cdot 10^8}{5 \cdot 10^{-6}} = 3'98 \cdot 10^{-20}$ J

Comentario: como la energía del fotón no es superior al trabajo de extracción, no se produce efecto fotoeléctrico. Los electrones no tienen suficiente energía como para saltar de la lámina metálica.

9) Al iluminar la superficie de un cierto metal con un haz de luz de longitud de onda $2 \cdot 10^{-8}$ m, la energía cinética máxima de los fotoelectrones emitidos es de 3 eV. Determine el trabajo de extracción del metal y la frecuencia umbral. $c = 3 \cdot 10^8$ m s^{-1}; $h = 6,63 \cdot 10^{-34}$ J s; $e = 1,60 \cdot 10^{-19}$ C

Datos:

$\lambda = 2 \cdot 10^{-8}$ m
$Ec_{máx} = 3$ eV
¿W_{extr}?
¿f_0?
$c = 3 \cdot 10^8$ m s^{-1}
$h = 6,63 \cdot 10^{-34}$ J s
$e = 1,60 \cdot 10^{-19}$ C

Dibujo:

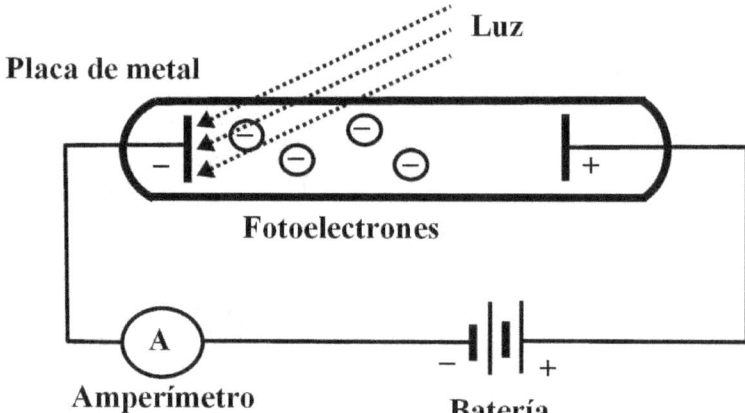

Principio físico: el efecto fotoeléctrico consiste en la emisión de fotoelectrones por parte de una lámina metálica cuando se la ilumina con luz de una frecuencia superior a la umbral.

Método de resolución: haremos un balance de energía en el efecto fotoeléctrico.

Resolución: * Energía cinética máxima en julios: $Ec = 3 \text{ eV} \cdot \dfrac{1'6 \cdot 10^{-19} C \cdot 1 V}{1 eV} \cdot \dfrac{1 J}{1 C \cdot 1 V} = 4'8 \cdot 10^{-19}$ J

* Trabajo de extracción: $E_{fotón} = W_{extr.} + Ec \rightarrow h \cdot \dfrac{c}{\lambda} = W_{extr.} + Ec \rightarrow$

$\rightarrow W_{extr} = \dfrac{h \cdot c}{\lambda} - Ec = \dfrac{6'63 \cdot 10^{-34} \cdot 3 \cdot 10^8}{2 \cdot 10^{-8}} - 4'8 \cdot 10^{-19} = \boxed{9'47 \cdot 10^{-18} \text{ J}}$

* Frecuencia umbral: $W_{extr} = h \cdot f_0 \rightarrow f_0 = \dfrac{W_{extr}}{h} = \dfrac{9'47 \cdot 10^{-18}}{6'63 \cdot 10^{-34}} = \boxed{1'43 \cdot 10^{16} \text{ Hz}}$

Comentario: un electronvoltio es la energía que adquiere un electrón cuando se le somete a una diferencia de potencial de un voltio.

10) Determine la relación entre las longitudes de onda asociadas a electrones y protones acelerados con una diferencia de potencial de $2·10^4$ V.
h = $6{,}63·10^{-34}$ J s; e = $1{,}60·10^{-19}$ C; m_e = $9{,}11·10^{-31}$ kg; m_p = $1{,}67·10^{-27}$ kg

Datos:

Dibujo:

¿λ_e / λ_p?
ΔV = $2·10^4$ V
h = $6{,}63·10^{-34}$ J s
e = $1{,}60·10^{-19}$ C
m_e = $9{,}11·10^{-31}$ kg
m_p = $1{,}67·10^{-27}$ kg

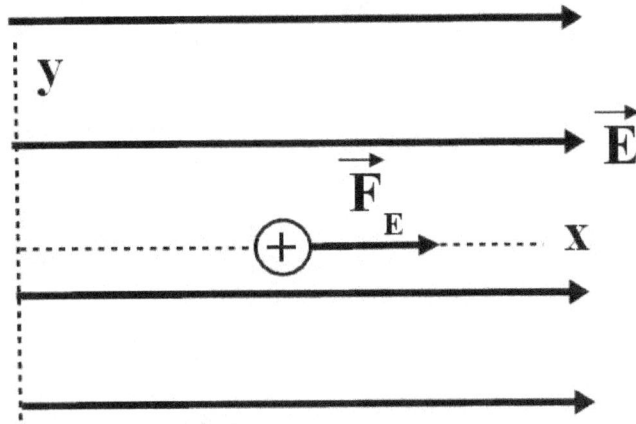

Principio físico: principio de conservación de la energía mecánica: en sistemas en los que sólo intervienen fuerzas conservativas, la energía mecánica total permanece constante. Principio de De Broglie o dualidad onda-partícula: toda partícula en movimiento lleva asociada una onda.

Método de resolución: aplicaremos la conservación de la energía mecánica y la longitud de onda de De Broglie.

Resolución: * Velocidad de la partícula: $-\Delta E_p = \Delta E_c \rightarrow e·\Delta V = \frac{1}{2} m·v^2 \rightarrow v = \sqrt{\frac{2·e·\Delta V}{m}}$

* Relación entre las longitudes de onda:

$$\frac{\lambda_e}{\lambda_p} = \frac{\frac{h}{m_e·v_e}}{\frac{h}{m_p·v_p}} = \frac{m_p·v_p}{m_e·v_e} = \frac{m_p}{m_e} · \frac{\sqrt{\frac{2·e·\Delta V}{m_p}}}{\sqrt{\frac{2·e·\Delta V}{m_e}}} = \frac{m_p}{m_e} · \sqrt{\frac{m_e}{m_p}} = \frac{1'67·10^{-27}}{9'11·10^{-31}} · \sqrt{\frac{9'11·10^{-31}}{1'67·10^{-27}}} = \boxed{42'8}$$

Comentario: una carga positiva se acelera en el sentido del campo y una carga negativa en sentido contrario. El dato de la diferencia de potencial es superfluo, innecesario.

11) Una lámina metálica comienza a emitir electrones al incidir sobre ella radiación de longitud de onda $2,5 \cdot 10^{-7}$ m. Calcule la velocidad máxima de los fotoelectrones emitidos si la radiación que incide sobre la lámina tiene una longitud de onda de $5 \cdot 10^{-8}$ m.
$h = 6,63 \cdot 10^{-34}$ J s; $c = 3 \cdot 10^8$ m s^{-1}; $m_e = 9,11 \cdot 10^{-31}$ kg

Datos:

$\lambda_{máx.} = 2,5 \cdot 10^{-7}$ m
¿$v_{máx}$?
$\lambda = 5 \cdot 10^{-8}$ m
$h = 6,63 \cdot 10^{-34}$ J s
$c = 3 \cdot 10^8$ m s^{-1}
$m_e = 9,11 \cdot 10^{-31}$ kg

Dibujo:

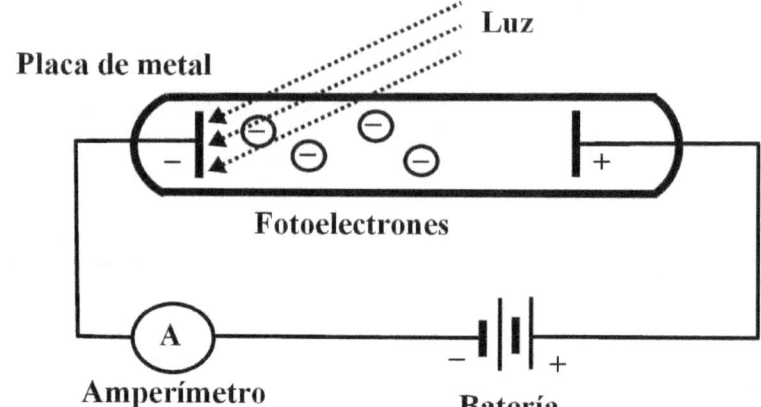

Principio físico: el efecto fotoeléctrico consiste en la emisión de fotoelectrones por parte de una lámina metálica cuando se la ilumina con luz de una frecuencia superior a la umbral.

Método de resolución: haremos un balance de energía en el efecto fotoeléctrico.

Resolución: * Balance de energía: $E_{fotón} = W_{extr.} + E_c \rightarrow h \cdot f = h \cdot f_0 + \dfrac{1}{2} m \cdot v^2 \rightarrow$

$\rightarrow h \cdot \dfrac{c}{\lambda} = h \cdot \dfrac{c}{\lambda_{máx.}} + \dfrac{1}{2} m \cdot v^2 \rightarrow \dfrac{1}{2} m \cdot v^2 = h \cdot \dfrac{c}{\lambda} - h \cdot \dfrac{c}{\lambda_{máx.}} \rightarrow$

$\rightarrow \dfrac{m \cdot v^2}{2} = h \cdot c \cdot \left(\dfrac{1}{\lambda} - \dfrac{1}{\lambda_{máx.}} \right) \rightarrow v^2 = \dfrac{2 \cdot h \cdot c}{m} \cdot \left(\dfrac{1}{\lambda} - \dfrac{1}{\lambda_{máx.}} \right) \rightarrow$

$\rightarrow v = \sqrt{\dfrac{2 \cdot h \cdot c}{m} \cdot \left(\dfrac{1}{\lambda} - \dfrac{1}{\lambda_{máx.}} \right)} = \sqrt{\dfrac{2 \cdot 6'63 \cdot 10^{-34} \cdot 3 \cdot 10^8}{9'11 \cdot 10^{-31}} \cdot \left(\dfrac{1}{5 \cdot 10^{-8}} - \dfrac{1}{2'5 \cdot 10^{-7}} \right)} = \boxed{2'64 \cdot 10^6 \, \dfrac{m}{s}}$

Comentario: a la frecuencia umbral le corresponde una longitud de onda máxima.

2016

12) El trabajo de extracción del cátodo metálico en una célula fotoeléctrica es 1,32 eV. Sobre él incide radiación de longitud de onda λ = 300 nm. a) Defina y calcule la frecuencia umbral para esta célula fotoeléctrica. Determine la velocidad máxima con la que son emitidos los electrones. b) ¿Habrá efecto fotoeléctrico si se duplica la longitud de onda incidente? Razone la respuesta.
h = 6,6·10⁻³⁴ J s ; c = 3·10⁸ m·s⁻¹ ; e = 1,6·10⁻¹⁹ C ; m_e = 9,1·10⁻³¹ kg

Datos:

W_{extr} = 1'32 eV
λ = 3 · 10⁻⁷ m
¿f_0?
¿$v_{máx}$?
h = 6,6·10⁻³⁴ J s
c = 3·10⁸ m·s⁻¹
e = 1,6·10⁻¹⁹ C
m_e = 9,1·10⁻³¹ kg

Dibujo:

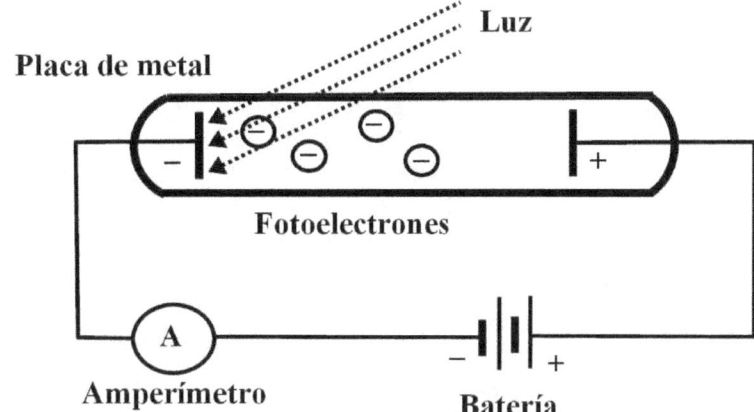

Principio físico: el efecto fotoeléctrico consiste en la emisión de fotoelectrones por parte de una lámina metálica cuando se la ilumina con luz de una frecuencia superior a la umbral.

Método de resolución: haremos un balance de energía en el efecto fotoeléctrico.

Resolución: * Trabajo de extracción en julios:

W_{extr} = 1'32 eV · $\dfrac{1'6 \cdot 10^{-19} C \cdot 1 V}{1 eV}$ · $\dfrac{1 J}{1 C \cdot 1 V}$ = 2'11·10⁻¹⁹ J

* Frecuencia umbral: W_{extr} = h·f_0 → $f_0 = \dfrac{W_{extr.}}{h} = \dfrac{2'11 \cdot 10^{-19}}{6'6 \cdot 10^{-34}}$ = $\boxed{3'20 \cdot 10^{14} \text{ Hz}}$

* Velocidad máxima de los electrones: $E_{fotón}$ = $W_{extr.}$ + Ec → h · $\dfrac{c}{\lambda}$ = W_{extr} + $\dfrac{1}{2}$ m·v² →

→ m v² = $\dfrac{2 \cdot h \cdot c}{\lambda}$ − 2·W_{extr} → v = $\sqrt{\dfrac{2 \cdot h \cdot c}{m \cdot \lambda} - \dfrac{2 \cdot W_{extr.}}{m}}$ =

= $\sqrt{\dfrac{2 \cdot 6'6 \cdot 10^{-34} \cdot 3 \cdot 10^{8}}{9'1 \cdot 10^{-31} \cdot 3 \cdot 10^{-7}} - \dfrac{2 \cdot 2'11 \cdot 10^{-19}}{9'1 \cdot 10^{-31}}}$ = $\boxed{9'93 \cdot 10^5 \ \dfrac{m}{s}}$

* Energía del nuevo fotón: $E_{fotón}$ = h · $\dfrac{c}{\lambda}$ = 6'6·10⁻³⁴ · $\dfrac{3 \cdot 10^8}{6 \cdot 10^{-7}}$ = 3'3·10⁻¹⁹ J

Comentario: la frecuencia umbral es la frecuencia mínima necesaria para que se produzca el efecto fotoeléctrico, es decir, para que los fotones arranquen electrones del metal. Un electronvoltio es la energía que adquiere un electrón cuando se le somete a una diferencia de potencial de un voltio. Sí habrá efecto fotoeléctrico si se duplica la longitud de onda, pues la energía del nuevo fotón sigue siendo superior al trabajo de extracción.

2015

13) Al iluminar mercurio con radiación electromagnética de λ =185·10⁻⁹ m se liberan electrones cuyo potencial de frenado es 4,7 V. a) Determine el potencial de frenado si se iluminara con radiación de λ = 254·10⁻⁹ m, razonando el procedimiento utilizado. b) Calcule el trabajo de extracción del mercurio.
e = 1,6·10⁻¹⁹ C ; c = 3·10⁸ m s⁻¹ ; h = 6,62·10⁻³⁴ J s

Datos:

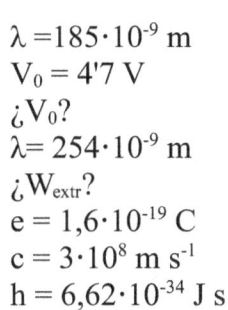

$\lambda = 185 \cdot 10^{-9}$ m
$V_0 = 4'7$ V
¿V_0?
$\lambda = 254 \cdot 10^{-9}$ m
¿W_{extr}?
$e = 1,6 \cdot 10^{-19}$ C
$c = 3 \cdot 10^8$ m s⁻¹
$h = 6,62 \cdot 10^{-34}$ J s

Dibujo:

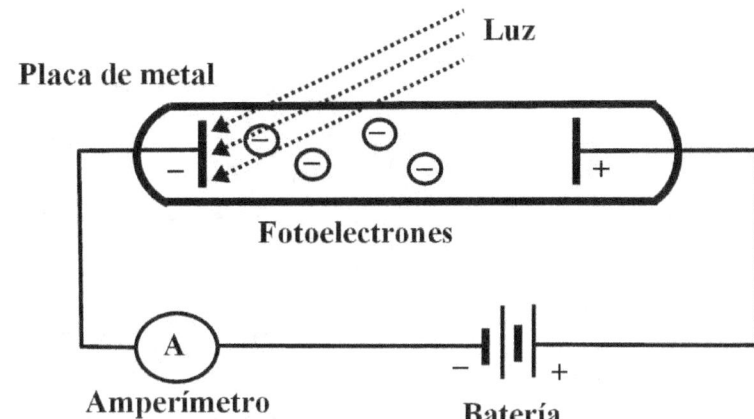

Principio físico: el efecto fotoeléctrico consiste en la emisión de fotoelectrones por parte de una lámina metálica cuando se la ilumina con luz de una frecuencia superior a la umbral.

Método de resolución: haremos un balance de energía en el efecto fotoeléctrico.

Resolución: * Trabajo de extracción: $E_{fotón} = W_{extr.} + E_c \rightarrow h \cdot \frac{c}{\lambda} = W_{extr} + e \cdot V_0 \rightarrow$

$$\rightarrow W_{extr} = \frac{h \cdot c}{\lambda} - e \cdot V_0 = \frac{6'63 \cdot 10^{-34} \cdot 3 \cdot 10^8}{185 \cdot 10^{-9}} - 1'6 \cdot 10^{-19} \cdot 4'7 = \boxed{3'23 \cdot 10^{-19} \text{ J}}$$

* Nuevo potencial de frenado: $e \cdot V_0 = \frac{h \cdot c}{\lambda} - W_{extr} \rightarrow V_0 = \frac{h \cdot c}{\lambda \cdot e} - \frac{W_{extr.}}{e} =$

$$= \frac{h \cdot c - \lambda \cdot W_{extr.}}{\lambda \cdot e} = \frac{6'63 \cdot 10^{-34} \cdot 3 \cdot 10^8 - 254 \cdot 10^{-9} \cdot 3'23 \cdot 10^{-19}}{254 \cdot 10^{-9} \cdot 1'6 \cdot 10^{-19}} = \boxed{2'87 \text{ V}}$$

Comentario: el trabajo de extracción es independiente de la longitud de onda, pues depende exclusivamente del metal. Hemos calculado el trabajo de extracción con el primer potencial de frenado y la primera longitud de onda. Hemos calculado el nuevo potencial de frenado con la nueva longitud de onda y usando el trabajo de extracción calculado anteriormente, pues es una constante del metal.

14) a) Calcule la longitud de onda asociada a un electrón que se acelera desde el reposo mediante una diferencia de potencial de 20000 V. b) Calcule la longitud de onda de De Broglie que correspondería a una bala de 10 g que se moviera a 1000 m s^{-1} y discuta el resultado.
h = 6,62·10^{-34} J·s ; m$_e$ = 9,1·10^{-31} kg ; 1 eV = 1,6·10^{-19} J

Datos:

¿λ?
v$_0$ = 0
ΔV = 20000 V
¿λ?
m = 0'010 kg
v = 1000 m s^{-1}
h = 6,62·10^{-34} J·s
m$_e$ = 9,1·10^{-31} kg
1 eV = 1,6·10^{-19} J

Dibujo:

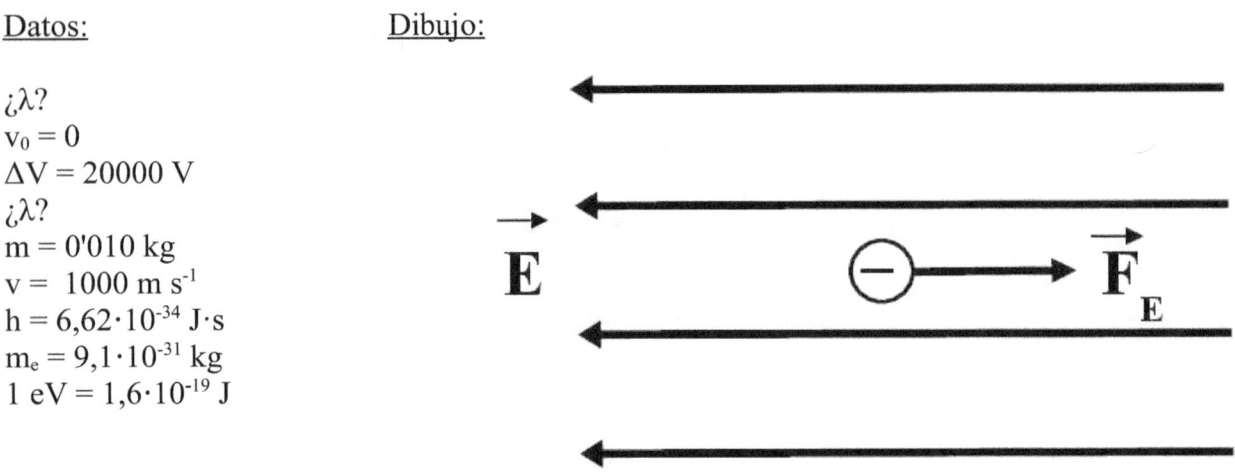

Principio físico: una diferencia de potencial sobre una carga eléctrica provoca un aumento en su energía cinética. Principio de De Broglie o dualidad onda-partícula: toda partícula en movimiento lleva asociada una onda.

Método de resolución: aplicaremos el principio de conservación de la energía mecánica y el principio de De Broglie.

Resolución: * Velocidad del electrón: $e \cdot \Delta V = \frac{1}{2} m \cdot v^2 \rightarrow v = \sqrt{\frac{2 \cdot e \cdot \Delta V}{m}} =$

$= \sqrt{\frac{2 \cdot 1'6 \cdot 10^{-19} \cdot 20000}{9'1 \cdot 10^{-31}}} = 8'39 \cdot 10^7 \; \frac{m}{s}$

* Longitud de onda del electrón: $\lambda = \frac{h}{m \cdot v} = \frac{6'62 \cdot 10^{-34}}{9'1 \cdot 10^{-31} \cdot 8'39 \cdot 10^7} = \boxed{8'67 \cdot 10^{-12} \; m}$

* Longitud de onda de la bala: $\lambda = \frac{h}{m \cdot v} = \frac{6'62 \cdot 10^{-34}}{0'010 \cdot 1000} = \boxed{6'62 \cdot 10^{-35} \; m}$

Comentario: el caracter ondulatorio de los objetos macroscópicos (como una bala) apenas es apreciable, pues su longitud de onda es extremadamente pequeña. Por debajo de las distancias entre átomos en los sólidos (unos 10^{-10} m) el carácter ondulatorio no es apreciable.

2014

15) Al iluminar un fotocátodo de sodio con haces de luz monocromáticas de longitudes de onda 300 nm y 400 nm, se observa que la energía cinética máxima de los fotoelectrones emitidos es de 1,85 eV y 0,82 eV, respectivamente. a) Determine el valor máximo de la velocidad de los electrones emitidos con la primera radiación. b) A partir de los datos del problema determine la constante de Planck y la energía de extracción del metal. $c = 3 \cdot 10^8$ m s^{-1} ; $e = 1,6 \cdot 10^{-19}$ C ; $m_e = 9,1 \cdot 10^{-31}$ kg

Datos:

$\lambda_1 = 3 \cdot 10^{-7}$ m
$\lambda_2 = 4 \cdot 10^{-7}$ m
$Ec_1 = 1'85$ eV
$Ec_2 = 0'82$ eV
¿$v_{máx}$?
¿h?
¿W_{extr}?
$c = 3 \cdot 10^8$ m s^{-1}
$e = 1,6 \cdot 10^{-19}$ C
$m_e = 9,1 \cdot 10^{-31}$ kg

Dibujo:

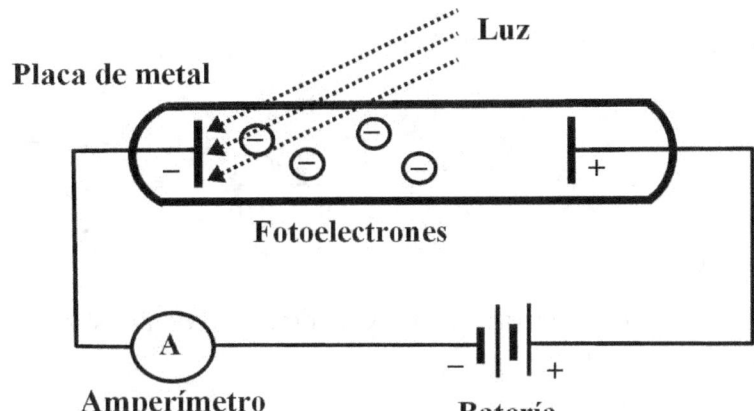

Principio físico: el efecto fotoeléctrico consiste en la emisión de fotoelectrones por parte de una lámina metálica cuando se la ilumina con luz de una frecuencia superior a la umbral.

Método de resolución: haremos un balance de energía en el efecto fotoeléctrico.

Resolución: * Energías cinéticas en julios:

$Ec_1 = 1'85$ eV $\cdot \dfrac{1'6 \cdot 10^{-19} C \cdot 1V}{1 eV} \cdot \dfrac{1 J}{1 C \cdot 1 V} = 2'96 \cdot 10^{-19}$ J

$Ec_2 = 0'82$ eV $\cdot \dfrac{1'6 \cdot 10^{-19} C \cdot 1V}{1 eV} \cdot \dfrac{1 J}{1 C \cdot 1 V} = 1'31 \cdot 10^{-19}$ J

* Constante de Planck: $E_{fotón} = W_{extr.} + Ec \rightarrow h \cdot \dfrac{c}{\lambda} = W_{extr} + Ec \rightarrow$

$\left.\begin{array}{l} \dfrac{h \cdot c}{\lambda_1} = W_{extr} + Ec_1 \\ \\ \dfrac{h \cdot c}{\lambda_2} = W_{extr} + Ec_2 \end{array}\right\}$ Restando ambas: $\dfrac{h \cdot c}{\lambda_1} - \dfrac{h \cdot c}{\lambda_2} = Ec_1 - Ec_2 \rightarrow$

295

$\rightarrow$ $h \cdot c \cdot \left(\dfrac{1}{\lambda_1} - \dfrac{1}{\lambda_2}\right) = Ec_1 - Ec_2$ $\rightarrow$ $h = \dfrac{Ec_1 - Ec_2}{c \cdot \left(\dfrac{1}{\lambda_1} - \dfrac{1}{\lambda_2}\right)} = \dfrac{2'96 \cdot 10^{-19} - 1'31 \cdot 10^{-19}}{3 \cdot 10^8 \cdot \left(\dfrac{1}{3 \cdot 10^{-7}} - \dfrac{1}{4 \cdot 10^{-7}}\right)} = \boxed{6'6 \cdot 10^{-34} \text{ J} \cdot \text{s}}$

* Trabajo de extracción: $W_{extr} = \dfrac{h \cdot c}{\lambda_1} - Ec_1 = \dfrac{6'6 \cdot 10^{-34} \cdot 3 \cdot 10^8}{3 \cdot 10^{-7}} - 2'96 \cdot 10^{-19} = \boxed{3'64 \cdot 10^{-19} \text{ J}}$

* Velocidad de los electrones de la primera radiación:

$Ec_1 = \dfrac{1}{2} m \cdot v_1^2$ $\rightarrow$ $v_1 = \sqrt{\dfrac{2 \cdot Ec_1}{m}} = \sqrt{\dfrac{2 \cdot 2'96 \cdot 10^{-19}}{9'1 \cdot 10^{-31}}} = \boxed{8'07 \cdot 10^5 \ \dfrac{m}{s}}$

Comentario: la energía o trabajo de extracción del metal es una constante del metal y no depende de la luz incidente.

16) Sobre una superficie de potasio, cuyo trabajo de extracción es 2,29 eV, incide una radiación de $0,2 \cdot 10^{-6}$ m de longitud de onda. a) Razone si se produce efecto fotoeléctrico y, en caso afirmativo, calcule la velocidad de los electrones emitidos y la frecuencia umbral del material. b) Se coloca una placa metálica frente al cátodo. ¿Cuál debe ser la diferencia de potencial entre ella y el cátodo para que no lleguen electrones a la placa? $h = 6,6 \cdot 10^{-34}$ J s ; $c = 3 \cdot 10^8$ m·s^{-1} ; $e = 1,6 \cdot 10^{-19}$ C ; $m_e = 9,1 \cdot 10^{-31}$ kg

Datos:

$W_{extr} = 2'29$ eV
$\lambda = 2 \cdot 10^{-7}$ m
¿v?
¿f_0?
¿V_0?
$h = 6,6 \cdot 10^{-34}$ J s
$c = 3 \cdot 10^8$ m·s^{-1}
$e = 1,6 \cdot 10^{-19}$ C
$m_e = 9,1 \cdot 10^{-31}$ kg

Dibujo:

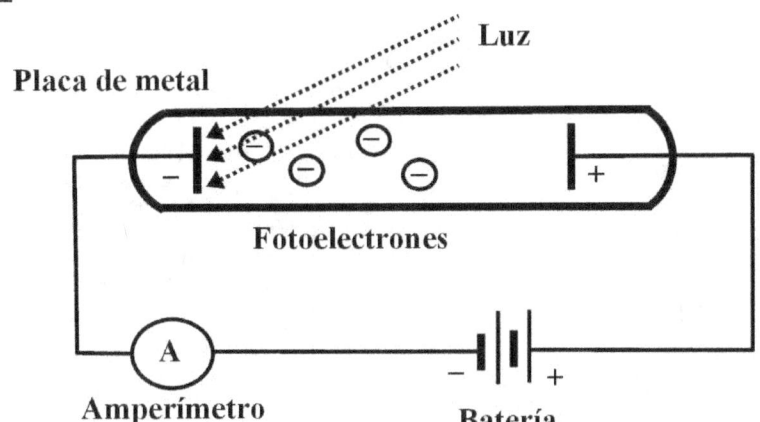

Principio físico: el efecto fotoeléctrico consiste en la emisión de fotoelectrones por parte de una lámina metálica cuando se la ilumina con luz de una frecuencia superior a la umbral. El potencial de frenado es la diferencia de potencial mínima necesaria para evitar que los electrones que saltan del metal lleguen al otro electrodo.

Método de resolución: haremos un balance de energía en el efecto fotoeléctrico.

Resolución: * Trabajo de extracción en julios:

$W_{extr} = 2'29$ eV $\cdot \dfrac{1'6 \cdot 10^{-19} C \cdot 1 V}{1 eV} \cdot \dfrac{1 J}{1 C \cdot 1 V} = 3'66 \cdot 10^{-19}$ J

* Energía del fotón: $E_{fotón} = h \cdot \dfrac{c}{\lambda} = 6'6 \cdot 10^{-34} \cdot \dfrac{3 \cdot 10^8}{2 \cdot 10^{-7}} = 9'90 \cdot 10^{-19}$ J

* Energía cinética de los electrones: $E_{fotón} = W_{extr.} + E_c \rightarrow E_c = E_{fotón} - W_{extr.} =$

$= 9'90 \cdot 10^{-19} - 3'66 \cdot 10^{-19} = 6'24 \cdot 10^{-19}$ J

* Velocidad de los electrones: $E_c = \dfrac{1}{2} m \cdot v^2 \rightarrow v = \sqrt{\dfrac{2 \cdot E_c}{m}} = \sqrt{\dfrac{2 \cdot 6'24 \cdot 10^{-19}}{9'1 \cdot 10^{-31}}} = \boxed{1'17 \cdot 10^6 \dfrac{m}{s}}$

* Frecuencia umbral del material: $W_{extr} = h \cdot f_0 \rightarrow f_0 = \dfrac{W_{extr}}{h} = \dfrac{3'66 \cdot 10^{-19}}{6'6 \cdot 10^{-34}} = \boxed{5'55 \cdot 10^{14} \text{ Hz}}$

* Potencial de frenado: $e \cdot V_0 = E_c \rightarrow V_0 = \dfrac{E_c}{e} = \dfrac{6'24 \cdot 10^{-19}}{1'6 \cdot 10^{-19}} = \boxed{3'90 \text{ V}}$

Comentario: como la energía del fotón es mayor que el trabajo de extracción, se producirá efecto fotoeléctrico.

2011

17) Una lámina metálica comienza a emitir electrones al incidir sobre ella luz de longitud de onda menor que $5 \cdot 10^{-7}$ m. a) Analice los cambios energéticos que tienen lugar en el proceso de emisión y calcule con qué velocidad máxima saldrán emitidos los electrones si la luz que incide sobre la lámina tiene una longitud de onda de $2 \cdot 10^{-7}$ m. b) Razone qué sucedería si la frecuencia de la radiación incidente fuera de $5 \cdot 10^{14}$ s^{-1}. h = $6,6 \cdot 10^{-34}$ J s ; c = $3 \cdot 10^8$ m·s^{-1} ; m_e = $9,1 \cdot 10^{-31}$ kg

Datos:

$\lambda_{máx.}$ = $5 \cdot 10^{-7}$ m
¿$v_{máx}$?
λ = $2 \cdot 10^{-7}$ m
f = $5 \cdot 10^{14}$ s^{-1}
h = $6,6 \cdot 10^{-34}$ J s
c = $3 \cdot 10^8$ m·s^{-1}
m_e = $9,1 \cdot 10^{-31}$ kg

Dibujo:

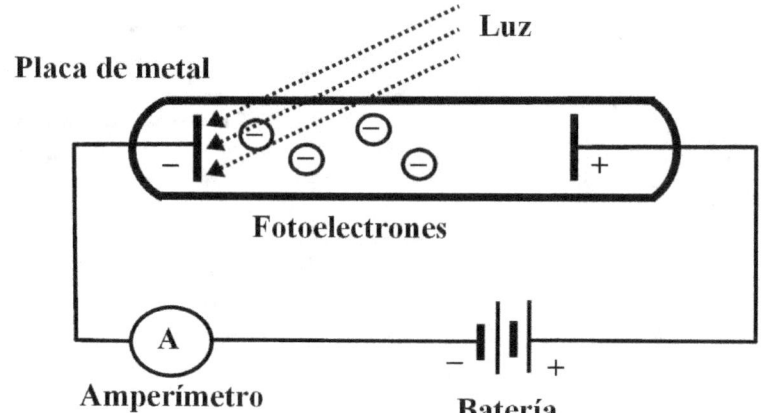

Principio físico: el efecto fotoeléctrico consiste en la emisión de fotoelectrones por parte de una lámina metálica cuando se la ilumina con luz de una frecuencia superior a la umbral.

Método de resolución: haremos un balance de energía en el efecto fotoeléctrico.

Resolución: * Velocidad máxima: $E_{fotón} = W_{extr.} + E_c \rightarrow h \cdot \dfrac{c}{\lambda} = h \cdot \dfrac{c}{\lambda_{máx.}} + \dfrac{1}{2} m \cdot v^2 \rightarrow$

$\rightarrow \dfrac{1}{2} m \cdot v^2 = \dfrac{h \cdot c}{\lambda} - \dfrac{h \cdot c}{\lambda_{máx.}} = h \cdot c \cdot \left(\dfrac{1}{\lambda} - \dfrac{1}{\lambda_{máx.}} \right) \rightarrow v^2 = \dfrac{2 \cdot h \cdot c}{m} \cdot \left(\dfrac{1}{\lambda} - \dfrac{1}{\lambda_{máx.}} \right) \rightarrow$

$\rightarrow v = \sqrt{\dfrac{2 \cdot h \cdot c}{m} \cdot \left(\dfrac{1}{\lambda} - \dfrac{1}{\lambda_{máx.}} \right)} = \sqrt{\dfrac{2 \cdot 6'6 \cdot 10^{-34} \cdot 3 \cdot 10^8}{9'1 \cdot 10^{-31}} \cdot \left(\dfrac{1}{2 \cdot 10^{-7}} - \dfrac{1}{5 \cdot 10^{-7}} \right)} = \boxed{1'14 \cdot 10^6 \ \dfrac{m}{s}}$

* Energía del fotón para $5 \cdot 10^{14}$ s^{-1}: $E_{fotón} = h \cdot f = 6'6 \cdot 10^{-34} \cdot 5 \cdot 10^{14} = 3'30 \cdot 10^{-19}$ J

* Trabajo de extracción: $W_{extr} = h \cdot \dfrac{c}{\lambda_{máx.}} = 6'6 \cdot 10^{-34} \cdot \dfrac{3 \cdot 10^8}{5 \cdot 10^{-7}} = 3'96 \cdot 10^{-19}$ J

Comentario: la energía del fotón se emplea en arrancar electrones del metal y en darles una cierta energía cinética. En el apartado b), la energía del fotón no supera al trabajo de extracción, luego no se producirá el efecto fotoeléctrico.

2010

18) Al iluminar potasio con luz amarilla de sodio de λ = 5890·10⁻¹⁰ m se liberan electrones con una energía cinética máxima de 0,577·10⁻¹⁹ J y al iluminarlo con luz ultravioleta de una lámpara de mercurio de λ = 2537·10⁻¹⁰ m, la energía cinética máxima de los electrones emitidos es 5,036·10⁻¹⁹ J.
a) Explique el fenómeno descrito en términos energéticos y determine el valor de la constante de Planck. b) Calcule el valor del trabajo de extracción del potasio. c = 3·10⁸ m s⁻¹

Datos:

$\lambda_1 = 5890 \cdot 10^{-10}$ m
$Ec_1 = 0{,}577 \cdot 10^{-19}$ J
$\lambda_2 = 2537 \cdot 10^{-10}$ m
$Ec_2 = 5{,}036 \cdot 10^{-19}$ J
¿h?
¿W_{extr}?
$c = 3 \cdot 10^8$ m s⁻¹

Dibujo:

Principio físico: el efecto fotoeléctrico consiste en la emisión de fotoelectrones por parte de una lámina metálica cuando se la ilumina con luz de una frecuencia superior a la umbral.

Método de resolución: haremos un balance de energía en el efecto fotoeléctrico.

Resolución: * Constante de Planck: $E_{fotón} = W_{extr.} + Ec \rightarrow h \cdot \dfrac{c}{\lambda} = W_{extr} + Ec \rightarrow$

$$\left. \begin{array}{l} \dfrac{h \cdot c}{\lambda_1} = W_{extr} + Ec_1 \\[2ex] \dfrac{h \cdot c}{\lambda_2} = W_{extr} + Ec_2 \end{array} \right\} \text{Restando ambas:} \quad \dfrac{h \cdot c}{\lambda_1} - \dfrac{h \cdot c}{\lambda_2} = Ec_1 - Ec_2 \rightarrow$$

$$\rightarrow h \cdot c \cdot \left(\dfrac{1}{\lambda_1} - \dfrac{1}{\lambda_2} \right) = Ec_1 - Ec_2 \rightarrow h = \dfrac{Ec_1 - Ec_2}{c \cdot \left(\dfrac{1}{\lambda_1} - \dfrac{1}{\lambda_2} \right)} = \dfrac{0{,}577 \cdot 10^{-19} - 5{,}036 \cdot 10^{-19}}{3 \cdot 10^8 \cdot \left(\dfrac{1}{5890 \cdot 10^{-10}} - \dfrac{1}{2537 \cdot 10^{-10}} \right)} =$$

$= \boxed{6{,}62 \cdot 10^{-34} \text{ J·s}}$

* Trabajo de extracción: $W_{extr} = \dfrac{h \cdot c}{\lambda_1} - Ec_1 = \dfrac{6{,}62 \cdot 10^{-34} \cdot 3 \cdot 10^8}{5890 \cdot 10^{-10}} - 0{,}577 \cdot 10^{-19} = \boxed{2{,}79 \cdot 10^{-19} \text{ J}}$

Comentario: la energía del fotón se emplea en arrancar electrones del metal y en darles una cierta energía cinética.

2009

19) Sobre un metal cuyo trabajo de extracción es 3 eV se hace incidir radiación de longitud de onda $2 \cdot 10^{-7}$ m. a) Calcule la velocidad máxima de los electrones emitidos, analizando los cambios energéticos que tienen lugar. b) Determine la frecuencia umbral de fotoemisión del metal.
$h = 6'6 \cdot 10^{-34}$ J · s ; $c = 3 \cdot 10^8$ m · s^{-1} ; $e = 1'6 \cdot 10^{-19}$ C ; $m_e = 9'1 \cdot 10^{-31}$ kg

Datos:

$W_{extr} = 3$ eV
$\lambda = 2 \cdot 10^{-7}$ m
¿$v_{máx}$?
¿f_0?
$h = 6'6 \cdot 10^{-34}$ J · s
$c = 3 \cdot 10^8$ m · s^{-1}
$e = 1'6 \cdot 10^{-19}$ C
$m_e = 9'1 \cdot 10^{-31}$ kg

Dibujo:

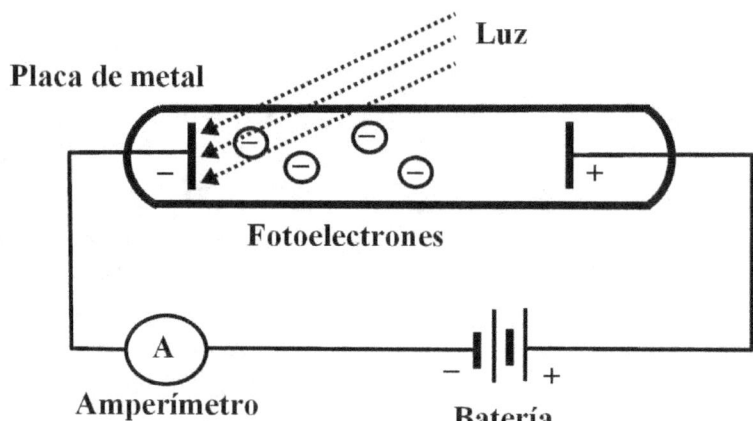

Principio físico: el efecto fotoeléctrico consiste en la emisión de fotoelectrones por parte de una lámina metálica cuando se la ilumina con luz de una frecuencia superior a la umbral.

Método de resolución: haremos un balance de energía en el efecto fotoeléctrico.

Resolución: * Trabajo de extracción en julios:

$$W_{extr} = 3 \text{ eV} \cdot \frac{1'6 \cdot 10^{-19} C \cdot 1 V}{1 eV} \cdot \frac{1 J}{1 C \cdot 1 V} = 4'80 \cdot 10^{-19} \text{ J}$$

* Velocidad máxima de los electrones: $E_{fotón} = W_{extr.} + E_c \rightarrow h \cdot \frac{c}{\lambda} = W_{extr} + \frac{1}{2} m \cdot v^2 \rightarrow$

$$\rightarrow \frac{1}{2} m \cdot v^2 = \frac{h \cdot c}{\lambda} - W_{extr} \rightarrow m \cdot v^2 = \frac{2 \cdot h \cdot c}{\lambda} - 2 \cdot W_{extr} \rightarrow v = \sqrt{\frac{2 \cdot h \cdot c}{m \cdot \lambda} - \frac{2 \cdot W_{extr.}}{m}} =$$

$$= \sqrt{\frac{2 \cdot 6'6 \cdot 10^{-34} \cdot 3 \cdot 10^8}{9'1 \cdot 10^{-31} \cdot 2 \cdot 10^{-7}} - \frac{2 \cdot 4'80 \cdot 10^{-19}}{9'1 \cdot 10^{-31}}} = \boxed{1'06 \cdot 10^6 \, \frac{m}{s}}$$

* Frecuencia umbral: $W_{extr} = h \cdot f_0 \rightarrow f_0 = \frac{W_{extr.}}{h} = \frac{4'80 \cdot 10^{-19}}{6'6 \cdot 10^{-34}} = \boxed{7'27 \cdot 10^{14} \text{ Hz}}$

Comentario: la energía del fotón que incide se invierte en arrancar los fotoelectrones de la lámina metálica y en darles una energía cinética.

20) Un haz de electrones se acelera desde el reposo mediante una diferencia de potencial. Tras ese proceso, la longitud de onda asociada a los electrones es $8 \cdot 10^{-11}$ m. a) Haga un análisis energético del proceso y determine la diferencia de potencial aplicada. b) Si un haz de protones se acelera con esa diferencia de potencial, determine la longitud de onda asociada a los protones.
h = $6'6 \cdot 10^{-34}$ J·s ; c = $3 \cdot 10^8$ m·s^{-1} ; e = $1'6 \cdot 10^{-19}$ C ; m_e = $9'1 \cdot 10^{-31}$ kg ; m_p = $1840 \cdot m_e$

Datos:

Dibujo:

$v_0 = 0$
$\lambda = 8 \cdot 10^{-11}$ m
¿ΔV?
¿λ?
h = $6'6 \cdot 10^{-34}$ J · s
c = $3 \cdot 10^8$ m · s^{-1}
e = $1'6 \cdot 10^{-19}$ C
m_e = $9'1 \cdot 10^{-31}$ kg
m_p = $1840 \cdot m_e$

Principio físico: una diferencia de potencial sobre una carga eléctrica provoca un aumento en su energía cinética. Principio de De Broglie o dualidad onda-partícula: toda partícula en movimiento lleva asociada una onda.

Método de resolución: aplicaremos el principio de conservación de la energía mecánica y el principio de De Broglie.

Resolución: * Velocidad del electrón:

$$\lambda = \frac{h}{m \cdot v} \rightarrow v = \frac{h}{m \cdot \lambda} = \frac{6'6 \cdot 10^{-34}}{9'1 \cdot 10^{-31} \, 8 \cdot 10^{-11}} = 9'07 \cdot 10^6 \, \frac{m}{s}$$

* Diferencia de potencial aplicada:

$$e \cdot \Delta V = \frac{1}{2} m \cdot v^2 \rightarrow \Delta V = \frac{m \cdot v^2}{2 \cdot e} = \frac{9'1 \cdot 10^{-31} \cdot (9'07 \cdot 10^6)^2}{2 \cdot 1'6 \cdot 10^{-19}} = \boxed{234 \text{ V}}$$

* Velocidad de los protones: $v = \sqrt{\frac{2 \cdot e \cdot \Delta V}{m_p}} = \sqrt{\frac{2 \cdot 1'6 \cdot 10^{-19} \cdot 234}{1840 \cdot 9'1 \cdot 10^{-31}}} = 2'11 \cdot 10^5 \, \frac{m}{s}$

* Longitud de onda de los protones: $\lambda = \frac{h}{m \cdot v} = \frac{6'62 \cdot 10^{-34}}{9'1 \cdot 10^{-31} \cdot 2'11 \cdot 10^5} = \boxed{3'45 \cdot 10^{-9} \text{ m}}$

Comentario: la energía mecánica se conserva porque las fuerzas son conservativas. La energía potencial eléctrica se convierte en energía cinética.

2008

21) Al incidir un haz de luz de longitud de onda $625\cdot10^{-9}$ m sobre una superficie metálica, se emiten electrones con velocidades de hasta $4,6\cdot10^5$ m s^{-1}. a) Calcule la frecuencia umbral del metal. b) Razone cómo cambiaría la velocidad máxima de salida de los electrones si aumentase la frecuencia de la luz ¿Y si disminuyera la intensidad del haz de luz? $h = 6,6\cdot10^{-34}$ J s ; $c = 3\cdot10^8$ m·s^{-1} ; $m_e = 9,1\cdot10^{-31}$ kg

Datos:

$\lambda = 625\cdot10^{-9}$ m
$v = 4,6\cdot10^5$ m s^{-1}
¿f_0?
$h = 6,6\cdot10^{-34}$ J s
$c = 3\cdot10^8$ m·s^{-1}
$m_e = 9,1\cdot10^{-31}$ kg

Dibujo:

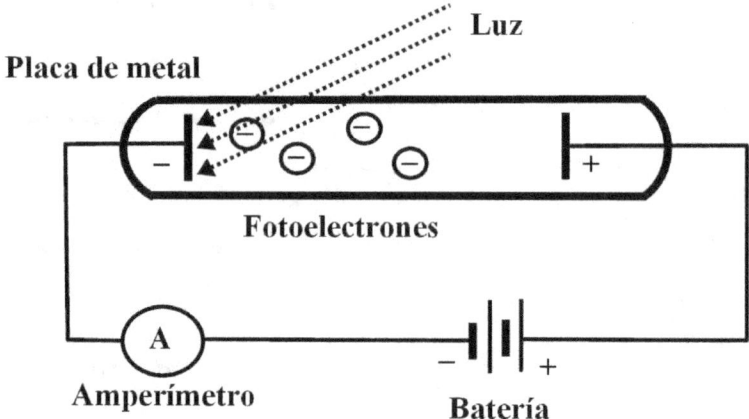

Principio físico: el efecto fotoeléctrico consiste en la emisión de fotoelectrones por parte de una lámina metálica cuando se la ilumina con luz de una frecuencia superior a la umbral.

Método de resolución: haremos un balance de energía en el efecto fotoeléctrico.

Resolución: * Trabajo de extracción: $E_{fotón} = W_{extr.} + E_c \rightarrow h\cdot\dfrac{c}{\lambda} = h\cdot f_0 + \dfrac{1}{2}m\cdot v^2 \rightarrow$

$\rightarrow h\cdot f_0 = \dfrac{h\cdot c}{\lambda} - \dfrac{m\cdot v^2}{2} \rightarrow f_0 = \dfrac{c}{\lambda} - \dfrac{m\cdot v^2}{2\cdot h} = \dfrac{3\cdot10^8}{625\cdot10^{-9}} - \dfrac{9'1\cdot10^{-31}\cdot(4'6\cdot10^5)^2}{2\cdot6'6\cdot10^{-34}} =$

$= \boxed{3'34\cdot10^{14} \text{ Hz}}$

Comentario: al aumentar la frecuencia de la luz, aumenta la velocidad máxima de salida de los fotoelectrones, pues aumenta la energía cinética. La intensidad del haz de luz no modifica la velocidad de salida de los electrones, sino el número de electrones que salen: al disminuir la intensidad, salen menos electrones por segundo.

22) a) Un haz de electrones se acelera bajo la acción de un campo eléctrico hasta una velocidad de $6 \cdot 10^5$ m s^{-1}. Haciendo uso de la hipótesis de De Broglie calcule la longitud de onda asociada a los electrones. b) La masa del protón es aproximadamente 1800 veces la del electrón. Calcule la relación entre las longitudes de onda de De Broglie de protones y electrones suponiendo que se mueven con la misma energía cinética. h = $6,63 \cdot 10^{-34}$ J s ; m$_e$ = $9,1 \cdot 10^{-31}$ kg.

Datos:

$v = 6 \cdot 10^5$ m s^{-1}
¿λ?
$m_p = 1800 \cdot m_e$
¿λ_p / λ_e?
$Ec_p = Ec_e$
$h = 6,63 \cdot 10^{-34}$ J s
$m_e = 9,1 \cdot 10^{-31}$ kg

Dibujo:

Principio físico: una diferencia de potencial sobre una carga eléctrica provoca un aumento en su energía cinética. Principio de de Broglie o dualidad onda-partícula: toda partícula en movimiento lleva asociada una onda.

Método de resolución: aplicaremos el principio de conservación de la energía mecánica y el principio de de Broglie.

Resolución: * Longitud de onda del electrón: $\lambda = \dfrac{h}{m \cdot v} = \dfrac{6'63 \cdot 10^{-34}}{9'1 \cdot 10^{-31} \cdot 6 \cdot 10^5} = \boxed{1'21 \cdot 10^{-9} \text{ m}}$

* Velocidad de las partículas: $Ec = \dfrac{1}{2} m \cdot v^2 \rightarrow v = \sqrt{\dfrac{2 \cdot Ec}{m}}$

* Relación entre las longitudes de onda:

$$\dfrac{\lambda_p}{\lambda_e} = \dfrac{\dfrac{h}{m_p \cdot v_p}}{\dfrac{h}{m_e \cdot v_e}} = \dfrac{m_e \cdot v_e}{m_p \cdot v_p} = \dfrac{m_e}{m_p} \cdot \dfrac{\sqrt{\dfrac{2 \cdot Ec}{m_p}}}{\sqrt{\dfrac{2 \cdot Ec}{m_e}}} = \dfrac{m_e}{m_p} \cdot \sqrt{\dfrac{m_e}{m_p}} = \dfrac{1}{1800} \cdot \sqrt{\dfrac{1}{1800}} = \boxed{1'31 \cdot 10^{-5}}$$

Comentario: la longitud de onda del protón es unas cien mil veces más pequeña que la del electrón.

2007

23) Un haz de electrones se acelera con una diferencia de potencial de 30 kV. a) Determine la longitud de onda asociada a los electrones. b) Se utiliza la misma diferencia de potencial para acelerar electrones y protones. Razone si la longitud de onda asociada a los electrones es mayor, menor o igual a la de los protones. ¿Y si los electrones y los protones tuvieran la misma velocidad?
h = 6,6·10⁻³⁴ J s ; e = 1'6 · 10⁻¹⁹ C ; m_e = 9,1·10⁻³¹ kg

Datos: Dibujo:

$\Delta V = 30.000$ V
¿λ?
$h = 6,6 \cdot 10^{-34}$ J s
$e = 1'6 \cdot 10^{-19}$ C
$m_e = 9,1 \cdot 10^{-31}$ kg

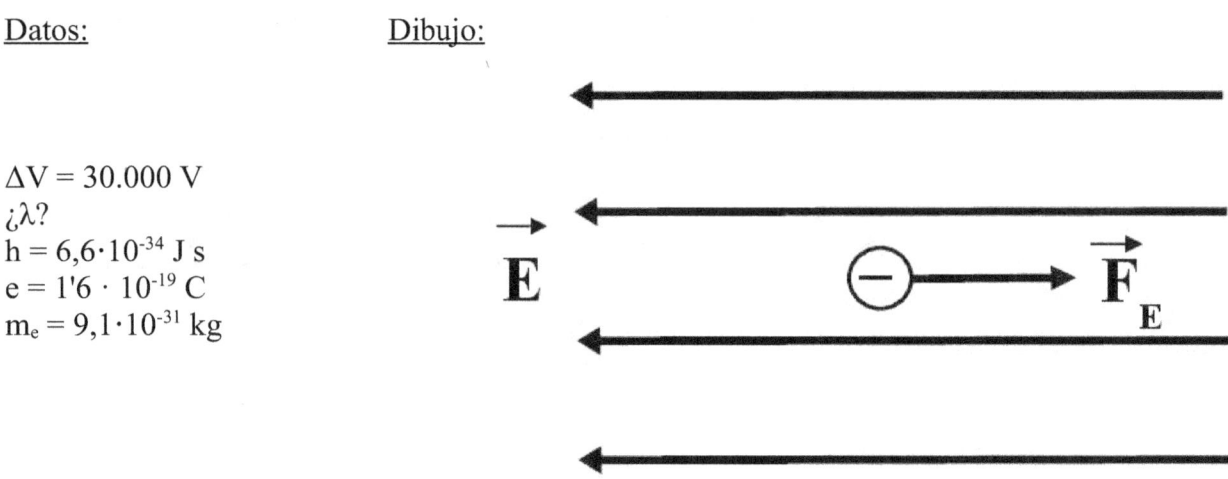

Principio físico: una diferencia de potencial sobre una carga eléctrica provoca un aumento en su energía cinética. Principio de De Broglie o dualidad onda-partícula: toda partícula en movimiento lleva asociada una onda.

Método de resolución: aplicaremos el principio de conservación de la energía mecánica y el principio de De Broglie.

Resolución: * Velocidad de los electrones: $e \cdot \Delta V = \frac{1}{2} m \cdot v^2 \rightarrow v = \sqrt{\frac{2 \cdot e \cdot \Delta V}{m}} =$

$= \sqrt{\frac{2 \cdot 1'6 \cdot 10^{-19} \cdot 30000}{9'1 \cdot 10^{-31}}} = 1'03 \cdot 10^8 \; \frac{m}{s}$

* Longitud de onda de los electrones: $\lambda = \frac{h}{m \cdot v} = \frac{6'63 \cdot 10^{-34}}{9'1 \cdot 10^{-31} \cdot 1'03 \cdot 10^8} = \boxed{7'07 \cdot 10^{-12} \; m}$

* Relación entre longitudes de onda para la misma diferencia de potencial:

$\frac{\lambda_p}{\lambda_e} = \frac{\frac{h}{m_p \cdot v_p}}{\frac{h}{m_e \cdot v_e}} = \frac{m_e \cdot v_e}{m_p \cdot v_p} = \frac{m_e}{m_p} \cdot \frac{\sqrt{\frac{2 \cdot e \cdot \Delta V}{m_p}}}{\sqrt{\frac{2 \cdot e \cdot \Delta V}{m_e}}} = \frac{m_e}{m_p} \cdot \sqrt{\frac{m_e}{m_p}}$

* Relación entre longitudes de onda para la misma velocidad:

$$\frac{\lambda_p}{\lambda_e} = \frac{\dfrac{h}{m_p \cdot v_p}}{\dfrac{h}{m_e \cdot v_e}} = \frac{m_e \cdot v_e}{m_p \cdot v_p} = \frac{m_e}{m_p}$$

Comentario: en los dos casos, al ser la masa del electrón menor que la del protón, $\dfrac{m_e}{m_p} < 1$, luego: $\dfrac{\lambda_p}{\lambda_e} < 1$. Esto significa que la longitud de onda del protón es menor que la del electrón para la misma velocidad.

24) Sobre una superficie de sodio metálico inciden simultáneamente dos radiaciones monocromáticas de longitudes de onda $\lambda_1 = 500$ nm y $\lambda_2 = 560$ nm. El trabajo de extracción del sodio es 2,3 eV. a) Determine la frecuencia umbral de efecto fotoeléctrico y razone si habría emisión fotoeléctrica para las dos radiaciones indicadas. b) Explique las transformaciones energéticas en el proceso de fotoemisión y calcule la velocidad máxima de los electrones emitidos.
$h = 6,6 \cdot 10^{-34}$ J s ; $c = 3 \cdot 10^8$ m·s^{-1} ; $e = 1,6 \cdot 10^{-19}$ C ; $m_e = 9,1 \cdot 10^{-31}$ kg

Datos:

$\lambda_1 = 500 \cdot 10^{-9}$ m
$\lambda_2 = 560 \cdot 10^{-9}$ m
$W_{extr} = 2,3$ eV
¿f_0?
¿$v_{máx}$?
$h = 6,6 \cdot 10^{-34}$ J s
$c = 3 \cdot 10^8$ m·s^{-1}
$e = 1,6 \cdot 10^{-19}$ C
$m_e = 9,1 \cdot 10^{-31}$ kg

Dibujo:

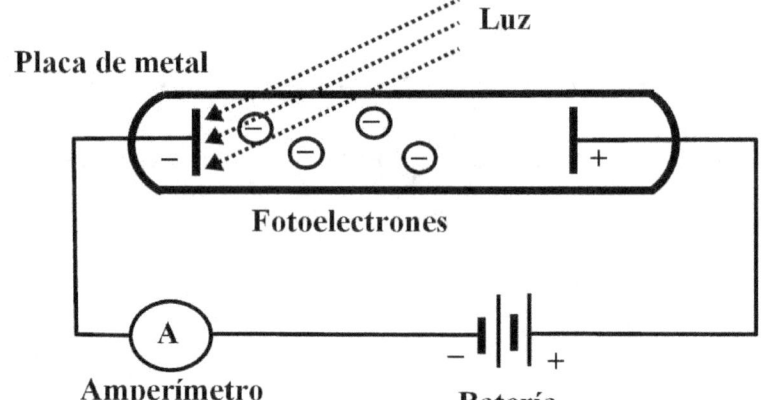

Principio físico: el efecto fotoeléctrico consiste en la emisión de fotoelectrones por parte de una lámina metálica cuando se la ilumina con luz de una frecuencia superior a la umbral.

Método de resolución: haremos un balance de energía en el efecto fotoeléctrico.

Resolución: * Trabajo de extracción en julios:

$W_{extr} = 2'3$ eV $\cdot \dfrac{1'6 \cdot 10^{-19} C \cdot 1 V}{1 eV} \cdot \dfrac{1 J}{1 C \cdot 1 V} = 3'68 \cdot 10^{-19}$ J

* Frecuencia umbral: $W_{extr} = h \cdot f_0 \rightarrow f_0 = \dfrac{W_{extr}}{h} = \dfrac{3'68 \cdot 10^{-19}}{6'6 \cdot 10^{-34}} = \boxed{5'58 \cdot 10^{14} \text{ Hz}}$

* Energía del fotón 1: $E_{fotón 1} = h \cdot \dfrac{c}{\lambda_1} = 6'6 \cdot 10^{-34} \cdot \dfrac{3 \cdot 10^8}{500 \cdot 10^{-9}} = 3'96 \cdot 10^{-19}$ J

* Energía del fotón 2: $E_{fotón 2} = h \cdot \dfrac{c}{\lambda_2} = 6'6 \cdot 10^{-34} \cdot \dfrac{3 \cdot 10^8}{560 \cdot 10^{-9}} = 3'54 \cdot 10^{-19}$ J

* Velocidad máxima de los electrones: $E_{fotón1} = W_{extr.} + E_c$ → $E_{fotón1} = W_{extr} + \frac{1}{2} m \cdot v^2$ →

→ $2 \cdot E_{fotón1} = 2 \cdot W_{extr} + m \cdot v^2$ → $m \cdot v^2 = 2 \cdot (E_{fotón1} - W_{extr})$ → $v^2 = \dfrac{2 \cdot (E_{fotón} - W_{extr.})}{m}$ →

→ $v = \sqrt{\dfrac{2 \cdot (E_{fotón1} - W_{extr.})}{m}} = \sqrt{\dfrac{2 \cdot (3'96 \cdot 10^{-19} - 3'68 \cdot 10^{-19})}{9'1 \cdot 10^{-31}}} = \boxed{2'48 \cdot 10^5 \; \dfrac{m}{s}}$

Comentario: la energía del fotón se emplea en arrancar electrones del metal y en darles una energía cinética. Hay efecto fotoeléctrico si la energía del fotón supera al trabajo de extracción; esto sí ocurre para la primera longitud de onda pero no para la segunda.

25) Un fotón incide sobre un metal cuyo trabajo de extracción es 2 eV. La energía cinética máxima de los electrones emitidos por ese metal es 0,47 eV. a) Explique las transformaciones energéticas que tienen lugar en el proceso de fotoemisión y calcule la energía del fotón incidente y la frecuencia umbral de efecto fotoeléctrico del metal. b) Razone cuál sería la velocidad de los electrones emitidos si la energía del fotón incidente fuera 2 eV. $h = 6{,}6 \cdot 10^{-34}$ J s ; $e = 1{,}6 \cdot 10^{-19}$ C

Datos:

$W_{extr} = 2$ eV
$Ec_{máx} = 0{'}47$ eV
¿$E_{fotón}$?
¿f_0?
¿v?
$E_{fotón} = 2$ eV
$h = 6{,}6 \cdot 10^{-34}$ J s
$e = 1{,}6 \cdot 10^{-19}$ C

Dibujo:

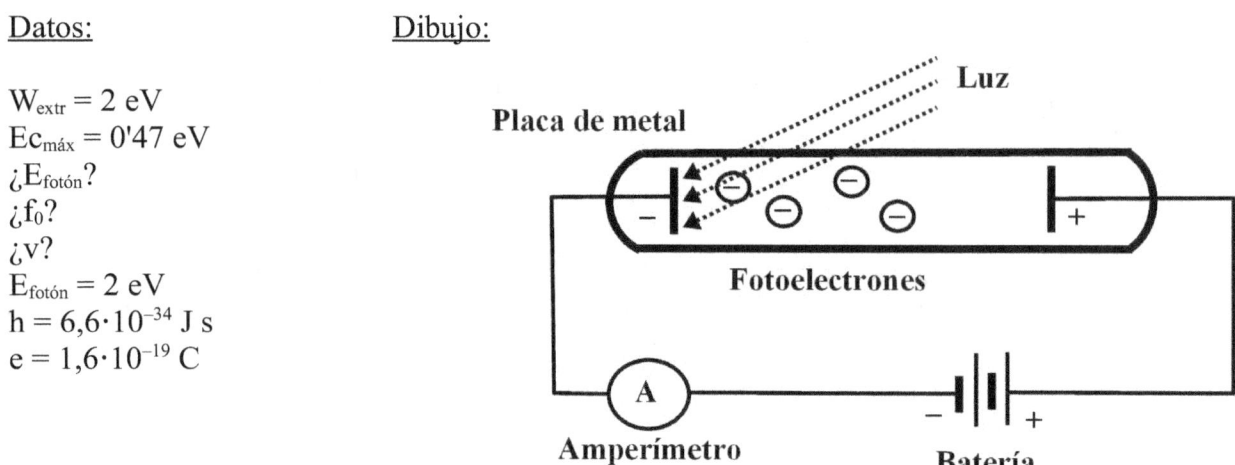

Principio físico: el efecto fotoeléctrico consiste en la emisión de fotoelectrones por parte de una lámina metálica cuando se la ilumina con luz de una frecuencia superior a la umbral.

Método de resolución: haremos un balance de energía en el efecto fotoeléctrico.

Resolución: * Trabajo de extracción en julios:

$$W_{extr} = 2 \text{ eV} \cdot \frac{1{'}6 \cdot 10^{-19} C \cdot 1 V}{1 eV} \cdot \frac{1 J}{1 C \cdot 1 V} = 3{'}2 \cdot 10^{-19} \text{ J}$$

* Energía cinética en julios: $W_{extr} = 0{'}47 \text{ eV} \cdot \dfrac{1{'}6 \cdot 10^{-19} C \cdot 1 V}{1 eV} \cdot \dfrac{1 J}{1 C \cdot 1 V} = 7{'}52 \cdot 10^{-20}$ J

* Energía del fotón incidente: $E_{fotón} = W_{extr.} + Ec = 3{'}2 \cdot 10^{-19} + 7{'}52 \cdot 10^{-20} = \boxed{3{'}95 \cdot 10^{-19} \text{ J}}$

* Frecuencia umbral: $W_{extr} = h \cdot f_0 \rightarrow f_0 = \dfrac{W_{extr.}}{h} = \dfrac{3{'}2 \cdot 10^{-19}}{6{'}6 \cdot 10^{-34}} = \boxed{4{'}85 \cdot 10^{14} \text{ Hz}}$

Comentario: la energía del fotón se emplea en arrancar electrones del metal y en darles una energía cinética. Si la energía del fotón incidente fuera de 2 eV, que es igual al trabajo de extracción, los electrones emitidos saltarían de la lámina pero no tendrían velocidad.

2006

26) Al incidir luz de longitud de onda 620 nm en la superficie de una fotocélula, la energía cinética máxima de los fotoelectrones emitidos es 0,14 eV. a) Determine la función trabajo del metal y el potencial de frenado que anula la fotoemisión. b) Explique, con ayuda de una gráfica, cómo varía la energía cinética máxima de los fotoelectrones emitidos al variar la frecuencia de la luz incidente.
$c = 3·10^8$ m s^{-1} ; $h = 6,6·10^{-34}$ J s ; $e = 1,6·10^{-19}$ C

Datos:

$\lambda = 620·10^{-9}$ m
$Ec_{máx} = 2'24·10^{-20}$ J
¿W_{extr}?
¿V_0?
$c = 3·10^8$ m s^{-1}
$h = 6,6·10^{-34}$ J s
$e = 1,6·10^{-19}$ C

Dibujo:

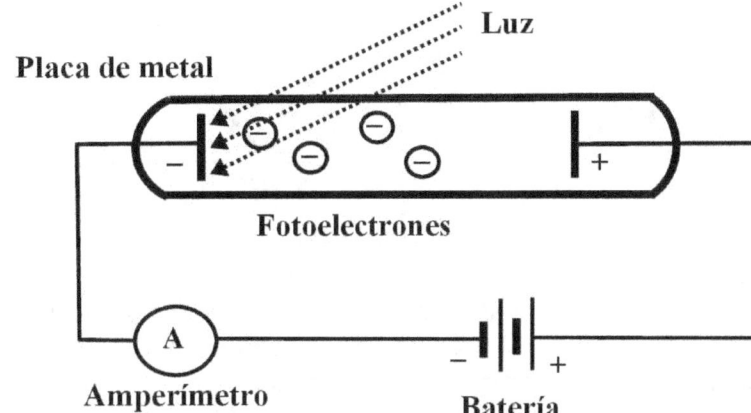

Principio físico: el efecto fotoeléctrico consiste en la emisión de fotoelectrones por parte de una lámina metálica cuando se la ilumina con luz de una frecuencia superior a la umbral.

Método de resolución: haremos un balance de energía en el efecto fotoeléctrico.

Resolución: * Energía cinética en julios: $Ec = 0'14 · \dfrac{1'6·10^{-19} C · 1 V}{1 eV} · \dfrac{1 J}{1 C · 1 V} = 2'24·10^{-20}$ J

* Función trabajo del metal: $E_{fotón} = W_{extr.} + Ec \rightarrow h·\dfrac{c}{\lambda} = W_{extr} + Ec \rightarrow$

$\rightarrow W_{extr} = \dfrac{h·c}{\lambda} - Ec = \dfrac{6'6·10^{-34}·3·10^8}{620·10^{-9}} - 2'24·10^{-20} = \boxed{2'97·10^{-19} \text{ J}}$

* Potencial de frenado: $e·V_0 = Ec \rightarrow V_0 = \dfrac{Ec}{e} = \dfrac{2'24·10^{-20}}{1'6·10^{-19}} = \boxed{0'14 \text{ V}}$

* Relación entre Ec y f: $h \cdot f = h \cdot f_0 + E_c$ → $E_c = h \cdot (f - f_0)$

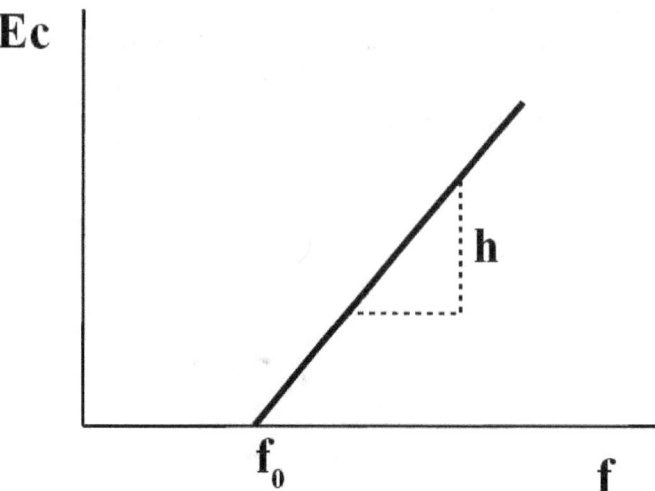

Comentario: el trabajo de extracción es la energía necesaria para arrancar los electrones del metal. El potencial de frenado es la diferencia de potencial mínima que hay que aplicar en una pila para frenar a los fotoelectrones. La relación entre la energía cinética y la frecuencia es una línea recta de pendiente h, la constante de Planck. La gráfica no comienza en el origen, sino en la frecuencia umbral, f_0, porque a partir de ella ocurre el efecto fotoeléctrico.

27) Al iluminar la superficie de un metal con luz de longitud de onda 280 nm, la emisión de fotoelectrones cesa para un potencial de frenado de 1,3 V. a) Determine la función trabajo del metal y la frecuencia umbral de emisión fotoeléctrica. b) Cuando la superficie del metal se ha oxidado, el potencial de frenado para la misma luz incidente es de 0,7 V. Razone cómo cambian, debido a la oxidación del metal: i) la energía cinética máxima de los fotoelectrones; ii) la frecuencia umbral de emisión; iii) la función trabajo. $c = 3 \cdot 10^8$ m s^{-1} ; $h = 6,6 \cdot 10^{-34}$ J s ; $e = 1,6 \cdot 10^{-19}$ C

Datos:

$\lambda = 280 \cdot 10^{-9}$ m
$V_0 = 1'3$ V
¿W_{extr}?
¿f_0?
$V'_0 = 0'7$ V
$c = 3 \cdot 10^8$ m s^{-1}
$h = 6,6 \cdot 10^{-34}$ J s
$e = 1,6 \cdot 10^{-19}$ C

Dibujo:

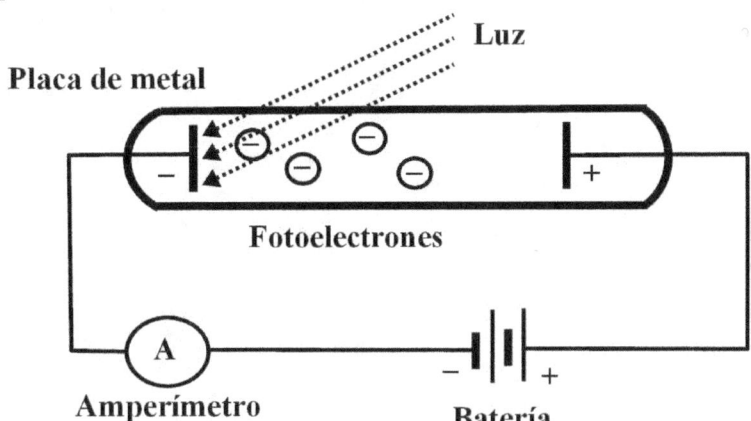

Principio físico: el efecto fotoeléctrico consiste en la emisión de fotoelectrones por parte de una lámina metálica cuando se la ilumina con luz de una frecuencia superior a la umbral.

Método de resolución: haremos un balance de energía en el efecto fotoeléctrico.

Resolución: * Energía cinética: $E_c = e \cdot V_0 = 1'6 \cdot 10^{-19} \cdot 1'3 = 2'08 \cdot 10^{-19}$ J

* Energía del fotón incidente: $E_{fotón} = h \cdot \dfrac{c}{\lambda} = 6'6 \cdot 10^{-34} \cdot \dfrac{3 \cdot 10^8}{280 \cdot 10^{-9}} = 7'07 \cdot 10^{-19}$ J

* Función trabajo del metal: $E_{fotón} = W_{extr.} + E_c \rightarrow W_{extr} = E_{fotón} - E_c =$

$= 7'07 \cdot 10^{-19} - 2'08 \cdot 10^{-19} = \boxed{4'99 \cdot 10^{-19} \text{ J}}$

* Frecuencia umbral: $W_{extr.} = h \cdot f_0 \rightarrow f_0 = \dfrac{W_{extr.}}{h} = \dfrac{4'99 \cdot 10^{-19}}{6'6 \cdot 10^{-34}} = \boxed{7'56 \cdot 10^{14} \text{ Hz}}$

* Nueva energía cinética: $E_c' = e \cdot V'_0 = 1'6 \cdot 10^{-19} \cdot 0'7 = 1'12 \cdot 10^{-19}$ J: la nueva energía cinética es menor pues se necesita menor diferencia de potencial para detener a los electrones.

* Nueva función trabajo: $W'_{extr} = E_{fotón} - E_c' = 7'07 \cdot 10^{-19} - 1'12 \cdot 10^{-19} = 5'95 \cdot 10^{-19}$ J: el nuevo trabajo de extracción es mayor porque la energía del fotón sigue siendo la misma y suministra menos energía cinética, luego se invierte en una mayor dificultad en arrancar electrones del metal.

* Nueva frecuencia umbral: $W'_{extr} = h \cdot f'_0 \rightarrow f'_0 = \dfrac{W'_{extr.}}{h} = \dfrac{5'95 \cdot 10^{-19}}{6'6 \cdot 10^{-34}} = 9'02 \cdot 10^{14}$ Hz: la nueva frecuencia umbral es mayor al ser mayor el trabajo de extracción.

Comentario: el potencial de frenado es la diferencia de potencial mínima que hay que aplicar en la pila para detener a los electrones.

28) a) En un microscopio electrónico se aplica una diferencia de potencial de 20 kV para acelerar los electrones. Determine la longitud de onda de los fotones de rayos X de igual energía que dichos electrones. b) Un electrón y un neutrón tienen igual longitud de onda de de Broglie. Razone cuál de ellos tiene mayor energía.
c = 3·10^8 m s^{-1} ; h = 6,6·10^{-34} J s ; e = 1,6·10^{-19} C ; m$_e$ = 9,1·10^{-31} kg ; m$_n$ = 1,7·10^{-27} kg

Datos: Dibujo:

ΔV = 20.000 V
¿λ?
E$_{fotón}$ = E$_{electrón}$
λ_e = λ_n
c = 3·10^8 m s^{-1}
h = 6,6·10^{-34} J s
e = 1,6·10^{-19} C
m$_e$ = 9,1·10^{-31} kg
m$_n$ = 1,7·10^{-27} kg

Principio físico: una diferencia de potencial sobre una carga eléctrica provoca un aumento en su energía cinética. Principio de de Broglie o dualidad onda-partícula: toda partícula en movimiento lleva asociada una onda.

Método de resolución: aplicaremos el principio de conservación de la energía mecánica y el principio de De Broglie.

Resolución: * Longitud de onda de los fotones: $E_{fotón} = E_e \rightarrow h \cdot \dfrac{c}{\lambda_{fotón}} = e \cdot \Delta V \rightarrow$

$\rightarrow \lambda_{fotón} = \dfrac{h \cdot c}{e \cdot \Delta V} = \dfrac{6'6 \cdot 10^{-34} \cdot 3 \cdot 10^8}{1'6 \cdot 10^{-19} \cdot 20000} = \boxed{6'19 \cdot 10^{-11} \text{ m}}$

* Velocidades de las partículas: $\lambda_e = \lambda_n \rightarrow \dfrac{h}{m_e \cdot v_e} = \dfrac{h}{m_n \cdot v_n} \rightarrow$

$\rightarrow \dfrac{v_e}{v_n} = \dfrac{m_n}{m_e} = \dfrac{1'7 \cdot 10^{-27}}{9'1 \cdot 10^{-31}} = 1868$

* Energías cinéticas de las partículas: $Ec_n = \dfrac{1}{2} m_n \cdot v_n^2$; $Ec_e = \dfrac{1}{2} m_e \cdot v_e^2 \rightarrow$

$\rightarrow \dfrac{Ec_e}{Ec_n} = \dfrac{\frac{1}{2} m_e \cdot v_e^2}{\frac{1}{2} m_n \cdot v_n^2} = \dfrac{m_e}{m_n} \cdot \left(\dfrac{v_e}{v_n}\right)^2 = \dfrac{9'1 \cdot 10^{-31}}{1'7 \cdot 10^{-27}} \cdot 1868^2 = 1868$

Comentario: los rayos X son radiación electromagnética y los electrones tienen la dualidad onda-corpúsculo. La energía cinética del electrón es unas mil ochocientas veces mayor que la del neutrón.

2005

29) El trabajo de extracción del aluminio es 4,2 eV. Sobre una superficie de aluminio incide radiación electromagnética de longitud de onda $200 \cdot 10^{-9}$ m. Calcule razonadamente: a) La energía cinética de los fotoelectrones emitidos y el potencial de frenado. b) La longitud de onda umbral para el aluminio.
$h = 6,6 \cdot 10^{-34}$ J s ; $c = 3 \cdot 10^8$ m s^{-1} ; 1 eV $= 1,6 \cdot 10^{-19}$ J

Datos:

$W_{extr} = 4'2$ eV
$\lambda = 200 \cdot 10^{-9}$ m
¿Ec?
¿V_0?
¿λ?
$h = 6,6 \cdot 10^{-34}$ J s
$c = 3 \cdot 10^8$ m s^{-1}
1 eV $= 1,6 \cdot 10^{-19}$ J

Dibujo:

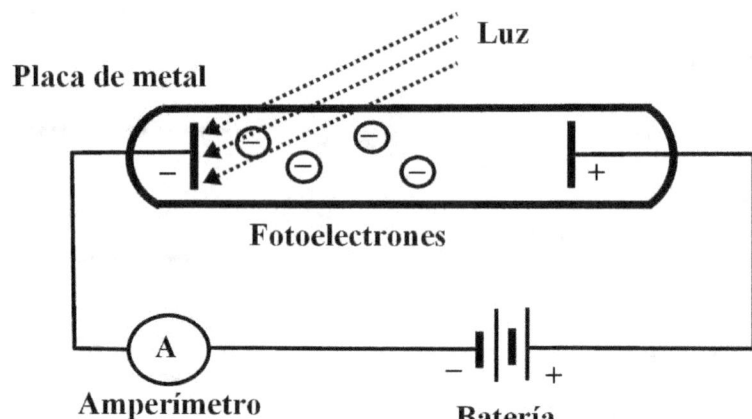

Principio físico: el efecto fotoeléctrico consiste en la emisión de fotoelectrones por parte de una lámina metálica cuando se la ilumina con luz de una frecuencia superior a la umbral.

Método de resolución: haremos un balance de energía en el efecto fotoeléctrico.

Resolución: * Trabajo de extracción en julios: $W_{extr} = 4,2$ eV $\cdot \dfrac{1'6 \cdot 10^{-19} J}{1 eV} = 6'72 \cdot 10^{-19}$ J

* Energía cinética de los fotoelectrones: $E_{fotón} = W_{extr.} + Ec$ → $Ec = E_{fotón} - W_{extr} =$

$= h \cdot \dfrac{c}{\lambda} - W_{extr} = 6'6 \cdot 10^{-34} \cdot \dfrac{3 \cdot 10^8}{200 \cdot 10^{-9}} = \boxed{9'9 \cdot 10^{-19} \text{ J}}$

* Potencial de frenado: $Ec = e \cdot V_0$ → $V_0 = \dfrac{Ec}{e} = \dfrac{9'9 \cdot 10^{-19}}{1'6 \cdot 10^{-19}} = \boxed{6'19 \text{ V}}$

* Longitud de onda umbral: $W_{extr} = h \cdot \dfrac{c}{\lambda_0}$ → $\lambda_0 = \dfrac{h \cdot c}{W_{extr.}} = \dfrac{6'6 \cdot 10^{-34} \cdot 3 \cdot 10^8}{6'72 \cdot 10^{-19}} = \boxed{2'95 \cdot 10^{-7} \text{ m}}$

Comentario: el potencial de frenado es la diferencia de potencial mínima que hay que aplicar en la pila para detener a los fotoelectrones. La longitud de onda umbral es la longitud de onda máxima.

30) a) ¿Cuál es la energía cinética de un electrón cuya longitud de onda de De Broglie es de 10^{-9} m? b) Si la diferencia de potencial utilizada para que el electrón adquiera la energía cinética se reduce a la mitad, ¿cómo cambia su longitud de onda asociada? Razone la respuesta.
h = $6'6 \cdot 10^{-34}$ J · s ; e = $1'6 \cdot 10^{-19}$ C ; m_e = $9'1 \cdot 10^{-31}$ kg

Datos:

¿Ec?
λ = 10^{-9} m
ΔV' = ΔV / 2
¿λ'?
h = $6'6 \cdot 10^{-34}$ J · s
e = $1'6 \cdot 10^{-19}$ C
m_e = $9'1 \cdot 10^{-31}$ kg

Dibujo:

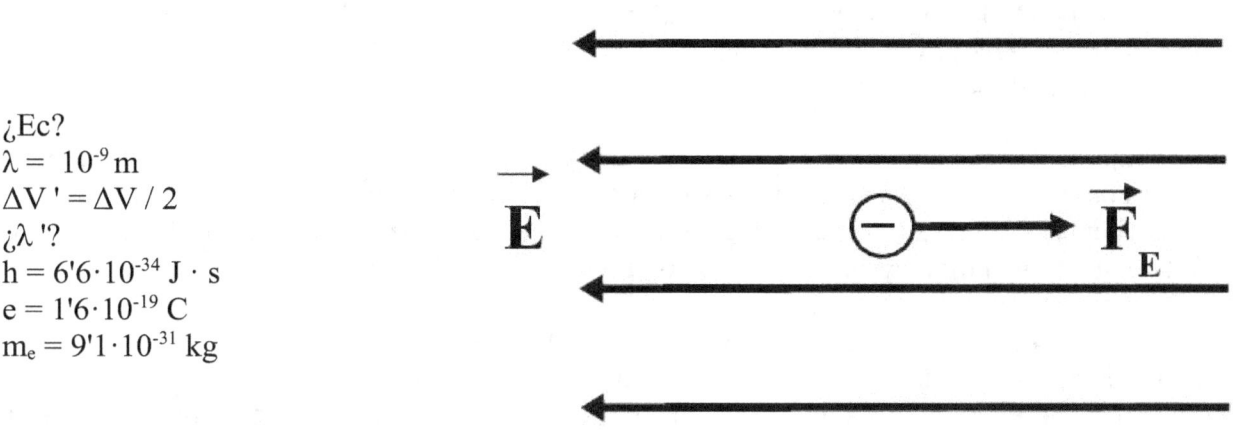

Principio físico: una diferencia de potencial sobre una carga eléctrica provoca un aumento en su energía cinética. Principio de De Broglie o dualidad onda-partícula: toda partícula en movimiento lleva asociada una onda.

Método de resolución: aplicaremos el principio de conservación de la energía mecánica y el principio de De Broglie.

Resolución: * Velocidad del electrón: $\lambda = \dfrac{h}{m \cdot v} \rightarrow v = \dfrac{h}{m \cdot \lambda} = \dfrac{6'6 \cdot 10^{-34}}{9'1 \cdot 10^{-31} \cdot 10^{-9}} = 7'25 \cdot 10^5 \dfrac{m}{s}$

* Energía cinética: Ec = $\dfrac{1}{2}$ m·v² = $\dfrac{1}{2}$ · $9'1 \cdot 10^{-31} \cdot (7'25 \cdot 10^5)^2$ = $\boxed{2'39 \cdot 10^{-19} \text{ J}}$

* Relación entre las energías cinéticas:

$v = \sqrt{\dfrac{2 \cdot Ec}{m}} = \sqrt{\dfrac{2 \cdot e \cdot \Delta V}{m}}$; $\lambda = \dfrac{h}{m \cdot v} = \dfrac{h}{m} \cdot \sqrt{\dfrac{m}{2 \cdot e \cdot \Delta V}}$

$\lambda' = \dfrac{h}{m \cdot v} = \dfrac{h}{m} \cdot \sqrt{\dfrac{m}{2 \cdot e \cdot \Delta V / 2}} = \sqrt{\dfrac{2 \cdot m}{2 \cdot e \cdot \Delta V}}$; $\dfrac{\lambda'}{\lambda} = \dfrac{\sqrt{\dfrac{2 \cdot m}{2 \cdot e \cdot \Delta V}}}{\sqrt{\dfrac{m}{2 \cdot e \cdot \Delta V}}} = \boxed{\sqrt{2}}$

Comentario: la segunda longitud de onda es mayor que la primera.

CUESTIONES

CUESTIONES DE DINÁMICA Y ENERGÍA

2018

1) Analice las siguientes proposiciones, razonando si son verdaderas o falsas: (i) sólo las fuerzas conservativas realizan trabajo; (ii) si sobre una partícula únicamente actúan fuerzas conservativas la energía cinética de la partícula no varía.

i) Falso. El trabajo se define como: $W = F \cdot e \cdot \cos \alpha$, siendo F la fuerza, e el espacio y α el ángulo que forma la fuerza con la dirección y sentido del desplazamiento. Esta definición es independiente del tipo de fuerza. Las fuerzas conservativas son aquellas cuyo trabajo depende solamente de las posiciones inicial y final del cuerpo y no depende de la trayectoria. Ejemplo: la fuerza gravitatoria.
ii) Falso.
$W_T = W_{FC} + W_{FNC} = -\Delta E_p + W_{FNC} = \Delta E_c$; $W_{FC} = -\Delta E_p$; $W_{FNC} = \Delta E_c + \Delta E_p = \Delta E_M$
Si sólo actúan fuerzas conservativas: $W_{FNC} = 0$ → $\Delta E_c + \Delta E_p = 0$ → $\Delta E_M = 0$
La que no varía es la energía mecánica, es decir, si sólo actúan fuerzas conservativas, la energía mecánica se conserva.

---

2) Fuerzas conservativas y energía potencial. Ponga un ejemplo de fuerza conservativa y otro de fuerza no conservativa.

Las fuerzas conservativas son aquellas cuyo trabajo no depende de la trayectoria, sólo dependen de las posiciones inicial y final. Ejemplo: la fuerza gravitatoria. En las fuerzas no conservativas, el trabajo sí depende de la trayectoria. Ejemplo: la fuerza de rozamiento. El trabajo realizado por una fuerza conservativa en un circuito cerrado es cero: $W_{A \to A} = \oint \vec{F} \cdot d\vec{r} = \int_A^A \vec{F} \cdot d\vec{r} = 0$. En los campos conservativos, se define una función escalar llamada energía potencial. La energía potencial es la energía almacenada en el cuerpo cuando sobre él actúan fuerzas conservativas. El trabajo de las fuerzas conservativas es la variación cambiada de signo de la energía potencial:

$$W_{FC} = \int_A^B \vec{F} \cdot d\vec{r} = -\Delta E_p = E_{pA} - E_{pB}$$

Para tener una energía potencial en un punto, debemos establecer un origen de potencial, un punto en el que su energía potencial valga cero. El trabajo que realiza el campo para pasar del punto A al punto de referencia R es: $W_{A \to R} = \int_A^B \vec{F} \cdot d\vec{r} = -\Delta E_p = E_{pA} - E_{pR} = E_{pA} - 0 = E_{pA}$

Por consiguiente: la energía potencial en un punto es el trabajo que realiza una fuerza conservativa para llevar una partícula desde un punto hasta el punto de referencia, donde la energía potencial vale cero.

2017

3) Si sobre una partícula actúan fuerzas conservativas y no conservativas, razone cómo cambian las energías cinética, potencial y mecánica de la partícula.

$W_T = W_{FC} + W_{FNC} = -\Delta E_p + W_{FNC} = \Delta E_c$; $W_{FC} = -\Delta E_p$; $W_{FNC} = \Delta E_c + \Delta E_p = \Delta E_M$

Según la expresión: $W_{FC} = -\Delta E_p$, las fuerzas conservativas tienden a disminuir el valor de la energía potencial. Las fuerzas no conservativas no afectan a la energía potencial.

Según la expresión: $W_T = W_{FC} + W_{FNC} = \Delta E_c$, la presencia de cualquier tipo de fuerzas tiende a modificar la energía cinética. Las fuerzas conservativas tienden a aumentar el valor de la energía cinética si el cuerpo se mueve en el sentido de la fuerza conservativa. La fuerza de rozamiento tiende a disminuir la energía cinética.

La fuerza no conservativa puede ser la fuerza de rozamiento u otra fuerza. Según la expresión: $W_{FNC} = \Delta E_c + \Delta E_p = \Delta E_M$, las fuerzas no conservativas cambian el valor de la energía mecánica. Si la fuerza va en el sentido del movimiento: $W_{FNC} > 0$ y la energía mecánica aumenta. Si la fuerza va en sentido contrario al movimiento (como en el caso del rozamiento), $W_{FNC} < 0$ y la energía mecánica disminuye.

2016

4) Explique por qué en lugar de energía potencial en un punto debemos hablar de diferencia de energía potencial entre dos puntos.

Las fuerzas conservativas son aquellas cuyo trabajo no depende de la trayectoria, sólo dependen de las posiciones inicial y final. En los campos conservativos, se define una función escalar llamada energía potencial. La energía potencial es la energía almacenada en el cuerpo cuando sobre él actúan fuerzas conservativas. El trabajo de las fuerzas conservativas es la variación cambiada de signo de la energía potencial: $W_{FC} = -\Delta E_p = E_{p_A} - E_{p_B} = \int_A^B \vec{F} \cdot d\vec{r}$

Para tener una energía potencial en un punto, debemos establecer un origen de potencial, un punto en el que su energía potencial valga cero. El trabajo que realiza el campo para pasar del punto A al punto de referencia R es: $W_{A \rightarrow R} = \int_A^B \vec{F} \cdot d\vec{r} = -\Delta E_p = E_{p_A} - E_{p_R} = E_{p_A} - 0 = E_{p_A}$

Por consiguiente: la energía potencial en un punto es el trabajo que realiza una fuerza conservativa para llevar una partícula desde un punto hasta el punto de referencia, donde la energía potencial vale cero. Si el cero de energía potencial lo establecemos en la superficie de la Tierra, la expresión de la energía potencial es: $E_p = m \cdot g \cdot h$. Si lo establecemos en el infinito, la energía potencial en un punto es: $E_p = -\dfrac{G \cdot M \cdot m}{r}$

2015

5) Un esquiador se desliza desde la cima de una montaña hasta un cierto punto de su base siguiendo dos caminos distintos, uno de pendiente más suave y el otro de pendiente más abrupta. Razone en cuál de los dos casos llegará con más velocidad al punto de destino. ¿Y si se tuviera en cuenta la fuerza de rozamiento?

* Sin rozamiento: se conserva la energía mecánica:

$E_{cA} + E_{pA} = E_{cB} + E_{pB} \rightarrow 0 + m \cdot g \cdot h_A = \frac{1}{2} \cdot m \cdot v_B^2 + 0 \rightarrow v_B = \sqrt{2 \cdot g \cdot h}$

La velocidad en B no depende de la trayectoria, depende sólo de la altura. Luego, en los dos casos, la velocidad será la misma.

* Con rozamiento: se conserva la energía total: $E_{cA} + E_{pA} + W_{FNC} = E_{cB} + E_{pB} \rightarrow$

$\rightarrow 0 + m \cdot g \cdot h_A - \mu \cdot m \cdot g \cdot \cos \alpha \cdot e = \frac{1}{2} \cdot m \cdot v_B^2 + 0 \rightarrow$

$\rightarrow 2 \cdot g \cdot h_A - 2 \cdot \mu \cdot g \cdot \cos \alpha \cdot e = v_B^2 \rightarrow v_B = \sqrt{2 \cdot g \cdot (h_A - \mu \cdot \cos \alpha \cdot e)}$

Entre 0° y 90°, la función coseno va disminuyendo. Es decir, a menor ángulo, mayor coseno. En el camino corto, e es pequeña, α es grande y cos α es pequeña. Luego el término μ·cos α·e es pequeño y v es más grande. En el camino largo, e es grande, α es pequeña y cos α es grande. Luego el término μ·cos α·e es grande y v es más pequeña.

---

6) La energía cinética de una partícula sobre la que actúa una fuerza conservativa se incrementa en 500 J. Razone cuáles son las variaciones de la energía mecánica y de la energía potencial de la partícula.

$W_T = W_{FC} + W_{FNC} = -\Delta E_p + W_{FNC} = \Delta E_c$; $W_{FC} = -\Delta E_p$; $W_{FNC} = \Delta E_c + \Delta E_p = \Delta E_M$

Si sobre una partícula actúan exclusivamente fuerzas conservativas, su energía mecánica permanece constante, luego: $\Delta E_M = 0$. La energía cinética se transforma en energía potencial. La energía cinética aumenta y la energía potencial disminuye:

$W_{FNC} = \Delta E_c + \Delta E_p = \Delta E_M = 0 \rightarrow \Delta E_c + \Delta E_p = 0 \rightarrow \Delta E_p = -\Delta E_c = -500$ J.

Las fuerzas conservativas son las que modifican la energía potencial: $W_{FC} = -\Delta E_p$

2014

7) a) Conservación de la energía mecánica. b) Un objeto desciende con velocidad constante por un plano inclinado. Explique, con la ayuda de un esquema, las fuerzas que actúan sobre el objeto. ¿Es constante su energía mecánica? Razone la respuesta.

a) La energía mecánica es la suma de las energías cinética y potencial:
$E = E_c + E_p$.
Según estas expresiones:
$W_T = W_{FC} + W_{FNC} = -\Delta E_p + W_{FNC} = \Delta E_c$;
$W_{FC} = -\Delta E_p$; $W_{FNC} = \Delta E_c + \Delta E_p = \Delta E_M$
la energía mecánica se conservará cuando el trabajo de las fuerzas no conservativas sea cero.

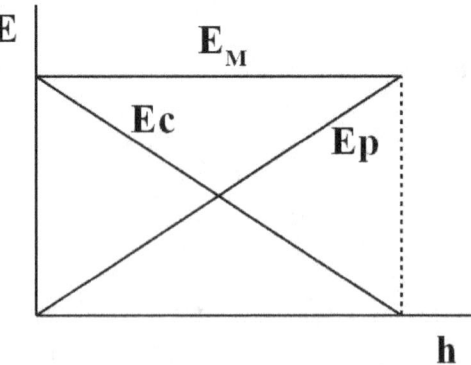

Esto puede ocurrir en dos casos: cuando sólo actúan fuerzas conservativas o cuando los trabajos de las fuerzas no conservativas se anulan entre sí. Esto ocurre por ejemplo cuando un coche avanza a velocidad constante por un plano horizontal: la fuerza de avance iguala a la fuerza de rozamiento y $W_{FNC} = 0$.

b) Según la primera ley de Newton, para que el cuerpo descienda con velocidad constante, la resultante debe ser cero, es decir: $P_x = F + F_R$. Su energía mecánica no es constante porque hay un trabajo de rozamiento distinto de cero:
$W_T = W_{FC} + W_{FNC} = -\Delta E_p + W_{FNC} = \Delta E_c$;
$W_{FC} = -\Delta E_p$; $W_{FNC} = \Delta E_c + \Delta E_p = \Delta E_M$
Como $W_{FNC} \neq 0 \rightarrow \Delta E_M \neq 0$, luego $E_{MA} \neq E_{MB}$ y la energía mecánica no permanece constante.

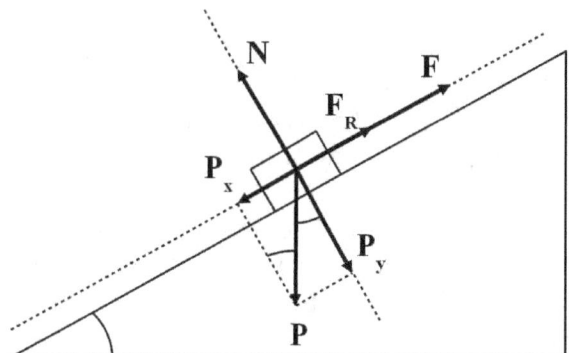

---

8) Si la energía mecánica de una partícula es constante, ¿debe ser necesariamente nula la fuerza resultante que actúa sobre la misma? Razone la respuesta.

No tiene por qué.
$W_T = W_{FC} + W_{FNC} = -\Delta E_p + W_{FNC} = \Delta E_c$;
$W_{FC} = -\Delta E_p$; $W_{FNC} = \Delta E_c + \Delta E_p = \Delta E_M$
Si la energía mecánica es constante:
$E_{MA} = E_{MB} \rightarrow \Delta E_M = 0 \rightarrow W_{FNC} = 0$
Para que la energía mecánica sea constante, es decir, para que se conserve la energía mecánica, el trabajo de las fuerzas no conservativas debe ser cero obligatoriamente. Esto puede ocurrir en varios casos:

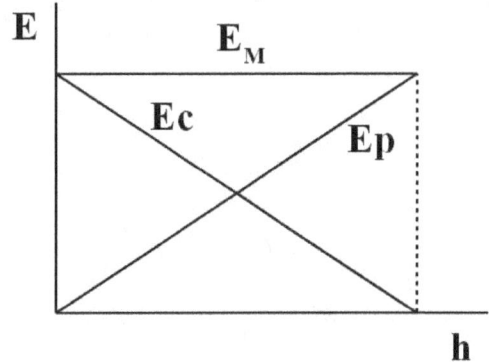

– Que la resultante sea nula. Por ejemplo: en un plano horizontal: $R = 0 \rightarrow N = P$ y $F = F_R$.
– Que el trabajo de la fuerza de avance iguale al trabajo de rozamiento. Por ejemplo: en un plano inclinado: $W_F + W_R = 0$.
– Que no existan fuerzas no conservativas en el sistema: $W_{FNC} = 0$.

2013

9) Un objeto se lanza hacia arriba por un plano inclinado con rozamiento. Explique cómo cambian las energías cinética, potencial y mecánica del objeto durante el ascenso.

b) La energía cinética es: $E_c = \frac{1}{2} m v^2$; la energía potencial es: $E_p = m \cdot g \cdot h$; el trabajo de rozamiento es: $W_R = F_R \cdot e \cdot \cos \beta = -\mu \cdot m \cdot g \cdot \cos \alpha \cdot e$; la energía mecánica es: $E_M = E_c + E_p$.
Como el trabajo de las fuerzas no conservativas (el trabajo de la fuerza de rozamiento) es distinto de cero, la energía mecánica no se conserva; se conserva la energía. La energía cinética disminuye; la energía potencial aumenta, el trabajo de rozamiento aumenta y la energía mecánica disminuye. La energía cinética inicial se transforma en energía potencial y en trabajo de rozamiento.

2012

10) Si sobre una partícula actúan tres fuerzas conservativas de distinta naturaleza y una no conservativa, ¿cuántos términos de energía potencial hay en la ecuación de la energía mecánica de esa partícula? ¿Cómo aparece en dicha ecuación la contribución de la fuerza no conservativa?

Habrá tres términos de energía potencial, puesto que a la energía potencial sólo contribuyen las fuerzas conservativas y no las no conservativas.

$W_T = W_{FC} + W_{FNC} = -\Delta E_p + W_{FNC} = \Delta E_c$; $W_{FC} = -\Delta E_p$; $W_{FNC} = \Delta E_c + \Delta E_p = \Delta E_M$

En el caso que nos ocupa: $W_{FNC} = \Delta E_c + \Delta E_{p1} + \Delta E_{p2} + \Delta E_{p3} = \Delta E_M \rightarrow F_{NC} \cdot e \cdot \cos \beta = \Delta E_M$

siendo e el espacio recorrido y β el angulo que forma la fuerza no conservativa con la dirección y sentido del desplazamiento. El trabajo de la fuerza no conservativa es igual a la variación de energía mecánica.

2011

11) Se lanza hacia arriba por un plano inclinado un bloque con una velocidad v_0. Razone cómo varían su energía cinética, su energía potencial y su energía mecánica cuando el cuerpo sube y, después, baja hasta la posición de partida. Considere los casos: i) que no haya rozamiento; ii) que lo haya.

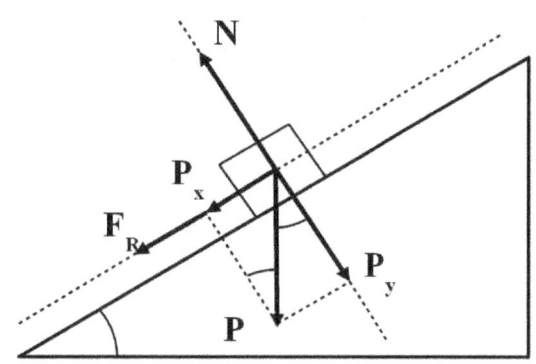 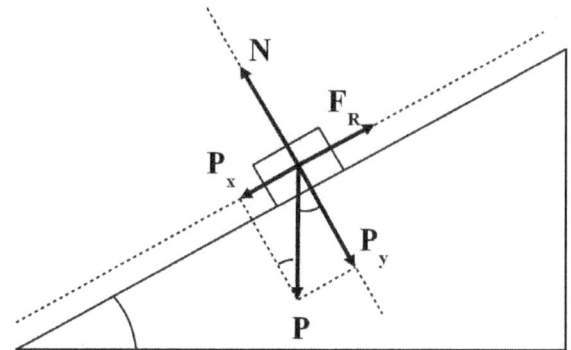

$W_T = W_{FC} + W_{FNC} = -\Delta E_p + W_{FNC} = \Delta E_c$; $W_{FC} = -\Delta E_p$; $W_{FNC} = \Delta E_c + \Delta E_p = \Delta E_M$

• Cuando sube sin rozamiento: $W_{FNC} = 0 \rightarrow \Delta E_M = 0 \rightarrow$ la energía mecánica permanece constante; al subir, aumenta su energía potencial, pues aumenta su altura ($E_p = m \cdot g \cdot h$); como la energía potencial aumenta y la energía mecánica se conserva, la energía cinética disminuye: $\Delta E_c = -\Delta E_p$.

• Cuando sube con rozamiento: al subir, aumenta su energía potencial, pues aumenta su altura ($E_p = m \cdot g \cdot h$); la energía cinética que tenia al principio va disminuyendo, transformándose en energía potencial y en trabajo de rozamiento; la energía mecánica disminuye porque se transforma en trabajo de rozamiento.

• Cuando baja sin rozamiento: $W_{FNC} = 0 \rightarrow \Delta E_M = 0 \rightarrow$ la energía mecánica permanece constante; al bajar, disminuye su energía potencial pues disminuye su altura ($E_p = m \cdot g \cdot h$); como la energía potencial disminuye y la energía mecánica se conserva, la energía cinética aumenta: $\Delta E_c = -\Delta E_p$.

• Cuando baja con rozamiento: al bajar, disminuye su energía potencial, pues disminuye su altura ($E_p = m \cdot g \cdot h$); la energía potencial que tenia al principio va disminuyendo, transformándose en energía cinética y en trabajo de rozamiento; la energía mecánica disminuye porque se transforma en trabajo de rozamiento.

2009

12) Un automóvil desciende por un tramo pendiente con el freno accionado y mantiene constante su velocidad. Razone los cambios energéticos que se producen.

Según la primera ley de Newton, todo cuerpo permanece en su estado de reposo o movimiento rectilíneo uniforme a no ser que se le aplique una fuerza resultante distinta de cero. Es decir, que si se mueve con velocidad constante, la resultante es cero.

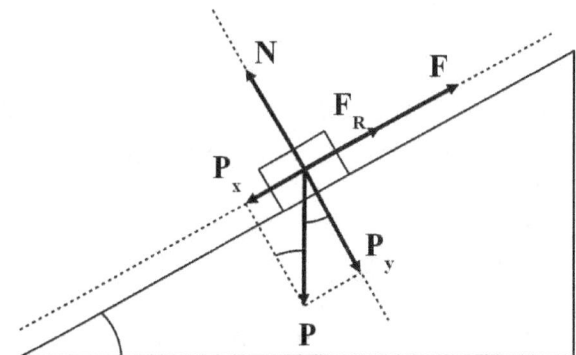

La energía cinética es: $E_c = \dfrac{1}{2} m \cdot v^2$; la energía potencial es: $E_p = m \cdot g \cdot h$; el trabajo de rozamiento es: $W_R = F_R \cdot e \cdot \cos \beta = - \mu \cdot m \cdot g \cdot \cos \alpha \cdot e$; la energía mecánica es: $E_M = E_c + E_p$. La energía cinética permanece constante porque la velocidad permanece constante. La energía potencial disminuye porque la altura disminuye. El trabajo de rozamiento aumenta porque la distancia recorrida aumenta. La energía mecánica disminuye porque la cinética permanece constante y la potencial disminuye.
$W_T = W_{FC} + W_{FNC} = -\Delta E_p + W_{FNC} = \Delta E_c$; $W_{FC} = -\Delta E_p$; $W_{FNC} = \Delta E_c + \Delta E_p = \Delta E_M$
Como $\Delta E_c = 0 \rightarrow W_{FNC} = \Delta E_c + \Delta E_p = 0 + \Delta E_p = \Delta E_p = \Delta E_M$
Como el trabajo de rozamiento es distinto de cero, la energía mecánica no se conserva.
$W_{FNC} = W_F + W_R = \Delta E_p$. W_F es el trabajo de la fuerza de frenado.

---

13) En un instante t_1, la energía cinética de una partícula es 30 J y su energía potencial 12 J. En un instante posterior, t_2, la energía cinética de la partícula es de 18 J. a) Si únicamente actúan fuerzas conservativas sobre la partícula, ¿cuál es su energía potencial en el instante t_2? b) Si la energía potencial en el instante t_2 fuese 6 J, ¿actuarían fuerzas no conservativas sobre la partícula?

a) Si únicamente actúan fuerzas conservativas sobre la partícula, se conserva la energía mecánica:
$E_{c1} + E_{p1} = E_{c2} + E_{p2} \rightarrow 30 + 12 = 18 + E_{p2} \rightarrow E_{p2} = 30 + 12 - 18 = 42 - 18 = 24$ J
b) Para que la energía mecánica se conserve en este sistema, la energía potencial final debe ser 24 J. Como es de 6 J, eso significa que ha habido una perdida de energía debido a las fuerzas no conservativas, probablemente por el rozamiento:
$W_T = W_{FC} + W_{FNC} = -\Delta E_p + W_{FNC} = \Delta E_c$; $W_{FC} = -\Delta E_p$;
$W_{FNC} = \Delta E_c + \Delta E_p = \Delta E_M = E_{M2} - E_{M1} = (E_{c2} + E_{p2}) - (E_{c1} + E_{p1}) = (18 + 6) - (30 + 12) =$
$= 24 - 42 = -18$ J . Se han perdido 18 J en concepto de rozamiento. El trabajo de rozamiento es siempre negativo porque la fuerza de rozamiento siempre se opone al movimiento; esto implica que el trabajo de rozamiento es energía que pierde el sistema.

2008

14) Desde el borde de un acantilado de altura h se deja caer libremente un cuerpo. ¿Cómo cambian sus energías cinética y potencial? Justifique la respuesta.

La energía cinética es: $E_c = \frac{1}{2} m \cdot v^2$; la energía potencial es: $E_p = m \cdot g \cdot h$ y la energía mecánica es: $E_M = E_c + E_p$. Consideremos dos casos:

* Sin rozamiento: la energía mecánica se conserva. La energía potencial disminuye, pues disminuye la altura y se transforma en energía cinética, que aumenta.

$W_T = W_{FC} + W_{FNC} = -\Delta E_p + W_{FNC} = \Delta E_c$; $W_{FC} = -\Delta E_p$; $W_{FNC} = \Delta E_c + \Delta E_p = \Delta E_M = 0 \rightarrow$
$\rightarrow \Delta E_c = -\Delta E_p$

* Con rozamiento: la energía mecánica no se conserva, pero sí la energía. La energía potencial disminuye, pues disminuye la altura; la energía cinética aumenta, pues aumenta la velocidad; la energía mecánica disminuye, porque hay pérdidas por rozamiento.

$W_T = W_{FC} + W_{FNC} = -\Delta E_p + W_{FNC} = \Delta E_c$; $W_{FC} = -\Delta E_p$; $W_{FNC} = \Delta E_c + \Delta E_p = \Delta E_M$

---

15) Un cuerpo desliza hacia arriba por un plano inclinado que forma un ángulo α con la horizontal. Razone qué trabajo realiza la fuerza peso del cuerpo al desplazarse éste una distancia d sobre el plano.

Podemos obtener el trabajo mediante la definición del trabajo o por consideraciones energéticas:

* Por la definición:
$W_P = P \cdot d \cdot \cos \beta = m \cdot g \cdot d \cdot \cos(180° + 90° - \alpha) =$
$= m \cdot g \cdot d \cdot \cos(270° - \alpha)$
siendo β el ángulo que forma la fuerza con la dirección y el sentido de desplazamiento.

* Por consideraciones energéticas:
$W_T = W_{FC} + W_{FNC} = -\Delta E_p + W_{FNC} = \Delta E_c$;
$W_{FC} = -\Delta E_p$; $W_{FNC} = \Delta E_c + \Delta E_p = \Delta E_M$
$W_P = W_{FC} = -\Delta E_p = m \cdot g \cdot (h_A - h_B) = -m \cdot g \cdot h_B$

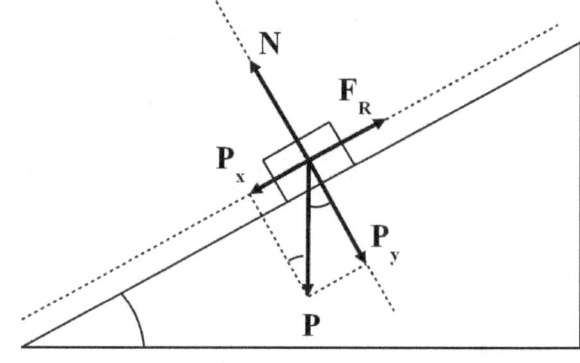

$\text{sen } \alpha = \frac{h_B}{d} \rightarrow h_B = d \cdot \text{sen } \alpha$. Luego: $W_P = -m \cdot g \cdot h_B = -m \cdot g \cdot d \cdot \text{sen } \alpha$

Y como: $\text{sen } \alpha = \cos(270° - \alpha)$, las expresiones son similares.

2007

16) ¿Se puede afirmar que el trabajo realizado por todas las fuerzas que actúan sobre un cuerpo es siempre igual a la variación de su energía cinética? Razone la respuesta y apóyese con algún ejemplo.

Correcto. Según el teorema de las fuerzas vivas: el trabajo realizado sobre un cuerpo entre dos puntos equivale al incremento de energía cinética del cuerpo:

$W_T = W_{FC} + W_{FNC} = -\Delta E_p + W_{FNC} = \Delta E_c$; $W_{FC} = -\Delta E_p$; $W_{FNC} = \Delta E_c + \Delta E_p = \Delta E_M$

$$W_{AB} = \int_A^B \vec{F} \cdot d\vec{r} = \int_A^B m \cdot \vec{a} \cdot d\vec{r} = \int_A^B m \cdot \frac{d\vec{v}}{dt} \cdot d\vec{r} = \int_A^B m \cdot \frac{d\vec{r}}{dt} \cdot d\vec{v} = \int_A^B m \cdot \vec{v} \cdot d\vec{v} =$$

$$= m \cdot \left[\frac{v^2}{2}\right]_A^B = \frac{1}{2} m \cdot v_B^2 - \frac{1}{2} m \cdot v_A^2 = \Delta Ec$$

Ejemplo 1: un cuerpo está en reposo en una carretera horizontal sin rozamiento. Al aplicarle una fuerza se mueve y aumenta su energía cinética.
Ejemplo 2: un cuerpo está en reposo en una carretera horizontal con rozamiento. Al aplicarle una fuerza lo bastante grande, se mueve y aumenta su energía cinética. Incluso si la fuerza de avance iguala a la de rozamiento, puede moverse y aumenta su energía cinética.
Ejemplo 3: un cuerpo que cae de un plano inclinado con rozamiento. $W_{FNC} = W_R$.

---

17) a) ¿Puede ser negativa la energía cinética de una partícula? ¿Y la energía potencial? En caso afirmativo explique el significado físico del signo. b) ¿Se cumple siempre que el aumento de energía cinética es igual a la disminución de energía potencial? Justifique la respuesta.

a) La energía cinética es: $Ec = \frac{1}{2} m \cdot v^2$; la energía potencial es: $Ep = m \cdot g \cdot \Delta h$ y la energía mecánica es: $E_M = Ec + Ep$. La energía cinética nunca puede ser negativa, pues la velocidad nunca lo es. La energía potencial sí puede serlo.

La energía potencial es la energía almacenada en el cuerpo cuando sobre él actúan fuerzas conservativas. El trabajo de las fuerzas conservativas es la variación cambiada de signo de la energía potencial: $W_{FC} = -\Delta Ep = Ep_A - Ep_B = \int_A^B \vec{F} \cdot d\vec{r}$

Para tener una energía potencial en un punto, debemos establecer un origen de potencial, un punto en el que su energía potencial valga cero. El trabajo que realiza el campo para pasar del punto A al punto de referencia R es: $W_{A \to R} = \int_A^B \vec{F} \cdot d\vec{r} = -\Delta Ep = Ep_A - Ep_R = Ep_A - 0 = Ep_A$

Por consiguiente: la energía potencial en un punto es el trabajo que realiza una fuerza conservativa para llevar una partícula desde un punto hasta el punto de referencia, donde la energía potencial vale cero. Una energía potencial negativa en un punto significa que tiene menor energía potencial que en el nivel de referencia. Eso a su vez significa que el cuerpo no se movería espontáneamente desde ese punto hasta el nivel de referencia.

b) No, no se cumple siempre. Eso sólo se cumple cuando se conserva la energía mecánica y la energía mecánica se conserva cuando el trabajo de las fuerzas no conservativas vale cero:
$W_T = W_{FC} + W_{FNC} = -\Delta Ep + W_{FNC} = \Delta Ec$; $W_{FC} = -\Delta Ep$; $W_{FNC} = \Delta Ec + \Delta Ep = \Delta E_M$
Si $W_{FNC} = 0 \to \Delta Ec + \Delta Ep = 0 \to \Delta Ec = -\Delta Ep$

---

18) Conteste razonadamente a las siguientes preguntas: a) ¿Puede asociarse una energía potencial a una fuerza de rozamiento? b) ¿Qué tiene más sentido físico, la energía potencial en un punto o la variación de energía potencial entre dos puntos?

a) La fuerza de rozamiento es una fuerza disipativa y por tanto no se le puede asociar una energía potencial, ya que el trabajo realizado para llevar un cuerpo desde un punto A hasta otro punto B depende de la trayectoria y no exclusivamente de las posiciones inicial y final. Es lo contrario de lo que ocurre con las fuerzas conservativas; por eso, a esos puntos se les puede asociar una energía que solamente depende de la posición y que llamamos energía potencial.

b) Tiene más sentido hablar de energía potencial entre dos puntos porque la energía potencial se define como una integral definida, es decir, como un incremento entre dos puntos:

$$W_{FC} = -\Delta Ep = Ep_A - Ep_B = \int_A^B \vec{F} \cdot d\vec{r}$$

Para tener una energía potencial en un punto, debemos establecer un origen de potencial, un punto en el que su energía potencial valga cero. El trabajo que realiza el campo para pasar del punto A al punto de referencia R es: $W_{A \to R} = \int_A^B \vec{F} \cdot d\vec{r} = -\Delta Ep = Ep_A - Ep_R = Ep_A - 0 = Ep_A$

2006

19) Una masa M se mueve desde el punto A hasta el B de la figura y posteriormente desciende hasta el C. Compare el trabajo mecánico realizado en el desplazamiento A→B→C con el que se hubiera realizado en un desplazamiento horizontal desde A hasta C.
a) Si no hay rozamiento. b) En presencia de rozamiento. Justifique las respuestas.

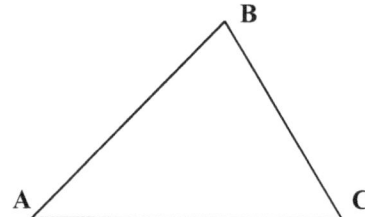

a) Si no hay rozamiento: el trabajo realizado por una fuerza conservativa es independiente del camino, sólo depende de las posiciones inicial y final. El trabajo realizado a través de la trayectoria ABC es el mismo que el realizado por la trayectoria AC, pues los puntos inicial y final son los mismos en ambas trayectorias. De acuerdo con la definición de energía potencial, el trabajo sería:

$$W_{FC} = -\Delta Ep = Ep_A - Ep_B = \int_A^B \vec{F} \cdot d\vec{r}$$

b) En presencia de rozamiento: el rozamiento es una típica fuerza no conservativa, es decir, su trabajo depende de la trayectoria seguida. Es directamente proporcional al espacio recorrido. Como el recorrido ABC es mayor que el recorrido AC, el trabajo será ahora:
$W_T = W_{FC} + W_{FNC} = -\Delta Ep + W_{FNC} = \Delta Ec$; $W_{FC} = -\Delta Ep$; $W_{FNC} = \Delta Ec + \Delta Ep = \Delta E_M$

El trabajo mecánico es mayor cuando hay rozamiento, pues hay que vencerlo. Por lo tanto, el trabajo a través de la trayectoria ABC será mayor que el realizado por la trayectoria AC.

2005

20) Una partícula parte de un punto sobre un plano inclinado con una cierta velocidad y asciende, deslizándose por dicho plano inclinado sin rozamiento, hasta que se detiene y vuelve a descender hasta la posición de partida. a) Explique las variaciones de energía cinética, de energía potencial y de energía mecánica de la partícula a lo largo del desplazamiento. b) Repita el apartado anterior suponiendo que hay rozamiento.

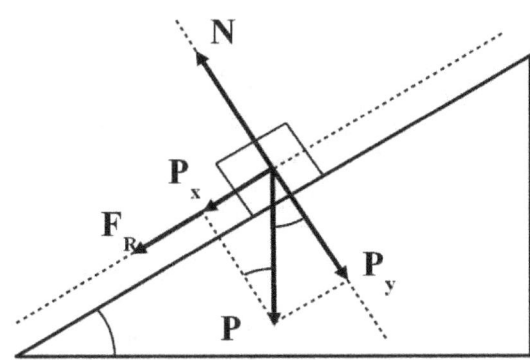 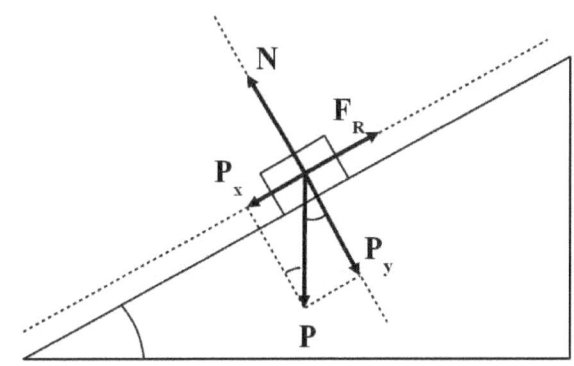

a) Sin rozamiento: la energía cinética es: $Ec = \frac{1}{2} m \cdot v^2$; la energía potencial es: $Ep = m \cdot g \cdot \Delta h$ y la energía mecánica es: $E_M = Ec + Ep$.

- Cuando asciende: la energía cinética disminuye porque disminuye la velocidad. La energía potencial aumenta porque aumenta la altura. La energía mecánica se conserva porque se mantiene constante en sistemas sin fuerzas no conservativas.

$W_T = W_{FC} + W_{FNC} = -\Delta Ep + W_{FNC} = \Delta Ec$; $W_{FC} = -\Delta Ep$; $W_{FNC} = \Delta Ec + \Delta Ep = \Delta E_M$
$W_{FNC} = 0 \rightarrow \Delta Ec + \Delta Ep = \Delta E_M = 0 \rightarrow \Delta Ec = -\Delta Ep$; $E_M = cte$

- Cuando desciende, la energía cinética aumenta; la energía potencial disminuye y la energía mecánica se conserva.

b) Con rozamiento:
- Cuando asciende: la energía cinética disminuye porque disminuye la velocidad. La energía potencial aumenta porque aumenta la altura. El trabajo de rozamiento aumenta porque aumenta el desplazamiento. La energía mecánica disminuye. La energía cinética inicial se transforma en energía potencial y en trabajo de rozamiento.
- Cuando desciende: la energía cinética aumenta, la energía potencial disminuye y la energía mecánica disminuye. La energía potencial inicial se transforma en energía cinética y en trabajo de rozamiento.

$W_T = W_{FC} + W_{FNC} = -\Delta Ep + W_{FNC} = \Delta Ec$; $W_{FC} = -\Delta Ep$; $W_{FNC} = \Delta Ec + \Delta Ep = \Delta E_M$

2004

21) Sobre un cuerpo actúa una fuerza conservativa. ¿Cómo varía su energía potencial al desplazarse en la dirección y sentido de la fuerza? ¿Qué mide la variación de energía potencial del cuerpo al desplazarse desde un punto A a otro B. Razone las respuestas.

a) Las fuerzas conservativas son aquellas cuyo trabajo sólo depende de las posiciones inicial y final, no depende de la trayectoria seguida. La variación de la energía potencial se define así:

$$\Delta Ep = -W_{FC} = -\int_A^B \vec{F} \cdot d\vec{r} = Ep_B - Ep_A$$

Esto significa que, al desplazarse en la dirección y el sentido de la fuerza, la energía potencial disminuye.

La variación de la energía potencial entre dos puntos A y B mide el trabajo externo que tendríamos que ejercer para trasladar un cuerpo entre esos dos puntos.

Cuestiones de la ponencia de Física

22) Conteste razonadamente a las siguientes preguntas: a) Si la energía mecánica de una partícula permanece constante, ¿puede asegurarse que todas las fuerzas que actúan sobre la partícula son conservativas? b) Si la energía potencial de una partícula disminuye, ¿tiene que aumentar su energía cinética?

a) De acuerdo con el principio de conservación de la energía:
$$Ec_A + Ep_A + W_{FNC} = Ec_B + Ep_B \rightarrow W_{FNC} = \Delta E_M$$
resulta evidente que si la variación de energía mecánica es nula, el trabajo realizado por las fuerzas no conservativas es nulo. No obstante eso no quiere decir necesariamente que no las haya. Si hay fuerzas no conservativas, el trabajo realizado por todas ellas debe ser nulo; ejemplo: un coche moviéndose a velocidad constante por una carretera horizontal: la fuerza de avance iguala a la de rozamiento.
b) No tiene por qué.
$$W_T = W_{FC} + W_{FNC} = -\Delta Ep + W_{FNC} = \Delta Ec \ ; \ W_{FC} = -\Delta Ep \ ; \ W_{FNC} = \Delta Ec + \Delta Ep = \Delta E_M$$
En el caso en el que se conserve le energía mecánica:
$$W_{FNC} = 0 \rightarrow \Delta Ec + \Delta Ep = 0 \rightarrow \Delta Ec = -\Delta Ep$$
Ejemplo: un cuerpo que desciende frenando por un plano inclinado. En tal caso la energía potencial disminuye y puesto que baja frenando también disminuye su energía cinética. No obstante, la energía total sigue conservándose ya que la disminución de energía mecánica será igual a la perdida por rozamiento.

Si $W_{FNC} \neq 0$, no podemos asegurar nada. Si la energía potencial disminuye, la energía cinética puede aumentar, disminuir o permanecer constante, depende del valor del trabajo de las fuerzas no conservativas.

---

23) Comente las siguientes afirmaciones: a) Un móvil mantiene constante su energía cinética mientras actúa sobre él: i) una fuerza; ii) varias fuerzas. b) Un móvil aumenta su energía potencial mientras actúa sobre él una fuerza.

a) i) Falso. El Teorema de la fuerzas vivas dice que el trabajo realizado por todas las fuerzas es igual a la variación de su energía cinética, $W_T = \Delta Ec$. Una sola fuerza siempre dará lugar a una variación de energía cinética (aumentándola si la fuerza lleva la dirección del movimiento o disminuyéndola si lleva sentido contrario, como ocurre si un coche va acelerando o va frenando). Según la segunda ley de Newton, una fuerza resultante aplicada sobre un cuerpo le comunica una aceleración directamente proporcional a la fuerza e inversamente proporcional a la masa.
ii) Podría ser verdad, pero siempre que las dos fuerzas dieran resultante nula.
$$W_T = W_{FC} + W_{FNC} = -\Delta Ep + W_{FNC} = \Delta Ec \ ; \ W_{FC} = -\Delta Ep \ ; \ W_{FNC} = \Delta Ec + \Delta Ep = \Delta E_M$$
b) Depende. Si la fuerza es conservativa, sería falso, pues las fuerzas conservativas disminuyen la energía potencial: $W_{FC} = -\Delta Ep$. Las fuerzas conservativas mueven espontáneamente los cuerpos desde puntos de mayor a menor energía potencial. Ejemplo: un cuerpo siempre cae hacia abajo. También sería falso si el cuerpo se mueve por una superficie equipotencial, porque $\Delta Ep = 0$. Ejemplo: la Tierra ejerce una fuerza gravitatoria sobre la Luna pero su energía potencial permanece constante, pues el radio de la órbita es prácticamente constante.

Entendemos que sólo actúa una fuerza sobre el cuerpo. Si la fuerza fuera no conservativa, no se modificaría su energía potencial, puesto que las únicas fuerzas que modifican la energía potencial son las fuerzas conservativas.

24) a) ¿Qué trabajo se realiza al sostener un cuerpo durante un tiempo t? b) ¿Qué trabajo realiza la fuerza peso de un cuerpo si éste se desplaza una distancia d por una superficie horizontal? Razone las respuestas.

a) El trabajo mecánico se define así: $W = \int_{A}^{B} \vec{F} \cdot d\vec{r}$.

Para un desplazamiento en línea recta: $W = F \cdot e \cdot \cos \alpha$, siendo α el ángulo entre la fuerza y la dirección y el sentido del desplazamiento.

Sostener supone mantener un cuerpo a una cierta altura en reposo. Al no haber desplazamiento, no hay trabajo mecánico. No debe confundirse trabajo mecánico con esfuerzo físico. Es evidente que se necesita un esfuerzo físico para mantener un cuerpo a una cierta altura: a mayor tiempo y mayor masa, mayor esfuerzo. Pero el trabajo mecánico es cero.

b) En este caso la fuerza y el desplazamiento son perpendiculares por lo que el producto escalar de ambos es cero, así que el trabajo es nulo.

$W = P \cdot e \cdot \cos \alpha = m \cdot g \cdot e \cdot \cos 270° = 0$ J

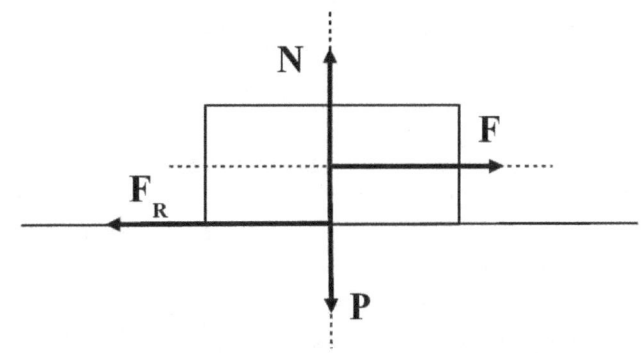

---

25) Una partícula se mueve bajo la acción de una sola fuerza conservativa. El módulo de su velocidad decrece inicialmente, pasa por cero momentáneamente y más tarde crece. a) Ponga un ejemplo real en el que se observe este comportamiento. b) Describa la variación de energía potencial y la de la energía mecánica de la partícula durante ese movimiento.

a) Un ejemplo sería un lanzamiento vertical hacia arriba sin rozamiento: la velocidad va disminuyendo, se anula y vuelve a crecer hacia abajo. La única fuerza que actúa sobre el cuerpo es la fuerza peso. Como la fuerza se opone al movimiento, el movimiento hacia arriba es de frenado. Llega un punto en que la velocidad se anula. A partir de ese momento, tendrá un movimiento acelerado hacia abajo, su velocidad crecerá uniformemente.

b) En sistemas en los que sólo actúan fuerzas conservativas, la energía mecánica total permanece constante.
La energía potencial es: $E_p = m \cdot g \cdot h$
La energía cinética es: $E_c = \dfrac{1}{2} m \cdot v^2$

$W_T = W_{FC} + W_{FNC} = -\Delta E_p + W_{FNC} = \Delta E_c$
$W_{FC} = -\Delta E_p$; $W_{FNC} = \Delta E_c + \Delta E_p = \Delta E_M$
Al ser: $W_{FNC} = 0 \rightarrow \Delta E_c + \Delta E_p = 0 \rightarrow$
$\rightarrow \Delta E_c = -\Delta E_p$: si la energía cinética crece, la potencial disminuye y al contrario.

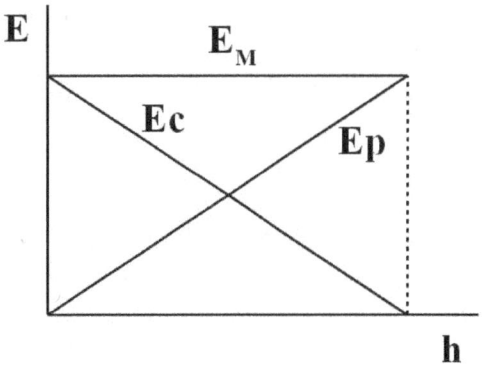

26) Un automóvil arranca sobre una carretera recta y horizontal, alcanza una cierta velocidad que mantiene constante durante un cierto tiempo y, finalmente, disminuye su velocidad hasta detenerse.
a) Explique los cambios de energía que tienen lugar a lo largo del recorrido. b) El automóvil circula después por un tramo pendiente hacia abajo con el freno accionado y mantiene constante su velocidad. Razone los cambios energéticos que se producen.

a) Existen tres tramos y tres tipos de movimiento: MRUA, MRU y MRUR. Es decir, aceleración constante, velocidad constante y frenado. La energía potencial es siempre constante, pues la carretera es horizontal, la altura no varía.

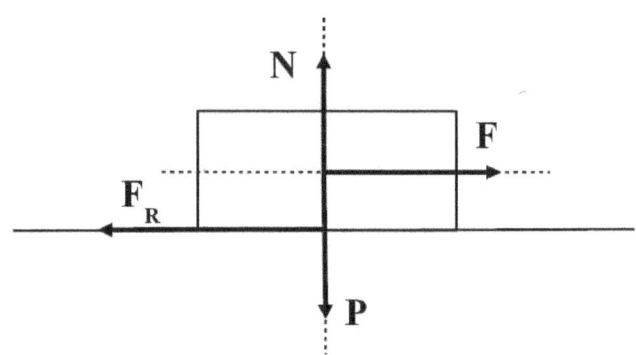

En el primer tramo, la energía cinética aumenta, en el segundo permanece constante y en el tercero disminuye, pues la energía cinética vale:
$$Ec = \frac{1}{2} m \cdot v^2$$

$W_T = W_{FC} + W_{FNC} = -\Delta Ep + W_{FNC} = \Delta Ec$; $W_{FC} = -\Delta Ep$; $W_{FNC} = \Delta Ec + \Delta Ep = \Delta E_M$;
$W_{FNC} = W_F + W_R$. El trabajo que ejerce el motor del coche se emplea en darle una energía cinética y en vencer al trabajo de rozamiento.

En el primer tramo, la energía mecánica aumenta; en el segundo permanece constante, pues: $W_{FNC} = 0$ y en el tercero disminuye.

La energía potencial disminuye, pues disminuye la altura: $Ep = m \cdot g \cdot h$. La energía cinética permanece constante pues la velocidad permanece constante. La energía mecánica no permanece constante, sino que disminuye. La energía potencial inicial se va transformando en trabajo de rozamiento.
$$W_{FNC} = \Delta Ec + \Delta Ep = \Delta E_M$$

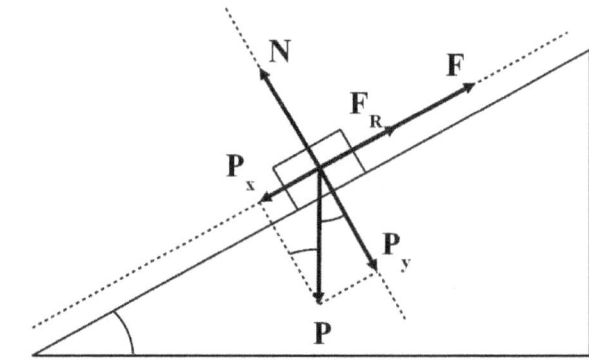

---

27) Si sobre una partícula actúan tres fuerzas conservativas de distinta naturaleza y una no conservativa, ¿cuántos términos de energía potencial hay en la ecuación de conservación de la energía mecánica de esa partícula? ¿Cómo aparece en dicha ecuación la contribución de la fuerza no conservativa? Razone las respuestas.

$W_T = W_{FC} + W_{FNC} = -\Delta Ep + W_{FNC} = \Delta Ec$; $W_{FC} = -\Delta Ep$; $W_{FNC} = \Delta Ec + \Delta Ep = \Delta E_M$
Conservación de la energía: $Ec_A + Ep_A + W_{FNC} = Ec_B + Ep_B$
$$Ec_A + Ep_{A1} + Ep_{A2} + Ep_{A3} + W_{FNC} = Ec_B + Ep_B$$
Habrá tres términos de energía potencial, uno por cada fuerza conservativa. Las fuerzas conservativas son las responsables del incremento de energía potencial.

Hay tantos términos de energía potencial como fuerzas conservativas, en este caso serán tres. Las fuerzas no conservativas aparecen en el primer miembro de la ecuación como energía inicial aportada, a no ser que se trate del trabajo de rozamiento, que es una fuerza disipativa y cuyo trabajo tiene signo negativo porque el ángulo que forma la fuerza de rozamiento con el desplazamiento es siempre de 180°.

---

28) Comente las siguientes afirmaciones, razonando si son verdaderas o falsas: a) existe una función energía potencial asociada a cualquier fuerza; b) el trabajo de una fuerza conservativa sobre una partícula que se desplaza entre dos puntos es menor si el desplazamiento se realiza a lo largo de la recta que los une.

a) Falso. La energía potencial está asociada exclusivamente a las fuerzas conservativas. Sólo las fuerzas conservativas pueden provocar un cambio en la energía potencial: $W_{FC} = -\Delta Ep$

$$\Delta Ep = -W_{FC} = -\int_A^B \vec{F} \cdot d\vec{r} = Ep_B - Ep_A$$

b) No es cierto. El trabajo de una fuerza conservativa no depende del camino seguido.

---

29) En un instante t_1 la energía cinética de una partícula es 30 J y su energía potencial es 12 J. En un instante posterior, t_2, la energía cinética de la partícula es 18 J. a) Si únicamente actúan fuerzas conservativas sobre la partícula ¿Cuál es su energía potencial en el instante t_2? b) Si la energía potencial en el instante t_2 fuese 6 J, ¿actuarían fuerzas no conservativas sobre la partícula? Razone las respuestas.

a) Del teorema de conservación de la energía mecánica se desprende que si sobre un cuerpo actúan solo fuerzas conservativas se conserva la energía mecánica:
$Ec_A + Ep_A = Ec_B + Ep_B = E$ = constante ; $30 + 12 = 18 + Ep$ $\Rightarrow$ $Ep = 24$ Julios
b) Del teorema de conservación de la energía en su forma general se deduce que:
$Ec_A + Ep_A + W_{FNC} = Ec_B + Ep_B$; $30 + 12 + W_{FNC} = 18 + 6$ $\Rightarrow$ $W_{FNC} = -18$ Julios
   Dependiendo del signo del trabajo de las fuerzas no conservativas la energía mecánica al final puede ser mayor o menor que la inicial. En el caso que nos ocupa la energía mecánica final (24 J) es menor que la inicial (42 J), seguramente debido a la existencia de fuerzas de rozamiento, ya que el trabajo que realizan es negativo. El trabajo de rozamiento es siempre negativo porque la fuerza de rozamiento siempre se opone al movimiento, su ángulo es siempre de 180°.

---

30) Conteste razonadamente a las siguiente pregunta: una partícula sobre la que actúa una fuerza efectúa un desplazamiento. ¿Puede asegurarse que realiza un trabajo?

No tiene por qué. El trabajo se define como: $W = F \cdot e \cdot \cos \alpha$, siendo F la fuerza, e el espacio recorrido y α el ángulo que forma la fuerza con la dirección y el sentido de desplazamiento. Aunque hayan fuerzas y desplazamiento, el trabajo puede ser nulo si: $\cos \alpha = 0$. Esto ocurre, por ejemplo, con la fuerza peso en un desplazamiento horizontal.

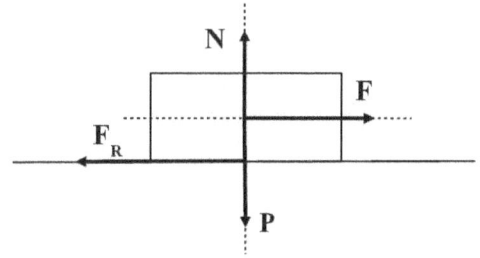

CUESTIONES DE GRAVITACIÓN

2018

1) Razone la veracidad o falsedad de las siguiente frase: en un campo gravitatorio una masa en reposo comienza a moverse hacia donde su energía potencial disminuye.

Correcto. La energía potencial es el trabajo necesario para trasladar una masa desde un punto a otro. Se define de esta forma:

$$\Delta E_p = -W_{FC} = -\int_A^B \vec{F} \cdot d\vec{r} = E_{pB} - E_{pA}$$

Un proceso es espontáneo (ocurre sin la intervención de fuerzas externas) cuando su trabajo es positivo:
$-W_{FC} = E_{pB} - E_{pA} \rightarrow W_{FC} = E_{pA} - E_{pB}$; como: $W > 0 \rightarrow W_{FC} = E_{pA} - E_{pB} > 0 \rightarrow$
$\rightarrow E_{pA} > E_{pB}$.

Es decir, para que el movimiento sea espontáneo, la energía potencial inicial debe ser mayor que la final.

---

2) Si la masa y el radio de la Tierra se duplican, razone si las siguientes afirmaciones son correctas: (i) El periodo orbital de la Luna se duplica; (ii) su velocidad orbital permanece constante.

i) No es correcto.

$$F_G = F_C \rightarrow \frac{G \cdot M_T \cdot M_L}{r^2} = \frac{M_L \cdot v^2}{r} \rightarrow \frac{G \cdot M_T}{r} = v^2 \rightarrow v = \sqrt{\frac{G \cdot M_T}{r}}$$

Al ser: $T = \frac{2 \cdot \pi \cdot r}{v} \rightarrow T = 2 \cdot \pi \cdot r \cdot \sqrt{\frac{r}{G \cdot M_T}}$

Se supone que el radio de la Tierra se duplica pero el radio orbital permanece constante.

$$T_1 = 2 \cdot \pi \cdot r \cdot \sqrt{\frac{r}{G \cdot M_T}} \quad ; \quad T_2 = 2 \cdot \pi \cdot r \cdot \sqrt{\frac{r}{G \cdot M_{T2}}} = 2 \cdot \pi \cdot r \cdot \sqrt{\frac{r}{G \cdot 2 \cdot M_T}} \rightarrow$$

$$\rightarrow \frac{T_2}{T_1} = \frac{2 \cdot \pi \cdot r \cdot \sqrt{\frac{r}{G \cdot 2 \cdot M_T}}}{2 \cdot \pi \cdot r \cdot \sqrt{\frac{r}{G \cdot M_T}}} = \frac{1}{\sqrt{2}}.$$ El período se hace $\sqrt{2}$ veces más pequeño.

ii) No es correcto. $v = \sqrt{\frac{G \cdot M_T}{r}}$; $v_1 = \sqrt{\frac{G \cdot M_T}{r}}$; $v_2 = \sqrt{\frac{G \cdot M_{T2}}{r_2}} = \sqrt{\frac{G \cdot 2 \cdot M_T}{r}}$

$$\frac{v_2}{v_1} = \frac{\sqrt{\frac{G \cdot 2 \cdot M_T}{r}}}{\sqrt{\frac{G \cdot M_T}{r}}} = \sqrt{2}.$$ La velocidad se hace $\sqrt{2}$ veces mayor.

3) Un satélite artificial describe una órbita circular en torno a la Tierra. a) ¿Cómo cambiaría su velocidad orbital si la masa de la Tierra se duplicase, manteniendo constante su radio? b) ¿Y su energía mecánica?

a) * Velocidad orbital:
$$F_G = F_C \rightarrow \frac{G \cdot M_T \cdot M_L}{r^2} = \frac{M_L \cdot v^2}{r} \rightarrow \frac{G \cdot M_T}{r} = v^2 \rightarrow v = \sqrt{\frac{G \cdot M_T}{r}}$$

$$v_1 = \sqrt{\frac{G \cdot M_T}{r}} \quad ; \quad v_2 = \sqrt{\frac{G \cdot 2 \cdot M_T}{r}} \rightarrow \frac{v_2}{v_1} = \frac{\sqrt{\frac{G \cdot 2 \cdot M_T}{r}}}{\sqrt{\frac{G \cdot M_T}{r}}} = \sqrt{2}$$

La velocidad orbital del satélite se haría $\sqrt{2}$ veces mayor.

b) $E_M = E_c + E_p = \frac{1}{2} \cdot m \cdot v^2 - \frac{G \cdot M_T \cdot m}{r} = \frac{1}{2} \cdot m \cdot \frac{G \cdot M_T}{r} - \frac{G \cdot M_T \cdot m}{r} = - \frac{G \cdot M_T \cdot m}{2 \cdot r}$

$$E_{M1} = - \frac{G \cdot M_T \cdot m}{2 \cdot r} \quad ; \quad E_{M2} = - \frac{G \cdot 2 \cdot M_T \cdot m}{2 \cdot r} \rightarrow \frac{E_{M2}}{E_{M1}} = 2$$

La energía mecánica se duplica si la masa de la Tierra se duplica.

---

4) Dibuje las líneas de campo gravitatorio de dos masas puntuales de igual valor y separadas una cierta distancia. ¿Existe algún punto donde la intensidad de campo gravitatorio se anula? ¿Y el potencial gravitatorio? Razone sus respuestas.

El campo gravitatorio es una perturbación del espacio provocada por la presencia de una masa. También es la fuerza ejercida por unidad de masa. Las líneas de campo gravitatorio son líneas que indican la dirección y el sentido de las fuerzas en cada punto. Las líneas de campo gravitatorio tienen dirección radial y van en el sentido desde lejos a cerca.

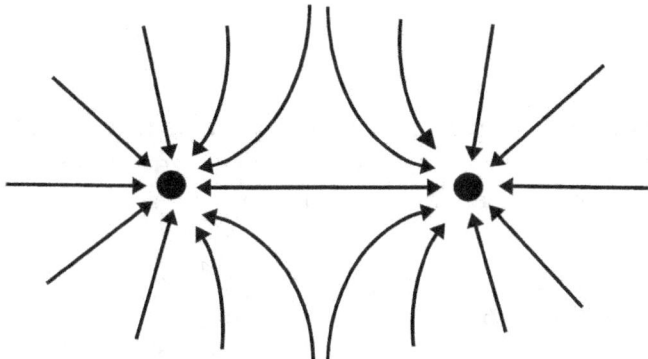

Líneas de campo de dos masas iguales

El campo es una magnitud vectorial y el potencial es una magnitud escalar. Según el principio de superposición, el efecto conjunto de varias masas es la suma de los efectos individuales. En el centro del segmento que une ambas masas, el campo gravitatorio se anula.

* Campo gravitatorio:

$\vec{g} = \vec{g}_1 + \vec{g}_2 = 0 \quad \rightarrow \quad \vec{g}_1 = -\vec{g}_2 \quad \rightarrow$

$\rightarrow \quad g_1 = g_2 \quad \rightarrow \quad \dfrac{G \cdot m}{r_1^2} = \dfrac{G \cdot m}{r_2^2} \quad \rightarrow$

$\rightarrow \quad r_1 = r_2 = \dfrac{d_0}{2}$

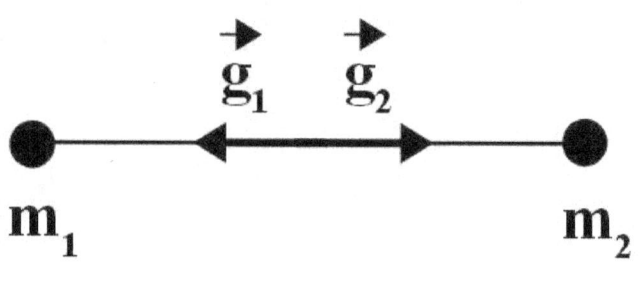

* Potencial gravitatorio:

$V = V_1 + V_2 = -\dfrac{G \cdot m}{r_1} - \dfrac{G \cdot m}{r_2} = -\dfrac{G \cdot m}{d_0/2} - \dfrac{G \cdot m}{d_0/2} = -\dfrac{2 \cdot G \cdot m}{d_0} - \dfrac{2 \cdot G \cdot m}{d_0} =$

$= -\dfrac{4 \cdot G \cdot m}{d_0}$

El potencial gravitatorio total nunca se anula, pues para anularse, uno de los potenciales debería ser positivo y el otro negativo. Esto no ocurre nunca, pues los potenciales gravitatorios son siempre negativos. Su valor máximo es cero en el infinito.

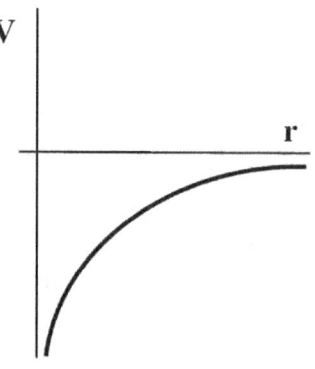

---

5) Explique qué se entiende por velocidad orbital y deduzca su expresión para un satélite que describe una órbita circular alrededor de la Tierra. ¿Cuál es mayor, la velocidad orbital de un satélite de 2000 kg o la de otro de 1000 kg? Razone sus respuestas.

En un satélite, la atracción gravitatoria se equilibra con la inercia del movimiento circular.
La velocidad orbital es la velocidad que describe un satélite cuando se mueve alrededor de un planeta. Si la trayectoria es circular, esa velocidad es constante. Si la trayectoria es elíptica, la velocidad es variable, tomando valores mayores a menor radio, según la segunda ley de Kepler.

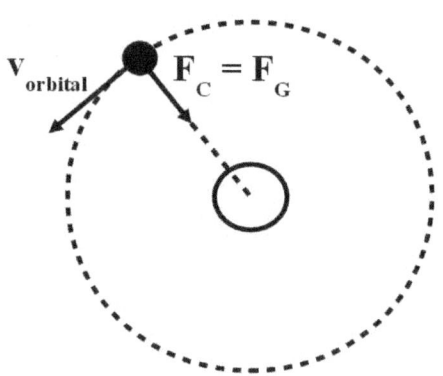

$$F_G = F_C \rightarrow \frac{G \cdot M_T \cdot M_L}{r^2} = \frac{M_L \cdot v^2}{r} \rightarrow \frac{G \cdot M_T}{r} = v^2 \rightarrow v = \sqrt{\frac{G \cdot M_T}{r}}$$

Como puede observarse en la fórmula, la velocidad orbital es independiente de la masa, luego tendrán la misma velocidad orbital un satélite de 2000 kg que otro de 1000 kg.

---

6) Defina velocidad de escape y deduzca razonadamente su expresión.

La velocidad de escape es la velocidad mínima inicial necesaria para alejar un cuerpo de un planeta hasta que escape totalmente de su atracción gravitatoria. Como la fuerza gravitatoria llega hasta el infinito, el cuerpo debe llegar hasta el infinito. Como se trata de velocidad mínima necesaria, la velocidad con la que llega al infinito es cero. Por convenio, el punto de referencia para la energía potencial es el infinito, donde vale cero.

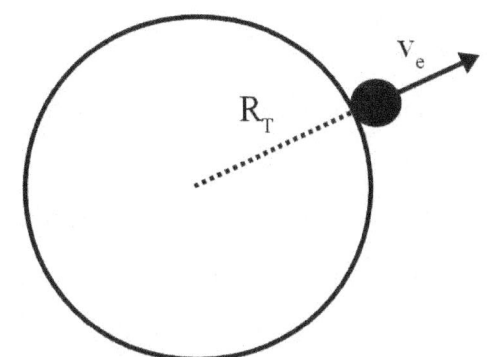

Según el principio de conservación de la energía mecánica: en sistemas en los que sólo hay fuerzas conservativas, la energía mecánica total permanece constante. Podemos hacer un balance de energía mecánica:

$$Ec_A + Ep_A = Ec_B + Ep_B \rightarrow \frac{1}{2} m \cdot v^2 - \frac{G \cdot M \cdot m}{R_T} = 0 + 0 \rightarrow \frac{1}{2} m \cdot v_e^2 = \frac{G \cdot M \cdot m}{R_T} \rightarrow$$

$$\rightarrow v_e = \sqrt{\frac{G \cdot M}{R_T}}$$

---

7) ¿A qué altura de la superficie terrestre la intensidad del campo gravitatorio se reduce a la cuarta parte de su valor sobre dicha superficie? Exprese el resultado en función del radio de la Tierra R_T.

El campo gravitatorio es la perturbación del espacio provocada por la presencia de una masa. También es la fuerza por unidad de masa ejercida en un punto del espacio. La expresión del campo gravitatorio es: $g = \frac{G \cdot M_T}{r^2}$

Demostración: $g_0 = \frac{G \cdot M_T}{R_T^2}$; $g = \frac{G \cdot M_T}{r^2} = \frac{G \cdot M_T}{(R_T + h)^2}$; $g = \frac{g_0}{4} \rightarrow$

$$\rightarrow \frac{g}{g_0} = \frac{\frac{G \cdot M_T}{(R_T+h)^2}}{\frac{G \cdot M_T}{R_T^2}} = \left(\frac{R_T}{R_T+h}\right)^2 \rightarrow \frac{1}{4} = \left(\frac{R_T}{R_T+h}\right)^2 \rightarrow \frac{1}{\sqrt{4}} = \frac{R_T}{R_T+h} \rightarrow$$

$$\rightarrow R_T + h = 2 \cdot R_T \rightarrow h = R_T$$

8) Indique las características de la interacción gravitatoria entre dos masas puntuales.

- Afecta a cuerpos con masa. Por consiguiente, es una interacción universal.
- Es siempre atractiva, tiende a acercar a los cuerpos.
- Es directamente proporcional al producto de las masas.
- Es inversamente proporcional al cuadrado de la distancia que separa a las masas.
- Es de largo alcance, llega hasta el infinito.
- Es la más débil de las cuatro interacciones.
- Su constante característica es: $G = 6'67 \cdot 10^{-11} \ \dfrac{N \cdot m^2}{kg^2}$
- Su intensidad es independiente del medio en el que estén las masas (aire, vacío, agua, etc).

---

9) Para calcular la energía potencial gravitatoria se suelen utilizar las fórmulas $Ep = m \cdot g \cdot h$ y $Ep = -\dfrac{G \cdot M \cdot m}{R_T}$. Indique la validez de ambas expresiones y dónde se sitúa el sistema de referencia que utiliza cada una de ellas.

Llamaremos la fórmula 1 a: $Ep = m \cdot g \cdot h$ y la fórmula 2 a: $Ep = -\dfrac{G \cdot M \cdot m}{R_T}$

La fórmula 1 es aplicable en la superficie de la Tierra y en cercanías, hasta alturas de unos 40 a 50 kilómetros, dependiendo del nivel de precisión aceptable. La fórmula 2 es aplicable siempre, cerca y lejos de la superficie terrestre. En la fórmula 1, el nivel de referencia se establece en la superficie terrestre, donde la energía potencial es nula. En la fórmula 2, el nivel de referencia está en el infinito, donde la energía potencial es nula.

* Energía potencial: $Ep = -\dfrac{G \cdot M \cdot m}{R_T}$

- Energía potencial en la superficie: $Ep_1 = -\dfrac{G \cdot M \cdot m}{R_T}$

- Energía potencial a una altura h: $Ep_2 = -\dfrac{G \cdot M \cdot m}{R_T + h}$

- Variación de la energía potencial: $\Delta Ep = -\dfrac{G \cdot M \cdot m}{R_T + h} + \dfrac{G \cdot M \cdot m}{R_T} =$

$= G \cdot M \cdot m \cdot \left(\dfrac{-1}{R_T + h} + \dfrac{1}{R_T} \right) = \dfrac{G \cdot M \cdot m \cdot h}{R_T \cdot (R_T + h)}$

Si $R_T \gg h \ \rightarrow \ R_T + h \approx R_T \ \rightarrow \ \Delta Ep = \dfrac{G \cdot M \cdot m \cdot h}{R_T^2}$ y como: $g = \dfrac{G \cdot M_T}{R_T^2}$

Entonces: $\Delta Ep = m \cdot g \cdot h$

10) Un bloque de masa m tiene un peso P sobre la superficie terrestre. Indique justificadamente cómo se modificaría el valor de su peso en los siguientes casos: (i) Si la masa de la Tierra se redujese a la mitad sin variar su radio; (ii) si la masa de la Tierra no variase pero su radio se redujese a la mitad.

El peso es: P = m·g . La masa es la cantidad de materia de un cuerpo, la cual es una constante. Sin embargo, el campo gravitatorio, g, depende de la masa del planeta y de la distancia a él.

i) $g_0 = \dfrac{G \cdot M_T}{R_T^2}$; $g = \dfrac{\dfrac{G \cdot M_T}{2}}{R_T^2} = \dfrac{G \cdot M_T}{2 \cdot R_T^2}$ → $\dfrac{g}{g_0} = \dfrac{\dfrac{G \cdot M_T}{2 \cdot R_T^2}}{\dfrac{G \cdot M_T}{R_T^2}} = \dfrac{1}{2}$ → $g = \dfrac{g_0}{2}$

$\dfrac{P'}{P} = \dfrac{m \cdot g}{m \cdot g_0} = \dfrac{m \cdot \dfrac{g_0}{2}}{m \cdot g_0} = \dfrac{1}{2}$: el peso se reduce hasta la mitad.

ii) $g_0 = \dfrac{G \cdot M_T}{R_T^2}$; $g = \dfrac{G \cdot M_T}{(R_T/2)^2} = \dfrac{4 \cdot G \cdot M_T}{R_T^2}$ → $\dfrac{g}{g_0} = \dfrac{\dfrac{4 \cdot G \cdot M_T}{R_T^2}}{\dfrac{G \cdot M_T}{R_T^2}} = 4$

$\dfrac{P'}{P} = \dfrac{m \cdot g}{m \cdot g_0} = \dfrac{m \cdot 4 \cdot g_0}{m \cdot g_0} = 4$: el peso se cuadruplica.

2017

11) Una partícula de masa m se desplaza desde un punto A hasta otro punto B en una región en la que existe un campo gravitatorio creado por otra masa M. Si el valor del potencial gravitatorio en el punto B es mayor que en el punto A, razone si el desplazamiento de la partícula es espontáneo o no.

El potencial gravitatorio, V, es la energía potencial por unidad de masa en un punto del espacio. Su valor es siempre negativo, excepto en el infinito, donde vale cero. Se calcula así: $V = -\dfrac{G \cdot M}{R_T}$

Los cuerpos se mueven espontáneamente desde las zonas de mayor energía potencial a las de menor energía potencial. Es decir, espontáneamente, el cuerpo se mueve desde Ep_1 hasta Ep_2 , siendo: $Ep_1 > Ep_2$. Como: Ep = m · V: $m \cdot V_1 > m \cdot V_2$ → $V_1 > V_2$: condición de espontaneidad. Como el cuerpo se mueve desde A hasta B y $V_B > V_A$, el proceso es no espontáneo, es decir, hay que aplicar una fuerza no conservativa.

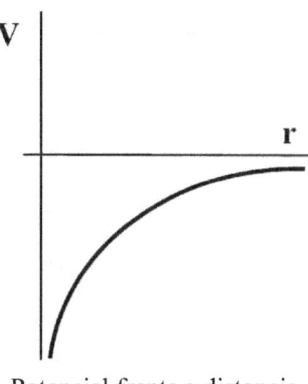

Potencial frente a distancia

12) Discuta la veracidad de la siguiente afirmación: "Cuanto mayor sea la altura de la órbita de un satélite sobre la superficie terrestre, mayor es su energía mecánica y, por tanto, mayores serán tanto la energía cinética como la energía potencial del satélite".

En parte cierto, en parte falso.

* Velocidad orbital: $F_G = F_C \rightarrow \dfrac{G \cdot M_T \cdot M_L}{r^2} = \dfrac{M_L \cdot v^2}{r} \rightarrow \dfrac{G \cdot M_T}{r} = v^2 \rightarrow v = \sqrt{\dfrac{G \cdot M_T}{r}}$

* Energía cinética de un satélite: $E_c = \dfrac{1}{2} \cdot m \cdot v^2$

Si la órbita es circular: $E_c = \dfrac{1}{2} \cdot m \cdot \dfrac{G \cdot M}{r} = \dfrac{G \cdot M \cdot m}{2 \cdot r}$

* Energía potencial del satélite: $E_p = -\dfrac{G \cdot M \cdot m}{r}$

* Energía mecánica del satélite: $E_M = E_c + E_p = \dfrac{1}{2} \cdot m \cdot v^2 - \dfrac{G \cdot M \cdot m}{r}$

Si la órbita es circular: $E_M = \dfrac{G \cdot M \cdot m}{2 \cdot r} - \dfrac{G \cdot M \cdot m}{r} = -\dfrac{G \cdot M \cdot m}{2 \cdot r}$

Al aumentar la altura, aumenta r, luego la Ep aumenta, la Ec disminuye y la energía mecánica aumenta.

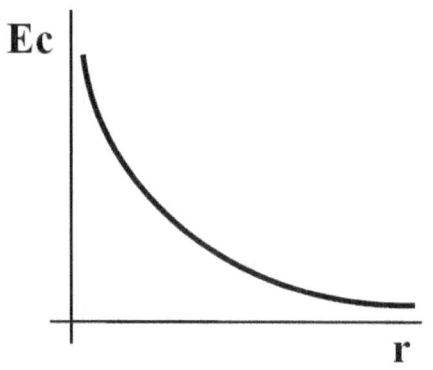
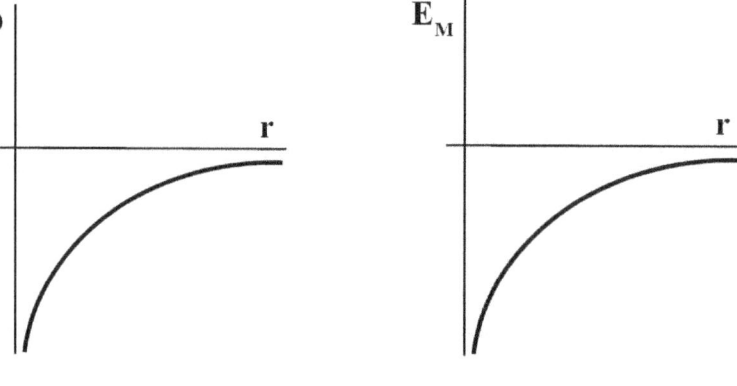

Energía cinética   Energía potencial   Energía mecánica

---

13) Dos partículas, de masas m y 3m, están situadas a una distancia d la una de la otra. Indique razonadamente en qué punto habría que colocar otra masa M para que estuviera en equilibrio.

Para que la masa M estuviera en equilibrio en el espacio entre los dos, la fuerza total o el campo total deben ser ceros en ese punto. Lo haremos por el campo. Como es una magnitud vectorial, ambos campos se suman por el principio de superposición:

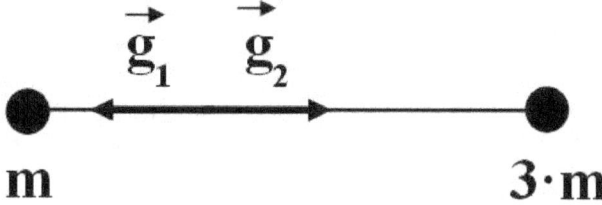

$$\vec{g} = \vec{g}_1 + \vec{g}_2 = 0 \quad ; \quad g = \frac{G \cdot M}{r^2} \quad ; \quad \vec{g}_1 = \vec{g}_2 \quad \rightarrow \quad g_1 = g_2 \quad \rightarrow \quad \frac{G \cdot m}{x^2} = \frac{G \cdot 3 \cdot m}{(d-x)^2} \quad \rightarrow$$

$$\rightarrow \quad \frac{1}{x^2} = \frac{3}{(d-x)^2} \quad \rightarrow \quad (d-x)^2 = 3 \cdot x^2 \quad \rightarrow \quad d - x = \sqrt{3} \cdot x \quad \rightarrow \quad d = (1 + \sqrt{3}) \cdot x \quad \rightarrow$$

$$\rightarrow \quad x = \frac{d}{1 + \sqrt{3}}$$

Habría que colocar la tercera masa a una distancia $\dfrac{d}{1+\sqrt{3}}$ de la masa m.

---

14) Dos satélites de igual masa se encuentran en órbitas de igual radio alrededor de la Tierra y de la Luna, respectivamente. ¿Tienen el mismo periodo orbital? ¿Y la misma energía cinética? Razone las respuestas.

* Para los períodos: igualamos la fuerza de la gravedad con la fuerza centrípeta:

$$F_G = F_C \quad \rightarrow \quad \frac{G \cdot M_T \cdot M_L}{r^2} = \frac{M_L \cdot v^2}{r} \quad \rightarrow \quad \frac{G \cdot M_T}{r} = v^2 \quad \rightarrow \quad v = \sqrt{\frac{G \cdot M_T}{r}}$$

Por otro lado: $T = \dfrac{2 \cdot \pi \cdot r}{v} \quad \rightarrow \quad T^2 = \dfrac{4 \cdot \pi^2 \cdot r^2}{v^2} = \dfrac{4 \cdot \pi^2 \cdot r^2}{\dfrac{G \cdot M}{r}} = \dfrac{4 \cdot \pi^2 \cdot r^3}{G \cdot M} \quad \rightarrow$

$\rightarrow T = \sqrt{\dfrac{4 \cdot \pi^2 \cdot r^3}{G \cdot M}}$. Agrupando las constantes: $T = \sqrt{\dfrac{k}{M}}$

$T_{Tierra} = \sqrt{\dfrac{k}{M_T}} \quad ; \quad T_{Luna} = \sqrt{\dfrac{k}{M_L}}$

Dividiendo: $\dfrac{T_{Tierra}}{T_{Luna}} = \dfrac{\sqrt{\dfrac{k}{M_T}}}{\sqrt{\dfrac{k}{M_L}}} = \sqrt{\dfrac{M_L}{M_T}}$. Al ser: $M_T > M_L \quad \rightarrow \quad 0 < \dfrac{M_L}{M_T} < 1 \quad \rightarrow$

$\rightarrow \dfrac{T_{Tierra}}{T_{Luna}} < 1 \quad \rightarrow \quad T_{Tierra} < T_{Luna}$: el período del satélite de la Tierra es menor que el de la Luna.

* Para las energías cinéticas:
$E_c = \dfrac{1}{2} \cdot m \cdot v^2 = \dfrac{1}{2} \cdot m \cdot \dfrac{G \cdot M}{r} = \dfrac{G \cdot M \cdot m}{2 \cdot r}$

Agrupando las constantes: $E_c = k \cdot M \quad ; \quad E_{c\,Tierra} = k \cdot M_T \quad ; \quad E_{c\,Luna} = k \cdot M_L$

Dividiendo: $\dfrac{Ec_{Tierra}}{Ec_{Luna}} = \dfrac{k \cdot M_T}{k \cdot M_L} = \dfrac{M_T}{M_L}$. Al ser: $M_T > M_L \rightarrow Ec_{Tierra} > Ec_{Luna}$: la energía cinética del satélite de la Tierra es mayor que la energía cinética del satélite de la Luna.

---

15) a) Dibuje en un esquema las líneas del campo gravitatorio creado por una masa puntual M. b) Otra masa puntual m se traslada desde un punto A hasta otro B, más alejado de M. Razone si aumenta o disminuye su energía potencial.

a) El campo gravitatorio tiene la expresión:
$g = \dfrac{G \cdot M}{r^2}$. Las líneas de campo gravitatorio son líneas radiales que parten de la masa M y que indican el sentido en el que el campo eléctrico crece, es decir, al acercarse a M:

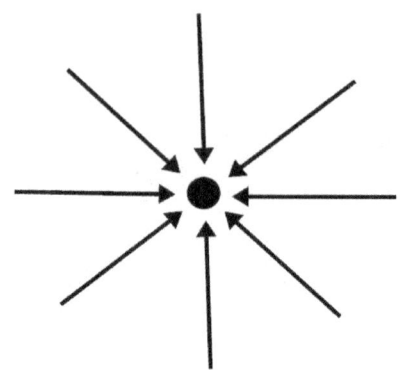

b) La energía potencial gravitatoria viene dada por: $Ep = -\dfrac{G \cdot M \cdot m}{r}$

Si $r_B > r_A \rightarrow \dfrac{1}{r_B} < \dfrac{1}{r_A} \rightarrow -\dfrac{1}{r_B} > -\dfrac{1}{r_A} \rightarrow -\dfrac{G \cdot M \cdot m}{r_B} > -\dfrac{G \cdot M \cdot m}{r_A} \rightarrow$

$\rightarrow Ep_B > Ep_A \rightarrow \Delta Ep = Ep_B - Ep_A > 0 \rightarrow$ la energía potencial aumenta.

La energía potencial aumenta con la distancia y tiene su valor máximo (cero) en el infinito:
Los cuerpos se trasladan espontáneamente (sin intervención exterior) desde los puntos de mayor a los de menor energía potencial o también, desde los puntos de mayor a menor potencial.

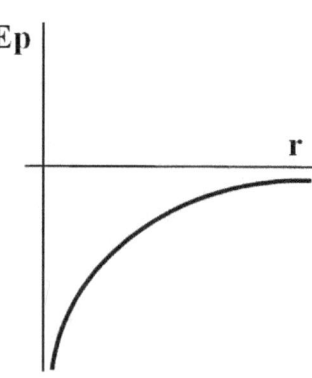

---

16) Indique razonadamente la relación que existe entre las energías cinética y potencial gravitatoria de un satélite que gira en una órbita circular en torno a un planeta.

* Energía potencial gravitatoria: $Ep = -\dfrac{G \cdot M \cdot m}{r}$

* Energía cinética: $Ec = \dfrac{1}{2} m \cdot v^2$

Como la trayectoria es circular: $F_G = F_C \rightarrow \dfrac{G \cdot M_T \cdot M_L}{r^2} = \dfrac{M_L \cdot v^2}{r} \rightarrow \dfrac{G \cdot M_T}{r} = v^2$

Luego: $Ec = \dfrac{1}{2} \cdot m \cdot v^2 = \dfrac{1}{2} \cdot m \cdot \dfrac{G \cdot M}{r} = \dfrac{G \cdot M \cdot m}{2 \cdot r}$

La relación entre ambas es: $\dfrac{Ec}{Ep} = \dfrac{\dfrac{G \cdot M \cdot m}{2 \cdot r}}{\dfrac{-G \cdot M \cdot m}{r}} = -\dfrac{1}{2}$

La energía potencial es siempre negativa y la cinética siempre positiva. En valor absoluto, la potencial es el doble de la cinética.

---

17) Dos partículas, de masas m y 2m, se encuentran situadas en dos puntos del espacio separados una distancia d. ¿Es nulo el campo gravitatorio en algún punto cercano a las dos masas? ¿Y el potencial gravitatorio? Justifique las respuestas.

Al ser el campo gravitatorio un vector y el potencial un escalar, es posible que haya puntos donde se anule el campo gravitatorio y no el potencial. El potencial gravitatorio creado por dos masas nunca es nulo, puesto que el potencial es siempre negativo y no puede anularse con otro potencial negativo. Según el principio de superposición: $V = V_1 + V_2 = -\dfrac{G \cdot m}{r_1} - \dfrac{G \cdot 2 \cdot m}{r_2} < 0$, nunca nulo.

Para que la masa M estuviera en equilibrio en el espacio entre los dos, la fuerza total o el campo total deben ser ceros en ese punto. Lo haremos por el campo. Como es una magnitud vectorial, ambos campos se suman por el principio de superposición:

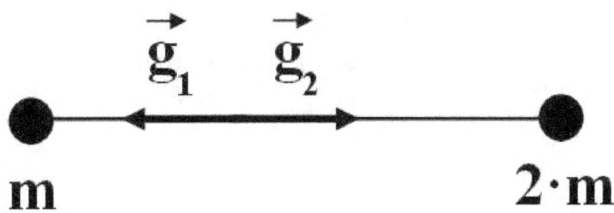

$\vec{g} = \vec{g}_1 + \vec{g}_2 = 0$; $g = \dfrac{G \cdot M}{r^2}$; $\vec{g}_1 = -\vec{g}_2 \rightarrow g_1 = g_2 \rightarrow \dfrac{G \cdot m}{x^2} = \dfrac{G \cdot 2 \cdot m}{(d-x)^2} \rightarrow$

$\rightarrow \dfrac{1}{x^2} = \dfrac{2}{(d-x)^2} \rightarrow (d-x)^2 = 2 \cdot x^2 \rightarrow d - x = \sqrt{2} \cdot x \rightarrow d = (1 + \sqrt{2}) \cdot x \rightarrow$

$\rightarrow x = \dfrac{d}{1+\sqrt{2}}$

18) Un bloque de acero está situado sobre la superficie terrestre. Indique justificadamente cómo se modificaría el valor de su peso si la masa de la Tierra se redujese a la mitad y se duplicase su radio.

El peso de un cuerpo viene dado por: $P = m \cdot g = m \cdot \dfrac{G \cdot M_T}{R_T^2}$

* Peso inicial: $P_1 = \dfrac{G \cdot M_T \cdot m}{R_T^2}$

* Peso en las otras condiciones: $P_2 = \dfrac{G \cdot \dfrac{M_T}{2} \cdot m}{(2 \cdot R_T)^2} = \dfrac{G \cdot M_T \cdot m}{8 \cdot R_T^2}$

Dividiendo entre ambas: $\dfrac{P_1}{P_2} = \dfrac{\dfrac{G \cdot M_T \cdot m}{R_T^2}}{\dfrac{G \cdot M_T \cdot m}{8 \cdot R_T^2}} = 8$

El peso inicial es 8 veces superior al peso con la Tierra alterada. Es mayor el efecto de alterar el radio que el de alterar la masa, pues el radio está elevado al cuadrado en la fórmula del peso.

---

19) Explique brevemente el concepto de potencial gravitatorio.

Es una magnitud que se define como la energía potencial gravitatoria por unidad de masa en un punto determinado. Es el trabajo cambiado de signo que hace el campo gravitatorio para desplazar una masa de un kilogramo desde el infinito hasta el punto en cuestión. Su unidad en el SI es el julio por kilogramo (J/kg).
Potencial creado por una masa puntual:
$$V = \dfrac{Ep}{m} = -\dfrac{G \cdot M}{r}$$

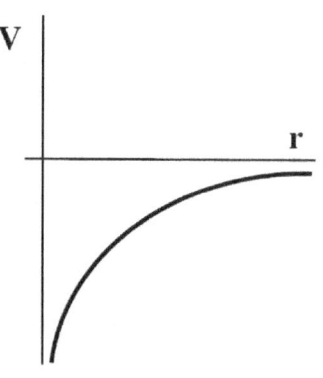

$$V = \dfrac{W_{A \to \infty}}{m} = \int_A^\infty \dfrac{\vec{F_G}}{m} \cdot d\vec{r} = \int_A^\infty \dfrac{\dfrac{-G \cdot M \cdot m}{r^2}}{m} = G \cdot M \cdot \int_A^\infty \dfrac{-1}{r^2} \cdot dr = G \cdot M \cdot \left[\dfrac{1}{r}\right]_A^\infty =$$

$$= \dfrac{G \cdot M}{r_\infty} - \dfrac{G \cdot M}{r_A} = -\dfrac{G \cdot M}{r_A} = V_A$$

Las superficies que unen puntos de igual potencial se llaman superficies equipotenciales. Son esferas concéntricas con respecto a la masa que produce el campo. La diferencia de potencial nos indica si el proceso es espontáneo o no: si es negativa, el proceso es espontáneo; si es positiva, el proceso es no espontáneo.

El potencial es cero en el infinito y, en los demás casos, es negativo. Como la distancia está en el denominador y el cociente es negativo, el potencial crece con la distancia.

---

20) Supongamos que la Tierra reduce su radio a la mitad manteniendo constante su masa. Razone cómo se modificarían la intensidad del campo gravitatorio en su superficie y su órbita alrededor del Sol.

* Intensidad del campo gravitatorio:

$$g_0 = \frac{G \cdot M_T}{R_T^2} \quad ; \quad g = \frac{G \cdot M_T}{(R_T/2)^2} = \frac{4 \cdot G \cdot M_T}{R_T^2} \quad \rightarrow \quad \frac{g}{g_0} = \frac{\frac{4 \cdot G \cdot M_T}{R_T^2}}{\frac{G \cdot M_T}{R_T^2}} = 4 \quad \rightarrow \quad g = 4 \cdot g_0$$

El campo se hace cuatro veces mayor, pues es inversamente proporcional al cuadrado de la distancia.
* Órbita alrededor del Sol: como la fuerza gravitatoria depende de la masa y de la distancia entre sus centros, no se modificaría el radio orbital, ya que la masa y el radio orbital no cambian.

$$F_G = F_C \quad \rightarrow \quad \frac{G \cdot M_S \cdot M_T}{r^2} = \frac{M_T \cdot v^2}{r} \quad \rightarrow \quad \frac{G \cdot M_S}{r} = v^2 \quad \rightarrow \quad v = \sqrt{\frac{G \cdot M_S}{r}}$$: la velocidad orbital

seguiría siendo igual, pues la masa y el radio orbital no cambian.

Al ser: $T = \frac{2 \cdot \pi \cdot r}{v} \quad \rightarrow \quad T = 2 \cdot \pi \cdot r \cdot \sqrt{\frac{r}{G \cdot M_S}}$: el período orbital tampoco cambiaría porque no depende ni del radio de la Tierra ni de la masa de la Tierra.

2016

21) a) Explique las características del campo gravitatorio creado por una masa puntual. b) Una partícula de masa m, situada en un punto A se mueve en línea recta hacia otro punto B, en una región en la que existe un campo gravitatorio creado por una masa M. Si el valor del potencial gravitatorio en el punto B es menor que en el punto A, razone si la partícula se acerca o se aleja de M.

a) * Campo gravitatorio, g: perturbación del espacio provocada por la presencia de una masa. También puede definirse como la fuerza experimentada por unidad de masa en un punto del espacio. Es una magnitud vectorial:

$$\vec{g} = \frac{\vec{F}}{m} \quad ; \quad \vec{g} = -G \cdot \frac{M}{r^2} \cdot \vec{u}_r$$

Es directamente proporcional a la masa e inversamente proporcional al cuadrado de la distancia.

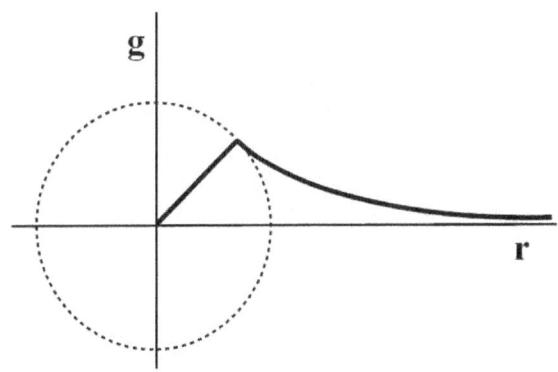

Características del campo gravitatorio:
Su módulo es: $g = \frac{G \cdot M}{r^2}$. Su dirección es la del vector unitario $\vec{u}_r$, es decir, el de la recta que une la masa con el punto donde se estudia el campo. El sentido es hacia la masa que produce el campo.

El vector $\vec{g}$ es un vector radial. El módulo es directamente proporcional a la masa e inversamente proporcional al cuadrado de la distancia.

Las líneas de campo son tangentes en cada punto a la dirección del vector campo. Las líneas de campo son líneas que indican la dirección del vector campo gravitatorio y el sentido en el que crece su magnitud:

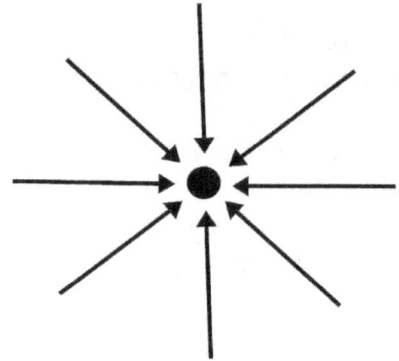

b) El potencial gravitatorio es una magnitud escalar. Su módulo es: $V = \dfrac{-G \cdot M}{r}$. Es siempre negativo y vale cero en el infinito. Como r está en el denominador y el cociente es negativo, al aumentar la distancia aumenta el potencial.

Al ser $V_B < V_A$, entonces: $r_B < r_A$. Como la partícula pasa de A a B, esto significa que se está acercando a la masa M.

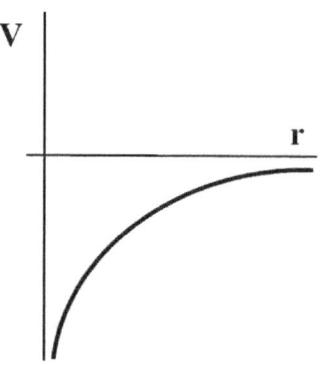

---

22) a) Enuncie la ley de gravitación universal y comente el significado físico de las magnitudes que intervienen en ella. b) Una partícula se mueve en un campo gravitatorio uniforme. ¿Aumenta o disminuye su energía potencial gravitatoria al moverse en la dirección y sentido de la fuerza ejercida por el campo? ¿Y si se moviera en una dirección perpendicular a dicha fuerza? Razone las respuestas.

a) Dice así: "La fuerza de atracción gravitatoria entre dos cuerpos es directamente proporcional al producto de sus masas e inversamente proporcional al cuadrado de la distancia que las separa". Su módulo es: $F_G = \dfrac{G \cdot M \cdot m}{r^2}$, siendo: M y m las masas de los cuerpos que se atraen. Evidentemente cuanto mayores son dichas masas mayor es la fuerza de atracción. Al aumentar la distancia entre los centros de gravedad de las masas, disminuye la fuerza de atracción gravitatoria. La constante de proporcionalidad G es la constante de gravitación universal, cuyo valor fue determinado experimentalmente por Cavendish y es $6'67 \cdot 10^{-11} \; \dfrac{N \cdot m^2}{kg^2}$. Esta constante no depende del medio en el que se encuentren las masas.

Es un valor muy pequeño, por lo que la atracción gravitatoria entre cuerpos solo se pone de manifiesto si estos son muy masivos.

b)

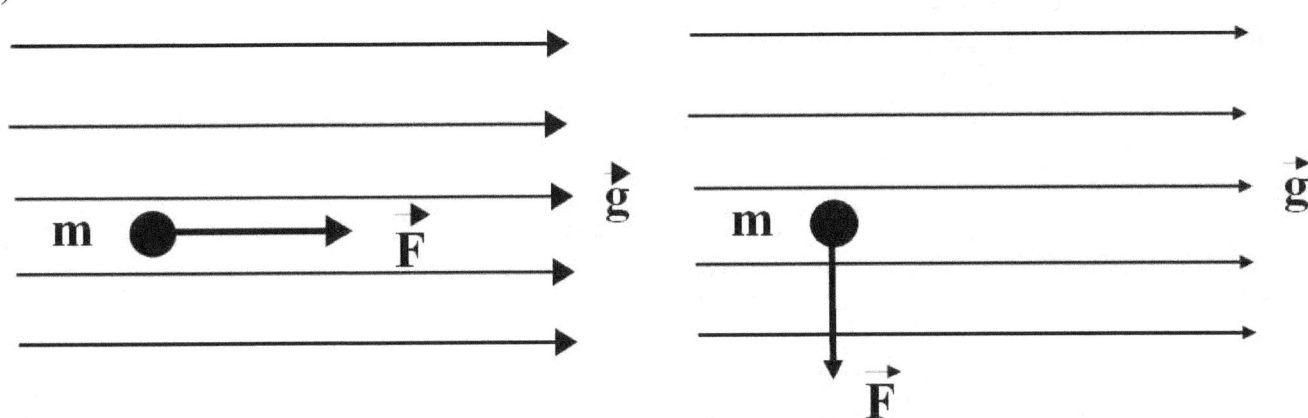

Fuerza con igual dirección y sentido que el campo		Fuerza perpendicular al campo

La energía potencial entre dos puntos es el trabajo necesario para trasladar una masa desde el punto A hasta el punto B: $\Delta Ep = -W_{FC} = -\int_{A}^{B} \vec{F} \cdot d\vec{r} = Ep_B - Ep_A$

Si el proceso es espontáneo: $Ep_B - Ep_A < 0$.

i) Fuerza con igual dirección y sentido que el campo:

$$\Delta Ep = -W_{FC} = -\int_{A}^{B} \vec{F} \cdot d\vec{r} = -\int_{A}^{B} F \cdot dr \cdot \cos\alpha = -F \cdot \cos 0° \cdot \int_{A}^{B} dr = -m \cdot g \cdot (r_B - r_A) = Ep_B - Ep_A$$

Al ser: $r_B - r_A > 0 \rightarrow -m \cdot g \cdot (r_B - r_A) < 0 \rightarrow Ep_B - Ep_A < 0 \rightarrow \Delta Ep < 0$

La energía potencial disminuye.

ii) Fuerza perpendicular al campo:

$$\Delta Ep = -W_{FC} = -\int_{A}^{B} \vec{F} \cdot d\vec{r} = -\int_{A}^{B} F \cdot dr \cdot \cos\alpha = -F \cdot \cos 90° \cdot \int_{A}^{B} dr = 0$$

La energía potencial no cambia. Al moverse en una dirección perpendicular a la fuerza, se mueve perpendicularmente a las líneas de campo, es decir, se mueve en una superficie equipotencial. Por consiguiente, la energía potencial no varía.

---

23) Dos satélites de igual masa, m, describen órbitas circulares alrededor de un planeta de masa M. Si el radio de una de las órbitas es el doble que el de la otra, razone la relación que existe entre los periodos de los dos satélites ¿Y entre sus velocidades?

* Para los períodos: igualamos la fuerza de la gravedad con la fuerza centrípeta, por ser una órbita circular:

$$F_G = F_C \rightarrow \frac{G \cdot M_T \cdot M_L}{r^2} = \frac{M_L \cdot v^2}{r} \rightarrow \frac{G \cdot M_T}{r} = v^2 \rightarrow v = \sqrt{\frac{G \cdot M_T}{r}}$$

Primer satélite: $v_1 = \sqrt{\dfrac{G \cdot M_T}{r}}$ Segundo satélite: $v_2 = \sqrt{\dfrac{G \cdot M_T}{2 \cdot r}}$

Dividiendo: $\dfrac{v_1}{v_2} = \dfrac{\sqrt{\dfrac{G \cdot M}{r}}}{\sqrt{\dfrac{G \cdot M}{2 \cdot r}}} = \sqrt{2}$

* Para los períodos:

$T = \dfrac{2 \cdot \pi \cdot r}{v} \rightarrow T^2 = \dfrac{4 \cdot \pi^2 \cdot r^2}{v^2} = \dfrac{4 \cdot \pi^2 \cdot r^2}{\dfrac{G \cdot M}{r}} = \dfrac{4 \cdot \pi^2 \cdot r^3}{G \cdot M} \rightarrow T = \sqrt{\dfrac{4 \cdot \pi^2 \cdot r^3}{G \cdot M}}$

- Primer satélite: $T_1 = \sqrt{\dfrac{4 \cdot \pi^2 \cdot r^3}{G \cdot M}}$

- Segundo satélite: $T_2 = \sqrt{\dfrac{4 \cdot \pi^2 \cdot (2 \cdot r)^3}{G \cdot M}}$

Dividiendo: $\dfrac{T_2}{T_1} = \dfrac{\sqrt{\dfrac{4 \cdot \pi^2 \cdot (2 \cdot r)^3}{G \cdot M}}}{\sqrt{\dfrac{4 \cdot \pi^2 \cdot r^3}{G \cdot M}}} = \sqrt{2^3} = 2 \cdot \sqrt{2}$

---

24) Se coloca un satélite en órbita circular a una altura h sobre la Tierra. Deduzca las expresiones de su energía cinética mientras orbita y calcule la variación de energía potencial gravitatoria que ha sufrido respecto de la que tenía en la superficie terrestre.

* Energía cinética: $Ec = \dfrac{1}{2} m \cdot v^2$

Como la trayectoria es circular: $F_G = F_C \rightarrow \dfrac{G \cdot M_T \cdot M_L}{r^2} = \dfrac{M_L \cdot v^2}{r} \rightarrow \dfrac{G \cdot M_T}{r} = v^2$

Luego: $Ec = \dfrac{1}{2} m \cdot v^2 = \dfrac{1}{2} m \cdot \dfrac{G \cdot M}{r} = \dfrac{G \cdot M \cdot m}{2 \cdot r}$

* Energía potencial: $Ep = -\dfrac{G \cdot M \cdot m}{r}$

- Energía potencial en la superficie: $Ep_1 = -\dfrac{G \cdot M \cdot m}{R_T}$

- Energía potencial a una altura h: $Ep_2 = -\dfrac{G \cdot M \cdot m}{R_T + h}$

- Variación de la energía potencial: $\Delta Ep = -\dfrac{G \cdot M \cdot m}{R_T + h} + \dfrac{G \cdot M \cdot m}{R_T} =$

$= G \cdot M \cdot m \cdot \left(\dfrac{-1}{R_T + h} + \dfrac{1}{R_T} \right) = \dfrac{G \cdot M \cdot m \cdot h}{R_T \cdot (R_T + h)}$

Si $R_T \gg h \rightarrow R_T + h \approx R_T \rightarrow \Delta Ep = \dfrac{G \cdot M \cdot m \cdot h}{R_T^2}$ y como: $g = \dfrac{G \cdot M_T}{R_T^2}$

Entonces: $\Delta Ep = m \cdot g \cdot h$

2015

25) Una masa, m, describe una órbita circular de radio R alrededor de otra mayor, M, ¿qué trabajo realiza la fuerza que actúa sobre m? ¿Y si m se desplazara desde esa distancia, R, hasta infinito? Razone las respuestas.

Un satélite es un cuerpo que gira alrededor de otro más masivo de tal forma que la atracción gravitatoria se compensa con la inercia. Una órbita circular es una superficie equipotencial, es decir, todos sus puntos tienen el mismo potencial. El trabajo necesario para mover una masa de un punto a otro de una superficie equipotencial es nulo, pues: $W_{AB} = m \cdot (V_A - V_B)$.

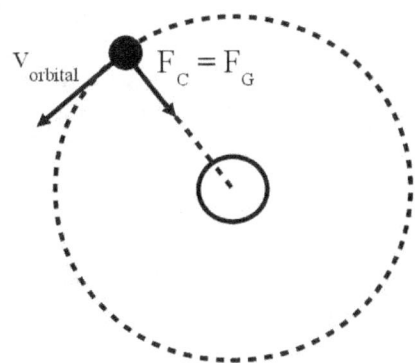

El trabajo necesario para desplazar una masa m desde un punto hasta el infinito es lo que se llama energía potencial y se calcula así:

$$W_{FC} = \int_A^B \vec{F} \cdot d\vec{r} = -\Delta Ep = Ep_A - Ep_B$$

Si tomamos el infinito como nivel cero de energía potencial: $Ep_B = 0 \rightarrow W_{FC} = -\Delta Ep = Ep_A$

$W_{FC} = -\Delta Ep = Ep_A = \int_A^B \vec{F} \cdot d\vec{r} = \int_A^B \dfrac{-G \cdot M \cdot m}{r^2} \cdot dr = G \cdot M \cdot m \cdot \left[\dfrac{1}{r} \right]_A^B =$

$= G \cdot M \cdot m \cdot \left(\dfrac{1}{r_B} - \dfrac{1}{r_A} \right) = G \cdot M \cdot m \cdot \left(\dfrac{1}{\infty} - \dfrac{1}{r_A} \right) = -\dfrac{G \cdot M \cdot m}{r_A}$

---

26) Explique los conceptos de campo y potencial gravitatorios y la relación entre ellos.

* Campo gravitatorio, g: perturbación del espacio provocada por la presencia de una masa. También puede definirse como la fuerza experimentada por unidad de masa en un punto del espacio. Es una magnitud vectorial: $\vec{g} = \dfrac{\vec{F}}{m}$

Su módulo se calcula así: $g = \dfrac{G \cdot M}{r^2}$

Es directamente proporcional a la masa e inversamente proporcional al cuadrado de la distancia.

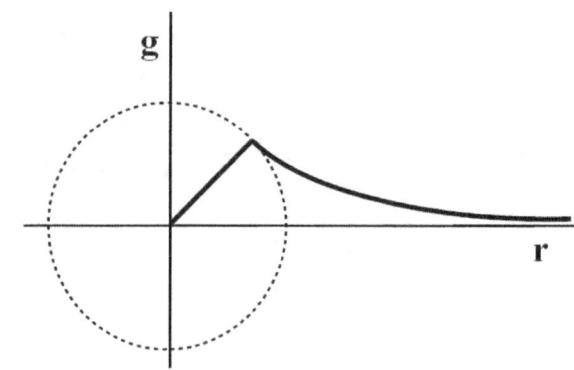

* Potencial gravitatorio, V: energía potencial gravitatoria por unidad de masa.
Es una magnitud escalar que se define como el trabajo por unidad de masa que debe realizar una fuerza para transportar un cuerpo, a velocidad constante, desde el infinito hasta un punto del campo gravitatorio. Su unidad en el SI es el julio por kilogramo (J/kg). Potencial creado por una masa puntual: $V = \dfrac{Ep}{m} = -\dfrac{G \cdot M}{r}$

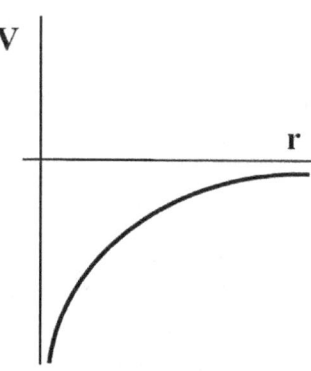

En el infinito, el potencial vale cero. A cualquier otra distancia, su valor es negativo.
El campo es un vector y el potencial es un escalar. Sus módulos están relacionados:

$$g = \dfrac{G \cdot M}{r^2} \quad ; \quad V = -\dfrac{G \cdot M}{r}$$

En forma diferencial: $g = -\dfrac{dV}{dr} \quad \rightarrow \quad \Delta V = -\int_A^B \vec{g} \cdot d\vec{r}$

2014

27) Dos partículas de masas m y 2m están separadas una cierta distancia. Explique qué fuerza actúa sobre cada una de ellas y cuál es la aceleración de dichas partículas.

La tercera ley de Newton es el principio de acción y reacción y dice que: cuando un cuerpo ejerce una fuerza (acción) sobre otro, el otro cuerpo ejerce sobre el primero otra fuerza (reacción) de igual módulo y dirección y de sentido contrario.

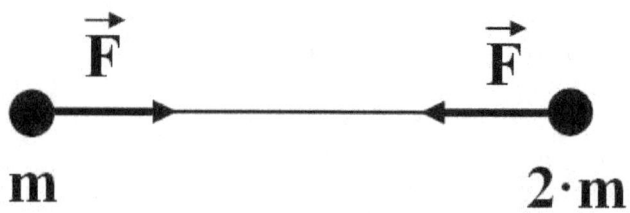

Por tanto, las fuerzas que actúan sobre cada fuerza son iguales y se calculan mediante la ley de gravitación universal:

$$F = G \cdot \frac{M \cdot m}{r^2} = \frac{G \cdot 2 \cdot m \cdot m}{r^2} = \frac{2 \cdot G \cdot m^2}{r^2}$$

La aceleración viene dada por la segunda ley de Newton o ley fundamental de la Dinámica: cuando sobre una masa m se ejerce una fuerza F, esta le comunica una aceleración de igual dirección y sentido, directamente proporcional a la fuerza e inversamente proporcional a la masa:

$$a_1 = \frac{F}{m} = \frac{\frac{2 \cdot G \cdot m^2}{r^2}}{m} = \frac{2 \cdot G \cdot m}{r^2} \quad ; \quad a_2 = \frac{F}{2 \cdot m} = \frac{\frac{2 \cdot G \cdot m^2}{r^2}}{2 \cdot m} = \frac{G \cdot m}{r^2}$$

---

28) Dos partículas puntuales de masa m están separadas una distancia r. Al cabo de un cierto tiempo la masa de la primera se ha reducido a la mitad y la de la segunda a la octava parte. Para que la fuerza de atracción entre ellas tenga igual valor que el inicial, ¿es necesario acercarlas o alejarlas? Razone la respuesta.

Según la tercera ley de Newton (principio de acción y reacción), ambas fuerzas son iguales. Además, las fuerzas gravitatorias son siempre atractivas. El módulo de esa fuerza viene dado por la ley de la gravitación universal:

$$F = G \cdot \frac{M \cdot m}{r^2}$$

* En el primer caso: $F_1 = G \cdot \dfrac{M \cdot m}{r^2} = \dfrac{G \cdot m^2}{r_1^2}$

* En el segundo caso: $F_2 = G \cdot \dfrac{M \cdot m}{r^2} = \dfrac{G \cdot \dfrac{m}{2} \cdot \dfrac{m}{8}}{r_2^2} = \dfrac{G \cdot m^2}{16 \cdot r_2^2}$

Si ambas son iguales: $F_1 = F_2 \rightarrow \dfrac{G \cdot m^2}{r_1^2} = \dfrac{G \cdot m^2}{16 \cdot r_2^2} \rightarrow \dfrac{1}{r_1^2} = \dfrac{1}{16 \cdot r_2^2} \rightarrow$

$\rightarrow r_1^2 = 16 \cdot r_2^2 \rightarrow r_1 = 4 \cdot r_2 \rightarrow r_2 = \dfrac{r_1}{4}$

Hay que acercar las masas para que la atracción sea la misma.

2013

29) a) Explique qué es el peso de un objeto. b) Razone qué relación existe entre el peso de un satélite que se encuentra en una órbita de radio r en torno a la Tierra y el que tendría en la superficie terrestre.

a) El peso de un objeto es la fuerza gravitatoria con la que un planeta atrae a un cuerpo. Su expresión es: $P = m \cdot g = \dfrac{G \cdot M_P \cdot m}{r^2}$.

No debe confundirse con la masa, que es la cantidad de materia que contiene un cuerpo. La masa es constante, independientemente del planeta. El peso, no.

b) * Peso en la superficie terrestre: $P = m \cdot g_0 = m \cdot \dfrac{G \cdot M_T}{R_T^2}$

* Peso a la distancia r: $P' = m \cdot g = m \cdot \dfrac{G \cdot M_T}{r^2}$

* Relación entre ambos: $\dfrac{P'}{P} = \dfrac{\dfrac{G \cdot M_T \cdot m}{r^2}}{\dfrac{G \cdot M_T \cdot m}{R_T^2}} = \left(\dfrac{R_T}{r}\right)^2$

Al ser $r > R_T$, $\dfrac{R_T}{r} < 1 \rightarrow \dfrac{P'}{P} < 1 \rightarrow P' < P$: el peso a una cierta distancia de la superficie terrestre es menor que en la superficie, pues el campo y el peso disminuyen con la distancia.

---

30) Dos satélites A y B de distintas masas ($m_A > m_B$) describen órbitas circulares de idéntico radio alrededor de la Tierra. Razone la relación que guardan sus respectivas velocidades y sus energías potenciales.

* Relación entre sus velocidades orbitales:

$F_G = F_C \rightarrow G \cdot \dfrac{M \cdot m}{r^2} = \dfrac{m \cdot v^2}{r} \rightarrow v^2 = \dfrac{G \cdot M}{r} \rightarrow v = \sqrt{\dfrac{G \cdot M}{r}}$

La velocidad orbital depende de la masa del planeta y no de la del satélite. Luego: $v_A = v_B$

* Relación entre sus energías potenciales:

$Ep = -\dfrac{G \cdot M \cdot m}{r} \rightarrow m = -\dfrac{Ep \cdot r}{G \cdot M} \rightarrow m_A = -\dfrac{Ep_A \cdot r}{G \cdot M} \quad ; \quad m_B = -\dfrac{Ep_B \cdot r}{G \cdot M}$

Al ser $m_A > m_B$: $-\dfrac{Ep_A \cdot r}{G \cdot M} > -\dfrac{Ep_B \cdot r}{G \cdot M} \rightarrow -Ep_A > -Ep_B \rightarrow Ep_A < Ep_B$

Según las propiedades de las inecuaciones, al cambiar el signo de una inecuación, cambia el sentido de la inecuación. Tiene mayor energía potencial la de menor masa.

CUESTIONES DE CAMPO ELÉCTRICO

2018

1) Una partícula cargada positivamente se mueve en la misma dirección y sentido de un campo eléctrico uniforme. Responda razonadamente a las siguientes cuestiones: (i) ¿Se detendrá la partícula?; (ii) ¿se desplazará la partícula hacia donde aumenta su energía potencial?

Una carga en el seno de un campo eléctrico experimenta una fuerza dada por: $\vec{F} = Q \cdot \vec{E}$. Como la carga es positiva, la fuerza tiene la misma dirección y el mismo sentido que el campo.
i) No se detendrá. Según la segunda ley de Newton, si se le aplica una fuerza resultante a un cuerpo, experimentará una aceleración con la misma dirección y el mismo sentido, proporcional a la fuerza e inversamente proporcional a la masa. La partícula se acelerará con un MRUA.

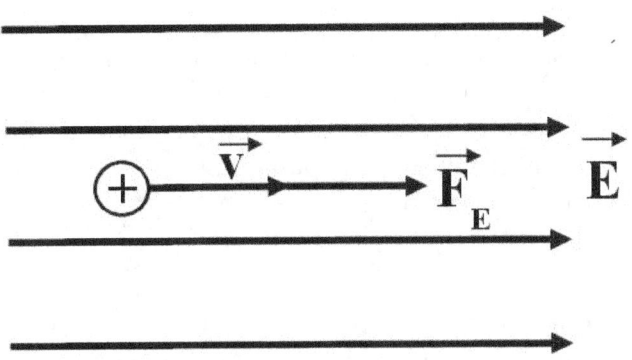

b) Incorrecto, se desplazará en el sentido de disminuir su energía potencial. Como el movimiento es acelerado, la velocidad aumenta. Como la velocidad aumenta, la energía cinética aumenta. Como la fuerza eléctrica es conservativa, la energía mecánica se conserva. Como la energía mecánica se conserva, al aumentar la energía cinética, disminuye la energía potencial: $\Delta E_c = - \Delta E_p$

---

2) Considere dos cargas eléctricas $+q$ y $-q$ situadas en dos puntos A y B. Razone cuál sería el potencial electrostático en el punto medio del segmento que une los puntos A y B. ¿Puede deducirse de dicho valor que el campo eléctrico es nulo en dicho punto? Justifique su respuesta.

Según el principio de superposición, el efecto conjunto de varias cargas es la suma de los efectos individuales. Luego:

$$V = V_1 + V_2 = K \cdot \frac{q}{d_o/2} - K \cdot \frac{q}{d_o/2} = 0$$

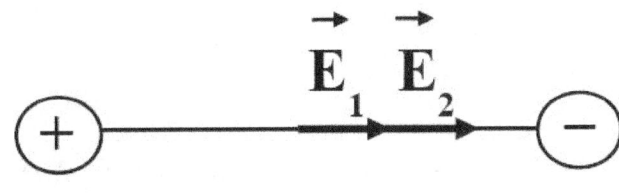

El que el potencial valga cero, no significa necesariamente que el campo eléctrico valga cero. Aunque sus expresiones son similares: $V = K \cdot \frac{q}{r}$; $E = K \cdot \frac{q}{r^2}$, el potencial es una magnitud escalar y el campo es una magnitud vectorial. Esto significa que, aplicando el principio de superposición, los potenciales se suman como escalares y los campos como vectores.

Así se calcula el campo:

$$\vec{E} = \vec{E}_1 + \vec{E}_2 = K \cdot \frac{q}{(d_o/2)^2} \cdot \vec{i} + K \cdot \frac{q}{(d_0/2)^2} \cdot \vec{i} = \frac{2 \cdot K \cdot q}{(d_o/2)^2} \cdot \vec{i} = = \frac{8 \cdot K \cdot q}{d_o^2} \cdot \vec{i}$$

Los dos vectores campo se dirigen hacia la derecha porque las cargas positivas son fuentes de campo y las cargas negativas son sumideros de campo.

---

3) Explique qué son las líneas de campo eléctrico y las superficies equipotenciales. Razone si es posible que se puedan cortar dos líneas de campo. Dibuje las líneas de campo y las superficies equipotenciales correspondientes a una carga puntual positiva.

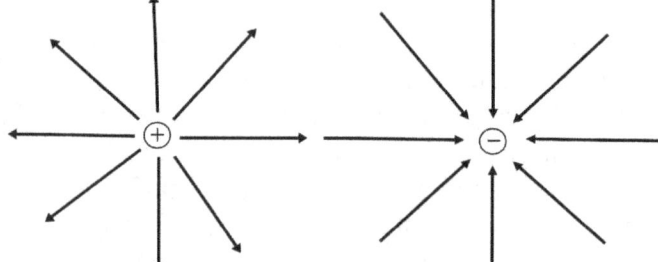

Las líneas de campo eléctrico son líneas que indican la dirección y el sentido de una carga positiva de prueba en cada punto del espacio. Son líneas tangentes en cada punto al vector intensidad de campo en ese punto.

Propiedades de las líneas de campo: las cargas positivas son fuentes de campo y las cargas negativas son sumideros de campo. El número de líneas de campo en un punto es proporcional a la intensidad del campo en ese punto. Tienen dirección radial. Las líneas de campo creadas por dos cargas se deforman en la zona intermedia. Las líneas de campo no pueden cortarse porque eso significaría que habría un punto con dos valores distintos de campo eléctrico.

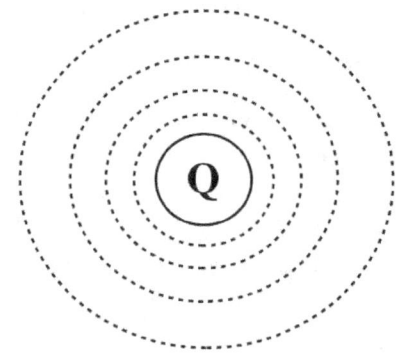

Las superficies equipotenciales son superficies cuyos puntos tienen todos el mismo valor del potencial. En el caso de cargas puntuales, las superficies equipotenciales son esferas concéntricas.

* Propiedades de las superficies equipotenciales:
  – El trabajo necesario para desplazar una carga de un punto a otro de una superficie equipotencial es nulo.
  – No se pueden cortar, pues eso significaría que habría algún punto con dos potenciales distintos.
  – Son perpendiculares a las líneas de campo.
  – Las superficies equipotenciales de dos cargas se deforman en la zona intermedia.

---

4) Considere un campo eléctrico en una región del espacio. El potencial electrostático en dos puntos A y B (que se encuentran en la misma línea de campo) es V_A y V_B, cumpliéndose que $V_A > V_B$. Se deja libre una carga Q en el punto medio del segmento AB. Razone cómo es el movimiento de la carga en función de su signo.

La carga positiva iría de A a B y la carga negativa iría de B a A. Las cargas positivas tienden a moverse en el sentido de potenciales decrecientes y las cargas negativas al contrario.

Demostración: un proceso es espontáneo (ocurre sin la intervención de fuerzas externas) cuando su trabajo es positivo.

* Cargas positivas: $W_{12} = Q \cdot (V_1 - V_2) > 0$; $Q > 0$ → $(V_1 - V_2) > 0$ → $V_1 > V_2$: es decir, el potencial final tiene que ser menor que el inicial.

* Cargas negativas: $W_{12} = Q \cdot (V_1 - V_2) > 0$; $Q < 0$.

Podemos escribir una carga negativa así: $Q = -|Q|$. Luego: $Q \cdot (V_1 - V_2) = -|Q| \cdot (V_1 - V_2) > 0$ →

→ $-(V_1 - V_2) > \dfrac{0}{|Q|} = 0$ → $V_1 - V_2 < 0$ → $V_1 < V_2$: es decir, el potencial final tiene que ser mayor que el inicial. Al cambiar de signo una inecuación, cambia su sentido.

---

5) En una región del espacio existe un campo eléctrico uniforme. Si una carga negativa se mueve en la dirección y sentido del campo, ¿aumenta o disminuye su energía potencial? ¿Y si la carga fuera positiva? Razone las respuestas.

Una carga en el seno de un campo eléctrico experimenta una fuerza dada por: $\vec{F} = Q \cdot \vec{E}$. Si la carga es negativa, la fuerza tendrá la misma dirección pero sentido contrario al campo. Esto significa que su movimiento va a ser un MRUR, se va a ir frenando. Si la velocidad disminuye, la energía cinética disminuye. Como la fuerza eléctrica es conservativa, la energía mecánica se conserva. Como la energía mecánica se conserva, al disminuir la energía cinética, aumenta la energía potencial.

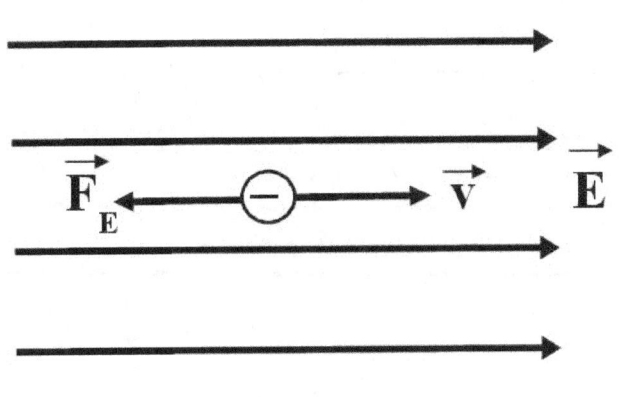

En el caso de la carga positiva, ocurre justamente todo lo contrario: el movimiento es un MRUA, un movimiento acelerado, la velocidad aumenta, la energía cinética aumenta y la energía potencial disminuye.

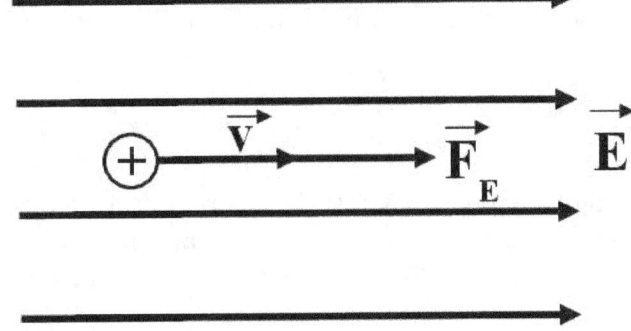

---

6) En la figura se muestra en color gris una región del espacio en la que hay un campo electrostático uniforme E. Un electrón, un protón y un neutrón penetran en la región del campo con velocidad constante **v** = v **i** desde la izquierda. Explique razonadamente cómo es el movimiento de cada partícula si se desprecian los efectos de la gravedad.

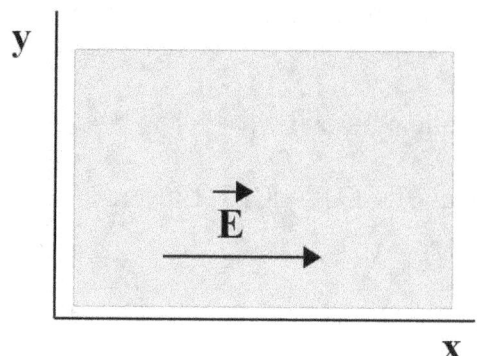

Una carga en el seno de un campo eléctrico experimenta una fuerza dada por: $\vec{F}=Q\cdot\vec{E}$. Si la carga es negativa, la fuerza tendrá la misma dirección pero sentido contrario al campo. Si la carga es positiva, la fuerza tendrá la misma dirección y el mismo sentido que el campo. Si la partícula es neutra, no experimentará fuerza eléctrica alguna.

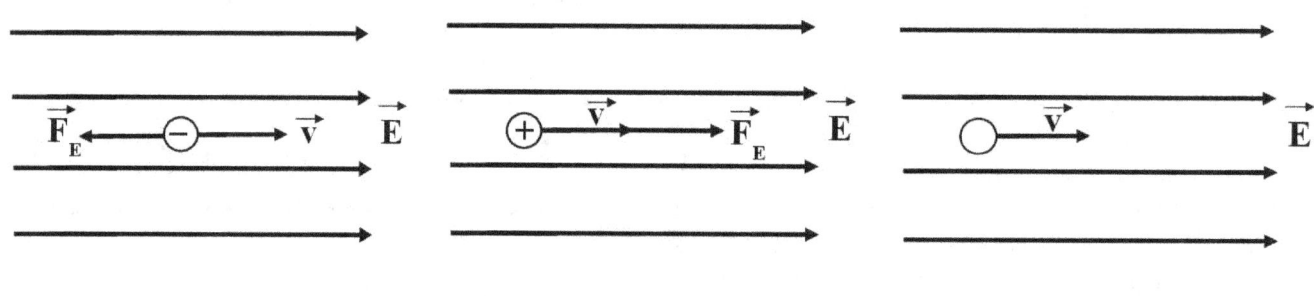

        Electrón   Protón   Neutrón

Los tres experimentarán trayectorias rectilíneas. El electrón presentará un MRUR, se irá frenando. El protón presentará un MRUA, se irá acelerando. El neutrón tendrá un MRU, velocidad constante. Según la primera ley de Newton: todo cuerpo permanece en su estado de reposo o de movimiento rectilíneo uniforme a no ser que se le aplique una fuerza resultante distinta de cero.

2017

7) Para dos puntos A y B de una región del espacio, en la que existe un campo eléctrico uniforme, se cumple que $V_A > V_B$. Si dejamos libre una carga negativa en el punto medio del segmento que une A con B, ¿a cuál de los dos puntos se acerca la carga? Razone la respuesta.

    El potencial en un punto es la energía potencial por unidad de carga en ese punto. Las cargas negativas se mueven espontáneamente desde los puntos de menor potencial hasta los de mayor potencial. Luego la carga se acercará al punto A. El campo eléctrico crece hacia la derecha y el potencial disminuye hacia la derecha. Al dejar la carga negativa en C, se acercará a A.

El trabajo necesario para mover una carga espontáneamente desde un punto a otro debe ser positivo. $W_{12} = Q \cdot (V_1 - V_2) > 0$; $Q < 0$
Podemos escribir una carga negativa así:
$Q = -|Q|$. Luego:
$Q \cdot (V_1 - V_2) = -|Q| \cdot (V_1 - V_2) > 0 \rightarrow$
$\rightarrow -(V_1 - V_2) > \dfrac{0}{|Q|} = 0 \rightarrow V_1 - V_2 < 0 \rightarrow$
$\rightarrow V_1 < V_2$: es decir, el potencial final tiene que ser mayor que el inicial. Al cambiar de signo una inecuación, cambia su sentido.

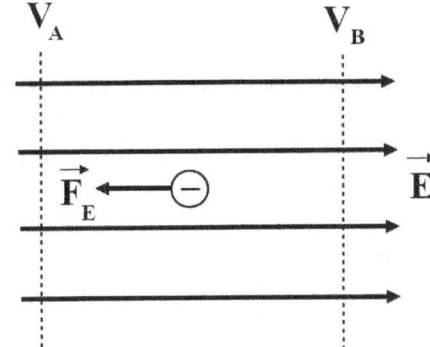

También puede demostrarse desde el punto de vista de la Dinámica. Una carga negativa en un campo eléctrico experimenta una fuerza: $\vec{F} = Q \cdot \vec{E}$. Al ser la carga negativa, la fuerza y el campo tienen sentidos opuestos. Según se aprecia en la figura, la carga negativa experimentará una fuerza hacia la izquierda, es decir, en el sentido de potenciales crecientes.

---

8) Discuta la veracidad de las siguientes afirmaciones: i) "Al analizar el movimiento de una partícula cargada positivamente en un campo eléctrico observamos que se desplaza espontáneamente hacia puntos de potencial mayor"; ii) "Dos esferas de igual carga se repelen con una fuerza F. Si duplicamos el valor de la carga de cada una de las esferas y también duplicamos la distancia entre ellas, el valor F de la fuerza no varía".

i) Falso. Las cargas positivas se desplazan espontáneamente a puntos de menor potencial. La única forma en la que una carga positiva podría moverse espontáneamente hacia potenciales mayores sería si tuviera una velocidad inicial en la dirección del campo y en sentido contrario.

El trabajo necesario para mover una carga espontáneamente desde un punto 1 a otro punto 2 debe ser positivo. Al ser: $W_{12} = Q \cdot (V_1 - V_2)$.
Como debe ser: $W_{12} > 0 \rightarrow Q \cdot (V_1 - V_2) > 0 \rightarrow$ Si $Q > 0 \rightarrow V_1 - V_2 > 0 \rightarrow V_1 > V_2$
Es decir, el potencial final es menor que el potencial inicial.
ii) Verdadero.
Las cargas se repelen con la fuerza eléctrica, dada por la ley de Coulomb: $F = K \cdot \dfrac{Q_1 \cdot Q_2}{r^2}$

- En las condiciones iniciales: $F_1 = K \cdot \dfrac{Q^2}{r^2}$
- En las nuevas condiciones: $F_2 = K \cdot \dfrac{(2 \cdot Q)^2}{(2 \cdot r)^2} = K \cdot \dfrac{4 \cdot Q^2}{4 \cdot r^2} = K \cdot \dfrac{Q^2}{r^2} = F_1$

---

9) a) Explique cómo se define el campo eléctrico creado por una carga puntual. b) Razone cuál es el valor del campo eléctrico en el punto medio entre dos cargas de valores q y -2q.

a) Se define como la perturbación del espacio creada por una carga eléctrica. También se define como la fuerza por unidad de carga positiva de prueba. Consideremos una carga puntual Q que crea un campo a su alrededor.

Cualquier carga de prueba, q, que pongamos a su alrededor sufrirá una fuerza electrostática dada por la ley de Coulomb: $\vec{F} = K \cdot \dfrac{Q \cdot q}{r^2} \cdot \vec{u}_r$. El módulo es siempre positivo: $F = K \cdot \dfrac{|Q \cdot q|}{r^2}$

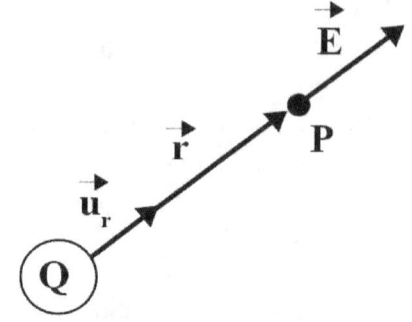

El campo eléctrico, $\vec{E}$, en un punto del espacio es la fuerza ejercida por unidad de carga q colocada en ese punto del espacio: $\vec{E} = \dfrac{\vec{F}}{q} = \dfrac{K \cdot \dfrac{Q \cdot q}{r^2}}{q} \cdot \vec{u}_r = K \cdot \dfrac{Q \cdot q}{r^2} \cdot \vec{u}_r$. El módulo es: $E = K \cdot \dfrac{Q \cdot q}{r^2}$

$\vec{r}$ es el vector de posición del punto P. $\vec{u}_r$ es el vector unitario en la dirección y en el sentido de $\vec{r}$. Si Q > 0, $\vec{r}$ y $\vec{u}_r$ tendrán la misma dirección y el mismo sentido. Si Q < 0, $\vec{r}$ y $\vec{u}_r$ tendrán la misma dirección y sentidos contrarios.

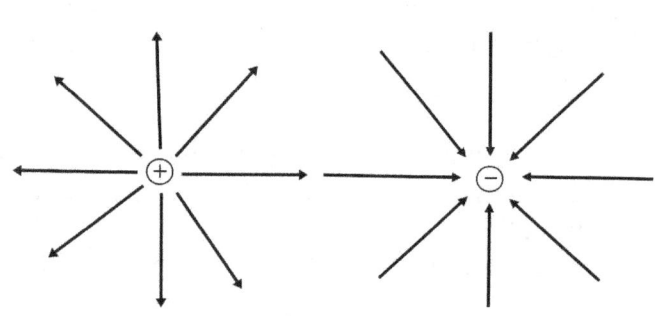

Líneas de campo · Gráfica de campo frente a distancia

ii) Al ser una magnitud vectorial y aplicando el principio de superposición: $\vec{E} = \vec{E}_1 + \vec{E}_2$.

Las cargas positivas son fuentes de campo (las líneas de campo se alejan de la carga) y las cargas negativas son sumideros de campo (las líneas de campo se acercan a la carga).

$\vec{E}_1 = K \cdot \dfrac{q}{(d_o/2)^2} \cdot \vec{i} = \dfrac{4 \cdot K \cdot q}{d_o^2} \cdot \vec{i}$

$\vec{E}_2 = K \cdot \dfrac{2 \cdot q}{(d_o/2)^2} \cdot \vec{i} = \dfrac{8 \cdot K \cdot q}{d_o^2} \cdot \vec{i}$

$\vec{E} = \vec{E}_1 + \vec{E}_2 = \dfrac{4 \cdot K \cdot q}{d_0^2} \cdot \vec{i} + \dfrac{8 \cdot K \cdot q}{d_0^2} \cdot \vec{i} = \dfrac{12 \cdot K \cdot q}{d_0^2} \cdot \vec{i}$

2016

10) a) Explique las características del campo eléctrico y por qué es un campo conservativo. b) Una partícula cargada penetra en un campo eléctrico con velocidad paralela al campo y en sentido contrario al mismo. Describa cómo influye el signo de la carga eléctrica en su trayectoria.

a) Se define como la perturbación del espacio creada por una carga eléctrica. También se define como la fuerza por unidad de carga positiva de prueba.
* Características del campo eléctrico:
    - Es una perturbación del espacio provocada por una carga.
    - Depende solamente de la carga que lo genera.
    - Es directamente proporcional a la carga e inversamente proporcional al cuadrado de la distancia.
    - Las cargas positivas son fuentes de campo (el campo se aleja de la carga) y las cargas negativas son sumideros de campo (el campo se acerca a la carga).
    - La intensidad del campo depende también del medio.
    - Es conservativo.
    - Su unidad en el SI es el $\frac{N}{C}$ o el $\frac{V}{m}$.

El campo eléctrico es conservativo porque el trabajo realizado por la fuerza eléctrica no depende de la trayectoria seguida, sino de las posiciones inicial y final.

b) Al ser: $\vec{F}=Q\cdot\vec{E}$, la fuerza sobre la partícula tendrá el mismo sentido que el campo si la carga es positiva y sentido contrario si la carga es negativa. La trayectoria en ambos casos será una línea recta. El movimiento será distinto: en una carga negativa, la carga experimentará un MRUA, movimiento acelerado; en una carga positiva, la carga experimentará un MRUR, se frenará, cambiará de sentido y experimentará un MRUA, movimiento acelerado.

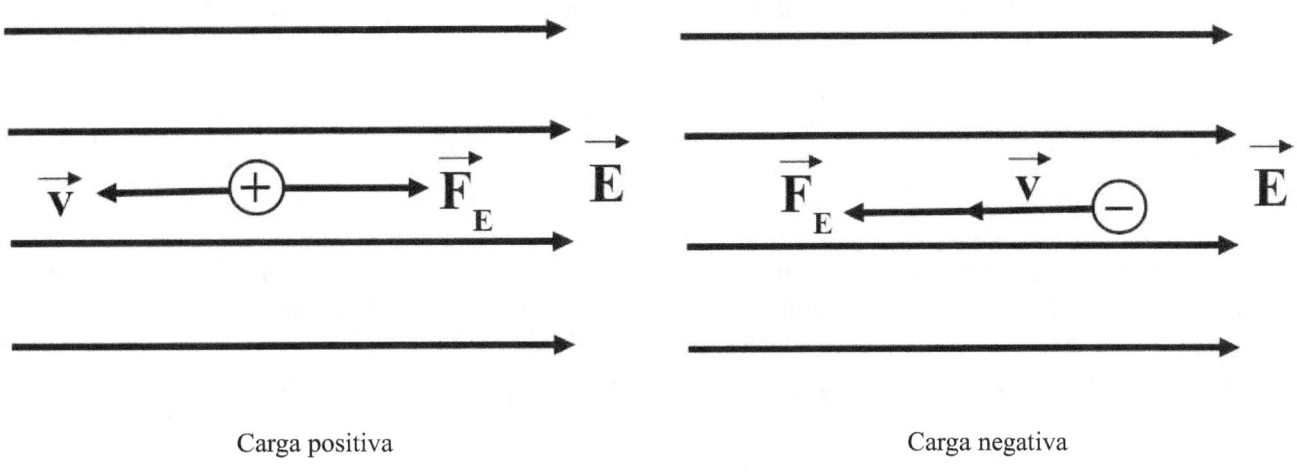

Carga positiva   Carga negativa

---

11) a) Defina las características del potencial eléctrico creado por una carga eléctrica puntual positiva. b) ¿Puede ser nulo el campo eléctrico en algún punto intermedio del segmento que une a dos cargas puntuales del mismo valor q? Razónelo en función del signo de las cargas.

a) El potencial eléctrico es la energía potencial eléctrica por unidad de carga que hay en un punto. Es una magnitud escalar. Su fórmula es:

$$V = \frac{Ep}{q} = K \cdot \frac{Q}{r}$$

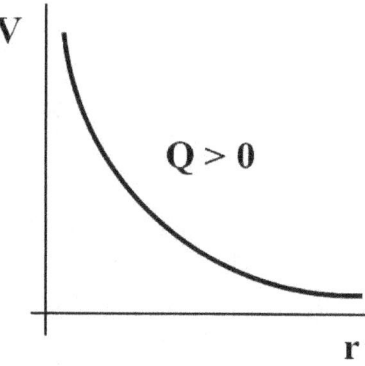

Características del potencial de una carga positiva:
- El potencial es positivo.
- Depende del medio.
- Disminuye con la distancia.
- A medida que crece el campo, el potencial disminuye.
- Es una magnitud escalar.
- Tiene valor cero en el infinito.
- Para traer la unidad de carga positiva desde fuera del campo hasta cualquier punto del campo, hay que realizar un trabajo en contra del campo.

b) Según el principio de superposición: $V = V_1 + V_2$. Para que el potencial total se anule, $V_1 = -V_2$. Ésto sólo puede ocurrir cuando las cargas sean de signos opuestos y las distancias iguales, es decir, justamente en el punto medio de la recta que los separa.

$$V = V_1 + V_2 = \frac{K \cdot q}{r_1} + \frac{K \cdot q}{r_2} = 0 \rightarrow \frac{K \cdot q}{r_1} = -\frac{K \cdot q}{r_2} \rightarrow \frac{q}{r_1} = -\frac{q}{r_2}$$

Si las dos cargas son del mismo módulo en valor absoluto, una debe ser positiva y la otra negativa.

En cuanto a las distancias: $r_1 = r_2 = \dfrac{d_0}{2}$

2015

12) a) Explique qué es una superficie equipotencial. ¿Qué forma tienen las superficies equipotenciales en el campo eléctrico de una carga puntual? Razone qué trabajo realiza la fuerza eléctrica sobre una carga que se desplaza por una superficie equipotencial. b) En una región del espacio existe un campo eléctrico uniforme. Si una carga negativa se mueve en el mismo sentido y dirección del campo, ¿aumenta o disminuye su energía potencial? ¿Y si la carga es positiva? Razone las respuestas.

a) Las superficies equipotenciales son superficies cuyos puntos tienen todos el mismo valor del potencial. En el caso de cargas puntuales, las superficies equipotenciales son esferas concéntricas.

* Trabajo necesario para mover una carga entre dos puntos:

$W_{AB} = -\Delta Ep = Ep_A - Ep_B = q \cdot (V_A - V_B)$

En una superficie equipotencial, $V_A = V_B$, luego el trabajo es nulo. Cuando una carga se mueve sobre una superficie equipotencial la fuerza electrostática no realiza trabajo, puesto que la ΔV es nula.

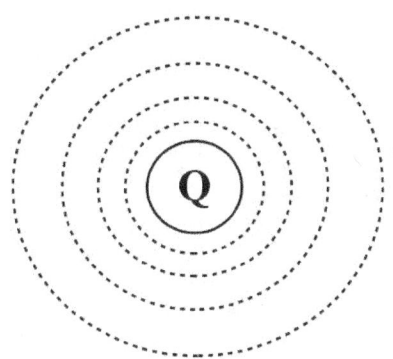

Por otra parte, para que el trabajo realizado por una fuerza sea nulo, ésta debe ser perpendicular al desplazamiento, por lo que el campo eléctrico (paralelo a la fuerza) es siempre perpendicular a las superficies equipotenciales:

$$W_{AB} = \int_A^B \vec{F} \cdot d\vec{L} = \int_A^B F \cdot dL \cdot \cos \alpha = 0 \rightarrow$$

$\rightarrow \vec{F}$ y $d\vec{L}$ son perpendiculares

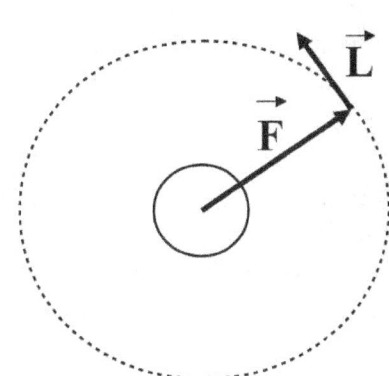

* Propiedades de las superficies equipotenciales:
  – El trabajo necesario para desplazar una carga de un punto a otro de una superficie equipotencial es nulo.
  – No se pueden cortar, pues eso significaría que habría algún punto con dos potenciales distintos.
  – Son perpendiculares a las líneas de campo.
  – Las superficies equipotenciales de dos cargas se deforman en la zona intermedia.

b) Si una carga negativa se mueve en la misma dirección y en el mismo sentido que el campo, se está frenando, pues está experimentando una fuerza eléctrica en sentido contrario: $\vec{F} = Q \cdot \vec{E}$. Si una carga positiva se mueve en la misma dirección y en el mismo sentido que el campo eléctrico, se está acelerando, pues está experimentando una fuerza eléctrica en el mismo sentido.

Como el campo eléctrico es conservativo, la energía mecánica se conserva. Esto significa que: $\Delta Ep = -\Delta Ec$. Es decir, si la Ep aumenta, la Ec disminuye y si la Ep disminuye, la Ec aumenta. La carga negativa disminuye su velocidad, disminuye su Ec y aumenta su energía potencial. La carga positiva aumenta su velocidad, aumenta su Ec y disminuye su Ep.

2014

13) a) Potencial electrostático de una carga puntual. b) Una partícula cargada negativamente pasa de un punto A, cuyo potencial es V_A, a otro B, cuyo potencial es $V_B < V_A$. Razone si la partícula gana o pierde energía potencial.

a) El potencial eléctrico es la energía potencial eléctrica por unidad de carga que hay en un punto. Es una magnitud escalar. Su fórmula es: $V = \dfrac{Ep}{r} = K \cdot \dfrac{Q}{r}$

El potencial en un punto A es el trabajo que realizan las fuerzas del campo para llevar a velocidad constante la unidad de carga positiva desde ese punto A hasta fuera del campo. El cero de potencial está en el infinito.

$$V_A = \dfrac{Ep}{r} = \dfrac{W_A{}^\infty}{q} = \int_A^\infty \dfrac{\vec{F}_E}{q} \cdot d\vec{r} = \int_A^\infty \dfrac{K \cdot Q}{r^2} \cdot dr = K \cdot Q \cdot \int_A^\infty \dfrac{dr}{r^2} = K \cdot Q \cdot \left[-\dfrac{1}{r}\right]_A^\infty =$$

$$= K \cdot Q \cdot \left(-\dfrac{1}{\infty} + \dfrac{1}{r_A}\right) = K \cdot \dfrac{Q}{r_A} = V_A$$

Características:
- Es positivo si la carga es positiva y negativo si la carga es negativa.
- Depende del medio.
- Si la carga es positiva, disminuye con la distancia; si la carga es negativa, aumenta con la distancia.
- Es una magnitud escalar.
- Tiene valor cero en el infinito.

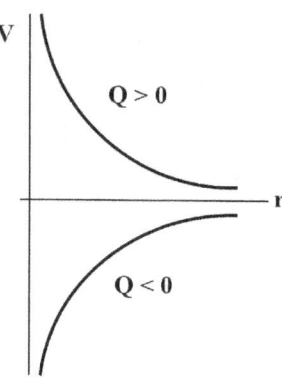

b) Las partículas negativas se mueven espontáneamente desde las zonas de menor a mayor potencial.
Demostración: $W_{12} = Q \cdot (V_1 - V_2)$.
Como debe ser: $W_{12} > 0 \rightarrow Q \cdot (V_1 - V_2) > 0 \rightarrow$ Si $Q < 0 \rightarrow V_1 - V_2 < 0 \rightarrow V_1 < V_2$

Hay dos posibilidades para que esto ocurra: i) o bien se le está aplicando una fuerza no conservativa que la mueve a potenciales menores ii) o bien la carga tenía una velocidad inicial en el sentido del campo. Suponiendo el segundo caso, la carga experimentará una fuerza eléctrica contraria a su movimiento, luego se irá frenando. Teniendo en cuenta que el campo eléctrico es conservativo y que la energía mecánica se conserva, si la velocidad disminuye, la energía cinética disminuye y la energía potencial aumenta.

---

14) Dos cargas eléctricas puntuales positivas están situadas en dos puntos A y B de una recta. ¿Puede ser nulo el campo eléctrico en algún punto de esa recta? ¿Y si una de las cargas fuera negativa? Razone las respuestas.

El campo eléctrico es una perturbación del espacio provocado por la presencia de una carga eléctrica. El campo eléctrico es una magnitud vectorial. Según el principio de superposición, los campos individuales se suman. Existen varias posibilidades:

- A la izquierda de Q_1: en esta zona el campo eléctrico neto no será nunca nulo, puesto que $\vec{E}_1$ y $\vec{E}_2$, tienen el mismo sentido, por lo que sus módulos se sumarán.

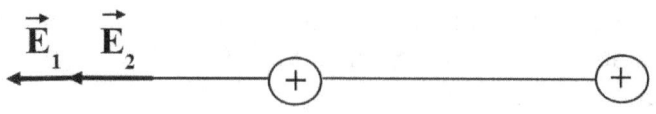

- Entre las dos cargas:

$$\vec{E} = \vec{E}_1 + \vec{E}_2 = 0 \rightarrow \frac{K \cdot Q_1}{(d_0-x)^2} \cdot \vec{i} - \frac{K \cdot Q_2}{x^2} \cdot \vec{i} = 0 \rightarrow$$

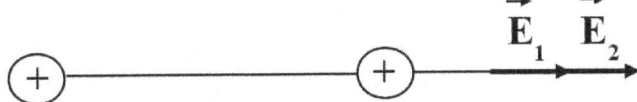

$$\rightarrow \frac{Q_1}{(d_0-x)^2} - \frac{Q_2}{x^2} = 0 \rightarrow \frac{Q_1}{(d_0-x)^2} = \frac{Q_2}{x^2} \rightarrow Q_1 \cdot x^2 = Q_2 \cdot (d_0-x)^2 \rightarrow \sqrt{Q_1} \cdot x = \sqrt{Q_2} \cdot (d_0-x) \rightarrow$$

$$\rightarrow \sqrt{Q_1} \cdot x = \sqrt{Q_2} \cdot d_0 - \sqrt{Q_2} \cdot x \rightarrow \sqrt{Q_1} \cdot x + \sqrt{Q_2} \cdot x = \sqrt{Q_2} \cdot d_0 \rightarrow x = \frac{\sqrt{Q_2} \cdot d_0}{\sqrt{Q_1} + \sqrt{Q_2}}$$

Si los módulos de las cargas fueran iguales, el punto sería justamente el centro.

- A la derecha de Q_2 : la circunstancia es la misma que a la izquierda de Q_1.

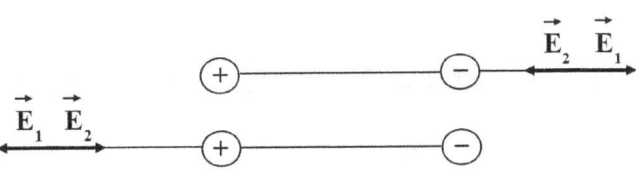

- Si una de las dos cargas fuera negativa, la única posibilidad para anularse el campo sería a la izquierda de ambas o a la derecha de ambas.

La carga más alejada tiene que ser mayor en valor absoluto que la carga más cercana para compensar el efecto de la mayor distancia.

$$\vec{E} = \vec{E}_1 + \vec{E}_2 = 0 \rightarrow \frac{K \cdot Q_1}{(d_0+x)^2} \cdot \vec{i} - \frac{K \cdot Q_2}{x^2} \cdot \vec{i} = 0 \rightarrow \frac{Q_1}{(d_0+x)^2} - \frac{Q_2}{x^2} = 0 \rightarrow \frac{Q_1}{(d_0+x)^2} = \frac{Q_2}{x^2} \rightarrow$$

$$\rightarrow Q_1 \cdot x^2 = Q_2 \cdot (d_0+x)^2 \rightarrow \sqrt{Q_1} \cdot x = \sqrt{Q_2} \cdot (d_0+x) \rightarrow \sqrt{Q_1} \cdot x = \sqrt{Q_2} \cdot d_0 + \sqrt{Q_2} \cdot x \rightarrow$$

$$\rightarrow \sqrt{Q_1} \cdot x - \sqrt{Q_2} \cdot x = \sqrt{Q_2} \cdot d_0 \rightarrow x = \frac{\sqrt{Q_2} \cdot d_0}{\sqrt{Q_1} - \sqrt{Q_2}}$$

2012

15) Campo electrostático de un conjunto de cargas puntuales.

Supongamos una zona del espacio en el que existen varias cargas puntuales. El campo eléctrico es la fuerza ejercida por unidad de carga. También se define como la perturbación producida en el espacio por una carga. El campo eléctrico es una magnitud vectorial y su módulo se calcula así: $E = K \cdot \frac{Q}{r^2}$

Según el principio de superposición, el efecto conjunto de varias cargas puntuales es igual a la suma de los efectos individuales. Aplicado al campo eléctrico:

$$\vec{E} = \sum \vec{E}_i = \vec{E}_1 + \vec{E}_2 + \vec{E}_3 + \ldots \quad ;$$

$$\vec{E} = K \cdot \frac{Q_1}{r_1^2} \cdot \vec{u}_{r1} + K \cdot \frac{Q_2}{r_2^2} \cdot \vec{u}_{r2} + K \cdot \frac{Q_3}{r_3^2} \cdot \vec{u}_{r3} + \ldots$$

siendo cada $\vec{u}_r$ el vector unitario en la dirección y en el sentido de cada vector $\vec{r}$. El vector $\vec{r}$ va desde cada carga hasta el punto P.

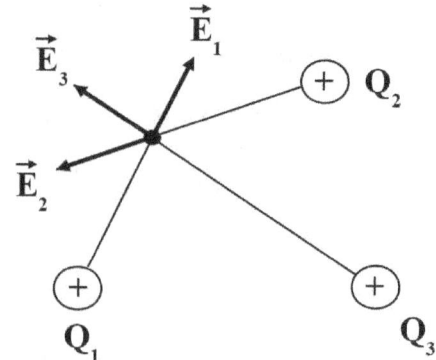

El sentido del vector campo depende del signo de la carga que lo produce. Las cargas positivas son fuentes de campo (las líneas de campo apuntan hacia afuera de la carga) y las cargas negativas son sumideros de campo (las líneas de campo apuntan hacia la carga).

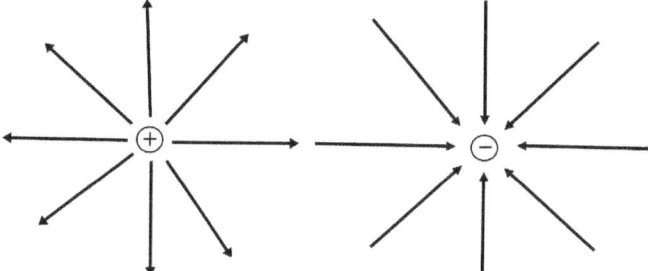

Las líneas de campo son tangentes al campo en cada punto.

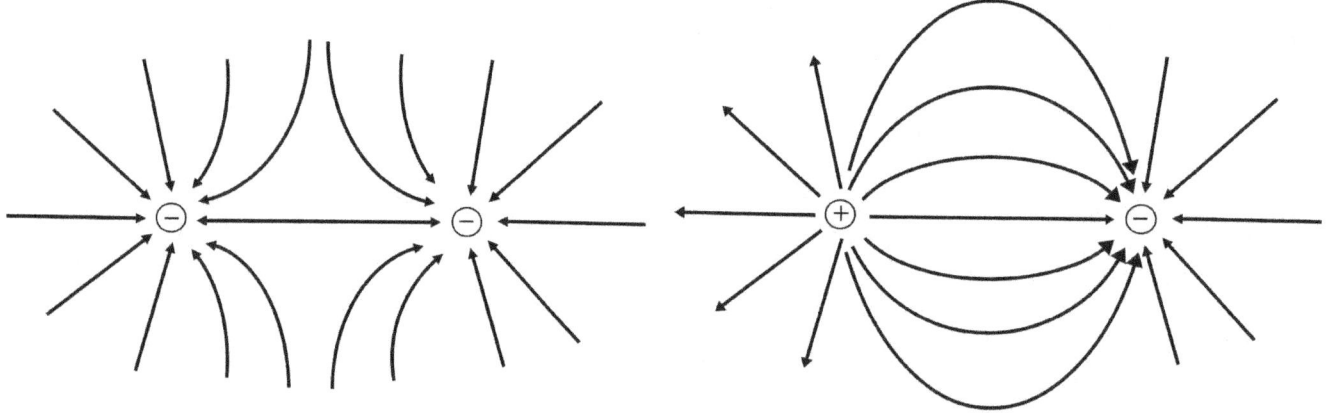

Líneas de campo. Cargas de igual signo

Líneas de campo. Cargas de signos opuestos

16) a) Enuncie la ley de Coulomb y comente su expresión. b) Dos cargas puntuales q y -q se encuentran sobre el eje X, en x = a y en x = - a, respectivamente. Escriba las expresiones del campo electrostático y del potencial electrostático en el origen de coordenadas.

a) Ley de Coulomb: $F = K \cdot \dfrac{Q_1 \cdot Q_2}{r^2}$, siendo:

  F: fuerza (N)

  K: constante electrostática = $9 \cdot 10^9 \ \dfrac{N \cdot m^2}{C^2}$

  Q_1, Q_2 : cargas (C)
  r distancia entre las cargas (m)

La fuerza con la que se atraen o se repelen dos cargas es directamente proporcional al producto de sus cargas e inversamente proporcional a la distancia que las separa. La constante K es una constante que depende del medio; no es igual en el aire que en el agua, que en el vacío, etc. Las características de la interacción electrostática son:
- Es directamente proporcional al producto de las cargas.
- Es inversamente proporcional al cuadrado de la distancia que separa las cargas.
- Afecta a cuerpos con carga eléctrica. La carga puede ser positiva o negativa.
- Las cargas de signos opuestos se atraen y las de igual signo se repelen.
- Es de largo alcance, llega hasta el infinito.
- Es una interacción fuerte. Su constante es: $K = 9 \cdot 10^9 \ \dfrac{N \cdot m^2}{C^2}$
- Su intensidad depende del medio en el que estén las cargas.

b) Según el principio de superposición, el efecto conjunto de varias cargas es la suma de los efectos individuales:

$$\vec{E} = \sum \vec{E}_i = \vec{E}_1 + \vec{E}_2$$

$$V = \sum V_i = V_1 + V_2$$

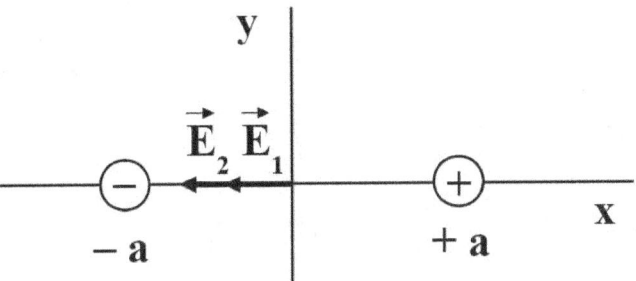

$$\vec{E} = \vec{E}_1 + \vec{E}_2 = -K \cdot \dfrac{q}{a^2} \cdot \vec{i} - K \cdot \dfrac{q}{a^2} \cdot \vec{i} = -\dfrac{2 \cdot K \cdot q}{a^2} \cdot \vec{i} \quad ; \quad V = V_1 + V_2 = K \cdot \dfrac{r}{a} - K \cdot \dfrac{q}{a} = 0$$

El campo es un vector y el potencial es un escalar. Los dos vectores campo se dirigen hacia la derecha. El potencial total se anula porque las cargas son de igual módulo y de signos opuestos y las distancias son iguales.

---

17) Si se conoce el potencial electrostático en un solo punto, ¿se puede determinar el campo eléctrico en dicho punto? Razone la respuesta.

Se puede en algunos casos. La dificultad principal radica en que el campo es una magnitud vectorial y el potencial es una magnitud escalar.
* Energía potencial para trasladar una carga q desde un punto A hasta un punto B de un campo eléctrico en contra de las fuerzas del campo es:

$$\Delta E p = -W_{AB} = -\int_A^B \vec{F} \cdot d\vec{L} = -\int_A^B q \cdot \vec{E} \cdot d\vec{L}$$

* Diferencia de potencial: $V_A - V_B = \dfrac{\Delta Ep}{q} = -\int_A^B \vec{E} \cdot d\vec{L} = -\int_A^B E \cdot dL \cdot \cos\alpha$

En forma diferencial: $dV = -\vec{E} \cdot d\vec{L} = -E \cdot dL \cdot \cos\alpha$

* Relación entre el campo y el potencial: $E \cdot \cos\alpha = -\dfrac{dV}{dL}$

α es el ángulo entre el vector campo y el desplazamiento. El signo menos de la derivada indica que, cuando aumenta el desplazamiento, el potencial disminuye.

Si conocemos la relación del potencial con el desplazamiento, podemos conocer la relación entre el potencial y el campo. Por ejemplo: en un campo eléctrico uniforme. La diferencia de potencial entre dos superficies equipotenciales separadas por una distancia L es el trabajo necesario para trasladar una carga de + 1 C de una superficie a otra: $V_1 - V_2 = E \cdot L \rightarrow E = \dfrac{V_1 - V_2}{L}$

2011

18) En una región del espacio existe un campo electrostático generado por una carga puntual negativa, q. Dados dos puntos, A más cercano a la carga y B más alejado de la carga, razone si el potencial en B es mayor o menor que en A.

El potencial electrostático en un punto es la energía potencial electrostática por unidad de carga. Su expresión es: $V = K \cdot \dfrac{q}{r}$

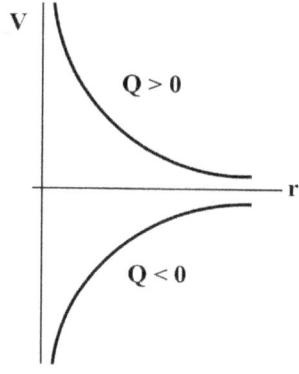

La gráfica del potencial con la distancia es la de la derecha. Esto significa que, si la carga es negativa, el potencial aumenta con la distancia, pues el signo del cociente es negativo. El potencial en B es mayor que en A, pues la distancia a la carga es mayor.

De forma analítica: $V_A = K \cdot \dfrac{q}{r_A}$; $V_B = K \cdot \dfrac{q}{r_B}$

Las cargas negativas se pueden escribir así: $-|q|$. Luego:

$V_A = -K \cdot \dfrac{|q|}{r_A}$; $V_B = -K \cdot \dfrac{|q|}{r_B}$ $\rightarrow$ $r_A = \dfrac{-K \cdot |q|}{V_A}$; $r_B = \dfrac{-K \cdot |q|}{V_B}$

Al estar A más cerca que B: $r_A < r_B \rightarrow \dfrac{-K \cdot |q|}{V_A} < \dfrac{-K \cdot |q|}{V_B} \rightarrow -\dfrac{1}{V_A} < -\dfrac{1}{V_B} \rightarrow$

$\rightarrow \dfrac{1}{V_A} > \dfrac{1}{V_B} \rightarrow V_B > V_A$

Al cambiar el signo de una inecuación, cambia el sentido de la inecuación.

19) Cuando una partícula cargada se mueve en la dirección y sentido de un campo eléctrico, aumenta su energía potencial. Razone qué signo tiene la carga de la partícula.

Una carga en el seno de un campo eléctrico experimenta una fuerza dada por: $\vec{F}=Q\cdot\vec{E}$. Si la carga es positiva, la fuerza y el campo tienen el mismo sentido. Si la carga es negativa, la fuerza y el campo tienen sentidos opuestos.

Si la carga fuera positiva, al tener la fuerza el mismo sentido que el campo, aumentaría su velocidad y su energía cinética. Como el campo electrostático es conservativo, la energía mecánica se conserva. Esto significa que, si la energía cinética aumenta, la energía potencial disminuye.

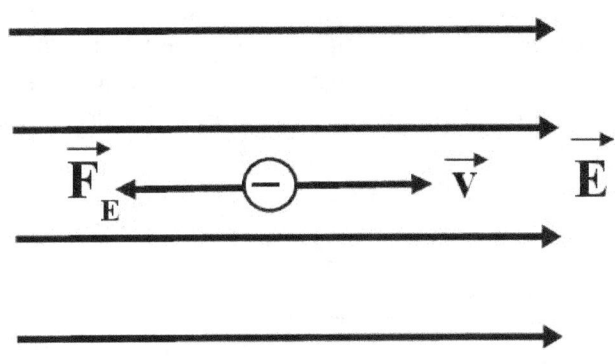

Como en nuestro caso la energía potencial disminuye, esto significa que se trata de una carga negativa y que la energía cinética disminuye.

2010

20) Una partícula cargada se mueve espontáneamente hacia puntos en los que el potencial electrostático es mayor. Razone si, de ese comportamiento, puede deducirse el signo de la carga.

Sí que puede deducirse. Las cargas positivas se mueven espontáneamente desde las zonas de mayor a las de menor potencial. Las cargas negativas se mueven espontáneamente desde las zonas de menor a las de mayor potencial. Por lo tanto, la carga de nuestro problema tiene signo negativo.
Demostración: para que el proceso sea espontáneo, el trabajo eléctrico realizado debe ser positivo. Por lo tanto:
* Cargas positivas: $W_{12} = Q\cdot(V_1 - V_2) > 0$; $Q > 0$ → $V_1 - V_2 > 0$ → $V_1 > V_2$: es decir, el potencial final tiene que ser menor que el inicial.
* Cargas negativas: $W_{12} = Q\cdot(V_1 - V_2) > 0$; $Q < 0$.
Podemos escribir una carga negativa así: $Q = -|Q|$. Luego: $Q\cdot(V_1 - V_2) = -|Q|\cdot(V_1 - V_2) > 0$ →
→ $-(V_1 - V_2) > \dfrac{0}{|Q|} = 0$ → $V_1 - V_2 < 0$ → $V_1 < V_2$: es decir, el potencial final tiene que ser mayor que el inicial. Al cambiar de signo una inecuación, cambia su sentido.

2009

21) Razone si puede ser distinto de cero el potencial eléctrico en un punto en el que el campo eléctrico es nulo.

Sí, puede serlo. El campo eléctrico es un vector y el potencial es un escalar. Aunque sus expresiones son parecidas: $E = K\cdot\dfrac{Q}{r^2}$; $V = K\cdot\dfrac{Q}{r}$, el que una valga cero no significa que también lo valga la otra. Según el principio de superposición, el efecto conjunto de varias cargas es la suma de los efectos individuales: $\vec{E}=\sum \vec{E}_i=\vec{E}_1+\vec{E}_2$; $V=\sum V_i=V_1+V_2$

El campo eléctrico es nulo cuando la suma vectorial de todos los vectores campo es cero. El potencial es cero cuando se compensa el potencial creado por una carga con el creado por otra, sin vectores.

Por ejemplo: el campo eléctrico en la mitad del segmento entre dos cargas positivas iguales es nulo, pero el potencial es el doble del de uno de ellos.

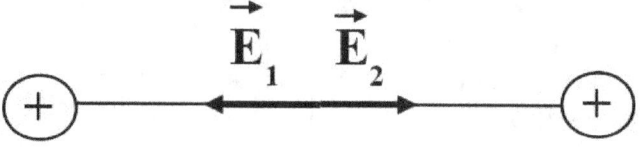

$$\vec{E}=\vec{E}_1+\vec{E}_2=0 \quad ; \quad V = K \cdot \frac{Q}{d_0/2} + \frac{Q}{d_0/2} = \frac{2 \cdot K \cdot Q}{d_0} + \frac{2 \cdot K \cdot Q}{d_0} = \frac{4 \cdot K \cdot Q}{d_0}$$

---

22) Dos cargas $+q_1$ y $-q_2$ están situadas en dos puntos de un plano. Explique, con ayuda de una gráfica, en qué posición habría que colocar una tercera carga, $+q_3$, para que estuviera en equilibrio.

Según la primera ley de Newton, el sistema estaría en equilibrio cuando la resultante de fuerzas del sistema fuera nulo. Las cargas de igual signo se repelen y las de signos opuestos se atraen. Existen dos posibilidades para que el sistema esté en equilibrio: que la carga q_3 se sitúe a la izquierda de las dos cargas o a la derecha de las dos cargas:

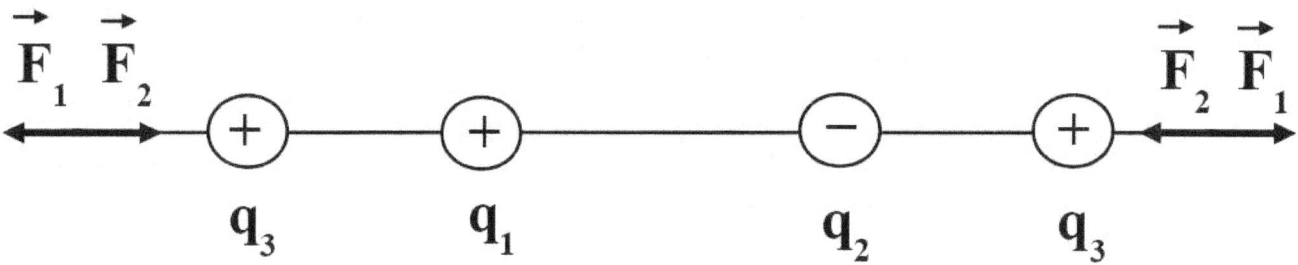

$\vec{F}=\vec{F}_1+\vec{F}_2=0 \quad \rightarrow \quad \vec{F}_1=-\vec{F}_2$. El efecto de la carga mayor tiene que compensar el efecto de la mayor distancia. Luego:
* El sistema estará en equilibrio en un punto a la izquierda de las dos cargas si: $q_2 > q_1$ y $r_2 > r_1$.
* El sistema estará en equilibrio en un punto a la derecha de las dos cargas si: $q_2 < q_1$ y $r_2 < r_1$.

De esta forma: $K \cdot \dfrac{q_1 \cdot q_3}{r_1^2} = K \cdot \dfrac{q_2 \cdot q_3}{r_2^2} \quad \rightarrow \quad \dfrac{q_1}{r_1^2} = \dfrac{q_2}{r_2^2}$

2007

23) Explique las analogías y diferencias entre el campo eléctrico creado por una carga puntual y el campo gravitatorio creado por una masa puntual, en relación con su origen, intensidad relativa, dirección y sentido.

Campo eléctrico	Campo gravitatorio
Es radial	Es radial
Es fuerte	Es débil
Va hacia afuera en las cargas positivas y hacia adentro en las cargas negativas	Va siempre en el sentido de la masa
Depende del medio físico	No depende del medio físico
Su intensidad disminuye con el cuadrado de la distancia	Su intensidad disminuye con el cuadrado de la distancia
Las superficies equipotenciales son esferas	Las superficies equipotenciales son esferas

2006

24) Los puntos A y B pertenecen a una misma superficie equipotencial. ¿Se realiza trabajo al trasladar una carga (positiva o negativa) desde A a B? Justifique la respuesta.

No, no se realiza trabajo. Las superficies equipotenciales son aquellas que unen puntos con igual potencial. En el caso de campos creados por cargas puntuales, las superficies equipotenciales son esferas concéntricas.

Podemos demostrar que el trabajo es nulo de dos formas distintas pero equivalentes:

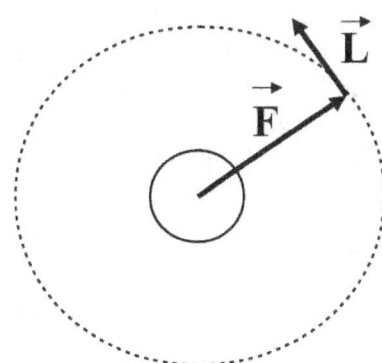

* Primer método: trabajo necesario para mover una carga entre dos puntos:
$$W_{AB} = -\Delta Ep = Ep_A - Ep_B = q \cdot (V_A - V_B)$$
En una superficie equipotencial, $V_A = V_B$, luego el trabajo es nulo. Cuando una carga se mueve sobre una superficie equipotencial la fuerza electrostática no realiza trabajo, puesto que la ΔV es nula.

* Segundo método: trabajo realizado por una fuerza F: $W_{AB} = \int_A^B \vec{F} \cdot d\vec{L} = \int_A^B F \cdot dL \cdot \cos\alpha$

Como $\vec{F}$ y $d\vec{L}$ son perpendiculares, la fuerza F no realiza trabajo y $W_{AB} = 0$.

Cuestiones de la ponencia de Física

25) Energía potencial electrostática de una carga en presencia de otra.

La energía potencial electrostática es la energía que almacena una carga en función de su posición en un campo electrostático. Coincide con el trabajo que tienen que realizar las fuerzas del campo para llevar esas cargas desde la distancia a la que están hasta el infinito a velocidad constante.

$$\Delta Ep = -W_{AB} = -\int_A^B \vec{F}\cdot d\vec{r} = -\int_A^B \frac{K\cdot Q_1 \cdot Q_2}{r^2}\cdot \vec{u}_r \cdot dr \cdot \vec{u}_r = -K\cdot Q_1 \cdot Q_2 \cdot \int_A^B \frac{dr}{r^2} =$$

$$= -K\cdot Q_1 \cdot Q_2 \cdot \left[\frac{-1}{r}\right]_a^b = \frac{K\cdot Q_1 \cdot Q_2}{r_B} - \frac{K\cdot Q_1 \cdot Q_2}{r_A}$$

Si tomamos como referencia el infinito, donde la energía potencial vale cero:

$$Ep_A = 0 \rightarrow Ep = \frac{K\cdot Q_1 \cdot Q_2}{r_B}$$

La energía potencial se mide en julios y su signo depende de los signos de Q_1 y Q_2.

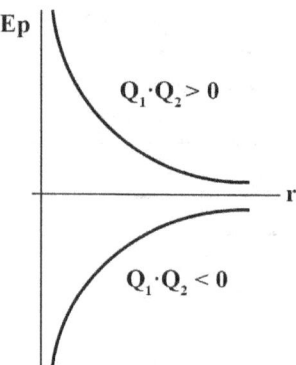

Si las dos cargas tienen el mismo signo, la energía potencial es positiva. El trabajo sería negativo. Para aproximar cargas del mismo signo hace falta una fuerza externa. Si las dos cargas tienen signo opuesto, la energía potencial es negativa. El trabajo sería positivo. Las fuerzas del campo pueden aproximar espontáneamente las cargas de signos opuestos, lo que supone una disminución de la energía potencial del sistema.

La energía potencial de un sistema de cargas viene dada por el principio de superposición:

$$Ep_T = Ep_1 + Ep_2 + Ep_3 + ...$$

---

26) Una partícula se encuentra en reposo en el punto (0,0) y se aplica un campo eléctrico uniforme dirigido: a) En el sentido positivo del eje X. b) En el sentido negativo del eje X. c) En el sentido positivo del eje Y. d) En el sentido negativo del eje Y. Describa la trayectoria seguida por la partícula y el tipo de movimiento. Exprese si aumenta o disminuye la energía potencial de la partícula en dicho desplazamiento.

* Relación entre la fuerza y el campo: $\vec{F} = Q\cdot\vec{E}$

Como parte del reposo, la partícula irá en la dirección y sentido de la fuerza. Si la partícula es positiva, el campo y la fuerza tienen la misma dirección y el mismo sentido. Si la partícula es negativa, el campo y la fuerza tienen sentidos opuestos. Como en todos los casos se parte del reposo, el movimiento será acelerado al aplicarle una fuerza (2ª ley de Newton). Como el campo eléctrico es conservativo, la energía mecánica permanece constante, luego: $\Delta Ep = -\Delta Ec$. Si la energía potencial aumenta, la cinética disminuye y al contrario.

Partícula	Dirección de E	Dirección de F	Trayectoria	Movimiento	Ec	Ep
a) Positiva	Derecha	Derecha	Recta hacia la derecha	Acelerado	Aumenta	Disminuye
a) Negativa	Derecha	Izquierda	Recta hacia la izquierda	Acelerado	Aumenta	Disminuye
b) Positiva	Izquierda	Izquierda	Recta hacia la izquierda	Acelerado	Aumenta	Disminuye
b) Negativa	Izquierda	Derecha	Recta hacia la derecha	Acelerado	Aumenta	Disminuye
c) Positiva	Arriba	Arriba	Recta hacia arriba	Acelerado	Aumenta	Disminuye
c) Negativa	Arriba	Abajo	Recta hacia abajo	Acelerado	Aumenta	Disminuye
d) Positiva	Abajo	Abajo	Recta hacia abajo	Acelerado	Aumenta	Disminuye
d) Negativa	Abajo	Arriba	Recta hacia arriba	Acelerado	Aumenta	Disminuye

27) Una partícula cargada penetra en un campo eléctrico con una velocidad inicial. Indica la trayectoria, el tipo de movimiento y si las energías potencial aumentan o disminuyen dependiendo de si la partícula es positiva o negativa y si el ángulo con el que penetra en el campo es de 0º o 90º.

Partícula	Dirección de v_0	Dirección de E	Dirección de F	Trayectoria	Movimiento	Ec	Ep
Positiva	Derecha	Derecha	Derecha	Recta hacia la derecha	Acelerado	Aumenta	Disminuye
Negativa	Derecha	Derecha	Izquierda	Recta hacia la derecha y después a la izquierda	Frena y después, acelera	Disminuye y aumenta	Aumenta y disminuye
Positiva	Izquierda	Derecha	Derecha	Recta hacia la izquierda y después a la derecha	Frena y después, acelera	Disminuye y aumenta	Aumenta y disminuye
Negativa	Izquierda	Derecha	Izquierda	Recta hacia la izquierda	Acelerado	Aumenta	Disminuye
Positiva	Arriba	Derecha	Derecha	Parábola hacia arriba a la derecha	Acelerado	Aumenta	Disminuye

Negativa	Arriba	Derecha	Izquierda	Parábola hacia arriba a la izquierda	Acelerado	Aumenta	Disminuye
Positiva	Abajo	Derecha	Derecha	Parábola hacia abajo a la derecha	Acelerado	Aumenta	Disminuye
Negativa	Abajo	Derecha	Izquierda	Parábola hacia abajo a la izquierda	Acelerado	Aumenta	Disminuye

---

28) Justifique razonadamente, con la ayuda de un esquema, qué tipo de movimiento efectúan un protón y un neutrón, si penetran con una velocidad **v₀** en una región en la que existe un campo eléctrico uniforme de la misma dirección y sentido contrario que la velocidad **v₀**.

- Neutrón: el neutrón no se verá afectado por la presencia de un campo eléctrico, pues no tiene carga. El neutrón continuará en línea recta con la dirección y sentido de $\vec{v}_0$

- Protón: * Fuerza a la que estará sometido el protón: $\vec{F} = Q \cdot \vec{E} = Q \cdot E \cdot \vec{i}$
* Velocidad inicial: $\vec{v}_0 = -v_0 \cdot \vec{i}$

La fuerza provoca una desaceleración o frenado de la partícula.

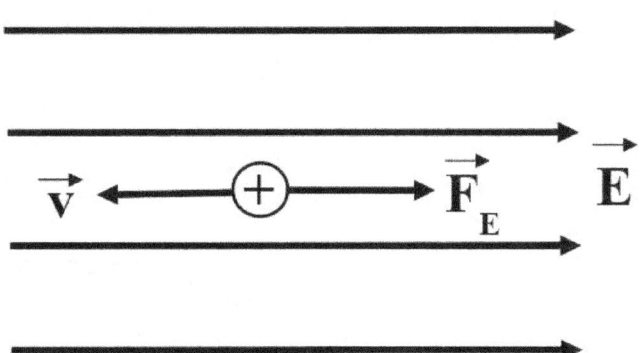

* Aceleración de frenado:

$$\left. \begin{array}{r} \vec{F} = m \cdot \vec{a} \\ \vec{F} = Q \cdot E \cdot \vec{i} \end{array} \right\} \quad m \cdot \vec{a} = Q \cdot E \cdot \vec{i} \quad ; \quad \vec{a} = \frac{Q \cdot E}{m} \cdot \vec{i}$$

* Ecuación del movimiento: $\vec{x} = x_0 \cdot \vec{i} - v_o \cdot t \cdot \vec{i} + \frac{Q \cdot E}{2 \cdot m} \cdot t^2 \cdot \vec{i}$

* Ecuación de la velocidad: $\vec{v} = \left(-v_0 + \frac{Q \cdot E}{m} \cdot t \right) \cdot \vec{i}$

La ecuación de movimiento corresponde a una trayectoria recta y a un movimiento desacelerado.

29) Una partícula cargada penetra en un campo eléctrico uniforme con una velocidad perpendicular al campo. Describa la trayectoria seguida por la partícula y explique cómo cambia su energía.

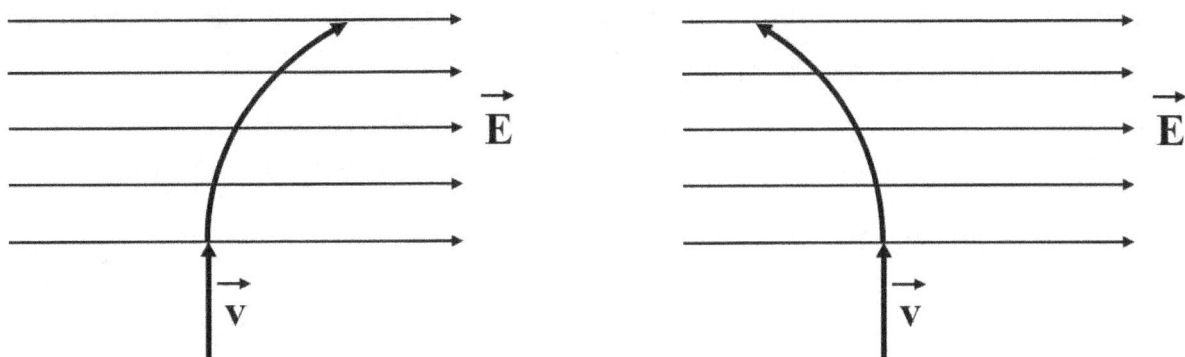

Partícula positiva   Partícula negativa

Cuando una partícula cargada penetra en una región en la que existe un campo eléctrico, experimenta una fuerza que viene dada por la ecuación fundamental de la electrostática: $\vec{F}=Q\cdot\vec{E}$. Según la segunda ley de Newton, a toda fuerza le corresponde una aceleración con la misma dirección y el mismo sentido que la fuerza. Si la carga es positiva, la fuerza lleva la misma dirección y el mismo sentido que el campo. Si la carga es negativa, la fuerza lleva la misma dirección y sentido contrario que el campo.

Si la partícula cargada entra en dirección perpendicular al campo, la aceleración se produce en dirección perpendicular a la velocidad, lo que da lugar a un movimiento parabólico parecido al que se da en un lanzamiento horizontal, si bien el sentido del movimiento dependerá del signo de la carga como ya hemos dicho antes.

---

30) Un electrón, un protón y un neutrón penetran en una zona del espacio en la que existe un campo eléctrico uniforme perpendicular a la velocidad inicial de las partículas. Dibuje la trayectoria que seguiría cada una de las partículas y escriba los vectores de posición de cada uno.

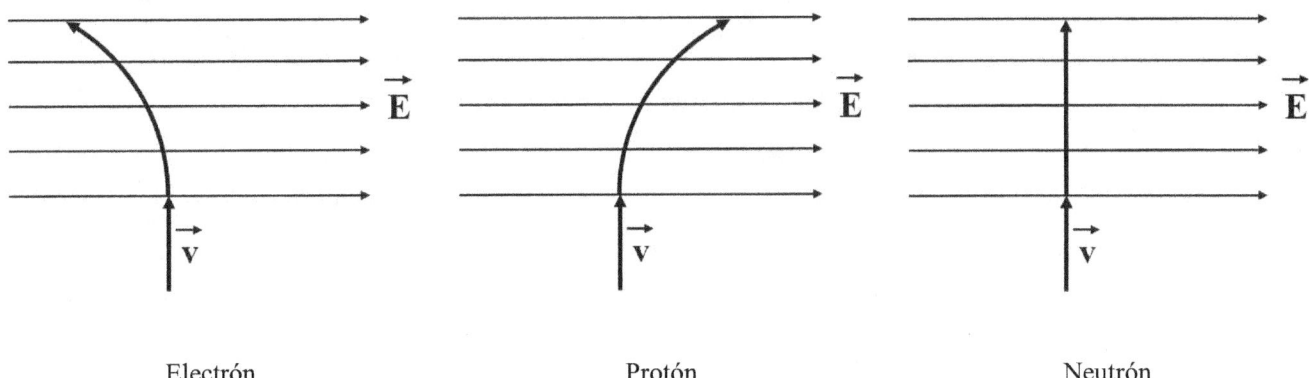

Electrón   Protón   Neutrón

* Relación entre el campo y la fuerza: $\vec{F}=Q\cdot\vec{E}$

La fuerza y el campo tienen la misma dirección y el mismo sentido si la carga es positiva. La fuerza y el campo tienen la misma dirección pero sentidos opuestos si la carga es negativa. Vamos a suponer que el campo va dirigido de izquierda a derecha y que la partícula avanza de arriba a abajo.

* Neutrón: el neutrón sigue una línea recta sin alterar ni su velocidad ni su trayectoria por la presencia de un campo eléctrico. Los campos eléctricos no afectan a las partículas sin carga.

Su vector de posición será: $\vec{r} = v_0 \cdot t \cdot \vec{j}$

* Protón: el protón es una partícula positiva y experimentará una fuerza en el mismo sentido que el campo, es decir, hacia la derecha. Esto provocará una trayectoria parabólica hacia la derecha.

Su vector de posición será: $\vec{r} = \dfrac{Q \cdot E}{2 \cdot m} \cdot t^2 \cdot \vec{i} + v_0 \cdot t \cdot \vec{j}$

* Electrón: el electrón es una partícula negativa y experimentará una fuerza en sentido contrario al campo, es decir, hacia la izquierda. Esto provocará una trayectoria parabólica hacia la izquierda.

Su vector de posición será: $\vec{r} = -\dfrac{Q \cdot E}{2 \cdot m} \cdot t^2 \cdot \vec{i} + v_0 \cdot t \cdot \vec{j}$

CUESTIONES DE CAMPO MAGNÉTICO

2018

1) Un electrón se mueve con un movimiento rectilíneo uniforme por una región del espacio en la que existen un campo eléctrico y un campo magnético. Justifique cual deberá ser la dirección y sentido de ambos campos y deduzca la relación entre sus módulos. ¿Qué cambiaría si la partícula fuese un protón?

Ley de Lorentz: cuando una partícula cargada se mueve en el interior de un campo magnético, experimentará una fuerza dada por:
$$\vec{F} = Q \cdot \vec{v} \times \vec{B}$$
Los vectores $\vec{F}, \vec{v}$ y $\vec{B}$ son perpendiculares entre sí.

Según la primera ley de Newton, para que un cuerpo tenga movimiento rectilíneo uniforme la resultante de las fuerzas debe valer cero:
$$\vec{F}_m + \vec{F}_E = 0 \rightarrow \vec{F}_m = -\vec{F}_E \rightarrow$$

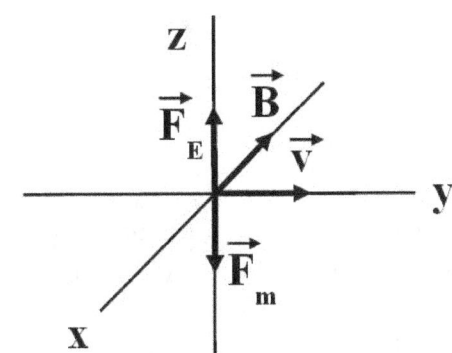

$\rightarrow F_m = F_E \rightarrow Q \cdot v \cdot B \cdot \text{sen } \alpha = Q \cdot E \rightarrow \dfrac{E}{B} = v \cdot \text{sen } \alpha = v \cdot \text{sen } 90º = v$

En el caso de un protón, la relación entre los módulos debe ser la misma. Lo que cambia en la figura es el sentido del vector B, que tiene que ser justamente el opuesto. Todos los demás vectores tienen la misma dirección y sentido que en la figura de arriba.

---

2) Razone si cuando se sitúa una espira circular de radio fijo, en reposo, en el seno de un campo magnético variable con el tiempo siempre se induce una fuerza electromotriz.

Sí, se induce siempre una fuerza electromotriz. Ley de Faraday-Lenz: la corriente inducida en un circuito es originada por la variación del flujo magnético que atraviesa dicho circuito. Su sentido es tal que se opone a dicha variación. Expresiones: $\Phi = \vec{B} \cdot \vec{S} = B \cdot S \cdot \cos\alpha$; $\epsilon = -\dfrac{d\Phi}{dt}$. Para que exista una fuerza electromotriz inducida, tiene que haber un cambio en el flujo magnético, ya sea para aumentar o para disminuir.

Este cambio puede producirse modificando el campo B, la superficie S o el ángulo α entre los vectores $\vec{B}$ y $\vec{S}$. Si el campo es siempre variable, siempre se inducirá una fuerza electromotriz. El sentido de la corriente dependerá de hacia dónde se dirija la $\vec{B}_{ind.}$. Se le aplica la regla de la mano derecha, apuntando el pulgar a la $\vec{B}_{ind.}$ y los demás dedos al sentido de la corriente.

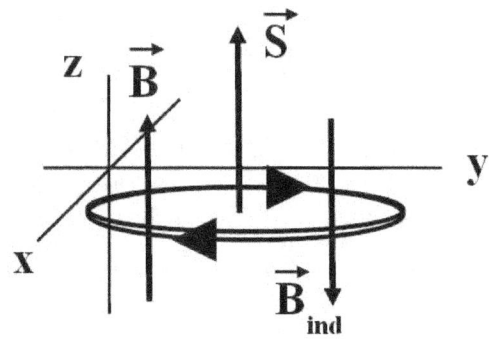 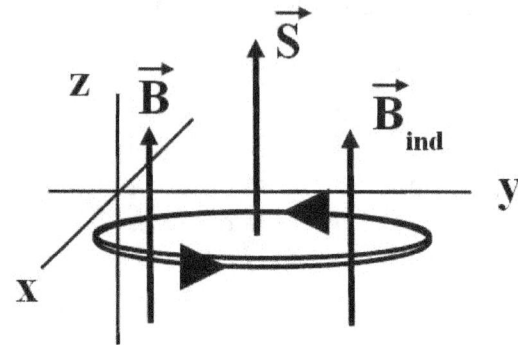

El flujo aumenta — El flujo disminuye

Hay que averiguar si el flujo aumenta o disminuye; a partir de esto, se deduce el sentido de la $\vec{B}_{ind}$ y, mediante la regla de la mano derecha, deducimos el sentido de la corriente. Si el flujo aumenta, $\vec{B}$ y $\vec{B}_{ind}$ tienen sentidos opuestos. Si el flujo disminuye, $\vec{B}$ y $\vec{B}_{ind}$ tienen el mismo sentido.

---

3) Un protón y una partícula alfa se mueven en el seno de un campo magnético uniforme describiendo trayectorias circulares idénticas. ¿Qué relación existe entre sus velocidades, sabiendo que $m_a = 4\, m_p$ y $q_a = 2\, q_p$?

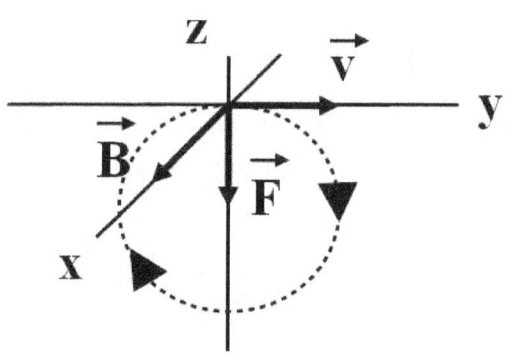

Según la ley de Lorentz, cuando una partícula cargada se mueve en el interior de un campo magnético, experimentará una fuerza dada por: $\vec{F} = Q \cdot \vec{v} \times \vec{B}$. La fuerza magnética actúa como fuerza centrípeta, luego: $\sum \vec{F} = m \cdot \vec{a}$ →

→ $F_m = F_C$ → $Q \cdot v \cdot B \cdot \text{sen}\, \alpha = \dfrac{m \cdot v^2}{r}$ →

→ $Q \cdot B \cdot \text{sen}\, \alpha = \dfrac{m \cdot v}{r}$ → $v = \dfrac{Q \cdot B \cdot \text{sen}\, \alpha \cdot r}{m}$

* Para el protón: $v_p = \dfrac{Q \cdot B \cdot \text{sen}\, \alpha \cdot r}{m_p}$ * Para la partícula alfa: $v_a = \dfrac{Q \cdot B \cdot \text{sen}\, \alpha \cdot r}{m_a}$

$\dfrac{v_p}{v_a} = \dfrac{\dfrac{q_p \cdot B \cdot \text{sen}\, \alpha \cdot r}{m_p}}{\dfrac{q_a \cdot B \cdot \text{sen}\, \alpha \cdot r}{m_a}} = \dfrac{q_p \cdot m_a}{q_a \cdot m_p} = \dfrac{q_p \cdot 4 \cdot m_p}{2 \cdot q_p \cdot m_p} = 2$: la relación entre las velocidades es el doble.

---

4) a) Explique las características de la fuerza magnética entre dos corrientes paralelas, rectilíneas e infinitas. b) Utilice la fuerza entre dos corrientes paralelas para definir la unidad de intensidad de corriente en el Sistema Internacional.

a)

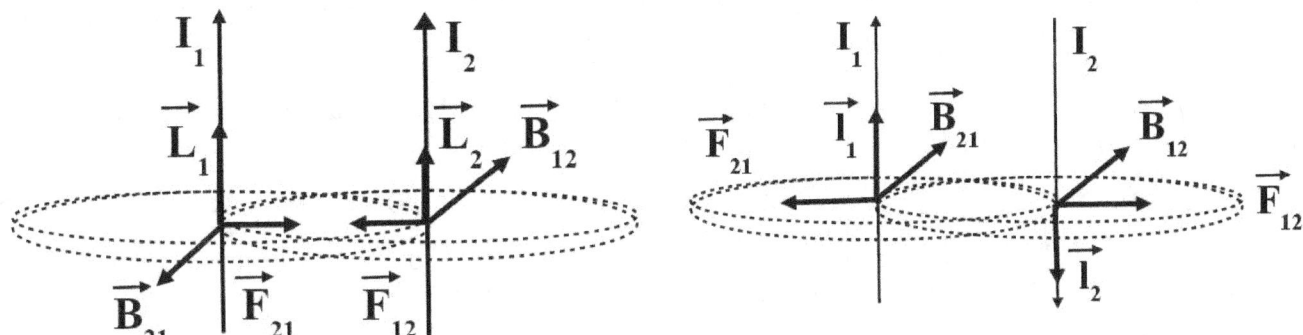

        Corrientes del mismo sentido   Corrientes de sentidos contrarios

Supongamos dos conductores rectilíneos paralelos, separados una distancia d, por los que circulan las corrientes I_1 e I_2. Cada conductor creará un campo a su alrededor dado por la expresión de Biot y Savart: $B = \dfrac{\mu_0 \cdot I}{2 \cdot \pi \cdot r}$

* Campo que crea la corriente I_1 sobre el conductor 2: $B_{12} = \dfrac{\mu_0 \cdot I_1}{2 \cdot \pi \cdot d}$

* Campo que crea la corriente I_2 sobre el conductor 1: $B_{21} = \dfrac{\mu_0 \cdot I_2}{2 \cdot \pi \cdot d}$

* Fuerza que ejerce el conductor 1 sobre el 2 será: $\vec{F}_{12} = I_2 \cdot \vec{L}_2 \times \vec{B}_{12}$

* Fuerza que ejerce el conductor 2 sobre el 1: $\vec{F}_{21} = I_1 \cdot \vec{L}_1 \times \vec{B}_{21}$.

En forma de módulo: $F = I \cdot L \cdot B \cdot \operatorname{sen} \alpha$. Al ser $\alpha = 90º$: $F = I \cdot L \cdot B$.

$F = F_{12} = F_{21} = I_2 \cdot L_2 \cdot B_{12} \cdot \operatorname{sen} = I_1 \cdot L_1 \cdot B_{21} = I_2 \cdot L \cdot \dfrac{\mu_0 \cdot I_1}{2 \cdot \pi \cdot d} = I_1 \cdot L \cdot \dfrac{\mu_0 \cdot I_2}{2 \cdot \pi \cdot d} = \dfrac{\mu_0 \cdot I_1 \cdot I_2 \cdot L}{2 \cdot \pi \cdot d}$

Y por unidad de longitud: $\dfrac{F}{L} = \dfrac{F_{12}}{L} = \dfrac{F_{21}}{L} = \dfrac{\mu_0 \cdot I_1 \cdot I_2}{2 \cdot \pi \cdot d}$

Como puede observarse en las figuras, cuando las corrientes son del mismo sentido, las fuerzas son atractivas. Cuando las corrientes son de sentidos contrarios, las fuerzas son repulsivas.

b) Al ser: $\dfrac{F_{12}}{L} = \dfrac{F_{21}}{L} = \dfrac{\mu_0 \cdot I_1 \cdot I_2}{2 \cdot \pi \cdot d} = \dfrac{F}{L}$, si hacemos: $I_1 = 1$ A, $I_2 = 1$ A, $d = 1$ m y $L = 1$ m y sustituimos: $F = \dfrac{\mu_0 \cdot I_1 \cdot I_2 \cdot L}{2 \cdot \pi \cdot d} = \dfrac{4 \cdot \pi \cdot 10^{-7} \cdot 1 \cdot 1 \cdot 1}{2 \cdot \pi \cdot 1} = 2 \cdot 10^{-7}$ N

podemos definir el amperio como: "Cantidad de corriente que circula por dos hilos paralelos separados un metro, cuando entre ellos se ejerce, en el vacío, una fuerza por unidad de longitud de $2 \cdot 10^{-7}\ \dfrac{N}{m}$".

5) Una espira circular gira en torno a uno de sus diámetros en un campo magnético uniforme. Razone, haciendo uso de las representaciones gráficas y las expresiones que precise, si se induce fuerza electromotriz en la espira en los dos siguientes casos: (i) El campo magnético es paralelo al eje de rotación; (ii) el campo magnético es perpendicular al eje de rotación.

Ley de Faraday-Lenz: la corriente inducida en un circuito es originada por la variación del flujo magnético que atraviesa dicho circuito. Su sentido es tal que se opone a dicha variación. Expresiones: $\Phi = \vec{B} \cdot \vec{S} = B \cdot S \cdot \cos\alpha$; $\epsilon = -\dfrac{d\Phi}{dt}$. Para que exista una fuerza electromotriz inducida, tiene que haber un cambio en el flujo magnético, ya sea para aumentar o para disminuir.

Este cambio puede producirse modificando el campo B, la superficie S o el ángulo α entre los vectores $\vec{B}$ y $\vec{S}$.

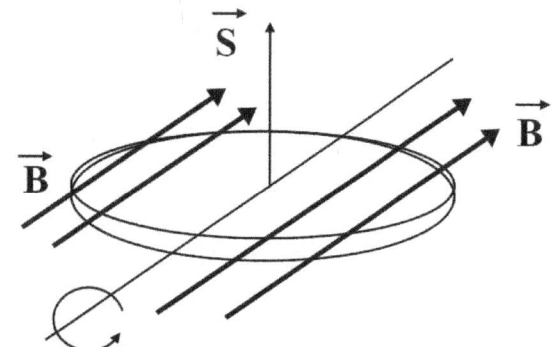

Campo magnético paralelo   Campo magnético perpendicular

i) En este caso, no existe inducción electromagnética. Aunque la espira está girando, el ángulo α entre el vector $\vec{B}$ y el vector $\vec{S}$ es siempre de 90° y el coseno de 90° es cero. Luego el flujo es cero: $\Phi = \vec{B} \cdot \vec{S} = B \cdot S \cdot \cos\alpha = B \cdot S \cdot \cos 90° = 0$

ii) En este caso, sí existe inducción electromagnética. El cambio de flujo viene dado por el cambio en el ángulo entre B y S: $\Phi = \vec{B} \cdot \vec{S} = B \cdot \pi \cdot r^2 \cdot \cos\alpha = B \cdot \pi \cdot r^2 \cdot \cos(\omega \cdot t)$, siendo ω la velocidad angular de giro de la espira.

---

6) Una espira circular por la que circula una cierta intensidad de corriente se encuentra en reposo en el plano XY. Otra espira circular situada en el mismo plano XY se acerca con velocidad constante. Justifique si se inducirá una corriente eléctrica en la espira en movimiento y, en caso afirmativo, explique cuál será la dirección y sentido de la misma. Repita los razonamientos para el caso en que la espira en movimiento se aleje de la espira en reposo.

Ley de Faraday-Lenz: la corriente inducida en un circuito es originada por la variación del flujo magnético que atraviesa dicho circuito. Su sentido es tal que se opone a dicha variación. Expresiones: $\Phi = \vec{B} \cdot \vec{S} = B \cdot S \cdot \cos\alpha$; $\epsilon = -\dfrac{d\Phi}{dt}$. Para que exista una fuerza electromotriz inducida, tiene que haber un cambio en el flujo magnético, ya sea para aumentarlo o para disminuirlo. Este cambio puede producirse modificando el campo B, la superficie S o el ángulo α entre los vectores $\vec{B}$ y $\vec{S}$.

Una espira en un plano horizontal crea un campo magnético a su alrededor. Suponiendo que el norte va hacia arriba, las líneas de campo magnético y el sentido de la corriente son como aparecen en el dibujo. El sentido de la corriente y $\vec{B}$ siguen la regla de la mano derecha.

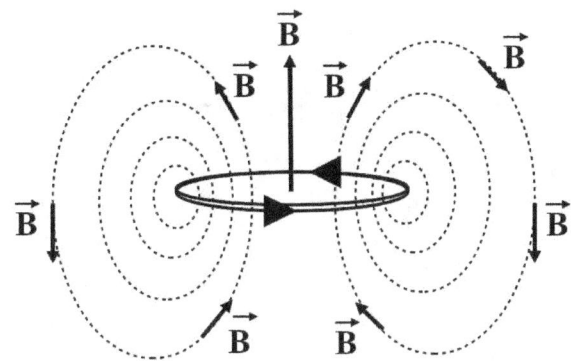

Cuando dos espiras se acercan, el flujo magnético aumenta. Cuando el flujo aumenta, $\vec{B}$ y $\vec{B}_{ind.}$ tienen sentidos opuestos. Cuando dos espiras se alejan, el flujo magnético disminuye. Cuando el flujo disminuye, $\vec{B}$ y $\vec{B}_{ind.}$ tienen el mismo sentido. El sentido de la corriente inducida viene dado por la regla de la mano derecha aplicada al vector $\vec{B}_{ind.}$.

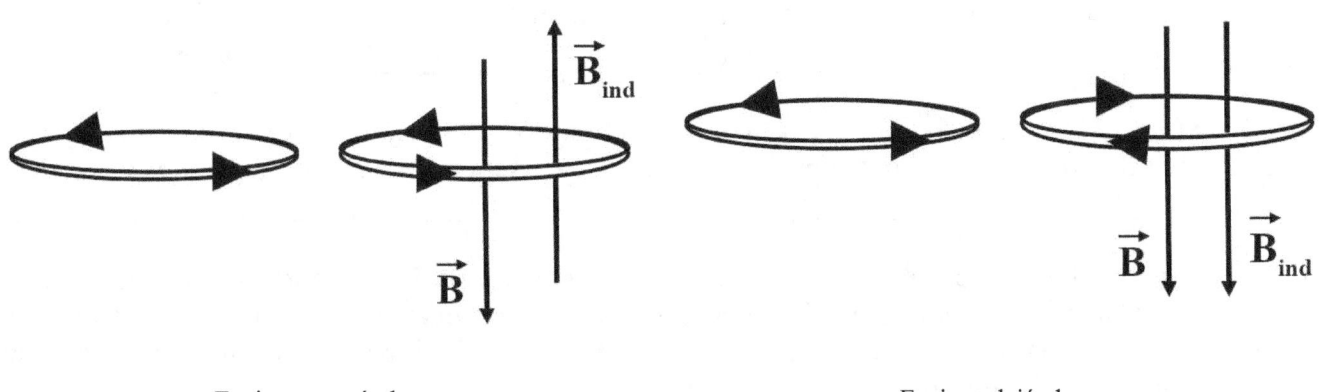

Espiras acercándose   Espiras alejándose

---

7) Un protón y un electrón penetran con la misma velocidad perpendicularmente a un campo magnético. ¿Cuál de los dos experimentará una mayor aceleración? ¿Qué partícula tendrá un radio de giro mayor?

Ley de Lorentz: cuando una carga eléctrica penetra en un campo magnético, experimenta una fuerza magnética dada por: $\vec{F}_m = Q \cdot \vec{v} \times \vec{B}$ y en módulo: $F_m = Q \cdot v \cdot B \cdot \text{sen } \alpha$. Los vectores $\vec{F}_m, \vec{v}$ y $\vec{B}$ son mutuamente perpendiculares entre sí y siguen la regla del tornillo. Como la fuerza magnética es perpendicular a la velocidad, la trayectoria será un círculo y el movimiento será circular uniforme (MCU).

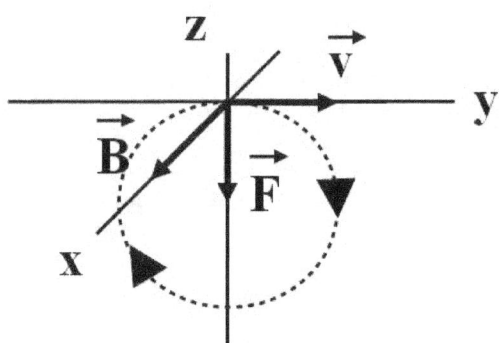 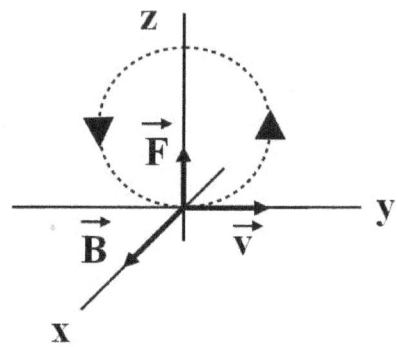

        Protón   Electrón

* Aceleración de cada partícula: según la segunda ley de Newton:

$$a = \frac{F_m}{m} = \frac{Q \cdot v \cdot B \cdot sen\,90°}{m} = \frac{Q \cdot v \cdot B}{m}$$

Al ser Q, v y B iguales, la diferencia estará en las masas. Al ser la masa del electrón menor y ser inversamente proporcional a la aceleración, la aceleración del electrón será mayor que la del protón.

* Radio de giro: $\quad \sum \vec{F} = m \cdot \vec{a} \quad \rightarrow \quad F_m = F_C \quad \rightarrow \quad Q \cdot v \cdot B \cdot sen\,\alpha = \frac{m \cdot v^2}{r} \quad \rightarrow \quad r = \frac{m \cdot v}{Q \cdot B}$

Al ser Q, v y B iguales, la diferencia estará en las masas. Al ser la masa del protón mayor y ser directamente proporcional al radio de giro, el radio del protón será mayor que el del electrón.

---

8) Una espira circular se encuentra en reposo en una región del espacio. Indique, razonadamente y con ayuda de un esquema, cuál será el sentido de la corriente inducida cuando: (i) El polo norte de un imán se acerca perpendicularmente a la espira por el polo norte; (ii) el imán está en reposo y orientado perpendicularmente a la superficie de la espira a 10 cm de su centro.

 Ley de Faraday-Lenz: la corriente inducida en un circuito es originada por la variación del flujo magnético que atraviesa dicho circuito. Su sentido es tal que se opone a dicha variación. Expresiones: $\Phi = \vec{B} \cdot \vec{S} = B \cdot S \cdot cos\,\alpha \;\; ; \;\; \epsilon = -\frac{d\Phi}{dt}$. Para que exista una fuerza electromotriz inducida, tiene que haber un cambio en el flujo magnético, ya sea para aumentarlo o para disminuirlo. Este cambio puede producirse modificando el campo B, la superficie S o el ángulo α entre el vector campo $\vec{B}$ y el vector superficie $\vec{S}$.

* Primer caso: imán acercándose por el polo norte: la espira se comporta como un imán virtual que se opone al movimiento del imán real. Luego el imán virtual le presenta la cara norte a la cara norte del imán real. De esta forma, los vectores y el sentido de la corriente son los de la figura. Otra forma de deducirlo: cuando un imán se acerca a una espira, aumenta el flujo magnético. Si aumenta el flujo magnético, $\vec{B}$ y $\vec{B}_{ind.}$ tienen sentidos opuestos.

* Segundo caso: imán en reposo. Al estar el imán en reposo, no cambia la distancia y, por consiguiente, tampoco cambian el campo magnético ni el flujo. Luego no habrá corriente inducida.

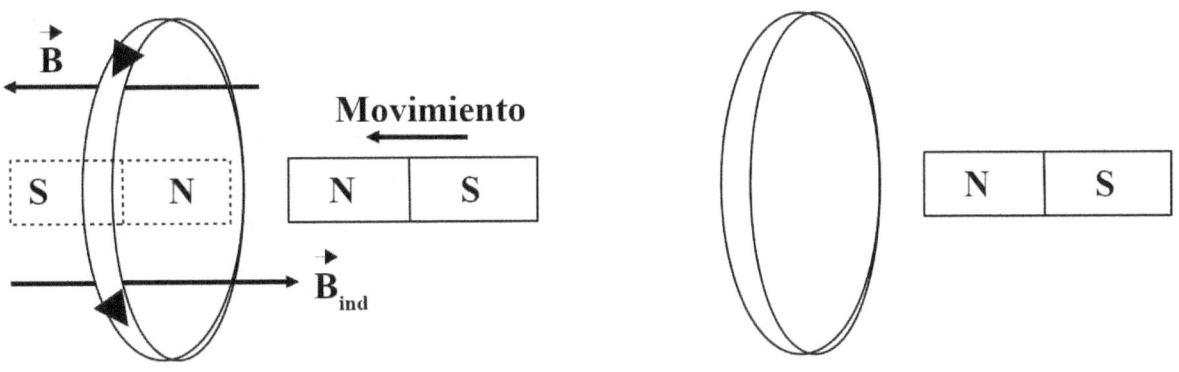

Imán acercándose por el polo norte   Imán en reposo

2017

9) Una espira conductora circular fija, con centro en el origen de coordenadas está contenida en el plano *XY*. Un imán se mueve a lo largo del eje *Z*. Explique razonadamente cuál es el sentido de circulación de la corriente inducida en la espira en los casos i) y ii) mostrados en las figuras.

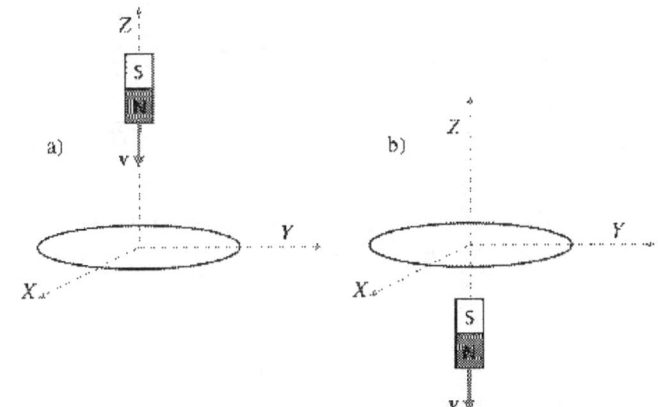

Ley de Faraday-Lenz: la corriente inducida en un circuito es originada por la variación del flujo magnético que atraviesa dicho circuito. Su sentido es tal que se opone a dicha variación. Expresiones: $\Phi = \vec{B} \cdot \vec{S} = B \cdot S \cdot \cos\alpha$; $\epsilon = -\dfrac{d\Phi}{dt}$. Para que exista una fuerza electromotriz inducida, tiene que haber un cambio en el flujo magnético, ya sea para aumentarlo o para disminuirlo. Este cambio puede producirse modificando el campo B, la superficie S o el ángulo α entre el vector campo $\vec{B}$ y el vector superficie $\vec{S}$.

Hay que averiguar si el flujo aumenta o disminuye; a partir de esto, se deduce el sentido de la $\vec{B}_{ind.}$ y, mediante la regla de la mano derecha, deducimos el sentido de la corriente.

Al acercar o al alejar un imán a una espira, la espira se comporta como un imán virtual. El imán virtual se opone al movimiento del imán real. El polo norte del imán virtual nos dará la dirección y el sentido de la $\vec{B}_{ind}$. Aplicando la regla de la mano derecha a la $\vec{B}_{ind}$ obtendremos el sentido de la corriente.

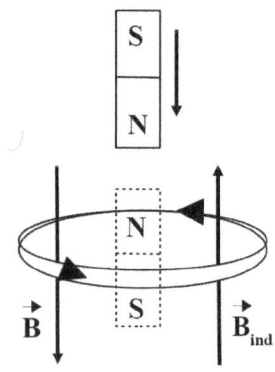   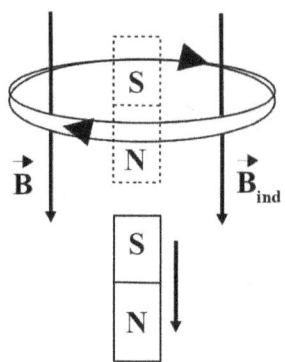

Se acerca el norte   Se aleja el sur

i) Al acercar el imán por el polo norte, el imán virtual se opone al movimiento del imán real repeliéndolo, ofreciéndole su cara norte. De esta forma, la $\vec{B}_{ind}$ va hacia arriba y el sentido de la corriente es antihorario.

Otra forma de deducirlo: cuando un imán se acerca a una espira, aumenta el flujo magnético. Si aumenta el flujo magnético, $\vec{B}$ y $\vec{B}_{ind}$ tienen sentidos opuestos.

ii) Al alejar el imán por la cara sur, el imán virtual se opone al movimiento del imán real atrayéndolo, ofreciéndole su cara norte. De esta forma, la $\vec{B}_{ind}$ va hacia abajo y el sentido de la corriente es el de las agujas del reloj.

Otra forma de deducirlo: cuando un imán se aleja de una espira, disminuye el flujo magnético. Si disminuye el flujo magnético, $\vec{B}$ y $\vec{B}_{ind}$ tienen el mismo sentido.

---

10) Una carga q negativa entra, con velocidad v, en una zona donde existe un campo eléctrico, E, de dirección perpendicular a esa velocidad. Cuál debe ser la intensidad, dirección y sentido del campo magnético B que habría que aplicar, superpuesto a E, para que la carga siguiera una trayectoria rectilínea.

Cuando una carga penetra en un campo eléctrico, experimenta una fuerza dada por: $\vec{F}=Q\cdot\vec{E}$. Al ser la carga negativa, la fuerza y el campo tienen sentidos opuestos.

Ley de Lorentz: cuando una carga penetra en un campo magnético, experimenta una fuerza perpendicular a la velocidad y al campo:
$$\vec{F}=Q\cdot\vec{v}\times\vec{B}$$

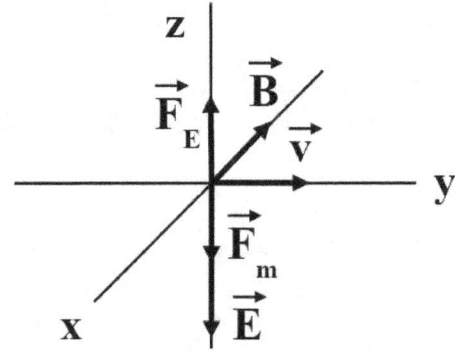

Primera ley de Newton: un cuerpo permanece en su estado de reposo o de movimiento rectilíneo uniforme a no ser que se le aplique una fuerza resultante distinta de cero.

$\vec{F}_m+\vec{F}_E=0$ → $\vec{F}_m=-\vec{F}_E$ → $F_m=F_E$ → $Q\cdot v\cdot B\cdot\operatorname{sen}\alpha=Q\cdot E$ → $B=\dfrac{E}{v\cdot \operatorname{sen}\alpha}=\dfrac{E}{v}$, pues sen 90° = 1.

Como la carga es negativa, la fuerza magnética sigue la regla del tornillo a la inversa.

---

11) a) Por un hilo recto muy largo, colocado sobre el eje *Y*, circula una corriente en el sentido positivo de dicho eje. Una pequeña espira circular contenida en el plano *XY* se mueve con velocidad constante. Describa razonadamente cuál es la corriente inducida en la espira si: i) la velocidad de la espira está orientada según el sentido negativo del eje *Y*; ii) la velocidad está dirigida en el sentido positivo del eje *X*.

Aquí tenemos dos fenómenos: campo magnético creado por un hilo conductor por el que circula una corriente y la inducción electromagnética. Un hilo conductor con corriente crea a su alrededor un campo magnético dado por la regla de la mano derecha y cuyo módulo viene dado por la ley de Biot y Savart: $B = \dfrac{\mu_0 \cdot I}{2\cdot \pi \cdot r}$. Ley de Faraday-Lenz: la corriente inducida en un circuito es originada por la variación del flujo magnético que atraviesa dicho circuito. Su sentido es tal que se opone a dicha variación. Expresiones: $\Phi = \vec{B} \cdot \vec{S} = B \cdot S \cdot \cos\alpha$; $\epsilon = -\dfrac{d\Phi}{dt}$. Para que exista una fuerza electromotriz inducida, tiene que haber un cambio en el flujo magnético, ya sea para aumentarlo o para disminuirlo. Este cambio puede producirse modificando el campo B, la superficie S o el ángulo α entre el vector campo $\vec{B}$ y el vector superficie $\vec{S}$.

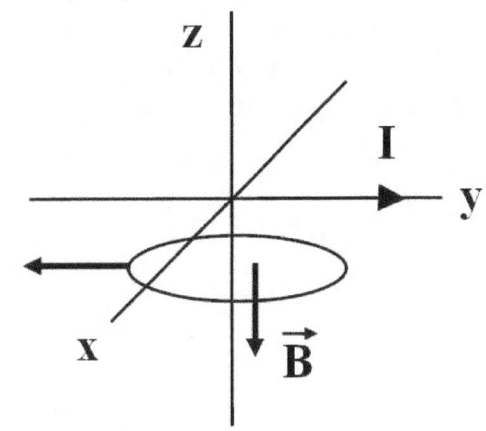

i) La espira se mueve de forma paralela al eje Y, luego su distancia al hilo conductor no varía. Esto significa que el valor del campo magnético no cambia ni el flujo tampoco. Por consiguiente, no hay corriente inducida.

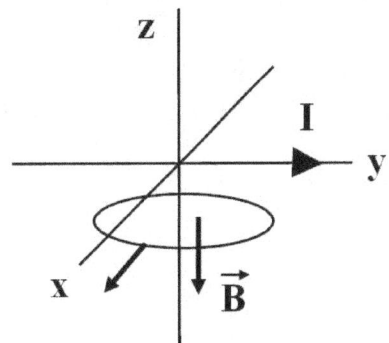

ii) La espira se está alejando del eje Y, luego la intensidad del campo magnético disminuye y el flujo también. La $\vec{B}_{ind.}$ tiende a aumentar el flujo dirigiéndose en la misma dirección y sentido que $\vec{B}$, hacia abajo. Según la regla de la mano derecha sobre $\vec{B}_{ind.}$, la f.e.m. tendrá sentido horario.

12) Un haz de electrones atraviesa una región del espacio siguiendo una trayectoria rectilínea. En dicha región hay aplicado un campo electrostático uniforme. ¿Es posible deducir algo acerca de la orientación del campo? Repita el razonamiento para un campo magnético uniforme.

Cuando una partícula negativa como un electrón penetra un campo eléctrico uniforme, experimenta una fuerza en sentido contrario al campo:
$$\vec{F} = Q \cdot \vec{E}$$
Si los electrones siguen una trayectoria rectilínea, eso significa que su velocidad inicial es paralela al campo: si $\vec{v}$ y $\vec{E}$ tienen el mismo sentido, el movimiento será de frenado; si $\vec{v}$ y $\vec{E}$ tienen sentidos contrarios, el movimiento será acelerado. En ambos casos, la trayectoria es rectilínea.

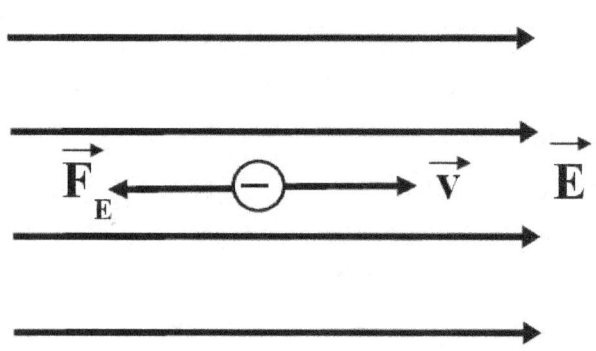

Sin embargo, si $\vec{v}$ y $\vec{E}$ son perpendiculares, la trayectoria será una parábola, pues es una composición de un MRU y un MRUA.
Si $\vec{v}$ y $\vec{E}$ forman un ángulo distinto de 0° y de 90°, la trayectoria será helicoidal.

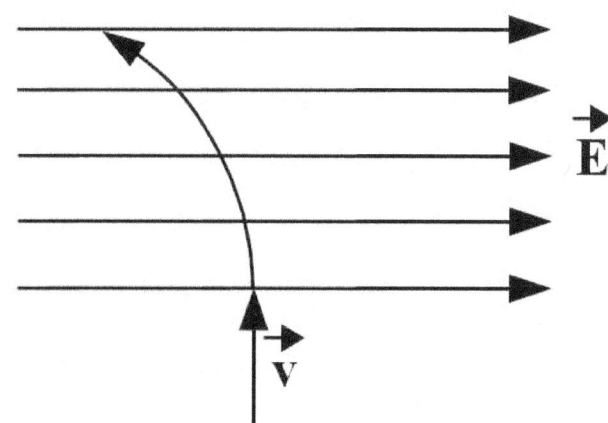

En el caso de un campo magnético, si la trayectoria es rectilínea es porque $\vec{v}$ y $\vec{B}$ tienen direcciones paralelas. Si fueran perpendiculares, la trayectoria sería circular y si el ángulo fuera distinto a 0° y a 90°, la trayectoria sería helicoidal.

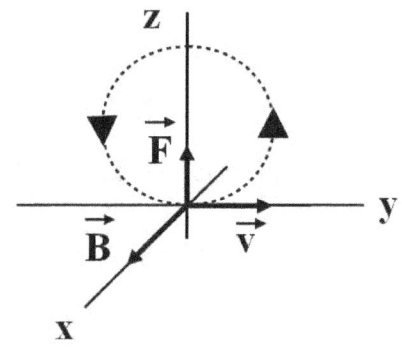

---

13) Un electrón, un protón y un átomo de hidrógeno penetran en una zona del espacio en la que existe un campo magnético uniforme perpendicular a la velocidad de las partículas. Dibuje la trayectoria que seguiría cada una de las partículas y compare las aceleraciones de las tres.

Ley de Lorentz: cuando una carga penetra en un campo magnético, experimenta una fuerza perpendicular a la velocidad y al campo: $\vec{F}=Q\cdot\vec{v}\times\vec{B}$ y en módulo: $F = Q\cdot v\cdot B\cdot \text{sen }\alpha$

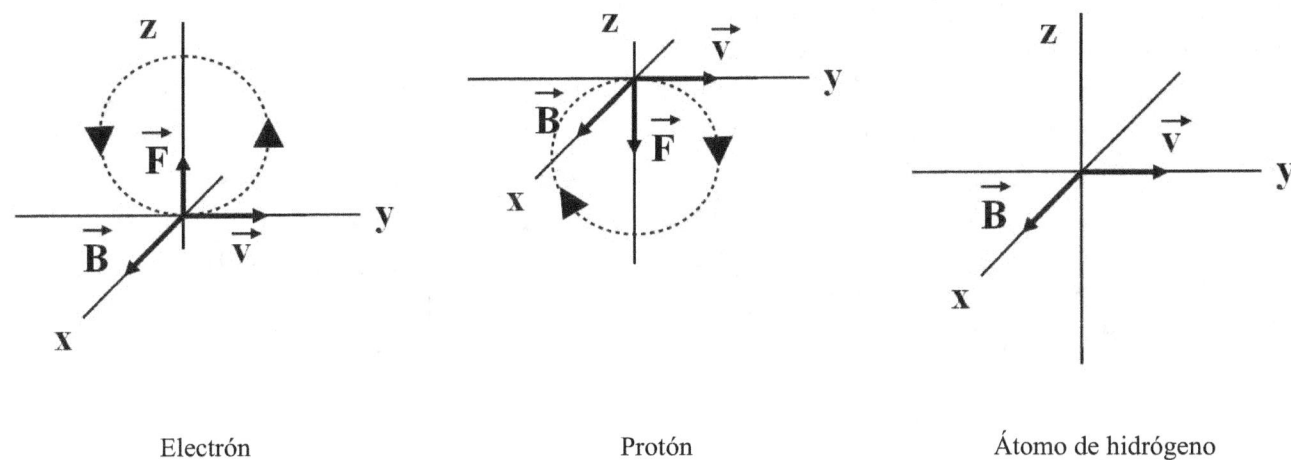

Electrón　　　　　　　　　　Protón　　　　　　　　　Átomo de hidrógeno

La fuerza magnética es también fuerza centrípeta, pues si la partícula está cargada describe un movimiento circular.

$\sum \vec{F}=m\cdot\vec{a}$ → $F_m = m\cdot a$ → $Q\cdot v\cdot B\cdot \text{sen }\alpha = m\cdot a$ → $a = \dfrac{Q\cdot v\cdot B\cdot \text{sen }\alpha}{m}$

La aceleración del átomo de hidrógeno sería nula, pues es neutro y no se acelera en un campo magnético. Para el electrón y para el protón, la única magnitud que cambia es la masa. Al ser la aceleración inversamente proporcional a la masa, el electrón se acelera más que el protón.

2016

14) a) Enuncie la ley de inducción electromagnética y explique las características del fenómeno. Comente la veracidad o falsedad de la siguiente afirmación: un transformador eléctrico no realiza su función en corriente continua. b) Explique, con la ayuda de un esquema, cuál es el sentido de la corriente inducida en una espira cuando se le acerca la cara sur de un imán ¿Y si en lugar de acercar el imán se alejara?

a) Ley de Faraday-Lenz: la corriente inducida en un circuito es originada por la variación del flujo magnético que atraviesa dicho circuito. Su sentido es tal que se opone a dicha variación. Expresiones: $\Phi = \vec{B}\cdot\vec{S} = B\cdot S\cdot \cos\alpha$; $\epsilon = -\dfrac{d\Phi}{dt}$. Para que exista una fuerza electromotriz inducida, tiene que haber un cambio en el flujo magnético, ya sea para aumentarlo o para disminuirlo. Este cambio puede producirse modificando el campo B, la superficie S o el ángulo α entre el vector campo $\vec{B}$ y el vector superficie $\vec{S}$.

Explicación del fenómeno: una modificación del flujo puede ocurrir porque el campo magnético sea variable, porque cambie la distancia de la espira a la fuente del campo, porque cambie la superficie en contacto con el campo magnético o porque cambie el ángulo entre el vector campo y el vector superficie. El cambio en el flujo provoca la aparición de un campo magnético inducido que provoca una fuerza electromotriz inducida.

Un transformador es un aparato que transforma una corriente de una diferencia de potencial en otra corriente de otra diferencia de potencial. Funciona por el principio de la inducción electromagnética.

El cambio de flujo se produce por la corriente alterna, que provoca un campo magnético variable. Con corriente continua, no hay cambio de flujo ni corriente inducida, por consiguiente.

Cuando se le acerca la cara sur de un imán, el imán virtual de la espira se opone al acercamiento del imán real, luego le opone su polo sur. La $\vec{B}_{ind.}$ tiene el sentido del polo norte del imán virtual.

Otra forma de verlo: cuando se acerca el imán, el flujo magnético aumenta. Cuando el flujo aumenta, $\vec{B}$ y $\vec{B}_{ind.}$ tienen sentidos opuestos.

El sentido de la corriente inducida se obtiene aplicando la regla de la mano derecha a la $\vec{B}_{ind.}$.

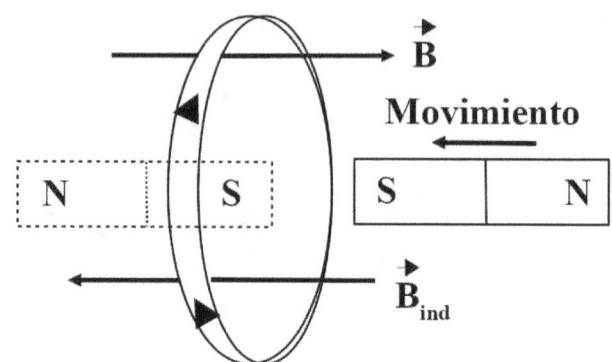

Cuando se le aleja la cara sur de un imán, el imán virtual de la espira se opone al alejamiento del imán real, luego le opone su polo norte. La $\vec{B}_{ind.}$ tiene el sentido del polo norte del imán virtual.

Otra forma de verlo: cuando se aleja el imán, el flujo magnético disminuye. Cuando el flujo disminuye, $\vec{B}$ y $\vec{B}_{ind.}$ tienen el mismo sentido.

El sentido de la corriente inducida se obtiene aplicando la regla de la mano derecha a la $\vec{B}_{ind.}$.

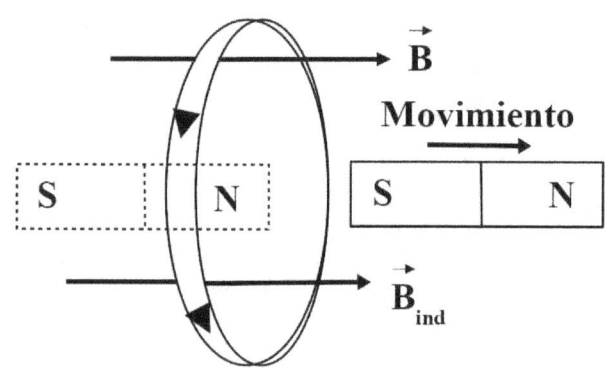

---

15) Una espira cuadrada gira en torno a un eje, que coincide con uno de sus lados, bajo la acción de un campo magnético uniforme perpendicular al eje de giro. Explique cómo varían los valores del flujo magnético máximo y de la fuerza electromotriz inducida máxima al duplicar la frecuencia de giro de la espira.

Ley de Lenz-Faraday de la inducción electromagnética: la corriente inducida en un circuito es originada por la variación del flujo magnético que atraviesa dicho circuito. Su sentido es tal que se opone a dicha variación.

Flujo: $\Phi = \vec{B} \cdot \vec{S} = B \cdot S \cdot \cos\alpha$

f.e.m. inducida: $\epsilon = -\dfrac{d\Phi}{dt}$

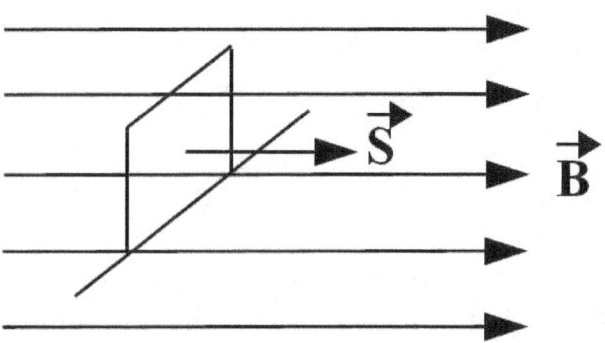

Para que exista una fuerza electromotriz inducida, tiene que haber un cambio en el flujo magnético, ya sea para aumentarlo o para disminuirlo. Este cambio puede producirse modificando el campo B, la superficie S o el ángulo α entre el vector campo $\vec{B}$ y el vector superficie $\vec{S}$.

Primer flujo: $\Phi = B \cdot S \cdot \cos \alpha = B \cdot S \cdot \cos(\omega \cdot t)$

Valor máximo del primer flujo: $\Phi_{máx.} = B \cdot S$

Primera f.e.m.: $\epsilon = -\dfrac{d\Phi}{dt} = -B \cdot S \cdot \omega \cdot \text{sen}(\omega \cdot t)$

Valor máximo de la primera f.e.m.: $\varepsilon_{máx.} = -B \cdot S \cdot \omega$

Segundo flujo: $\Phi = B \cdot S \cdot \cos \alpha' = B \cdot S \cdot \cos(\omega' \cdot t) = B \cdot S \cdot \cos(2 \cdot \omega \cdot t)$

Valor máximo del segundo flujo: $\Phi'_{máx.} = B \cdot S$

Segunda f.e.m.: $\epsilon = -\dfrac{d\Phi}{dt} = -2 \cdot B \cdot S \cdot \omega \cdot \text{sen}(\omega \cdot t)$

Valor máximo de la segunda f.e.m.: $\varepsilon_{máx.} = -2 \cdot \omega \cdot B \cdot S$

Relaciones entre las magnitudes: $\dfrac{\Phi_{máx}}{\Phi'_{máx}} = \dfrac{B \cdot S}{B \cdot S} = 1$; $\dfrac{\epsilon_{máx}}{\epsilon'_{máx}} = \dfrac{-B \cdot S \cdot \omega}{-2 \cdot B \cdot S \cdot \omega} = \dfrac{1}{2}$

---

16) a) Fuerza magnética sobre una carga en movimiento. Ley de Lorentz. b) Dos partículas cargadas se mueven con la misma velocidad y, al aplicarles un campo magnético perpendicular a dicha velocidad, se desvían en sentidos contrarios y describen trayectorias circulares de distintos radios. ¿Qué puede decirse de las características de esas partículas? Si en vez de aplicarles un campo magnético se le aplica un campo eléctrico paralelo a su trayectoria, indique razonadamente, cómo se mueven las partículas.

a) Ley de Lorentz: cuando una carga penetra en un campo magnético, experimenta una fuerza perpendicular a la velocidad y al campo. $\vec{F} = Q \cdot \vec{v} \times \vec{B}$. Como la fuerza es perpendicular a la velocidad, la aceleración también lo será. Es decir, la aceleración será centrípeta o normal y el movimiento será un movimiento circular uniforme.

* Radio de giro: $\vec{F} = m \cdot \vec{a} \rightarrow F_m = m \cdot \dfrac{v^2}{r} = |Q| \cdot v \cdot B = \dfrac{m \cdot v^2}{r} \rightarrow r = \dfrac{m \cdot v}{|Q| \cdot B}$

* Velocidad angular: $\omega = \dfrac{v}{r} = \dfrac{|Q| \cdot B}{m}$ * Período: $T = \dfrac{2 \cdot \pi}{\omega} = \dfrac{2 \cdot \pi \cdot m}{|Q| \cdot B}$

Si el vector velocidad no es perpendicular al vector B, la partícula realizará un movimiento helicoidal. Supongamos que la velocidad tiene dos componentes: una paralela a $\vec{B}$ y otra perpendicular. La componente perpendicular provocará una fuerza magnética formando un ángulo con la velocidad, luego la trayectoria será una hélice. La composición de un MRU y un MCU da lugar a una hélice.

b) Si las partículas tienen sentidos contrarios es porque tienen cargas opuestas.

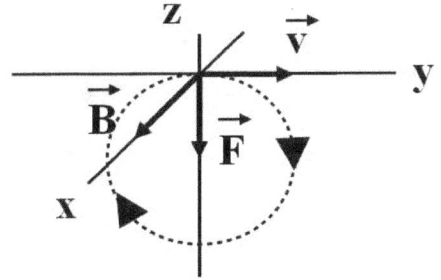

Carga positiva

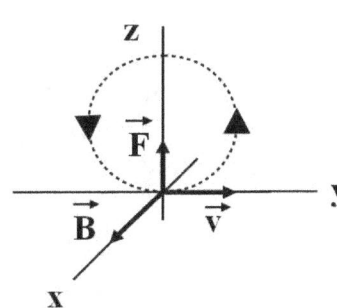

Carga negativa

17) a) Analogías y diferencias entre campo eléctrico y campo magnético. b) Si una partícula cargada penetra en un campo eléctrico con una cierta velocidad, ¿actúa siempre una fuerza sobre ella? ¿Y si se tratara de un campo magnético?

a)

Campo eléctrico	Campo magnético
Es conservativo	No es conservativo
Producido por cargas eléctricas en reposo	Producido por cargas eléctricas en movimiento
Afecta a cargas eléctricas en reposo o en movimiento	Sólo afecta a cargas en movimiento
Las líneas de campo son abiertas	Las líneas de campo son cerradas
Hay monopolos eléctricos	No hay monopolos magnéticos

b) Correcto, siempre actúa una fuerza sobre ella, dada por: . $\vec{F}=Q\cdot\vec{E}$ Si la carga es positiva, $\vec{F}$ y $\vec{E}$ tienen el mismo sentido. Si es negativa, tienen sentidos contrarios. La trayectoria depende de la posición relativa entre la velocidad y el campo:

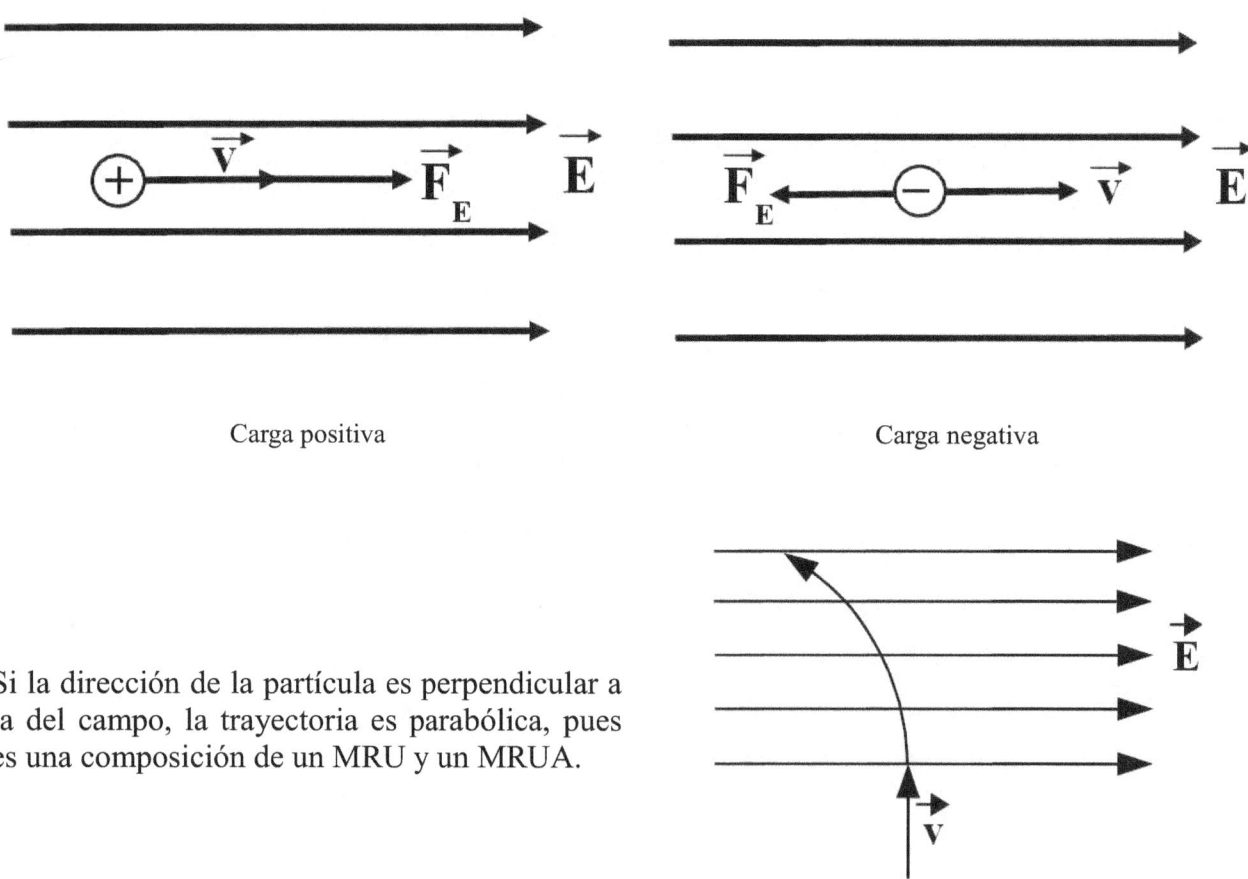

Carga positiva   Carga negativa

Si la dirección de la partícula es perpendicular a la del campo, la trayectoria es parabólica, pues es una composición de un MRU y un MRUA.

En el caso de un campo magnético, no actúa una fuerza sobre la partícula cuando $\vec{v}$ y $\vec{B}$ son paralelos, es decir, la carga penetra en la misma dirección y el mismo sentido que el campo. Esta fuerza viene dada por la ley de Lorentz: $\vec{F} = Q \cdot \vec{v} \times \vec{B}$ y en módulo: F = Q·v·B·sen α. Es decir, la fuerza es perpendicular a $\vec{v}$ y a $\vec{B}$.

2015

18) Dos iones, uno con carga doble que el otro, penetran con la misma velocidad en un campo magnético uniforme. El diámetro de la circunferencia que describe uno de los iones es cinco veces mayor que el de la descrita por el otro ion. Razone cuál es la relación entre las masas de los iones.

Ley de Lorentz: cuando una carga penetra en un campo magnético, experimenta una fuerza perpendicular a la velocidad y al campo:
$$\vec{F} = Q \cdot \vec{v} \times \vec{B}$$
Como la fuerza es perpendicular a la velocidad, la aceleración también lo será. Es decir, la aceleración será centrípeta o normal y el movimiento será un movimiento circular uniforme.

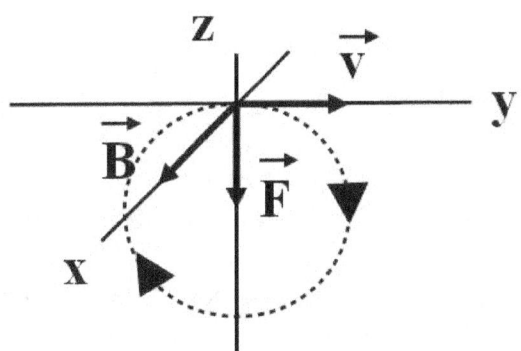

$$\sum \vec{F} = m \cdot \vec{a} \quad \rightarrow \quad F_m = \frac{m \cdot v^2}{r} \quad \rightarrow \quad Q \cdot v \cdot B \cdot sen\, \alpha = \frac{m \cdot v^2}{r} \quad \rightarrow \quad m = \frac{Q \cdot v \cdot B \cdot sen\, \alpha \cdot r}{v^2}$$

Suponemos: $D_2 = 5 \cdot D_1 \quad \rightarrow \quad 2 \cdot r_2 = 5 \cdot 2 \cdot r_1 \quad \rightarrow \quad r_2 = 5 \cdot r_1$; $Q_2 = 2 \cdot Q_1$

$$\frac{m_2}{m_1} = \frac{\dfrac{Q_2 \cdot v \cdot B \cdot sen\, \alpha \cdot r_2}{v^2}}{\dfrac{Q_1 \cdot v \cdot B \cdot sen\, \alpha \cdot r_1}{v^2}} = \frac{Q_2 \cdot r_2}{Q_1 \cdot r_1} = \frac{2 \cdot Q_1 \cdot 5 \cdot r_1}{Q_1 \cdot r_1} = 10$$

---

19) Considere una espira plana circular, colocada perpendicularmente a un imán y enfrente de su polo norte. Si el imán se aproxima a la espira, ¿aumenta o disminuye el flujo magnético a través de la espira? Dibuje la espira y el imán e indique el sentido de la corriente inducida, según que el imán se aproxime o aleje de la misma. Justifique su respuesta.

Ley de Faraday-Lenz: la corriente inducida en un circuito es originada por la variación del flujo magnético que atraviesa dicho circuito. Su sentido es tal que se opone a dicha variación. Expresiones:
$$\Phi = \vec{B} \cdot \vec{S} = B \cdot S \cdot \cos \alpha \quad ; \quad \epsilon = -\frac{d\Phi}{dt}.$$

Para que exista una fuerza electromotriz inducida, tiene que haber un cambio en el flujo magnético, ya sea para aumentarlo o para disminuirlo. Este cambio puede producirse modificando el campo B, la superficie S o el ángulo α entre el vector campo $\vec{B}$ y el vector superficie $\vec{S}$.

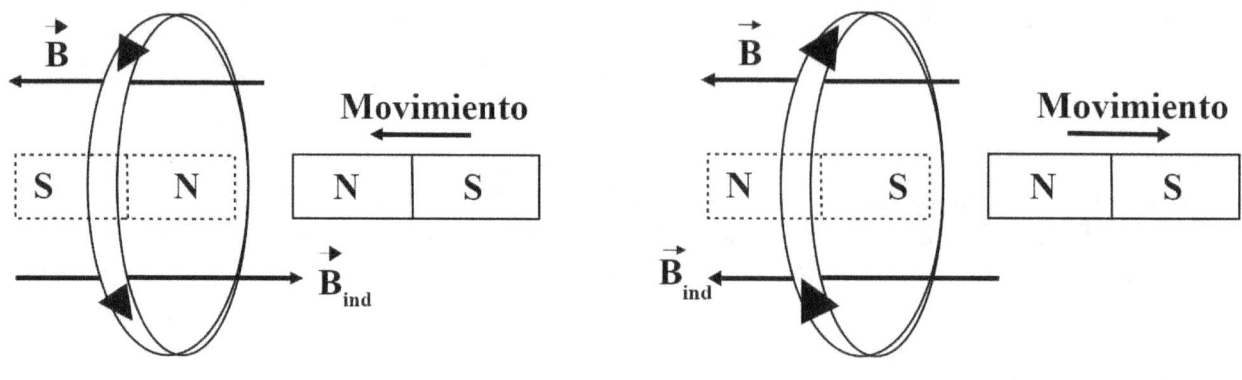

Imán acercándose   Imán alejándose

* Primer caso: imán acercándose. Cuando se le acerca el polo norte de un imán, el imán virtual de la espira se opone al acercamiento del imán real, luego le opone su polo norte. La $\vec{B}_{ind.}$ tiene el sentido del polo norte del imán virtual.

Otra forma de verlo: cuando se acerca el imán, el flujo magnético aumenta. Cuando el flujo aumenta, $\vec{B}$ y $\vec{B}_{ind.}$ tienen sentidos opuestos.

* Segundo caso: imán alejándose. Cuando se aleja el polo norte de un imán, el imán virtual de la espira se opone al alejamiento del imán real, luego le opone su polo sur. La $\vec{B}_{ind.}$ tiene el sentido del polo norte del imán virtual.

Otra forma de verlo: cuando se aleja el imán, el flujo magnético disminuye. Cuando el flujo disminuye, $\vec{B}$ y $\vec{B}_{ind.}$ tienen el mismo sentido.

El vector $\vec{B}$ tiene el sentido del polo norte del imán real. La $\vec{B}_{ind.}$ tiene el sentido del polo norte del imán virtual. El sentido de la corriente inducida se obtiene aplicando la regla de la mano derecha a la $\vec{B}_{ind.}$.

---

20) Explique, con ayuda de un esquema, la dirección y sentido de la fuerza que actúa sobre una partícula con carga positiva que se mueve en el sentido positivo del eje OX, paralelamente a un conductor rectilíneo por el que circula una corriente eléctrica, también en el sentido positivo del eje OX. ¿Y si la partícula cargada se moviera alejándose del conductor en el sentido positivo del eje OY?

Tenemos aquí dos fenómenos: por un lado, una corriente eléctrica en un hilo conductor provoca un campo magnético a su alrededor cuya intensidad de campo viene dada por la ley de Biot y Savart: $B = \dfrac{\mu_0 \cdot I}{2 \cdot \pi \cdot r}$: el sentido del campo viene dado por la regla de la mano derecha.

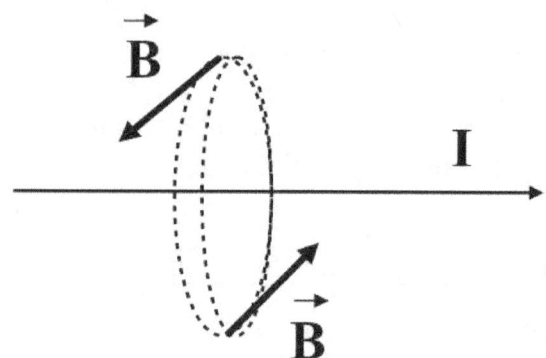

Por otro lado, tenemos el movimiento de una carga eléctrica en el interior de un campo magnético, la cual experimentará una fuerza magnética dada por la ley de Lorentz: $\vec{F} = Q \cdot \vec{v} \times \vec{B}$.

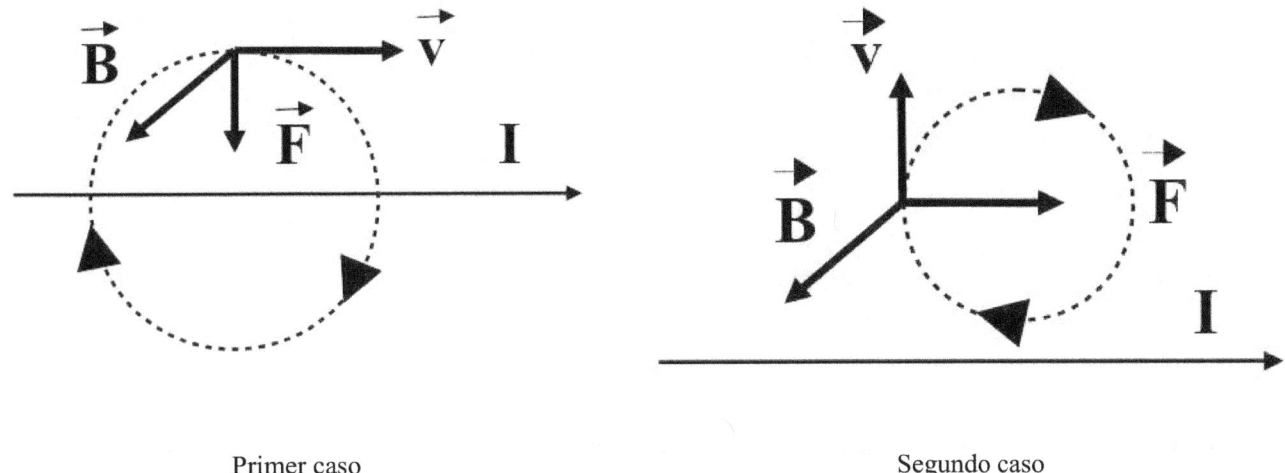

Primer caso   Segundo caso

Al ser los vectores $\vec{v}$ y $\vec{F}$ perpendiculares, se produce un movimiento circular uniforme (MCU) en ambos casos. Las trayectorias pueden verse en los dibujos. En ambos casos, la trayectoria es circular en el plano XY y con sentido horario. En el primer caso estaría orientada hacia abajo y en el segundo hacia la derecha.

2014

21) a) Explique las características del campo creado por una corriente rectilínea indefinida. b) ¿En qué casos un campo magnético no ejerce ninguna fuerza sobre una partícula cargada? ¿Y sobre una corriente eléctrica? Razone las respuestas.

a) Ley de Biot y Savart: el campo magnético creado en un punto P se obtiene integrando el diferencial de campo creado por cada diferencial de corriente:

$$d\vec{B} = \frac{\mu_0}{4 \cdot \pi} \cdot \frac{I \cdot d\vec{L} \cdot \vec{u}_r}{r^2}$$

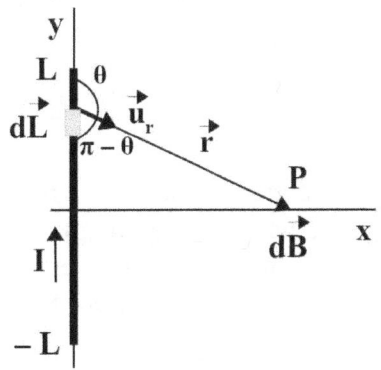

$\operatorname{sen} \theta = \operatorname{sen}(\pi - \theta) = \dfrac{x}{r} \;\rightarrow\; r = \dfrac{x}{\operatorname{sen}\theta}$; $\operatorname{tg}(\pi - \theta) = \dfrac{x}{y} = -\operatorname{tg}\theta \;\rightarrow\; y = -\dfrac{x}{\operatorname{tg}\theta}$

Si derivamos, obtenemos: $dy = \dfrac{x}{\operatorname{sen}^2\theta} \cdot d\theta$.

Integrando: $B = \int_0^\pi dB = \int_0^\pi \dfrac{\mu_0}{4\cdot\pi}\cdot\dfrac{I\cdot sen\theta\cdot d\theta}{x} = \dfrac{\mu_0}{4\cdot\pi}\cdot\dfrac{I}{x}\cdot[-\cos\theta]_0^\pi = \dfrac{\mu_0}{4\cdot\pi}\cdot\dfrac{I}{x}\cdot 2 = \dfrac{\mu_0\cdot I}{2\cdot\pi\cdot x}$

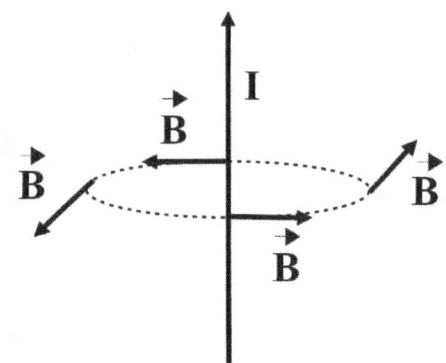

Un hilo de corriente por el que pasa una intensidad I crea un campo magnético a su alrededor. El módulo del campo magnético en un punto P situado a la distancia r es: $B = \dfrac{\mu_0\cdot I}{2\cdot\pi\cdot r}$. Las líneas de campo magnético son circunferencias con centro en el hilo conductor. El sentido del campo viene dado por la regla de la mano derecha.

b) Un campo magnético no ejerce ninguna fuerza sobre una partícula cargada en dos casos: cuando la partícula se encuentra en reposo y cuando la partícula se mueve paralelamente al campo magnético. En ambos casos, la fuerza es nula. Según la ley de Lorentz: la fuerza que experimenta una partícula que se mueve en el seno de un campo magnético es: $\vec{F}=Q\cdot\vec{v}\times\vec{B}$ y en módulo: $F = Q\cdot v\cdot B\cdot sen\,\alpha$. Si no se mueve, v = 0 y la fuerza es nula. Si $\vec{v}$ y $\vec{B}$ son paralelos, sen α = 0 y la fuerza es también nula.

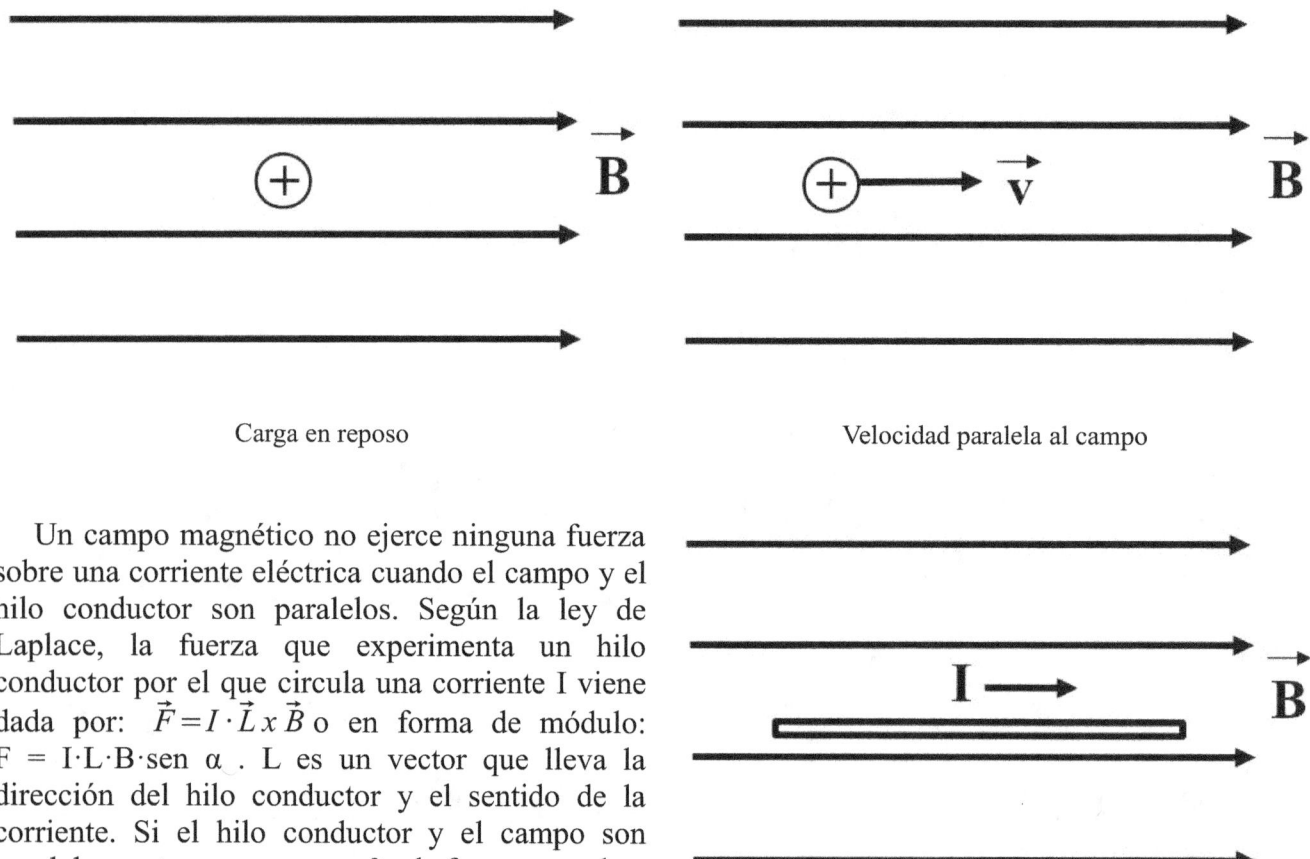

Carga en reposo   Velocidad paralela al campo

Un campo magnético no ejerce ninguna fuerza sobre una corriente eléctrica cuando el campo y el hilo conductor son paralelos. Según la ley de Laplace, la fuerza que experimenta un hilo conductor por el que circula una corriente I viene dada por: $\vec{F}=I\cdot\vec{L}\times\vec{B}$ o en forma de módulo: $F = I\cdot L\cdot B\cdot sen\,\alpha$. L es un vector que lleva la dirección del hilo conductor y el sentido de la corriente. Si el hilo conductor y el campo son paralelos, entonces: sen α = 0 y la fuerza es nula.

22) Dos espiras circulares "a" y "b" se hallan enfrentadas con sus planos paralelos. i) Por la espira "a" comienza a circular una corriente en sentido horario. Explique con la ayuda de un esquema el sentido de la corriente inducida en la espira "b". ii) Cuando la corriente en la espira "a" alcance un valor constante, ¿qué ocurrirá en la espira "b"? Justifique la respuesta.

Ley de Faraday-Lenz: la corriente inducida en un circuito es originada por la variación del flujo magnético que atraviesa dicho circuito. Su sentido es tal que se opone a dicha variación. Expresiones: $\Phi = \vec{B} \cdot \vec{S} = B \cdot S \cdot \cos\alpha$; $\epsilon = -\dfrac{d\Phi}{dt}$. Para que exista una fuerza electromotriz inducida, tiene que haber un cambio en el flujo magnético, ya sea para aumentarlo o para disminuirlo. Este cambio puede producirse modificando el campo B, la superficie S o el ángulo α entre el vector campo $\vec{B}$ y el vector superficie $\vec{S}$.

i) Cuando empieza a circular corriente por la espira "a", en un corto intervalo de tiempo la corriente pasa de cero a I_a. Esta corriente produce un campo magnético, cuya dirección y cuyo sentido vienen dados por la regla de la mano derecha. Aumenta el flujo en la espira "a" y en la "b". En la espira "b" se genera un campo magnético inducido $\vec{B}_{ind.}$ que se opone al incremento de flujo magnético. Por este motivo, $\vec{B}_{ind.}$ lleva sentido opuesto a $\vec{B}$.

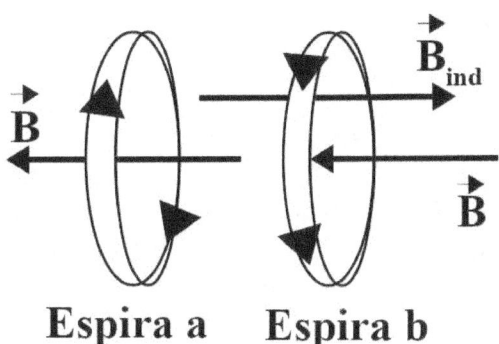

Espira a   Espira b

ii) Cuando la corriente en la espira "a" alcance un valor constante, no habrá variación en el flujo, porque el campo magnético será constante. Si no hay variación de flujo, no hay corriente inducida.

---

23) Razone si es verdadera o falsa la siguiente afirmación: "La energía cinética de una partícula cargada que se mueve en un campo eléctrico no puede ser constante, pero si se moviera en un campo magnético sí podría permanecer constante".

Es verdadera. Una partícula cargada en el seno de un campo eléctrico experimenta una fuerza eléctrica dada por: $\vec{F} = Q \cdot \vec{E}$. Si la carga es positiva, la fuerza y el campo tienen la misma dirección y el mismo sentido. Si la carga es negativa, la fuerza y el campo tienen la misma dirección y sentidos opuestos. En ambos casos, el movimiento es acelerado, la velocidad crece y la energía cinética también, puesto que: $Ec = \dfrac{1}{2} \cdot m \cdot v^2$

En el caso de un campo magnético, una partícula cargada moviéndose en el seno de un campo magnético experimenta una fuerza dada por la ley de Lorentz: $\vec{F} = Q \cdot \vec{v} \times \vec{B}$ y en forma de módulo: $F = Q \cdot v \cdot B \cdot \sen\alpha$. Si los vectores $\vec{v}$ y $\vec{B}$ fueran paralelos, es decir, si la partícula se moviera en la misma dirección que el campo magnético, el sen α sería sero y la fuerza que actuase sobre la partícula sería nula. Según la primera ley de Newton, si la fuerza es cero, el cuerpo sigue moviéndose con velocidad constante, con lo que la energía cinética también sería constante.

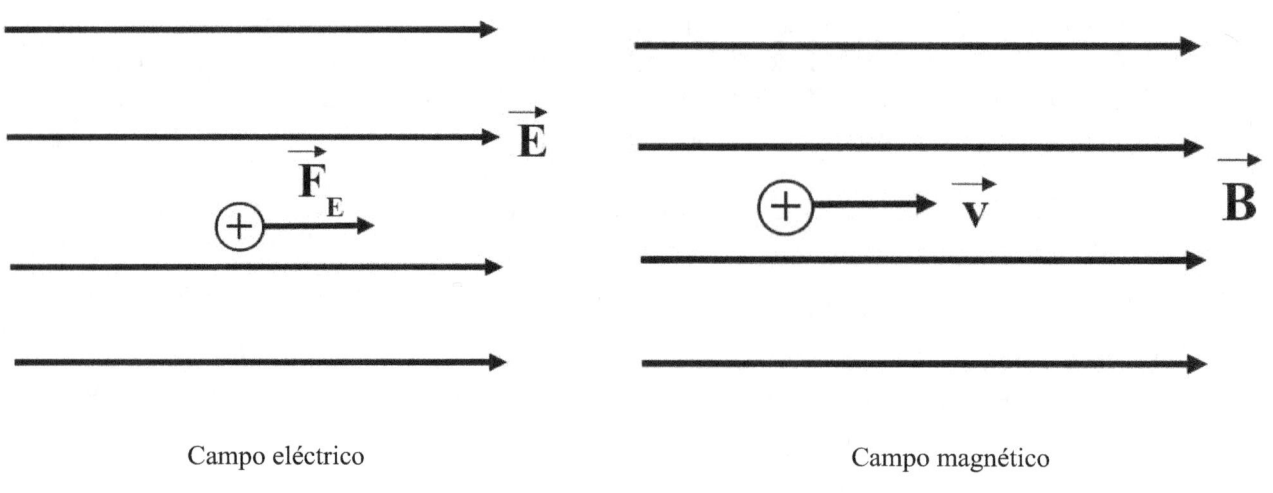

Campo eléctrico   Campo magnético

2013

24) Una espira, contenida en el plano horizontal XY y moviéndose en la dirección del eje X, atraviesa una región del espacio en la que existe un campo magnético uniforme, dirigido en el sentido positivo del eje Z. Razone si se induce corriente eléctrica en la espira e indique el sentido de la misma en cada uno de los siguientes casos: i) cuando la espira penetra en el campo; ii) cuando se mueve en su interior; iii) cuando sale del campo magnético.

Ley de Faraday-Lenz: la corriente inducida en un circuito es originada por la variación del flujo magnético que atraviesa dicho circuito. Su sentido es tal que se opone a dicha variación. Expresiones: $\Phi = \vec{B} \cdot \vec{S} = B \cdot S \cdot \cos\alpha$; $\epsilon = -\dfrac{d\Phi}{dt}$. Para que exista una fuerza electromotriz inducida, tiene que haber un cambio en el flujo magnético, ya sea para aumentarlo o para disminuirlo. Este cambio puede producirse modificando el campo B, la superficie S o el ángulo α entre el vector campo $\vec{B}$ y el vector superficie $\vec{S}$.

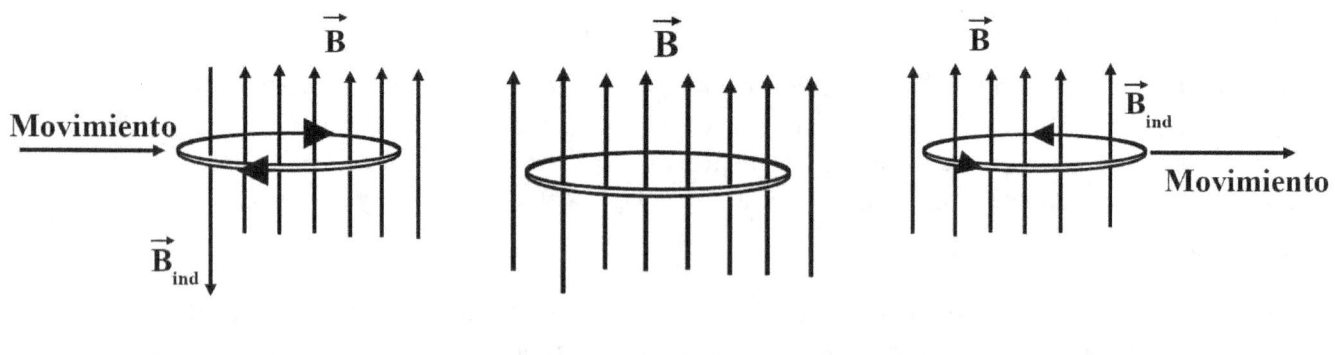

Entrando en el campo   Dentro del campo   Saliendo del campo

i) Al entrar en el campo, aumenta la superficie de la espira expuesta al campo magnético, luego aumenta el flujo. La $\vec{B}_{ind}$ tiende a disminuir el flujo oponiéndose al vector $\vec{B}$.

ii) Moviéndose dentro del campo, el flujo magnético permanece constante, porque así permanecen también el campo, la superficie y el ángulo entre $\vec{B}$ y $\vec{S}$. Por consiguiente, no hay corriente inducida.

iii) Al salir del campo, disminuye la superficie de la espira expuesta al campo magnético, luego disminuye el flujo. La $\vec{B}_{ind.}$ tiende a aumentar el flujo orientándose en el mismo sentido que el vector $\vec{B}$.

---

25) Por dos conductores rectilíneos, paralelos y de longitud infinita, circulan corrientes de la misma intensidad y sentido. Dibuje un esquema indicando la dirección y sentido del campo magnético debido a cada corriente y del campo magnético total en el punto medio de un segmento que une a los dos conductores. Razone cómo cambiaría la situación al duplicar una de las intensidades y cambiar su sentido.

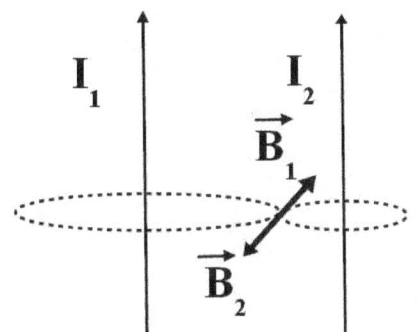
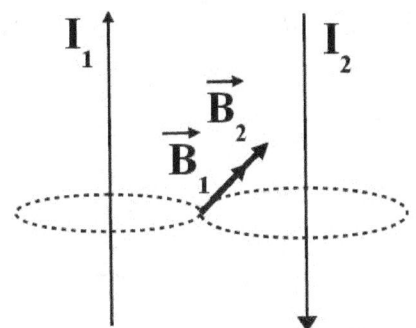

Mismo sentido $\qquad\qquad$ Sentidos opuestos

Un hilo conductor crea a su alrededor un campo magnético cuyo módulo viene dado por la ley de Biot y Savart: $B = \dfrac{\mu_0 \cdot I}{2 \cdot \pi \cdot r}$ y cuyo sentido viene dado por la regla de la mano derecha.

* Primer caso: corrientes con el mismo sentido e igual intensidad:

$$\vec{B} = \vec{B}_1 + \vec{B}_2 = -\frac{\mu_0 \cdot I}{2 \cdot \pi \cdot \frac{d_0}{2}} \cdot \vec{i} + \frac{\mu_0 \cdot I}{2 \cdot \pi \cdot \frac{d_0}{2}} \cdot \vec{i} = 0$$

El campo vale cero porque los dos vectores tienen igual módulo y sentidos opuestos.

* Segundo caso: corrientes con sentidos opuestos y una intensidad doble de la otra.

$$\vec{B} = \vec{B}_1 + \vec{B}_2 = -\frac{\mu_0 \cdot 2 \cdot I}{2 \cdot \pi \cdot \frac{d_0}{2}} \cdot \vec{i} - \frac{\mu_0 \cdot I}{2 \cdot \pi \cdot \frac{d_0}{2}} \cdot \vec{i} = -\frac{\mu_0 \cdot 2 \cdot I}{\pi \cdot d_0} \cdot \vec{i} - \frac{\mu_0 \cdot I}{\pi \cdot d_0} \cdot \vec{i} = -\frac{\mu_0 \cdot 3 \cdot I}{\pi \cdot d_0} \cdot \vec{i}$$

En este caso, los dos vectores campo magnético tienen igual dirección y sentido: el lado negativo del eje OX.

2012

26) Si la fuerza magnética sobre una partícula cargada no realiza trabajo, ¿cómo puede tener algún efecto sobre el movimiento de la partícula? ¿Conoce otros ejemplos de fuerzas que no realizan trabajo pero tienen un efecto significativo sobre el movimiento de las partículas? Justifique las respuestas.

Cuando una partícula cargada se mueve en el seno de un campo magnético, experimenta una fuerza dada por la ley de Lorentz: $\vec{F} = Q \cdot \vec{v} \times \vec{B}$ y en módulo: $F = Q \cdot v \cdot B \cdot \sen \alpha$. Es decir, la fuerza es perpendicular a la velocidad y, por consiguiente, al desplazamiento. La definición de trabajo es: $W = F \cdot e \cdot \cos \alpha$, siendo α el ángulo entre la fuerza F y el desplazamiento. Como $\vec{F}$ y $\vec{v}$ son perpendiculares, el ángulo es de 90° y el trabajo es nulo. La fuerza magnética iguala a la fuerza centrípeta. El efecto que produce la fuerza magnética sobre la partícula es el de cambiar su trayectoria, trazando una circunferencia y describiendo la partícula un MCU (movimiento circular uniforme).

$$\sum \vec{F} = m \cdot \vec{a} \quad \rightarrow \quad F_m = F_C \quad \rightarrow \quad Q \cdot v \cdot B \cdot \sen \alpha = \frac{m \cdot v^2}{r} \quad \rightarrow \quad r = \frac{m \cdot v}{Q \cdot B \cdot \sen \alpha}$$

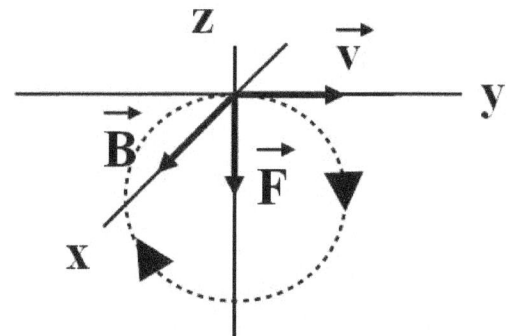

Carga positiva

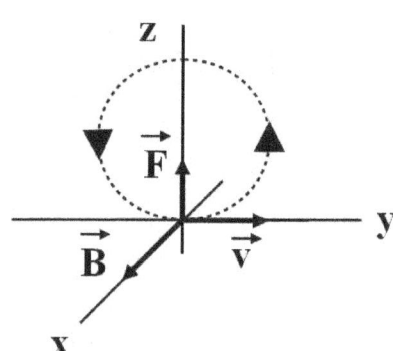

Carga negativa

Otro ejemplo de fuerza que no realiza trabajo y que tiene un efecto significativo sobre el movimiento de las partículas es la fuerza gravitatoria sobre un satélite. En este caso también se produce un movimiento circular uniforme. La fuerza gravitatoria iguala a la fuerza centrípeta. En un satélite, la atracción gravitatoria es compensada por la inercia del movimiento circular.

$$\sum \vec{F} = m \cdot \vec{a} \quad \rightarrow \quad F_G = F_C \quad \rightarrow \quad G \cdot \frac{M \cdot m}{r^2} = \frac{m \cdot v^2}{r} \quad \rightarrow \quad r = \frac{G \cdot M}{v^2}$$

---

27) Una espira se encuentra en reposo en el plano horizontal, en un campo magnético vertical y dirigido hacia arriba. Indique en un esquema el sentido de la corriente que circula por la espira si: i) aumenta la intensidad del campo magnético; ii) disminuye dicha intensidad.

Ley de Faraday-Lenz: la corriente inducida en un circuito es originada por la variación del flujo magnético que atraviesa dicho circuito. Su sentido es tal que se opone a dicha variación. Expresiones:
$\Phi = \vec{B} \cdot \vec{S} = B \cdot S \cdot \cos \alpha$; $\epsilon = -\dfrac{d\Phi}{dt}$.

Para que exista una fuerza electromotriz inducida, tiene que haber un cambio en el flujo magnético, ya sea para aumentarlo o para disminuirlo. Este cambio puede producirse modificando el campo B, la superficie S o el ángulo α entre el vector campo $\vec{B}$ y el vector superficie $\vec{S}$.

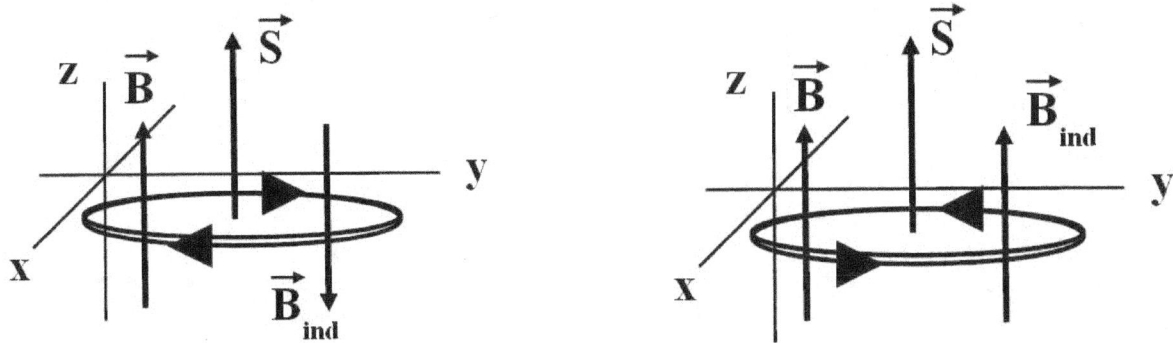

Aumenta la intensidad   Disminuye la intensidad

* Primer caso: aumenta la intensidad. Al aumentar la intensidad del campo magnético, aumenta el flujo magnético. El vector $\vec{B}_{ind}$ tiene a disminuir el flujo oponiéndose al vector $\vec{B}$.

* Segundo caso: disminuye la intensidad. Al disminuir la intensidad del campo magnético, disminuye el flujo magnético. El vector $\vec{B}_{ind}$ tiende a aumentar el flujo orientándose en el mismo sentido que el vector $\vec{B}$.

La f.e.m. inducida viene dada por la regla de la mano derecha: el pulgar apunta a la $\vec{B}_{ind}$ y los demás dedos señalan el sentido de la corriente.

2009

28) Una espira circular se encuentra situada perpendicularmente a un campo magnético. Razone qué fuerza electromotriz se induce en la espira al girar ésta con velocidad angular constante en torno a un eje, en los siguientes casos: i) el eje es un diámetro de la espira; ii) el eje pasa por el centro de la espira y es perpendicular a su plano.

Ley de Faraday-Lenz: la corriente inducida en un circuito es originada por la variación del flujo magnético que atraviesa dicho circuito. Su sentido es tal que se opone a dicha variación. Expresiones:

$$\Phi = \vec{B} \cdot \vec{S} = B \cdot S \cdot \cos\alpha \quad ; \quad \epsilon = -\frac{d\Phi}{dt}$$

Para que exista una fuerza electromotriz inducida, tiene que haber un cambio en el flujo magnético, ya sea para aumentarlo o para disminuirlo. Este cambio puede producirse modificando el campo B, la superficie S o el ángulo α entre el vector campo $\vec{B}$ y el vector superficie $\vec{S}$.

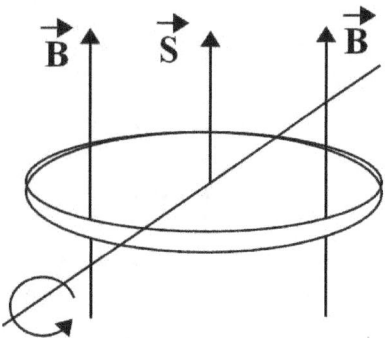
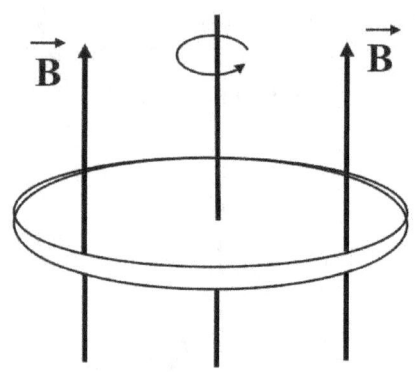

El eje es un diámetro   El eje es perpendicular a la espira

* Primer caso: el eje es un diámetro. Se supone que el campo magnético es constante. Al girar la espira, cambia el ángulo α, es decir, el ángulo entre el campo $\vec{B}$ y el vector superficie $\vec{S}$. Al depender el flujo de la función coseno, el flujo baja y sube como la función coseno. En cada giro se producen altibajos del flujo, como en la función coseno.

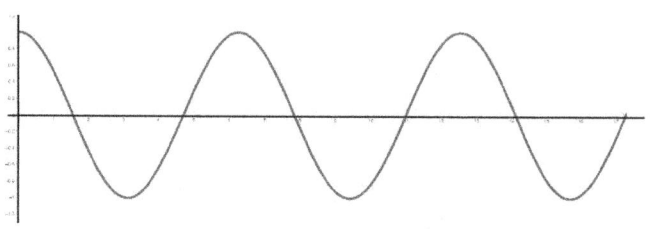

Función coseno

* Segundo caso: en este caso no hay f.e.m. inducida, pues no cambian ni B, ni S ni α. La espira gira en torno a su eje perpendicular, luego el vector $\vec{B}$ y el vector $\vec{S}$ son siempre paralelos.

2008

29) Explique las experiencias de Öersted y comente cómo las cargas en movimiento originan campos magnéticos.

Öersted investigó la relación entre la electricidad y el magnetismo. Demostró los efectos de una corriente eléctrica sobre una aguja imantada.

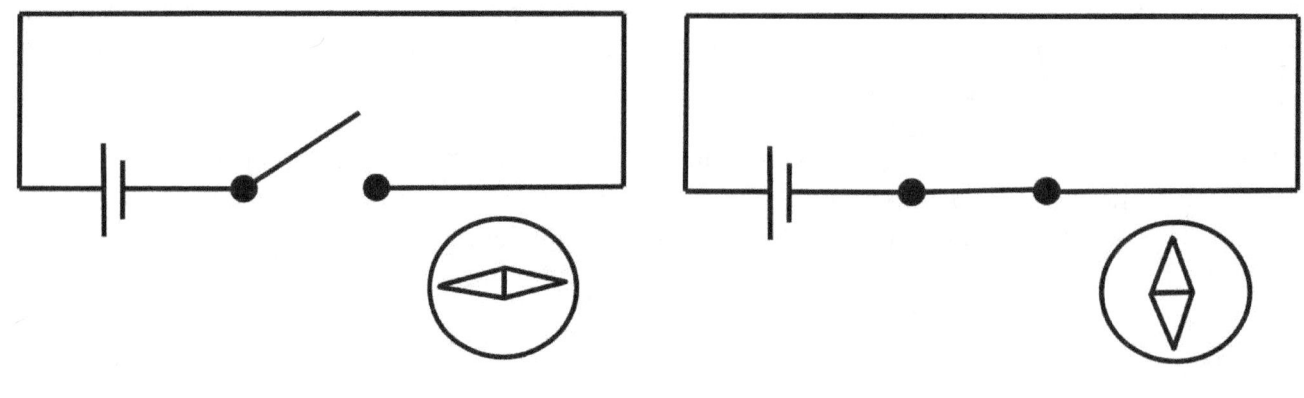

Circuito abierto   Circuito cerrado

Construyó un circuito eléctrico y situó una brújula cerca del hilo conductor. Cuando no circulaba corriente, situó la aguja paralela al hilo conductor. Cuando circulaba corriente por el circuito, la aguja de la brújula se situaba perpendicularmente al hilo conductor. La corriente eléctrica ejercía sobre la aguja los mismos efectos que un imán. Este experimento demostraba la relación entre electricidad y magnetismo.

---

30) Una espira circular de sección S se encuentra en un campo magnético **B**, de modo que el plano de la espira es perpendicular al campo. Razone en qué casos se induce fuerza electromotriz en la espira.

Ley de Faraday-Lenz: la corriente inducida en un circuito es originada por la variación del flujo magnético que atraviesa dicho circuito. Su sentido es tal que se opone a dicha variación. Expresiones: $\Phi = \vec{B} \cdot \vec{S} = B \cdot S \cdot \cos\alpha$; $\epsilon = -\dfrac{d\Phi}{dt}$. Para que exista una fuerza electromotriz inducida, tiene que haber un cambio en el flujo magnético, ya sea para aumentarlo o para disminuirlo. Este cambio puede producirse modificando el campo B, la superficie S o el ángulo α entre el vector campo $\vec{B}$ y el vector superficie $\vec{S}$.
* Cambio en el campo B: existen instrumentos que generan campos magnéticos variables. Por ejemplo: un generador variable de corriente conectado a una bobina.
* Cambio en la superficie: lo que se cambia no es el tamaño de la espira, sino la superficie de la espira situada dentro del campo magnético. Para ello, lo único que hay que hacer es sacar de o meter la espira dentro de la zona del espacio con campo magnético.
* Cambio en el ángulo α: esto se hace girando la espira. En cada giro cambia la tendencia de la función coseno, se producen altibajos. Igual ocurre con el flujo.

CUESTIONES DE ONDAS

2018

1) ¿Qué significa que dos puntos de la dirección de propagación de una onda armónica estén en fase o en oposición de fase? ¿Qué distancia les separaría en cada caso?

Se dice que dos puntos de una onda armónica están en fase o en concordancia de fase cuando se hallan en el mismo estado de vibración, es decir, que tienen el mismo valor de la elongación y de la velocidad, en módulo y en signo. Se dice que dos puntos de una onda armónica están en oposición de fase si están en estados opuestos, es decir, tienen los mismos valores de la elongación y de la velocidad en valor absoluto pero los signos son opuestos.

* Condición de concordancia de fase: la diferencia de distancias de esos puntos al foco emisor es un número entero de longitudes de onda: $x_2 - x_1 = \lambda, 2 \cdot \lambda, 3 \cdot \lambda, \ldots = n \cdot \lambda$, siendo: n = 1, 2, 3, …

* Condición de oposición de fase: la diferencia de distancias de esos puntos al foco emisor es un múltiplo impar de semilongitudes de onda: $x_2 - x_1 = \dfrac{\lambda}{2}, \dfrac{3 \cdot \lambda}{2}, \dfrac{5 \cdot \lambda}{2}, \ldots$

$x_2 - x_1 = (2 \cdot n + 1) \cdot \dfrac{\lambda}{2}$, siendo: n = 0, 1, 2, 3, …

Los puntos A y E están en fase: tienen la misma elongación, tienen la misma velocidad y se están acercando a la posición de equilibrio. También lo están: el B y el F o el D y el H.

Los puntos A y C están en oposición de fase: las elongaciones son iguales en módulo y de signos opuestos, las velocidades son iguales en módulo y de sentidos opuestos. Cuando uno baja, el otro sube. También lo están: el C y el E o el E y el G.

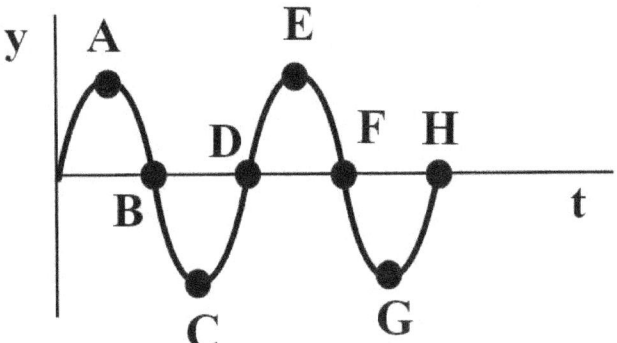

---

2) ¿Es lo mismo velocidad de vibración que velocidad de propagación de una onda? Justifique su respuesta en base a sus expresiones matemáticas correspondientes.

Una onda es una perturbación del espacio provocada por una vibración o por un campo. Una onda armónica es aquella cuya perturbación viene dada por un movimiento armónico simple. Una onda armónica puede considerarse como un movimiento armónico simple (MAS) que se desplaza horizontalmente, generalmente. Las ondas transportan energía pero no materia. La velocidad con la que se mueve una onda de un valor de x a otro se llama velocidad de propagación: $v_p = \lambda \cdot f$. La velocidad de vibración o de oscilación es la velocidad con la que se mueve verticalmente un punto de una onda. Se obtiene derivando la expresión de la elongación:

$y = A \cdot \text{sen}(\omega \cdot t \pm k \cdot x + \varphi_0) \quad \rightarrow \quad v_v = \dfrac{dy}{dt} = A \cdot \omega \cdot \cos(\omega \cdot t \pm k \cdot x + \varphi_0)$

Si la velocidad de propagación y la de vibración son perpendiculares, la onda es transversal, como la luz y las olas. Si son paralelas, la onda es longitudinal, como el sonido.

3) Indique, razonando sus respuestas, qué características deben tener dos ondas que se propagan por una cuerda tensa con sus dos extremos fijos para que su superposición origine una onda estacionaria.

Una onda estacionaria es la superposición de dos ondas armónicas con las mismas características que se propagan por el mismo medio con sentidos contrarios. El resultado es un movimiento oscilatorio que no se propaga. Sus principales características son su frecuencia y longitud de onda, ambas relacionadas entre sí por la velocidad de la onda en el medio, y la amplitud de la onda estacionaria.

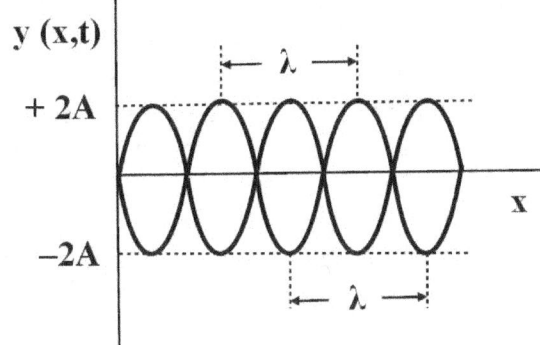

Onda estacionaria con extremos fijos

Tiene puntos que no vibran (los nodos), que permanecen inmóviles, estacionarios, mientras que otros puntos (los vientres o antinodos) lo hacen con una amplitud de vibración máxima, igual al doble de la amplitud de las ondas que se superponen, y con una energía máxima.

Las ondas estacionarias tienen lugar en todos los instrumentos musicales, como guitarras, pianos, flautas, etc.

Ondas estacionarias en cuerdas con extremos fijos: la onda rebotada es la inversa de la onda incidente.

$y_1 = A \cdot \cos(\omega \cdot t - k \cdot x)$; $y_2 = -A \cdot \cos(\omega \cdot t + k \cdot x)$;

$y = y_1 + y_2 = A \cdot \cos(\omega \cdot t) \cdot \cos(k \cdot x) + A \cdot \sen(\omega \cdot t) \cdot \sen(k \cdot x) - A \cdot \cos(\omega \cdot t) \cdot \cos(k \cdot x) +$

$+ A \cdot \sen(\omega \cdot t) \cdot \sen(k \cdot x) = 2 \cdot A \cdot \sen(\omega \cdot t) \cdot \sen(k \cdot x)$; $A(x) = 2 \cdot A \cdot \sen(k \cdot x)$

En los vientres: $\sen(k \cdot x) = \pm 1 \rightarrow x = (2n + 1) \cdot \dfrac{\lambda}{4}$

En los nodos: $\sen(k \cdot x) = 0 \rightarrow x = n \cdot \dfrac{\lambda}{2}$; Distancia entre nodos: $\dfrac{\lambda}{2}$

---

4) Discuta razonadamente la veracidad de la siguiente afirmación: "Cuando una onda incide en la superficie de separación de dos medios, las ondas reflejada y refractada tienen igual frecuencia e igual longitud de onda que la onda incidente".

Es parcialmente verdadera y parcialmente falsa. Cuando una onda se refleja, el rayo reflejado tiene características idénticas a las del rayo incidente. Luego su frecuencia y su longitud de onda son iguales a las del rayo incidente. Cuando una onda se refracta, la frecuencia permanece constante en el otro medio, pero la longitud de onda cambia: $v = \lambda \cdot f$; $n = c / v \rightarrow$ si cambia el medio, cambia el índice de refracción; si cambia el índice de refracción, cambia la velocidad; si cambia la velocidad y permanece constante la frecuencia, cambia la longitud de onda en el otro medio. La frecuencia no cambia al refractarse el rayo porque los campos eléctrico y magnético que forman la luz deben permanecer continuos en el otro medio; si cambiase la frecuencia, cambiaría la fase relativa y no habría forma de hacer coincidir los campos eléctrico y magnético.

5) Explique, ayudándose de esquemas en cada caso, la doble periodicidad espacial y temporal de las ondas, definiendo las magnitudes que las describen e indicando, si existe, la relación entre ellas.

La ecuación de una onda muestra la doble dependencia de la distancia y del tiempo:
$$y(x,t) = A \cdot \cos(\omega \cdot t - k \cdot x)$$

Las posiciones de alejamiento respecto a la posición de equilibrio se repiten periódicamente con el paso del tiempo para cualquier punto determinada de la onda. Así, para un valor fijo de x (constante), la onda es armónica respecto a la otra variable, el tiempo:

$$y(t) = A \cdot \cos(\omega \cdot t) = A \cdot \cos\left(\frac{2 \cdot \pi \cdot t}{T} - cte\right)$$

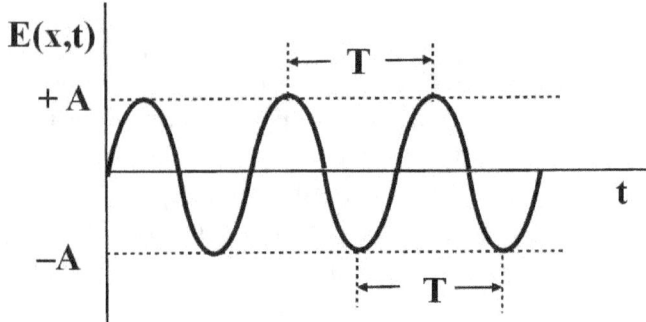

De la gráfica podemos observar que, para dos instantes t_1 y t_2, separados por un intervalo de tiempo igual a un período, el punto vuelve a tener el mismo estado de vibración.

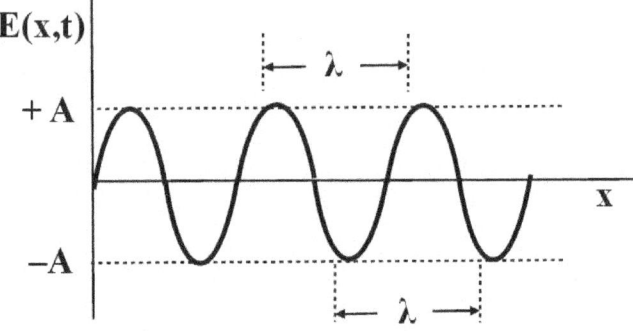

Sin realizar desarrollos trigonométricos, lo anterior equivale a:
$(\omega \cdot t_2 - k \cdot x) - (\omega \cdot t_1 - k \cdot x) = 2 \cdot \pi \cdot n$, pues la diferencia de fase debe ser múltiplo entero de $2 \cdot \pi$.

$$\omega \cdot t_2 - \omega \cdot t_1 = 2 \cdot \pi \cdot n \quad ; \quad \omega \cdot (t_2 - t_1) = 2 \cdot \pi \cdot n \quad ; \quad t_2 - t_1 = \frac{2 \cdot \pi \cdot n}{\omega} \quad ; \quad t_2 - t_1 = \frac{2 \cdot \pi \cdot n}{2 \cdot \pi \cdot f} \quad ;$$

$$t_2 - t_1 = \frac{n}{f} \quad ; \quad t_2 - t_1 = n \cdot T$$

Lo que demuestra que el estado de vibración de un punto de una onda se repite después de un período. Las posiciones de los puntos de una cuerda se repiten periódicamente a una distancia igual a la longitud de onda de cada punto. Si congeláramos la onda, observaríamos que la posición de cada punto se repite a una distancia λ.

Para dos puntos x_1 y x_2, separados por una distancia igual a una longitud de onda, se vuelve a alcanzar el mismo estado de vibración. Esto equivale matemáticamente a:
$(\omega \cdot t - k \cdot x_2) - (\omega \cdot t - k \cdot x_1) = 2 \cdot \pi \cdot n$, pues la diferencia de fase debe ser múltiplo entero de $2 \cdot \pi$.

$$k \cdot x_2 - k \cdot x_1 = 2 \cdot \pi \cdot n \quad ; \quad k \cdot (x_2 - x_1) = 2 \cdot \pi \cdot n \quad ; \quad x_2 - x_1 = \frac{2 \cdot \pi \cdot n}{k} \quad ; \quad x_2 - x_1 = \frac{2 \cdot \pi \cdot n}{2 \cdot \pi / \lambda} \quad ;$$

$x_2 - x_1 = n \cdot \lambda$

Se demuestra así que el estado de vibración de dos puntos de una onda en un mismo instante se repite cada longitud de onda. Por otro lado:

$$x_2 - x_1 = n \cdot \lambda \quad ; \quad t_2 - t_1 = n \cdot T \quad \rightarrow \quad \frac{x_2 - x_1}{t_2 - t_1} = \frac{n \cdot \lambda}{n \cdot T} \quad \rightarrow \quad v_{propagación} = \frac{\lambda}{T} = \lambda \cdot f$$

2017

6) Considere la siguiente ecuación de las ondas que se propagan en una cuerda:
$$y(x,t) = A \operatorname{sen}(Bt \pm Cx).$$
a) ¿Qué representan los coeficientes A, B y C? ¿Cuáles son sus unidades en el Sistema Internacional?
b) ¿Que indica el signo "$\pm$" que aparece dentro del paréntesis?

a) Una onda es una perturbación que se propaga en un medio. Las magnitudes son:
- A es la amplitud de la onda que indica el valor máximo de la elongación que sufren los puntos del medio por los que pasa la onda. Sus unidades en el S.I. son los metros.
- B es la pulsación o frecuencia angular. Indica el ritmo de oscilación. Sus unidades en el sistema internacional son rad/s.

$$B = \omega = \frac{2\cdot\pi}{T} = 2\cdot\pi\cdot f$$

- C es el número de ondas. Indica el número de veces que vibra la onda por unidad de distancia. Sus unidades son rad/m.

$$C = \frac{2\cdot\pi}{\lambda}$$

b) El signo del interior del paréntesis indica el sentido de desplazamiento de la onda. Cuando el signo es positivo, la onda se desplaza en el sentido negativo del eje de abscisas y cuando el signo es negativo, la onda se desplaza en el sentido positivo. Esto es así porque un punto cualquiera del medio situado a una distancia x del foco emisor realizará el mismo movimiento pero con un desfase; ese desfase es el tiempo que tarda en llegar la perturbación a ese punto: $t = \frac{x}{v}$. El término C·x debe ser siempre negativo, debido al desfase. Luego o viene precedido por un signo menos y la x es positiva o viene precedido de un signo más y la x es negativa.

---

7) Escriba la ecuación de una onda armónica transversal que se propaga a lo largo del sentido positivo del eje X e indique el significado de las magnitudes que aparecen en ella.

Una onda es una perturbación que se propaga por el medio. La perturbación puede ser una vibración, un campo eléctrico, un campo magnético, etc. Una onda transversal es aquella cuya dirección de perturbación es perpendicular a la dirección de propagación. La expresión pedida es:
$$y(x,t) = A\cdot\operatorname{sen}(\omega\cdot t - k\cdot x)$$
- A es la amplitud de la onda que indica el valor máximo de la elongación que sufren los puntos del medio por los que pasa la onda. Sus unidades en el S.I. son los metros.
- ω es la pulsación o frecuencia angular. Indica el ritmo de oscilación. Sus unidades en el sistema internacional son rad/s: $\omega = \frac{2\cdot\pi}{T} = 2\cdot\pi\cdot f$
- k es el número de ondas. Indica el número de veces que vibra la onda por unidad de distancia. Sus unidades son rad/m: $k = \frac{2\cdot\pi}{\lambda}$

El signo del interior del paréntesis indica el sentido de desplazamiento de la onda. Cuando el signo es negativo, la onda se desplaza en el sentido positivo del eje OX. Esto es así porque un punto cualquiera del medio situado a una distancia x del foco emisor realizará el mismo movimiento pero con un desfase; ese desfase es el tiempo que tarda en llegar la perturbación a ese punto: $t = \frac{x}{v}$.

El término C·x debe ser siempre negativo, debido al desfase. Luego o viene precedido por un signo menos y la x es positiva o viene precedido de un signo más y la x es negativa.

---

8) Escriba la ecuación de una onda armónica que se propaga en el sentido negativo del eje X. ¿Qué se entiende por periodo y por longitud de onda? ¿Qué relación hay entre esas dos magnitudes?

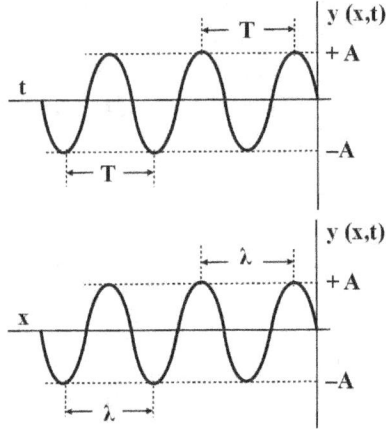

Una onda es una perturbación que se propaga por el medio. La perturbación puede ser una vibración, un campo eléctrico, un campo magnético, etc. Una onda transversal es aquella cuya dirección de perturbación es perpendicular a la dirección de propagación. La expresión pedida es:

$$y(x,t) = A \cdot sen(\omega \cdot t + k \cdot x)$$

El período, T, de una onda es el tiempo que tarda en hacer una oscilación completa. Se mide en segundos. La longitud de onda, λ, es la distancia en línea recta entre dos puntos que tienen el mismo estado de vibración, es decir, que están en fase. Se mide en metros. La relación entre ambas es: $\lambda = v_p \cdot T$

El signo del interior del paréntesis indica el sentido de desplazamiento de la onda. Cuando el signo es positivo, la onda se desplaza en el sentido negativo del eje OX. Esto es así porque un punto cualquiera del medio situado a una distancia x del foco emisor realizará el mismo movimiento pero con un desfase; ese desfase es el tiempo que tarda en llegar la perturbación a ese punto: $t = \dfrac{x}{v}$. El término C·x debe ser siempre negativo, debido al desfase. Luego o viene precedido por un signo menos y la x es positiva o viene precedido de un signo más y la x es negativa.

2016

9) Escriba la ecuación de una onda armónica que se propaga en el sentido positivo del eje X. Escriba la ecuación de otra onda que se propague en sentido opuesto y que tenga doble amplitud y frecuencia mitad que la anterior. Razone si las velocidades de propagación de ambas ondas son las mismas.

Onda armónica que se propaga en el sentido positivo del eje X: $y(x,t) = A_1 \cdot sen(\omega_1 \cdot t - k_1 \cdot x)$
* Magnitudes de la otra onda:
    – Amplitud: $A_2 = 2 \cdot A_1$
    – Frecuencia angular: $\omega = 2 \cdot \pi \cdot f$; $f_2 = \dfrac{f_1}{2}$; $\omega_2 = 2 \cdot \pi \cdot f_2 = \pi \cdot f_1 = \dfrac{\omega_1}{2}$
    – Velocidad de propagación: son iguales por ser ondas del mismo tipo y propagarse por el mismo medio: $v_{p1} = v_{p2}$
    – Longitud de onda: $v_1 = v_2 \rightarrow \lambda_1 \cdot f_1 = \lambda_2 \cdot f_2 \rightarrow \dfrac{\lambda_2}{\lambda_1} = \dfrac{f_1}{f_2} = 2 \rightarrow \lambda_2 = 2 \cdot \lambda_1$

- Número de onda: $k_2 = \dfrac{2\cdot\pi}{\lambda_2} = \dfrac{2\cdot\pi}{2\cdot\lambda_1} = \dfrac{k_1}{2}$

- Ecuación de la otra onda: $y(x,t) = A_2\cdot\text{sen}(\omega_2\cdot t - k_2\cdot x) = 2\cdot A_1\cdot\text{sen}\left(\dfrac{\omega_1}{2}\cdot t - \dfrac{k_1}{2}\cdot x\right)$

---

10) Explique qué es una onda estacionaria e indique cómo puede producirse. Describa sus características.

Una onda estacionaria es la superposición de dos ondas armónicas con las mismas características (A, ω, λ, f y dirección) que se propagan por el mismo medio con sentidos contrarios. El resultado es un movimiento oscilatorio que no se propaga. Sus principales características son su frecuencia y longitud de onda, ambas relacionadas entre sí por la velocidad de la onda en el medio, y la amplitud de la onda estacionaria. Tiene puntos que no vibran (los nodos), que permanecen inmóviles, estacionarios, mientras que otros (los vientres o antinodos) lo hacen con una amplitud de vibración máxima, igual al doble de la amplitud de las ondas que interfieren, y con una energía máxima. Las ondas estacionarias tienen lugar en todos los instrumentos musicales, como guitarras, pianos, flautas, etc.

Existen dos tipos de ondas estacionarias: con extremos fijos y con extremos libres:

* Ondas estacionarias con extremos libres: la onda rebotada es idéntica a la incidente, pero de sentido contrario:

$y_1 = A\cdot\text{sen}(\omega\cdot t - k\cdot x)$

$y_2 = A\cdot\text{sen}(\omega\cdot t + k\cdot x)$

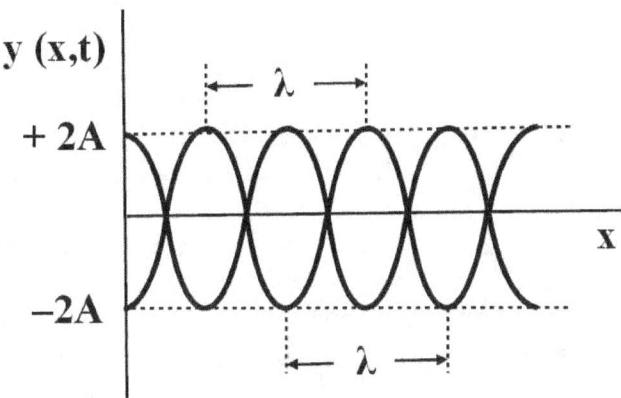

$y = y_1 + y_2 = A\cdot\text{sen}(\omega\cdot t)\cdot\cos(k\cdot x) - A\cdot\cos(\omega\cdot t)\cdot\text{sen}(k\cdot x) + A\cdot\text{sen}(\omega\cdot t)\cdot\cos(k\cdot x) +$

$+ A\cdot\cos(\omega\cdot t)\cdot\text{sen}(k\cdot x) = 2\cdot A\cdot\text{sen}(\omega\cdot t)\cdot\cos(k\cdot x)$

Ante todo, no es un movimiento ondulatorio. No existe propagación de energía a lo largo de la cuerda, debido a que hay dos ondas viajeras idénticas (con igual v_p) pero de sentidos contrarios. La velocidad total de propagación es nula. Tampoco posee λ, f, v, k ni A propias. Estas magnitudes que aparecen en la expresión pertenecen a las ondas viajeras que se han superpuesto.

Las partículas de la cuerda realizan un MAS en el que la amplitud es función del punto que consideremos: $y(x,t) = A(x)\cdot\text{sen}(\omega\cdot t)$; $A(x) = \cos(k\cdot x)$; $A_{\text{máxima}} = 2\cdot A$

En los vientres o antinodos, la amplitud es máxima, luego: $\cos(k\cdot x) = \pm 1 \rightarrow x = n\cdot\dfrac{\lambda}{2}$

En los nodos, puntos en reposo, la amplitud es nula, luego: $\cos(k\cdot x) = 0 \rightarrow x = (2\cdot n + 1)\cdot\dfrac{\lambda}{4}$

Distancia entre nodos: $\dfrac{\lambda}{2}$

* Ondas estacionarias con extremos fijos: la onda rebotada es la inversa de la onda incidente.

Supongamos que las ondas vienen dadas por estas funciones, aunque podrían ser otras:

$$y_1 = A \cdot \cos(\omega \cdot t - k \cdot x)$$

$$y_2 = -A \cdot \cos(\omega \cdot t + k \cdot x)$$

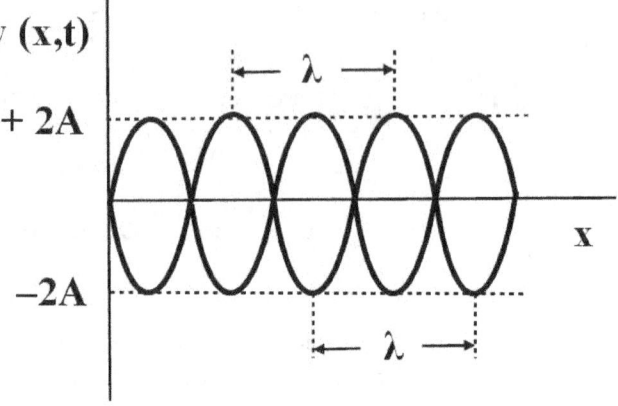

$y = y_1 + y_2 = A \cdot \cos(\omega \cdot t) \cdot \cos(k \cdot x) + A \cdot \sen(\omega \cdot t) \cdot \sen(k \cdot x) - A \cdot \cos(\omega \cdot t) \cdot \cos(k \cdot x) +$

$+ A \cdot \sen(\omega \cdot t) \cdot \sen(k \cdot x) = 2 \cdot A \cdot \sen(\omega \cdot t) \cdot \sen(k \cdot x)$; $A(x) = 2 \cdot A \cdot \sen(k \cdot x)$

En los vientres: $\sen(k \cdot x) = \pm 1 \rightarrow x = (2 \cdot n + 1) \cdot \dfrac{\lambda}{4}$

En los nodos: $\sen(k \cdot x) = 0 \rightarrow x = n \cdot \dfrac{\lambda}{2}$; Distancia entre nodos: $\dfrac{\lambda}{2}$

---

11) Superposición de ondas; descripción cualitativa de los fenómenos de interferencia de dos ondas.

El fenómeno de interferencia es característico de las ondas. Se produce cuando dos o más ondas, procedentes de dos o más focos diferentes, se propagan por una misma región del espacio. El principio de superposición dice que el efecto conjunto de varias ondas es la suma de los efectos individuales. Los puntos intermedios se verán afectados por las perturbaciones de ambas ondas, sumándose los efectos. Realmente, se habla de interferencia cuando sus efectos son apreciables, es decir, cuando las ondas que se superponen tienen amplitudes parecidas y, sobre todo, longitudes de onda parecidas. Se dice que las ondas son coherentes.
- Interferencia constructiva: si las ondas llegan en fase ($\Delta\varphi = 0, 2\cdot\pi, 4\cdot\pi, ..., 2\cdot n\cdot\pi$), cuando uno de los movimientos está en su amplitud, el otro también. La amplitud del movimiento resultante será la suma de las dos amplitudes: $A = A_1 + A_2$.
Condición para que estén en fase: $\Delta\varphi = k \cdot (x_2 - x_1) = 2 \cdot n \cdot \pi \rightarrow x_2 - x_1 = n \cdot \lambda$, siendo x_1 y x_2 las distancias de cada punto a cada foco.
- Interferencia destructiva: si las ondas llegan en fase ($\Delta\varphi = \pi, 3\cdot\pi, 5\cdot\pi, ..., (2n+1)\cdot\pi$), cuando uno de los movimientos está en su amplitud, el otro también pero de signo opuesto. La amplitud del movimiento resultante será la diferencia de las dos amplitudes: $A = A_1 - A_2$.
Condición para que estén en fase: $\Delta\varphi = k \cdot (x_2 - x_1) = (2n+1) \cdot \pi \rightarrow x_2 - x_1 = (2 \cdot n + 1) \cdot \dfrac{\lambda}{2}$, siendo x_1 y x_2 las distancias de cada punto a cada foco.

Entre estas situaciones extremas, existen todas las situaciones intermedias, con amplitudes entre:
$$A = |A_1 - A_2| \text{ y } A = A_1 + A_2$$

12) a) Explique las características cinemáticas de un movimiento armónico simple. b) Dos partículas de igual masa, m, unidas a dos resortes de constantes k_1 y k_2 ($k_1 > k_2$), describen movimientos armónicos simples de igual amplitud. ¿Cuál de las dos partículas tiene mayor energía cinética al pasar por su posición de equilibrio? ¿Cuál de las dos oscila con mayor periodo? Razone las respuestas.

a) El movimiento armónico simple (MAS) es el movimiento periódico (se repite en el tiempo) de un cuerpo que oscila a un lado y a otro de su posición de equilibrio. La aceleración y la fuerza son directamente proporcionales a la distancia del cuerpo a la posición de equilibrio (elongación).
Estudio cinemático:
- Elongación: $x = A \cdot \text{sen}(\omega \cdot t + \varphi_0)$, en la que x representa la posición del móvil y se denomina elongación, A es la elongación máxima y se denomina amplitud (en metros), ω es la frecuencia angular (en rad/s) y φ_0 es la fase inicial (en rad).
- Velocidad: $v = \dfrac{dx}{dt} = A \cdot \omega \cdot \cos(\omega \cdot t + \varphi_0)$
- Aceleración: $a = \dfrac{dv}{dt} = -A \cdot \omega^2 \cdot \text{sen}(\omega \cdot t) = -\omega^2 \cdot x$

	Elongación, x	Velocidad, v	Aceleración, a
Extremo superior	Máxima = + A	0	Máxima = $-\omega^2 \cdot A$
Posición de equilibrio	0	Máxima = $A \cdot \omega$	Mínima = 0
Extremo inferior	Máxima = – A	0	Máxima = $-\omega^2 \cdot A$

La elongación y la aceleración son funciones del seno y la velocidad del coseno. Esto supone que la elongación y la velocidad adquieren sus valores máximos en los extremos y el mínimo en la posición de equilibrio. Con la velocidad, ocurre al contrario.

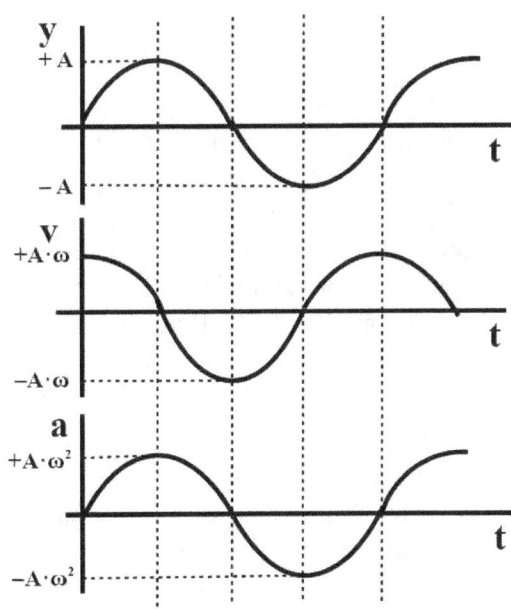

b) – Relación entre las energías cinéticas:

$Ec_1 = \frac{1}{2} \cdot k_1 \cdot A^2 \rightarrow k_1 = \frac{2 \cdot Ec_1}{A^2}$

$Ec_2 = \frac{1}{2} \cdot k_2 \cdot A^2 \rightarrow k_2 = \frac{2 \cdot Ec_2}{A^2}$

$k_1 > k_2 \rightarrow \frac{2 \cdot Ec_1}{A^2} > \rightarrow Ec_1 > Ec_2$

- Relación entre los períodos:

$k_1 = m \cdot \omega_1^2 = \frac{m \cdot 4 \cdot \pi^2}{T_1^2}$

$k_2 = m \cdot \omega_2^2 = \frac{m \cdot 4 \cdot \pi^2}{T_2^2}$

$k_1 > k_2 \rightarrow \frac{m \cdot 4 \cdot \pi^2}{T_1^2} > \frac{m \cdot 4 \cdot \pi^2}{T_2^2} \rightarrow T_2^2 > T_1^2 \rightarrow T_2 > T_1$

2015

13) Comente la siguiente frase: "Si se aumenta la energía mecánica de una partícula que describe un movimiento armónico simple, la amplitud y la frecuencia del movimiento también aumentan".

Parcialmente verdadero y parcialmente falso. Al aumentar la energía mecánica, aumenta la amplitud pero la frecuencia permanece constante.

La energía mecánica en el MAS viene dada por: $E_M = \frac{1}{2} \cdot k \cdot A^2$. La energía mecánica es directamente proporcional a la amplitud al cuadrado, luego al aumentar la energía mecánica, aumenta la amplitud y al contrario.

La constante elástica del movimiento tiene esta expresión: $k = m \cdot \omega^2 = m \cdot 4 \cdot \pi^2 \cdot f^2$. Se supone que el muelle es el mismo y que la masa es la misma. Por esos motivos, ni la k, ni la ω ni la f pueden cambiar.

---

14) Un cuerpo de masa m sujeto a un resorte de constante elástica k describe un movimiento armónico simple. Indique cómo variaría la frecuencia de oscilación si: i) la constante elástica se duplicara; ii) la masa del cuerpo se triplicara. Razone sus respuestas.

i) Si $k_2 = 2 \cdot k_1 \rightarrow m \cdot 4 \cdot \pi^2 \cdot f_2^2 = 2 \cdot m \cdot 4 \cdot \pi^2 \cdot f_1^2 \rightarrow f_2^2 = 2 \cdot f_1^2 \rightarrow f_2 = \sqrt{2} \cdot f_1$

La constante del muelle es directamente proporcional a la frecuencia: a mayor constante, mayor frecuencia.

ii) Si $m_2 = 3 \cdot m_1$. Suponemos que cambia la masa pero no la constante elástica:
$k_1 = k_2 \rightarrow m_1 \cdot 4 \cdot \pi^2 \cdot f_1^2 = m_2 \cdot 4 \cdot \pi^2 \cdot f_2^2 \rightarrow m_1 \cdot 4 \cdot \pi^2 \cdot f_1^2 = 3 \cdot m_1 \cdot 4 \cdot \pi^2 \cdot f_2^2 \rightarrow f_1^2 = 3 \cdot f_2^2 \rightarrow$

$\rightarrow f_2 = \frac{f_1}{\sqrt{3}}$. Cuando se aumenta la masa que oscila, la frecuencia del movimiento disminuye para mantener constante la constante elástica.

15) Dos bloques, de masas M y m, están unidos al extremo libre de sendos resortes idénticos, fijos por el otro extremo a una pared, y descansan sobre una superficie horizontal sin rozamiento. Los bloques se separan de su posición de equilibrio una misma distancia A y se sueltan. Razone qué relación existe entre las energías potenciales cuando ambos bloques se encuentran a la misma distancia de sus puntos de equilibrio.

La única fuerza que interviene en el movimiento es la fuerza elástica del resorte, ya que la fuerza gravitatoria y la normal se anulan mutuamente. Al ser todo el movimiento en horizontal y por anularse la normal con el peso, la única fuerza a tener en cuenta es la fuerza recuperadora del resorte.

La energía potencial será entonces energía potencial elástica, dada por: $Ep = \frac{1}{2} \cdot k \cdot x^2$, donde k es la constante elástica del resorte y x es la elongación, la distancia a la posición de equilibrio. Como los resortes son idénticos, las constantes amortiguadoras, k, son iguales. Como las masas se encuentran a la misma distancia de sus posiciones de equilibrio, tendrán igual elongación, x. Por consiguiente, ambos movimientos tienen la misma energía potencial en el momento considerado. Es decir, la relación entre sus energías potenciales será uno.

---

16) Una partícula de masa m sujeta a un muelle de constante k describe un movimiento armónico simple expresado por la ecuación: x (t) = A sen (ωt +φ) . Represente gráficamente la posición y la aceleración de la partícula en función del tiempo durante una oscilación. Explique ambas gráficas y la relación entre las dos magnitudes representadas.

Ambas gráficas parten del origen si la fase inicial vale cero, pues están representadas por la función seno. Los nodos están situados para los mismos valores del tiempo:

$$\frac{T}{2}, T, \frac{3 \cdot T}{2}, ..., \frac{n \cdot T}{2}$$

Debido a que la aceleración tiene signo negativo, pues tiene sentido opuesto a la posición, cuando la posición está en un máximo, la aceleración está en un mínimo y al contrario. La relación entre ambas es:

- Elongación: $y = A \cdot sen(\omega t + \varphi_0)$
- Velocidad: $v = \frac{dy}{dt} = A \cdot \omega \cdot cos(\omega \cdot t + \varphi_0)$
- Aceleración:

$$a = \frac{dv}{dt} = -A \cdot \omega^2 \cdot sen(\omega \cdot t) = -\omega^2 \cdot y$$

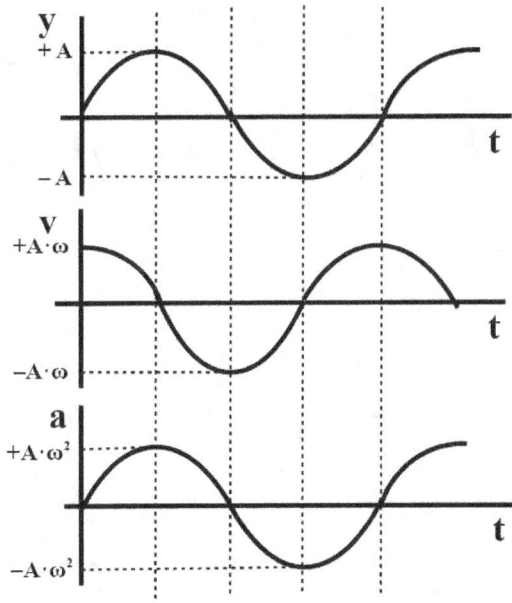

---

17) a) Describa el movimiento armónico simple y comente sus características dinámicas. b) Un oscilador armónico simple está formado por un muelle de masa despreciable y una partícula de masa, m, unida a uno de sus extremos. Se construye un segundo oscilador con un muelle idéntico al del primero y una partícula de masa diferente, m'. ¿Qué relación debe existir entre m' y m para que la frecuencia del segundo oscilador sea el doble que la del primero?

a) El movimiento armónico simple (MAS) es el movimiento periódico (se repite en el tiempo) de un cuerpo que oscila a un lado y a otro de su posición de equilibrio. La aceleración y la fuerza son directamente proporcionales a la distancia del cuerpo a la posición de equilibrio (elongación).

* Características dinámicas:
- Elongación: $y = A \cdot sen(\omega \cdot t + \varphi_0)$
- Velocidad: $v = \dfrac{dy}{dt} = A \cdot \omega \cdot cos(\omega \cdot t + \varphi_0)$
- Aceleración: $a = \dfrac{dv}{dt} = -A \cdot \omega^2 \cdot sen(\omega \cdot t + \varphi_0) = -\omega^2 \cdot y$
- Fuerza elástica: $F = -k \cdot y$
- Frecuencia angular: $F = m \cdot a = -m \cdot \omega^2 \cdot y = -k \cdot y \rightarrow k = m \cdot \omega^2 \rightarrow \omega = \sqrt{\dfrac{k}{m}}$
- Energía cinética: $Ec = \dfrac{1}{2} \cdot m \cdot v^2 = \dfrac{1}{2} \cdot m \cdot A^2 \cdot \omega^2 \cdot cos^2(\omega \cdot t + \phi_0)$
- Energía potencial: $Ep = \dfrac{1}{2} \cdot k \cdot y^2 = \dfrac{1}{2} \cdot m \cdot \omega^2 \cdot A^2 \cdot sen^2(\omega \cdot t + \phi_0)$
- Energía mecánica:

$E_M = Ec + Ep = \dfrac{1}{2} \cdot m \cdot A^2 \cdot \omega^2 \cdot cos^2(\omega \cdot t + \phi_0) + \dfrac{1}{2} \cdot m \cdot \omega^2 \cdot A^2 \cdot sen^2(\omega \cdot t + \phi_0) = \dfrac{1}{2} \cdot m \cdot \omega^2 \cdot A^2 = \dfrac{1}{2} \cdot k \cdot A^2$

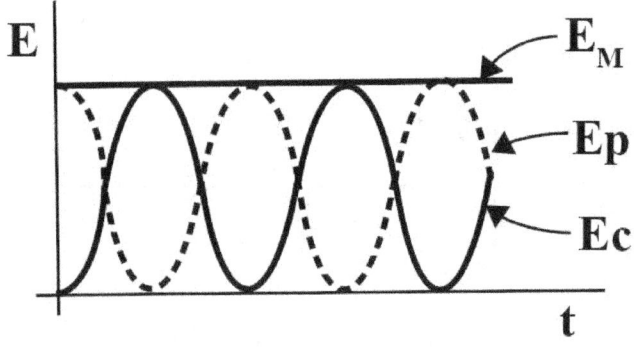
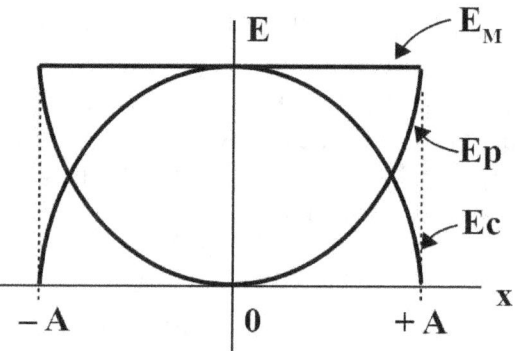

Gráfica energía – tiempo   Gráfica energía – posición

	Elongación, x	Ec	Ep
Extremo superior	Máxima = + A	0	Máxima = $\dfrac{1}{2} \cdot k \cdot A^2$
Posición de equilibrio	0	Máxima = $\dfrac{1}{2} \cdot k \cdot A^2$	Mínima = 0
Extremo inferior	Máxima = – A	0	Máxima = $\dfrac{1}{2} \cdot k \cdot A^2$

La energía mecánica es siempre constante, por ser la fuerza elástica conservativa. La energía potencial se va convirtiendo en cinética y la cinética en potencial.

b) Si los muelles son idénticos, las constantes elásticas son iguales:
$k_1 = k_2 \rightarrow m \cdot \omega^2 = m' \cdot \omega'^2 \rightarrow m \cdot 4 \cdot \pi^2 \cdot f^2 = m' \cdot 4 \cdot \pi^2 \cdot f'^2 \rightarrow m \cdot f^2 = m' \cdot f'^2 \rightarrow$

$\rightarrow m \cdot f^2 = m' \cdot (2 \cdot f)^2 \rightarrow m \cdot f^2 = m' \cdot 4 \cdot f^2 \rightarrow \dfrac{m'}{m} = \dfrac{1}{4}$

El cociente entre las masas es igual al cociente entre los cuadrados de las frecuencias. Cuando la masa crece, la frecuencia del movimiento disminuye. Es como si al muelle le costara más trabajo mover esa masa. O dicho de otra forma: F = m·a: segunda ley de Newton: la misma fuerza elástica provoca una menor aceleración para una masa mayor.

---

18) Una partícula de masa m está unida a un extremo de un resorte y realiza un movimiento armónico simple sobre una superficie horizontal. Determine la expresión de la energía mecánica de la partícula en función de la constante elástica de resorte, k, y de la amplitud de la oscilación, A.

El peso de la partícula se anula con la normal, luego el peso no influye en el MAS.
- Elongación: $y = A \cdot \text{sen}(\omega \cdot t + \varphi_0)$
en la que x representa la posición del móvil y se denomina elongación, A es la amplitud (elongación máxima), ω es la frecuencia angular y φ_0 es la fase inicial.

- Velocidad: $v = \dfrac{dy}{dt} = A \cdot \omega \cdot \cos(\omega \cdot t + \varphi_0)$
- Aceleración: $a = \dfrac{dv}{dt} = -A \cdot \omega^2 \cdot \text{sen}(\omega \cdot t) = -\omega^2 \cdot y$
- Energía cinética: $E_c = \dfrac{1}{2} \cdot m \cdot v^2 = \dfrac{1}{2} \cdot m \cdot A^2 \cdot \omega^2 \cdot \cos^2(\omega \cdot t + \phi_0)$
- Energía potencial: $E_p = \dfrac{1}{2} \cdot k \cdot y^2 = \dfrac{1}{2} \cdot m \cdot \omega^2 \cdot A^2 \cdot sen^2(\omega \cdot t + \phi_0)$
- Energía mecánica:

$E_M = E_c + E_p = \dfrac{1}{2} \cdot m \cdot A^2 \cdot \omega^2 \cdot \cos^2(\omega \cdot t + \phi_0) + \dfrac{1}{2} \cdot m \cdot \omega^2 \cdot A^2 \cdot sen^2(\omega \cdot t + \phi_0) = \dfrac{1}{2} \cdot m \cdot \omega^2 \cdot A^2 = \dfrac{1}{2} \cdot k \cdot A^2$

2014

19) Escriba la ecuación de una onda armónica que se propaga a lo largo del eje X. Escriba la ecuación de otra onda que se propague en sentido opuesto y que tenga doble amplitud y frecuencia mitad que la anterior. Razone si las velocidades de propagación de ambas ondas son las mismas.

- Onda que se propaga en el sentido positivo del eje x: $y_1(x,t) = A \cdot \text{sen}(\omega \cdot t - k \cdot x)$

Las magnitudes de la otra onda son:
- Amplitud: $A_2 = 2 \cdot A_1$
- Frecuencia angular: $\omega_2 = 2 \cdot \pi \cdot f_2 = 2 \cdot \pi \cdot \dfrac{f_1}{2} = \dfrac{\omega_1}{2}$
- Velocidad de propagación: $v_2 = v_1$. Las velocidades son iguales pues las ondas son del mismo tipo y se propagan por el mismo medio.

- Longitud de onda: $v_2 = v_1 \rightarrow \lambda_1 \cdot f_1 = \lambda_2 \cdot f_2 \rightarrow \dfrac{\lambda_2}{\lambda_1} = \dfrac{f_1}{f_2} = 2 \rightarrow \lambda_2 = 2 \cdot \lambda_1$

- Número de ondas: $k_2 = \dfrac{2 \cdot \pi}{\lambda_2} = \dfrac{2 \cdot \pi}{2 \cdot \lambda_1} = \dfrac{k_1}{2}$

- Ecuación de la nueva onda: $y_2(x,t) = A_2 \cdot \text{sen}(\omega_2 \cdot t + k_2 \cdot x) = 2 \cdot A_1 \cdot \text{sen}\left(\dfrac{\omega_1}{2} \cdot t + \dfrac{k_1}{2} x\right)$

2013

20) Explique las diferencias entre una onda transversal y una longitudinal y ponga un ejemplo de cada una de ellas.

Una onda transversal es aquella en la que la dirección de perturbación es perpendicular a la dirección de propagación. Ejemplos: las ondas producidas en cuerdas, las ondas sísmicas de tipo S y las ondas electromagnéticas.

Una onda longitudinal es aquella en la que la dirección de perturbación coincide con la dirección de propagación. Ejemplos: el sonido, las ondas sísmicas de tipo P, algunas ondas producidas en los muelles.

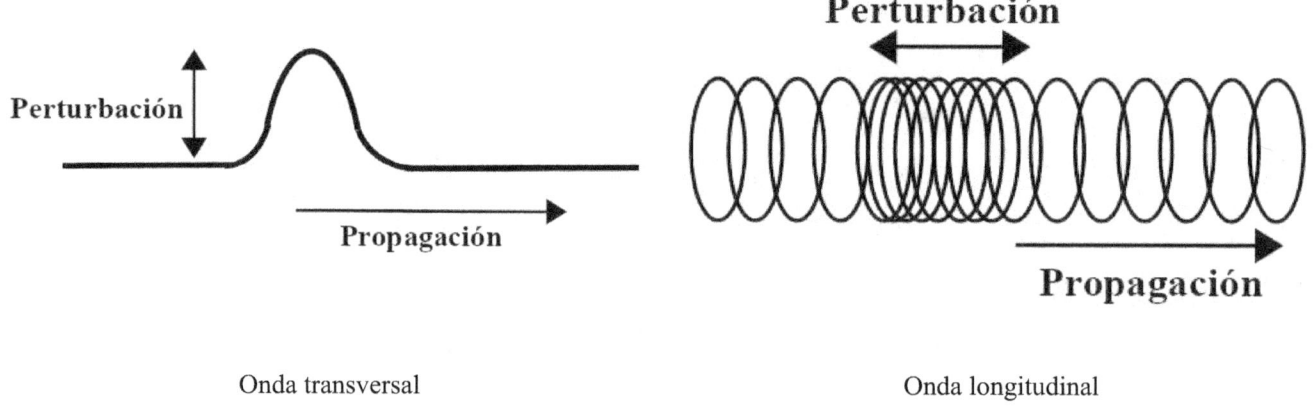

Onda transversal — Onda longitudinal

---

21) Demuestre que en un oscilador armónico simple la aceleración es proporcional al desplazamiento de la posición de equilibrio pero de sentido contrario.

El movimiento armónico simple (MAS) es un movimiento periódico a un lado y a otro de una posición de equilibrio y que es producido por una fuerza recuperadora que es proporcional a la elongación, es decir, a la distancia a la posición de equilibrio.

* Ecuación general de un MAS:
$$y = A \cdot sen(\omega \cdot t + \varphi_0)$$

* Velocidad de un MAS:
$$v = \frac{dy}{dt} = A \cdot \omega \cdot cos(\omega \cdot t + \varphi_0)$$

* Aceleración de un MAS:
$$a = \frac{dv}{dt} = -A \cdot \omega^2 \cdot sen(\omega \cdot t + \varphi_0) = -A \cdot y$$

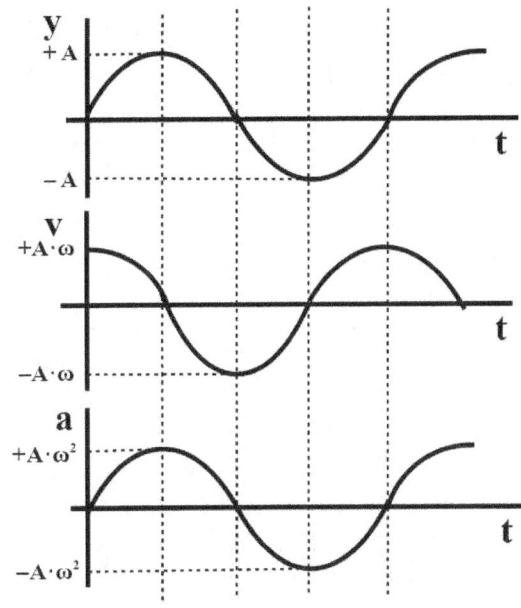

2012

22) a) Energía mecánica de un oscilador armónico simple. Utilice una representación gráfica para explicar la variación de las energías cinética, potencial y mecánica en función de la posición. b) Dos partículas de masas m_1 y m_2 ($m_2 > m_1$), unidas a resortes de la misma constante k, describen movimientos armónicos simples de igual amplitud. ¿Cuál de las dos partículas tiene mayor energía cinética al pasar por su posición de equilibrio? ¿Cuál de las dos pasa por esa posición a mayor velocidad? Razone las respuestas.

a) El movimiento armónico simple (MAS) es un movimiento periódico a un lado y a otro de una posición de equilibrio y que es producido por una fuerza recuperadora que es proporcional a la elongación, es decir, a la distancia a la posición de equilibrio.

- Energía cinética: $Ec = \frac{1}{2} \cdot m \cdot v^2 = \frac{1}{2} \cdot m \cdot A^2 \cdot \omega^2 \cdot cos^2(\omega \cdot t + \phi_0)$

- Energía potencial: $Ep = \frac{1}{2} \cdot k \cdot y^2 = \frac{1}{2} \cdot m \cdot \omega^2 \cdot A^2 \cdot sen^2(\omega \cdot t + \phi_0)$

- Energía mecánica:

$$E_M = Ec + Ep = \frac{1}{2} \cdot m \cdot A^2 \cdot \omega^2 \cdot cos^2(\omega \cdot t + \phi_0) + \frac{1}{2} \cdot m \cdot \omega^2 \cdot A^2 \cdot sen^2(\omega \cdot t + \phi_0) = \frac{1}{2} \cdot m \cdot \omega^2 \cdot A^2 = \frac{1}{2} \cdot k \cdot A^2$$

	Elongación, x	**Ec**	**Ep**
Extremo superior	Máxima = + A	0	Máxima = $\frac{1}{2}\cdot k\cdot A^2$
Posición de equilibrio	0	Máxima = $\frac{1}{2}\cdot k\cdot A^2$	Mínima = 0
Extremo inferior	Máxima = − A	0	Máxima = $\frac{1}{2}\cdot k\cdot A^2$

La energía mecánica es la suma de la cinética y la potencial. Como la fuerza elástica es conservativa, la energía mecánica se conserva. La energía cinética se va convirtiendo en potencial y la potencial en cinética. La cinética es máxima en el centro y nula en los extremos, al contrario que la potencial.

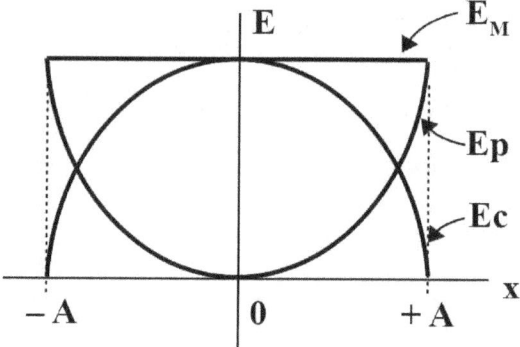

b) Al pasar por la posición de equilibrio, la energía cinética es máxima y la potencial vale cero. Como la energía mecánica se conserva, la Ec en la posición de equilibrio es: Ec = $\frac{1}{2}\cdot k\cdot A^2$

Al ser el mismo resorte: $k_1 = k_2$ → $m_1\cdot\omega_1^2 = m_2\cdot\omega_2^2$ → $m_1\cdot 4\cdot\pi^2\cdot f_1^2 = m_2\cdot 4\cdot\pi^2\cdot f_2^2$

Al aumentar la masa, la frecuencia disminuye, pero k sigue siendo la mima, pues es el mismo muelle.

Por consiguiente, la energía cinética de ambos movimientos será la misma e igual a $\frac{1}{2}\cdot k\cdot A^2$ al pasar por la posición de equilibrio.

Por otro lado, la energía cinética también es igual a: Ec = $\frac{1}{2}\cdot m\cdot v^2$, luego:

$m = \frac{2\cdot Ec}{v^2}$; $m_1 = \frac{2\cdot Ec}{v_1^2}$; $m_2 = \frac{2\cdot Ec}{v_2^2}$; $m_2 > m_1$ → $\frac{2\cdot Ec}{v_2^2} > \frac{2\cdot Ec}{v_1^2}$ →

→ $v_1^2 > v_2^2$ → $v_1 > v_2$

Cuanto mayor sea la masa, menor será su frecuencia de oscilación y menor será su velocidad al pasar por la posición de equilibrio.

2011

23) Escriba la ecuación de un movimiento armónico simple. ¿Cómo cambiarían las variables de dicha ecuación si el periodo del movimiento fuera doble? ¿Y si la energía mecánica fuera doble?

El movimiento armónico simple (MAS) es un movimiento periódico a un lado y a otro de una posición de equilibrio y que es producido por una fuerza recuperadora que es proporcional a la elongación, es decir, a la distancia a la posición de equilibrio.

Ecuación general de un MAS: $y = A \cdot \text{sen}(\omega \cdot t + \varphi_0)$

* Primer caso: el período del movimiento es el doble:

$$\omega_1 = \frac{2 \cdot \pi}{T_1} \quad ; \quad \omega_2 = \frac{2 \cdot \pi}{T_2} = \frac{2 \cdot \pi}{2 \cdot T_1} = \frac{\omega_1}{2} : \text{ la frecuencia angular sería la mitad.}$$

La amplitud no cambiaría, puesto que la frecuencia y el período dependen de la constante del muelle y de la masa, que se supone que no se modifican: $k = m \cdot \omega^2$

* Segundo caso: la energía mecánica fuera el doble: $E_{M1} = \frac{1}{2} \cdot k \cdot A_1^2$; $E_{M2} = 2 \cdot E_{M1}$

$$E_{M2} = \frac{1}{2} \cdot k \cdot A_2^2 = 2 \cdot E_{M1} = k \cdot A_1^2 \rightarrow A_2^2 = 2 \cdot A_1^2 \rightarrow A_2 = A_1 \cdot \sqrt{2} : A_2 \text{ es } \sqrt{2} \text{ veces más grande que } A_1.$$

Para aumentar la energía mecánica, se aumenta la amplitud. Se supone que no se cambian ni el muelle, ni la masa. Como: $k = m \cdot \omega^2$, entonces tampoco cambiarán ni ω, ni T ni f.

2009

24) a) Razone qué características deben tener dos ondas, que se propagan por una cuerda tensa con sus dos extremos fijos, para que su superposición origine una onda estacionaria. b) Explique qué valores de la longitud de onda pueden darse si la longitud de la cuerda es L.

a) Una onda estacionaria es la superposición de dos ondas armónicas. Para que su superposición origine una onda armónica tiene que cumplirse que tienen que tener las mismas características (A, T, ω, f, v_p) pero sentidos contrarios.

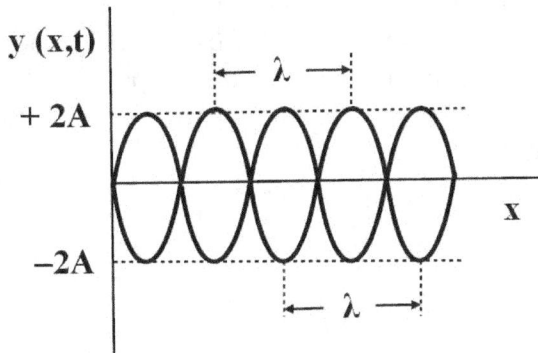

b) Como la cuerda tiene los extremos fijos, tiene que tener al menos un nodo para x = 0 y otro para x = L. Luego la longitud de onda de la onda debe cumplir una condición:

$$L = n \cdot \frac{\lambda}{2} \rightarrow \lambda = \frac{2 \cdot L}{n}$$

Es decir, La longitud de la cuerda debe ser un número entero de semilongitudes de onda, puesto que la distancia entre dos nodos consecutivos es de media longitud de onda.

2007

25) Un movimiento armónico simple viene descrito por la ecuación: $x(t) = A \, \text{sen}(\omega \cdot t + \delta)$. a) Escriba la velocidad y la aceleración de la partícula en función del tiempo y explique cómo varían a lo largo de una oscilación. b) Deduzca las expresiones de las energías cinética y potencial en función de la posición y explique sus cambios a lo largo de la oscilación.

a) * Velocidad de un MAS: $v = \dfrac{dx}{dt} = A \cdot \omega \cdot \cos(\omega \cdot t + \delta)$

* Aceleración de un MAS: $a = \dfrac{dv}{dt} = -A \cdot \omega^2 \cdot \text{sen}(\omega \cdot t + \delta) = -A \cdot x$

	Elongación, x	**Velocidad, v**	**Aceleración, a**
Extremo superior	Máxima = + A	0	Máxima = – $\omega^2 \cdot$A
Posición de equilibrio	0	Máxima = A·ω	Mínima = 0
Extremo inferior	Máxima = – A	0	Máxima = – $\omega^2 \cdot$A

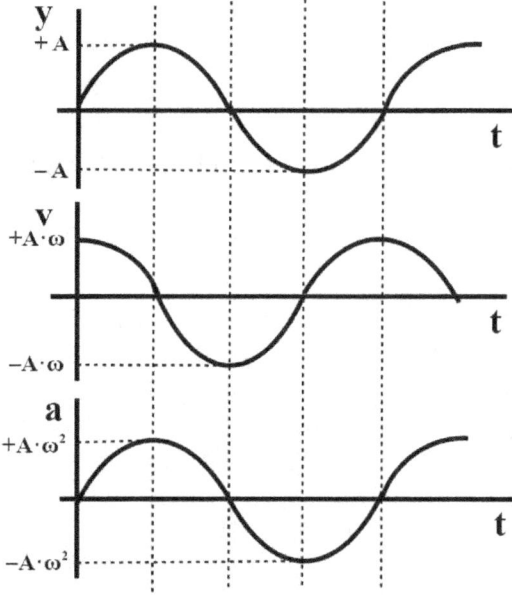

El movimiento armónico simple (MAS) es un movimiento periódico a un lado y a otro de una posición de equilibrio y que es producido por una fuerza recuperadora que es proporcional a la elongación, es decir, a la distancia a la posición de equilibrio.

La elongación es la distancia a la posición de equilibrio: es máxima en los extremos y cero en la posición de equilibrio. La velocidad es máxima en la posición de equilibrio y cero en los extremos. La aceleración es proporcional a la elongación; por eso, la aceleración es máxima en los extremos y cero en la posición de equilibrio.

b)

- Energía cinética: $E_c = \dfrac{1}{2} \cdot m \cdot v^2 = \dfrac{1}{2} \cdot m \cdot A^2 \cdot \omega^2 \cdot \cos^2(\omega \cdot t + \delta)$

- Energía potencial: $E_p = \dfrac{1}{2} \cdot k \cdot x^2 = \dfrac{1}{2} \cdot m \cdot \omega^2 \cdot A^2 \cdot sen^2(\omega \cdot t + \delta)$

- Energía mecánica:

$$E_M = E_c + E_p = \frac{1}{2} \cdot m \cdot A^2 \cdot \omega^2 \cdot \cos^2(\omega \cdot t + \delta) + \frac{1}{2} \cdot m \cdot \omega^2 \cdot A^2 \cdot sen^2(\omega \cdot t + \delta) = = \frac{1}{2} \cdot m \cdot \omega^2 \cdot A^2 = \frac{1}{2} \cdot k \cdot A^2$$

Luego: $E_c = E_M - E_p = \frac{1}{2} \cdot k \cdot A^2 - \frac{1}{2} \cdot k \cdot x^2 = \frac{1}{2} \cdot k \cdot (A^2 - x^2)$

	Elongación, x	Ec	Ep
Extremo superior	Máxima = + A	0	Máxima = $\frac{1}{2} \cdot k \cdot A^2$
Posición de equilibrio	0	Máxima = $\frac{1}{2} \cdot k \cdot A^2$	Mínima = 0
Extremo inferior	Máxima = – A	0	Máxima = $\frac{1}{2} \cdot k \cdot A^2$

2006

26) ¿Qué quiere decir que una onda está polarizada linealmente?

Las ondas se pueden clasificar atendiendo a varios criterios. Uno de ellos es atendiendo a las posiciones relativas de las direcciones de propagación y de perturbación. Si son perpendiculares entre sí, la onda es transversal. Si son paralelas, la onda es longitudinal.

El fenómeno de polarización es exclusivo de las ondas transversales, como las ondas electromagnéticas. En una onda electromagnética no polarizada, el campo eléctrico oscila en todas las direcciones perpendiculares a la dirección de propagación de la onda. En una onda electromagnética polarizada, el campo eléctrico oscila sólo en un plano determinado, denominado plano de polarización.

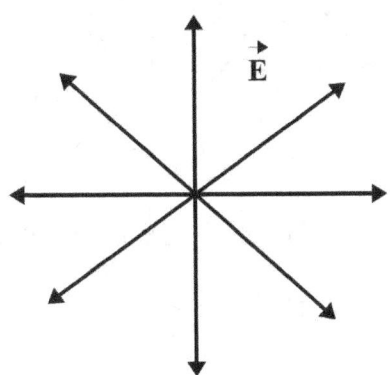

Direcciones de propagación del campo eléctrico
en una onda electromagnética normal

Dirección de propagación del campo eléctrico
en una onda electromagnética polarizada linealmente

2005

27) Una partícula describe un movimiento armónico simple de amplitud A y frecuencia f. Explique cómo varían la amplitud, la frecuencia del movimiento y la energía mecánica de la partícula al duplicar el periodo de oscilación.

La amplitud es independiente del período de oscilación, luego no se altera. Si aumentamos la amplitud, el cuerpo se moverá más deprisa, pero el período seguirá siendo el mismo, pues el período depende de la masa y del muelle. La frecuencia del movimiento y el período están relacionados así: $f = \dfrac{1}{T}$: luego si se duplica el período, la frecuencia disminuye hasta la mitad. La energía mecánica tiene la expresión: $E_M = \dfrac{1}{2} \cdot k \cdot A^2$: la energía mecánica no cambia porque k es constante (el muelle es el mismo) y la amplitud no se altera con el cambio del período. La constante del muelle es: $k = m \cdot \omega^2 = m \cdot 4 \cdot \pi^2 \cdot f^2 = \dfrac{m \cdot 4 \cdot \pi^2}{T^2}$. Como se trata del mismo muelle, para que el período cambie y se mantenga constante la k, la masa debe cambiar.

---

28) a) ¿Cuáles son las longitudes de onda posibles de las ondas estacionarias producidas en una cuerda tensa, de longitud L, sujeta por ambos extremos? Razone la respuesta. **b)** ¿En qué lugares de la cuerda se encuentran los puntos de amplitud máxima? ¿Y los de amplitud nula? Razone la respuesta.

a) Una onda estacionaria es la superposición de dos ondas con las mismas características que se propagan por el mismo medio con sentidos opuestos. Los nodos son los puntos que no oscilan y de elongación nula.

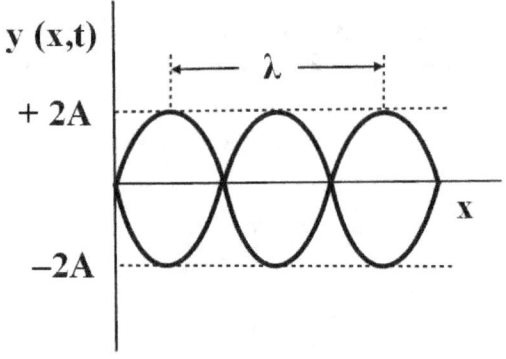

En las ondas estacionarias, la distancia entre dos nodos consecutivos es $\dfrac{\lambda}{2}$. La longitud de la cuerda debe ser igual al número de espacios entre nodos por media longitud de onda:
$L = n \cdot \dfrac{\lambda}{2} \rightarrow \lambda = \dfrac{2 \cdot L}{n}$, siendo n el número de espacios entre nodos.

b) Los lugares de amplitud máxima de la cuerda se llaman vientres o antinodos.
$y_1 = A \cdot \cos(\omega \cdot t - k \cdot x)$; $y_2 = -A \cdot \cos(\omega \cdot t + k \cdot x)$

$y = y_1 + y_2 = A \cdot \cos(\omega \cdot t) \cdot \cos(k \cdot x) + A \cdot \text{sen}(\omega \cdot t) \cdot \text{sen}(k \cdot x) - A \cdot \cos(\omega \cdot t) \cdot \cos(k \cdot x) +$

$+ A \cdot \text{sen}(\omega \cdot t) \cdot \text{sen}(k \cdot x) = 2 \cdot A \cdot \text{sen}(\omega \cdot t) \cdot \text{sen}(k \cdot x)$

En los vientres: $\text{sen}(k\cdot x) = \pm 1 \rightarrow k\cdot x = \dfrac{\pi}{2}, \dfrac{3\cdot\pi}{2}, \dfrac{5\cdot\pi}{2}, \ldots = (2\cdot n+1)\cdot\dfrac{\pi}{2} \rightarrow$

$\rightarrow \dfrac{2\cdot\pi\cdot x}{\lambda} = (2\cdot n+1)\cdot\dfrac{\pi}{2} \rightarrow x = (2\cdot n+1)\cdot\dfrac{\lambda}{4}$, siendo n = 0, 1, 2, 3, …

2004

29) Por una cuerda se propaga un movimiento ondulatorio caracterizado por la función de onda:
$$y = A\,\text{sen}\,2\pi(x/\lambda - t/T)$$
Razone a qué distancia se encuentran dos puntos de esa cuerda si: a) La diferencia de fase entre ellos es de π radianes. b) Alcanzan la máxima elongación con un retardo de un cuarto de periodo.

a) Se trata de una onda armónica, es decir, de una perturbación que se propaga por un medio y cuya fuente realiza un movimiento armónico simple. Su fórmula general es: $y = A\cdot\text{sen}(\omega\cdot t + \varphi_0)$. La fase es el ángulo descrito, que es igual a: $\varphi = \omega\cdot t + \varphi_0$.

$$y_1 = A\cdot\text{sen}\left(2\cdot\pi\cdot\left(\dfrac{x_1}{\lambda} - \dfrac{t}{T}\right)\right) \quad ; \quad y_2 = A\cdot\text{sen}\left(2\cdot\pi\cdot\left(\dfrac{x_2}{\lambda} - \dfrac{t}{T}\right)\right)$$

$$\Delta\varphi = \left(2\cdot\pi\cdot\left(\dfrac{x_2}{\lambda} - \dfrac{t}{T}\right)\right) - \left(2\cdot\pi\cdot\left(\dfrac{x_1}{\lambda} - \dfrac{t}{T}\right)\right) = \pi \rightarrow \dfrac{2\cdot\pi}{\lambda}\cdot(x_2 - x_1) = \pi \rightarrow x_2 - x_1 = \dfrac{\lambda}{2}$$

b) La máxima elongación se cumple cuando: y = A, luego: sen φ = 1, es decir, las dos fases deben ser iguales:

$$2\cdot\pi\cdot\left(\dfrac{x_2}{\lambda} - \dfrac{t}{T}\right) = 2\cdot\pi\cdot\left(\dfrac{x_1}{\lambda} - \dfrac{t + \dfrac{T}{4}}{T}\right) \rightarrow \dfrac{x_2 - x_1}{\lambda} = \dfrac{t + \dfrac{T}{4}}{T} - \dfrac{t}{T} = \dfrac{1}{4} \rightarrow x_2 - x_1 = \dfrac{\lambda}{4}$$

2003

30) Dos fenómenos físicos vienen descritos por las expresiones siguientes:
$$y = A\,\text{sen}\,b\,t \quad ; \quad y = A\,\text{sen}(b\,t - c\,x)$$
en las que "x" e "y" son coordenadas espaciales y "t" el tiempo. a) Explique de qué tipo de fenómeno físico se trata en cada caso e identifique los parámetros que aparecen en dichas expresiones, indicando sus respectivas unidades. b) ¿Qué diferencia señalaría respecto de la periodicidad de ambos fenómenos?

a) La primera ecuación es la elongación en un MAS (movimiento armónico simple). La segunda ecuación es la elongación en una onda armónica.

El movimiento armónico simple (MAS) es un movimiento periódico a un lado y a otro de una posición de equilibrio y que es producido por una fuerza recuperadora que es proporcional a la elongación, es decir, a la distancia a la posición de equilibrio.

Una onda es una perturbación que se propaga por el medio. La perturbación puede ser una vibración, un campo eléctrico, un campo magnético, etc. Una onda armónica es aquella cuya fuente describe un MAS.

A: amplitud. Es la elongación máxima. Se mide en metros.

b: velocidad angular, ω. Es el número de oscilaciones descritas por unidad de tiempo. Se mide en $\frac{rad}{s}$

c: número de onda, k. Es el número de oscilaciones por cada unidad de longitud. Se mide en $\frac{rad}{m}$.

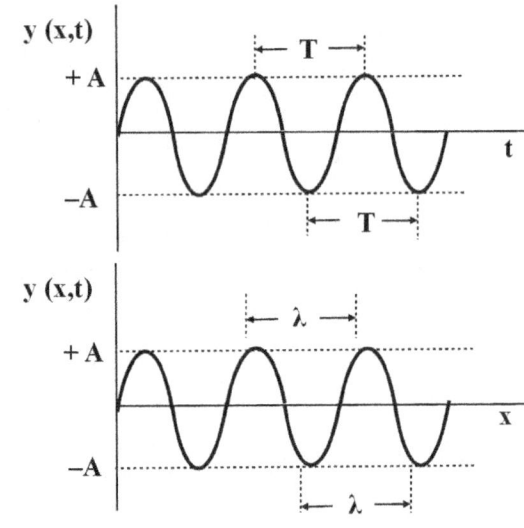

b) El MAS sólo tiene periodicidad temporal, sólo depende del tiempo pues su movimiento es unidimensional. La onda armónica tiene doble periodicidad: temporal y espacial. Esto es debido a que la perturbación provocada por la fuente hace vibrar a las partículas en el eje OY y la perturbación se transmite en el eje OX con un retraso dado por: $t = \frac{x}{v}$.

CUESTIONES DE ÓPTICA

Problema genérico

1) a) Dibuja las imágenes formadas en lentes convergentes y divergentes para todos los casos posibles.
b) Indica las características de las imágenes.

a)

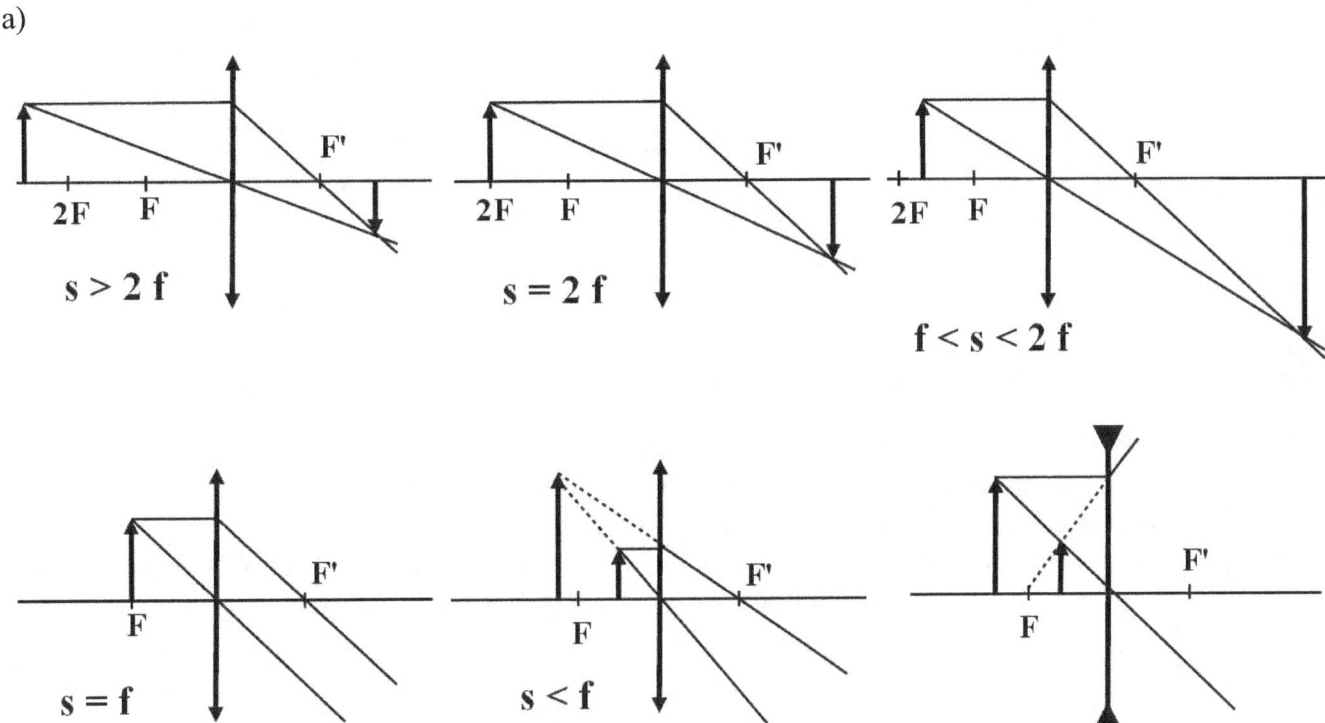

b)

Tipo de lente	Distancia objeto	Características de la imagen
Convergente	s > 2f	Invertida, menor y real
Convergente	s = 2f	Invertida, igual y real
Convergente	2f > s > f	Invertida, mayor y real
Convergente	s = f	No se forma imagen
Convergente	s < f	Derecha, mayor y virtual
Divergente	Cualquiera	Derecha, menor y virtual

2018

2) Explique dónde debe estar situado un objeto respecto a una lente delgada para obtener una imagen virtual y derecha: (i) Si la lente es convergente; (ii) si la lente es divergente. Realice en ambos casos las construcciones geométricas del trazado de rayos e indique si la imagen es mayor o menor que el objeto.

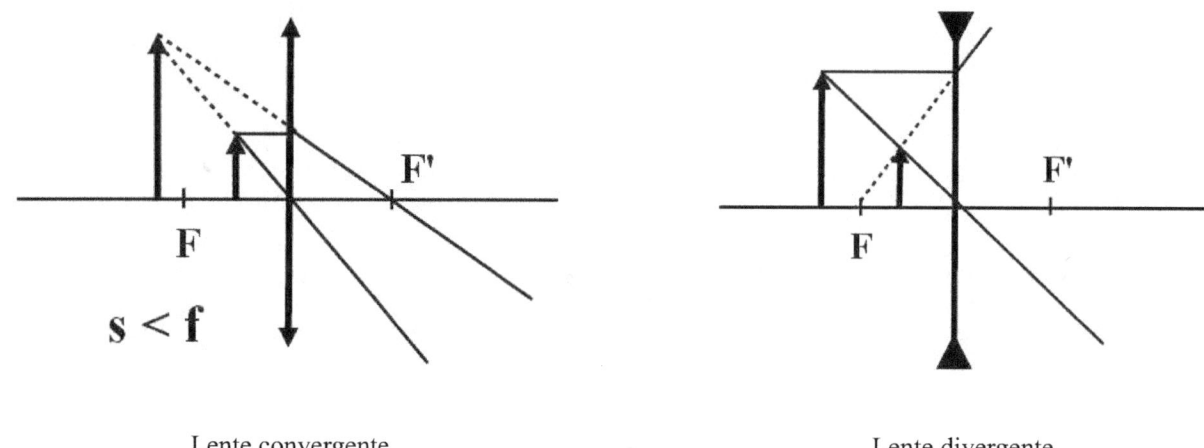

Lente convergente   Lente divergente

En la lente convergente, la imagen es mayor que el objeto y en la lente divergente la imagen es menor que el objeto.

Para trazar los rayos en un sistema óptico, seguimos estas reglas:
a) Los rayos que llegan paralelos a la lente después pasan por el foco.
b) Los rayos que pasan por el centro de la lente no se desvían.

En el caso de la lente convergente, el objeto tiene que estar situado entre la lente y la distancia focal. En el caso de la lente divergente, no importa dónde esté el objeto, siempre se formará una imagen virtual y derecha.

---

3) Señale las diferencias entre lentes convergentes y divergentes, así como al menos un uso de cada una de ellas.

* Usos de los tipos de lentes:
  - Convergentes: proyectores de diapositivas, pizarras digitales, lupas, microscopios, gafas o lentillas para la corrección de la hipermetropía y de la presbicia o vista cansada.
  - Divergentes: gafas o lentillas para la corrección de la miopía.

* Diferencias entre ambos tipos de lentes:

Lentes convergentes	Lentes divergentes
Los rayos que le llegan paralelos se cortan en un punto	Los rayos que le llegan paralelos se abren y no se cortan salvo por prolongación
El tipo de imagen depende de la distancia del objeto a la lente	El tipo de imagen no depende de la distancia del objeto a la lente
La imagen puede ser real o virtual	La imagen es siempre virtual
La imagen puede ser derecha o invertida	La imagen es siempre derecha
La imagen puede ser igual, mayor o menor	La imagen es siempre menor
Son más gruesas por el centro que por los bordes	Son más gruesas por los bordes que por el centro
Al menos una de sus superficies es siempre convexa	Al menos una de sus superficies es siempre cóncava
La distancia focal f' es positiva	La distancia focal f' es negativa

4) Un objeto se sitúa a la izquierda de una lente delgada convergente. Determine razonadamente y con la ayuda del trazado de rayos la posición y características de la imagen que se forma en los siguientes casos: (i) s = f; (ii) s = f / 2; (iii) s = 2 f.

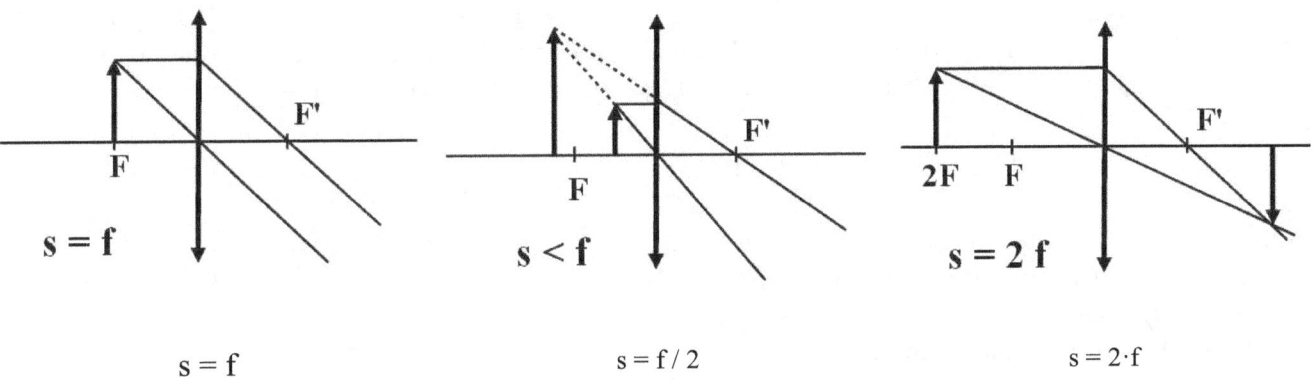

s = f   s = f / 2   s = 2·f

Para trazar los rayos en un sistema óptico, seguimos estas reglas:
a) Los rayos que llegan paralelos a la lente después pasan por el foco.
b) Los rayos que pasan por el centro de la lente no se desvían.
* Características de la imagen en cada caso:
i) s = f: no se forma imagen.
ii) s = f / 2: derecha, mayor y virtual.
iii) s = 2·f: invertida, igual y real.

5) Explique el fenómeno de la dispersión de la luz por un prisma ayudándose de un esquema.

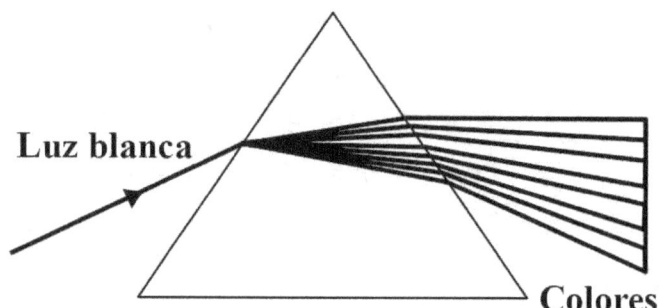

La dispersión de la luz en un prisma es un fenómeno que se produce cuando un rayo de luz blanca atraviesa un prisma y se refracta, mostrando a la salida de este los respectivos colores que la constituyen. La dispersión tiene su origen en una disminución en la velocidad de propagación de la luz cuando atraviesa el medio.

La luz blanca procedente del sol o de la mayoría de los focos no es monocromática, sino que está formada por varias ondas electromagnéticas que se propagan conjuntamente. En el aire, todos los colores se propagan a la misma velocidad pero en otros medios, como en el vidrio, cada color tiene su índice de refracción y su velocidad. Cuando la luz blanca llega a un prisma sufre doble refracción en dos de sus caras. Cada radiación sufre una refracción distinta. En la segunda refracción, hay una separación apreciable de los colores. En esto consiste la dispersión.

Según la ley de Snell: $n_1 \cdot \text{sen } \alpha_1 = n_2 \cdot \text{sen } \alpha_2$. A cada índice de refracción le corresponde un ángulo distinto. Cada color tiene un índice de refracción distinto y, por consiguiente, un ángulo de refracción distinto. La desviación es progresiva, siendo mayor para frecuencias mayores (menores longitudes de onda); por ello, la luz roja es desviada en menor medida que la luz azul.

---

6) Un rayo de luz pasa de un medio a otro, observándose que en el segundo medio el rayo se desvía acercándose a la superficie de separación de ambos medios. Razone: (i) En qué medio el rayo se propaga con mayor velocidad; (ii) en qué medio tiene menor longitud de onda.

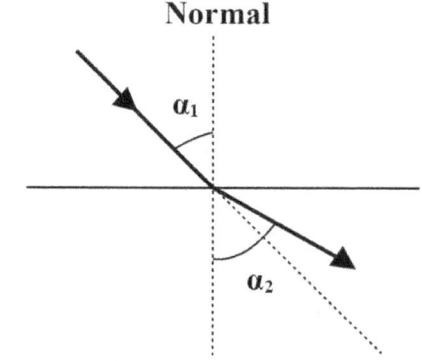

i) Cuando un rayo de luz pasa de un medio transparente a otro se refracta, es decir, en la superficie de separación el rayo cambia de dirección. Si el rayo se acerca a la superficie, se aleja de la normal. El rayo refractado se inclina buscando el medio de mayor índice de refracción, es decir, el de menor velocidad de propagación. El índice de refracción es inversamente proporcional a la velocidad de la luz en ese medio: $n = \dfrac{c}{v}$

Luego el medio en el que el rayo se propaga a mayor velocidad es en el segundo medio, es decir, donde está el rayo refractado.

ii) La longitud de onda se relaciona así con la velocidad de la luz en ese medio:

$v = \lambda \cdot f \quad \rightarrow \quad \lambda = \dfrac{v}{f}$: la frecuencia no cambia al pasar de un medio a otro. Luego a mayor velocidad, mayor longitud de onda. Esto significa que la longitud de onda del rayo será mayor en el segundo medio, donde la velocidad de propagación es mayor.

7) Explique, ayudándose con un esquema, el concepto de ángulo límite. Indique las condiciones para que pueda producirse.

Cuando un rayo de luz pasa de un medio transparente a otro se refracta, es decir, en la superficie de separación el rayo cambia de dirección. El rayo refractado se inclina del lado del medio de mayor índice de refracción. Cuando se pasa de un medio de mayor a otro de menor índice de refracción, llega un momento en el que el rayo refractado sale en la línea de la superficie. A partir de ese ángulo, el rayo no se refracta, sino que se refleja en el medio de mayor índice de refracción.

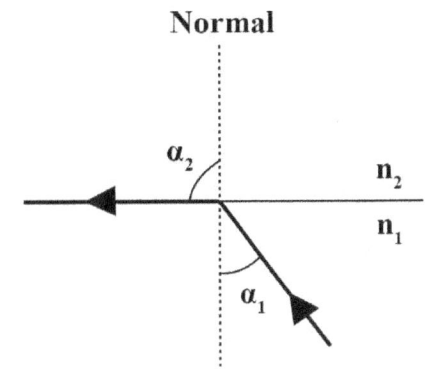

El ángulo a partir del cual ocurre ese fenómeno se llama ángulo límite. Se calcula usando la ley de Snell: $n_1 \cdot \text{sen } \alpha_1 = n_2 \cdot \text{sen } \alpha_2$ → $n_1 \cdot \text{sen } \alpha_L = n_2 \cdot \text{sen } 90°$ → $\text{sen } \alpha_L = \dfrac{n_2}{n_1}$

2017

8) Utilizando diagramas de rayos, construya la imagen de un objeto real por una lente convergente si está situado: i) a una distancia 2f de la lente, siendo f la distancia focal; ii) a una distancia de la lente menor que f. Analice en ambos casos las características de la imagen.

i) La imagen es invertida (pues tiene sentido contrario al objeto), de igual tamaño (pues tiene el mismo tamaño que el objeto) y real (pues se obtiene con rayos reales, sin prolongaciones).

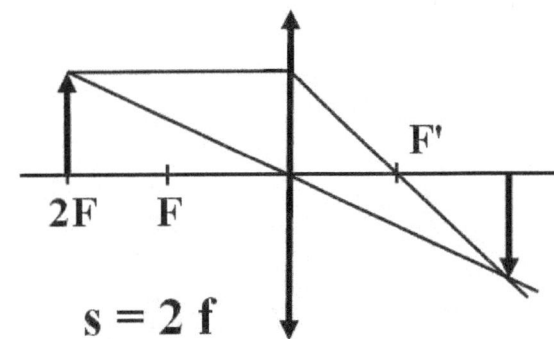

ii) La imagen es derecha (pues tiene el mismo sentido que el objeto), mayor (pues tiene mayor tamaño que el objeto) y virtual (pues se obtiene por la prolongación de rayos reales).

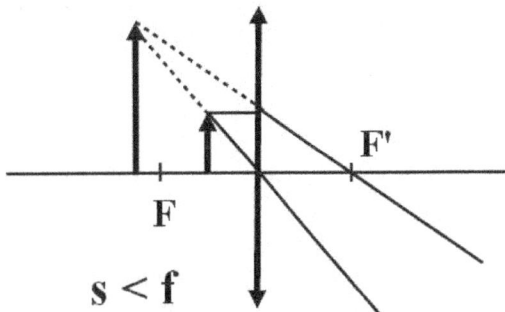

9) ¿Qué se entiende por refracción de la luz?

La refracción es el fenómeno por el que una onda cambia de dirección al pasar de un medio a otro de distinto índice de refracción. La onda cambia de velocidad y de longitud de onda, pero no de frecuencia.

Leyes de la refracción:
- Primera ley: la normal, el rayo incidente y el rayo refractado están en el mismo plano.
- Segunda ley (ley de Snell): el producto del índice de refracción por el seno del ángulo correspondiente es una constante: $n_1 \cdot sen\ \alpha_1 = n_2 \cdot sen\ \alpha_2$

El índice de refracción de un medio es: $n = \dfrac{c}{v}$, siendo v la velocidad en ese medio.

---

10) Describa, con la ayuda de construcciones gráficas, las diferencias entre las imágenes formadas por una lente convergente y otra divergente de un objeto real localizado a una distancia entre f y 2f de la lente, siendo f la distancia focal.

Para una lente convergente: la imagen es invertida (pues tiene sentido contrario al objeto), aumentada (pues tiene mayor tamaño que el objeto) y real (pues se obtiene con rayos reales, sin prolongaciones).

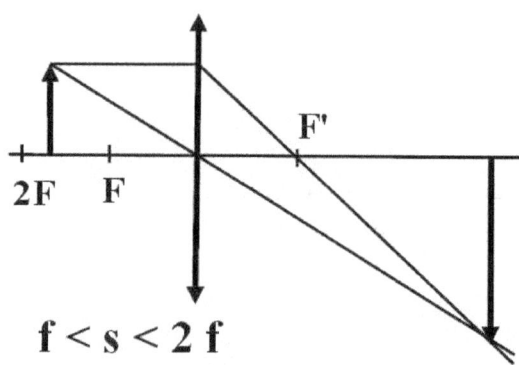

Para una lente divergente: la imagen es derecha (pues tiene el mismo sentido que el objeto), disminuida (pues tiene menor tamaño que el objeto) y virtual (pues se obtiene con prolongaciones de los rayos).

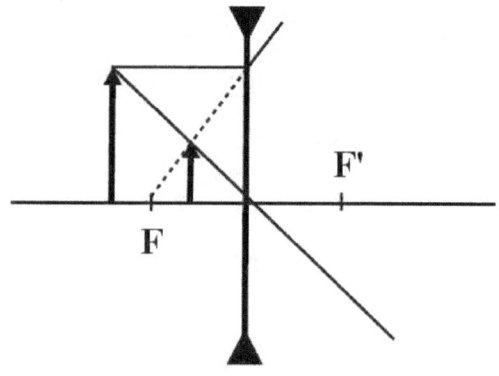

---

11) a) ¿Qué es una onda electromagnética? Si una onda electromagnética que se propaga por el aire penetra en un bloque de metacrilato, justifique qué características de la onda cambian al pasar de un medio al otro.

a) Una onda electromagnética es una perturbación del espacio provocada por la superposición de un campo eléctrico variable y de un campo magnético variable, mutuamente perpendiculares entre sí y perpendiculares a la dirección de propagación. El resultado es una onda transversal que se propaga a la velocidad de la luz.

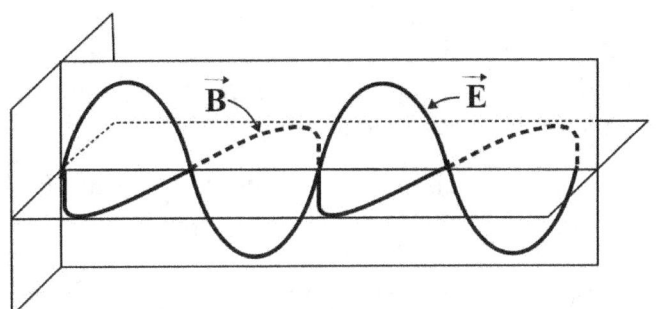

Cuando una onda electromagnética pasa de un medio a otro con distinto índice de refracción, experimenta el fenómeno de la refracción. La refracción consiste en que la onda electromagnética cambia de dirección en una línea quebrada ya que la onda va buscando el camino más rápido, no el más corto. La velocidad de propagación y la longitud de onda cambian, pero no la frecuencia. $v = \lambda \cdot f$: al ser la frecuencia constante, al cambiar la longitud de onda, también cambia la velocidad. Las velocidades de propagación son diferentes porque las densidades de los medios son diferentes.

2016

12) a) Enuncie las leyes de la reflexión y de la refracción de la luz. b) Dibuje la trayectoria de un rayo de luz: i) cuando pasa de un medio a otro de mayor índice de refracción; ii) cuando pasa de un medio a otro de menor índice de refracción. Razone en cuál de los dos casos puede producirse reflexión total. Haga uso de las leyes de la reflexión y refracción de la luz para justificar sus respuestas.

a) * Leyes de la reflexión:
- Primera ley: la normal, el rayo incidente y el rayo reflejado están en el mismo plano.
- Segunda ley: el rayo incidente y el rayo reflejado son iguales.

* Leyes de la refracción:
- Primera ley: la normal, el rayo incidente y el rayo refractado están en el mismo plano.
- Segunda ley (ley de Snell): el producto del índice de refracción por el seno del ángulo correspondiente es una constante: $n_1 \cdot \text{sen } \alpha_1 = n_2 \cdot \text{sen } \alpha_2$

b)

i) De menor a mayor índice de refracción

ii) De mayor a menor índice de refracción

Explicación: el rayo refractado se aproxima siempre al medio de mayor índice de refracción.

La reflexión total consiste en que, a partir de cierto ángulo, el rayo no se refracta al pasar de un medio a otro, sino que se refleja. Esto ocurre a partir de un cierto ángulo, llamado ángulo límite, y cuando se pasa de un medio de mayor a menor índice de refracción, no al contrario.

Según la ley de Snell:

$$n_1 \cdot \text{sen } \alpha_1 = n_2 \cdot \text{sen } \alpha_2 \quad \rightarrow \quad n_1 \cdot \text{sen } \alpha_L = n_2 \cdot \text{sen } 90° \quad \rightarrow \quad \text{sen } \alpha_L = \frac{n_2}{n_1}$$

El seno es una función matemática que está comprendida entre 0 y 1. Por lo tanto: $n_2 < n_1$. El medio donde está la luz debe tener un índice de refracción mayor que el otro medio en contacto con el primero.

---

13) a) Explique la formación de imágenes por una lente convergente. Como ejemplo, considere un objeto situado en un punto más alejado de la lente que el foco. b) ¿Puede formarse una imagen virtual con una lente convergente? Justifíquelo ayudándose de una construcción gráfica.

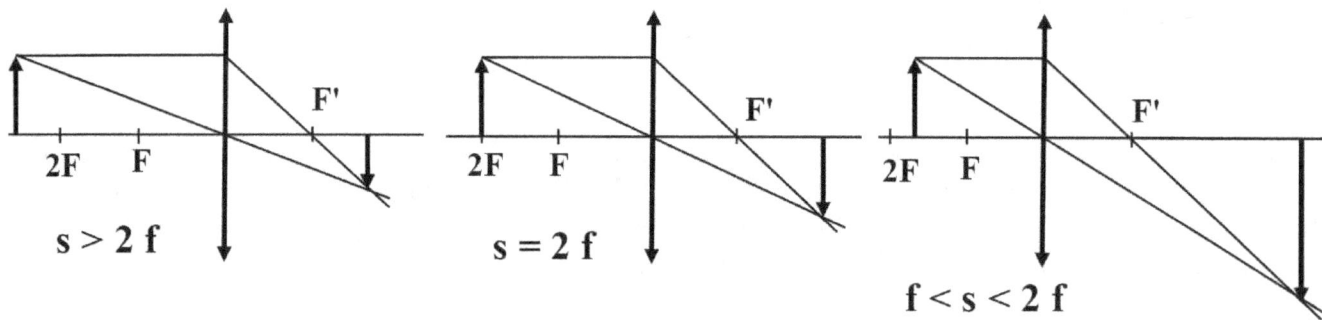

a) Si a una lente convergente se le coloca un objeto situado en un punto más alejado de la lente que el foco se tiene que la formación de la imagen será invertida, real y de un menor tamaño que la original. Esto se produce debido a que los rayos incidentes en la lente se desvían más en la parte superior y por lo tanto su ángulo de salida es mucho mayor que los rayos que atraviesan la lente desde la parte inferior, es por ello que se produce la inversión de la imagen y un tamaño menor al original.

b) Es posible crear una imagen virtual con una lente convergente, esto ocurre cuando en la lente se coloca un objeto entre ella y su foco, esto creará una imagen virtual del lado opuesto de la lente.

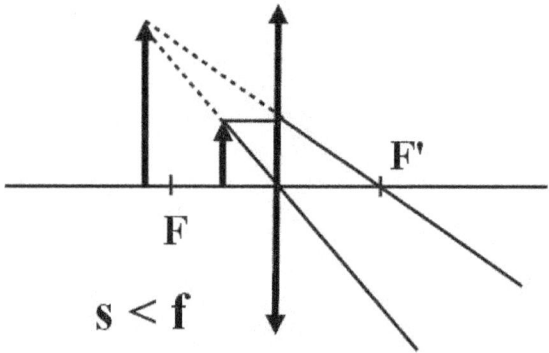

2015

14) a) ¿Qué es una onda electromagnética? Explique las características de una onda cuyo campo eléctrico es: $\mathbf{E}(z,t) = E_0 \mathbf{i} \cos(az - bt)$. b) Ordene en sentido creciente de sus longitudes de onda las siguientes regiones del espectro electromagnético: infrarrojo, rayos X, ultravioleta y luz visible y comente algunas aplicaciones de la radiación infrarroja y de los rayos X.

a) Una onda electromagnética es una perturbación del espacio provocada por la superposición de un campo eléctrico variable y de un campo magnético variable, mutuamente perpendiculares entre sí y perpendiculares a la dirección de propagación.

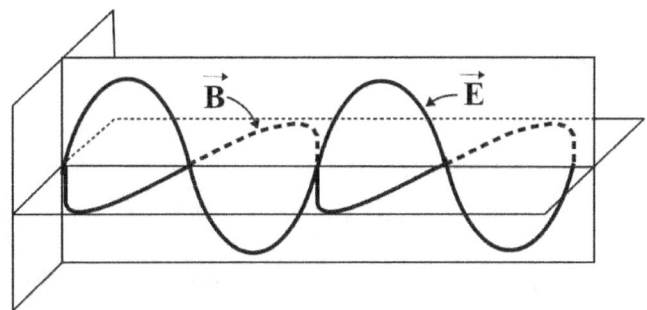

La amplitud máxima del campo eléctrico será E_0. Se desplaza por el eje z. La magnitud a representa a k, el número de ondas, es decir, el número de oscilaciones por unidad de longitud. La magnitud b representa a ω, la frecuencia angular, es decir, el número de oscilaciones por unidad de tiempo.

b) El espectro electromagnético es el conjunto de ondas electromagnéticas ordenados por orden creciente o decreciente de energía. El orden creciente de energía coincide con el orden creciente de frecuencia y con el orden decreciente de longitud de onda, pues:

$$E = h \cdot f = h \cdot \frac{c}{\lambda}$$

Por tanto, el orden creciente de longitudes de onda es el orden decreciente de energías;
Rayos X / Ultravioleta / Luz visible / Infrarrojo

La radiación infrarroja se usa en los mandos a distancia de televisores, cámaras, puertas de cochera, etc. El infrarrojo también se usa en los equipos de visión nocturna. También se utiliza para comunicar un ordenador con sus periféricos. Los rayos X se utilizan en medicina, por su alto poder de penetración, para hacer radiografías.

2014

15) Una superficie plana separa dos medios de índices de refracción n_1 y n_2 y un rayo de luz incide desde el medio de índice n_1. Razone si las siguientes afirmaciones son verdaderas o falsas: i) si $n_1 > n_2$, el ángulo de refracción es menor que el ángulo de incidencia; ii) si $n_1 < n_2$, a partir de un cierto ángulo de incidencia se produce el fenómeno de reflexión total.

i) Falso. Cuando $n_1 > n_2$, el rayo se aleja de la normal y el ángulo $\alpha_2 > \alpha_1$.
ii) Falso. La reflexión total consiste en que, a partir de cierto ángulo, el rayo no se refracta al pasar de un medio a otro, sino que se refleja. Esto ocurre a partir de un cierto ángulo, llamado ángulo límite, y cuando se pasa de un medio de mayor a menor índice de refracción, no al contrario.

Según la ley de Snell: $n_1 \cdot \text{sen}\,\alpha_1 = n_2 \cdot \text{sen}\,\alpha_2 \quad \rightarrow \quad n_1 \cdot \text{sen}\,\alpha_L = n_2 \cdot \text{sen}\,90º \quad \rightarrow \quad \text{sen}\,\alpha_L = \frac{n_2}{n_1}$

La reflexión total sólo se puede producir cuando $n_1 > n_2$, y lo hará siempre que sea mayor que un ángulo llamado crítico (o límite) que es el ángulo de incidencia que produce un ángulo de refracción de 90°.

---

16) a) Explique la marcha de rayos utilizada para la construcción gráfica de la imagen formada por una lente convergente y utilícela para obtener la imagen de un objeto situado entre el foco y la lente. Explique las características de dicha imagen. b) ¿Cuáles serían las características de la imagen si el objeto estuviera situado a una distancia de la lente igual a tres veces la distancia focal?

a) En una lente convergente, los rayos de luz convergen en un punto llamado foco. Para trazar la imagen se trazan dos rayos: uno paralelo al eje óptico, que a partir de la lente irá dirigido al foco imagen y un rayo que pase por el centro de la lente y que pasa sin desviarse. La intersección de ambos rayos nos da el extremo de la imagen.

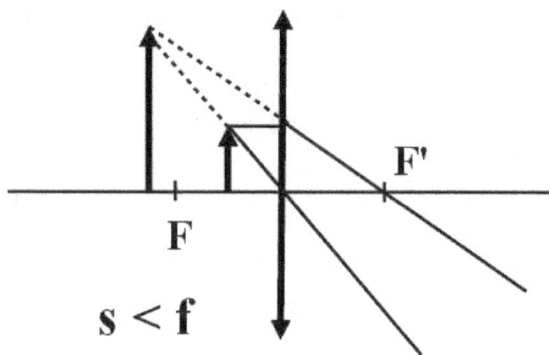

b) Si el objeto estuviera situado a tres veces la distancia focal, la imagen sería invertida, disminuida y real. Es invertida porque tiene posición contraria al objeto, es disminuida porque es de menor tamaño y es real porque se obtiene a la derecha, justo al converger los rayos.

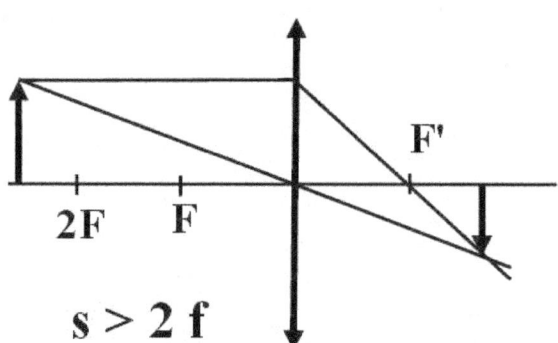

2013

17) ¿Qué es el índice de refracción de un medio? Razone cómo cambian la frecuencia, la longitud de onda y la velocidad de un haz de luz láser al pasar del aire al interior de una lámina de vidrio.

El índice de refracción de un medio es la relación entre la velocidad en el vacío, c y la velocidad en el medio, v: $n = \dfrac{c}{v}$. Si se supone que los dos medios tienen índices de refracción diferentes, también tendrán velocidades de propagación diferentes. Dividiendo entre sí las expresiones de ambos índices obtenemos:

$$\frac{n_2}{n_1} = \frac{v_2}{v_1}$$

Cuando la onda pasa de un medio a otro, su frecuencia no cambia, pues tan pronto como llega un frente de onda incidente, surge uno refractado. Si la frecuencia no varía y sí lo hace la velocidad y puesto que: $v = \lambda \cdot f$, cabe concluir que la longitud de onda cambia al pasar de un medio a otro. Sustituyendo las velocidades por su expresión en la ecuación anterior:

$$\frac{n_2}{n_1} = \frac{\lambda_1 \cdot f}{\lambda_2 \cdot f} = \frac{\lambda_1}{\lambda_2} \rightarrow \lambda_2 = \lambda_1 \frac{n_1}{n_2}.$$

---

18) Explique si tienen la misma frecuencia y la misma longitud de onda tres haces de luz monocromática de colores azul, verde y rojo. ¿Se propagan en el vacío con la misma velocidad? ¿Qué característica de esos haces cambia cuando se propagan en vidrio? Razone las respuestas.

No tienen la misma frecuencia ni la misma longitud de onda. Sí se propagan en el vacío con la misma velocidad. Cuando se propagan en el vidrio, cambian la velocidad y la longitud de onda, pero no la frecuencia.

El ojo humano distingue las frecuencias de las radiaciones como colores. En consecuencia, a cada color le corresponde una frecuencia distinta. En este caso, la mayor frecuencia sería la del azul, la verde la intermedia y la menor, la del rojo.

La velocidad de propagación c de las ondas electromagnéticas en el vacío es constante, no depende de la frecuencia y se relaciona con la longitud de onda y con la frecuencia mediante la siguiente expresión: $c = \lambda \cdot f$. Por lo tanto, si varía la frecuencia tiene que hacerlo también la longitud de onda para que c sea constante. Por consiguiente, a cada color le corresponde una longitud de onda distinta. La mayor longitud de onda sería la del rojo y la menor la del azul.

La velocidad de la luz en el vacío es constante y es independiente de la longitud de onda. Su valor, calculado por Maxwell, es $3 \cdot 10^8$ m/s. Los tres colores se propagan en el vacío con la misma velocidad.

Los haces de luz azul, verde y roja en el vidrio no tienen ni la misma frecuencia, ni la misma longitud de onda, ni la misma velocidad. Tienen distinta frecuencia porque tienen distinto color. Tienen distinta velocidad porque hay un índice de refracción para cada color. Y tienen distinta longitud de onda porque han cambiado la frecuencia y la velocidad.

2012

19) Razone con la ayuda de un esquema por qué al sumergir una varilla recta en agua su imagen parece quebrada.

La refracción consiste en el cambio de dirección de un rayo de luz cuando la luz llega a la superficie de separación de dos medios transparentes en contacto. Supongamos el extremo de una varilla, A, parcialmente sumergida y tracemos el rayo que va desde ese extremo hasta el ojo del observador. Ese rayo se refracta alejándose de la normal, pues $n_{agua} > n_{aire}$.

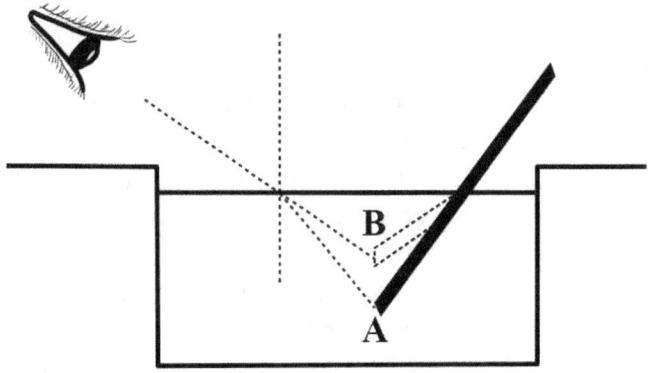

Para nuestro ojo y para nuestro cerebro, la luz viaja en línea recta, luego el extremo de la varilla lo vemos como si estuviera en B, en un lugar distinto de donde realmente está la varilla dando la impresión de que está quebrada.

---

20) Razone si es verdadera o falsa la siguiente afirmación: "las ondas reflejada y refractada tienen igual frecuencia, igual longitud de onda y diferente amplitud que la onda incidente".

Falso. Suponemos del enunciado que ambos fenómenos (reflexión y refracción) están ocurriendo al mismo tiempo, cosa que habitualmente ocurre. En la reflexión, las ondas incidente y reflejada tienen exactamente las mismas características: frecuencia, velocidad y longitud de onda, pues el medio de transmisión es el mismo. En la refracción, la frecuencia no cambia, pues el color no cambia de un medio a otro.

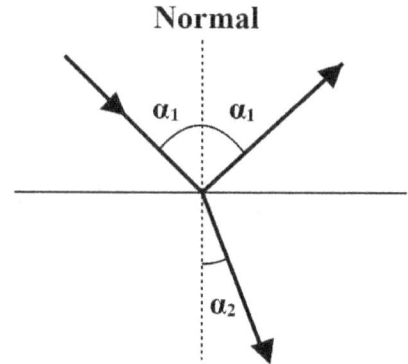

La velocidad de propagación sí cambia y, por consiguiente, cambiará la longitud de onda, pues al ser: $v = \lambda \cdot f$ y permanecer constante la frecuencia, si cambia la velocidad, cambia la longitud de onda. La amplitud está relacionada con la energía. Por el principio de conservación de la energía, la energía del rayo incidente se repartirá entre el rayo reflejado y el rayo refractado, luego las amplitudes son distintas.

---

21) a) Modelos corpuscular y ondulatorio de la luz; caracterización y evidencia experimental.
b) Ordene de mayor a menor frecuencia las siguientes regiones del espectro electromagnético: infrarrojo, rayos X, ultravioleta y luz visible y razone si pueden tener la misma longitud de onda dos colores del espectro visible: rojo y azul, por ejemplo.

a) * Huygens: teoría ondulatoria: la luz se propaga como una onda mecánica.
Características:
- Necesita un medio ideal: el éter.
- La propagación es rectilínea debido a que la frecuencia de la luz es muy alta.
- Los colores se deben a distintas frecuencias.
- La luz debe experimentar fenómenos de interferencia y difracción, característicos de las ondas.
- Su velocidad será menor en medios más densos.

Inconvenientes:
- Al ser una onda mecánica, necesita de un medio material para propagarse entre el Sol, y la Tierra. A ese medio se le llamó éter.
- Hasta la fecha, no se habían descubierto los fenómenos de interferencia y difracción en la luz.

* Newton: teoría corpuscular: la luz está formada por partículas materiales.
Características:
- Tiene partículas de masa muy pequeña y velocidad muy grande.
- La propagación es rectilínea debido a la gran velocidad de las partículas.
- Los colores se deben a partículas de distinta masa.

- No debe producir los fenómenos de interferencia ni difracción.
- Su velocidad debería ser mayor en medios más densos.

Inconvenientes:
- No deja clara la refracción.
- No explica cómo pueden cruzarse los rayos de luz sin que choquen sus partículas.

b) El espectro electromagnético es el conjunto de todas las radiaciones electromagnéticas que existen, por orden creciente de frecuencia y, por consiguiente, de energía. Orden pedido:

rayos X > ultravioleta > luz visible > infrarrojo

Aunque es la frecuencia lo que caracteriza a los colores, como todos los colores se desplazan en el vacío con la misma velocidad, de la expresión: $c = \lambda \cdot f$ deducimos que si cambia la frecuencia, cambia la longitud de onda. Dos colores distintos tienen distintas frecuencias y distintas longitudes de onda, pero la misma velocidad de propagación en el vacío y en el aire.

2010

22) Razone por qué la profundidad real de una piscina llena de agua es mayor que la profundidad aparente.

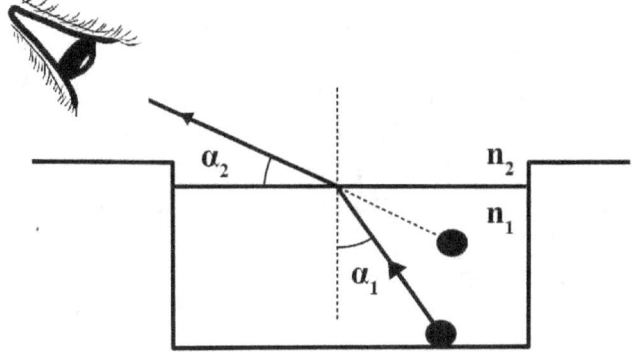

La refracción consiste en el cambio de dirección de un rayo de luz cuando la luz llega a la superficie de separación de dos medios transparentes en contacto. La luz viaja desde el fondo de la piscina hasta el ojo del observador, desde el agua al aire. El rayo refractado se separa de la normal ya que $n_1 > n_2$. Para nuestro ojo y nuestro cerebro, la luz viaja en línea recta.

Si llevamos la distancia del rayo que viene del fondo en línea recta a la prolongación de la trayectoria que tiene el rayo fuera del agua, al observador le da la impresión de que el objeto del fondo está más arriba de lo que en realidad está.

2007

23) Un rayo de luz pasa de un medio a otro más denso. Indique cómo varían las siguientes magnitudes: amplitud, frecuencia, longitud de onda y velocidad de propagación.

Un medio más denso significa un medio de mayor índice de refracción, n. Al ser: $n = \dfrac{c}{v}$, la velocidad es: $v = c / n$. Al aumentar el índice de refracción, disminuye la velocidad de propagación, pues c es una constante. La amplitud es independiente del medio, luego seguirá constante. La frecuencia tampoco cambia al cambiar de medio, pues eso supondría que los campos eléctrico y magnético dejarían de estar en fase, cosa que no puede ocurrir. La longitud de onda sí cambia: $v = \lambda \cdot f$. Como la frecuencia es constante y la longitud de onda es directamente proporcional a la velocidad, al disminuir la velocidad disminuye la longitud de onda.

2005

24) Explique qué es una imagen real y una imagen virtual y señale alguna diferencia observable entre ellas.

* Imagen real: los rayos convergen en un punto tras pasar por el sistema óptico. Si colocamos una pantalla o una película fotográfica en ese punto, veremos la imagen.
* Imagen virtual: los rayos divergen, se separan del sistema óptico. La imagen se obtiene por prolongación de los rayos. No convergen en ningún punto, sino que parece que provienen de un punto imaginario. No se puede plasmar esta imagen en una pantalla o película de fotos. Hace falta un sistema que haga converger esos rayos, como el ojo o una cámara fotográfica.

Cuestiones de la ponencia de Física

25) a) ¿Qué se entiende por interferencia de la luz? b) ¿Por qué no observamos la interferencia de la luz producida por los dos faros de un automóvil?

a) El fenómeno de interferencia es característico de las ondas. Se produce cuando dos o más ondas, procedentes de dos o más focos diferentes, se propagan por una misma región del espacio. El principio de superposición dice que el efecto conjunto de varias ondas es la suma de los efectos individuales. Los puntos intermedios se verán afectados por las perturbaciones de ambas ondas, sumándose los efectos. Realmente, se habla de interferencia cuando sus efectos son apreciables, es decir, cuando las ondas que se superponen tienen amplitudes parecidas y, sobre todo, longitudes de onda parecidas. Se dice entonces que las ondas son coherentes.

- Interferencia constructiva: si las ondas llegan en fase ($\Delta\varphi = 0, 2\cdot\pi, 4\cdot\pi, \ldots, 2\cdot n\cdot\pi$), cuando uno de los movimientos está en su amplitud, el otro también. La amplitud del movimiento resultante será la suma de las dos amplitudes: $A = A_1 + A_2$.

Condición para que estén en fase: $\Delta\varphi = k\cdot(x_2 - x_1) = 2\cdot n\cdot\pi \quad \rightarrow \quad x_2 - x_1 = n\cdot\lambda$, siendo x_1 y x_2 las distancias de cada punto a cada foco.

- Interferencia destructiva: si las ondas llegan en fase ($\Delta\varphi = \pi, 3\cdot\pi, 5\cdot\pi, \ldots, (2n+1)\cdot\pi$), cuando uno de los movimientos está en su amplitud, el otro también pero de signo opuesto. La amplitud del movimiento resultante será la diferencia de las dos amplitudes: $A = A_1 - A_2$.

Condición para que estén en fase: $\Delta\varphi = k\cdot(x_2 - x_1) = (2n+1)\cdot\pi \quad \rightarrow \quad x_2 - x_1 = (2\cdot n+1)\cdot\dfrac{\lambda}{2}$, siendo x_1 y x_2 las distancias de cada punto a cada foco.

Entre estas situaciones extremas, existen todas las situaciones intermedias, con amplitudes entre:
$$A = |A_1 - A_2| \quad y \quad A = A_1 + A_2$$

b) Para que la luz presente interferencia, los focos tienen que ser coherentes, es decir, deben mantener una diferencia de fase constante y que las ondas sean monocromáticas, de un solo color. La mayoría de los focos son incoherentes, pues emiten trenes de onda independientes entre sí. Las fases no son constantes, pues se producen de forma aleatoria en los átomos.

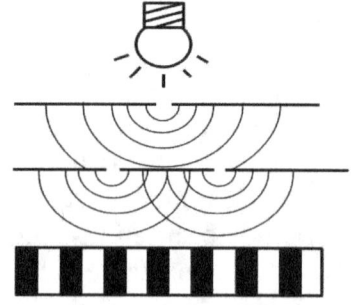

Podría conseguirse interferencia de los rayos de luz si procedieran de un mismo foco monocromático y que atravesaran dos rendijas cercanas. Se producirían zonas de claridad y de oscuridad.

---

26) a) Las ondas electromagnéticas se propagan en el vacío con velocidad c. ¿Cambia su velocidad de propagación en un medio material? Definir el índice de refracción de un medio. b) Sitúe, en orden creciente de frecuencias, las siguientes regiones del espectro electromagnético: infrarrojo, rayos X, ultravioleta y luz visible. Dos colores del espectro visible: rojo y verde, por ejemplo, ¿pueden tener la misma intensidad? ¿y la misma frecuencia?

a) La luz cambia de velocidad al pasar de un medio transparente a otro. La característica del medio que determina este fenómeno es el índice de refracción, que se define como la relación entre la velocidad de la luz en el vacío y la velocidad de la luz en el medio correspondiente: $n = \dfrac{c}{v}$. Esta magnitud es siempre mayor o igual que uno, pues la velocidad de la luz en el vacío es el límite de las velocidades.
b) El orden pedido es: infrarrojo < luz visible < ultravioleta < rayos X. El espectro electromagnético es el conjunto de radiaciones electromagnéticas que existen, ordenadas por orden creciente de energía. El orden creciente de energía coincide con el orden creciente de frecuencia, pues la energía de la luz es directamente proporcional a la frecuencia: $E = h \cdot f$, siendo h la constante de Planck.

Dos colores del espectro visible, como el rojo y el verde, no pueden tener la misma frecuencia, pues es precisamente la frecuencia lo que caracteriza a cada color. A cada color le corresponde una frecuencia y a cada frecuencia un color, una tonalidad. Sin embargo, dos colores distintos sí pueden tener la misma intensidad, pues la intensidad depende de la amplitud y la amplitud no depende del color.

---

27) Dos rayos de luz inciden sobre un punto. ¿Pueden producir oscuridad? Explique razonadamente este hecho.

Para que la luz presente interferencia, los focos tienen que ser coherentes, es decir, deben mantener una diferencia de fase constante y que las ondas sean monocromáticas, de un solo color. La mayoría de los focos son incoherentes, pues emiten trenes de onda independientes entre sí. Las fases no son constantes, pues se producen de forma aleatoria en los átomos. Podría conseguirse interferencia de los rayos de luz si procedieran de un mismo foco monocromático y que atravesaran dos rendijas cercanas. Se producirían zonas de claridad y de oscuridad.

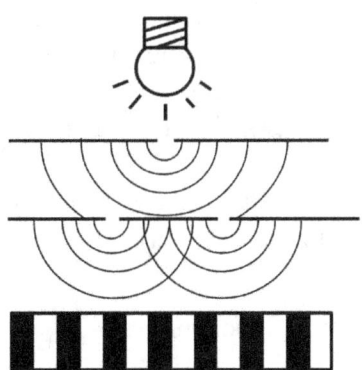

---

28) Una fibra óptica es un hilo transparente a lo largo del cual puede propagarse la luz, sin salir al exterior. Explique por qué la luz "no se escapa" a través de las paredes de la fibra.

Dentro de la fibra óptica ocurre múltiples veces el fenómeno de la reflexión total. Consiste en que a partir de un cierto ángulo (el ángulo límite), la luz no se refracta al llegar a la superficie de separación entre dos medios distintos (interfase), sino que se refleja totalmente. Al incidir otra vez sobre el otro lado en la fibra óptica con otro ángulo superior al límite, vuelve a ocurrir la reflexión total, y así sucesivamente. La reflexión total sólo ocurre cuando la luz está dentro de un medio de mayor índice de refracción (como el vidrio) y está en contacto con otro medio con menor índice de refracción (como el aire).

---

29) Describa algún fenómeno relativo a la luz que se pueda explicar usando la teoría ondulatoria y otro que requiera la teoría corpuscular.

Según la teoría ondulatoria, la luz se propaga como una onda mecánica longitudinal. Según la teoría corpuscular, la luz está formada por partículas materiales.
* Fenómenos explicados por la teoría ondulatoria: la reflexión (las ondas se reflejan al llegar a una superficie reflectora), la refracción (las ondas cambian de dirección al cambiar de medio), la atenuación de las ondas (las ondas pierden intensidad con la distancia), las interferencias (las ondas se superponen dando lugar a una intensidad mayor o menor) y la difracción (al pasar por una red de tamaño parecido a la longitud de onda, la onda se desvía).
* Fenómenos explicados por la teoría corpuscular: la propagación rectilínea de la luz (las partículas se mueven en línea recta si nada las desvía), la reflexión (las partículas rebotan contra la superficie), se puede ver a través de objetos transparentes (las partículas pasan a gran velocidad a través de objetos transparentes) y el efecto fotoeléctrico (se emiten fotoelectrones cuando se ilumina una lámina metálica con luz con una frecuencia superior a la umbral).

---

30) Ordenar, según longitudes de onda crecientes, las siguientes regiones del espectro electromagnético: microondas, rayos X, luz verde, luz roja, ondas de radio.

El espectro electromagnético es el conjunto de radiaciones electromagnéticas que existen, ordenadas por orden creciente de energía. El orden creciente de energía coincide con el orden creciente de frecuencia, pues la energía de la luz es directamente proporcional a la frecuencia: $E = h \cdot f$, siendo h la constante de Planck. El orden de energía y de frecuencias del espectro electromagnético es:

ondas de radio < ondas de TV < microondas < infrarrojo < luz roja < luz naranja < luz amarilla <
< luz verde < luz celeste < luz azul < luz violeta < ultravioleta < rayos X < rayos gamma

Existe esta dependencia: $E_{fotón} = h \cdot f = h \cdot \dfrac{c}{\lambda}$. Es decir, la longitud de onda es inversamente proporcional a la energía de la luz y a la frecuencia. Por consiguiente, el orden creciente de energías o de frecuencias es justamente el contrario que el de longitudes de onda. Por consiguiente, el orden pedido de longitudes de onda crecientes sería:
rayos X < luz verde < luz roja < microondas < ondas de radio

CUESTIONES DE FÍSICA NUCLEAR

2018

1) Complete, razonadamente, las reacciones nucleares siguientes especificando el tipo de nucleón o átomo representado por la letra X y el tipo de emisión radiactiva de que se trata:

a) $^{210}_{83}Bi \rightarrow {}^{206}_{81}Tl + X$; b) $^{24}_{11}Na \rightarrow X + \beta$; c) $X \rightarrow {}^{234}_{91}Pa + \beta$

Un núcleo atómico se puede representar así: $^{A}_{Z}X$, siendo X el símbolo del elemento, A el número másico (número de neutrones más protones) y Z el número atómico (número de protones). En las reacciones nucleares se conservan A y Z, luego los nucleones pedidos son:

a) $^{4}_{2}He$ b) $^{24}_{12}Mg$ c) $^{234}_{90}Th$. La primera es una emisión alfa y las siguientes son emisiones beta.

* En una emisión alfa, A disminuye 4 unidades y Z disminuye 2. El elemento se transforma en otro situado dos lugares a la izquierda en la tabla periódica.
* En una emisión beta, A permanece constante y Z aumenta en una unidad. El elemento se transforma en otro situado un lugar a la derecha en la tabla periódica.

---

2) Describa los procesos radiactivos alfa, beta y gamma.

* Cuando un núcleo emite una partícula alfa (α o $^{4}_{2}\alpha$ o $^{4}_{2}He$), su número másico A disminuye 4 unidades y su número atómico disminuye 2 unidades. Se transforma en un elemento situado dos lugares a la izquierda en la tabla periódica.

* Cuando un núcleo emite una partícula beta (β o $^{0}_{-1}\beta$), su número másico permanece constante y su número atómico aumenta en una unidad. Se transforma en un elemento situado un lugar a la derecha en la tabla periódica.

* Cuando un núcleo emite rayos gamma (γ), su número másico y su número atómico permanecen constantes. El elemento químico sigue siendo el mismo.

---

3) ¿Qué se entiende por estabilidad nuclear? Explique cualitativamente la dependencia de la estabilidad nuclear con el número másico.

El núcleo está constituido por protones y neutrones. Debido a la gran cantidad y proximidad de protones, el núcleo debería ser inestable debido a las repulsiones electrostáticas entre protones. Sin embargo, existen unas fuerzas atractivas que le dan estabilidad al núcleo: la interacción nuclear fuerte entre protones y neutrones. Si las fuerzas atractivas son mayores que las fuerzas repulsivas, el núcleo es estable.

En términos de energía, existe una energía que estabiliza al núcleo, que le da cohesión: es la energía de enlace por nucleón: $E_n = \dfrac{E_e}{A}$. La energía de enlace, E_e, es la cantidad de energía desprendida al formarse un núcleo a partir de sus partículas constituyentes. Se obtiene mediante la ecuación de Einstein: $E = \Delta m \cdot c^2$, siendo Δm el defecto de masa, es decir, la diferencia entre la masa del núcleo y la suma de las masas de sus partículas constituyentes.

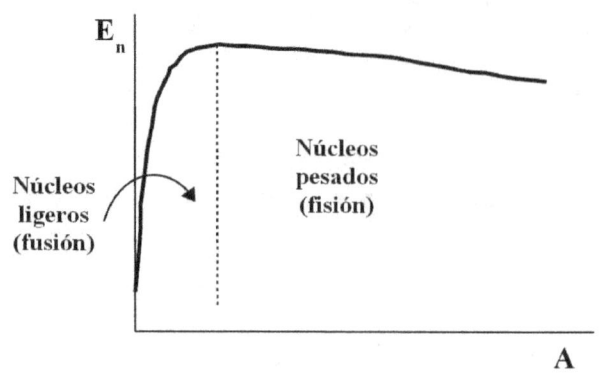

Se calcula así: $\Delta m = m_{núcleo} - \sum m_{partículas}$. La energía de enlace también puede interpretarse como la energía que hay que suministrar al núcleo para descomponerlo en sus partículas.

---

4) A partir de la gráfica de estabilidad nuclear, justifique en qué zona se producen de forma espontánea las reacciones de fusión y fisión.

La energía de enlace por nucleón es la que nos indica la estabilidad de un núcleo. Representa el promedio de energía desprendida por cada partícula que compone el núcleo:

$E_n = \dfrac{E_e}{A}$ siendo: E_e: energía de enlace y A: número másico. Cuanto mayor sea la energía desprendida por nucleón (protón o neutrón) mayor es la estabilidad del núcleo.

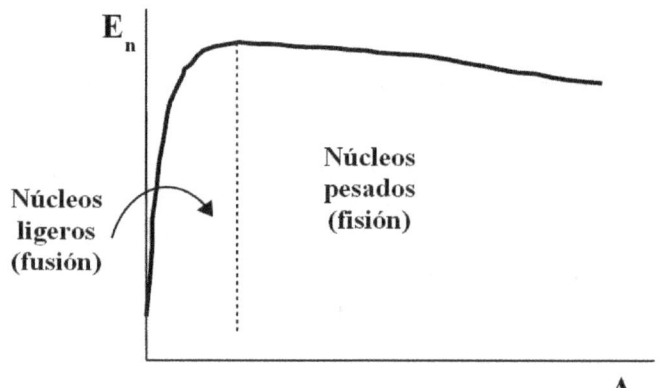

Se observa que la energía E_n y, por consiguiente, la estabilidad crecen en los núcleos ligeros hasta alcanzar al hierro, que es el más estable. En los núcleos pesados, decrece al aumentar la masa nuclear. Esto tiene una consecuencia importante: en las reacciones nucleares se tiende a llegar a núcleos más estables. Si unimos dos núcleos ligeros para formar uno más pesado (fusión nuclear), en el total del proceso se desprenderá energía. Y si rompemos un núcleo pesado en dos más ligeros (fisión nuclear) también se desprenderá energía. Los procesos contrarios no son viables energéticamente.

---

5) Enuncie la ley que rige la desintegración radiactiva identificando cada una de las magnitudes que intervienen en la misma, y defina periodo de semidesintegración y actividad de un isótopo radiactivo.

Ley de desintegración radiactiva:
$$N = N_0 \cdot e^{-\lambda \cdot t}$$
siendo:
N: número de núcleos presentes en la muestra en un tiempo t.
N_0: número de núcleos iniciales.
λ: constante de desintegración (s^{-1}).
t: tiempo transcurrido (s).

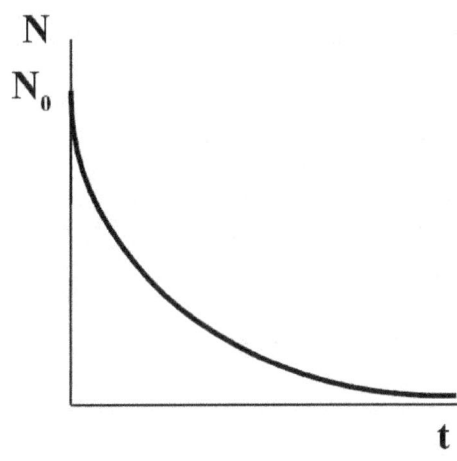

La radiactividad consiste en la emisión natural o artificial de energía y partículas por parte de ciertos núcleos inestables. El número de núcleos inestables que hay al principio es N_0. Los que hay en un tiempo t es N. La constante de desintegración representa la probabilidad de que ocurra una desintegración por unidad de tiempo.

La ley de desintegración radiactiva también puede escribirse en forma diferencial:
$$-\frac{dN}{dt} = -\lambda \cdot N$$

El cociente $-\dfrac{dN}{dt}$ se llama actividad e indica la rapidez con la que se desintegra la muestra, es decir, el número de desintegraciones por segundo que ocurren en un instante. Se mide en becquerel:
$$1 \text{ Bq} = 1 \ \frac{desintegración}{s}$$

---

6) Defina defecto de masa y energía de enlace de un núcleo y cómo están relacionadas entre sí.

El núcleo está constituido por protones y neutrones. Debido a la gran cantidad y proximidad de protones, el núcleo debería ser inestable debido a las repulsiones electrostáticas entre protones. Sin embargo, existen unas fuerzas atractivas que le dan estabilidad al núcleo: la interacción nuclear fuerte entre protones y neutrones. Si las fuerzas atractivas son mayores que las fuerzas repulsivas, el núcleo es estable.

En términos de energía, existe una energía que estabiliza al núcleo, que le da cohesión: es la energía de enlace por nucleón: $E_n = \dfrac{E_e}{A}$. La energía de enlace, E_e, es la cantidad de energía desprendida al formarse un núcleo a partir de sus partículas constituyentes. Se obtiene mediante la ecuación de Einstein: $E = \Delta m \cdot c^2$, siendo Δm el defecto de masa, es decir, la diferencia entre la masa del núcleo y la suma de las masas de sus partículas constituyentes.

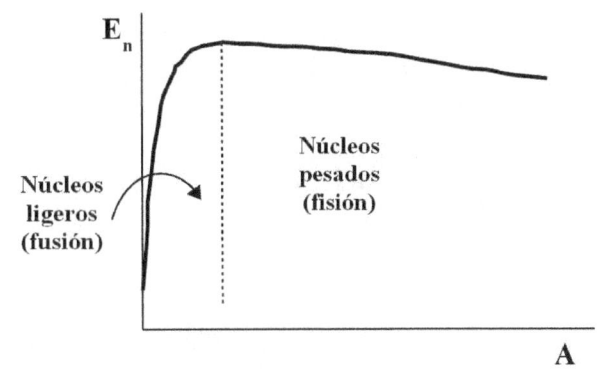

Se calcula así: $\Delta m = m_{núcleo} - \sum m_{partículas}$. La energía de enlace también puede interpretarse como la energía que hay que suministrar al núcleo para descomponerlo en sus partículas.

2017

7) Defina actividad de una muestra radioactiva, escriba su fórmula e indique sus unidades en el S.I.

La magnitud $-\dfrac{dN}{dt}$ se denomina actividad de una muestra radiactiva e indica la rapidez con la que se desintegra una muestra, es decir, el número de desintegraciones por segundo que ocurren en un instante determinado. En el sistema internacional se mide en becquerel, Bq.

$$1 \text{ Bq} = 1 \ \dfrac{desintegración}{s}$$

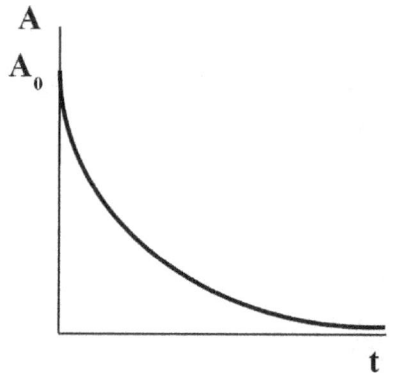

La fórmula de la actividad es: $A = -\dfrac{dN}{dt} = \lambda \cdot N$, siendo:

N: número de núcleos en un tiempo determinado.
t: tiempo (s).
λ: constante de desintegración (s^{-1}).

Hay otra fórmula para la actividad: $A = A_0 \cdot e^{-\lambda \cdot t}$, siendo A_0 la actividad inicial.

---

8) Explique en qué consisten las reacciones de fusión y fisión nucleares y comente el origen de la energía que producen.

La fusión nuclear es la unión de dos núcleos ligeros (menos pesados que el hierro) para formar uno solo más pesado. Va acompañada de un gran desprendimiento de energía y, en ocasiones, de otras partículas. Las más comunes son:

$$^{2}_{1}H + {^{2}_{1}H} \rightarrow {^{4}_{2}He}$$

$$^{2}_{1}H + {^{3}_{1}H} \rightarrow {^{4}_{2}He} + {^{1}_{0}n}$$

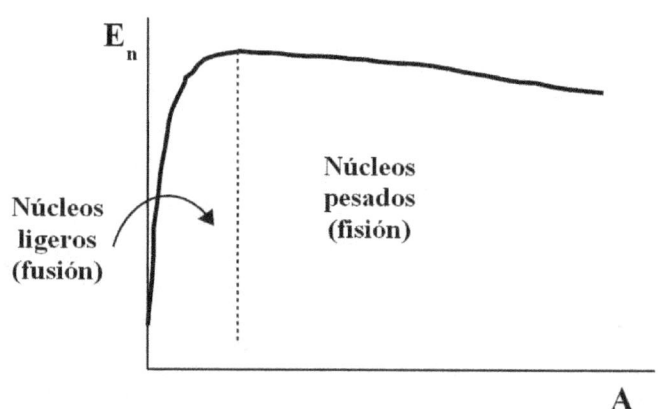

En estas reacciones se desprenden unos 18 MeV, cantidad menor que la producida en la fisión del uranio. Pero en un gramo de hidrógeno se producen más reacciones que en un gramo de uranio, pues la masa atómica del hidrógeno es mucho menor que la del uranio. En consecuencia, la energía producida por cada gramo de sustancia que reacciona es unas cuatro veces mayor en el caso de la fusión. Pero la fusión tiene un problema especial: para conseguir que choquen los núcleos de hidrógeno, se necesita que tengan una gran energía cinética. Para ello se necesita que el hidrógeno esté a una altísima temperatura (unos 100 millones de grados centígrados). Ahí radica la dificultad de la fusión.

La fisión nuclear consiste en la rotura de un núcleo pesado en otros más ligeros al ser bombardeado con partículas, normalmente neutrones. Generalmente, la fisión va acompañada de desprendimiento de neutrones y energía. Este fenómeno se da para núcleos pesados, es decir, más pesados que el hierro. Los más usuales son ^{235}U y ^{292}Pu. En las centrales nucleares, suele utilizarse uranio como combustible nuclear. Las energías obtenidas son del orden de 200 MeV por cada núcleo de uranio fisionado. En cada reacción de fisión, se desprenden más neutrones de los que se absorben. Los neutrones obtenidos pueden chocar con otros núcleos de uranio y producir más reacciones de fisión y así sucesivamente. Esto es lo que se llama reacción en cadena.

El origen de la energía que producen las reacciones nucleares está en el defecto de masa entre los productos y los reactivos. Este defecto de masa se transforma en energía y es la energía que se desprende.

- Defecto de masa: $\Delta m = \sum m_{productos} - \sum m_{reactivos}$

- Energía desprendida en la reacción: $E = \Delta m \cdot c^2$

---

9) Describa brevemente las interacciones fundamentales de la naturaleza. Compare su alcance e intensidad.

a) Interacción gravitatoria:
- Afecta a cuerpos con masa. Es, por tanto, una interacción universal.
- Es siempre atractiva, tiende a acercar a los cuerpos.
- Es de largo alcance, llega hasta el infinito. Su intensidad disminuye con el cuadrado de la distancia.
- Es la más débil de las cuatro interacciones. Su constante característica es:

$$G = 6'67 \cdot 10^{-11} \ \frac{N \cdot m^2}{kg^2}$$

- Su intensidad es independiente del medio en el que estén ambos cuerpos.
- Explica lo siguiente: el peso, la caída de los cuerpos, el movimiento de los cuerpos celestes.

b) Interacción electromagnética:
- Afecta a cuerpos con carga eléctrica. La carga puede ser positiva o negativa.
- Puede ser atractiva o repulsiva, según el signo de las cargas. Las cargas de igual signo se repelen y las de signos opuestos se atraen.
- Es de largo alcance, llega hasta el infinito. Su intensidad disminuye con el cuadrado de la distancia.
- Es una interacción fuerte. Su constante característica es:

$$K = 9 \cdot 10^9 \ \frac{N \cdot m^2}{C^2}$$

- Su intensidad depende del medio en el que estén ambos cuerpos.
- Explica lo siguiente: las fuerzas por contacto, la estructura de átomos y moléculas, las reacciones químicas, los fenómenos eléctricos y magnéticos.

c) Interacción nuclear fuerte:
- Afecta a partículas constituidas por quarks (protones y neutrones). No afecta a los electrones.
- Es atractiva.
- Es de muy corto alcance (aproximadamente 10^{-15} m, el tamaño del núcleo atómico).
- Es la más fuerte de las interacciones, con mucha diferencia.

- Explica lo siguiente: la estructura del núcleo atómico y las reacciones nucleares.

d) Interacción nuclear débil:
- Afecta a las partículas llamadas leptones (electrones y neutrinos).
- No es propiamente atractiva ni repulsiva. Es la responsable de la transformación de unas partículas en otras.
- Es de muy corto alcance (aproximadamente de unos 10^{-16} m).
- Es una interacción débil, aunque más fuerte que la gravitatoria.
- Explica lo siguiente: la radiactividad, los cambios en las partículas subatómicas, las supernovas.

Orden de intensidad de las interacciones:
$$\text{Nuclear fuerte} > \text{Electromagnética} > \text{Nuclear débil} > \text{Gravitatoria}$$

2016

10) Discuta la veracidad o falsedad de la siguiente afirmación: "cuanto mayor es el período de semidesintegración de un material, más rápido se desintegra.

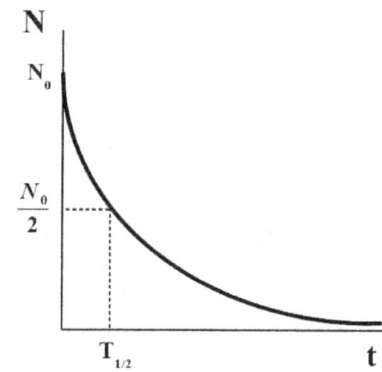

Falso. Es justamente al contrario. El período de semidesintegración es el tiempo que tarda una muestra radiactiva en disminuir su actividad a la mitad o, lo que es lo mismo, el tiempo que tarda en disminuir su tamaño a la mitad. Depende de la naturaleza de la materia.

$$\lambda = \frac{\ln 2}{T_{1/2}} \quad ; \quad A = -\frac{dN}{dt} = -\lambda \cdot N \quad ; \quad N = N_0 \cdot e^{-\lambda \cdot t}$$

De las fórmulas podemos deducir que: si $T_{1/2}$ es grande, λ es pequeño. Si λ es pequeño, la actividad es pequeña, el número de desintegraciones por segundo es pequeño y se desintegra más lentamente.

2015

11) a) Escriba las características de los procesos de emisión radiactiva y explique las leyes de desplazamiento. b) La figura ilustra las trayectorias que siguen los haces de partículas alfa, beta y gamma emitidos por una fuente radiactiva en una región en la que existe un campo magnético uniforme, perpendicular al plano del papel y sentido hacia dentro. Identifique, razonadamente, cuál de las trayectorias corresponde a cada una de las emisiones.

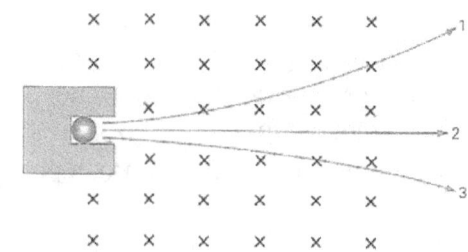

a) * Características de los procesos de emisión radiactiva:
- Radiación alfa: la emisión alfa está formada por núcleos de helio ($^{4}_{2}He$) que son emitidos a gran velocidad. Se trata de partículas que contienen 2 protones (cargas positivas) y 2 neutrones. Debido a su tamaño y a su carga eléctrica tiene poco poder de penetración en la materia, sin embargo tiene un elevado poder ionizante. Se trata de una emisión de corto alcance.
- Radiación beta: la emisión beta está formada por electrones que proceden del núcleo por desintegración de un neutrón. Su carga es negativa y son emitidos a muy elevadas velocidades. Son más pequeños que la radiación alfa, por lo que su poder de penetración es muy superior. Su poder de ionización es relativamente pequeño.
Los electrones se generan a partir de los neutrones del núcleo de esta forma:
$$^{1}_{0}n \rightarrow \,^{1}_{1}p + \,^{0}_{-1}e + \,^{0}_{0}\bar{\nu}$$
en la que un neutrón del núcleo se transforma en un protón mas un electrón (partícula beta) y además se produce una partícula neutra y sin masa (el antineutrino).
- Radiación gamma: la emisión gamma es de naturaleza electromagnética y no queda alterada por la presencia de campos eléctricos y magnéticos. Su velocidad de propagación es la de la luz y su longitud de onda es menor que la de los rayos X. Tiene el mayor poder de penetración de las tres radiaciones y su poder de ionización es el más pequeño.
* Leyes de desplazamiento (leyes de Soddy y Fajans):
- Cuando un núcleo emite una partícula alfa, α, se transforma en un núcleo del elemento situado dos casillas anteriores en la tabla periódica. Es decir, su número atómico disminuye en 2 unidades y su número másico disminuye en 4.
- Cuando un núcleo emite una partícula beta, β, se transforma en un núcleo del elemento situado una casilla posterior en la tabla periódica. O sea, su número atómico aumenta en una unidad y su número másico no se altera
- Cuando un núcleo emite radiación gamma, γ, continúa siendo el mismo elemento químico. No cambia ni su número atómico ni su número másico.
b) Las partículas alfa tienen carga positiva, las partículas beta tienen carga negativa y las partículas gamma no tienen carga. Las partículas sin carga no presentan desviación en los campos magnéticos, luego la trayectoria 2 corresponde a una partícula gamma. Cuando una partícula cargada penetra en un campo magnético, experimenta una fuerza dada por la ley de Lorentz: $\vec{F} = Q \cdot \vec{v} \times \vec{B}$. El sentido de $\vec{F}$ viene dado por la regla del tornillo, teniendo en cuenta el signo de la carga.

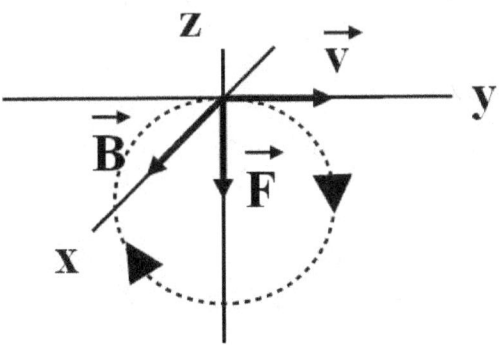

Carga positiva

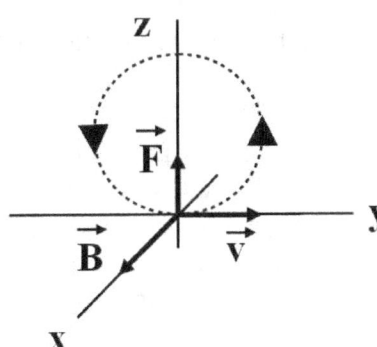

Carga negativa

La fuerza $\vec{F}$ es la que desvía la trayectoria. Luego la trayectoria 1 corresponde a una partícula alfa y la trayectoria 3 corresponde a una partícula beta.

2013

12) a) Un isótopo $^{A}_{Z}X$ sufre una desintegración α y una desintegración γ. Justifique el número másico y el número atómico del nuevo núcleo. b) ¿Qué cambiaría si en lugar de emitir una partícula α emitiera una partícula β?

a) * Cuando un núcleo emite una partícula alfa (α o $^{4}_{2}\alpha$ o $^{4}_{2}He$), su número másico A disminuye 4 unidades y su número atómico disminuye 2 unidades. Se transforma en un elemento situado dos lugares a la izquierda en la tabla periódica.
* Cuando un núcleo emite rayos gamma (γ), su número másico y su número atómico permanecen constantes. El elemento químico sigue siendo el mismo.

El nuevo núcleo obtenido será: $^{A-4}_{Z-2}X$. La emisión de una partícula alfa le reduce A en 4 unidades y Z en 2 unidades. La emisión de una partícula gamma no le altera ni A ni Z.

b) Cuando un núcleo emite una partícula beta (β o $^{0}_{-1}\beta$), su número másico permanece constante y su número atómico disminuye en una unidad. Se transforma en un elemento situado un lugar a la derecha en la tabla periódica.

El nuevo núcleo obtenido sería: $^{A}_{Z+1}X$. La emisión de una partícula beta no le altera A pero le aumenta Z en una unidad.

2011

13) Razone si puede asegurarse que dos muestras radiactivas de igual masa tienen igual actividad.

La afirmación no tiene por qué ser correcta y normalmente no lo es. La actividad de una muestra radiactiva, A, depende de la naturaleza de la sustancia que compone la muestra:
$$A = -\frac{dN}{dt} = -\lambda \cdot N$$
siendo: N: número de núcleos presentes en la muestra en un tiempo t.
λ: constante de desintegración (s^{-1}). Depende de la naturaleza de la sustancia.

Para tener la misma actividad, deben ser iguales λ y N. Si se trata de la misma sustancia radiactiva, λ es la misma y, si la masa inicial es la misma, el número de núcleos presentes es el mismo. Si las muestras son de distintas sustancias radiactivas, λ es distinta y N también, pues las masas atómicas son distintas.

2009

14) La antigüedad de una muestra de madera se puede determinar a partir de la actividad del $^{14}_{6}C$ presente en ella. Explique el procedimiento.

Esta técnica está basada en la ley de desintegración de los isótopos radiactivos. El isótopo $^{14}_{6}C$ es producido de forma continua en la atmósfera como consecuencia del bombardeo de átomos de nitrógeno por rayos cósmicos. Este isótopo creado es inestable y se transforma espontáneamente en nitrógeno $^{14}_{7}N$. Estos procesos de generación-degradación de $^{14}_{6}C$ se encuentran prácticamente equilibrados, de manera que la proporción de los isótopos $^{14}C/^{12}C$ es prácticamente constante en la atmósfera. El proceso de fotosíntesis incorpora el átomo radiactivo a las plantas, de manera que la proporción $^{14}C/^{12}C$ en éstas es similar a la atmosférica. Los animales herbívoros incorporan el carbono de las plantas y los carnívoros el carbono de los herbívoros. La proporción de estos isótopos también es igual a la atmosférica. Cuando un ser vivo muere, no se incorporan nuevos átomos de ^{14}C a los tejidos, y la concentración del isótopo va decreciendo por desintegración radiactiva. Si hacemos un análisis isotópico de la muestra y aplicamos la ecuación: $N = N_0 \cdot e^{-\lambda t}$, podemos obtener la edad de la muestra.

2008

15) a) El $^{232}_{90}Th$ se desintegra, emitiendo 6 partículas α y 4 partículas β, dando lugar a un isótopo estable del plomo. Determine el número másico y el número atómico de dicho isótopo.
b) Explique en qué se diferencian los isótopos de un elemento.

a) * Cuando un núcleo emite una partícula alfa (α o $^{4}_{2}\alpha$ o $^{4}_{2}He$), su número másico A disminuye 4 unidades y su número atómico disminuye 2 unidades. Se transforma en un elemento situado dos lugares a la izquierda en la tabla periódica.
* Cuando un núcleo emite una partícula beta (β o $^{0}_{-1}\beta$), su número másico permanece constante y su número atómico aumenta en una unidad. Se transforma en un elemento situado un lugar a la derecha en la tabla periódica.

Los procesos pedidos son: $\quad ^{232}_{90}Th \rightarrow\ ^{208}_{78}X + 6\ ^{4}_{2}He$

$$^{208}_{78}X \rightarrow\ ^{208}_{82}Pb + 4\ ^{0}_{-1}\beta$$

b) Se llaman isótopos a los átomos que tienen igual valor de Z (número de protones) y distinto valor de A (número másico). Al tener igual valor de Z, se trata de átomos del mismo elemento. Al tener distinto valor de A, tienen distinto valor del número de neutrones y distinta masa, por consiguiente.

16) Describa la estructura de un núcleo atómico.

El núcleo atómico está constituido por nucleones (protones y neutrones). Existen dos modelos para explicar la estructura del núcleo:

* Modelo de la gota líquida: se supone que cada partícula interacciona sólo con las más próximas. Se supone que los nucleones no están quietos en el núcleo, sino que se mueven al azar, como las moléculas de una gota de agua.
* Modelo de capas: cada nucleón interacciona con el campo de fuerzas creado por todos los demás nucleones. Los nucleones se sitúan en capas de energía creciente, algo parecido a lo que ocurre en la corteza electrónica.

2006

17) ¿A qué se denomina período de semidesintegración de un elemento radiactivo? ¿Cómo cambiaría una muestra de un radionúclido transcurridos tres períodos de semidesintegración?

El período de semidesintegración, $T_{1/2}$, es el tiempo necesario para que la actividad de una muestra radiactiva se reduzca a la mitad o, también, el tiempo necesario para que la masa de una muestra radiactiva se reduzca a la mitad. Según esto, la evolución de la muestra sería:

Tiempo transcurrido	0	$T_{1/2}$	$2 \cdot T_{1/2}$	$3 \cdot T_{1/2}$
Masa	m_0	$\dfrac{m_0}{2}$	$\dfrac{m_0}{4}$	$\dfrac{m_0}{8}$

La masa se habría reducido a la octava parte de su valor inicial.

---

18) ¿Cómo se puede explicar que un núcleo emita partículas β si en él sólo existen neutrones y protones?

La responsable de esta aparente contradicción es la interacción nuclear débil. Esta fuerza actúa transformando una partícula en otra. El electrón emitido se forma dentro del núcleo mediante la reacción: $^{1}_{0}n \rightarrow\ ^{1}_{1}p\ +\ ^{0}_{-1}e\ +\ ^{0}_{0}\bar{v}$. La partícula $^{0}_{0}\bar{v}$ se llama antineutrino.

2005

19) Dos muestras A y B del mismo elemento radiactivo se preparan de manera que la muestra A tiene doble actividad que la B. a) Razone si ambas muestras tienen el mismo o distinto período de desintegración. b) ¿Cuál es la razón entre las actividades de las muestras después de haber trascurrido cinco períodos?

a) No se suele hablar de período de desintegración, sino de período de semidesintegración. Es el tiempo que tarda la cantidad de átomos inicial, N_0, en reducirse hasta la mitad. Se calcula así: $T_{1/2} = \dfrac{\ln 2}{\lambda}$. Es decir, el período de semidesintegración depende a su vez de la constante de desintegración, λ, que es una característica de cada núclido. Como se trata del mismo núclido radiactivo, λ es igual para ambos y $T_{1/2}$ es igual para ambos, independientemente de la cantidad inicial de cada uno e independientemente de la actividad de cada uno.

b) Cada vez que transcurre un semiperíodo, la cantidad de sustancia se reduce a la mitad, luego:

Inicial	Un período	Dos períodos	Tres períodos	Cuatro períodos	Cinco períodos
A_{A0}	$\dfrac{A_{A0}}{2}$	$\dfrac{A_{A0}}{4}$	$\dfrac{A_{A0}}{8}$	$\dfrac{A_{A0}}{16}$	$\dfrac{A_{A0}}{32}$
A_{B0}	$\dfrac{A_{B0}}{2}$	$\dfrac{A_{B0}}{4}$	$\dfrac{A_{B0}}{8}$	$\dfrac{A_{B0}}{16}$	$\dfrac{A_{B0}}{32}$

También podríamos hacerlo directamente así: $A = \dfrac{A_0}{2^n}$, siendo n el número de semiperíodos transcurridos. Inicialmente: $A_{A0} = 2 \cdot A_{B0}$. Después de cinco períodos: $A_A = \dfrac{A_{A0}}{32}$ y $A_B = \dfrac{A_{B0}}{32}$.

Dividiendo: $\dfrac{A_A}{A_B} = \dfrac{\frac{A_{A0}}{32}}{\frac{A_{B0}}{32}} = \dfrac{A_{A0}}{A_{B0}} = \dfrac{2 \cdot A_{B0}}{A_{B0}} = 2$

---

20) Considere dos núcleos pesados X e Y de igual número másico. Si X tiene mayor energía de enlace, ¿cuál de ellos es más estable?

Tendrá mayor estabilidad el núcleo que tenga mayor energía de enlace por nucleón, E_n.

Existe una energía que estabiliza al núcleo, que le da cohesión: es la energía de enlace por nucleón: $E_n = \dfrac{E_e}{A}$. La energía de enlace, E_e, es la cantidad de energía desprendida al formarse un núcleo a partir de sus partículas constituyentes. Se obtiene mediante la ecuación de Einstein: $E_e = \Delta m \cdot c^2$, siendo Δm el defecto de masa, es decir, la diferencia entre la masa del núcleo y la suma de las masas de sus partículas constituyentes.

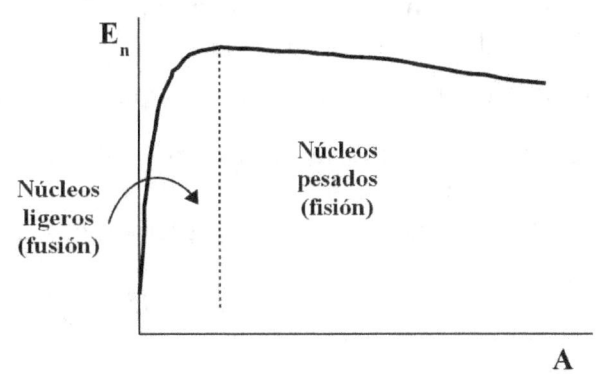

Se calcula así: $\Delta m = m_{núcleo} - \sum m_{partículas}$. La energía de enlace también puede interpretarse como la energía que hay que suministrar al núcleo para descomponerlo en sus partículas.

$E_{nX} = \dfrac{E_{eX}}{A}$; $E_{nY} = \dfrac{E_{eY}}{A}$. Como A es la misma para los dos y $E_{eX} > E_{eY}$ → $E_{nX} > E_{nY}$.

Por consiguiente, el núcleo X tiene mayor estabilidad.

Cuestiones de la ponencia de Física

21) Un núcleo radiactivo tiene un periodo de semidesintegración de 1 año. ¿Significa esto que se habrá desintegrado completamente en dos años? Razone la respuesta.

No es correcto. Sería correcto si la gráfica que representa el número de núcleos frente al tiempo fuera una línea recta decreciente; en vez de eso, es una función exponencial decreciente.

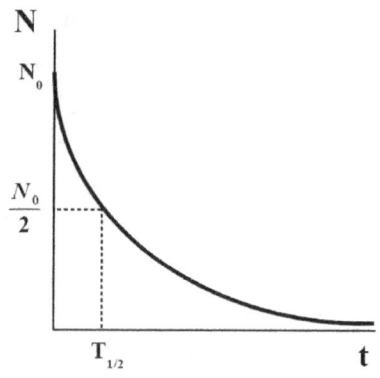

El período de semidesintegración $T_{1/2}$ es el tiempo que tarda la cantidad de átomos inicial, N_0, en reducirse hasta la mitad. En dos años, la muestra inicial se habrá reducido a:

$$N = \frac{N_0}{2^n} = \frac{N_0}{2^2} = \frac{N_0}{4}$$

siendo n es el número de períodos de semidesintegración transcurridos. Es decir, en dos años el número de núcleos se habrá reducido a la cuarta parte del número inicial. Para que la muestra se desintegre completamente, en teoría tiene que pasar un tiempo infinito, pues sólo en el infinito la gráfica toca al eje X y N se hace cero.

---

22) Calcule el número total de emisiones alfa y beta que permitirán completar la siguiente transmutación: $^{235}_{95}U \rightarrow {}^{207}_{82}Pb$.

* Cuando un núcleo emite una partícula alfa (α o ${}^{4}_{2}\alpha$ o ${}^{4}_{2}He$), su número másico A disminuye 4 unidades y su número atómico disminuye 2 unidades. Se transforma en un elemento situado dos lugares a la izquierda en la tabla periódica.

* Cuando un núcleo emite una partícula beta (β o ${}^{0}_{-1}\beta$), su número másico permanece constante y su número atómico aumenta en una unidad. Se transforma en un elemento situado un lugar a la derecha en la tabla periódica.

– El número másico sólo es alterado por las partículas alfa, luego:

$$^{235}_{95}U \rightarrow {}^{207}_{82}Pb + a\; {}^{4}_{2}He$$

$$235 = 207 + 4 \cdot a \quad \rightarrow \quad a = \frac{235-207}{4} = \frac{28}{4} = 7$$

– El número de partículas beta se calcula así:

$$^{235}_{95}U \rightarrow {}^{207}_{82}Pb + 7\; {}^{4}_{2}He + b\; {}^{0}_{-1}\beta$$

$$95 = 82 + 7 \cdot 2 - b \quad \rightarrow \quad b = 82 + 14 - 95 = 1$$

Emitirá 7 partículas alfa y una beta: $^{235}_{95}U \rightarrow {}^{207}_{82}Pb + 7\; {}^{4}_{2}He + {}^{0}_{-1}\beta$

23) a) Compare las características más importantes de las interacciones gravitatoria, electromagnética y nuclear fuerte. b) Explique cuál o cuáles de dichas interacciones serían importantes en una reacción nuclear, ¿por qué?

a) * Interacción gravitatoria:
- Afecta a cuerpos con masa. Es, por tanto, una interacción universal.
- Es siempre atractiva, tiende a acercar a los cuerpos.
- Es de largo alcance, llega hasta el infinito. Su intensidad disminuye con el cuadrado de la distancia.
- Es la más débil de las cuatro interacciones. Su constante característica es:
$$G = 6'67 \cdot 10^{-11} \ \frac{N \cdot m^2}{C^2}$$
- Su intensidad es independiente del medio en el que estén ambos cuerpos.
- Explica lo siguiente: el peso, la caída de los cuerpos, el movimiento de los cuerpos celestes.

* Interacción electromagnética:
- Afecta a cuerpos con carga eléctrica. La carga puede ser positiva o negativa.
- Puede ser atractiva o repulsiva, según el signo de las cargas. Si las cargas son de igual signo, se repelen. Si son de signos opuestos, se atraen.
- Es de largo alcance, llega hasta el infinito. Su intensidad disminuye con el cuadrado de la distancia.
- Es una interacción fuerte. Su constante característica es:
$$K = 9 \cdot 10^9 \ \frac{N \cdot m^2}{C^2}$$
- Su intensidad depende del medio en el que estén ambos cuerpos.
- Explica lo siguiente: las fuerzas por contacto, la estructura de átomos y moléculas, las reacciones químicas, los fenómenos eléctricos y magnéticos.

* Interacción nuclear fuerte:
- Afecta a partículas constituidas por quarks (protones y neutrones). No afecta a los electrones.
- Es atractiva.
- Es de muy corto alcance (aproximadamente 10^{-15} m, el tamaño del núcleo atómico).
- Es la más fuerte de las interacciones, con mucha diferencia.
- Explica lo siguiente: la estructura del núcleo atómico y las reacciones nucleares.

b) Las interacciones importantes en una reacción nuclear serían la electromagnética y la nuclear fuerte. La interacción gravitatoria es mucho menos intensa que las otras dos, aunque la distancia sea corta, pero las masas también son pequeñas. En un núcleo existe un equilibrio entre las fuerzas electrostáticas (interacción electromagnética) y la atracción entre los protones y los neutrones (interacción nuclear fuerte). Cuando se bombardea el átomo con un proyectil como un neutrón, se produce un desequilibrio entre estas dos fuerzas que vuelve a equilibrarse cuando el núclido experimenta alguna emisión radiactiva.

---

24) ¿Por qué los protones permanecen unidos en el núcleo, a pesar de que sus cargas tienen el mismo signo?

El núcleo está constituido por protones y neutrones. Debido a la gran cantidad y proximidad de protones, el núcleo debería ser inestable debido a las repulsiones electrostáticas entre protones. Sin embargo, existen unas fuerzas atractivas que le dan estabilidad al núcleo: la interacción nuclear fuerte.

La interacción nuclear fuerte es una fuerza atractiva fuerte entre protones y neutrones. Si las fuerzas atractivas son mayores que las fuerzas repulsivas, el núcleo es estable.

En términos de energía, existe una energía que estabiliza al núcleo, que le da cohesión: es la energía de enlace por nucleón: $E_n = \dfrac{E_e}{A}$. La energía de enlace, E_e, es la cantidad de energía desprendida al formarse un núcleo a partir de sus partículas constituyentes. Se obtiene mediante la ecuación de Einstein: $E = \Delta m \cdot c^2$, siendo Δm el defecto de masa, es decir, la diferencia entre la masa del núcleo y la suma de las masas de sus partículas constituyentes.

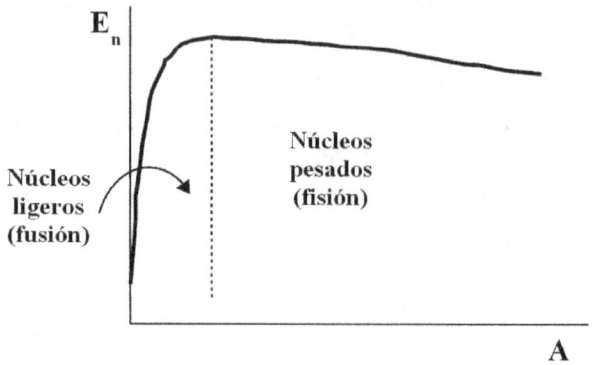

Se calcula así: $\Delta m = m_{núcleo} - \sum m_{partículas}$. La energía de enlace también puede interpretarse como la energía que hay que suministrar al núcleo para descomponerlo en sus partículas.

---

25) a) Algunos átomos de nitrógeno ($^{14}_{7}N$) atmosférico chocan con un neutrón y se transforman en carbono ($^{14}_{6}C$) que, por emisión β, se convierte de nuevo en nitrógeno. Escriba las correspondientes reacciones nucleares. b) Los restos de animales recientes contienen mayor proporción de ($^{14}_{6}C$) que los restos de animales antiguos. ¿A qué se debe este hecho y qué aplicación tiene?

a) $^{14}_{7}N + ^{1}_{0}n \rightarrow ^{12}_{6}C + ^{3}_{1}H \quad ; \quad ^{12}_{6}C \rightarrow ^{0}_{-1}\beta + ^{12}_{7}N$

b) Los restos de animales recientes tienen la misma proporción entre ^{14}C y ^{12}C que el existe en la atmósfera, porque han ido incorporándolo durante su vida al ingerirlo en forma de alimentos. Los restos de animales antiguos tienen una menor proporción de ^{14}C porque es radiactivo y el número de núcleos va decayendo con el tiempo; por el contrario, al estar muertos, no incorporan nuevo ^{14}C.

---

26) Justifique la veracidad de la siguiente afirmación: en general, los núcleos estables tienen más neutrones que protones.

Correcto. Un núcleo es estable cuando no se descompone espontáneamente en otro con el tiempo. Un núcleo es inestable o radiactivo cuando se descompone espontáneamente en otro con el tiempo. Se comprueba experimentalmente que los núcleos ligeros son estables cuando tienen aproximadamente el mismo número de neutrones (N) que de protones (Z). Los núcleos pesados tienen aproximadamente un 50 % más de neutrones que de protones ($N = 1'5 \cdot Z$).

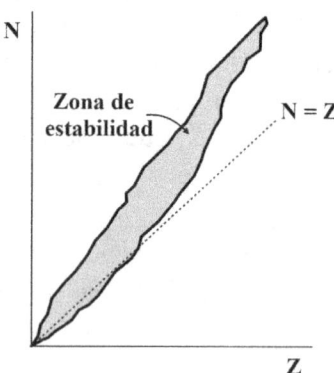

En los núcleos existe un equilibrio entre la interacción nuclear fuerte entre protones y neutrones y la repulsión electrostática entre protones. Este equilibrio se consigue cuando la proporción entre neutrones y protones es la indicada anteriormente.

---

27) Razone cuáles de las siguientes reacciones nucleares son posibles:

a) $^{1}_{1}H + ^{3}_{2}He \rightarrow ^{4}_{2}He$ b) $^{224}_{88}Ra \rightarrow ^{219}_{86}Rn + ^{4}_{2}He$ c) $^{4}_{2}He + ^{27}_{13}Al \rightarrow ^{30}_{15}P + ^{1}_{0}n$

En una reacción nuclear, se conservan el número másico A y el número atómico Z. No serán posibles aquellas reacciones que no cumplan la regla anterior.
a) La primera reacción no es posible, pues no se conserva Z. La reacccción correcta sería:
$$^{1}_{1}H + ^{3}_{2}He \rightarrow ^{4}_{3}Li$$
b) La segunda reacción no es posible, pues no se conserva A. La reacción correcta sería:
$$^{224}_{88}Ra \rightarrow ^{220}_{86}Rn + ^{4}_{2}He$$
c) La tercera reacción sí es posible, pues se conservan A y Z.

---

28) Deduzca el número de protones, neutrones y electrones que tiene un átomo de $^{27}_{13}Al$.

Un núclido puede representarse por: $^{A}_{Z}X$, siendo X el símbolo del elemento, A el número másico y Z el número atómico. El número másico coincide con el número de nucleones (protones más neutrones) y el número atómico coincide con el número de protones. Luego el átomo pedido tiene:
* Protones: 13, pues: Z = 13.
* Neutrones: 14, pues: N = A − Z = 27 − 13 = 14
* Electrones: 13, pues en el átomo neutro: número de electrones = número de protones.

---

29) Razone si las siguientes afirmaciones son ciertas o falsas: a) Una vez transcurridos dos periodos de semidesintegración, todos los núcleos de una muestra radiactiva se han desintegrado. b) La actividad de una muestra radiactiva es independiente del tiempo.

a) No es correcto. Sería correcto si la gráfica que representa el número de núcleos frente al tiempo fuera una línea recta decreciente; en vez de eso, es una función exponencial decreciente.

El período de semidesintegración $T_{1/2}$ es el tiempo que tarda la cantidad de átomos inicial, N_0, en reducirse hasta la mitad. En dos períodos, la muestra inicial se habrá reducido a:

$$N = \frac{N_0}{2^n} = \frac{N_0}{2^2} = \frac{N_0}{4}$$

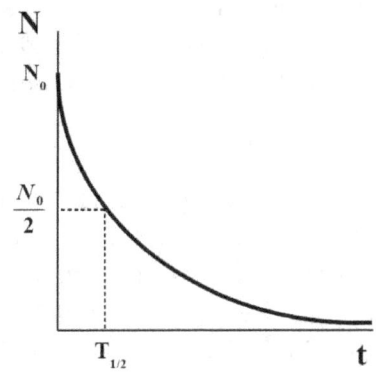

siendo n es el número de períodos de semidesintegración transcurridos.

Es decir, en dos años el número de núcleos se habrá reducido a la cuarta parte del número inicial. Para que la muestra se desintegre completamente, en teoría tiene que pasar un tiempo infinito, pues sólo en el infinito la gráfica toca al eje X y N se hace cero.

b) Falso. La magnitud $-\frac{dN}{dt}$ se denomina actividad de una muestra radiactiva e indica la rapidez con la que se desintegra una muestra, es decir, el número de desintegraciones por segundo que ocurren en un instante determinado. En el sistema internacional se mide en becquerel, Bq.

$1 \text{ Bq} = 1 \ \frac{desintegración}{s}$

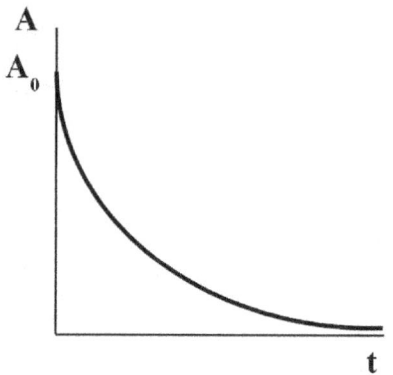

La fórmula de la actividad es: $A = -\frac{dN}{dt} = \lambda \cdot N$, siendo:

N: número de núcleos en un tiempo determinado.
t: tiempo (s).
λ: constante de desintegración (s^{-1}).

Hay otra fórmula para la actividad: $A = A_0 \cdot e^{-\lambda \cdot t}$, siendo A_0 la actividad inicial.
La actividad depende del tiempo porque, aunque λ es una constante independiente del tiempo, el número de núcleos presentes, N, sí depende del tiempo.

---

30) a) Comente esta frase: la masa del núcleo de deuterio es menor que la suma de las masas de un protón y un neutrón.
b) Supuesto que pudiéramos aislar un átomo de una muestra radiactiva discutir, en función del parámetro apropiado, si cabe esperar que su núcleo se desintegre pronto, tarde o nunca.

a) Es correcto. El deuterio es un isótopo del hidrógeno, el $^{2}_{1}H$. Está constituido por un neutrón y un protón. El núcleo está constituido por protones y neutrones. Debido a la gran cantidad y proximidad de protones, el núcleo debería ser inestable debido a las repulsiones electrostáticas entre protones. Sin embargo, existen unas fuerzas atractivas que le dan estabilidad al núcleo: la interacción nuclear fuerte entre protones y neutrones. Si las fuerzas atractivas son mayores que las fuerzas repulsivas, el núcleo es estable. Existe una energía que estabiliza al núcleo, que le da cohesión: es la energía de enlace por nucleón: $E_n = \frac{E_e}{A}$. La energía de enlace, E_e, es la cantidad de energía desprendida al formarse un núcleo a partir de sus partículas constituyentes. Se obtiene mediante la ecuación de Einstein: $E = \Delta m \cdot c^2$, siendo Δm el defecto de masa, es decir, la diferencia entre la masa del núcleo y la suma de las masas de sus partículas constituyentes. Se calcula así: $\Delta m = m_{núcleo} - \sum m_{partículas}$. Por lo tanto, existe una energía proveniente del defecto de masa que le da estabilidad al núcleo.
b) El parámetro pedido es la constante de desintegración, λ. Esta magnitud indica la probabilidad que existe de que se desintegre un átomo por cada segundo. Está expresado en tanto por uno. Por ejemplo: si de 100 átomos iniciales se desintegran dos por segundo, la probabilidad de desintegración es de 0'02 o del 2 %; en este caso, $\lambda = 0'02 \text{ s}^{-1}$.

CUESTIONES DE FÍSICA CUÁNTICA

2018

1) Explique la conservación de la energía en el proceso de emisión de electrones por una superficie metálica al ser iluminada con luz adecuada.

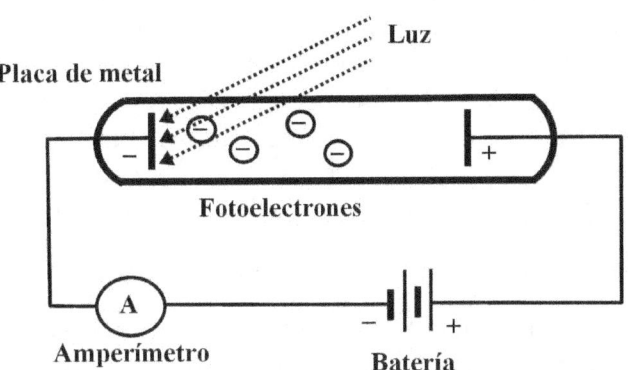

El efecto fotoeléctrico consiste en la emisión de fotoelectrones por parte de una lámina metálica cuando se ilumina con una luz de frecuencia igual o superior a la umbral. El que se produzca o no el efecto fotoeléctrico no depende de la intensidad de la luz incidente, sino de su frecuencia. Por debajo de la frecuencia umbral no hay efecto fotoeléctrico.

* Balance de energía del efecto fotoeléctrico:
Energía de la luz = trabajo para arrancar electrones + energía cinética de los electrones

* Fórmula de Einstein del efecto fotoeléctrico: $E_{fotón} = W_{extr.} + E_c$

siendo: $E_{fotón}$: energía del fotón de la luz incidente.
$W_{extr.}$: trabajo de extracción del metal.
E_c: energía cinética de los electrones.

La energía de la luz se invierte en arrancar electrones del metal y en darles energía cinética.

- La energía del fotón es directamente proporcional a la frecuencia de la luz e inversamente proporcional a su longitud de onda: $E_{fotón} = n \cdot h \cdot f = n \cdot h \cdot \dfrac{c}{\lambda}$. Este es el postulado de Planck. La energía de la radiación electromagnética está cuantizada, es decir, no puede adoptar cualquier valor, sino que es un múltiplo entero de $h \cdot f$.

Un fotón es un paquete de energía, es decir, es la cantidad más pequeña de una determinada onda electromagnética que puede transmitirse.

- El trabajo de extracción es la energía mínima necesaria para arrancar los electrones del metal:

$$W_{extr} = h \cdot f_0 = h \cdot \dfrac{c}{\lambda_{máx}}$$

f_0 es la frecuencia umbral, la frecuencia mínima necesaria para que tenga lugar el efecto fotoeléctrico; depende de cada metal. $\lambda_{máx}$ es la longitud de onda máxima para que ocurra el efecto fotoeléctrico.

- La energía cinética es la energía que tienen los electrones gracias a su movimiento:

$$E_c = \dfrac{1}{2} \cdot m \cdot v^2 = e \cdot V_0$$

V_0 es el potencial de frenado. Es la diferencia de potencial mínima necesaria para frenar a los electrones. Los electrones se frenan al cambiar la polaridad de la batería del circuito.

Cuanto mayor sea la frecuencia de la luz por encima de la frecuencia umbral, mayor será la energía cinética de los electrones emitidos. Cuanto mayor sea la intensidad de la luz, más electrones saldrán de la lámina por unidad de tiempo.

---

2) Explique la teoría de Einstein del efecto fotoeléctrico.

Einstein utilizó la hipótesis de Planck para explicar el efecto fotoeléctrico. Según Planck, la energía de la radiación viene dada por: $E = h \cdot f$
Según Einstein, la radiación luminosa es una corriente de fotones y cada uno de ellos tiene una energía dada por la fórmula de Planck: $E = h \cdot f$

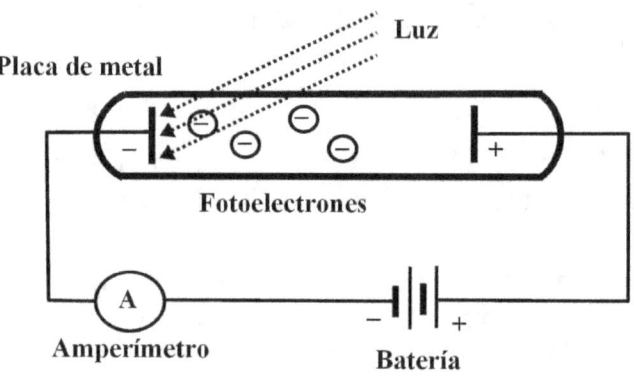

Einstein supuso que la propia radiación está constituida por paquetes, llamados fotones, que transportan la energía de manera discreta, concentrada en cuantos de energía. Es decir, supuso un comportamiento corpuscular para la luz, al menos para el efecto fotoeléctrico.

- Energía de un fotón según la expresión de Planck: $E = h \cdot f$
- Cantidad de movimiento según De Broglie: $p = \dfrac{E}{c}$

Suponiendo comportamiento corpuscular para la luz, al chocar ésta con un electrón, le transmite instantáneamente toda su energía. La energía que cede el fotón al electrón depende de la frecuencia de la radiación. La energía de un fotón se emplea, en primer lugar, en arrancar al electrón del metal. La energía extra que se le comunique al electrón se empleará en darle velocidad, en darle energía cinética. La energía necesaria para arrancar al electrón depende del metal y se llama trabajo de extracción. También puede definirse como la energía mínima que debe tener el fotón para arrancar un electrón del metal.

$W_{extracción} = h \cdot f_0$, donde f_0 es la frecuencia umbral, característica de cada metal.

La energía sobrante se emplea en darle energía cinética a los electrones emitidos.

$E_{fotón} = W_{extracción} + Ec_{electrón}$

$h \cdot f = h \cdot f_0 + \dfrac{1}{2} \cdot m \cdot v^2$

O bien: $Ec_e = h \cdot (f - f_0)$

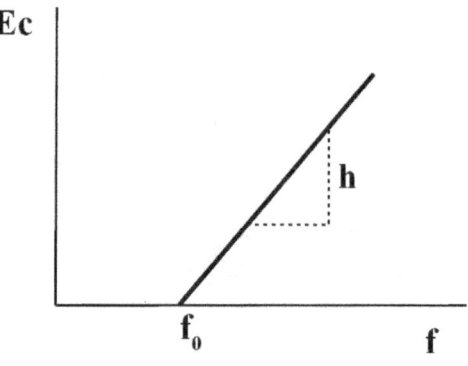

---

3) Se ilumina la superficie de un metal con dos fuentes de luz distintas observándose lo siguiente: con la primera de frecuencia ν_1 e intensidad I_1 no se produce efecto fotoeléctrico mientras que si la iluminamos con la segunda de frecuencia ν_2 e intensidad I_2 se emiten electrones. (i) ¿Qué ocurre si se duplica la intensidad de la fuente 1?; (ii) ¿y si se duplica la intensidad de la luz de la fuente 2?; (iii) ¿y si se incrementa la frecuencia de la fuente 2? Razone sus respuestas.

* Balance de energía del efecto fotoeléctrico: $E_{fotón} = W_{extr.} + Ec \rightarrow h \cdot f = h \cdot f_0 + \dfrac{1}{2} \cdot m \cdot v^2$

i) Seguirá sin producirse el efecto fotoeléctrico. El efecto fotoeléctrico consiste en la emisión de fotoelectrones por parte de una lámina metálica cuando se ilumina con una luz de frecuencia igual o superior a la umbral. El que se produzca o no el efecto fotoeléctrico no depende de la intensidad de la luz incidente, sino de su frecuencia. Por debajo de la frecuencia umbral no hay efecto fotoeléctrico.

ii) Seguirá produciéndose el efecto fotoeléctrico y ahora, además, se emitirán más electrones por unidad de tiempo. Esto supondrá una mayor intensidad en la corriente de los fotoelectrones, pues llegan al ánodo más fotoelectrones por unidad de tiempo.

iii) Seguirá produciéndose el efecto fotoeléctrico y, además, los electrones tendrán más energía cinética.

---

4) Cuando se ilumina un metal con un haz de luz monocromática se observa que se produce emisión fotoeléctrica. i) Si se varía la intensidad del haz de luz que incide en el metal, manteniéndose constante su longitud de onda, ¿variará la velocidad máxima de los electrones emitidos? ii) ¿Y el número de electrones emitidos en un segundo? Razone las respuestas.

El efecto fotoeléctrico consiste en la emisión de fotoelectrones por parte de una lámina metálica cuando se ilumina con una luz de frecuencia igual o superior a la umbral. El que se produzca o no el efecto fotoeléctrico no depende de la intensidad de la luz incidente, sino de su frecuencia. Por debajo de la frecuencia umbral no hay efecto fotoeléctrico. Cuanto mayor sea la frecuencia de la luz por encima de la frecuencia umbral, mayor será la energía cinética de los electrones emitidos. Cuanto mayor sea la intensidad de la luz, más electrones saldrán de la lámina por unidad de tiempo.

i) No varía la velocidad máxima de los electrones emitidos. Lo que varía es la intensidad de la corriente de los fotoelectrones.

ii) Sí varía el número de electrones emitidos por segundo. Esto se traduce en un aumento de la intensidad de la corriente de los fotoelectrones.

$$E_{fotón} = W_{extr.} + E_c \quad \rightarrow \quad h \cdot f = h \cdot f_0 + \frac{1}{2} \cdot m \cdot v^2$$

---

5) ¿Qué se entiende por dualidad onda-corpúsculo?

También se conoce como hipótesis de De Broglie o dualidad onda-partícula. Dice así: "Toda partícula en movimiento lleva asociada una onda". Este comportamiento ondulatorio es sólo apreciable para partículas muy pequeñas, pues la longitud de onda de los objetos macroscópicos es tan pequeña que no es detectable ni siquiera por difracción.

De Broglie supuso que toda la materia tiene un comportamiento dual.

* Según Planck: $E = h \cdot f$ \qquad * Según Einstein: $E = m \cdot c^2$

Igualando ambas: $h \cdot f = m \cdot c^2 \rightarrow h \cdot \dfrac{c}{\lambda} = m \cdot c^2 \rightarrow \lambda = \dfrac{h}{m \cdot c} = \dfrac{h}{p}$

Generalizando para cualquier partícula, la longitud de De broglie es: $\lambda = \dfrac{h}{m \cdot v}$

Si la hipótesis de De Broglie es correcta, debe ser observable. La difracción es un fenómeno ondulatorio que consiste en que una onda se desvía al encontrarse con un obstáculo con un hueco semejante a la longitud de onda. Davidson y Germer observaron que, efectivamente, un haz de electrones se difracta en la red cristalina de una lámina de níquel.

No puede observarse el carácter ondulatorio de partículas macroscópicas, pues la longitud de onda asociada es de aproximadamente 10^{-35} m.

No es posible la difracción con un tamaño inferior a las distancias entre átomos, que es del orden de 10^{-10} m.

Una consecuencia importante de la hipótesis de De Broglie es que las órbitas de los electrones en el átomo están cuantizadas. Esto es así porque el electrón girando en cada órbita sería una onda estacionaria. El tamaño de la órbita es un número entero de veces la longitud de onda del electrón correspondiente.

---

6) Una superficie metálica emite fotoelectrones cuando se ilumina con luz verde pero no emite con luz amarilla. Explique razonadamente qué ocurrirá cuando se ilumine con luz violeta y cuando se ilumine con luz roja.

El orden de energía creciente y de frecuencia creciente de las luces visibles y cercanas al visible es:
luz infrarroja < luz roja < luz naranja < luz amarilla < luz verde < luz azul < luz celeste < luz violeta <
< luz ultravioleta

El efecto fotoeléctrico consiste en la emisión de fotoelectrones por parte de una lámina metálica cuando se ilumina con una luz de frecuencia igual o superior a la umbral. El que se produzca o no el efecto fotoeléctrico no depende de la intensidad de la luz incidente, sino de su frecuencia. Por debajo de la frecuencia umbral no hay efecto fotoeléctrico.

Si se produce efecto fotoeléctrico con el verde y no con el amarillo significa que la frecuencia umbral de la luz que produce efecto fotoeléctrico en este metal corresponde al verde. Cuando se ilumine con luz violeta seguirá produciéndose efecto fotoeléctrico y los electrones tendrán más energía cinética.

Si no se produce efecto fotoeléctrico con el amarillo, tampoco se producirá con el rojo, pues su frecuencia está por debajo de la umbral.

2017

7) ¿Se puede asociar una longitud de onda a cualquier partícula, con independencia de los valores de su masa y su velocidad? Justifique su respuesta.

Efectivamente. Esto es lo que se conoce como hipótesis de De Broglie o dualidad onda-partícula. Dice así: "Toda partícula en movimiento lleva asociada una onda". Este comportamiento ondulatorio es sólo apreciable para partículas muy pequeñas, pues la longitud de onda de los objetos macroscópicos es tan pequeña que no es detectable ni siquiera por difracción.

De Broglie supuso que toda la materia tiene un comportamiento dual.

* Según Planck: $E = h \cdot f$ \hspace{2cm} * Según Einstein: $E = m \cdot c^2$

Igualando ambas: $h \cdot f = m \cdot c^2 \rightarrow h \cdot \dfrac{c}{\lambda} = m \cdot c^2 \rightarrow \lambda = \dfrac{h}{m \cdot c} = \dfrac{h}{p}$

Generalizando para cualquier partícula, la longitud de De broglie es: $\lambda = \dfrac{h}{m \cdot v}$

Si la hipótesis de De Broglie es correcta, debe ser observable. La difracción es un fenómeno ondulatorio que consiste en que una onda se desvía al encontrarse con un obstáculo con un hueco semejante a la longitud de onda. Davidson y Germer observaron que, efectivamente, un haz de electrones se difracta en la red cristalina de una lámina de níquel.

No puede observarse el carácter ondulatorio de partículas macroscópicas, pues la longitud de onda asociada es de aproximadamente 10^{-35} m.

No es posible la difracción con un tamaño inferior a las distancias entre átomos, que es del orden de 10^{-10} m.

Una consecuencia importante de la hipótesis de De Broglie es que las órbitas de los electrones en el átomo están cuantizadas. Esto es así porque el electrón girando en cada órbita sería una onda estacionaria. El tamaño de la órbita es un número entero de veces la longitud de onda del electrón correspondiente.

---

8) Explique el principio de incertidumbre de Heisenberg y por qué no se tiene en cuenta en el estudio de los fenómenos ordinarios.

El principio de incertidumbre de Heisenberg dice así: "No es posible medir simultáneamente el valor exacto de la posición y de la cantidad de movimiento (y por lo tanto, de la velocidad) de una partícula". Su formulación es: $\Delta x \cdot \Delta p \geq \dfrac{h}{4 \cdot \pi}$, siendo Δx la incertidumbre en la posición y Δp la incertidumbre en el momento. Se deduce que si una de las incertidumbres es pequeña (gran exactitud), la otra es grande (mucho error).

El propio hecho de medir altera el sistema que estamos midiendo y la medida ya no es el valor que era. Supongamos el siguiente experimento imaginario, llamado microscopio de Böhr: queremos medir a la vez la posición y la velocidad de un electrón. Para poder ver al electrón necesitamos al menos un fotón que impresione nuestra retina; ese fotón vendría de chocar con el electrón y de rebotar con él. Al hacer esto, se altera el estado en el que se encontraba el electrón, luego la medida ya no es fiable. Esta dificultad no se resuelve con instrumentos de medida más exactos ni más precisos, pues es una dificultad inherente a la naturaleza. De este principio pueden extraerse estas consecuencias:
a) El conocimiento que podemos tener de la naturaleza está limitado. No todo es medible con exactitud.
b) No se puede hablar ya de posición y de velocidad exactas de una partícula, únicamente de probabilidad de encontrar a una partícula en una región del espacio.

La Física Cuántica es aplicable siempre, en todos los fenómenos, pero su empleo es tremendamente complicado, dado el gran número de partículas que intervienen. Podemos aplicar la Física Clásica en aquellos casos en los que no sea apreciable el carácter ondulatorio de la materia, es decir, cuando la longitud de onda es despreciable en comparación con el tamaño del sistema estudiado. Como consecuencia, la Física Clásica será perfectamente aplicable a situaciones macroscópicas, mientras que la Física Cuántica debe ser forzosamente aplicada en el mundo microscópico.

---

9) Hipótesis de Planck y su relación con el efecto fotoeléctrico.

* Hipótesis de Planck: la dio Planck para explicar la radiación térmica de los cuerpos calientes, es decir, el hecho de que a cada temperatura el máximo de energía se emite a una longitud de onda distinta.
a) La energía no se emite de forma continua, sino discreta. Es decir, concentrada en cuantos o paquetes de energía, algo muy similar a lo que ocurriría si se emitieran partículas.

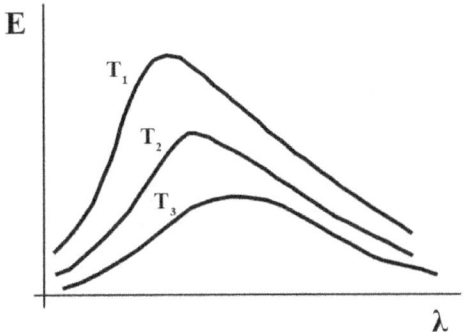

b) La energía correspondiente a un cuanto depende de la frecuencia de vibración de los átomos del metal y viene dada por la expresión: $E = h \cdot f = h \cdot \dfrac{c}{\lambda}$, donde h es la constante de Planck y f es la frecuencia de la radiación.

c) La energía emitida no puede tener cualquier valor. Sólo podrá emitirse un número entero de cuantos de energía: $E_T = n \cdot h \cdot f$. Se dice entonces que la energía está cuantizada.

* Relación con el efecto fotoeléctrico: Einstein aplicó la hipótesis de Planck para explicar el efecto fotoeléctrico. Supuso que la propia radiación que produce el efecto fotoeléctrico está constituida por paquetes de energía, llamados fotones, que transportan la energía de manera discreta, concentrada en cuantos de energía. Es decir, supuso un comportamiento corpuscular para la luz en el efecto fotoeléctrico.

- Energía de un fotón según la expresión de Planck: $E = h \cdot f$

- Cantidad de movimiento según De Broglie: $p = \dfrac{E}{c}$

Suponiendo comportamiento corpuscular para la luz, al chocar ésta con un electrón, le transmite instantáneamente toda su energía. La energía que cede el fotón al electrón depende de la frecuencia de la radiación. La energía de un fotón se emplea, en primer lugar, en arrancar al electrón del metal. La energía extra que se le comunique al electrón se empleará en darle velocidad, en darle energía cinética. La energía necesaria para arrancar al electrón depende del metal y se llama trabajo de extracción. También puede definirse como la energía mínima que debe tener el fotón para arrancar un electrón del metal.

La energía sobrante se emplea en darle energía cinética a los electrones emitidos.

$E_{fotón} = W_{extracción} + Ec_{electrón}$

$h \cdot f = h \cdot f_0 + \dfrac{1}{2} \cdot m \cdot v^2$

O bien: $Ec_e = h \cdot (f - f_0)$

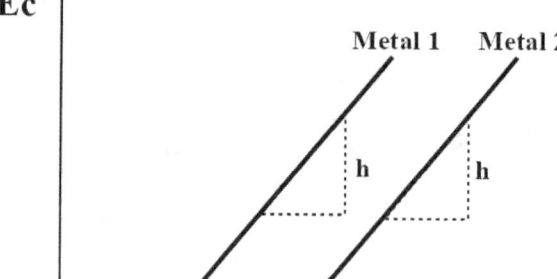

---

10) Si un electrón y un neutrón se mueven con la misma velocidad, ¿cuál de los dos tiene asociada una longitud de onda menor?

La longitud de onda de De Broglie es: $\lambda = \dfrac{h}{p} = \dfrac{h}{m \cdot v} \rightarrow m = \dfrac{h}{\lambda \cdot v}$

Como: $m_n > m_e \rightarrow \dfrac{h}{\lambda_n \cdot v} > \dfrac{h}{\lambda_e \cdot v} \rightarrow \dfrac{1}{\lambda_n} > \dfrac{1}{\lambda_e} \rightarrow \lambda_e > \lambda_n$

El neutrón tiene una menor longitud de onda a igualdad de velocidades, pues su masa es mayor y la longitud de onda es inversamente proporcional a la masa.

2016

11) Un electrón y un neutrón se desplazan con la misma energía cinética. ¿Cuál de ellos tendrá un menor valor de longitud de onda asociada? Razone la respuesta.

$$Ec = \frac{1}{2}\cdot m \cdot v^2 \rightarrow v^2 = \frac{2\cdot Ec}{m} \rightarrow v = \sqrt{\frac{2\cdot Ec}{m}}$$

$$\lambda_e = \frac{h}{m_e\cdot v_e} \ ; \ \lambda_n = \frac{h}{m_n\cdot v_n} \rightarrow \frac{\lambda_n}{\lambda_e} = \frac{\frac{h}{m_n\cdot v_n}}{\frac{h}{m_e\cdot v_e}} = \frac{m_e}{m_n}\cdot\frac{v_e}{v_n} = \frac{m_e}{m_n}\cdot\frac{\sqrt{\frac{2\cdot Ec}{m_e}}}{\sqrt{\frac{2\cdot Ec}{m_n}}} = \frac{m_e}{m_n}\cdot\sqrt{\frac{m_n}{m_e}} =$$

$$= \sqrt{\frac{m_e^2\cdot m_n}{m_n^2\cdot m_e}} = \sqrt{\frac{m_e}{m_n}}$$

Al ser $m_n > m_e \rightarrow \frac{m_e}{m_n} < 1 \rightarrow \sqrt{\frac{m_e}{m_n}} < 1 \rightarrow \frac{\lambda_n}{\lambda_e} < 1 \rightarrow \lambda_n < \lambda_e$

El neutrón tendrá una menor longitud de onda asociada.

---

12) Un haz de luz provoca efecto fotoeléctrico en un determinado metal. Explique cómo se modifica el número de fotoelectrones y su energía cinética máxima si: i) aumenta la intensidad del haz luminoso; ii) aumenta la frecuencia de la luz incidente; iii) disminuye la frecuencia por debajo de la frecuencia umbral del metal.

El efecto fotoeléctrico consiste en la emisión de fotoelectrones por parte de una lámina metálica cuando se ilumina con una luz de frecuencia igual o superior a la umbral. El que se produzca o no el efecto fotoeléctrico no depende de la intensidad de la luz incidente, sino de su frecuencia. Por debajo de la frecuencia umbral no hay efecto fotoeléctrico.

$$E_{fotón} = W_{extracción} + Ec_{electrón} \rightarrow h\cdot f = h\cdot f_0 + \frac{1}{2}\cdot m\cdot v^2$$

i) Si se aumenta la intensidad del haz luminoso, esto trae como consecuencia un aumento en la cantidad de fotones emitidos y por lo tanto en la cantidad de electrones desprendidos del metal, pero no quiere decir que la energía cinética proporcionada a cada electrón de forma individual sea mayor. Al aumentar el número de fotoelectrones por unidad de tiempo, aumenta la intensidad de la corriente.
ii) Al aumentar la frecuencia de la luz incidente, se produce un aumento en la energía contenida en cada fotón, por lo que se le proporciona una mayor energía cinética al electrón. El número de electrones desprendidos sigue siendo el mismo.
iii) Si se disminuye la frecuencia por debajo de la frecuencia umbral del metal, no se produce el efecto fotoeléctrico, pues la luz no tiene energía suficiente para arrancar electrones del metal.

2015

13) En una experiencia del efecto fotoeléctrico con un metal se obtiene la gráfica adjunta. Analice qué ocurre para valores de la frecuencia:
i) f < 3·10¹⁴ Hz; ii) f = 3·10¹⁴ Hz; iii) f > 3·10¹⁴ Hz; y razone cómo cambiaría la gráfica para otro metal que requiriese el doble de energía para extraer los electrones.

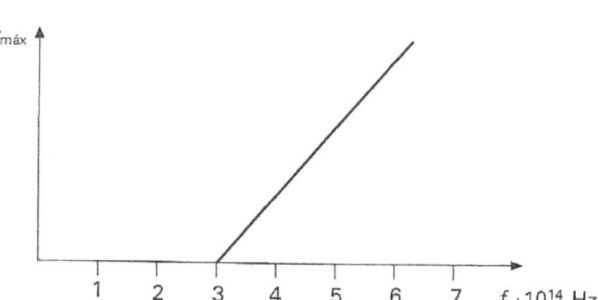

El efecto fotoeléctrico consiste en la emisión de fotoelectrones por parte de una lámina metálica cuando se ilumina con una luz de frecuencia igual o superior a la umbral.
* Balance de energía del efecto fotoeléctrico:
Energía de la luz = trabajo para arrancar electrones + energía cinética de los electrones
* Fórmula de Einstein del efecto fotoeléctrico: $E_{fotón} = W_{extr.} + E_c$

La frecuencia umbral, f_0, es la frecuencia mínima necesaria para que ocurra el efecto fotoeléctrico. Depende exclusivamente del metal. En la figura, se observa que: $f_0 = 3·10^{14}$ Hz.
i) Si la frecuencia es inferior a $3·10^{14}$ Hz, no ocurre el efecto fotoeléctrico, pues la luz no tiene energía suficiente para arrancar electrones del metal.
ii) Si la frecuencia es igual a la umbral, los electrones saltan pero no tienen velocidad, se quedan parados.
iii) Si la frecuencia es superior a la umbral ($3·10^{14}$ Hz), se produce el efecto fotoeléctrico y los electrones adquieren una energía cinética.

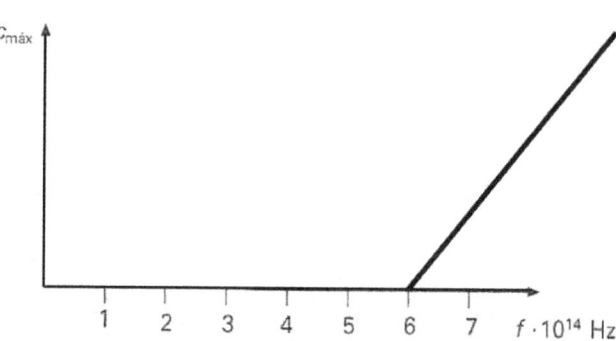

La gráfica de al lado sería la correspondiente a un metal con el doble de energía necesaria para extraer los electrones, es decir, con el doble de trabajo de extracción.
Al ser: $W_{extr} = h·f_0$, como h es una constante, la constante de Planck, al duplicar el trabajo de extracción se duplica la frecuencia umbral.

---

14) ¿Se podría determinar simultáneamente, con total exactitud, la posición y la cantidad de movimiento de una partícula? Razone la respuesta.

Según el principio de incertidumbre de Heisenberg, es imposible determinar con exactitud la posición y la velocidad de una partícula.
El principio de incertidumbre de Heisenberg dice así: "No es posible medir simultáneamente el valor exacto de la posición y de la cantidad de movimiento (y por lo tanto, de la velocidad) de una partícula".

Su formulación es: $\Delta x \cdot \Delta p \geq \dfrac{h}{4 \cdot \pi}$, siendo Δx la incertidumbre en la posición y Δp la incertidumbre en el momento. Se deduce que si una de las incertidumbres es pequeña (gran exactitud), la otra es grande (mucho error).

El propio hecho de medir altera el sistema que estamos midiendo y la medida ya no es el valor que era. Supongamos el siguiente experimento imaginario, llamado microscopio de Böhr: queremos medir a la vez la posición y la velocidad de un electrón. Para poder ver al electrón necesitamos al menos un fotón que impresione nuestra retina; ese fotón vendría de chocar con el electrón y de rebotar con él. Al hacer esto, se altera el estado en el que se encontraba el electrón, luego la medida ya no es fiable. Esta dificultad no se resuelve con instrumentos de medida más exactos ni más precisos, pues es una dificultad inherente a la naturaleza.

De este principio pueden extraerse estas consecuencias:
a) El conocimiento que podemos tener de la naturaleza está limitado. No todo es medible con exactitud.
b) No se puede hablar ya de posición y de velocidad exactas de una partícula, únicamente de probabilidad de encontrar a una partícula en una región del espacio.

---

15) Un protón y un electrón tienen energías cinéticas iguales, ¿cuál de ellos tiene mayor longitud de onda de De Broglie? ¿Y si ambos se desplazaran a la misma velocidad? Razone las respuestas.

La longitud de onda de De Broglie viene dada por: $\lambda = \dfrac{h}{m \cdot v}$

* Para energías cinéticas iguales: $Ec_p = Ec_e$; $v = \sqrt{\dfrac{2 \cdot Ec}{m}}$

$$\lambda = \dfrac{h}{m \cdot v} = \dfrac{h}{m \cdot \sqrt{\dfrac{2 \cdot Ec}{m}}} = \dfrac{h}{\sqrt{\dfrac{2 \cdot Ec \cdot m^2}{m}}} = \dfrac{h}{\sqrt{2 \cdot Ec \cdot m}} \quad ; \quad \dfrac{\lambda_e}{\lambda_p} = \dfrac{\dfrac{h}{\sqrt{2 \cdot Ec \cdot m_e}}}{\dfrac{h}{\sqrt{2 \cdot Ec \cdot m_p}}} = \sqrt{\dfrac{m_p}{m_e}}$$

Al ser $m_p > m_e \rightarrow \dfrac{m_p}{m_e} > 1 \rightarrow \sqrt{\dfrac{m_p}{m_e}} > 1 \rightarrow \dfrac{\lambda_e}{\lambda_p} > 1 \rightarrow \lambda_e > \lambda_p$

El electrón tendría mayor longitud de onda de De broglie.

* Para velocidades iguales: $v_e = v_p$; $m_p = \dfrac{h}{\lambda_p \cdot v_p}$; $m_e = \dfrac{h}{\lambda_e \cdot v_e}$

$m_p > m_e \rightarrow \dfrac{h}{\lambda_p \cdot v_p} > \dfrac{h}{\lambda_e \cdot v_e} \rightarrow \dfrac{1}{\lambda_p \cdot v_p} > \dfrac{1}{\lambda_e \cdot v_e} \rightarrow \lambda_e \cdot v_e > \lambda_p \cdot v_p \rightarrow$

$\rightarrow \lambda_e > \lambda_p$: la longitud de onda del electrón es mayor.

---

16) Razone si, al triplicar la frecuencia de la radiación incidente sobre un metal, se triplica la energía cinética de los fotoelectrones.

Falso. La ecuación del efecto fotoeléctrico es: $E_{fotón} = W_{extracción} + Ec_{electrón} \rightarrow h \cdot f = W_{extracción} + Ec_{electrón}$

$W_{extracción}$ es la energía mínima necesaria para arrancar electrones a un metal. No depende de la frecuencia de la radiación incidente, sino de la naturaleza del metal.

$(Ec_e)_1 = h \cdot f_1 - W_{extr}$; $(Ec_e)_2 = h \cdot f_2 - W_{extr} = 3 \cdot h \cdot f_1 - W_{extr}$

$$\frac{Ec_{e2}}{Ec_{e1}} = \frac{3 \cdot h \cdot f_1 - W_{extr}}{h \cdot f_1 - W_{extr}} \neq 3$$

2013

17) a) Razone por qué la teoría ondulatoria de la luz no permite explicar la existencia de una frecuencia umbral para el efecto fotoeléctrico. b) Si una superficie metálica emite fotoelectrones cuando se ilumina con luz verde, razone si emitirá al ser iluminada con luz azul.

a) Según la teoría ondulatoria, los electrones van absorbiendo poco a poco la energía de la onda electromagnética incidente, hasta que tienen suficiente energía para vencer la atracción del núcleo y saltar hasta el ánodo. Esto no es así. En realidad, la energía no se va acumulando. Los electrones son arrancados de los átomos cuando la energía incidente del fotón supera la energía umbral del metal correspondiente.

b) El efecto fotoeléctrico consiste en la emisión de electrones por parte de un metal cuando este se ilumina con luz con una frecuencia por encima de un valor mínimo o umbral. Por encima de ese valor umbral, cualquier radiación tiene suficiente energía para producirlo. El orden de energía creciente y de frecuencia creciente de las luces visibles es:

luz roja < luz naranja < luz amarilla < luz verde < luz azul < luz celeste < luz violeta

La luz azul tiene mayor frecuencia y mayor energía que la verde, luego si la verde provoca el efecto fotoeléctrico en ese metal, la azul también lo hará. Es más, el exceso de energía se traducirá en una mayor energía cinética en los electrones.

$$E_{fotón} = W_{extracción} + Ec_{electrón} \rightarrow h \cdot f = h \cdot f_0 + \frac{1}{2} \cdot m \cdot v^2$$

2012

18) a) Analice la insuficiencia de la física clásica para explicar el efecto fotoeléctrico. b) Si tenemos luz monocromática verde de débil intensidad y luz monocromática roja intensa, capaces ambas de extraer electrones de un determinado metal, ¿cuál de ellas produciría electrones con mayor energía? ¿Cuál de las dos extraería mayor número de electrones? Justifique las respuestas.

a) Según la física clásica, los electrones van absorbiendo poco a poco la energía de la onda electromagnética incidente hasta que tienen suficiente energía para vencer la atracción del núcleo y saltar hasta el ánodo. Es decir, se esperaría que:
- La emisión de los electrones no fuera instantánea.
- La emisión debería darse para cualquier frecuencia de la onda incidente.
- La energía cinética de los fotoelectrones debe depender únicamente de la cantidad de radiación, es decir, de su intensidad, no de su frecuencia.

Sin embargo, lo que se observa realmente en el experimento es:
- La emisión de los electrones es instantánea.
- Utilizando luz con una frecuencia por debajo de un valor mínimo (la frecuencia umbral) no se observa la emisión de electrones.
- La frecuencia umbral depende únicamente de la naturaleza del metal.
- La energía cinética de los electrones depende de la frecuencia de la radiación, no de su intensidad.
- La intensidad de corriente (el número de electrones que se extraen por segundo) sí depende de la intensidad de la radiación.

b) La ecuación del efecto fotoeléctrico es: $E_{fotón} = W_{extracción} + Ec_{electrón}$ → $h \cdot f = h \cdot f_0 + \frac{1}{2} \cdot m \cdot v^2$

La energía cinética de los electrones depende de la energía de la radiación incidente, la cual, a su vez, depende de la frecuencia de la radiación, no de su intensidad. La luz verde tiene mayor frecuencia y mayor energía que la luz roja, luego la luz verde confiere mayor energía cinética a los electrones.

La intensidad de corriente (el número de electrones que se extraen por segundo) depende de la intensidad de la radiación, no de la frecuencia de la radiación. Luego la radiación roja intensa producirá la salida de un mayor número de electrones por segundo que la verde de débil intensidad. Esto es debido a que que la intensa arranca más electrones que la débil.

---

19) Razone por qué la teoría ondulatoria de la luz no permite explicar el efecto fotoeléctrico.

Según la teoría ondulatoria de la luz, los electrones irían absorbiendo poco a poco la energía de la luz incidente, la irían acumulando hasta tener energía suficiente para vencer la atracción electrostática del núcleo y saltar hacia el ánodo. Según la teoría ondulatoria, cabría esperar que:
a) La emisión de los electrones por parte del cátodo no fuera instantánea, pero lo es.
b) La emisión de electrones debería darse para cualquier valor de la frecuencia de la luz incidente: sin embargo, sólo ocurre para valores de la frecuencia por encima de un valor mínimo, la frecuencia umbral.
c) La energía cinética de los electrones arrancados al metal dependiera de la intensidad de la radiación pero no de su frecuencia. Pero es justamente al revés.

2011

20) Razone si es posible extraer electrones de un metal al iluminarlo con luz amarilla, sabiendo que al iluminarlo con luz violeta de cierta intensidad no se produce el efecto fotoeléctrico. ¿Y si aumentáramos la intensidad de la luz?

El efecto fotoeléctrico consiste en la emisión de fotoelectrones por parte de una lámina metálica cuando se ilumina con una luz de frecuencia igual o superior a la umbral. El que se produzca o no el efecto fotoeléctrico no depende de la intensidad de la luz incidente, sino de su frecuencia. Por debajo de la frecuencia umbral no hay efecto fotoeléctrico. El orden de energía creciente y de frecuencia creciente de las luces visibles es: roja < naranja < amarilla < verde < azul < celeste < violeta
* La luz amarilla tiene menor frecuencia y menor energía que la luz violeta. Si no se produce efecto fotoeléctrico en un metal con luz violeta, tampoco se produce con luz amarilla, pues tiene menor frecuencia y menor energía.

* Al aumentar la intensidad de la luz amarilla tampoco se produce efecto fotoeléctrico, pues el efecto fotoeléctrico no depende de la intensidad, sino de la frecuencia de la luz incidente.

2010

21) Razone cómo cambiarían el trabajo de extracción y la velocidad máxima de los electrones emitidos si se disminuyera la longitud de onda de la luz incidente.

La ecuación del efecto fotoeléctrico es:

$$E_{fotón} = W_{extracción} + Ec_{electrón} \rightarrow h \cdot f = W_{extr} + \frac{1}{2} \cdot m \cdot v^2 \rightarrow h \cdot \frac{c}{\lambda} = W_{extracción} + \frac{1}{2} \cdot m \cdot v^2$$

Si se disminuye la longitud de onda de la radiación incidente, aumenta la energía de esa misma radiación. Esto se traduce en una mayor energía cinética (y por consiguiente velocidad) de los fotoelectrones emitidos y una no variación del trabajo de extracción. El trabajo de extracción no depende de la energía de la radiación incidente, es una constante característica para cada metal. Si W_{extr} permanece contante y $E_{fotón}$ aumenta, tiene que aumentar la energía cinética de los electrones, por consiguiente: $Ec_e = E_{fotón} - W_{extr}$

2009

22) Razone si al aumentar la intensidad de la luz con que se ilumina el metal aumenta la energía cinética máxima de los electrones emitidos.

El efecto fotoeléctrico consiste en la emisión de fotoelectrones por parte de una lámina metálica cuando se ilumina con una luz de frecuencia igual o superior a la umbral. El que se produzca o no el efecto fotoeléctrico no depende de la intensidad de la luz incidente, sino de su frecuencia. Por debajo de la frecuencia umbral no hay efecto fotoeléctrico. Si se ha superado la frecuencia umbral y aumentamos la intensidad de la luz incidente, no aumenta la energía cinética máxima de los electrones emitidos, sino el número de electrones emitidos por segundo y, por consiguiente, la intensidad de la corriente.

23) Razone si es verdadera o falsa esta afirmación: cuando un electrón de un átomo pasa de un estado más energético a otro menos energético, emite energía y esta energía puede tomar cualquier valor en un rango continuo.

Cuando un electrón de un átomo pasa de un estado más energético a otro menos energético, emite energía. Esta radiación se recoge en un soporte y constituye el espectro de emisión o de absorción, que es característico para cada sustancia. Según la teoría clásica, cualquier salto energético era posible, sin ninguna limitación, por lo que los espectros debían de ser continuos. En realidad, esto no es así: los espectros son discontinuos debido a que sólo son posibles ciertas transiciones energéticas, ciertos saltos electrónicos. Estas restricciones las dio Böhr en su modelo atómico, donde dijo que sólo son posibles las trayectorias del electrón en las que su momento angular ($L = r \cdot m \cdot v$) sea un múltiplo entero de $\frac{h}{2 \cdot \pi}$.

2008

24) Razone si las siguientes afirmaciones son ciertas o falsas: a) "Los electrones emitidos en el efecto fotoeléctrico se mueven con velocidades mayores a medida que aumenta la intensidad de la luz que incide sobre la superficie del metal". b) "Cuando se ilumina la superficie de un metal con una radiación luminosa sólo se emiten electrones si la intensidad de luz es suficientemente grande".

El efecto fotoeléctrico consiste en la emisión de fotoelectrones por parte de una lámina metálica cuando se ilumina con una luz de frecuencia igual o superior a la umbral. El que se produzca o no el efecto fotoeléctrico no depende de la intensidad de la luz incidente, sino de su frecuencia. Por debajo de la frecuencia umbral no hay efecto fotoeléctrico.

a) Falso. Si se ha superado la frecuencia umbral y aumentamos la intensidad de la luz incidente, no aumenta la energía cinética máxima de los electrones emitidos, sino el número de electrones emitidos por segundo y, por consiguiente, la intensidad de la corriente.

b) Falso. Sólo ocurre efecto fotoeléctrico cuando la frecuencia de la luz incidente es igual o superior a la umbral.

---

25) Considere las longitudes de onda asociadas a protones y a electrones, e indique razonadamente cuál de ellas es menor si las partículas tienen el mismo momento lineal.

Para igual momento lineal: la longitud de onda de De Broglie es: $\lambda = \dfrac{h}{p}$, donde h es la constante de Planck. A igualdad de momentos lineales, las longitudes de onda son iguales. La hipótesis de De Broglie o dualidad onda-partícula dice así: "Toda partícula en movimiento lleva asociada una onda". Este comportamiento ondulatorio es sólo apreciable para partículas muy pequeñas, pues la longitud de onda de los objetos macroscópicos es tan pequeña que no es detectable ni siquiera por difracción.

De Broglie supuso que toda la materia tiene un comportamiento dual.

* Según Planck: $E = h \cdot f$ \qquad * Según Einstein: $E = m \cdot c^2$

Igualando ambas: $h \cdot f = m \cdot c^2 \rightarrow h \cdot \dfrac{c}{\lambda} = m \cdot c^2 \rightarrow \lambda = \dfrac{h}{m \cdot c} = \dfrac{h}{p}$

Generalizando para cualquier partícula, la longitud de De broglie es: $\lambda = \dfrac{h}{m \cdot v}$

---

26) Explique los conceptos de estado fundamental y estados excitados de un átomo y razone la relación que tienen con los espectros atómicos.

El estado fundamental de un átomo es su estado de mínima energía. Es aquel en el que sus electrones ocupan los orbitales de menor a mayor energía. Un estado excitado es aquel en el que uno o varios electrones del átomo están ocupando uno o varios orbitales de energía superior a la mínima (regla n + l de llenado de orbitales). Un espectro atómico consiste en el conjunto de líneas de las distintas radiaciones electromagnéticas que emite una sustancia cuando sus electrones pasan de un estado excitado al estado fundamental. Los espectros pueden ser de absorción o de emisión. El espectro de emisión se obtiene al calentar la sustancia. En el espectro de absorción, la sustancia no se calienta, sino que se ilumina con radiación adecuada.

Los saltos electrónicos que se producen no pueden ser cualesquiera, sino que están determinados por uno de los postulados del modelo atómico de Böhr: sólo son posibles las trayectorias del electrón en las que su momento angular ($L = r \cdot m \cdot v$) sea un múltiplo entero de $\dfrac{h}{2 \cdot \pi}$

2007

27) a) Explique, en términos de energía, el proceso de emisión de fotones por los átomos en un estado excitado. b) Razone por qué un átomo sólo absorbe y emite fotones de ciertas frecuencias.

a) Un átomo excitado es aquel que tiene una energía por encima de su energía mínima, es decir, por encima de su estado fundamental. Un átomo puede excitarse cuando se calienta, por ejemplo. Cuando esto ocurre, los electrones saltan a estados superiores de energía y vuelven al anterior. Al hacer esto, como la energía se conserva, la diferencia de energía entre los dos estados se emite en forma de luz. La energía de un fotón es: $E = h \cdot f$

b) Según Planck, la energía está cuantizada, no puede absorberse ni emitirse energía de cualquier valor, sólo múltiplos de la frecuencia de la radiación. Cuando se produce un salto electrónico, cada salto lleva asociado una frecuencia determinada del fotón, pues la energía requerida es sólo una.

2006

28) Razone qué cambios cabría esperar en la emisión fotoeléctrica de una superficie metálica:
- i) al aumentar la intensidad de la luz incidente;
- ii) al aumentar el tiempo de iluminación;
- iii) al disminuir la frecuencia de la luz.

El efecto fotoeléctrico consiste en la emisión de fotoelectrones por parte de una lámina metálica cuando se ilumina con una luz de frecuencia igual o superior a la umbral. El que se produzca o no el efecto fotoeléctrico no depende de la intensidad de la luz incidente, sino de su frecuencia. Por debajo de la frecuencia umbral no hay efecto fotoeléctrico.

i) Al aumentar la intensidad de la luz incidente, se consigue aumentar el número de electrones que son arrancados por unidad de tiempo, pero no su velocidad. Al aumentar el número de fotoelectrones arrancados, aumenta la intensidad de corriente.

ii) El tiempo de iluminación no tiene influencia sobre ninguna magnitud del efecto fotoeléctrico, sólo que el proceso dura más. Ni aumenta el número de electrones emitidos ni aumenta la energía cinética máxima de los electrones.

iii) Al disminuir la frecuencia de la luz incidente, disminuye la energía cinética máxima de los electrones emitidos. Si baja por debajo de la frecuencia umbral, el efecto fotoeléctrico deja de producirse.

2005

29) Al iluminar una superficie metálica con luz de frecuencia creciente empieza a emitir fotoelectrones cuando la frecuencia corresponde al color amarillo. a) Explique razonadamente qué se puede esperar cuando el mismo material se irradie con luz roja. ¿Y si se irradia con luz azul? b) Razone si cabría esperar un cambio en la intensidad de la corriente de fotoelectrones al variar la frecuencia de la luz, si se mantiene constante el número de fotones incidentes por unidad de tiempo y de superficie.

El efecto fotoeléctrico consiste en la emisión de fotoelectrones por parte de una lámina metálica cuando se ilumina con una luz de frecuencia igual o superior a la umbral. El que se produzca o no el efecto fotoeléctrico no depende de la intensidad de la luz incidente, sino de su frecuencia. Por debajo de la frecuencia umbral no hay efecto fotoeléctrico.

a) Si la luz incidente no tiene energía suficiente para arrancar electrones del metal, no se produce efecto fotoeléctrico. El orden de energía de las luces de colores es el orden clásico de los colores del arcoiris:

$$\text{rojo} < \text{naranja} < \text{amarillo} < \text{verde} < \text{azul} < \text{celeste} < \text{violeta}$$

El que empiece a irradiar electrones un cierto metal con luz amarilla significa que su frecuencia umbral está en el amarillo. Por debajo del amarillo no se producirá efecto fotoeléctrico y por encima sí, y con mayor energía cinética.

Con luz roja no ocurrirá efecto fotoeléctrico, pues el rojo tiene menor frecuencia que el amarillo. Con luz azul sí ocurrirá efecto fotoeléctrico, pues el azul es más energético que el amarillo; además, los electrones tendrán más energía cinética.

b) Falso. La intensidad de la corriente es proporcional a la intensidad de la radiación, la cual a su vez es proporcional al número de fotones incidentes por unidad de tiempo y superficie.

---

30) Un mesón tiene una masa 275 veces mayor que un electrón. ¿Tendrían la misma longitud de onda si viajasen a la misma velocidad? Razone la respuesta.

No. La longitud de onda de De Broglie es: $\lambda = \dfrac{h}{m \cdot v} \rightarrow m = \dfrac{h}{\lambda \cdot v}$

$$m_m = \dfrac{h}{\lambda_m \cdot v} \quad ; \quad m_e = \dfrac{h}{\lambda_e \cdot v} \quad \rightarrow \quad \dfrac{m_m}{m_e} = \dfrac{\frac{h}{\lambda_m \cdot v}}{\frac{h}{\lambda_e \cdot v}} \quad \rightarrow \quad 275 = \dfrac{\lambda_e}{\lambda_m} \quad \rightarrow \quad \lambda_e = 275 \cdot \lambda_m$$

La longitud de onda del electrón sería mayor, 275 veces más grande.

www.ingramcontent.com/pod-product-compliance
Lightning Source LLC
Chambersburg PA
CBHW082011230526
45468CB00022B/1833